Wertstromdesign

Klaus Erlach

Wertstromdesign

Der Weg zur schlanken Fabrik

2., bearbeitete und erweiterte Auflage

Springer

Dr. Klaus Erlach
Fraunhofer-Institut für Produktionstechnik und Automatisierung IPA
Stuttgart, Deutschland
Klaus.Erlach@gmx.de
www.wertstromdesign.de
www.valuestreamdesign.eu
(Schulungen und Seminare)

ISBN 978-3-540-89866-5 e-ISBN 978-3-540-89867-2
DOI 10.1007/978-3-540-89867-2
Springer Heidelberg Dordrecht London New York

Die Deutsche Nationalbibliothek verzeichnet diese Publikation in der Deutschen Nationalbibliografie; detaillierte bibliografische Daten sind im Internet über http://dnb.d-nb.de abrufbar.

Einbandentwurf: WMXDesign GmbH, Heidelberg

Gedruckt auf säurefreiem Papier

Springer ist Teil der Fachverlagsgruppe Springer Science+Business Media (www.springer.com)

Where is the knowledge we have lost in information?

T. S. ELIOT *The Rock*

Vorwort zur zweiten Auflage

‚Jemand musste die produzierende Wirtschaft in D. in eine tiefe Krise gestürzt haben, denn ohne dass sie etwas falsch gemacht hätte, wurde ihr eines Tages die Finanzierung entzogen. Die Einkäufer aus aller Welt, ihre Kunden, die ihr sonst jeden Tag aufs Neue Bestellungen schickten, rührten sich kaum noch. Das war in diesem Ausmaß noch niemals geschehen. Die Produzenten warteten noch ein Weilchen, sahen ungläubig auf die Banken, die ihre Spekulationen ausübten und die dazu mit einer ihnen ganz gewöhnlichen Schamlosigkeit Staatshilfen einkassierten, dann aber, gleichzeitig befremdet und noch ohne Aufträge, riefen sie selbst um Hilfe. Sofort gab es eine Prämie und die Politik, die sich lange nicht in ihre Geschäfte eingemischt hatte, begann mit den Verstaatlichungen.'

So könnte eine Wirtschaftsgeschichte der letzten beiden Jahre beginnen. Trotz der in einer Krise liegenden scheinbaren Stagnation ist aber auch spürbar, dass solch eine tiefgreifende Wirtschaftskrise offenbar auch Raum für grundlegende technische Innovationen gibt. Verwiesen sei hier lediglich auf die plötzlich sehr intensive Diskussion der Elektromobilität oder die Initiativen für Großprojekte alternativer Energieerzeugung. Sollte daraus ein gesellschaftlicher Trend entstehen, sich vom alten Leitbild der ‚Rennreisemaschine' oder auch vom Weiterbetrieb veralteter Kraftwerkstechnologie zu verabschieden, dann könnte die Basisinnovation des neuen, bisher noch nicht sicher identifizierten Konjunkturzyklus nach Kondratieff die Energietechnologie in Zeiten des Klimawandels sein. So kommen ganz neue Aufgaben auf die Fabrikplanung und Produktionsoptimierung zu. Aber natürlich nicht nur für diese neuen Produktlinien wird sich der Einsatz der weiterhin überaus geschätzten Wertstrommethode zur *Fabrikplanung*, zur *Fabrikoptimierung* und zum *Fabrikbetrieb* lohnen.

Den Erfolg eines Buches machen seine Leser aus. Nicht nur aus den Verkaufszahlen, sondern auch aus zahlreichen Mitteilungen von Produktionsverantwortlichen, Unternehmensberatern, Professoren und Studenten lässt sich erkennen, dass die Lektüre dieses Buches in seiner ersten Auflage von vielen als gewinnbringend angesehen worden ist. Diese positiven Reaktionen sowie auch die nach Drucklegung weitergehende intensive Auseinandersetzung mit den reichen Möglichkeiten der Wertstrommethode haben eine Überarbeitung des Buches trotz der dafür erforderlichen großen Zeitaufwendungen an Urlaubs- und Wochenendtagen für mich lohnenswert und reizvoll gemacht.

In die hier nun vorgelegte zweite Auflage sind neben einigen *erläuternden Ergänzungen* auch deutliche *inhaltliche Erweiterungen* eingeflossen. So konnten bei Themen, mit denen sich neben dem Wertstromdesign auch andere Ansätze der Produktionswirtschaft (REFA, OEE) intensiv auseinandergesetzt haben, Ähnlichkeiten und Unterschiede herausgearbeitet werden. Außerdem hat das Buch zur Arbeitserleichterung einen Apparat mit Formelverzeichnis, Symbolliste und Sachwortverzeichnis erhalten. Neben diversen kleinen Korrekturen von Flüchtigkeitsfehlern wurde als einzige größere Korrektur die Darstellung von Qualitätsmängeln im Taktabstimmungsdiagramm von der Kundentaktlinie auf die Zykluszeit verschoben, weil sich dies zwischenzeitlich als ungleich praktikabler und auch methodisch richtiger erwiesen hat (vgl. Abschn. 2.3.1). Die bei dieser Gelegenheit erfolgte intensive Behandlung der Darstellungsmöglichkeiten von unterschiedlichen Zeitanteilen im Taktabstimmungsdiagramm hat dann auch zu entsprechenden Ergänzungen in den Industriebeispielen geführt.

Inhaltliche Erweiterungen sind die an mehreren Stellen ergänzten Berechnungsformeln, die sich im Formelverzeichnis dann zu einer mathematisch recht einfachen Auslegungssystematik für das Wertstromdesign zusammenfügen. Im Abschnitt über die Fließfertigung konnte der methodisch sehr wichtige Aspekt der technologischen Prozessintegration verdeutlicht werden. Auch die nicht ganz triviale Übertragung des Fließprinzips auf die Standplatzmontage, bei der man gewissermaßen Zeit und Raum die Rollen tauschen lassen muss, konnte ergänzt werden. Außerdem war hier nun die Gelegenheit, die in der ersten Auflage noch fehlenden Überlegungen zum richtigen Automatisierungsgrad einer Produktion hinzuzufügen.

Ferner enthält dieses Buch ein zusätzliches Industriebeispiel, das insbesondere den technologieorientierten Aspekt der Wertstrommethode illustriert. Das neu eingeführte Vorgehen der Kampagnenbildung erweitert deutlich die Möglichkeiten, Restriktionen in komplexen Produktionen bei der Reihenfolgebildung der Aufträge zu berücksichtigen und gehört damit zur siebten Gestaltungsrichtlinie (vgl. Abschn. 3.4.2). Schlussendlich konnten in einem eigenen Abschnitt ‚Wertstrommanagement' die bisher noch gar nicht betrachteten Planungs- und Steuerungsaufgaben im Fabrikbetrieb näher beschrieben werden (vgl. Abschn. 3.6). Damit erweitert sich die Anwendung der Wertstrommethode von der Fabrikplanung auch auf den Fabrikbetrieb.

Die beiden letztgenannten Erweiterungen – Kampagnenbildung und Wertstrommanagement – beruhen auf der sehr fruchtbaren Zusammenarbeit mit Michael Lickefett in den letzten Jahren. In gemeinsamen Industrieprojekten wurde die in der ersten Auflage im Ausblick auf eine wertstromorientierte Fabrikplanung formulierte Idee aufgegriffen, ein *Schlankes Auftragsmanagement* zu entwickeln – und zwar ausgeführt als Synthese aus den Prinzipien des ‚Lean Production' und des klassisch geprägten Auftragsmanagements. Geeignete Industrieprojekte und gut besuchte Fachseminare haben erfreulicher Weise die Möglichkeit und den Anreiz zu dieser methodischen Weiterentwicklung gegeben. Dank gilt daher vor allem jenen Firmen, die durch ihre Aufträge indirekt auch die zur Erweiterung dieses Buches notwendige Grundlagenarbeit ermöglicht haben.

Unterdessen ist jedoch die begriffliche Synthese des Schlanken Auftragsmanagements in unsachgemäßen Umlauf geraten und hat dadurch nicht nur an Reiz, sondern auch an inhaltlicher Schärfe verloren. Deshalb ist es notwendig gewesen, für die gelungene Übertragung und passende Ausprägung bewährter Lösungsansätze aus der PPS-Welt in den spezifischen begrifflichen und methodischen Rahmen des Wertstromdesigns einen neuen Begriff einzuführen. Für diese Adaption wurde der Begriff des *Wertstrommanagements* gewählt. Damit erhält auch das Bild des Wertstrommanagers neue und erweiterte Züge, die sich aus der Übernahme von Aufgaben ergeben, die teilweise denen des bisherigen Produktionsplaners und Arbeitsvorbereiters äquivalent sind (vgl. Abschn. 3.6.1).

Seit Erscheinen der ersten Auflage konnte unter Beteiligung des Autors als Sprecher einer langjährigen Arbeitsgruppe im VDI-Fachausschuss zur Fabrikplanung die neue *VDI-Richtlinie 5200 ‚Fabrikplanung'* fertiggestellt werden. Knapp formuliert setzt sie begriffliche Standards und orientiert über den grundsätzlichen Planungsablauf. Dieses Vorgehensmodell zur Fabrikplanung wird im Ausblick zur wertstromorientierten Fabrikplanung in der hier gebotenen Kürze berücksichtigt (vgl. Abschn. 4.1).

Anlässlich des fünfzigjährigen Bestehens des Fraunhofer IPA in Stuttgart ist im Juli 2009 ein Arbeitsbuch zur neu entwickelten Methodik des *Energiewertstromdesigns* erschienen (K. Erlach, E. Westkämper: Energiewertstrom. Der Weg zur energieeffizienten Fabrik. Fraunhofer Verlag Stuttgart). Erste Anwendungserfahrungen zeigen, dass die Erweiterung der Wertstromanalyse um den Energieaspekt sowie die Analogieübertragung der acht Gestaltungsrichtlinien des Wertstromdesigns auf Fragen der Steigerung der Energieeffizienz ungeahnt fruchtbar sind. Einmal mehr ändert die Wertstromperspektive den Blick auf die Fabrik. Der Energiebedarf zeigt sich dabei durch die gewählte Bezugnahme auf das Produkt und nicht primär auf die Betriebsmittel in einem ganz neuen Zusammenhang. Dies ist sicher auch ein Hinweis darauf, dass die Wertstrommethode über ihren jetzt schon sehr verfeinerten Stand hinaus durchaus noch Möglichkeiten zu ihrer Weiterentwicklung bietet.

Danken möchte ich allen, die zum Entstehen dieser zweiten Auflage beigetragen haben. Das ist namentlich Michael Lickefett, der nicht nur ein anregender Diskussionspartner gewesen ist, sondern mich auch immer wieder ermuntert hat, allen Widerständen zum Trotz die Wertstrommethode weiterzuentwickeln und in ihrer Anwendung weiter auszureizen. Die Korrekturlesung oblag den sorgfältigen Händen von Susanne Ramsthaler, deren aufmerksamen Augen viele Fehler zum Opfer gefallen sind und deren insistierendes Fragen mich an manchen Stellen zu lästiger Klarheit in der Formulierung und Strukturierung genötigt hat.

Stuttgart, Ostern 2010 *Klaus Erlach*

Vorwort der ersten Auflage

Ein Gespenst geht um in Deutschland – das Gespenst der Globalisierung. Zahlreiche Emerging Markets scheinen sich verschworen zu haben, der sozialen Marktwirtschaft deutscher Prägung mit Lohnkostendumping, laschen Umweltgesetzen und investitionsfreundlichen Steuersystemen den Garaus zu machen. Für die Beschäftigungsentwicklung in Deutschland zeichnet sich dementsprechend ein äußerst düsteres Bild, wenn zahlreiche Arbeitsplätze in der verarbeitenden Industrie von Verlagerungen ins kostengünstige Ausland bedroht sind. Ist dieses Bild richtig? Und kann man ihm etwas entgegensetzen?

In der aktuellen Globalisierungsdebatte verengt sich der Blick des globalen Kommunizierens, Handelns und Reisens auf eine rein ökonomische Perspektive, den Waren- und Kapitalmarkt. Die *Globalisierung* wird als Sachzwang dargestellt, den die einen als globalen ‚Freien Markt' der Chancen gutheißen und die anderen mit gleicher Verve als rücksichtslose Strategie der Gewinnmaximierung verdammen. Für beide Positionen scheint zu gelten, dass das ökonomische Sein mit seinen globalen Sachzwängen das ökologische, steuerliche und sozialstaatliche Bewusstsein bestimmt. Ob Affirmation oder Ablehnung – für ein produzierendes Unternehmen scheint nur noch die Verlagerung der Produktion die Wettbewerbsfähigkeit und damit das eigene Überleben sichern zu können. Wie aber könnten die Handlungsmöglichkeiten durch weitere Optionen erweitert werden?

Am stärksten von einer solchen möglichen Verlagerung betroffen ist die Produktion weitgehend standardisierter, arbeitsintensiver und leicht zu transportierender Produkte. Viele Firmen planen eine Verlagerung ihrer Produktion ausschließlich auf Grund der Lohnkostenersparnis, die sie aus dem gegenwärtigen Lohnstundenbedarf und der Differenz der Löhne abschätzen können. Die Frage nach dem ‚ob' weicht dabei der Frage nach dem ‚wohin'. Dieser Ansatz wirkt sehr verführerisch. Allerdings gibt es immer irgendwo eine Firma, die ein Produkt noch billiger herstellen kann als man selbst. Dieser Effekt trifft auf Produktionen in Ländern mit hohen Löhnen tendenziell stärker zu. Es gibt für jede Firma immer die Möglichkeit, irgendwo einen bezüglich der Lohnkosten noch billigeren Standort für die Produktion des eigenen Produktes zu finden – und dann eben dorthin umzuziehen. Bis dann dort die Löhne steigen und anderswo ein neuer Produktionsmarkt entdeckt wird. Das *Fabrik-Nomadentum* kommt insofern nie an ein Ende.

Nun ist aber eine Standortentscheidung zum einen von nicht geringer strategischer Bedeutung, da sie eine nur aufwendig zu korrigierende Bindung und Ausrichtung des Unternehmens bewirkt. Zum anderen ist die Kostenminimierung nicht die einzige Zielgröße in der Produktion. Neben dem Preis sind eine kundenorientierte Flexibilität, eine stabile Qualität sowie eine ausreichend kurze und verlässliche Lieferzeit ebenfalls relevant für den Markterfolg. Eine Standortentscheidung sollte daher ähnlich wie die Frage nach dem richtigen gesellschaftlichen Umgang mit Globalisierungseffekten nicht allein mit Blick auf die Lohnkosten getroffen werden, sondern auch die anderen Marktziele im Auge behalten.

Verlagerungsentscheidungen werden häufig getroffen, ohne dass mögliche Optimierungspotentiale am deutschen Standort berücksichtigt werden. Dies geschieht insbesondere dann, wenn man eine gewachsene Fabrikstruktur mit einem Neubauprojekt auf einer ausländischen ‚grünen Wiese' vergleicht. Durch diesen Vergleich unter ungleichen Voraussetzungen wird die zu verlagernden Produktion schlechter beurteilt, als es angemessen wäre. Aber nicht nur das. Vernachlässigt man die Optimierungsmöglichkeiten, dann hat das die unangenehme Folge, dass die ineffizienten Produktions- und Geschäftsprozesse des abgebenden Standorts auf den neuen Standort übertragen werden. Zusammen mit den Anlaufkosten und anderen Verlagerungsrisiken kann sich dadurch die Situation des Unternehmens noch verschlimmern anstatt sich zu verbessern. Bevor man das Wagnis einer Verlagerung mit ihren Kosten- und Zeitrisiken eingeht, sollte man also immer auch die Potentiale einer *Standortoptimierung* untersuchen.

Das vorliegende Buch stellt dazu eine sehr effektive und überaus hilfreiche Methode vor: das Wertstromdesign. Ursprünglich von Toyota für die Automobilbranche entwickelt, wird diese Methode inzwischen mit großem Erfolg auch in anderen Branchen eingesetzt. Am Fraunhofer Institut für Produktionstechnik und Automatisierung IPA in Stuttgart konnte die *Wertstrommethode* erfolgreich in Fabrikplanungsprojekte integriert werden. So konnte die ursprüngliche Methode mit ihrem teilbereichsbezogenen Workshopcharakter hin zu einem mächtigen Planungswerkzeug entwickelt worden. Das hat mittlerweile dazu geführt, dass sich die Planer gar nicht mehr vorstellen können, wie noch vor wenigen Jahren Industrieprojekte ohne diese Methode überhaupt haben durchgeführt werden können.

Die Potentiale des Standorts Deutschland haben all jene Investoren erkannt, die solche Firmen aufkaufen, die in den Jahren zuvor die Optimierung ihrer Produktion versäumt haben und die sie nach der Reorganisation mit hübschem Gewinn wieder verkaufen. Es ist Zeit, den Produktionsverantwortlichen eine geeignete Methode zur Überprüfung der Fabrikziele und zur Optimierung der Produktionsabläufe an die Hand zu geben. Dem Globalisierungsgerede wäre damit wenigstens auf der Fabrikebene ein adäquater Handlungsansatz entgegengestellt.

Ein Buchprojekt ist für einen Autor immer Vergnügen und Last zugleich. Besonderer Dank gilt daher all jenen, die durch Unterstützung und Ratschlag geholfen haben, die Last zu mindern und das Ergebnis der Bemühungen zu verbessern. Für die fachlichen Anregungen danke ich insbesondere Hans-Hermann Wiendahl, Michael Lickefett und Alexander Stamm. Die umsichtigen Korrekturleserinnen Susanne Ramsthaler und Karin Erlach haben vor allem für eine klare Strukturierung des Textes Sorge getragen. Ferner danke ich Minou Friele, Siegfried Reusch und Karin Mutter. Nicht zuletzt gebührt Dank denjenigen, die die Grundlagen für meine Arbeit geliefert haben. Mike Rother dafür, mich in die Methode eingeführt zu haben, dem Fraunhofer IPA für das anregende Arbeitsumfeld sowie all den produzierenden Firmen, die ich in fabrikorganisatorischer Hinsicht beraten durfte.

Stuttgart, im Februar 2007 *Klaus Erlach*

Inhaltsverzeichnis

1 Produktionsoptimierung

Die Gestaltung optimaler Produktionsabläufe ist die zentrale Aufgabe des Planers einer Fabrik. Die Schwierigkeiten, die sich diesem Produktionsoptimierer in den Weg stellen, sind zum einen die jeweils zu beachtenden Restriktionen in der Fabrik sowie zum anderen die konfligierenden Teilziele der Produktion. Und kaum ist ein scheinbar idealer Zustand erreicht, ändern sich die Kundenwünsche, die Produktionstechnologien, gesetzliche Bestimmungen oder andere wichtige Einflussfaktoren. Die Aufgabe der Produktionsoptimierung ist somit ständiger Begleiter des Fabrikbetriebs sowie Anforderung an eine jede Fabrikplanung.

Methode

Um die Effektivität einer Produktion steigern zu können, ist eine ausgereifte Methode hilfreich. Denn nichts ist praktischer als eine gute Theorie. Wirkliche Verbesserungen können insbesondere dann erreicht werden, wenn es gelingt, alle bisherigen Gewohnheiten des Produktionsablaufs systematisch in Frage zu stellen und zielorientiert weiterzuentwickeln. Ziel dieses Buches ist es, die überragende Leistungsfähigkeit der *Wertstrommethode* in dieser Hinsicht aufzuweisen. Sie erlaubt erstens die Berücksichtigung der gesamten Wertschöpfungskette, die sie ausgezeichnet visualisiert. Und sie unterstützt zweitens die optimale Gestaltung einer Produktion durch den zielführenden Einsatz von Gestaltungsrichtlinien.

In diesem Buch wird die in ihren Grundzügen bekannte Wertstrommethode (Rother 2000) in einer systematisierten Weise präzise dargelegt und deutlich erweitert. Daher sind Darstellungsweise und Symbolik der Methode mit Ergänzungen versehen, insbesondere um eine deutlich detailliertere Darstellung der Informationsverarbeitungsprozesse zu ermöglichen. Die bisher bekannten Leitlinien werden um einige Lösungsprinzipien der Produktionsorganisation erweitert sowie gemeinsam in ihrem schlüssigen Zusammenhang weiterentwickelt und erläutert. Ergebnis sind die *acht aufeinander aufbauenden Gestaltungsrichtlinien* des Wertstromdesigns. Ferner wird die ursprüngliche, einfache Produktfamilienbildung an Hand von produktionsrelevanten Kriterien und Geschäftstypen hin zu einer produktfamilienorientierten Segmentierung fortgeführt. Dieser umfassende

Strukturierungsansatz legt die Grundlage für eine *wertstromorientierte Fabrikplanung*. Bei dieser wird der projektbezogene Ansatz der methodischen Fabrikplanung mit dem kontinuitätsbezogenen Ansatz des Wertstromdesigns verschmolzen.

In das vorliegende Buch fließen Erfahrungen aus zahlreichen *Industrieprojekten* ein, die fallweise zur praxisnahen Erläuterung als verallgemeinertes Beispiel herangezogen werden. Die Wertstrommethode wird zunächst am relativ einfach zu überblickenden Beispiel einer Serienproduktion eingeführt. Die weiteren Fallbeispiele illustrieren dann die deutlich komplexeren Gegebenheiten bei der variantenreichen Kleinserienfertigung sowie der kundenspezifischen Produktion. Der Anwendungsbereich der Wertstrommethode kann so erfolgreich auf die Produktion von Stückgütern mit komplexer, mehrstufiger Produktstruktur und hoher Produktvarianz übertragen werden.

Da die Wertstrommethode ursprünglich von der Firma Toyota im Zuge ihres Produktionssystems entwickelt worden ist, schien ihr *Anwendungsbereich* zunächst auf die Automobilbranche beschränkt. Zahlreiche Projekte der Wertstromoptimierung sowie der Fabrikplanung zeigen jedoch das Gegenteil. Durch einige methodische Ergänzungen und Variationen in der Anwendung der Gestaltungsrichtlinien ist ein Transfer in andere Branchen gut möglich. Positive Erfahrungen liegen beispielsweise für den Maschinenbau, die Elektro- und Elektronikindustrie, Medizintechnik und Optik, Sanitär- und Leitungstechnik sowie die Konsumgüterindustrie vor. Die Wertstrommethode erweist sich somit als geeignet für die Analyse und Neugestaltung von Stückgutproduktionen aller Art. Auch hat sich gezeigt, dass die Methode nicht nur für multinationale Großunternehmen und deren Liefernten, sondern auch für mittelständische Unternehmen hervorragend geeignet ist.

Das vorliegende Buch wendet sich an Geschäftsführung und an alle Produktionsverantwortlichen sowie jene, die diese Aufgabe anstreben. Der Geschäftsführung liefert die Methode ein klares Bild der Produktion und erlaubt es ihr so, deren Erfordernisse korrekt einzuschätzen. Basierend auf einer einfachen und einheitlichen Symbolik können Verbesserungspotentiale und Lösungsansätze dargestellt sowie unternehmensweit verständlich kommuniziert werden. Die genaue Beschreibung der Methode sowie die ausführlichen Praxisbeispiele zeigen Nutzen und breite Anwendungsmöglichkeit der Wertstrommethode auf. Die Methode ist direkt anwendbar und erlaubt es, zielgerichtet Verbesserungen der Leistungsfähigkeit einer Produktion zu konzipieren und schließlich umzusetzen.

Ein Methodenbuch kann trotz der angeführten Beispiele die eigene Erfahrung in Projekten nicht ersetzen. Es erleichtert es jedoch, entsprechende Erfahrungen zielorientiert aufzubauen. Unterstützend hilfreich ist der neutrale Blick des externen Beraters, der mit den gewohnten Restriktionen so unvertraut ist, dass er sie zum Zwecke einer freieren Lösungssuche ignorieren kann. Damit die beginnende Verbesserung in ihrem Antrieb nicht das Öl der Motivation verliert und sich im Gewohnten festfrisst, empfiehlt es sich, Verantwortlichkeiten für die Umsetzung festzulegen und Ausflüchte ins Tagesgeschäft zu unterbinden. Externe Begleitung mag hier für die nötige Kontinuität sorgen und gewährleisten, dass auch konzeptionell der Pfad der Tugend beschritten wird.

Inhaltsübersicht

Wenn nun in diesem Buch das Produzieren ausführlich in den Blick genommen wird, dann findet sich der Aspekt geringer Herstellkosten nicht an hervorgehobener, zentraler Stelle der Untersuchung. Im Fokus steht vielmehr der Zweck des Produzierens: das jeweils zu erzeugende Produkt. Und auch dies stimmt noch nicht genau, erreicht doch das Produkt nur als ein verkauftes Produkt seinen Zweck. Daher ist auch die Grundidee, bei der Beurteilung einer Produktion *Kundensicht* einzunehmen, von so zentraler Bedeutung für die hier vorgestellte Methode (Kap. 2).

Aus der Sicht des Controllings eines Unternehmens sieht das meist anders aus: hier sind Entwicklung, Erzeugung und Vertrieb von Produkten nur das Mittel zum Zweck des finanziellen Gewinns – und folgerichtig rücken nun die Kosten, darunter die Herstellkosten, an prominente Stelle der Beurteilung einer Produktion. Jedoch ist ohne erfolgreiche Geschäftsidee, ohne verkäufliche Produkte schlecht Gewinn zu machen. Eine Hilfestellung zur richtigen, verbesserten Gestaltung des mit der Produktion verbunden technischen Handelns kann die reine Kostenbetrachtung aus den genannten Gründen nicht liefern.

Erst wenn die Zweckmäßigkeit des Produzierens sichergestellt ist, ist es auch sinnvoll, sich mit einer Steigerung der Effizienz all jener Prozesse auseinanderzusetzen, die dem Produktionszweck dienen sollen. Eine richtig verstandene *Produktionsoptimierung* berücksichtigt beides und beginnt mit der Hinterfragung aller zum Produzieren gehörenden Prozesse hinsichtlich ihrer Zweckmäßigkeit bezogen auf Kundenwunsch und Produkt. In diesem umfassenden Sinne ist die Grundidee, bei der Gestaltung einer Produktion an erster Stelle auf die Vermeidung jeglicher Verschwendung zu achten, zu verstehen (Kap. 3). Für eine verschwendungsarme, mithin *schlanke Produktion* reicht es also nicht aus, lediglich kostengünstig zu arbeiten, sondern zusätzlich ist auch das richtige, das heißt kundenwunschgemäße Produkt zu produzieren. Letztendlich ist nur so eine nachhaltige Gewinnsicherung zu gewährleisten. Die ‚schlanke Produktion' als Übersetzung der ‚Lean Production' sollte man, wie es zuweilen geschehen ist, nicht als dünn missverstehen, das heißt die Muskeln sollten bleiben, nur der Speck muss weg.

Der Zweck des Produzierens ist die Erfüllung eines Kundenwunsches. Ein Kundenwunsch wird erfüllt mit einem Produkt, das bestimmte Merkmale aufweist und bestimmte Funktionalitäten besitzt. Diese Aspekte werden in der Produktentwicklung grundsätzlich festgelegt und bei kundenspezifischen Produkten im Rahmen der Auftragsabwicklung variiert. Der Kundenwunsch geht aber über diese angepassten Grundeigenschaften eines Produktes hinaus. Es soll zusätzlich eine gewisse Qualität aufweisen, in bestimmten Mengen und bestimmter Fristigkeit verfügbar sein sowie einen akzeptablen Preis haben. Daher ist das Produzieren an unterschiedlichen Zielen auszurichten, deren wechselseitige Abhängigkeit hier vorbereitend erläutert werden soll (Abschn. 1.2). Diese ausführliche Reflexion der *Produktionsziele* ist notwendig, um die erforderliche Zweckmäßigkeit des Produzierens schließlich erreichen zu können.

Eine zweckmäßig ausgerichtete Produktion muss organisiert werden. Als schlanke Produktion wird ihr Ablauf in Form eines kundenorientierten und dabei effizienten Wertstroms realisiert. Unter dieser Wertstromperspektive wird die Produktion mit einem besonderen Fokus auf die Wertschöpfung betrachtet. Die Struktur der Produktion wird durch ihren Aufbau in einer Fabrik räumlich und sozial organisiert. Jeder Wertstrom hat seinen Ort in einer Fabrik. Die *Organisation von Produktion* als Wertstrom in einer Fabrik soll im Folgenden einleitend skizziert werden (Abschn. 1.1).

1.1 Die Organisation von Produktion

Die Organisation industriellen Produzierens erfolgt in der Fabrik. Die Fabrik bietet nicht nur als Gebäude den räumlichen Rahmen, sondern kann als das soziotechnische System der Produktion beschrieben werden (Abschn. 1.1.1). Um den Produktionsablauf innerhalb der Fabrik in seinem Zusammenhang ganzheitlich zu betrachten, nimmt man am besten die Wertstromperspektive ein, die die Produktion als Fluss der Wertschöpfung zeigt (Abschn. 1.1.2).

1.1.1 Die Fabrik

Quelle des Wohlstandes einer Gesellschaft sind zumeist die materiellen Grundlagen, die sie sich selber schafft. Daher spricht man heute sehr treffend von Industriegesellschaft – trotz Informations- oder Dienstleistungsgesellschaft, die doch selten eigenständig bestehen können. ‚Industrie' bedeutet etymologisch ‚Fleiß' und ‚Betriebsamkeit'. Der zentrale Ort dieser Betriebsamkeit ist die *Fabrik*, in der alles Notwendige und nicht ganz so Notwendige produziert wird. Dabei geht es nicht bloß um die Sicherung des schieren Überlebens, sondern auch um die Bereitstellung ‚objektiv überflüssiger' Güter, die das Leben erst abwechslungsreich und interessant machen. Mit ‚Fabrik' bezeichnet man gemeinhin eine gewerbliche Betriebs- oder Produktionsstätte zur – im Unterschied zur Manufaktur – maschinellen sowie arbeitsteiligen Herstellung von Produkten. Die VDI-Richtlinie 5200 zur Fabrikplanung definiert wie folgt: »Fabrik bezeichnet den Ort, an dem Wertschöpfung durch arbeitsteilige Produktion industrieller Güter unter Einsatz von Produktionsfaktoren stattfindet.« Konkrete Fabriken sind Ergebnis historisch gewachsener Veränderungen und Anpassungen im Fabrikbetrieb sowie geplanter Eingriffe der Fabrikplanung.

Ein detaillierteres Bild der Fabrik lässt sich in fünf Dimensionen Standort, Werkstruktur, Fabrikgebäude mit Fabrikstruktur und Fabriklayout, Produktionslogistik sowie Arbeitsorganisation entfalten. Diese Aspekte der Fabrik sollen im Folgenden etwas ausführlicher erläutert werden.

Standort Zunächst ist eine Fabrik durch ihren *Standort* näher bestimmt. Hauptmerkmale des Standortes auf lokaler Ebene betrachtet sind Kriterien wie Preis, Größe und Geländeform sowie die Anbindung an die Infrastruktur wie Wasserversorgung, Energie, Straßen, Eisenbahn, Kanäle, und ähnliches. Auf regionaler Ebene kommen Merkmale wie Arbeitskräfte, Arbeitsmarkt, Lohnniveau, Steuern und Subventionen sowie Klima und kulturelles Umfeld hinzu. Alle diese Standortfaktoren haben einen großen Einfluss auf den Fabrikbetrieb. Umgekehrt müssen die Gestaltung der Fabrik und der Produktionsprozesse zum Standort und seinen charakteristischen Merkmalen passen. Auf diese Weise ist die Fabrik in ihre Umgebung eingebettet.

Werk Am Standort befindet sich sodann das *Werk*. Im Rahmen einer Werkstrukturplanung werden die ersten Grenzen gezogen. Das vorgefundene Gelände wird geformt, geebnet und als Grundstück eingezäunt. Es werden Bauplätze für unterschiedliche Gebäude zur Produktion, zur Lagerung, zur Verwaltung oder für soziale Belange (wie Kantine, Firmenkindergarten) definiert. Diese Gebäude werden mit Wegen und Straßen logistisch verknüpft, und, falls noch Platz ist, werden Parkplätze und Außenanlagen eingeplant. Das Ergebnis, die ideal geplante Werkstruktur, beschreibt die Anordnung und Verknüpfung der Gebäude auf dem Grundstück sowie deren Anbindung an die externe Infrastruktur. Im Grunde handelt es sich also um eine mehr oder weniger kleine Stadt mit einer stark ausdifferenzierten Funktion. Daher ist die Werkstrukturplanung auch ein Arbeitsfeld für Städteplaner.

Fabrik Mindestens eines dieser *Gebäude* auf dem Werksgelände ist dann nun endlich die für die Produktion vorgesehene Fabrik im eigentlichen Sinne. Jede Fabrik setzt sich aus drei grundlegenden Bestandteilen zusammen, die äußere Gebäudehülle, die Struktur der internen Bereiche sowie die Anordnung der Produktionsmittel im Fabriklayout. Ein Fabrikgebäude besteht prinzipiell aus drei Komponenten, der Gebäudehülle mit Tragwerk, der Haustechnik mit der Medienversorgung sowie den Ausbauelementen, namentlich die Wände und Durchlässe (Fenster, Türen). Nun ist die Fabrik da, aus Produktionssicht aber noch immer leer. Mit der Segmentierung werden innerhalb des Fabrikgebäudes unterschiedliche Bereiche der Produktion gebildet. Ziel der Segmentierung ist es, eine transparente und effiziente *Fabrikstruktur* zu erreichen. Wenn somit gewissermaßen die Zimmer definiert sind, kann mit der Möblierung begonnen werden. Technologien werden ausgewählt; passende Betriebsmittel wie Maschinen und Anlagen sowie Förder- und Lagertechnik werden konzipiert, entwickelt, konstruiert, gebaut, in ihrer Anordnung geplant und schließlich installiert. Kriterien der Anordnung sind unter anderem die Materialflussbeziehungen, die den Materialtransport und die Lagerorte zwischen den einzelnen Betriebsmitteln beschreiben. Ergebnis ist schließlich das *Fabriklayout*, das den Flächenbedarf und die Anordnung aller Produktionsmittel im engeren Sinne beschreibt.

Logistik Damit ist das Bauen der Fabrik im Wesentlichen abgeschlossen. Nun beginnt viertens die eigentliche Arbeit, die Betriebsamkeit. Material und Maschinen müssen in Bewegung gesetzt werden. Dazu werden Informationen darüber gebraucht, was wann wo zu tun ist. Der Informationsfluss organisiert das zur Abwicklung der Aufträge notwendige Erfassen, Sammeln, Verarbeiten, Speichern und Verteilen von Daten und Anweisungen zur Planung und Steuerung der Produktion. Die entsprechend gestaltete *Produktionslogistik* steuert und betreibt die Fabrik mit Hilfe von Produktionsplänen. So erst kann aus dem Produzieren ein geplantes technisches Handeln werden. Dieses planvolle Handeln wird geleitet von den drei Zielen der Logistik, nämlich dem Erreichen einer hohen Maschinenauslastung bei geringen Beständen und einer hohen Liefertreue. Da diese Ziele selten alle gleich gut erfüllt werden können, befindet sich der Produktionsplaner im Ablaufplanungsdilemma (Abschn. 1.2.1). In der Konsequenz hat man es im Fabrikbetrieb häufig genug mit fehlgeplantem technischem Handeln zu tun, was sich freilich erst im Nachhinein zeigt.

Arbeitsorganisation Nun fehlen in der Fabrik als ihre fünfte Dimension nur noch die Mitarbeiter mit ihren Fertigkeiten und Qualifikationen, deren produktionsbezogenen Pflichten und Rechte in der *Arbeitsorganisation* festgelegt werden. Diese Zuordnung von Aufgaben zu Personen organisiert die Arbeitsverteilung. Zur sozialen Dimension der Fabrikarbeit gehören auch die Arbeitszeitmodelle, das Schichtsystem sowie das Entgeltsystem. Ferner sind die Mitarbeiter einer Fabrik in der Aufbauorganisation organisiert, die die Führungsstruktur festgelegt.

Alle fünf genannten Dimensionen – Standort, Werkstruktur, Fabrikgebäude mit Fabrikstruktur und Fabriklayout, Produktionslogistik sowie Arbeitsorganisation – werden in der Fabrikplanung ausgestaltet und für den Fabrikbetrieb vorbereitet. Die Fabrik im engeren Sinne, das eingerichtete Gebäude, kann man als Produkt eines Fabrikausrüsters bezeichnen, das dieser schlüsselfertig an den Betreiber übergibt. Nicht vergessen sollte man dabei die Einbettung der Fabrik in ihre räumliche und gesellschaftliche Umgebung sowie die Installation einer zielgerichtet operierenden Produktionslogistik, die die Fabrik erst in einen effizienten, kundenorientierten Arbeitszustand versetzt. Auch die Arbeitsorganisation, die die sozialen Regeln in der Fabrik definiert, kann nur grob konzipiert, nicht als Produkt verkauft und muss im Betrieb gelebt werden. Letzteres ist unabdingbare Voraussetzung dafür, dass Produktionsziele erreicht werden und entsprechend gestaltete Produktionskonzepte erfolgreich sein können. Die Fabrik ist mithin ein sehr komplexes *soziotechnisches System* (Ropohl 1999). Damit ist eine Fabrik jedoch nicht lediglich ein besonders kompliziertes und großes technisches Gerät, sondern es ist ein technisch geformter, also technomorph ausgestalteter und bewohnter Lebensraum des Menschen.

Die Fabrik, derart als Lebensort betrachtet, kann man – analog zum Biotop – als ein *Technotop* auffassen (Erlach 2000). Das menschliche Dasein vollzieht sich, das wird in der Fabrik besonders deutlich, in der Weise technischen Existierens. Die Menschen haben Techniken nicht nur als etwas äußerliches, sondern sie *sind* diese auch. Diese anthropologische Konstante scheint prägend für unseren Lebensstil zu sein. Eine Fabrik ist mehr ein Lebensort als ein Gebäude oder eine Produktionsstätte. Das zeigt auch, weshalb der Bau von Fabriken mit attraktivem Arbeitsumfeld ein notwendiger Luxus ist. Nur so werden die Mitarbeiter ihre Leistungsbereitschaft voll ausleben wollen und können. Es macht ferner plausibel, weshalb erfolgreiche Fabriken in ihrer Gestaltung oft zu den dort produzierten Produkten passen.

1.1.2 Der Wertstrom

Die Frage, wie eine Fabrik nun aussieht, wird in der Regel mit einem Foto vom Gebäude beziehungsweise Werksgelände sowie dem klassischen Gesamtergebnis einer Fabrikplanung, dem Fabriklayout, beantwortet. Damit sind nun aber lediglich Teilaspekte der Fabrik dargestellt, wie aus Obigem hervorgeht. Hauptsächlich werden die Bezeichnungen der maschinellen Einrichtungen sowie ihre Größe und räumliche Anordnung angegeben. Das lässt jedoch nur wenige Rückschlüsse auf den Produktionsablauf zu und erlaubt gar keinen Schluss auf die Güte der Fabrik. Eine Verbesserung der Darstellung erzielt man durch Einzeichnung des Materialflusses. Dadurch ist die Reihenfolge, in der das Erzeugnis die Betriebsmittel durchläuft, zu erkennen und es kann beurteilt werden, wie gut diese zur Betriebsmittelanordnung passt. Allerdings wird bei komplexen Abläufen die Darstellung der überlagerten Materialflüsse schnell unübersichtlich. Außerdem bleibt eine wichtige Frage unbeantwortet. Man sieht zwar im Materialfluss, dass sich etwas bewegt, nicht aber, weshalb dies geschieht, welcher Informationsfluss also die Produktionsabläufe veranlasst.

Wertstrommethode

Hier liegt nun der große Vorteil der Wertstrommethode. Neben Produktionsprozessen und Materialfluss visualisiert sie auch den Informationsfluss – und zwar innerhalb einer Darstellung. Zusätzliche Flussdiagramme von Geschäftprozessen sind damit lediglich zur Detaillierung erforderlich. Das Vorgangskettendiagramm der Auftragsbearbeitung ist in der Wertstromdarstellung verankert, die Schnittstellen zwischen Produktionsprozessen und Geschäftsprozessen werden deutlich. Ressourcen mit ähnlicher Funktion werden in der Darstellung zu Produktionsprozessen zusammengefasst. Die Abstraktionsleistung der Wertstromdarstellung erhöht gegenüber den zahlreichen im Layout angeordneten Einzelmaschinen die Transparenz der abzubildenden Produktionsabläufe. Verloren geht die räumliche Anordnung der Betriebsmittel. Eine Fabrik konzipieren, planen und darstellen wird man daher zunächst als Wertstrom und anschließend als Layout (Abschn. 4.1).

Die Wertstrommethode bietet mit der *Visualisierung* der Produktionsabläufe eine hervorragende innerbetriebliche Kommunikationsplattform zur gemeinsamen Verständigung über den aktuellen Ist-Zustand sowie den angestrebten Soll-Zustand einer Fabrik. Die umfassende Darstellung der Produktionsabläufe erlaubt eine transparente Analyse der Fabrik, um gezielt Schwachstellen aufzudecken und Verbesserungspotentiale zu erkennen (Kap. 2). Darauf aufbauend können Auswirkungen von Veränderungen in den Abläufen konzeptionell geprüft werden. Gestaltungsrichtlinien weisen dabei den Weg zur Verbesserung der Produktion hin zur wertstromoptimierten Fabrik (Kap. 3).

Die Wertstrommethode ist benannt mit den zwei Komponenten ‚Wert' und ‚Strom'. Der ‚Wert' bezieht sich darauf, dass mit der Herstellung von

Produkten eine *Wertschöpfung* verbunden ist. Dies beschreibt die generelle Absicht des Produzierens, nämlich aus einem Ausgangsmaterial die als wertvoller eingeschätzten Produkte zu erzeugen. Der ‚Strom' bezieht sich darauf, dass ein wesentliches Merkmal dieses Produzierens die räumliche Bewegung und qualitative Veränderung der Teile und Produkte im *Produktionsfluss* ist. Durch die Verwendung maschineller Anlagen sowie die arbeitsteilige Spezialisierung kann nicht alles am gleichen Ort – und dann auch nicht zur gleichen Zeit – erledigt werden.

Wert

Beim Produzieren erhalten die Ausgangsmaterialien durch die Wertschöpfung einen zusätzlichen Wert; das erzeugte Produkt wird daher recht treffend auch als ein ‚Gut' bezeichnet. Der *Wert* eines erzeugten Gutes ergibt sich aus seiner Bewertung bezogen auf einen Maßstab. Daraus folgt das grundsätzliche Problem, dass der Wert sowohl von den Eigenschaften des Gegenstandes als auch vom Maßstab abhängig ist. Aus der Sicht eines produzierenden Unternehmens bietet es sich an, den Wert von Gütern am Maßstab des jeweiligen Produktionsaufwandes zu messen – also sich im Wesentlichen an den Herstellkosten zu orientieren. Daraus resultiert dann die typische Kalkulation in einem Anbietermarkt: Der Preis ergibt sich als Summe von Herstellkosten und der vom Unternehmen festgelegten Gewinnspanne (Abb. 1.1, Fall 1). Den Kunden wird dann das Produkt in der Reihenfolge des Auftragseingangs oder auch nach anderen Gesichtspunkten gewissermaßen zugeteilt. Da im Laufe der Zeit die Kosten durch Lohnerhöhungen, Ersatzinvestitionen und erhöhte Einkaufspreise unvermeidlich ansteigen, sind auch regelmäßige Erhöhungen der Verkaufspreise notwendig.

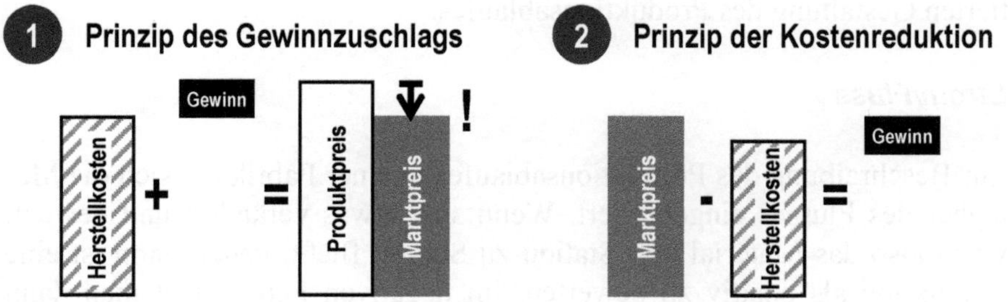

Abb. 1.1. Das Prinzip der Kostenreduktion

Während in einem Anbietermarkt kaum ein Anreiz zur *Kostenreduktion* besteht, kann in Wettbewerbssituationen der Produktpreis durchaus über dem Marktpreis zu liegen kommen. Im globalen Wettbewerb mit frei zugänglichen Märkten ist der Unternehmenserfolg somit wesentlich stärker vom erreichbaren Marktpreis bestimmt. Der Gewinn ergibt sich hierbei umgekehrt nach Abzug der Herstellkosten (Abb. 1.1, Fall 2). Eine Gewinnsteigerung ist demnach auch durch eine gezielte und beständige Kostenreduktion erreichbar. Für die Produktion bedeutet das, dass sie ständig verbessert werden muss, um die Herstellkosten tendentiell abzusenken und die unvermeidlichen Erhöhungen bei den Faktorenkosten durch Senkung des Produktionsaufwandes auszugleichen. Aus Produktionssicht ist das der einzige Stellhebel, um die Wettbewerbsfähigkeit eines Standortes dauerhaft zu sichern.

Je nach standortspezifischer Kombination der Faktorenkosten kann es aber bei manchen Produkten ein recht hoffnungsloses Unterfangen sein, global konkurrenzfähig bleiben zu wollen. Daher sollte man aus Unternehmenssicht nicht vergessen, dass der Preis auch den *Gebrauchwert* einer Ware spiegelt – gemessen nun am subjektiven Maßstab des jeweils vom Käufer erwarteten konkreten Nutzens. Dieser Nutzen resultiert aus der Eignung des Produkts zur Befriedigung eines Kundenbedürfnisses. So kann beispielsweise eine Lampe relativ unabhängig vom Preis mehr oder weniger gut zum Lesen geeignet sein, während repräsentative Aufgaben mit der Materialwertigkeit und damit mit dem Preis enger korrelieren. Der Nutzen kann relativ unabhängig vom Produktionsaufwand wesentlich höher oder schlimmstenfalls auch niedriger liegen als dieser. Entscheidend für den Erfolg eines Produktionsstandorts ist also insbesondere die Fokussierung auf den mit dem erzeugten Produkt generierten Kundennutzen. Das hängt einmal von den konkreten Produkteigenschaften ab – die hier nicht das Thema sind – sowie zum anderen von den kundenbezogenen Leistungsmerkmalen einer Produktion. Letzteres zeigt sich insbesondere in Lieferfähigkeit und Lieferqualität und ist abhängig von der kundenorientierten Gestaltung des Produktionsablaufes.

Strom/Fluss

Zur Beschreibung des Produktionsablaufes in einer Fabrik hat sich die Metapher des Flusses eingebürgert. Wenn sich etwas verändert und bewegt, wenn also das Material von Station zu Station fließt, genau dann ist eine Produktion als positiv zu bewerten. Im negativen Fall spricht man dann davon, dass die Produktion ins Stocken geraten ist, dass sich Material auftürmt und staut. Der *Produktionsfluss* gilt als Merkmal eines guten Produktionsablaufes und wird beispielsweise als Kennzahl mit dem Flussgrad gemessen.

Die reine Veränderung und Bewegung in der Fabrik ist aber letztlich noch keine Garantie dafür, dass die damit verbundenen Tätigkeiten auch wertschöpfend sind, dass also Werte geschaffen werden. Um diesen Aspekt zu betonen, eignet sich der Begriff ‚Wertstrom'. Der *Wertstrom* umfasst alle Tätigkeiten, die zur Wandlung eines Rohmaterials in ein Produkt notwendig sind.

- Das sind erstens die unmittelbar produzierenden Tätigkeiten, also Aktivitäten, die die Merkmale des jeweiligen Materials verändern. Das sind die sechs Hauptgruppen der Fertigungsverfahren nach DIN 8580, nämlich Urformen, Umformen, Trennen, Fügen, Beschichten und Stoffeigenschaft ändern.
- Es sind zweitens all jene logistischen Tätigkeiten, die der Handhabung, dem Transport, der Lagerung, der Bereitstellung und Kommissionierung dienen.
- Und es sind drittens die gemeinhin als indirekt bezeichneten Tätigkeiten der arbeitsvorbereitenden Planung und Steuerung sowie der instandhaltenden Pflege, Wartung und Reparatur der benötigten Maschinen und Anlagen sowie des Arbeitsplatzes.

Hinzu kommen noch zahlreiche Nebentätigkeiten, die durch spezifische Gegebenheiten, lokale Randbedingung und technologische Anforderungen verursacht sein können.

Die *Wertstromperspektive* einzunehmen heißt nun, alle diese Tätigkeiten als Ganzes in den Blick zu nehmen – und zwar mit besonderem Fokus auf die Wertschöpfung. Nur ein Teil der genannten Tätigkeiten gilt nämlich als *wertschöpfend* – Maßstab ist hier, ob diese Tätigkeit dem Material eine Eigenschaft hinzufügt, die seinen Wert aus Kundensicht erhöht. Allein das ist nicht immer leicht und zweifelsfrei festzustellen. Hinzu kommt, dass zahllose nicht-wertschöpfende Tätigkeiten aufgrund unterschiedlicher Randbedingungen als notwendig für den Produktionsablauf erscheinen. Zielsetzung einer Produktionsoptimierung ist es daher auch, die nicht-wertschöpfenden Tätigkeiten zu reduzieren oder gar zu eliminieren.

Produktionsverbesserung

So liegt die Wirkungslogik einer schlanken Fabrik in der Sisyphus-Arbeit ständiger Produktionsverbesserung (Abb. 1.2). Eine ähnliche Darstellung dieses Zusammenhangs findet sich im Daimler Chrysler Produktionssystem (Oeltjenbruns 2000). Kontinuierliche Verbesserungen ziehen, unterstützt durch eine passende Arbeitsorganisation, das mehr oder weniger schnell rotierende Rad des Wertstroms den Hang der Produktionsqualität nach oben. Verschwendungen aller Art stellen Hindernisse dar, die durch Aufwendungen bei der Umsetzung von Verbesserungen zu überwinden sind. Erreichte Verbesserungen werden durch das Setzen von Standards abgesichert, denn zu jedem guten Produktionsablauf gehört, dass er immer in der gleichen Weise durchgeführt wird. Die Grafik zeigt deutlich, weshalb die *Standardisierung* von solch zentraler Bedeutung ist. Ohne ihre Absicherung würde die Schwerkraft der schlechten Gewohnheiten das Niveau der Produktion sogleich wieder absenken. Außerdem sind manche Störungen und ein Großteil der Verschwendungen in der Produktion nur vor dem Hintergrund der Standards als solche überhaupt erkennbar. Die Gestaltungsrichtlinien für eine wertstromoptimierte Fabrik zielen daher alle auf eine Standardisierung ab, beziehungsweise setzen sie voraus. Mit Einführung einer neuen Produktionstechnologie – meist in Verbindung mit einem neuen oder stark veränderten Produkt – beginnt die Aufgabe der kontinuierlichen Verbesserung wieder auf Basisniveau. Diesmal sind die Veränderungstreiber allerdings um eine Erfahrung reicher und beim Aufstieg manchmal schneller.

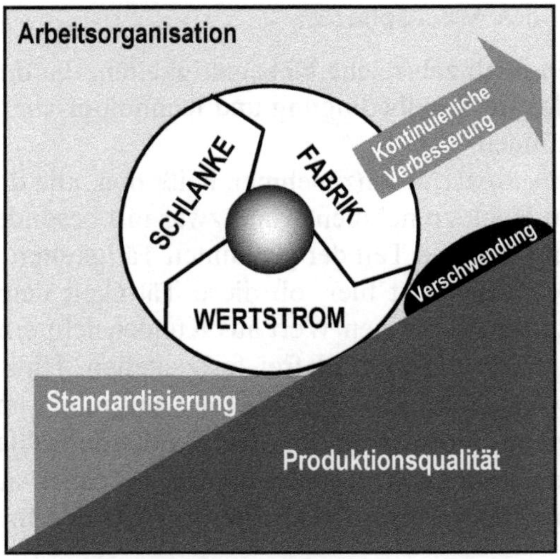

Abb. 1.2. Die Wirkungslogik ständiger Produktionsverbesserung

Bevor nun aber eine neue Produktion geplant oder eine bestehende verbessert werden kann, sollten Ziele und Zielgewichtungen für die Fabrik geklärt werden. Konkrete Einzelziele lassen sich in ein Zielsystem hierarchisch einordnen. Auf der höchsten Abstraktionsebene gibt es vier voneinander unabhängige Zieldimensionen, die nicht wechselseitig aufeinander reduziert werden können. Diese und vor allem ihr Zusammenhang und ihre Wechselwirkungen sollen im Folgenden näher beleuchtet werden.

1.2 Die vier Ziele der Produktion

Die erste Frage, die sich bei der Produktionsoptimierung stellt, ist die nach den Zielen, an denen die Verbesserungen zu messen sind. Die jeweilige Zielerreichung gibt dann an, wie gut eine Produktion ist, wie effizient sie arbeitet. In analoger Struktur können dann auch die Erfolgsfaktoren der in einer Fabrik produzierten Produkte am Markt angegeben werden. Diese Erfolgsfaktoren geben an, welche Kundenwünsche durch welche Leistungsmerkmale zu erfüllen sind, damit eine Fabrik erfolgreich am Markt agieren kann.

Gängig bei der Zielsetzung für Produktionen ist die Angabe der ‚heiligen Trinität' von Kosten, Qualität und Zeit – aufgezählt in der Reihenfolge ihrer ‚gefühlten' Wichtigkeit. Diese drei Punkte sind nicht ganz korrekt als Zielsetzung formuliert – gemeint sind damit niedrige Herstellkosten, hohe Produktqualitäten sowie kurze Durchlaufzeiten in Produktion und Auftragsabwicklung. Seltener und wohl auch erst in jüngerer Zeit wird explizit auch die angebotene Produktvielfalt als Produktionsziel formuliert. Die Zeiten der Massenfertigung, die der Henry Ford zugeschriebene Satz „Sie können jede Farbe haben, so lange es nur schwarz ist" so treffend charakterisiert, sind in dieser Form vorbei. In Serie hergestellte Produkte, die sich nicht im untersten Preissegment positionieren, heben sich daher insbesondere durch den ‚langen Schwanz' der Reihe unzähliger möglicher Varianten von der Konkurrenz ab.

Zieldimensionen

Eine Produktion ist demnach in seiner Leistungsfähigkeit durch vier voneinander unabhängige Zieldimensionen grundsätzlich bestimmt (Abb. 1.3). Diese vier Dimensionen Variabilität, Qualität, Geschwindigkeit und Wirtschaftlichkeit spannen auf allgemeiner Ebene die Breite des für eine Produktion geltenden *Zielsystems* auf. Jeder Zieldimension können einige typische Teilziele zugeordnet werden, die in ihrem wechselseitigen Zusammenhang das Zielsystem einer Produktion und damit die *Fabrikziele* formulieren. Die den vier Dimensionen zugeordneten Fabrikziele sind in der Realisierung voneinander abhängig, sie können also auch im Konflikt zueinander stehen (Abschn. 1.2.1). Sie können aber nicht wechselseitig ausgedrückt werden, das heißt die einer Dimension zugeordneten Ziele sind nicht auf Ziele in einer anderen Dimension rückführbar beziehungsweise reduzierbar. Qualitätsziele lassen sich beispielsweise nicht durch eine Rüstzeitreduzierung zugleich mit erreichen und auch nicht auf eine reine Wirtschaftlichkeitsbetrachtung reduzieren, wenn es um die Gestaltung einer Fabrik geht. Wohl aber können die einzelnen Ziele durch unterschiedliche Gewichtung eine unterschiedliche Relevanz erhalten.

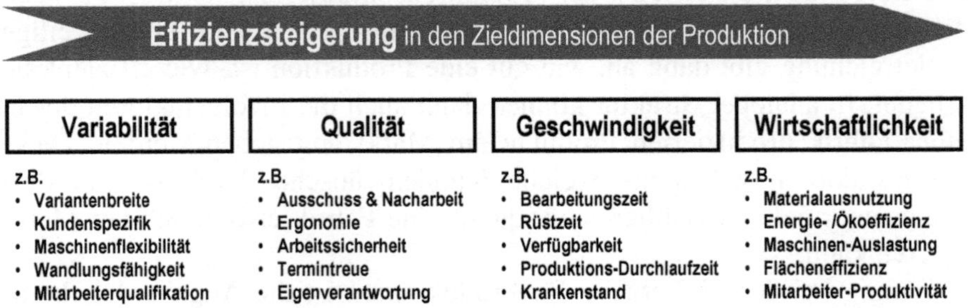

Abb. 1.3. Die vier Zieldimensionen der Produktion

Die vier Zieldimensionen sollen im Folgenden mit einigen Beispielen der zugeordneten konkreten Teilziele näher erörtert werden:

1. Die *Variabilität* einer Produktion gibt an, wie breit das mit ihm bewältigbare Produktionsspektrum ist. Hier ist festzulegen, welche Produkte in jeweils wie vielen Varianten produziert werden sollen – und ob es kundenspezifisch gestaltete Produkte gibt. Die Flexibilität einer Produktion gibt an, welche kurzfristigen Schwankungen der Marktnachfrage noch erfüllbar sind. Die Wandlungsfähigkeit beschreibt das Vermögen einer Produktion, kurz- bis mittelfristig strukturell auf geänderte Anforderungen zu reagieren.
2. Die *Qualität* einer Produktion gibt einerseits an, wie gering der produzierte Ausschuss beziehungsweise wie hoch die Gutausbeute der Produktionsprozesse ist. Andererseits beschreibt sie, wie gut jeweils welches Toleranzniveau eingehalten wird und wie zuverlässig die Produktionsprozesse arbeiten. Eng damit verbunden ist die Frage, ob die benötigten Mengen in exakter Stückzahl produziert werden können. Auch Ergonomie und Arbeitssicherheit der Produktionsprozesse sind eine Qualitätsgröße in einer Produktion. Ferner ist die Einhaltung von Terminen – sowohl intern als auch extern – ein Qualitätsmerkmal der Produktion.
3. Die *Geschwindigkeit* einer Produktion gibt zum einen an, wie zeitaufwendig die wertschöpfenden Prozessschritte sowie die zugehörigen Nebentätigkeiten, wie beispielsweise das Rüsten, sind. Zum anderen gehört zu dieser Zieldimension die Dauer der Produktionsdurchlaufzeit. Die Maschinenverfügbarkeit drückt die qualitative Zuverlässigkeit von Produktionsprozessen in ihrem zeitlichen Charakter aus. Häufigkeit und Dauer von Störungen können sehr prägend für die Effizienz einer Produktion sein.

4. Die *Wirtschaftlichkeit* einer Produktion gibt im Wesentlichen seine Produktivität bezogen auf alle Produktionsfaktoren an. Hier finden sich schließlich die Faktorenkosten wieder, die durch die Anforderungen der Variabilitäts-, Qualitäts- und Geschwindigkeitsziele vorgeprägt sind. Unmittelbar relevant für die Wirtschaftlichkeit sind die Mitarbeiterproduktivität, die Maschinenauslastung sowie die Materialausnutzung; im weiteren Sinne ist es die Nachhaltigkeit.

Die hier gewählte Reihenfolge der Zieldimensionen orientiert sich nicht an deren jeweiligen Wichtigkeit, denn diese ist je nach Produktion unterschiedlich. Sie gibt jedoch die logische Abfolge der erforderlichen Zielfestlegung in den einzelnen Dimensionen an. So beginnt man mit der Festlegung des zu produzierenden Produktspektrums, mit dem man sich einen Markterfolg erhofft. Anschließend sind dann die angestrebte Produktqualität und die zugehörige Produktionsqualität festzulegen. Wenn die Produktionsprozesse technologisch feststehen, können Bearbeitungszeiten und Prozessdauern ermittelt werden. Außerdem sind dann die Punkte im Produktionsfluss bekannt, an denen die Varianten gebildet werden. Erst abschließend kann mit der konkreten Gestaltung und Auswahl der zur Erreichung der anderen Ziele benötigten Ressourcen die Wirtschaftlichkeit geprüft werden. Spätestens bei der Wirtschaftlichkeitsbetrachtung gibt es dann Rückwirkungen auf die anderen drei Zieldimensionen. In der Regel führt das zur wechselseitigen Einschränkung der Zielerreichungsgrade, das heißt bei Variabilität, Qualität oder Geschwindigkeit müssen aus Kostengründen sowie anderen Unverträglichkeiten Abstriche gemacht werden.

Die Aufgabe der Produktionsoptimierung ist es nun, die *Effizienz* der Produktion im Hinblick auf die vier einander widerstrebenden Zieldimensionen beständig zu steigern. Dabei ist erschwerend zu berücksichtigen, dass diese Zielsetzungen auch eine historisch veränderliche relative Gewichtung haben – insbesondere getrieben durch technologische Entwicklung und gesellschaftlichen Wohlstand. Geht es zunächst darum, überhaupt ein bestimmtes Produkt zu besitzen, so steigen mit wachsendem Wohlstand und technologischer Erfahrung die Ansprüche an die Eigenschaften der Produkte, wie Funktionalität und Qualität. Dies kann zu höheren Erwartungen an die Leistungsfähigkeit der Produktion einhergehend mit der Akzeptanz (geringfügig) höherer Preise oder auch zu extremem Preisdruck bei verringerten Ansprüchen führen. Diese Erfahrung resultiert aus dem einfachen, doch leicht zu übersehenden Zusammenhang, dass gesellschaftlicher Wohlstand nur dann steigen kann, wenn die Produkte immer billiger werden, oder wenn sie bei nur moderat steigenden Preisen immer besser und leistungsfähiger werden. Der Kostendruck in der Produktion ist die Rückseite der Wohlstands-Medaille. Ermöglicht wird dies durch den technologischen Fortschritt. Dieser bietet entweder eine deutlich erhöhte Wirtschaftlichkeit bei der Produktion oder aber mehr Möglichkeiten, den Erreichungsgrad der leistungsbezogenen Ziele zu verbessern, ohne dabei die Wirtschaftlichkeit allzu sehr zu beanspruchen.

Erfolgsfaktoren

In diesen eher weit gefassten Grenzen kann sich ein Unternehmen mit seinen Produkten spezifisch am Markt positionieren – und niedrig- oder hochpreisige Produkte anbieten. Das Preisniveau kann gerechtfertigt sein durch Materialqualität, Verarbeitungsqualität, Haltbarkeit und Zuverlässigkeit, Design und Marken-Image, Verfügbarkeit, innovative Produktgestaltung, Folgekosten der Anwendung, Umweltverträglichkeit und anderes mehr (Abb. 1.4). Die analoge Struktur der Zieldimensionen der Produktion und der Erfolgsfaktoren der Produkte zeigt, dass beide aufeinander abgestimmt sein müssen. Die an einem bestimmten Produktionsstandort angestrebten Zielsetzungen müssen zur jeweiligen, vom Unternehmen strategisch festgelegten Ausprägung der Erfolgsfaktoren passen. So können die Stärken eines jeden Standorts auf entsprechend hohe Anforderungen an das dort herzustellende Produkt treffen.

Abb. 1.4. Die vier Erfolgsfaktoren der Produkte am Markt

Zieldimensionen

Aufgabe der Produktionsoptimierung ist es, die *Effizienz* der Produktion im Hinblick auf vier einander widerstrebende Zieldimensionen beständig zu steigern. Diese vier Dimensionen Variabilität, Qualität, Geschwindigkeit und Wirtschaftlichkeit spiegeln sich als Erfolgsfaktoren der Produkte am Markt. Mit den Marktzielen Lieferbarkeit, Lieferfähigkeit und Liefertreue, Lieferzeit sowie Preis sind die strategischen Vorgaben für eine Produktion im Wesentlichen komplett umrissen.

1.2.1 Die Dilemmata der Produktionsablaufplanung

Die Herausforderung an das Produktionsmanagement liegt nun darin, dass Maßnahmen zur Verbesserung einer Zieldimension oft zur Verschlechterung des Zielerreichungsgrades bei den anderen Dimensionen führen. Diese Zielwidersprüche treten bei der Disposition sowie der Ablaufplanung zwischen drei Zielgrößen auf und sind in der Fachliteratur jeweils als entsprechendes ‚Dilemma' (Gutenberg 1951) oder als *Zielkonflikte* der Produktionslogistik (Wiendahl 1997) bekannt. Sie sollen hier im Folgenden in leicht angepasster Weise jeweils als Dreiecksschema nachgezeichnet werden. Diese Vorarbeit erlaubt es, unter Ergänzung der vierten Zieldimension ‚Variabilität' ein allgemeines Schema der Zieldimensionen zu entwickeln (Abschn. 1.2.2).

Ablaufplanungsdilemma

Das *Ablaufplanungsdilemma* tritt bei der Ablaufplanung beziehungsweise Terminplanung für eine Produktion auf (Abb. 1.5). Deren Zielsetzung ist es, Fertigungs- und vor allem Kundenaufträge termingetreu fertigzustellen. Die Termintreue ist ein Maß für die logistische Prozesssicherheit der Produktion, die es zu maximieren gilt (Zieldimension ‚Qualität'). Insbesondere bei schwankendem Kundenbedarf ist dieses Ziel am einfachsten bei mehr oder weniger unbegrenzten Produktionskapazitäten zu erreichen. Da wegen der beschränkten Investitionsmittel Kapazitäten jedoch immer begrenzt sind, ist es gleichzeitig ein Ziel der Ablaufplanung, mit einer hohen Kapazitätsauslastung niedrige beziehungsweise marktfähige Produktionskosten zu erreichen (Zieldimension ‚Wirtschaftlichkeit'). Dazu ist eine Vergleichmäßigung der Produktionsmenge erforderlich.

Die Realisierung einer exakt gleichmäßigen Auslastung bei schwankender Kundennachfrage führt unweigerlich zu Schwankungen in den Durchlaufzeiten von Kunden- und Produktionsaufträgen. Dies gefährdet das Ziel der Termintreue, da die Einhaltung von Terminzusagen vorhersehbare Durchlaufzeiten voraussetzt. Generell gilt, dass kurze Durchlaufzeiten vorhersehbarer sind, da erstens für terminliche Verschiebungen weniger Zeit besteht; Aufträge sind gewissermaßen schon fertig bearbeitet, bevor man dazu kommt, Terminverschiebungen einzuplanen. Damit sind sie zweitens auch leichter plan- und steuerbar, da aufwendige Umplanungen sowie veränderliche Prioritäten entfallen. Schließlich sind drittens auch höhere prozentuale Schwankungen absolut betrachtet bei vergleichbaren Produkten von geringerer Bedeutung – bei zwei Tagen Lieferzeit machen fünfzig Prozent Verzögerung einen Tag aus, der eventuell durch eine Expresszustellung wieder einholbar ist, während dies bei einem Monat

Lieferzeit schmerzliche zwei Wochen wären (Zieldimension ‚Geschwindigkeit'). Zielsetzung der Ablaufplanung ist es also, Prozesssicherheit hinsichtlich Termintreue und Dauer bei gleichzeitig niedrigen Produktionskosten zu erreichen. Dabei steht die Auslastungsmaximierung im Zielkonflikt zur Maximierung der Termintreue und Minimierung der Durchlaufzeit, während die letzteren beiden, wie in der Abbildung gezeigt, durchaus verträglich sind (Abb. 1.5).

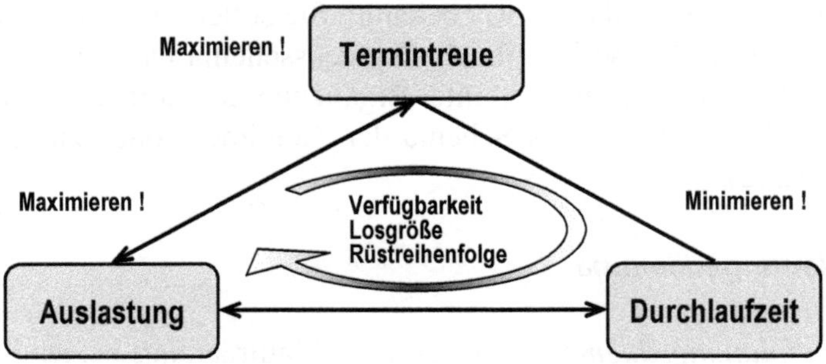

Abb. 1.5. Ablaufplanungsdilemma mit Zielkonflikten und Einflussgrößen

Die begrenzte Produktionskapazität wird zudem durch mangelhafte technische *Verfügbarkeit* der Ressourcen zeitlich unvorhersehbar eingeschränkt. Die dadurch beeinflusste Maschinenauslastung hat Rückwirkungen auf Durchlaufzeit und vor allem die Termintreue. Weitere Restriktionen entstehen insbesondere durch Rüstanforderungen, die einerseits als Rüstzeiten die verfügbare Kapazität weiter vermindern und damit die Ressourcenkosten erhöhen sowie andererseits eine Bildung von Produktionslosen, die typischer Weise gerade nicht dem unmittelbaren Kundenbedarf entsprechen, erforderlich machen. Optimierungsgrößen bei der Ablaufplanung sind damit die Produktions-*Losgrößen* sowie deren Reihenfolge, das heißt die *Rüstreihenfolge* (Abb. 1.5). Beides beeinflusst den Zielerreichungsgrad maßgeblich. Beim Rüsten zeigt sich der Zielkonflikt zwischen der Dringlichkeit einer Variante bezogen auf den aktuellen Kundenbedarf sowie dem von Losgröße und variantenabhängiger Rüstreihenfolge bestimmten Kapazitätsangebot.

Dispositionsdilemma

Das *Dispositionsdilemma* tritt sowohl bei der Disposition von Halbfabrikaten und Fertigprodukten als auch beschaffungsseitig bei der Materialwirtschaft in Erscheinung (Abb. 1.6). Zielsetzung der Disposition ist es, den Kunden eine Lieferung entsprechend des jeweiligen Kundenwunschtermins zusagen zu können, also eine hohe Lieferfähigkeit zu erreichen. Die Lieferfähigkeit ist ein Maß für die logistische Prozessfähigkeit der Fabrik, die es zu maximieren gilt (Zieldimension ‚Qualität'). Dies ließe sich leicht erreichen, wenn alle Produkte als Fertigware in den maximalen Bestellmengen der Kunden vorrätig gehalten würden. Je nach Varianzbreite der Endprodukte hätte man es dann jedoch mit exorbitanten Kapitalbindungskosten im Bestand zu tun. Um dies zu vermeiden, disponiert und lagert man Halbfabrikate und Rohmaterialien. Die geforderte Minimierung der jeweiligen Bestände setzt eine im Vergleich zur Lieferzeit geringere Wiederbeschaffungszeit beim Lieferanten respektive der eigenen Vorproduktion voraus. Hierbei gilt als wichtige Nebenbedingung, dass die Lieferzeit marktgerecht kurz sein muss (Zieldimension ‚Geschwindigkeit').

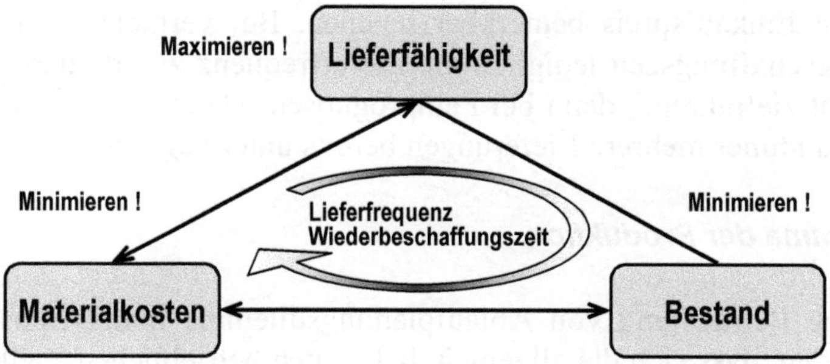

Abb. 1.6. Dispositionsdilemma mit Zielkonflikten und Einflussgrößen

Eine Bestandssenkung bei kurzen Wiederbeschaffungszeiten macht häufigere Bestellungen in kleineren Bestellmengen mit häufigeren Transporten erforderlich. Der mit der Zahl der Bestellvorgänge erhöhte Verwaltungsaufwand, die kleineren Bestellmengen in gegebenenfalls kleineren Verpackungen zum höheren Stückpreis sowie die häufigeren Lieferungen führen in der Regel zu höheren Materialkosten. Die Aufgabe der Beschaffung liegt nun darin, die Dispositions- und Beschaffungskosten auch bei kleineren, häufigeren Bestellvorgängen gering zu halten. Ganz analog verursacht das häufigere Auflegen von Fertigungsaufträgen in der internen Vorproduktion in der Regel höhere Kosten, die durch Minimierung von Steuerungsaufwänden, Transportstrecken und Rüstzeiten reduziert werden können (Zieldimension ‚Wirtschaftlichkeit'). Zielsetzung der Disposition ist es also, Prozessfähigkeit der Fabrik hinsichtlich Materialverfügbarkeit beziehungsweise Lieferfähigkeit bei gleichzeitig niedrigen Beschaffungskosten sowie geringen Beständen an Rohmaterialien und Halbfabrikaten zu erreichen. Dabei stehen die Maximierung der Lieferfähigkeit, die Minimierung der Bestände sowie die Minimierung der Materialkosten zueinander im Zielkonflikt (Abb. 1.6).

Optimierungsgrößen für die Disposition und die Materialwirtschaft sind die *Lieferfrequenz* und die *Wiederbeschaffungszeit* (Abb. 1.6). Eine Erhöhung der Lieferfrequenz ermöglicht kleinere Bestellmengen bei Lieferanten und in der Vorproduktion und ist Voraussetzung für Bestandsenkungen bei Rohmaterialien und Halbfabrikaten. Der erreichbare Maximalwert der Lieferfrequenz wird durch die Bestellkosten beschränkt. Durch Absenkungen der Kosten für einen Vorgang kann der Zielkonflikt entschärft werden; der Produktionsablauf verbessert sich insgesamt. Eine Verringerung der Wiederbeschaffungszeit senkt den Planungshorizont und erlaubt so, auf Kundenbedarfsschwankungen auch in der Beschaffung schnell zu reagieren. Dabei reicht es allerdings nicht aus, die Wiederbeschaffungszeit lediglich durch eine Bestandserhöhung beim Lieferanten zu verringern, der dann kurzfristig ab Lager liefern könnte, denn das würde sich früher oder später im Einkaufspreis bemerkbar machen. Bei vergleichsweise langer Wiederbeschaffungszeit lediglich die Lieferfrequenz zu erhöhen, ist ebenfalls nicht zielführend, denn bei Fehlprognosen würden die Bestände steigen, da ja immer mehrere Lieferungen bereits unterwegs sind.

Zieldilemma der Produktion

Die obige Betrachtung von Ablaufplanungsdilemma und Dispositionsdilemma zeigt, dass sich die allgemein bekannten betrieblichen Zielkonflikte auf die drei Hauptziele Qualität, Geschwindigkeit und Wirtschaftlichkeit beschränken. Dies lässt sich zusammenfassend im Dreiecksschema zum Dilemma der drei klassischen Ziele der Produktion darstellen (Abb. 1.7). Die Zieldimensionen sollen im Folgenden im Hinblick auf einige ausgewählte, in der Abbildung mit der jeweiligen Zielrichtung dargestellte Teilziele von zentraler Bedeutung näher erörtert werden.

Qualität Hierbei sind *technologische* Qualitätsziele von *logistischen* Qualitätszielen zu unterscheiden. Die technologische Qualität zeigt sich zum einen im Ergebnis, also in der *Produktqualität*, sowie zum anderen im Prozess, also in der *Produktionsqualität*. Der Unterschied besteht im Wesentlichen darin, wann und wo ein Fehler entdeckt wird. Geschieht dies noch in der Fabrik, dann liegt Ausschuss vor oder Nacharbeit ist erforderlich. Die Qualitätsmängel werden unmittelbar in der Produktion verortet. Wird ein Fehler erst nach Auslieferung entdeckt, dann fließt dies in die kundenseitige Bewertung der Produktqualität ein. Nun ist einer der Erfolgsfaktoren betroffen.

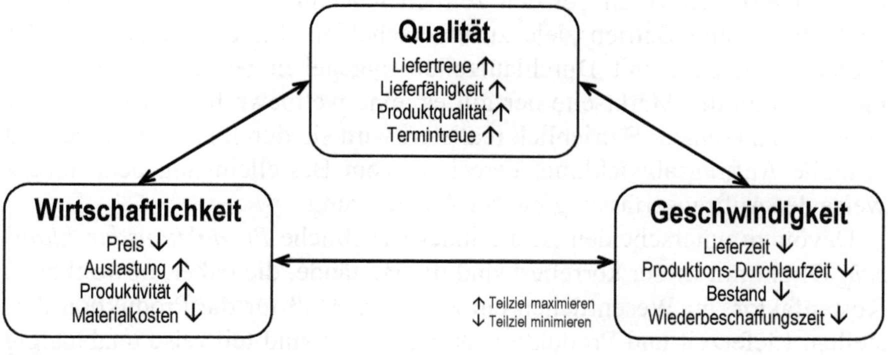

Abb. 1.7. Das Dilemma der drei Ziele der Produktion

Die logistische Qualität wird im Wesentlichen durch Termineinhaltung gemessen. Dabei sind grundsätzlich vier Termine zu unterscheiden: Der in der Bestellung gewünschte *Kundenwunschtermin*, der mit der Auftragsbestätigung zugesagte *Liefertermin*, der firmenintern in der Produktion geplante *Fertigstellungstermin* sowie schließlich der tatsächlich realisierte *Auslieferungstermin*. Im Idealfall betreffen alle diese vier Termine genau den gleichen Zeitpunkt. Weichen die Termine voneinander ab, so ergibt sich aus den Abweichungen von jeweils zwei Terminen jeweils eine Qualitätskennzahl. In der betrieblichen Praxis sinnvoll ist die Messung der folgenden drei Kennwerte:

- Die *Lieferfähigkeit* gibt den Grad der Übereinstimmung zwischen Kundenwunschtermin und zugesagtem Liefertermin in gewünschter Liefermenge an.
- Die *Lieferqualität* gibt den Anteil der in richtiger Menge zum zugesagten Liefertermin (Liefertreue) und ohne Qualitätsmängel der Produkte (Produktqualität) ausgelieferten Kundenaufträge an.
- Die *Termintreue* gibt den Anteil der in richtiger Menge rechtzeitig zum geplanten Fertigstellungstermin produzierten Teile und Produkte an.

Die Lieferfähigkeit trifft eine Aussage über die logistische *Prozessfähigkeit*, die Lieferqualität trifft eine Aussage über die logistische *Prozesssicherheit* (Wiendahl 2002). Beides sind Ziele, die ein Unternehmen marktseitig verfolgt. Die betriebsinterne Termintreue hingegen bleibt dem Kunden in der Regel verborgen und ist ausschließlich für die innerbetrieblichen Zwecke der Ablaufplanung relevant. Generell können also Markt- und Betriebsziele unterschieden werden. Alle genannten Qualitätskennzahlen der Termineinhaltung und Fehlerfreiheit gilt es im Idealfall zu maximieren.

Geschwindigkeit Auch bei den zeitlichen Kennzahlen einer Produktion sind Markt- und Betriebsziele zu unterscheiden. Erstere werden mit der Lieferzeit, letztere mit Durchlaufzeiten angegeben beziehungsweise gemessen. Von der Marktseite her gilt es, eine wettbewerbsfähige *Lieferzeit* anbieten zu können. Betrieblich realisiert wird sie durch eine entsprechend schnelle Auftragsabwicklung, gerechnet vom Bestelleingang beziehungsweise der Auftragserfassung bis zur Auslieferung.

Davon zu unterscheiden ist die innerbetriebliche *Produktionsdurchlaufzeit.* Direkt mit dieser korreliert sind die Bestände, die daher, obwohl auch Kostenfaktor, im Wesentlichen ein zeitliches Maß für die Produktion darstellen. Lieferzeit und Produktionsdurchlaufzeit sind teilweise unabhängig voneinander. Während die Lieferzeit um die administrative Auftragsabwicklung länger als die Durchlaufzeit ist, ist erstere um den zeitlichen Anteil der kundenanonymen Vorproduktion kürzer als letztere.

Ein weiterer zeitlicher Faktor ist die *Wiederbeschaffungszeit.* Sie kann sich einerseits auf die Dauer der betriebsinternen kundenanonymen Vorproduktion sowie andererseits auf die externe Beschaffung von Rohmaterial bei Lieferanten beziehen. Letztere beeinflusst bei kundenspezifischen Teilen unmittelbar die Lieferzeit. Bei kurzfristig starken Nachfragesteigerungen kann auch kundenanonymes Material ausgehen, so dass die Lieferzeit hierbei mittelbar negativ beeinflusst wird. Die betriebsinterne Wiederbeschaffungszeit ist nicht nur abhängig von der Dauer der Vorproduktion, also der entsprechenden Durchlaufzeit, sondern auch vom Zeitbedarf für die Einplanung und Einsteuerung der entsprechenden Fertigungsaufträge.

Die Reduktion der genannten Zeitkennwerte durch *Beschleunigung* der Produktion, der Beschaffung sowie der Auftragsabwicklungsprozesse unterstützt den Erfolgsfaktor kurzer Lieferzeiten. Bei weiterer Minimierung der Zeitwerte unter das zum Erreichen der geforderten Lieferzeit notwendige Niveau kann bei beschränkten Kapazitäten auch das Qualitätsziel der Lieferfähigkeit gefördert werden. Letztgenannter Zusammenhang zeigt bereits die später ausgeführte wechselseitige Abhängigkeit und Einflussnahme der Ziele untereinander.

Wirtschaftlichkeit Der marktseitig entscheidende Erfolgsfaktor ist – sofern man sich über das zu bestellende Leistungsangebot einig geworden ist – der *Preis.* Um im internationalen Wettbewerb mit konkurrenzfähigen Preisen Gewinne zu sichern, gilt es, alle *Kosten* zu minimieren. Die Berechnung der Wirtschaftlichkeit ist jedoch alles andere als einfach und kann hier nicht vertieft werden. Es sei im Folgenden nur kurz auf die drei Hauptfaktoren Personal, Betriebsmittel und Material hingewiesen. Zu beachten ist, dass nicht die absoluten Kostensätze, sondern nur die entsprechenden relativen Kennzahlen entscheidend sind.

- Beim Personal sind nicht die Lohnkosten pro Mitarbeiterstunde, sondern die *Personalproduktivität*, beispielsweise gemessen in Lohnstückkosten, ausschlaggebend für eine Wirtschaftlichkeitsbetrachtung. Zu beachten ist, dass auch Investitionen die Personalproduktivität beeinflussen. Damit überlagern sich jedoch fixe und variable Kosten, die sich nicht in der gleichen Weise beeinflussen lassen.
- Maschinenstundensätze gehören zu den Fixkosten, sind jedoch eigentlich abhängig von der jeweiligen *Auslastung*, die wiederum von Nachfrage und den gewählten Losgrößen abhängig ist.
- Die *Materialkosten* sind nicht nur von externen Faktoren abhängig, wie Einkaufspreis und Transportkosten. Hinzu kommen die betriebsinternen Abläufe mit den Bestellkosten, diese wiederum bezogen auf die Bestellfrequenz. Nicht zuletzt beeinflussen auch die Produktionstechnologien die Materialkosten pro Stück über den Grad der Materialausnutzung, beispielsweise beim Verschnitt.

Kennzahlen

Die drei Zieldimensionen Qualität, Geschwindigkeit und Wirtschaftlichkeit weisen jeweils eine Differenzierung in *Marktziele* und *Betriebsziele* auf. Marktziele sind Lieferqualität und Lieferfähigkeit, Lieferzeit sowie Lieferpreis. Betriebsziele sind Termintreue, Durchlaufzeit, Wiederbeschaffungszeit, Produktivität, Auslastung und Materialkosten. Dies stellt eine Auswahl aus den üblichen Kennzahlen zur Leistungsmessung in der Produktion dar und kann entsprechend der jeweiligen betrieblichen Gegebenheiten ergänzt werden.

Ein *Kennzahlensystem* für eine Produktion muss an den passend zu den Marktzielen parametrisierten Betriebszielen ansetzen – und ist entsprechend der vier Zieldimensionen zu gliedern.

Nicht erörtert worden sind die wechselseitigen Abhängigkeiten der drei klassischen Zieldimensionen. Außerdem ist das Dreiecksschema noch um die vierte Zieldimension der Variabilität zu ergänzen. Beides soll im Folgenden mit der Konstruktion des logischen Zielquadrates unternommen werden.

1.2.2 Das logische Zielquadrat

Das vierte Ziel einer hohen Variabilität der Produktion taucht in der Literatur zur Produktionsorganisation selten und allenfalls am Rande explizit auf. Das zuvor ausführlich erläuterte Zieldilemma der Produktion erweitert sich dadurch um eine Dimension. Somit sind bei der Festlegung der Fabrikziele die spezifischen Zielkonflikte von vier unabhängigen, nicht aufeinander reduzierbaren Dimensionen zu berücksichtigen und schließlich zu entscheiden. Im Folgenden ist neben der vierten Zieldimension darzustellen, wie die einzelnen Konfliktlinien zwischen den Zieldimensionen im erweiterten Zieldilemma der Produktion verlaufen.

Variabilität

Als Marktziel kann hier die *Lieferbarkeit* angegeben werden. Diese Größe gibt an, ob ein Produkt überhaupt, das heißt unabhängig von seiner gegenwärtigen Verfügbarkeit, lieferbar ist. Während die Lieferfähigkeit Auskunft über die Verfügbarkeit zum jeweiligen Liefertermin gibt, besagt die Lieferbarkeit, welcher Kundenwunsch im Prinzip erfüllbar und damit lieferbar ist, wie also das angebotene Produktspektrum aussieht.

Abgeleitet daraus ergibt sich das Betriebsziel, die angebotene Produktvielfalt auch abdecken zu können. *Flexibilität* und *Wandlungsfähigkeit* stellen sicher, dass die gesamte Varianz und Kundenspezifik des Produktspektrums auch produziert werden kann. Die Variabilität ist inzwischen relativ zu den anderen Zielen von steigender Bedeutung für den Unternehmenserfolg. In vielen Märken kann ein Unternehmen seine Wettbewerbsfähigkeit gerade dadurch erhalten, dass es hierauf seine höchste Zielgewichtung legt. So ist eine hohe Qualität oft eine Selbstverständlichkeit und lediglich die kurzfristige Verfügbarkeit eines auf den Kunden zugeschnittenen Produktes kann ein Unternehmen vom global verfügbaren Produktstandard mit meist niedriger Gewinnmarge abheben.

Zielkonflikte

Wie sich bei den klassischen Dilemmata bereits angedeutet hat, stehen die vier Zieldimensionen nicht alle in gleicher Weise im Widerspruch zueinander. Die Zielkonflikte sind vielmehr mehr oder weniger strikt ausgeprägt. Manche Ziele sind einfacher erreichbar als andere, manche Ziele sind miteinander bedingt verträglich, andere sind in der Zielerreichung gänzlich unverträglich. Insgesamt lassen sich vier Typen möglicher Verhältnisse der vier Zieldimensionen untereinander unterscheiden:

1. Der *kontradiktorische Zielwiderspruch* ist der am stärksten ausgeprägte Widerspruchstyp. Hierbei führt die Verbesserung im Erreichungsgrad des einen Ziels zur Verschlechterung beim jeweils anderen Ziel.

2. Beim *konträren Zielwiderspruch* ist die Zielerreichung der beiden einander gegenüberstehenden Ziele jeweils unverträglich. Dieser etwas abgeschwächte Widerspruch bedeutet, dass sich die Erfüllung der beiden Ziele nicht gleichzeitig verbessern lässt; wohl aber kann eine Zielerfüllung verbessert werden, ohne dass das andere Ziel dadurch schlechter erfüllt wird.
3. Manche Ziele lassen sich grundsätzlich leichter verwirklichen als andere, da sie geringere Anforderungen bei der Umsetzung stellen. Diese *Zielunterordnung* ist im logischen Sinne, nicht jedoch hinsichtlich ihrer praktischen Relevanz, zu verstehen.
4. Eine *Zielverträglichkeit* besteht, wenn sich der Erfüllungsgrad zweier Ziele nicht gleichzeitig verschlechtern lässt, ohne dies explizit als Ziel anzustreben. In diesem Fall lassen sich beide Ziele unabhängig voneinander besser erfüllen.

Logisches Zielquadrat

Die vier Zieldimensionen können nun in einem Quadrat angeordnet werden. Durch die vier Seiten und zwei Diagonalen ergeben sich insgesamt sechs Oppositionsstellungen zwischen den vier Zieldimensionen. Jeder dieser Oppositionen kann nun ein Typ der zuvor erörterten Zielkonflikte zugeordnet werden. Die Zusammenhänge zwischen den vier Zieldimensionen und den jeweils zugehörigen Zielkonflikten lassen sich so zum *logischen Zielquadrat* verdichtet darstellen (Abb. 1.8). Die Anordnung der vier Zieldimensionen im Quadrat ergibt sich aus der jeweiligen Art der wechselseitigen Zielkonflikte, ist also nicht beliebig. Anhand dieser schematischen Darstellung kann der unterschiedliche logische Charakter der Zielkonflikte in der Produktion aufgezeigt werden. Die allgemeine Darstellung der Zusammenhänge soll helfen, bei konkret aufscheinenden Zielkonflikten den Widerspruchscharakter zu klären und in Abhängigkeit davon gegebenenfalls eine teilweise Verträglichkeit zu erreichen. Im Folgenden werden alle sechs Zielkonflikte näher beschrieben.

1. Qualität & Wirtschaftlichkeit: kontradiktorischer Zielwiderspruch
Diese Konfliktlinie besagt, dass die Verbesserung der Qualität immer zu höheren Kosten führt. So macht beispielsweise eine Steigerung der Produktqualität genauere und damit teurere Ressourcen, höher qualifizierte und daher besser bezahlte Mitarbeiter und gegebenenfalls zusätzliche, nicht kostenfreie Qualitätssicherungsprozesse erforderlich. Und falls man diese zusätzlichen Ausgaben scheut, erhöhen sich bei den angenommenen höheren Qualitätsanforderungen die unmittelbaren Ausschusskosten, da nun weniger Teile innerhalb der Toleranz liegen. Das häufig verfolgte

Ziel, durch eine mit größeren Losgrößen erhöhte Auslastung die Wirtschaftlichkeit zu steigern, senkt die logistische Qualität. Da bedingt durch größere Lose längere und stärker schwankende Wartezeiten vor den Ressourcen entstehen und deshalb auf dringend benötigte Teile länger gewartet werden muss, sinkt die Termintreue. Eine eingeschränkte Aufhebung des Zielkonfliktes liegt darin, die dem Marktpreis angemessene Qualität zu erreichen.

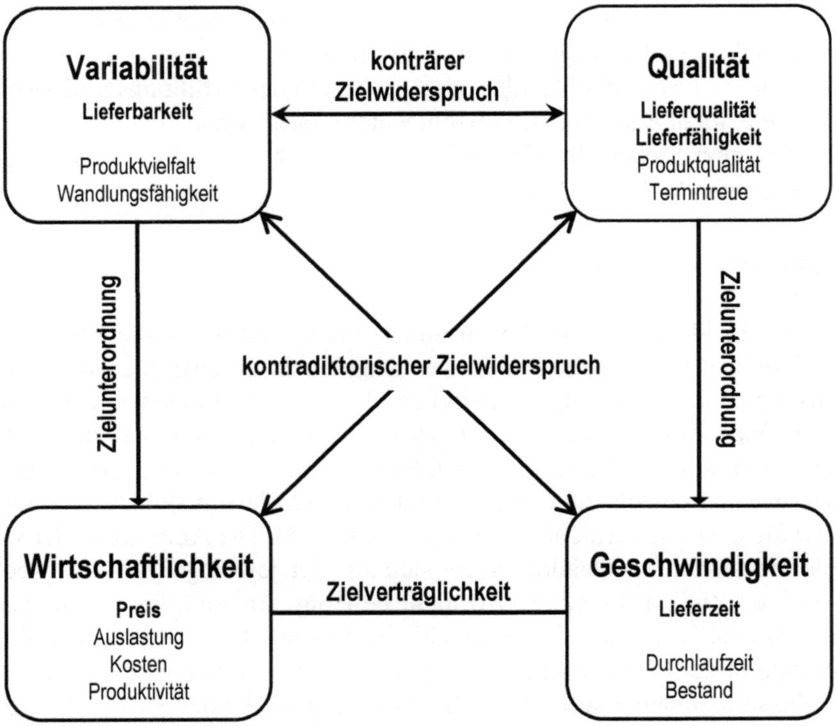

Abb. 1.8. Das logische Zielquadrat der Produktion mit den sechs Konfliktlinien

2. Variabilität & Geschwindigkeit: kontradiktorischer Zielwiderspruch
Diese Konfliktlinie besagt, dass die Erhöhung der Variabilität immer zu längeren Lieferzeiten und oder höheren Beständen führt. Ein einfaches Beispiel für diesen Effekt ist das Kanban-Supermarkt-Lager, in dem immer alle Varianten gelagert werden müssen. Mit der Anzahl der Varianten steigen der Bestand und damit die Produktionsdurchlaufzeit (Abschn. 3.3.2). Die kürzestmögliche Lieferzeit erreicht man mit lagerhaltigen Produkten, da das Auslagern in der Regel schneller geht als jeder Herstellungsprozess. Lagerfertigung ist jedoch nur bei einem eingeschränkten Produktspektrum möglich; für kundenspezifische Produkte ist dies

schlechterdings unmöglich zu erreichen. Generell gilt: Je mehr Varianten man hat, je kundenspezifischer ein Produkt ist, desto früher muss in der Kette der Produktionsprozesse kundenauftragsbezogen gefertigt werden und desto länger muss der Kunde warten. Eine eingeschränkte Aufhebung des Zielkonfliktes liegt darin, den Variantenentstehungspunkt möglichst spät im Produktionsfluss anzusetzen. In ähnlicher Weise sind flexible Bearbeitungsmaschinen zumeist in der Bearbeitung langsamer. Die Bearbeitungsgeschwindigkeit zu steigern wird umso schwieriger, je mehr Werkzeuge erforderlich sind und je unterschiedlicher die Aufspannvorrichtungen sein müssen.

3. Variabilität & Qualität: konträrer Zielwiderspruch
Diese Konfliktlinie besagt, dass einerseits die Erhöhung der Variabilität die Einhaltung der Qualitätsziele erschwert sowie andererseits die Erhöhung der Qualitätsanforderungen zu einer Einschränkung in Varianz und Flexibilität führt. So führt beispielsweise die Erhöhung der Produktvielfalt durch kundenspezifische Anpasskonstruktionen zu einer ganz neuen Art des Risikos ungeplanter zeitlicher Verzögerungen. Dadurch kann die Liefertreue sinken, muss aber nicht. Hier aber besser sein zu wollen als im Seriengeschäft, ist ein sehr unglaubwürdiges Ziel. Qualitätsprobleme durch zu langsame oder fehlerhafte Konstruktionsanpassung können bei Katalogprodukten definitionsgemäß nicht vorkommen. Generell stellt eine größere Varianz höhere Anforderungen an die Produktion, die dann mit geringerer Teilequalität, ungenauerer Termineinhaltung oder verringerter Lieferfähigkeit antwortet. Eine eingeschränkte Aufhebung des Zielkonfliktes liegt darin, durch langsame Erhöhung der Anforderungen auf der einen Seite der anderen die Möglichkeit zu geben, sich mit zu verbessern, also nicht oder nur geringfügig zurückzufallen.

4. Variabilität & Wirtschaftlichkeit: Zielunterordnung
Diese Verbindungslinie besagt, dass es generell einfacher ist, Produktivität und Auslastung zu verbessern, als das Produktspektrum zu erweitern. Es ist generell betrachtet einfacher, bei einem Standardprodukt die Herstellkosten zu senken, als eine bestehende Produktion flexibler zu gestalten, um ein weit gefächertes Produktspektrum fertigen zu können. Eine bestehende Produktion wandlungsfähig zu machen, ist eine noch größere Herausforderung, da es bauliche und konstruktive Änderungen an den Betriebsmitteln erforderlich macht. Umgekehrt kann eine flexibler gestaltete Maschine zugleich auch besser ausgelastet sein als eine unflexible Maschine. Beide Zieldimensionen können demnach zugleich in höherem Grad erfüllt werden, liegen aber auf einem ganz anderen Niveau der Produktionsgestaltung. Zugleich stehen sie auch im Widerspruch, da eine zu hoch gewählte Flexibilität im Regelfall unwirtschaftlich ist.

5. Qualität & Geschwindigkeit: Zielunterordnung
Diese Verbindungslinie besagt, dass die Qualität in der Regel schwieriger zu steigern ist als die Geschwindigkeit. So kann man durch das Vorhalten von Lagerware die Lieferzeit generell sehr einfach minimieren. Dabei ist es dann die eigentliche Herausforderung, in jedem Fall liefertreu zu sein – und nicht alles auf Lager zu haben, außer eben der gerade gewünschten Variante. Ganz analog betrachtet ist es auch einfacher, schnell zu produzieren als in guter Produktqualität; oder durch Bestandssenkung die Produktionsdurchlaufzeit abzusenken, als immer lieferfähig zu bleiben. Entwickelt man aber ein gutes Konzept für den Produktionsablauf, dann kann man auch die Termintreue verbessern, indem man die Durchlaufzeit verkürzt. In ähnlicher Weise sind manche Produktionsprozesse qualitativ besser, wenn sie beschleunigt durchgeführt werden.

6. Wirtschaftlichkeit & Geschwindigkeit: Zielverträglichkeit
Diese Verbindungslinie besagt, dass Wirtschaftlichkeit und Geschwindigkeit in der Regel zugleich gesteigert werden können. Beispielsweise können durch eine Rüstzeitreduzierung bei leicht verringerten Losgrößen und dadurch entsprechend sinkenden Beständen zugleich die Durchlaufzeit verringert, die Maschinenauslastung erhöht und die Rüstkosten gesenkt werden. Eine verringerte Durchlaufzeit spart zwangsläufig die zugehörigen Bestandskosten ein. Beide Zieldimensionen sind also teilweise positiv korreliert.

Logisches Zielquadrat
Das hier vorgestellte logische Zielquadrat der Produktion zeigt, wie die vier Zieldimensionen einer Produktion in sechs unterschiedlich gearteten *Zielkonflikt*-Verhältnissen zueinander stehen. Die Verbesserung der einzelnen Ziele geht dabei nicht immer auf symmetrische Weise zu Lasten eines anderen Zieles; manche Ziele sind durchaus gleichzeitig verbesserbar.

Aufgabe der Produktionsoptimierung ist es, den Produktionsbetrieb an einem bestimmten Produktionsstandort mit seinem zugehörigen Produktspektrum hinsichtlich der vier Zieldimensionen so auszutarieren, dass der jeweils geeignete Zielerreichungsgrad realisiert wird.

In diesem Buch soll nun gezeigt werden, wie man eine optimale Produktion gestalten kann. Dazu werden mit der Methode des Wertstromdesigns Gestaltungsrichtlinien vorgeschlagen, die es erlauben, eine Produktion so zu gestalten, dass man die zugehörige Fabrik in einem auf spezifische Ziele bezogenen optimalen Betriebspunkt betreiben kann (Kap. 3). Zunächst aber muss die Produktion in ihrem jeweiligen Ist-Zustand erfasst werden, damit der Ausgangspunkt für die Umgestaltung und/oder Neugestaltung der Produktion deutlich und in richtiger Weise vor Augen liegt. Ein ausgezeichnetes Hilfsmittel dazu ist die im Folgenden vorgestellte Wertstromanalyse (Kap. 2).

2 Wertstromanalyse

Das Lieblingsfeld deutscher Ingenieurskunst ist die detaillierte Optimierung der einzelnen Produktionsprozesse hinsichtlich Qualität, Zuverlässigkeit und Ausstoß. Das ist notwendig für den nachhaltigen Unternehmenserfolg, da hier das spezifische technologische Know-how erarbeitet und weiterentwickelt wird. Allerdings ist es im Wettbewerb nicht immer ausreichend, mit seiner technologischen Kernkompetenz weit vorne oder gar an der Spitze zu stehen. Auch das Zusammenwirken der jeweils optimierten Einzelprozesse untereinander ist erfolgsrelevant. Neben der technischen benötigt ein Unternehmen daher auch eine ablauforganisatorische Kompetenz. So können in einzelnen Produktionsprozessen erreichte Verbesserungen komplett verpuffen, wenn sie nicht mit Bezug auf den gesamten Produktionsablauf geplant und umgesetzt werden. Erst wenn alle Produktionsprozesse gut aufeinander abgestimmt und logistisch in geeigneter Weise verknüpft sind, kann ein Unternehmen erfolgreich sein. Die *Wertstromperspektive* nun richtet ihre Aufmerksamkeit gerade auf diesen übergeordneten Aspekt des Zusammenhangs der einzelnen Produktionsprozesse. Dadurch geraten erfolgskritische Aspekte der Produktion ins Blickfeld, die andernfalls übersehen werden.

Während also eine rein technologisch orientierte Sichtweise eine Produktion nur punktuell, nämlich in den einzelnen Produktionsprozessen, untersuchen kann, ist für die Betrachtung der Produktion im Ganzen eine am Produktionsablauf orientierte Sichtweise erforderlich. Genauso können auf Basis der jeweiligen Analyseergebnisse im ersten Fall nur punktuelle Verbesserungen erreicht werden, während erst die ganzheitliche Betrachtung auch eine Verbesserung des gesamten Produktionsablaufes ermöglicht. Letzteres aber ist entscheidend für den Erfolg, da punktuelle Meisterleistungen eine mäßige Gesamtleistung kaum verbessern können. Vielmehr gilt es, die Sichtweise umzukehren. Aus dem Gesamtablauf einer Produktion heraus müssen die *Anforderungen* an die Einzelprozesse abgeleitet werden. Dies ermöglicht die Wertstrommethode in überzeugender Weise.

Unabdingbare Voraussetzung für die Verbesserung einer Produktion ist die zielgerichtete Erfassung ihres Ist-Zustandes. Um den Ist-Zustand korrekt zu ermitteln, zielen sehr viele Analysemethoden auf eine *möglichst vollständige* Datenerfassung ab. Diese Ansätze haben in der Regel den Nachteil, sehr aufwendig zu sein und einen höheren Genauigkeitsgrad vorzutäuschen, als die Aussagekraft ihrer Ergebnisse eigentlich zulässt. Außerdem leisten sie keine übersichtliche Darstellung der gesamten Produktion, sondern liefern eher in Graphen verdichtete Einzelergebnisse.

Ein anderer Weg, den Ist-Zustand einer Produktion korrekt zu ermitteln, besteht darin, eine *möglichst umfassende* Darstellung aller Produktionsabläufe zu erreichen. Dazu ist jedoch die Datenaufnahme gezielt zu vereinfachen. Differenzierte Datenanalysen werden so auf abgeschätzte Erfahrungswerte oder Durchschnittswerte verkürzt. Dadurch sinkt der für die Analyse erforderliche Aufwand enorm – und gleichzeitig steigt die Übersichtlichkeit und Aussagekraft des Ergebnisses. Zudem liegen die Analyseergebnisse aufgrund des reduzierten Aufwandes deutlich schneller vor. Werksanalysen, die andernfalls Wochen benötigt hätten, sind bereits nach einigen Tagen abgeschlossen. Alle diese Eigenschaften machen die *Wertstromanalyse* zu einem so herausragenden Analyseinstrument. Seine Anwendung soll in diesem Kapitel ausführlich beschrieben werden.

Die Wertstromanalyse ist *die* ausgezeichnete Methode, um den Ist-Zustand einer Produktion übersichtlich und umfassend darzustellen. Dies ist im Wesentlichen möglich durch die Berücksichtigung von Produktionsprozessen, Materialfluss und auch Informationsfluss sowie der Art und Weise, wie diese durch einfache Symbole visualisiert werden. Dieses Buch erweitert das bekannte Vorgehen der graphischen Darstellung mit Symbolen (Rother 2000) vor allem beim Informationsfluss und ergänzt es zudem durch einfache Methoden der Datenanalyse. Das steigert Anwendungsbereich und Aussagekraft noch einmal deutlich, ohne Aufwand und Schwierigkeit in der Anwendung nennenswert anzuheben.

Wertstromdarstellung

Um die Tätigkeiten des Produzierens in einer Fabrik möglichst umfassend abzubilden, ist eine geeignete *Modellierung* erforderlich. Ein solches Modell ist dann geeignet, wenn es einen Gegenstand vereinfacht und zweckmäßig wiedergibt. Genau dies leistet die Wertstrommethode auf effektive Weise. Die Modellierung des Wertstroms in einer Fabrik basiert auf *sechs Grundelementen*, die jeweils mit spezifischen Parametern beschrieben und der Art nach noch etwas ausdifferenziert werden können (Abb. 2.1):

1. ‚Produktionsprozesse' beschreiben die unmittelbar produzierenden Tätigkeiten in der Fabrik sowie bei externer Bearbeitung,
2. ‚Geschäftsprozesse' beschreiben die Aufgaben der Auftragsabwicklung inklusive der Produktionsplanung und –steuerung,

3. Der ‚Materialfluss' beschreibt den Transport der Materialien zwischen den Produktionsprozessen einschließlich der Bestände,
4. Der ‚Informationsfluss' beschreibt die transferierten Daten und Dokumente zwischen den Geschäftsprozessen und hin zu den Produktionsprozessen inklusive der Datenfrequenz,
5. Der ‚Kunde' bildet die von der Produktion abzudeckende Kundennachfrage ab und modelliert so die Systemlast,
6. Der ‚Lieferant' bildet die Versorgung der Produktion mit Rohmaterialien und Teilen ab.

Der Wertstrom nun fließt von den Lieferanten durch die Fabrik zu den Kunden, in der bildlichen Darstellung also von links nach rechts (Abb. 2.1). Flussabwärts liegende Produktionsprozesse liegen demnach näher am Kunden als die flussaufwärts befindlichen Prozesse. Die Geschäftsprozesse der Auftragsabwicklung, der physische Materialfluss in der Fabrik sowie der komplette Informationsfluss zu allen Produktionsprozessen bilden in Summe die gesamte Produktionslogistik einer Fabrik. Die *logistische Verknüpfung* zweier Produktionsprozesse bezeichnet den Materialfluss zwischen beiden Prozessen sowie die zugehörige Steuerungslogik. Auf übergeordneter Ebene kann man also zwischen Produktion und Logistik unterscheiden.

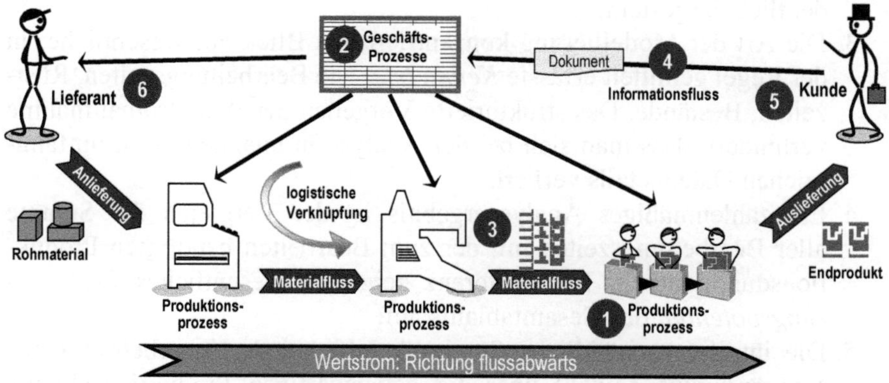

Abb. 2.1. Der Wertstrom in der Fabrik

Basierend auf der erläuterten Modellierung erlaubt die Wertstrommethode eine prägnante *Visualisierung* des Wertstroms. Jedes der sechs genannten Modellelemente wird durch einfache *Symbole* dargestellt. Da die Wertstromperspektive den Fokus auf die logistischen Verknüpfungen legt, werden diese je nach ihrer charakteristischen Ausprägung auch durch unterschiedliche Symbole dargestellt. So lassen sich typische Merkmale eines Produktionsablaufes auf einen Blick erkennen. Wichtige Besonderheiten können durch weitere selbsterklärende Symbole dargestellt werden. Die *Wertstromdarstellung* einer kompletten Produktion entspricht dann einer Zeichnung, die aus diesen Symbolen gebildet ist.

Die Abbildung einer Produktion mit einer einfachen Symbolik hat zwei entscheidende Vorzüge. Der erste liegt in der überaus kompakten Darstellung eines kompletten Analyseergebnisses. Der zweite liegt in der Art und Weise begründet, wie eine *Wertstromaufnahme* durchgeführt wird. Daraus ergeben sich im Einzelnen folgende Vorteile:

1. Die Einfachheit der Symbolik erlaubt es, die Wertstromdarstellung vor Ort in der Fabrik als Bleistiftskizze zu erstellen. So werden bei der Analyse die *tatsächlich* angetroffenen Verhältnisse – die faktische *Ist-Situation* – auf dem Shop Floor erfasst. Das ist ein deutlicher Unterschied zu einer fabrikfern durchgeführten Datenanalyse.
2. Die Visualisierung leistet eine übersichtliche Darstellung der kompletten Produktion. Die Visualisierung ist kompakt; sie ermöglicht in der Regel die Darstellung aller Produktionsabläufe von den Lieferanten bis zu den Kunden auf einem DIN A3-Blatt. Mit dieser übersichtlichen Darstellung erreicht der Anwender *Transparenz* über die Gegebenheiten in der Produktion. Dadurch wird zugleich der – gegebenenfalls unnötig hohe – *Komplexitätsgrad* des Produktionsablaufes deutlich dargestellt.
3. Die Art der Modellierung konzentriert den Blick auf wesentliche, in der Regel gemittelt erfasste *Kennwerte*, wie Bearbeitungszeiten, Rüstzeiten, Bestände. Das strukturierte Vorgehen der Wertstromaufnahme verhindert, dass man sich bei der Analyse in unangemessen umfangreichen Datendetails verliert.
4. Ein zahlenmäßiges Analyseergebnis ist der Vergleich der Summe aller Bearbeitungszeiten mit der zum Bearbeiten benötigten Produktionsdurchlaufzeit. Die Differenz zeigt ein wesentliches *Verbesserungspotential* des Gesamtablaufs auf.
5. Die intuitiv verständliche Symbolik hilft bei der innerbetrieblichen Verständigung sowohl über die gegenwärtigen Produktionsabläufe mit ihren Schwachstellen, als auch über Lösungsansätze für die künftige Gestaltung der Produktion. Sie kann ferner als Basis dienen für die *Kommunikation* mit produktionsfremden Partnern über die Leistungsfähigkeit der Produktion, ihre Gestaltungsspielräume und die Anforderungen an sie.

Kundensicht

Zentrale Grundidee der Wertstromanalyse ist es, immer *Kundensicht* einzunehmen. Denn die Kundensicht bestimmt die Anforderungen an die Produktion im Ganzen sowie an jeden einzelnen Produktionsprozess. Die Kundensicht sollte ausgehend vom Versand Schritt für Schritt den Materialfluss entlang flussaufwärts an die Produktionsprozesse herangetragen werden. Eine Wertstromanalyse wird also nicht, wie sonst üblich, entlang des Materialflusses, also beginnend bei der Anlieferung beziehungsweise dem Wareneingangslager, durchgeführt. Der Gang flussabwärts erscheint intuitiv richtiger, vermutlich weil er das Ursache-Wirkungs-Schema des Produzierens nachbildet. Trotzdem hat das umgekehrte Vorgehen ausgehend vom Kunden, der eigentlichen Finalursache des Produzierens, zahlreiche Vorteile:

1. Die Produktion ist zur Erfüllung von Kundenwünschen da. Indem man bei der Analyse die Kundensicht einnimmt und den Materialfluss von hinten her aufrollt, kann man am besten die Kundenanforderungen in die Produktion tragen.
2. Der jeweils untersuchte Produktionsprozess ist Kunde eines vorgelagerten Lieferprozesses. Bei der Analyse trägt man so die jeweiligen Kundenerwartungen Schritt für Schritt durch die Produktion hindurch. Während man bei der umgekehrten Betrachtungsweise überlegt, wie der Kundenprozess mit den angelieferten Materialien am besten zurecht kommt, fragt man hier, wie der Lieferprozess sein muss, damit der Kundenprozess in idealer Weise bedient werden kann.
3. Jeder Wertstrom verzweigt sich flussaufwärts, sofern es sich um ein mehrteiliges oder montiertes Produkt handelt. Im Versand hat die Wertstromanalyse mit dem ausgewählten Fertigprodukt einen eindeutigen Startpunkt. Im Wareneingang hingegen kann man nicht qualifiziert entscheiden, welches Material oder welche Komponente man als Ausgangspunkt der Analyse nehmen möchte. Geht man flussaufwärts, kann man bei etwaigen Verzweigungen bewusst Prioritäten setzen. Im Wareneingang landen dann alle offenen Enden.
4. Die technische Frage nach dem *Wie?* – „Wie produziert man dieses Teil?“ – leitet bei der Wertstromanalyse wie ein Ariadne-Faden durch die Produktion. Für externe Besucher erlaubt diese Vorgehensweise ein erleichtertes Verständnis, da man vom jeweiligen Ergebnis eines Produktionsprozesses her leichter nach dem ‚Wie‘ der Herstellungsweise fragen kann, da das ‚Wozu‘ jeder technischen Bearbeitung ja bereits bekannt ist.

Vorgehensweise

Die *Durchführung* der Wertstromanalyse für ein produzierendes Unternehmen erfolgt in vier Schritten (Abb. 2.2).

1. **Produktfamilienbildung** Die Wertstromanalyse beginnt mit der methodischen Gliederung des gesamten Produktspektrums in Produktfamilien. Dabei werden die Produktfamilien so gebildet, dass aufgrund der Unterschiede im Produktionsablauf für jede Produktfamilie ein eigener Wertstrom aufzunehmen ist. Für die Erstanwendung der Methode in einem Unternehmen ist dann eine geeignete Produktfamilie auszuwählen (Abschn. 2.1).
2. **Kundenbedarfsanalyse** Anschließend erfolgt die Modellierung des Kundenbedarfs für die gewählte Produktfamilie. Geeignete Datenbasis sind hierbei die Verkaufszahlen des abgelaufenen Geschäftsjahres. Damit sind die vorbereitenden Tätigkeiten abgeschlossen (Abschn. 2.2).
3. **Wertstromaufnahme** Mit dem Rundgang durch die Fabrik erfolgt die eigentliche Wertstromaufnahme. Der Wertstrom wird im Ist-Zustand gezeichnet. Dabei werden alle wichtigen Kennwerte des Produktionsprozesses und der Logistik erfasst (Abschn. 2.3).
4. **Verbesserungspotentiale** Mit dem Verhältnis der Bearbeitungszeiten zur ermittelten Produktionsdurchlaufzeit sowie mit der Stimmigkeit der einzelnen Produktionsprozesse untereinander kann die Güte des erfassten Wertstroms beurteilt werden. Dies gibt abschließend einen Hinweis auf die Verbesserungspotentiale für den betrachteten Wertstrom (Abschn. 2.4).

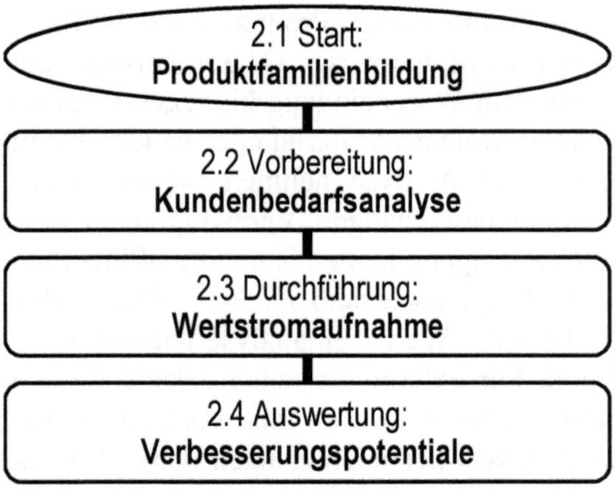

Abb. 2.2. Vorgehensweise bei der Wertstromanalyse

Wertstromanalyse zur Erfassung einer Produktion

Zielsetzung ist die effiziente Erfassung und übersichtliche Darstellung der in einer Fabrik tatsächlich bestehenden Gegebenheiten, um ein korrektes und umfassendes Verständnis der aktuellen Produktionsabläufe eines Werkes zu erlangen sowie Verbesserungspotentiale auszuweisen. Wesentlich ist hierbei die konsequente Einnahme der Kundensicht.

Vorgehen Die Analyse erfolgt als Momentaufnahme, die einen typischen Zustand in der Fabrik repräsentiert. In zwei aufeinanderfolgenden Durchgängen werden in der Fabrik jeweils ausgehend vom Kunden zunächst der Produktionsfluss und dann der Auftragsfluss durch Befragen, Messen und Zählen erfasst. Der Wertstrom mit den wichtigsten Kennwerten der Prozesse wird vor Ort per Hand skizziert. Der Zeitaufwand für die Anwendung der Methode ist gering.

Ergebnis ist die transparente und übersichtliche Darstellung eines kompletten Wertstroms mit Produktionsprozessen, Material- und Informationsfluss auf nur einem Blatt. Dabei wird ein Perspektivenwechsel von der Betrachtung einzelner Prozesse und Ressourcen auf die logistische Verknüpfung der Produktionsprozesse vollzogen.

Vorteile:

- Die Darstellung der gesamten Produktion gleichsam in der Vogelperspektive erschließt den Gesamtzusammenhang aller Prozesse und vermeidet Verengungen auf punktuelle Problembereiche.
- Die transparente Darstellung von technischen Prozessen, Material- und Informationsfluss mit allen jeweils wichtigen Kennwerten ermöglicht ein umfassendes Verständnis der Produktion, ohne dass dabei wichtige Aspekte ausgeblendet werden. Keine andere Methode zeigt die Produktionsprozesse und die sie steuernden Informationsflüsse im Zusammenhang.
- Der relativ grobe Detaillierungsgrad ermöglicht es, das Wesentliche zu sehen, ohne sich im Datenwust einer herkömmlichen Analyse zu verlieren.
- Die Verwendung definierter Symbole verbessert die innerbetriebliche Kommunikation über Verbesserungsvorschläge und Zielsetzungen, indem Wirkungen von bestehenden Zuständen sowie Auswirkungen von geplanten Veränderungen visualisiert werden.
- Die Wertstromdarstellung zeigt, wie gut die Prozesse zueinander und zum Kundenbedarf in ihrer Gestaltung und in ihrem Betrieb passen – und nicht, wie gut sie jeweils einzeln für sich erscheinen mögen, wenn man ihre Leistungsfähigkeit anhand ihrer Kennwerte unabhängig vom Gesamtzusammenhang beurteilt.

Fallbeispiel – Liquipur AG Viele Aspekte einer Methode lassen sich erst am Beispiel richtig verdeutlichen. Daher soll in diesem Buch die Wertstromanalyse begleitend zu den methodischen Erörterungen gleich an einem relativ einfachen Fallbeispiel durchgeführt werden. Dabei handelt es sich um ein fiktives Unternehmen mit dem aus dem lateinischen entlehnten Namen *Liquipur*. Am Standort Stuttgart entwickelt und produziert diese Aktiengesellschaft Filtersysteme für stationäre und mobile Anwendungen. Etwa 1.800 Mitarbeiter erwirtschaften einen Umsatz von knapp 300 Mio. Euro.

2.1 Produktfamilien

Bevor mit der eigentlichen Wertstromanalyse begonnen werden kann, muss festgelegt werden, auf welche Produkte sie sich beziehen soll. Ein Wertstrom bezieht sich im Prinzip immer auf die Verknüpfung aller Produktionsprozesse für genau ein Produkt. Ein anderes Produkt mag andere Wege durch die Produktion gehen oder zumindest andere Anforderungen an die gleichen Produktionsprozesse stellen und generiert dadurch seinen eigenen Wertstrom. Würde man komplexe Produktionen für Produkte mit unterschiedlichen Merkmalen als einen Wertstrom darstellen, dann könnte man nur wenig erkennen. Man hätte ein Netz überlagerter Verbindungen zwischen unterschiedlich relevanten Produktionsprozessen – und würde sich der Materialflussdarstellung einer Fabrik annähern, ohne jedoch die Flächenangaben eines Fabriklayouts zu erhalten.

Bei einem Großserienfertiger mit sehr wenigen Produkten kann jedes Produkt in der Wertstromanalyse einzeln betrachtet werden. Bei Variantenfertigern ist eine Betrachtung auf Einzelproduktebene jedoch nicht zielführend, da es ähnliche Produkte gibt, die mit ähnlichen Produktionsprozessen auf überwiegend gleichen Ressourcen produziert werden. Der Produktionsablauf dieser einander ähnlichen Produkte kann in einem einzigen Wertstrom dargestellt werden. Eine Wertstromanalyse beginnt also mit der Untergliederung des in einer Fabrik produzierten *Produktspektrums* nach produktionsrelevanten Ähnlichkeitskriterien. Ergebnis sind – im Unterschied zu den Produktgruppen des Vertriebs – die *Produktfamilien.* Für jede Produktfamilie ist dann eine eigene Wertstromdarstellung aufzunehmen.

Erste Aufgabe der Wertstromanalyse ist demnach die *Produktfamilienbildung.* Die Produktfamilie ist gewissermaßen ein Segment, das man aus einer Fabrik herausschneidet und für sich alleine betrachtet. Die Kunst des geschickt Analysierenden besteht nun darin, die Trennlinien so zu ziehen, dass bereits dadurch die Komplexität der verwobenen, sich überlagernden Produktionsabläufe in einem Werk reduziert wird. Gleichzeitig dürfen natürlich Prozesse, Teile und Produkte, die zusammengehören, nicht getrennt werden. Gemeinhin wird hierzu nun die simple Methode der *Produktfamilien-Matrix* empfohlen (Abschn. 2.1.1). Da sie jedes Produkt einzeln berücksichtigt, ist sie im Grunde eine Massendatenanalyse und eignet sich nur für die Serienfertigung. Daher soll hier ein Verfahren ausführlicher vorgestellt werden, das immer mit überschaubarem Aufwand anwendbar ist und außerdem viel besser zur Vorgehensweise der Wertstromanalyse passt, da es nicht gleich mit den Details der einzelnen Produkte beginnt (Abschn. 2.1.2). Bei diesem Verfahren werden ausgehend von allgemeinen Produktionsablaufschemata die Merkmale der *Familienähnlichkeit* explizit ermittelt. Daraus kann dann die Zuordnung der einzelnen Produkte abgeleitet werden.

Auswahl von Produktfamilien

Für die Durchführung der ersten Wertstromanalyse in einer Fabrik sollte man eine geeignete Produktfamilie auswählen. Das Pilotprojekt sollte nicht zu schwierig, aber auch nicht unwichtig sein. Deshalb bietet sich der Beginn mit einer möglichst stückzahlstarken und dabei relativ variantenarmen Produktfamilie mit nicht zu kleinem Umsatzanteil an. Vorteil hierbei ist der vergleichsweise einfache Einstieg in die Anwendung der Methode bei gleichzeitig großer Hebelwirkung der erzielten Verbesserungseffekte.

2.1.1 Produktfamilien-Matrix

Ein vermeintlich einfaches und sicheres Verfahren zur Bildung von Produktfamilien basiert auf der sogenannten *Produktfamilien-Matrix.* In dieser Matrix werden alle Produkte und die von ihnen durchlaufenen Prozessschritte erfasst. Anschließend gruppiert man die Produkte, die ähnliche oder gleiche Prozessschritte benötigen, zu Produktfamilien. Im Einzelnen geht man folgendermaßen vor:

1. Alle Produkte, identifiziert durch ihre jeweils unterschiedliche Artikelnummer, in den Zeilen der Matrix untereinander auftragen.
2. Alle Produktionsschritte, die für das gesamte Produktspektrum benötigt werden, in den Spalten der Matrix nebeneinander auftragen.
3. Alle Produktionsschritte, die zur Herstellung des jeweiligen Artikels erforderlich sind, im entsprechenden Feld in der Matrix mit einem Kreuz versehen.

4. Alle Produkte, bei denen diese Markierungen gleich gesetzt sind, die also die gleichen Produktionsschritte benötigen, gehören zu einer Produktfamilie.
5. Das Prinzip der *Ähnlichkeit* erlaubt es, auch Produkte mit ähnlichen Prozessabfolgen zu einer Produktfamilie zusammenzufassen.

Sehr vage muss hier das Kriterium der Ähnlichkeit bleiben. Welche Prozessabfolgen ähnlich genug zur Zusammenfassung sind, bleibt in das Ermessen des Anwenders gestellt. Auch die Festlegung der die Prozessabfolgen bildenden Prozessschritte ist Ermessenssache. Wählt man den gleichen Detaillierungsgrad wie bei den Produkten, dann sind alle Betriebsmittel einzeln zu berücksichtigen. Allenfalls nahezu identische Maschinen wären dann zusammenzufassen. Für die Produktfamilienbildung sind jedoch letztlich die Anforderungen an die Betriebsmittel entscheidend. So wird man beispielsweise alle Bearbeitungszentren mit ähnlichem Bauraum zusammenfassen, da sie Teile mit ähnlicher Geometrie am besten bearbeiten können. Die Produktionsschritte sind jedoch konkreter zu fassen als allgemeine Produktionsprozessbezeichnungen, wie beispielsweise ‚Fräsen', da sonst die unterschiedlichen Anforderungen an die Betriebsmittel bei der Gruppierung verloren gehen. Eine *Produktfamilie* im Sinne dieses Matrixverfahrens fasst also alle Produkte zusammen, deren Herstellung durch ähnliche Produktionsschritte erfolgt *und* bei denen überwiegend gleiche Betriebsmittel eingesetzt werden.

Artikel-Nummer	Bohren	Fräsen (vertikal)	Fräsen (horizontal)	Fräsen (kl. Bauraum)	Waschen	Härten	Vormontieren 1	Vormontieren 2	Vormontieren 3	Montieren 1	Montieren 2	Montieren 3	
612680-20	x		x		x		x			x			PF 1
612842-20	x		x		x		x			x			
612682-20	x		x		x		x			x			
612682-23	x		x		x		x			x			
612861-10			x		x		x			x			
612684-10			x		x		x			x			
612685-10			x		x		x			x			
612839-20	x		x		x		x			x			
612234-10			x		x		x			x			
612688-10			x		x		x			x			
615386-10		x			x			x			x		PF 2 Bus-Ölfilter
615387-10		x			x			x			x		
615387-23		x			x			x			x		
615722-10		x			x			x			x		
615389-10			x		x	x			x			x	PF 3
612871-20			x		x	x			x			x	
615502-10			x		x	x			x			x	
615608-05			x		x	x						x	
615608-10			x		x	x						x	
615719-10				x	x				x			x	PF 4
612866-20				x	x				x			x	
615736-05				x	x				x			x	
...													

PF = Produktfamilie

Abb. 2.3. Ausschnitt aus der Produktfamilien-Matrix von Liquipur

Fallbeispiel Bei *Liquipur* existieren gut Tausend ‚lebende' Artikelnummern. Deshalb ist hier der Übersichtlichkeit halber nur ein Ausschnitt mit 22 Artikeln dargestellt (Abb. 2.3). Insgesamt werden hier zwölf Produktionsschritte unterschieden. Die Bearbeitungszentren und Fräsmaschinen sind in die drei Gruppen ‚Fräsen horizontal' ‚Fräsen vertikal' und ‚Fräsen mit kleinem Bauraum' zusammengefasst. In Vormontage und Montage gibt es jeweils drei unterschiedliche Arbeitsbereiche mit unterschiedlichen Vorrichtungen und anderen Mitarbeitern. Die Nummerierung der Montagebereiche dient dieser Unterscheidung, sie gibt keine Abfolge an. Die gezeigten Artikel sind in vier Produktfamilien zusammengefasst. Der Betriebsinterne erkennt in der Produktfamilie 2 die vier Varianten der von Liquipur produzierten Ölfilter für Busse. Zu Produktfamilie 1 gehören Artikeln mit und ohne Bohren; hier sind also ähnliche Prozessabfolgen zusammengefasst. Nicht erkennbar ist allerdings, dass bei Produktfamilie 3 nach dem Härten noch ein zweiter Fräsprozess auf den gleichen Betriebsmitteln wie vor dem Härten erfolgt.

Das beschriebene Vorgehen ist sehr arbeitsaufwendig, wenn bei einem komplexen Produktspektrum sehr viele Artikelnummern zu unterscheiden sind. Bei mehreren tausend Artikeln besteht dann das Risiko, den Überblick zu verlieren beziehungsweise erst gar nicht zu gewinnen. Schließlich ist nicht von vornherein klar, welche Ablauffolgen als ähnlich anzusehen sind. Ferner kann die eigentliche Abfolge, das heißt die Reihenfolge der Prozessschritte, nur bedingt dargestellt werden. In einer Tabelle mag es sehr viele Zusammenstellungen geben, die nicht alle gleichermaßen zur produktionsorientierten Untergliederung des Produktspektrums geeignet sind. Ein zentraler Nachteil dieses Vorgehens ist also, dass in der Produktfamilien-Matrix die Kriterien der Ähnlichkeit nicht explizit formuliert werden können. Sie verstecken sich gewissermaßen hinter der Definition der Prozessschritte sowie der Akzeptanz abweichender Kreuze innerhalb einer Produktfamilie. Wenn aber nicht explizit nach den Kriterien gefragt wird, können sich leicht Fehler einschleichen. Um dies zu vermeiden, soll im Folgenden ein anderes Vorgehen zur Produktfamilienbildung vorgestellt werden.

2.1.2 Produktionsablauf und Familienähnlichkeit

Das zuvor erläuterte Matrixverfahren gruppiert *bottom-up* von den einzelnen Produkten und Betriebsmitteln hoch zu den Produktfamilien. Beim im Folgenden erläuterten Familienähnlichkeitsverfahren werden die Produktfamilien in umgedrehter Herangehensweise *top-down* abgeleitet. Ausgangspunkt ist im ersten Schritt die funktionale Modellierung der Produktionsfolgen mit Produktionsablaufschemata. Anschließend erfolgt deren Spezifizierung und Aufteilung mit Hilfe von produkt- und teilebezogenen Merkmalen, die die Anforderungen an die Betriebsmittel konkretisieren. Je nach Breite des Produktspektrums wird man dabei unterschiedlich detailliert vorgehen.

Produktionsablauf

Im ersten Schritt werden die innerhalb des gesamten Produktspektrums vorkommenden Abfolgen von Produktionsprozessen jeweils als ein *Produktionsablaufschema* modelliert. Hier kann noch allgemein auf Produktionsprozessebene und ressourcenunabhängig formuliert werden, weil diese Spezifikationen erst im zweiten Schritt zu berücksichtigen sind. Damit sind die Elemente des Ablaufschemas allgemeiner als die Produktionsschritte der Matrix. Es werden alle in einer Fabrik vorliegenden Ablaufschemata ermittelt. Zielsetzung dieses ersten Schrittes ist es, in einer Überblicksdarstellung die wesentlichen Unterschiede in den Produktionsabfolgen herauszuarbeiten. Entscheidet man sich, zunächst nur eine besonders wichtige Produktionsabfolge aufzunehmen, dann kann man die den anderen Abfolgen zuzuordnenden Artikel aus der Analyse ausblenden.

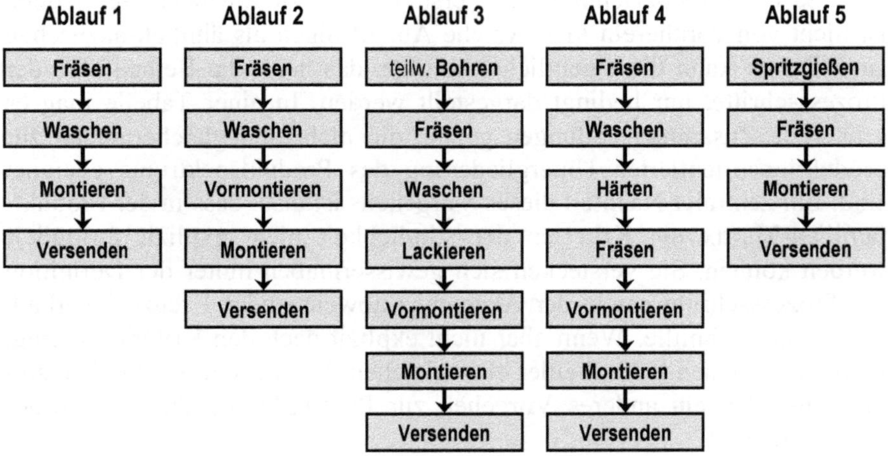

Abb. 2.4. Produktionsablaufschemata bei Liquipur

Fallbeispiel Bei *Liquipur* können fünf Produktionsablaufschemata ganz unterschiedlicher Komplexität identifiziert werden (Abb. 2.4). Im ersten, sehr einfachen Ablauf finden sich Ölfilter für Pkws; der zweite Ablauf umfasst unter anderem Ölfilter mit Gehäusen für Busse und Lkws. Dem dritten Ablauf sind beispielsweise Hydraulikfilter zuzuordnen. Da der erste Produktionsprozess, das Bohren, eher eine untergeordnete Bedeutung hat, werden beide Abläufe nicht unterschieden. Im vierten Ablauf erfolgt zweimaliges Fräsen. Der fünfte Ablauf schließlich gilt für Filtersysteme mit Kunststoffgehäusen.

Familienähnlichkeit

Durch die Produktionsablaufschemata sind die jeweils grundsätzlich erforderlichen Technologien festgelegt. In Abhängigkeit vom zu produzierenden Produkt können sich die Anforderungen an die Technologien innerhalb eines Produktionsablaufes deutlich unterscheiden. Die *Kriterien* zur Aufgliederung der Produktionsabläufe können aus der hier wiedergegebenen Auswahlliste relevanter Merkmale ausgewählt werden (Abb. 2.5).

Die Untergliederung der Ablaufschemata in Produktfamilien erfolgt mit diesen produktionsrelevanten Produktmerkmalen beziehungsweise den Anforderungen der verwendeten Rohmaterialien und Teile. So sind beispielsweise auch bei ansonsten gleichen Produktionsabläufen beim Drehen Aluminium-, Stahl- und kohlenfaserverstärkte Verbundwerkstoffe zu unterscheiden. Die unterschiedlich einfache Handhabbarkeit der Teile stellt insbesondere in der Montage spezifische Anforderungen, die eine Einordnung in verschiedene Produktfamilien rechtfertigen können. Weitere typische Kriterien zur Abgrenzung resultieren aus Geometrie, Komplexität oder Funktionalität der Produkte. Produktfamilien werden dann gebildet nach Kriterien wie Abmessungen als Anforderung an die Baugröße der Fräsmaschinen, Volumen der Spritzgussteile als Anforderung an das Schussgewicht der Spritzgussmaschinen, Anzahl montierter Teile als Anforderung an eine logistikorientierte Montagegestaltung und vieles andere mehr.

Hauptmerkmale	Unterkriterien
Rohmaterial Teile	Prozessanforderung (Schmiermittel, Werkzeuge, Kontamination, ...)
	Haltbarkeit
Produkt-Geometrie	Gewicht
	Volumen oder größte Abmessung
	Kundenspezifik (standardisiert, parametrisiert, freie Form)
Produkt-Komplexität	Anzahl montierter Teile
	Summe Arbeitsinhalt
	Änderungshäufigkeit der Teile
Produkt-Funktionalität	Kundenspezifik (Standard, Optionen, Anpassungskonstruktion)
	Anzahl möglicher Varianten
	Prüfanforderungen
Handhabung	Handhabbarkeit der Produkte und Teile
	Schutzbedürftigkeit einiger Teile (Oberfläche, Reinheit, ...)
	Wert der Teile (Bestandsführung, Diebstahlschutz)

Abb. 2.5. Typische Produkt- und Teilemerkmale zur Beschreibung der Familienähnlichkeit

Sehr häufig ist es auch so, dass sich die Produktionsabfolgen im gesamten Produktspektrum nur sehr wenig unterscheiden. So findet sich in der Elektronikfertigung eine wiederholte Abfolge von Bestückung mit Bauteilen und Löten beziehungsweise Kleben, entweder auf Bestückungsautomaten oder an Handarbeitsplätzen. Nach Produktionsprozessen und auch Betriebsmitteln können hier nur eingeschränkt Produktfamilien unterschieden werden; das Matrixverfahren findet hier keinen Ansatzpunkt. Eine Produktfamilienbildung kann jedoch sehr gut auf den Produktmerkmalen aufsetzen, wie Art oder Anzahl der benötigten Baugruppen, der Platinengröße oder auch der Baugröße des schließlich montierten Endgeräts.

Fallbeispiel Bei der Untergliederung des Produktionsablaufs 2 bei *Liquipur* in drei Produktfamilien spielen die Kriterien Rohmaterial und Produktkomplexität eine Rolle (Abb. 2.6). Die erste Unterscheidung betrifft das Material der bearbeiteten Teile. Um Schmierstoffe und Späne getrennt zu halten sowie aufgrund der Werkzeugökonomie sollten die Stahlgussteile auf anderen Maschinen bearbeitet werden als die sonst eingesetzten Aluminiumdruckgussteile. Bei letzteren gibt es wiederum Teile, die bei der gegebenen Teilegeometrie und den vorhandenen Betriebsmitteln zwei Aufspannungen erfordern. Bei der Produktfamilie 2 handelt es sich wieder um die Produktfamilie der Ölfilter für Busse (Abb. 2.3). Es ist jedoch keineswegs so, dass sich immer die gleichen Produktfamilien bilden.

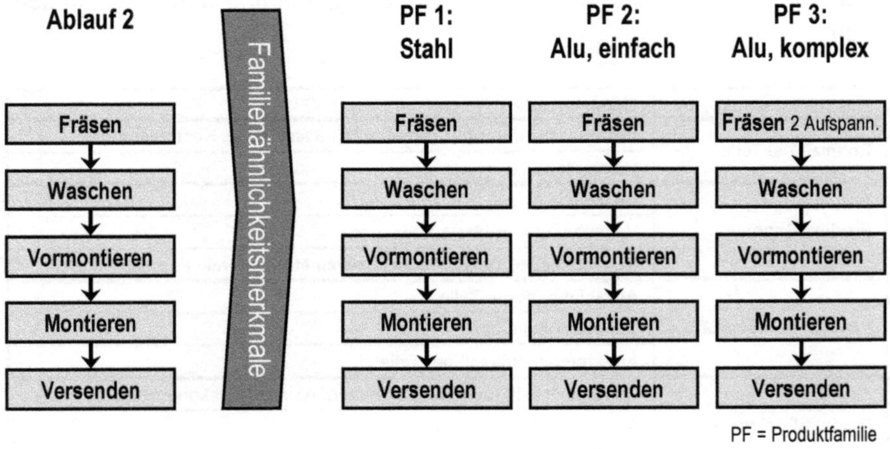

Abb. 2.6. Aufteilung eines Produktionsablaufschemas in drei Produktfamilien bei Liquipur

Die *Familienähnlichkeit* einer Produktfamilie ist bestimmt durch produktionsrelevante Merkmale der Produkte und Teile, die als Gliederungskriterien fungieren. Diese Kriterien sollten so eindeutig formuliert sein, dass Neuprodukte einfach einer Produktfamilie zuzuordnen sind – oder aber aus nachvollziehbaren Gründen eine neue Produktfamilie konstituieren.

Innerhalb einer Produktfamilie spricht man dann von *Varianten*, die im Rahmen der Wertstromanalyse alle weitestgehend gleich zu behandeln sind. Bei der Wertstromaufnahme konzentriert man sich dann auf einen bestimmten Artikel, der wie ein Stellvertreter die Produktfamilie im Ganzen vertritt. Für diesen *Repräsentanten* werden dann die Produktionsprozesse mit den zugehörigen Zeiten und anderen Kennwerten beschrieben. Der jeweilige Repräsentant sollte die typischen Eigenschaften einer Produktfamilie sowie einen nennenswerten Stückzahlanteil aufweisen. Falls sich die Varianten in einzelnen Hinsichten zu deutlich unterscheiden, kann alternativ auch die jeweilige Bandbreite der variantenspezifischen Parameter angegeben werden. Berechnet man aus dem Produktionsmix eines Jahres einen Durchschnittswert, dann erhält man entsprechend der Datenqualität einen *virtuellen* Repräsentanten der Produktfamilie.

Wichtige Aspekte der Produktfamilienbildung

Zielsetzung ist eine transparente Gliederung des Produktspektrums nach den Anforderungen der Produktion.

Vorgehen Die Bildung einer Produktfamilie erfolgt top-down in zwei Schritten: Zunächst sind entsprechend der benötigen Produktionsprozesse sowie ihrer Abfolge Produktionsablaufschemata zu bilden. Anschließend sind diese Produktionsabläufe mit Hilfe von spezifischen Merkmalen der bearbeiteten Rohmaterialien, Teile und Produkte so weit zu untergliedern, bis daraus einheitliche Anforderungen an die Betriebsmittel abgeleitet werden können. Ferner ist zu beachten:

- Die Definition einer Produktfamilie ist schriftlich festzuhalten.
- Innerhalb einer Produktfamilie werden alle Varianten so behandelt, als wären sie das gleiche Produkt.
- Ein für die Produktfamilie typisches Produkt fungiert als *Repräsentant* und ermöglicht so die Behandlung von konkreten Einzelfragen nach Zeiten, Abmessungen und anderen produktbezogenen Parametern. Die jeweiligen Erkenntnisse werden auf die anderen Produkte innerhalb der Familie übertragen.

Ergebnis sind Produktfamilien, die homogene technologische Anforderungen stellen. Dadurch wird für eine Produktion ein Seriencharakter erzeugt, auch wenn sie diesen vermeintlich gar nicht hat.

Wenn eine Produktfamilie schließlich in ihren konstitutiven Merkmalen beschrieben ist, kann man sich dem Kundenbedarf für die entsprechenden Produkte zuwenden.

2.2 Kundenbedarf

Zielsetzung des Wertstromdesigns ist es, eine am Kundenbedarf orientierte Produktion zu erreichen. Dazu wird bereits in der Analyse die Kundenperspektive eingenommen. Und daher ist nach Festlegung der betrachteten Produktfamilie das erste im Rahmen der Wertstromanalyse zu erfassende Element der *Kunde*. Als Konsument erhält er als Symbol ein Haus (Abb. 2.7). Unter dem Kundensymbol sind in einem Datenkasten alle wichtigen Informationen eingetragen, die zur Ableitung der Belastung für die Produktion, berechnet im Kundentakt, erforderlich sind (Abschn. 2.2.1). Fallweise kann es sinnvoll sein, die einfach ermittelte Durchschnittsbelastung noch durch eine Analyse der Schwankungsbreite des Kundenbedarfs zu ergänzen (Abschn. 2.2.2).

Abb. 2.7. Kundensymbol

In das *Kundensymbol* (Abb. 2.7) einzutragen sind zunächst der oder die Kunden. Der Kunde kann wiederum eine Fabrik sein, in der die betrachteten Produkte weiterverarbeitet werden. Dies ist der Regelfall in der Zuliefererindustrie, während die Konsumgüterindustrie meist direkt Händler oder Handwerksbetriebe beliefert. Im einfachsten Fall der Serienfertigung gibt es einen Großkunden, der namentlich und mit Lieferadresse festgehalten werden kann. Mit zunehmender Varianz oder Kundenspezifik der Produkte erhöht sich die Zahl der Kunden. Anstatt des Namens hält man dann deren Anzahl oder auch die Bezeichnung der entsprechenden Kundengruppe fest.

Ebenfalls einzutragen in das Kundensymbol ist die Bezeichnung der betrachteten Produktfamilie (PF). Die Anzahl der zugehörigen Varianten (# Var) gibt an, wie heterogen diese Produktfamilie womöglich ist. Die Aussagekraft der Wertstromanalyse basiert auf geschickt gewählten Vereinfachungen. Daher wird nicht jede Artikelnummer einzeln berücksichtigt, sondern die Variantenvielfalt einer Produktfamilie wird an Hand eines konkreten, für diese Familie typischen Produktes abgebildet. Auf diesen Repräsentanten (Rep) beziehen sich alle später in der Wertstromaufnahme ermittelten Kennwerte, falls nicht anders vermerkt.

Unterschiedliche Kunden stellen meist unterschiedliche *Lieferanforderungen* hinsichtlich Versandart, Transportmittel, Verpackung, Gebindemenge, Lieferzeit oder Lieferqualität (geduldeter Verzug sowie erlaubte Unterlieferung). Vieles ist von der geographischen Lage abhängig, so das Transportmittel oder die Verpackungsart – beispielsweise die Verwendung von Holzkisten für den Übersee-Versand oder die Einrichtung eines Behälterkreislaufs für Kunden im näheren Umfeld. Die Versandmodalitäten ‚ab Werk' / ‚frei Haus' sowie die Größe einer Lieferung haben einen Einfluss darauf, ob Selbstabholer, eigen- oder fremdbeauftragte Speditionen, Paketdienste oder eigene Firmen-Lkws mit Tourenplan den Transport übernehmen. Die Lieferanforderungen sind schließlich drastisch abhängig von der Art der Bedarfsentstehung beim Kunden – ob also beispielsweise einer Produktion Just in Sequence zugeliefert wird oder lediglich das Lager einer Vertriebstochtergesellschaft aufzufüllen ist.

Alle genannten versandlogistischen Anforderungen der Kunden können eine stark prägende Auswirkung auf die richtige Gestaltung des Produktionsablaufes haben. Daher kann es durchaus erforderlich sein, innerhalb einer Produktfamilie zusätzlich *Kundengruppen* zu unterscheiden, die ähnliche Produkte zu ganz unterschiedlichen Konditionen ordern. Für jede dieser Kundengruppen ist dann ein eigenes Kundensymbol vorzusehen.

2.2.1 Kundentakt

Der Kundenbedarf einer Produktfamilie wird unterhalb des Kundensymbols in einem eigenen Datenkasten notiert (Abb. 2.8). Angegeben wird normalerweise die *Jahresabsatzmenge* des zurückliegenden Geschäftsjahres als Jahresstückzahl (Stck). Hier können natürlich auch anderer Bezugsperioden gewählt werden. Der Jahreshorizont hat jedoch den Vorteil, saisonale Schwankungen automatisch abzudecken. Setzt man hier Planzahlen für das kommende Jahr ein, dann zeigt das Analyseergebnis, ob die Produktion auf die künftigen Anforderungen passend eingerichtet ist.

Es ist allgemein üblich, beispielsweise mit der täglich oder monatlich produzierten Menge Auskunft über die Leistungsfähigkeit einer Produktion zu geben. Diese Zahlen lassen sich sehr einfach aus der Jahresstückzahl ermitteln, wenn man sie durch die Arbeitstage pro Jahr laut Fabrikkalender (Fabriktage FT) sowie die täglichen effektiven Arbeitsstunden der Produktionsprozesse – also bei manuellen Prozessen die Anwesendheitszeit abzüglich der Pausen – dividiert (Arbeitszeit AZ).

Stck	Jahresstückzahl
FT	Fabriktage
AZ	Arbeitszeit
KT	Kundentakt
LZ	Lieferzeit
LT	Liefertreue

Abb. 2.8. Datenkasten zum Kundensymbol

Diese Betrachtungsweise hat allerdings einen entscheidenden Nachteil: Sie trifft keine unmittelbare Aussage darüber, in welchem Tempo man arbeiten sollte, um dem durchschnittlichen Kundenbedarf zu entsprechen. Indem man den Kehrwert der Produktionsmenge pro Zeiteinheit bildet, erhält man nun aber genau diese Aussage. Ergebnis ist eine Produktionsrate in Zeitdauer pro Stück für die Produktion, die direkt auf der durchschnittlichen Verkaufsrate beruht. Diese Produktionsrate heißt *Kundentakt* (KT). Der Kundentakt errechnet sich wie folgt (Gl. 2.1). Er wird immer kundengruppenübergreifend angegeben.

$$KT = \frac{\text{verfügbare Betriebszeit pro Jahr}}{\text{Kundenbedarf pro Jahr}} = \frac{FT \times AZ}{Stck} = \frac{AZ}{TB}$$

mit: KT Kundentakt [Zeiteinheit/Stck.] (2.1)
FT Fabriktage [d/a]
AZ tägliche Arbeitszeit [Zeiteinheit/d]
Stck Jahresstückzahl [Stck./a]
TB Tagesbedarf [Stck./d]

So mathematisch simpel diese Operation ist, so selten wird sie erfahrungsgemäß in der Praxis durchgeführt. Die Kenntnis des Kundentaktes jedoch hilft bei der Abstimmung des Produktionsrhythmus auf den Verkaufsrhythmus. Der Kundentakt ist die vom Markt vorgegebene Schlagzahl, mit der die Produktion idealer Weise arbeitet. Wenn jeder an der Auftragsabwicklung beteiligte Prozess im Unternehmen genau in diesem Rhythmus arbeitet, dann entspricht das Unternehmen exakt den Marktanforderungen, das heißt die Produktion ist kundenorientiert ausgerichtet. Das gilt dann natürlich einerseits nur im Durchschnitt, das heißt bei exakt gleichmäßiger Nachfrage, und ist andererseits aufgrund technischer und organisatorischer Restriktionen wohl kaum durchgängig zu erreichen. Als Orientierungshilfe für die Gestaltung und Auslegung der Produktion und auch der Auftragsabwicklung ist der Kundentakt aber kaum zu unterschätzen. Er wird daher zum Abschluss der Kundenmodellierung in den Datenkasten unter dem Kundensymbol eingetragen.

Der Kundentakt trägt ‚Marktgefühl' in die Produktion, indem er den Kundenbedarf im zeitlichen Rhythmus des Produzierens unmittelbar sichtbar macht. Im Unterschied dazu lässt die prognosebasierte Lagerfertigung mit rüstzeitoptimierten Losgrößen kaum Rückschlüsse auf den Kundenbedarf zu und ist meist sehr intransparent. Wegen der vielen Bestände mit unterschiedlichen Reichweiten und der Planaufträge in unterschiedlichen Mengen ist auf dem Shop Floor nicht zu erkennen, ob man bezüglich der Kundennachfrage zu schnell oder zu langsam produziert. Auch sind ja die großen Pausen zwischen den Losen auf dem Shop Floor nicht sichtbar, der entsprechende Bedarf ‚verschwindet' dann. Nur eine Datenabfrage im ERP-System erlaubt dann eine Auskunft darüber, ob die Produktion den Kundenbedarf deckt oder nicht – sofern die Daten gepflegt sind.

Der Kundentakt drückt die mengenmäßige Leistungsanforderung an die Produktion aus. Die *zeitbezogene Leistungsanforderung* der Kunden an die Produktion wird mit der geforderten Lieferzeit (LZ) angegeben. Das kann beispielsweise ein garantierter 24h Service oder eine Lieferzeit laut Katalog mit Lieferterminbestätigung auf Tages- oder Kalenderwochenbasis sein. Die Erfüllung der Lieferanforderungen wird mit der Kennzahl der erreichten Liefertreue (LT) gemessen. Je nach berücksichtigten Bezugsgrößen (Kundenwunschtermin oder bestätigter Liefertermin) und der unternehmens- oder produktfamilienspezifisch anzusetzenden Toleranzbreite ergeben sich dabei natürlich andere Zahlenergebnisse. So können der richtige Liefertag, die richtige Lieferwoche oder auch eine asymmetrische Aufteilung wie drei Tage zu früh bis ein Tag zu spät als termingerecht geliefert angesehen werden. Wichtig ist hier, auf die Vergleichbarkeit von Istwerten und Zielvorgaben zu achten. Die anderen versandlogistischen Anforderungen der Kunden (Versandweg und Verpackung) gibt man im Zusammenhang mit dem werksexternen Materialfluss an (Abschn. 2.3.2).

Fallbeispiel Die *Liquipur AG* möchte zunächst Produktfamilie 2, das sind die Ölfilter für Busse, in einer Wertstromanalyse näher untersuchen. Die Ölfilter werden in vier Varianten für zwölf Werke unterschiedlicher Kunden in einer Jahresstückzahl von 192.000 produziert. Die Stückzahlen der vier Varianten betragen 96.000, 58.000, 30.000 und 8.000. Die gesamte Produktion arbeitet im Dreischichtbetrieb mit einer Stunde Pause je Schicht an 240 Tagen im Jahr. Die Fräsmaschinen laufen auch während der Pausen. Daraus ergeben sich nach Gl. 2.1 folgende zwei unterschiedliche Kundentakte (KT) für manuelle und automatische Betriebsmittel (die Einheit des Kundentaktes wird meist zur Vereinfachung ohne die Bezugsgröße ‚pro Stck.' angegeben):

$$KT_{man} = \frac{FT \times AZ}{Stck} = \frac{240\,\text{d} \times 21\,\text{h}}{192.000} = 94{,}5\,\text{sec}. \quad KT_{aut} = \frac{240\,\text{d} \times 24\,\text{h}}{192.000} = 108\,\text{sec}. \quad (2.2)$$

Die maximale Ausbringung der Fräsmaschinen kann hier also etwas geringer sein, als wenn ständig ein Mitarbeiter für die Teilezufuhr oder Teileentnahme sorgen müsste. Bezogen auf die manuellen Tätigkeiten muss etwa alle eineinhalb Minuten ein Ölfilter fertiggestellt werden, um den Kundenbedarf zu decken.

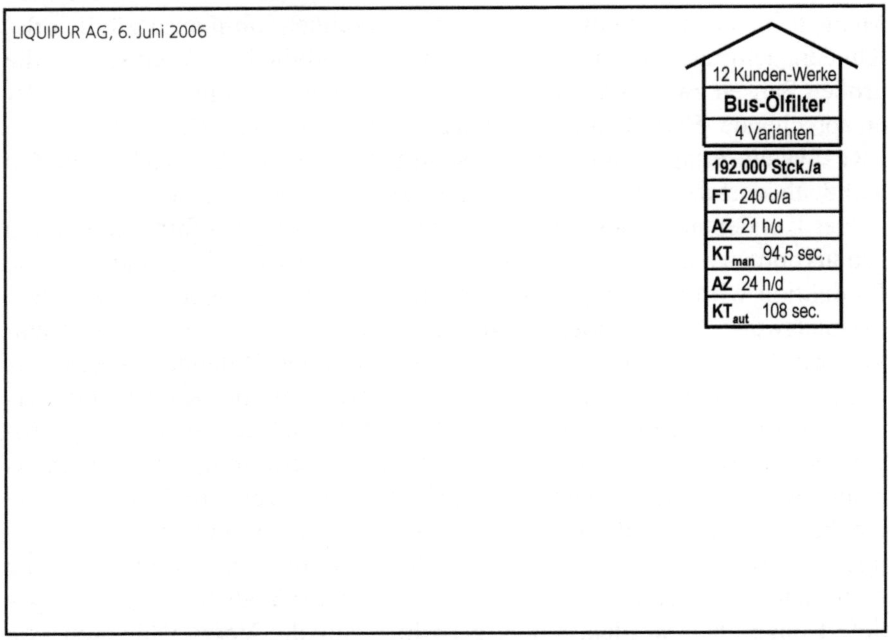

Abb. 2.9. Wertstromaufnahme bei Liquipur (1): Kundenbedarf

Die Wertstromaufnahme beginnt mit Einzeichnung des Kundensymbols in der rechten oberen Ecke auf einem *datierten* DIN A3-Blatt (Abb. 2.9). Damit ist die Vorbereitung im Besprechungsraum abgeschlossen und der Rundgang in der Fabrik zur Aufnahme der Produktionsprozesse kann beginnen (Abschn. 2.3). Zunächst jedoch noch ein Blick auf die Kundenbedarfsschwankungen.

2.2.2 Kundenbedarfsschwankungen

Der Kundentakt bietet eine einfache Durchschnittsbetrachtung für den Kundenbedarf. So erhält man schnell einen qualifizierten Überblick, ohne in Massendaten gleichsam unterzugehen. Der Leistungstakt, den eine Fabrik zu erfüllen hat, steht damit fest. Der Kundenauftragseingang schwankt allerdings zuweilen beträchtlich. Diese *Kundenbedarfsschwankungen* bestimmen vom Kundentakt ausgehend den Flexibilitätskorridor, den eine Produktion abdecken können sollte. Die folgenden Überlegungen sollen zeigen, wie man die zusätzliche Flexibilitätsanforderung an die Produktion relativ aufwandsarm und zuverlässig ermitteln kann. Reduzieren lassen sich die Flexibilitätsanforderungen durch Bestände, die die Bedarfsschwankungen teilweise abdecken.

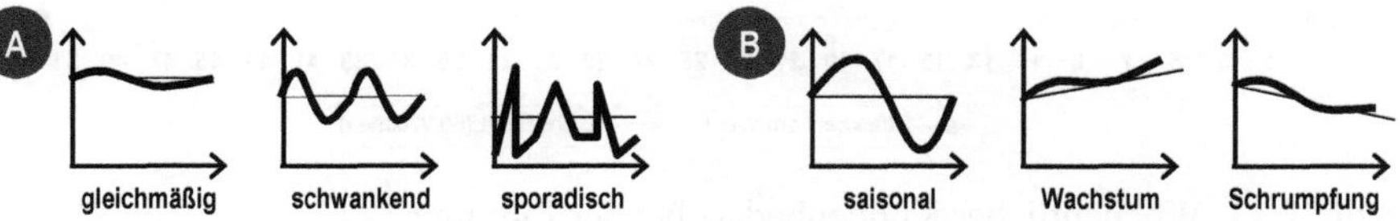

Abb. 2.10. Sechs Typen der Kundenbedarfsschwankung

Die Schwankungen im Kundenbedarf sind eine von vielerlei Faktoren abhängige Erfahrungsgröße. Der Vertrieb kann das Bestellverhalten der Kunden beispielsweise über zeitlich befristete oder mengenabhängige Rabatte beeinflussen – und so aus Produktionssicht die Schwankungsbreiten ungünstig vergrößern. Umgekehrt kann er bei Ausschöpfung der Freiheitsgrade in den Vertragsverhandlungen die jeweilige Kapazitätsauslastung berücksichtigen. Ergebnis ist eine *kurzfristig* mehr oder weniger stark zwischen gleichmäßig und sporadisch schwankende Nachfrage (Abb. 2.10, Fälle A). Dem können sich dann zusätzlich noch *mittelfristige* Tendenzen überlagern. Das können einerseits regelmäßige saisonale Schwankungen sein, die häufig sehr hohe Anforderungen an die Flexibilität einer Produktion stellen. Und es können andererseits konjunkturelle Schwankungen sowie tendentielle Entwicklungen mit Stückzahlwachstum beziehungsweise Stückzahlrückgang bei den entsprechenden Markttendenzen sein (Abb. 2.10, Fälle B).

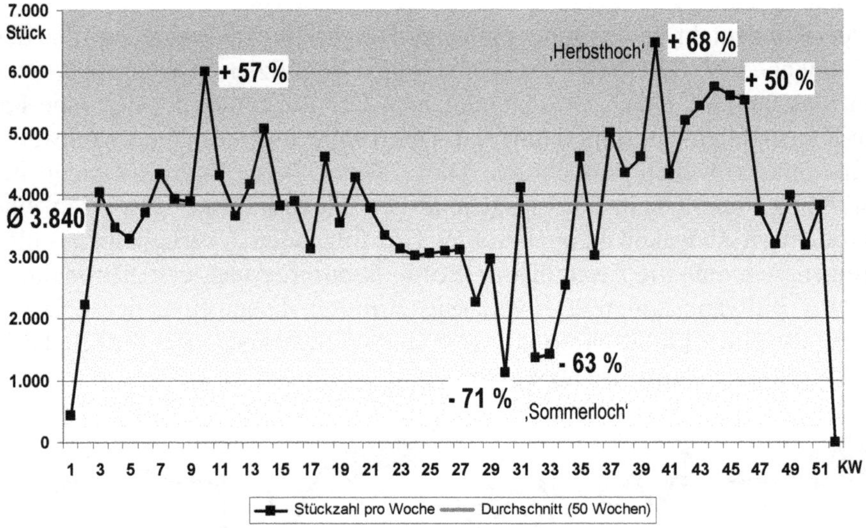

Abb. 2.11. Wöchentlicher Kundenbedarf bei der Liquipur

Fallbeispiel *Liquipur* hat im betrachteten Geschäftsjahr 192.000 Stück Ölfilter verkauft. Zieht man die zwei Wochen um den Jahreswechsel herum ab, sind dies durchschnittlich 3.840 Stück pro Woche. Wie der Jahresverlauf zeigt, ist die Nachfrage weit davon entfernt, gleichmäßig zu sein (Abb. 2.11). Es gibt ein ausgeprägtes Sommerloch mit bis zu 71 Prozent Mindermengen sowie Umsatzhochs vor allem im Herbst, die in drei Wochen ein Plus von mindestens 50 Prozent ausmachen und in weiteren drei Wochen zumindest ein Plus von über 40 Prozent. Der Korridor, den eine Produktion abdecken muss, liegt damit zwischen +68 % (6.468 Stück) und -71 % (1.116 Stück) auf Wochenbasis. Dies alleine durch Kapazitätsflexibilität zu realisieren, würde hohe Anforderungen an die Umsetzung stellen und auch entsprechende Überkapazitäten bedeuten.

Ergänzend betrachtet sei daher noch der kumulierte *theoretische Bestandsverlauf*. Der Verlauf basiert auf der fiktiven Annahme, dass in jeder Woche exakt der Durchschnittsbedarf produziert und der jeweilige Kundenbedarf termingerecht ausgeliefert wird. Die Produktion ist in diesem Fall völlig unflexibel hinsichtlich der Menge. Dadurch ergibt sich für jede Woche ein positives oder negatives Mengensaldo, das mit dem der Folgewoche verrechnet wird. So kumulieren sich über das Jahr hinweg die Kundenbedarfsschwankungen. Dieser rechnerisch ermittelte Bestand bei gleichmäßiger Durchschnittsproduktion darf – diese Freiheit erlaubt uns die Mathematik – auch ins Negative laufen. Dann befindet sich die Produktion im Rückstand.

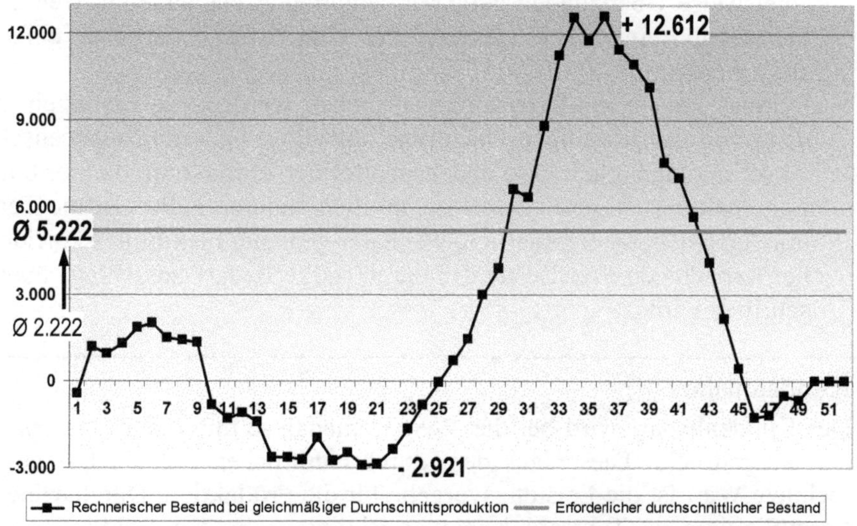

Abb. 2.12. Theoretischer Bestandsverlauf bei der Liquipur

Fallbeispiel Bei *Liquipur* führt der Nachfrageüberhang im ersten Halbjahr zu einer Fehlmenge von maximal 2.921 Stück (Abb. 2.12). Im Sommerloch wird eine Bestandsspitze von bis zu 12.612 Stück angearbeitet, die die Nachfragespitze im Herbst deckt. Der durchschnittliche rechnerische Bestand beträgt hier 2.222 Stück. Wenn man, wie unter Realbedingungen allgemein üblich, keine Negativbestände zulässt, benötigt man im Beispiel einen Anfangsbestand von rund 3.000 Stück. Der erforderliche durchschnittliche Bestand, um ohne Kapazitätsflexibilität allen Lieferverpflichtungen nachzukommen, liegt dann bei 5.222 Stück, was einer durchschnittlichen Lagerreichweite von 6,5 Arbeitstagen entspricht. Der Maximalbestand liegt dementsprechend bei etwa 15.600 Stück, was einer maximalen Lagerreichweite von etwa einem Monat entspricht. Nicht berücksichtigt wurde hier allerdings der bestandserhöhende Einfluss der Produktvarianz auf die Lagerhaltung.

Insgesamt lassen sich drei Lösungsansätze unterscheiden, mit denen – auch in Kombination – Kundenbedarfsschwankungen flexibel abgedeckt werden können:

1. Erstens kann erhöhter Bedarf durch Lagerhaltung ausgeglichen werden. Die Produktion wird dann vom aktuellen Kundenbedarf gewissermaßen abgekoppelt und erhält einen geglätteten Bedarf. Dies ist die idealtypische Lösung der variantenarmen Produktion, wie sie auch für die Liquipur AG geeignet wäre.

2. Zweitens kann das Kapazitätsangebot variiert werden, indem beispielsweise Überstunden gefahren, Mitarbeiter aus anderen, weniger belasteten Bereichen eingesetzt oder kurzfristig Zeitarbeiter eingestellt werden.
3. Drittens können Liefertermine verschoben werden; die Lieferzeit ist dann von der jeweiligen Nachfrage abhängig. Dieser Lösungsansatz ist oft unumgänglich bei kundenspezifischer Produktion, da hier eine Lagerhaltung ausgeschlossen ist. In allen anderen Fällen ist die Terminverschiebung erforderlich, wenn der geplante Flexibilitätskorridor bei Kapazitäten oder Beständen durch starke Bedarfsausschläge überschritten wird.

Kundenbedarf

Der Kundenbedarf wird bei der Wertstromanalyse durch den *Kundentakt* ausgedrückt. Dieser aus dem durchschnittlichen Stückbedarf berechnete Wert ist die Leistungsvorgabe für die Produktion. Durch seine Formulierung als Taktzahl bringt er Rhythmus in den Produktionsablauf.

Kundenbedarfsschwankungen machen Lagerhaltung oder eine kapazitätsflexible Produktion notwendig. Die auf den Durchschnittswert des Kundentaktes bezogene Schwankungsbreite entnimmt man entweder einer Datenanalyse oder legt sie als Zielwert fest. Der *Flexibilitätskorridor* der Produktion ist entsprechend einzustellen. Bei darüber hinausgehenden Bedarfsschwankungen kann der Kundenwunsch nicht termingerecht erfüllt werden.

2.3 Produktion

Nachdem die zu betrachtende Produktfamilie festgelegt ist (Abschn. 2.1) und die Kundennachfrage analysiert ist (Abschn. 2.2), kann die eigentliche Wertstromanalyse in der Produktion beginnen. Die Ist-Aufnahme des Wertstroms findet immer in der Fabrik *vor Ort* statt, das heißt auf dem Shop Floor an den Betriebsmitteln und in den Meisterbüros sowie in den Büros der Produktionsplaner. Die benötigten Hilfsmittel sind DIN A3-Papier, Bleistift, Radiergummi, Stoppuhr und im Nachgang ein Taschenrechner. Für die Wertstromaufnahme sind zwei Durchgänge erforderlich:

1. Der erste Durchgang dient der Aufnahme der Produktionsprozesse und des diese verbindenden Materialflusses. Er beginnt an der Schnittstelle der Produktion zum Kunden, in aller Regel also beim

Versand. So kann der Wertstrom aus Kundenperspektive bis zu seinen Quellen im Wareneingang zurückverfolgt werden.
2. Der zweite Durchgang dient der Aufnahme der Geschäftsprozesse zur Auftragsabwicklung und des zugehörigen Informationsflusses. Er beginnt an der Schnittstelle der Auftragsabwicklung zum Kunden, in aller Regel also bei der Kundenauftragsannahme. Von dort aus erreicht man schrittweise alle die Arbeitsplätze, an denen Produktionspapiere erstellt und bearbeitet werden.

Nachdem alle betroffenen Mitarbeiter und gegebenenfalls der Betriebsrat informiert sind, fragt man sich mit den folgenden *vier Leitfragen* schrittweise durch die Produktion und die Auftragsabwicklung. Dabei ist es wichtig, direkt mit den Vorarbeitern, Meistern und Mitarbeitern an den Produktionsprozessen und in den Produktionsplanungsbüros zu sprechen, um möglichst nah an der betrieblichen Realität zu bleiben und die tatsächlichen Gegebenheiten an den Arbeitsplätzen möglichst richtig zu erfassen.

1. Welches sind Ihre Tätigkeiten und Aufgaben?
Diese Frage zielt auf die Prozessbeschreibung in Produktion und Auftragsabwicklung. Bei den Produktionsprozessen empfiehlt es sich, immer einen kompletten Arbeitszyklus zu beobachten und die jeweiligen Zeiten selbst zu messen. Systemseitig hinterlegte Standardzeiten entsprechen nicht immer den tatsächlichen Gegebenheiten vor Ort. Sie können zu kurz sein, da sie unabhängig vom Druck des Alltagsgeschäfts ermittelt worden sind, oder sie können zu lang sein, da Zuschläge wie Verteilzeiten oder Rüstzeitanteile eingerechnet worden sind oder auch der tatsächliche Produktionsablauf inzwischen geändert und dabei verbessert worden ist. Die so mit der Stoppuhr gemessenen Zeiten sind Stichproben, die einen Eindruck von der Funktionsweise der Produktionsprozesse vermitteln, nicht aber fundierte Zeitaufnahmen zur Lohnermittlung ersetzen sollen. Sonstige Eindrücke vom Zustand der Produktion, wie beispielsweise der Ordnung und Sauberkeit, der Visualisierung von Bereichszuordnungen, Abläufen und Kennzahlen oder auch der Transparenz auf dem Shop Floor lassen sich sehr gut mit einer Digitalkamera festhalten. Bei den Geschäftsprozessen ist zunächst einmal weniger der zeitliche Aufwand als vielmehr der logische Ablauf relevant.

2. Woher wissen Sie, was Sie wann zu tun haben?
Diese Frage zielt auf die in der Produktion verfügbaren Steuerinformationen, die beispielsweise als Auftragslisten, Produktionsaufträge, Arbeitsgangscheine, Lagerentnahmescheine, Kommissionslisten oder auch online mit Planungs- und Steuerungssoftware oder Tabellenkalkulationsprogrammen in der Produktion Verwendung finden. Es ist oft hilfreich,

Kopien der unterschiedlichen verwendeten Produktionsunterlagen anzufertigen und der Wertstromdarstellung beizufügen. Oftmals gibt es informelle Informationsflüsse, die teilweise dazu dienen, Mängel des definierten Ablaufes auszugleichen. Bei der Wertstromanalyse sind sie ebenfalls mit darzustellen. Bei den Geschäftsprozessen sind hier die Auslöser für die einzelnen Stufen der Auftragsbearbeitung zu erfragen.

3. Wie groß ist Ihr Bestand beziehungsweise Ihr Arbeitsvorrat?
Diese Frage zielt auf die Bestände im Materialfluss. Zu zählen ist die Stückzahl der zwischen zwei Produktionsprozessen gelagerten oder gepufferten Teile. Es ist zu beachten, dass es für die gleiche Bevorratungsstufe oft mehrere Lagerorte gibt. Diese Lagerorte alle abzulaufen, verschafft einen wesentlich besseren Eindruck von der tatsächlichen Ist-Situation, als lediglich eine Datenabfrage im Lagerverwaltungssystem zu machen. Außerdem sind Abweichungen zwischen den tatsächlichen und den elektronisch erfassten Beständen nicht gerade selten. Beim Informationsfluss sind entsprechend die Anzahl der offenen Vorgänge je Geschäftsprozess zu ermitteln.

4. Woher erhalten Sie das von Ihnen benötigte Material beziehungsweise Ihre Arbeitsaufträge?
Diese Frage führt zum nächsten Arbeitsplatz, den vorgelagerten Produktionsprozessen respektive den nachgelagerten Geschäftsprozessen, zu dem der innerbetriebliche Führer den gegebenenfalls ortsunkundigen Wertstromerfasser führt. Auch diese Frage ist nachdrücklich zu stellen, da einige Nebenflüsse oft nur wenigen Mitarbeitern bekannt und zuweilen nur auf explizite Nachfrage unmittelbar präsent sind.

Bei der Wertstromaufnahme handelt es sich um eine *Momentaufnahme*, das heißt die Fragen zielen darauf ab, die konkreten Gegebenheiten in der Produktion und bei der Auftragsabwicklung zu einem bestimmten Zeitpunkt zu erfassen. Dieser Zeitpunkt wäre schlecht gewählt, wenn es sich im Ganzen um eine Ausnahmesituation handelt. Die Erfahrung zeigt jedoch, dass dies nur sehr selten der Fall ist, auch wenn immer wieder von Sonderfällen und „das ist sonst nicht so“ gesprochen wird. Eine Wiederholung zu einem anderen Termin kann das meist bestätigen; die sogenannten Sonderfälle tauchen dann an anderen Stellen wieder auf. Die Antworten auf die vier Leitfragen liefern die Informationen, die zur blitzlichtartigen Erfassung des Wertstroms benötigt werden.

Das DIN A3-Blatt gibt nun im Regelfall genügend Raum, die erfragten Informationen strukturiert und übersichtlich angeordnet mit den in den folgenden Abschnitten erläuterten Symbolen zu notieren. Im Verlauf der Aufnahme wird man dabei immer wieder Korrekturen vornehmen müssen, da wichtige Sonderfälle vergessen oder Details missverstanden wurden. Manches wird man auch detaillierter analysieren als zunächst gedacht. Aus diesen Gründen hat sich die vor Ort erstellbare und korrigierbare Bleistiftskizze bewährt. Ein guter Radiergummi ist oft das wichtigste Werkzeug bei der Wertstromanalyse. Zentrales Ergebnis einer Wertstromanalyse ist also eine mit Symbolen erstellte *Wertstromzeichnung*. Als Dokumentation sollte jede Wertstromzeichnung datiert sein. Im Verlauf eines Restrukturierungsprojektes bleibt dieses Blatt mit der Wertstromdarstellung ständiger Begleiter zur Gedächtnisstütze und auch zur Ergänzung von Details, die sich im Projektverlauf als wichtig herausstellen.

Die zur Wertstromdarstellung erforderlichen Symbole zusammen mit den jeweiligen Kennwerten sollen in den folgenden Abschnitten schrittweise erläutert werden. Dies erfolgt anhand der sechs Grundelemente der Wertstromdarstellung, wobei der ‚Kunde' bereits abgehandelt ist (Abschn. 2.2):

1. **Produktionsprozesse** Eine Produktion besteht hauptsächlich aus den Maschinen, Anlagen und Arbeitsplätzen, die die Verarbeitung des Rohmaterials zum Produkt leisten. Diese Betriebsmittel sind in der Wertstromanalyse funktional als Produktionsprozesse modelliert (Abschn. 2.3.1).
2. **Materialfluss & Lieferanten** Damit Material überhaupt bearbeitet werden kann, muss es zu den einzelnen Arbeitsstationen hin- und von dort wieder wegtransportiert werden. Die komplette transport- und fördertechnische Verknüpfung aller Betriebsmittel beschreibt der Materialfluss. Der Materialfluss mit den Lager- und Pufferbeständen wird funktional als Verknüpfung der Produktionsprozesse dargestellt. Dies ist zu ergänzen um den externen Materialfluss von den Lieferanten (Abschn. 2.3.2).
3. **Informationsfluss & Geschäftsprozesse** Damit sich das Material gesteuert und nicht zufällig bewegt, sind Informationen erforderlich, wann welches Material an welche Stelle zu bringen ist und wie es dort zu bearbeiten ist. Im Unterschied zur klassischen Methode der Produktionsvisualisierung – der Layout- und Materialflussdarstellung – werden auch die Informationsflüsse mit den Geschäftsprozessen zur Auftragserfassung, Produktionsplanung und Produktionssteuerung sowie Beschaffung komplett dargestellt; hier zusammengefasst als Auftragsabwicklung (Abschn. 2.3.3).

2.3.1 Produktionsprozesse

In der Wertstromanalyse wird die Produktion dargestellt durch eine Folge von Produktionsprozessen. Das Symbol für den *Produktionsprozess* ist ein einfaches Rechteck, in das oben die Prozessbezeichnung eingetragen wird (Abb. 2.13, Fall 1). Zur besseren Unterscheidung von den Geschäftsprozessen sollte hier nicht vereinfachend von ‚Prozess' gesprochen werden. In den Prozesskasten werden zur groben Kapazitätsangabe ferner die beiden wichtigsten Grundparameter eines Produktionsprozesses eingetragen. Es hat sich bewährt, auch diese beiden Parameter mit einem kleinen Symbol zu kennzeichnen:

1. Die Anzahl der diesem Prozess zugeordneten Mitarbeiter pro Schicht. Die Mitarbeiter sind symbolisiert mit stilisiertem Kopf und Armen.
2. Die Anzahl der dem Prozess zur Verfügung stehenden alternativen Betriebsmittel, hier bezeichnet als Ressourcen. Die Ressourcen sind symbolisiert mit einem kleinen, senkrecht stehenden Rechteck.

Abb. 2.13. Symbolische Darstellung des Produktionsprozesses

Der Produktionsprozess im engeren Sinne ist ein *technischer Prozess.* Hier werden Materialien und Teile durch die unterschiedlichen Arten der Bearbeitung wertschöpfend verändert. Hierzu gehören insbesondere Verpacken, Montieren, Beschichten, thermisches Behandeln und Fertigen. Nicht unmittelbar der Gestaltung des Erzeugnisses im Sinne des Kunden dienen notwendige Nebentätigkeiten, wie das Sortieren, Kommissionieren, Kennzeichnen oder Prüfen. Diese *logistischen Prozesse* sind ebenfalls als Produktionsprozess darzustellen. Dazu gehören Versenden, Qualität Prüfen, Funktion Prüfen, Kommissionieren und Waren Vereinnahmen. Tätigkeiten der reinen Ortsveränderung von Teilen und Materialien wie Ein- und Auslagern, Fördern und Transportieren sind hingegen normalerweise dem Materialfluss zuzurechnen und nicht als eigenständiger Prozesskasten zu modellieren.

Einen Sonderfall stellt der *externe Produktionsprozess* dar (Abb. 2.13, Fall 2). Hier verlässt der Wertstrom die betrachtete Fabrik für einen Prozessschritt. Die entsprechende Bearbeitung erfolgt bei einem Lieferanten. Dieser bietet als Lohnfertiger bestimmte Technologien an, die im betrachteten Unternehmen nicht verfügbar sind. Als verlängerte Werkbank bietet der Lieferant für vorhandene Technologien eine Kapazitätsergänzung an. Ein externer Prozess beinhaltet sowohl technische als auch logistische Anteile; er ist im Grunde ein kompletter Wertstrom in kompakter Darstellung, der als „Black Box" behandelt wird. Zentrale Parameter sind der Name des Lieferanten sowie die gesamte Prozessdurchlaufzeit gemessen von der Versandbereitstellung bis zum Abschluss der Warenvereinnahmung nach der Rücklieferung. Zur symbolischen Darstellung wird der Prozesskasten mit dem stilisierten Scheddach einer Fabrikhalle ergänzt. Die Angabe der Durchlaufzeit ersetzt die Kapazitätsaussagen der werksinternen Produktionsprozesse. Ein externer Prozess ähnelt dadurch einem Element des Materialflusses.

Manche Produktionsprozesse stehen nicht ausschließlich für einen Wertstrom zur Verfügung (Abb. 2.13, Fall 3). Sie beinhalten Ressourcen, die auch Produkte anderer, in der Analyse zunächst nicht betrachteter Produktfamilien bearbeiten. Dies spielt eine wichtige Rolle bei der kapazitativen Beurteilung und später bei der Soll-Konzeption. Daher sind Prozesskästen der Produktionsprozesse, die von mehreren Wertströmen *gemeinsam genutzte Ressourcen* beinhalten, durch doppelte Umrandung gesondert zu kennzeichnen.

Bei der Modellierung der Produktionsprozesse stellt sich die Frage, welche Tätigkeiten alle einem bestimmten Prozessschritt zuzurechnen sind – und welche Tätigkeiten dann im Prozessschritt davor oder dahinter abzubilden sind. Für die Abtrennung der einzelnen Produktionsprozesse voneinander ist der angestrebte *Detaillierungsgrad* der Wertstromaufnahme ausschlaggebend. Produktionsprozesse bestehen aus einer Abfolge von Tätigkeiten. Die kleinsten Elemente einer Tätigkeit sind einzelne Bewegungen – beispielsweise ‚Greifen einer Schraube' –, die jeweils einzeln zeitlich bewertet werden können. Erst mehrere dieser Elemente bilden zusammen eine abgeschlossene Handlungseinheit – beispielsweise ‚Positionieren und Aufschrauben eines Deckels auf ein Gehäuse'. Diese Handlungseinheiten entsprechen dem feinsten Detaillierungsgrad, der in einer Wertstromaufnahme darstellbar ist. Meist ist es jedoch sinnvoller, die Produktionsprozesse in einem gröberen Detaillierungsgrad aufzunehmen.

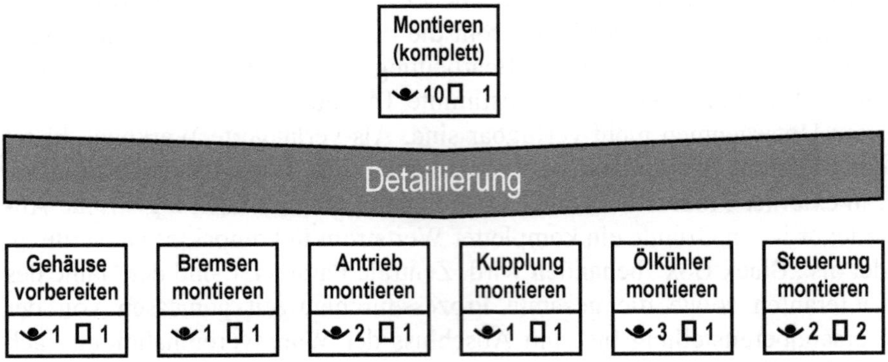

Abb. 2.14. Skalierbarer Detaillierungsgrad der Produktionsprozesse

So könnte beispielsweise eine komplette Endmontage ‚Montieren (komplett)' in einem Prozesskasten zusammengefasst werden (Abb. 2.14). Dieser Endmontage sind dann alle zehn Mitarbeiter zugeordnet, die an mehreren aufeinanderfolgenden Montagestationen arbeiten. Im dargestellten Beispiel einer Getriebemontage sind das sechs Stationen, wobei die letzte Station wegen des großen Arbeitsumfanges verdoppelt ist. Jeder dieser sechs Produktionsprozesse kann nun mit seinem jeweiligen Arbeitsinhalt und der sonstigen Prozesscharakteristik dargestellt werden.

Kennwerte und Kennzahlen zur Prozessbeschreibung

Produktionsprozesse werden in einer Wertstromanalyse durch vier unterschiedliche Zeitarten beschrieben: die Bearbeitungszeit, die Prozesszeit, die Rüstzeit und die Zykluszeit. Die drei erstgenannten Zeiten sind Kennwerte, die gemessen oder aber erfragt werden, falls eine Messung aufgrund der Prozessbeschaffenheit zu langwierig sein sollte. Die Zykluszeit ist die daraus abgeleitete Kennzahl der Prozessleistung.

Die *Bearbeitungszeit* (BZ) gibt an, wie lange ein Teil im Produktionsprozess bearbeitet wird (Abb. 2.16, Fall 1a). Diese Zeit beinhaltet sowohl den manuellen Arbeitsinhalt des Mitarbeiters als auch die Laufzeit des Betriebsmittels. In dem einfachen Fall, in dem ein Mitarbeiter gerade eine Maschine bedient, entspricht die Bearbeitungszeit der Grundzeit des Menschen (Abb. 2.15). Diese Grundzeit wiederum setzt sich zusammen aus der eigentlichen Tätigkeitszeit des Mitarbeiters und der aus einer planmäßigen Unterbrechung resultierenden Wartezeit, währenddessen die bediente Maschine automatisch abläuft. Beim Fräsen beispielsweise ergibt sich demgemäß die Grundzeit aus dem Zeitbedarf zum Aufspannen des Teils, zum Starten der Maschine mit Programmaufruf, zum Fräsen, zur Entnahme des

Teils und schließlich zum Entgraten. Bei einer CNC-gesteuerten Fräsmaschine entsteht nun für den Mitarbeiter eine Wartezeit, sofern eben keine Mehrmaschinenbedienung stattfindet. Die Wartezeit könnte natürlich auch zum hauptzeitparallelen Entgraten genutzt werden. Bei einer konventionellen Fräsmaschine hingegen ist die Wartezeit gleich Null.

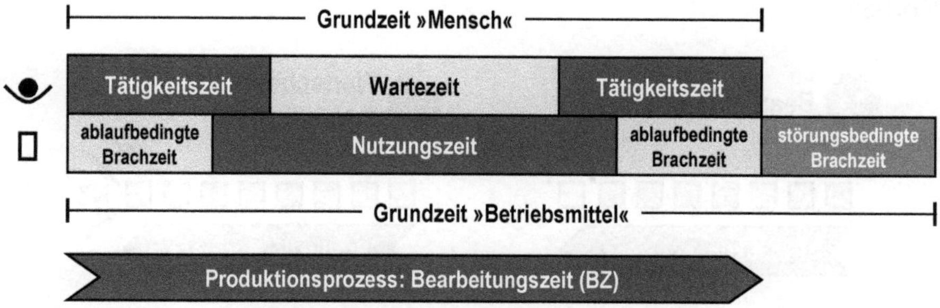

Abb. 2.15. Bearbeitungszeit im Verhältnis zu den Zeitarten (nach REFA 1992)

Über Werkzeugwechsel, Einspannen, Bearbeiten und Entnehmen erstreckt sich die in Haupt- und Nebennutzung gegliederte Nutzungszeit des Betriebsmittels (REFA 1992). Wartet die Maschine auf den Mitarbeiter, dann liegt eine ablaufbedingte Brachzeit vor. Die störungsbedingte Brachzeit wird hingegen über die Verfügbarkeit erfasst (vgl. Abb. 2.19), so dass Nutzungszeit und Grundzeit des Betriebsmittels in der Wertstromanalyse nur indirekt eine Rolle spielen.

Die Tätigkeitszeit des Mitarbeiters setzt sich aus Haupt- und Nebentätigkeiten zur unmittelbaren beziehungsweise mittelbaren Erfüllung der Arbeitsaufgabe zusammen (REFA 1992). Der Haupttätigkeitszeit entspricht der Zeitanteil an der Bearbeitungszeit für diejenigen Aktivitäten, die das Produkt tatsächlich so verändern, wie der Kunde es haben möchte. Dieser Zeitanteil wird als *Wertschöpfungszeit* (WZ) bezeichnet (Abb. 2.16, Fall 1b). Die mit der Bearbeitung verbundenen Nebentätigkeiten und Wartezeiten stellen mehr oder weniger überflüssige *Nebenzeiten* (NZ) dar. Die Zuordnung einzelner Tätigkeiten innerhalb des Produktionsprozesses zu diesen Zeitarten setzt eine detaillierte Zeitaufnahme mit Verschwendungsanalyse voraus, die man beispielsweise im Rahmen des Wertstromdesigns zur Prozessoptimierung durchführen kann.

Die *Prozesszeit* (PZ) gibt an, wie lange sich Teile im jeweiligen Produktionsprozess befinden. Wenn genau ein Teil bearbeitet wird, sind trivialer Weise Bearbeitungs- und Prozesszeit gleich, wobei dann letztere nicht eigens ausgewiesen wird. Von Interesse ist der Fall, dass mehrere Teile oder Material für mehrere Produkte in einem Prozess gleichzeitig bearbeitet werden. Zu unterscheiden sind zwei Typen: Im Durchlaufprozess werden die Teile einzeln zu- und abgeführt (Abb. 2.16, Fall 2a), wobei sich, im Unterschied zur sequenziellen Losbearbeitung, immer mehrere Teile zugleich innerhalb des Prozesses befinden. Im Chargenprozess werden Teile in Losen zusammengefasst gleichzeitig bearbeitet (Abb. 2.16, Fall 2b). Beispiele sind für den ersten Typ ein Durchlaufofen zur Wärmebehandlung und für den zweiten Typ das Härten oder Waschen von Teilen in Körben.

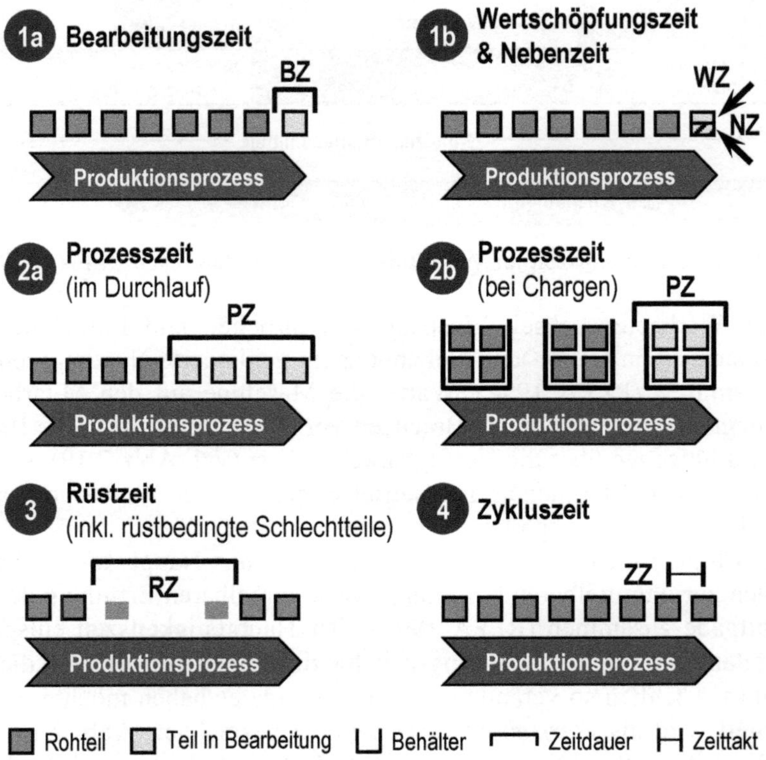

Abb. 2.16. Prinzipskizzen der unterschiedlichen Zeitparameter

Die *Rüstzeit* (RZ) ist die Zeit, während der ein Betriebsmittel aufgrund eines Wechsels der Vorrichtungen, Werkzeuge oder Materialien (Farbe, Coil, Granulat) für eine neue Teilevariante nicht für die Bearbeitung zur Verfügung steht (Abb. 2.16, Fall 3). Sie wird gemessen vom letzten Gutteil der vorhergehenden bis zum ersten Gutteil der folgenden Variante.

Spezifisch für die Wertstrommethode ist die Kennzahl der *Zykluszeit* (ZZ). Diese Zeit gibt an, nach welchem Zeitintervall ein Teil oder ein Produkt in einem Produktionsprozess fertiggestellt wird (Abb. 2.16, Fall 4). Steht nur ein Betriebsmittel zur Verfügung, dann ist die Zykluszeit gleich der Bearbeitungszeit. Gibt es hingegen mehrere alternative Betriebsmittel für einen Produktionsprozess oder handelt es sich um einen Durchlauf- oder Chargenprozess, dann ist die Zykluszeit zu berechnen (vgl. Gl. 2.3). Bei einer getakteten Anlage, wie einer Montagelinie oder einer Bestükkungslinie für Leiterplatten, kann man neben den Bearbeitungszeiten an den einzelnen Stationen auch direkt den *Maschinentakt* messen. Aber auch dieser ist eigens in die Zykluszeit zu überführen, die sich nur dann als gleich dem gemessenen Takt erweist, wenn es lediglich eine Anlage gibt. Zudem lohnt es sich, die einzelnen Stationen auszumessen, um die langsamste Station zu ermitteln. Diese größte Bearbeitungszeit der Anlage sollte im Übrigen dem Maschinentakt entsprechen.

Jedem Produktionsprozess werden nun in einem Datenkasten ähnlich wie beim Kundensymbol wesentliche *Kennwerte* und die daraus abgeleiteten *Kennzahlen* zur Prozessbeschreibung hinzugefügt. Grundlegende Idee bei der Ermittlung der Kennwerte ist es, die in der Fabrik tatsächlich bestehenden Gegebenheiten zu erfassen. Daher sollten auch nicht die Vorgabezeiten aus dem Arbeitsplan in die Wertstromzeichnung übertragen werden. Die Bearbeitungszeiten misst der Wertstromerfasser selbst mit einer Stoppuhr. Dabei kommt es zunächst nicht darauf an, eine hohe Genauigkeit zu erreichen oder gar die Grundlage für ein neues Entlohnungsmodell zu legen. Zielsetzung ist vielmehr, die Leistungsfähigkeit der Produktionsprozesse absolut und auch relativ zueinander und in Bezug auf den Kundentakt abschätzen zu können. Dies gelingt besser, wenn man Zeiten selbst gemessen hat. Im Unterschied zur Übernahme lediglich abstrakter Zahlenwerte weiß man dann, welche konkrete Tätigkeit jeweils zu den Produktionsprozessen gehört. Detaillierte, methodisch abgesicherte Zeitaufnahmen sind erst erforderlich, wenn im Rahmen eines Soll-Konzeptes die einzelnen Produktionsprozesse gestaltet werden (Abschn. 3.2.2).

Der in den folgenden Abschnitten dargestellte Produktionsprozess-Datenkasten ist deutlich umfangreicher als üblicherweise in der Literatur angegeben. Dies ist hauptsächlich darauf zurückzuführen, dass hier erstmalig auch die Variantenfertigung durch standardisierte Datenfelder berücksichtigt wird. Ferner hat sich in der Praxis gezeigt, dass der Zusammenhang zwischen Bearbeitungszeit und Zykluszeit eines Produktionsprozesses manchmal recht komplex ist. Zur Sicherstellung der Verständlichkeit und späteren Lesbarkeit der Daten sind daher zusätzliche Kennwerte des Produktionsprozesses zu erfassen.

Insgesamt lässt sich der *Datenkasten* in drei Abschnitte unterteilen, die jeweils die Informationen für eine wertstromspezifische Aussage in einer Kennzahl zusammenfassen:

1. Informationen zur Ermittlung der Zykluszeit als Kennzahl der *Prozesskapazität.*
2. Informationen zur Ermittlung des EPEI-Wertes als Kennzahl der rüstzeit- und verfügbarkeitsabhängigen *Variantenflexibilität* eines Produktionsprozesses.
3. Kennzahlen zur Bewertung der *Qualität* eines Produktionsprozesses und Informationen zur Ermittlung des prozessspezifischen Kundentaktes.

Diese drei Datenblöcke sollen im Folgenden näher erörtert werden. Zur besseren innerbetrieblichen Kommunikation und als Gedächtnisstütze hat es sich als praktikabel erwiesen, zunächst ergänzend zur verbal formulierten Prozessbezeichnung auch die Bezeichnungen der Maschinen im Datenkasten zu notieren (Abb. 2.17, erste Zeile).

Zykluszeit

Mit der Zykluszeit kann eine Aussage über das Kapazitätsangebot eines Produktionsprozesses getroffen werden. Der erste im Datenkasten einzutragende Zahlenwert ist das Grunddatum eines Produktionsprozesses schlechthin: die Bearbeitungszeit (BZ). Damit ist der *zeitliche Aufwand* der Produktion erfasst (Abb. 2.17). Bei der Messung mit einer Stoppuhr direkt vor Ort werden die wertschöpfenden und die nicht wertschöpfenden Zeitanteile nicht getrennt ermittelt. Das bleibt einer Detailanalyse vorbehalten. Nebenzeiten, die nicht unmittelbar in Zusammenhang mit der Bearbeitung eines einzelnen Stückes stehen, sondern gesammelt für mehrere Produkte durchgeführt werden, sind der Rüstzeit (vgl. Abb. 2.19) zuzurechnen.

Befinden sich mehrere Teile gleichzeitig im Produktionsprozess, dann erfasst man die Bearbeitungszeit am besten gesondert als Prozesszeit (PZ). Derart in *Chargen* oder alternativ im *kontinuierlichen Durchlauf* arbeiten in der Regel Prozesse, die im weitesten Sinne auf die Werkstoffeigenschaften einwirken. In der Produktionstechnik sind das Prozesse, die dem Ändern von Stoffeigenschaften des Werkstoffs, dem Beschichten oder dem Reinigen dienen, also beispielsweise Wärmebehandeln, Lackieren oder Sandstrahlen. In der Verfahrenstechnik sind das die Metallerzeugung oder auch Prozessarten wie Mischen, Filtrieren, Destillieren und Ändern der Stoffart in Reaktoren. Alle diese Prozesse sind in der Regel mit deutlich längeren Einwirkzeiten verbunden als die Fertigungsverfahren des Urformens, Umformens, Trennens und Fügens. Daher sind die Prozesszeiten der verfahrenstechnischen Produktionsprozesse auch nur bedingt mit den Bearbeitungszeiten der Fertigungsverfahren vergleichbar und sollten daher extra erfasst werden. So können Wertstromanalysen auch in der Prozessindustrie durchgeführt werden. Ergänzend zur Prozesszeit ist immer auch die Anzahl der Teile in einer Charge mit der Prozessmenge (PM) anzugeben. Beim Härten beispielsweise kann das die Teileanzahl pro Korb, beim Durchlaufofen die Anzahl der Teile im Ofen sein.

Betriebsmittel-Name	
BZ	Bearbeitungszeit
PZ	Prozesszeit
PM	Prozessmenge
# T	Anzahl Teile je Produkt
ZZ	Zykluszeit

Abb. 2.17. Datenkasten, Abschnitt 1, mit den Informationen zur Ermittlung der Zykluszeit

Gelegentlich erlaubt eine Vorrichtung (zum Beispiel in einer Fräse) oder ein Werkzeug (zum Beispiel beim Spritzguss) die *gleichzeitige Bearbeitung* mehrerer Teile. Kompliziert wird es, wenn für das gleiche Teil auch noch Alternativen bestehen (beispielsweise beim Spritzguss eine Doppel- und eine Vierer-Kavität). In diesem Fall ist es in der Regel am sinnvollsten, die Prozessmenge auf die Bearbeitungszeit beziehen, da es sich hierbei nicht um eine Chargenfertigung mit ihren Spezifika handelt. Diese Form der Mehrfachbearbeitung ist in der Regel sehr größensensitiv und damit von der jeweiligen Variante abhängig.

Zuweilen liefert ein Produktionsprozess mehrere *Gleichteile* für jeweils ein Endprodukt (# T). Deren Anzahl erhöht den Zeitbedarf für die Bearbeitung. Möglicherweise liefert ein Produktionsprozess auch unterschiedliche Teile. Dann kann man auch einfach alle Bearbeitungszeiten addieren und an dieser Stelle im Datenkasten die Zahl der berücksichtigten Teile vermerken.

Aus den genannten Angaben für einen Produktionsprozess kann nun die *Zykluszeit* als ein für die Wertstromanalyse wichtiges Zwischenergebnis wie folgt ermittelt werden: Im einfachsten Fall entspricht die Zykluszeit der Bearbeitungszeit des Prozesses. Falls, wie jeweils im Prozesskasten eingetragen, mehrere alternative Ressourcen zu Verfügung stehen, dann erhöht das die Ausbringung des Prozesses, da mehrere Teile gleichzeitig bearbeitet werden können. Das verringert dann die Zykluszeit; sie ergibt sich durch Division von Bearbeitungszeit durch Ressourcenanzahl (Gl. 2.3, links). Wenn beispielsweise ein Monteur zehn Minuten für die Montage eines Produktes benötigt, dann wird auch alle zehn Minuten ein Produkt fertiggestellt. Verdoppelt man die Zahl der Ressourcen, dann halbiert sich die Zykluszeit. Im Beispiel liefern also zwei Monteure alle fünf Minuten ein Fertigprodukt ab. Die Zykluszeit eines Durchlauf- oder Chargenprozesses ergibt sich als Quotient der Prozesszeit und der Prozessmenge (Gl. 2.3, rechts). Im Durchlaufprozess entspricht der Takt des Anlagenausstoßes genau der Zykluszeit. Auch hier ist gegebenenfalls die Anzahl gleicher Betriebsmittel zu berücksichtigen. Bei zwei Durchlauföfen mit je 200 Teilen und einer Prozessdauer von 100 Minuten beträgt demnach die Zykluszeit eine Minute. Insgesamt ergibt sich zur Berechnung der Zykluszeit:

$$ZZ = \frac{BZ \times \#T}{\#Res} \quad \text{oder:} \quad ZZ = \frac{PZ \times \#T}{PM \times \#Res} \tag{2.3}$$

mit:
- ZZ Zykluszeit [Zeiteinheit]
- BZ Bearbeitungszeit [Zeiteinheit]
- PZ Prozesszeit [Zeiteinheit]
- PM Prozessmenge bei Chargen oder im Durchlauf [Stck.]
- # T Anzahl Gleichteile pro Endprodukt [Stck.]
- # Res Anzahl gleicher Ressourcen [Stck.]

Zykluszeit

Die *Zykluszeit* gibt die Leistungsfähigkeit des Produktionsprozesses in Zeiteinheiten bei kontinuierlichem Betrieb ohne rüst- oder störungsbedingte Unterbrechungen wieder. Die Zykluszeit beschreibt das *Kapazitätsangebot* eines Produktionsprozesses und gibt an, welcher Kundentakt unter idealen Bedingungen noch unterschritten werden kann, um den entsprechenden Kundenbedarf zu erfüllen.

Rüstzeit und Losgröße

Falls bei der Produktion von Varianten oder kundenspezifischen Erzeugnissen Rüstvorgänge notwendig sind, sinkt das Kapazitätsangebot eines Produktionsprozesses entsprechend. Diese Einschränkungen der Kapazität sind mit der Zykluszeit noch nicht berücksichtigt und sollen nun mit den im zweiten Abschnitt des Datenkastens angegebenen Kennwerten erfasst werden.

Zunächst wird die Zeitdauer pro Rüstvorgang mit der Rüstzeit (RZ) im Datenkasten angegeben (Abb. 2.19). Die Rüstzeit ist nicht immer für alle Varianten gleich. Mit Hilfe einer *Rüstmatrix* kann man optimale Rüstreihenfolgen festlegen (Abb. 2.18). Die in der Abbildung hervorgehobenen und umrandeten Bereiche zeigen, welche Varianten hintereinander eingerüstet werden sollten. Auch ist die Matrix nicht symmetrisch, das heißt es ist beispielsweise aufwendiger vom Typ VZ 10 auf VZ 5 zu wechseln als umgekehrt; im ersten Fall dauert es 240 Minuten, im zweiten Fall 140 Minuten. In den Datenkasten trägt man am besten den mittleren Wert ein, der sich aus der Planungs- und Steuerungslogik im jeweiligen Ist-Zustand ergibt. Je nachdem also, in welchem Grad die Lose in optimaler Reihenfolge aufgelegt werden, wird auch die entsprechend mehr oder weniger minimierte Rüstzeit eingetragen.

nach

von

Variante	VG 01	VG 02	VG 03	VG 04	VG 05	VG 06	VG 07	VG 08	VG 09	VG 10	VG 11	VG 12	VZ 01	VZ 02	VZ 03	VZ 04	VZ 05	VZ 06	VZ 07	VZ 08	VZ 09	VZ 10	VZ 11
VG 01		130	130	130	130	130	130	130	130	130	130	130	135	135	135	140	140	145	145	160	160	240	240
VG 02	130		130	130	130	130	130	130	130	130	130	130	135	135	135	140	140	145	145	160	160	240	240
VG 03	130	130		**35**	**35**	130	130	130	130	130	130	130	135	135	135	140	140	145	145	160	160	240	240
VG 04	130	130	**35**		**35**	130	130	130	130	130	130	130	135	135	135	140	140	145	145	160	160	240	240
VG 05	130	130	**35**	**35**		130	130	130	130	130	130	130	135	135	135	140	140	145	145	160	160	240	240
VG 06	130	130	130	130	130		**35**	**35**	130	130	130	130	135	135	135	140	140	145	145	160	160	240	240
VG 07	130	130	130	130	130	**35**		**35**	130	130	130	130	135	135	135	140	140	145	145	160	160	240	240
VG 08	130	130	130	130	130	**35**	**35**		130	130	130	130	135	135	135	140	140	145	145	160	160	240	240
VG 09	130	130	130	130	130	130	130	130		**35**	130	130	135	135	135	140	140	145	145	160	160	240	240
VG 10	130	130	130	130	130	130	130	130	**35**		130	130	135	135	135	140	140	145	145	160	160	240	240
VG 11	130	130	130	130	130	130	130	130	130	130		**35**	135	135	135	140	140	145	145	160	160	240	240
VG 12	130	130	130	130	130	130	130	130	130	130	**35**		135	135	135	140	140	145	145	160	160	240	240
VZ 01	130	130	130	130	130	130	130	130	130	130	130	130		**35**	**35**	140	140	145	145	160	160	240	240
VZ 02	130	130	130	130	130	130	130	130	130	130	130	130	**35**		**35**	140	140	145	145	160	160	240	240
VZ 03	130	130	130	130	130	130	130	130	130	130	130	130	**35**	**35**		140	140	145	145	160	160	240	240
VZ 04	130	130	130	130	130	130	130	130	130	130	130	130	135	135	135		**35**	145	145	160	160	240	240
VZ 05	~~130~~	~~130~~	~~130~~	~~130~~	~~130~~	~~130~~	~~130~~	~~130~~	~~130~~	~~130~~	~~130~~	~~130~~	~~135~~	~~135~~	~~135~~	~~**35**~~		~~145~~	~~145~~	~~160~~	~~160~~	240	240
VZ 06	130	130	130	130	130	130	130	130	130	130	130	130	135	135	135	140	140		**35**	160	160	240	240
VZ 07	130	130	130	130	130	130	130	130	130	130	130	130	135	135	135	140	140	**35**		160	160	240	240
VZ 08	130	130	130	130	130	130	130	130	130	130	130	130	135	135	135	140	140	145	145		**35**	240	240
VZ 09	130	130	130	130	130	130	130	130	130	130	130	130	135	135	135	140	140	145	145	**35**		240	240
VZ 10	~~130~~	~~130~~	~~130~~	~~130~~	~~130~~	~~130~~	~~130~~	~~130~~	~~130~~	~~130~~	~~130~~	~~130~~	~~135~~	~~135~~	~~135~~	~~140~~	140	145	145	160	160		**70**
VZ 11	130	130	130	130	130	130	130	130	130	130	130	130	135	135	135	140	140	145	145	160	160	**70**	

Abb. 2.18. Beispiel für eine Rüstmatrix

Die *Losgröße* (LG) gibt im Datenkasten ferner an, wie viele Gleichteile in direkter Abfolge im Produktionsprozess bearbeitet werden (Abb. 2.19). Sie ist von der Prozessmenge dadurch unterschieden, dass die Teile im Los nicht gleichzeitig bearbeitet werden. Üblicherweise ist die Losgröße nicht für jede Variante gleich, sondern wird abhängig vom durchschnittlichen Kundenbedarf festgelegt. In den Datenkasten trägt man am besten die kleinste, die größte sowie die mittlere (oder häufigste) Losgröße ein, da diese Werte als Vergleichswerte bei etwaigen Änderungen im Soll-Konzept sinnvoll sind.

RZ	Rüstzeit
LG	Losgröße
# Var	Anzahl Teile-Varianten
V	Verfügbarkeit [%]
EPEI	EPEI-Wert

Abb. 2.19. Datenkasten, Abschnitt 2, mit den Informationen zur Ermittlung des EPEI-Wertes

Die von Disponenten in der industriellen Praxis gewählten Losgrößen basieren häufig auf Erfahrungswerten, die einen Kompromiss zwischen Rüst- und Bevorratungskosten sicherstellen sollen, ohne dass es zu Fehlmengen kommt. Dabei werden in der Regel Rüstzeitanteile von über fünf Prozent als zu groß empfunden. Zuweilen werden zur Absicherung der Erfahrungswerte auch die in PPS- und ERP-Systemen angebotenen mathematischen Berechnungsmethoden zur Ermittlung einer wirtschaftlichen Losgröße angewendet. Diese beruhen meist auf einer bereits 1913 von Ford Whitman Harris entwickelten und im deutschen Sprachraum 1929 von Kurt Andler bekannt gemachten Vorgehensweise. Bei dieser Losgrößenberechnung werden die Rüstkosten mit den Bevorratungskosten verglichen. Dahinter steckt folgender Grundgedanke: Bei zu kleinen Losen sind die Rüstkosten anteilig zu hoch, da sie sich auf zu wenige Teile verteilen lassen. Bei zu großen Losen steigen die Bevorratungskosten, da der Verbrauch der Teile zu lange dauert. Die Bevorratungskosten berücksichtigt man pauschal mit einem auf die Herstellkosten aufgeschlagenen Bevorratungskostenfaktor. Zusammen mit den Rüstkosten und der Jahresstückzahl der jeweiligen Variante ergibt sich nach der sogenannten ‚Andlerschen Losgrößenformel' für die *optimale Losgröße* folgende Quadratwurzel:

$$LG_{opt} = \sqrt{\frac{200 \times RK \times \# J_{Var}}{HK \times BKF}} \tag{2.4}$$

mit: LG_{opt} optimale Losgröße einer Variante [Stck.]
HK Herstellkosten [€]
BKF Bevorratungskostenfaktor [%]
RK Rüstkosten [€]
$\#J_{Var}$ Jahresstückzahl der Variante [Stck.]

Der im Modell der Losgrößenformel zugrunde gelegte Verlauf der Rüst- und Bevorratungskosten innerhalb einer Bedarfsperiode ergibt dementsprechend einen parabolischen Verlauf der Gesamtkosten mit dem Minimum bei der optimalen Losgröße (Abb. 2.20). Diese Art der Kostenoptimierung erkauft man sich jedoch mit einigen Schwierigkeiten, die aus den Modellprämissen resultieren. Davon läßt sich ein Teil durch aufwändigere mathematische Modellierung beheben, während andere grundsätzlicher Natur sind.

- Das Modell berücksichtigt nur die Bevorratungskosten für das komplett eingelagerte Los. Die Bestandskosten während der kompletten Losbearbeitung werden vernachlässigt.

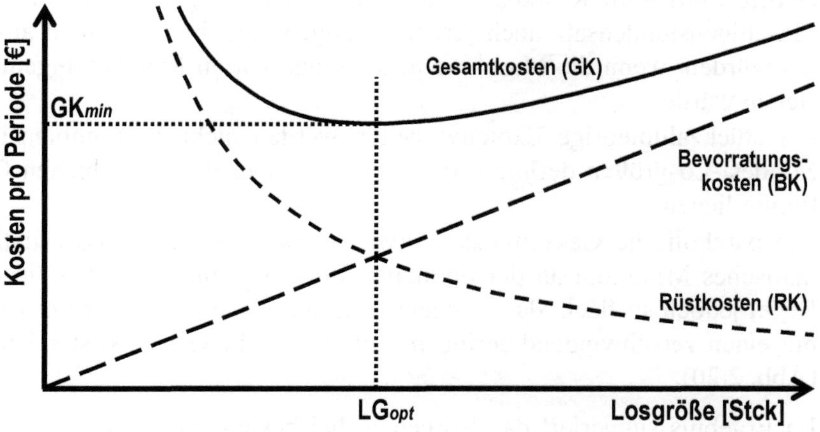

Abb. 2.20. Kostenverlauf im Modell der Losgrößenformel

- Das Modell geht von einem kontinuierlichen Verbrauch aus – zusammen mit der geschlossenen Losweitergabe ergibt sich so der idealisierte Verlauf einer Sägezahnkurve (vgl. Abb. 2.37). Ein schwankender Lagerabgang kann jedoch mit dynamischen Kostenmodellen berücksichtigt werden.
- Berechnet man die Losgröße für jede Periode immer wieder neu, so erhält man für jede Variante ständig angepasste Losgrößen. Bei dynamischen Modellen ist dies grundsätzlich so. Das erhöht jedoch die Komplexität der Steuerung und senkt die Transparenz der Produktionsabläufe, da in der Produktion immer mit anderen Mengen gearbeitet werden muss.
- Das Modell geht von einem einstufigen Produktionsprozess aus. Bei mehrstufiger Produktion muss die optimale Losgröße jedoch produktionsprozessübergreifend ermittelt werden, da sich für jeden Produktionsprozess bei anderen Kosten auch andere lokale Optima ergeben.
- In die Bevorratungskosten fließen Kapitalkosten, Lagerplatzkosten, Ein- und Auslagerungskosten, Lagerverwaltungskosten, Veraltungsrisiko und andere ein. Hier sollte man die Aufwendungen nicht unterschätzen. Ein erfahrungsgemäß angemessener Wert liegt bei 25 Prozent der Herstellkosten. Hier handelt es sich jedoch mehr um eine Abschätzung als einen exakten Kostensatz, da vereinfachend angenommen wird, dass alle Bevorratungskosten proportional zu den Herstellkosten sind und auch entsprechend zugeordnet werden können. Damit scheinen beispielsweise die Lagerverwaltungskosten für billige Teile geringer als für teure Teile zu sein.

- Häufig werden die Rüstkosten fälschlich zu hoch angesetzt, da über den Maschinenstundensatz auch Abschreibungen eingehen, die auch anfallen würden, wenn die Maschine in der eingesparten Rüstzeit ungenutzt stehen würde.
- Für stückzahlniedrige Exotenvarianten werden nicht ganz unplausibel Mindest-Losgrößen definiert, die dann aber über dem errechneten Optimum liegen.
- Die parabolische Gesamtkostenkurve hat zwar ein eindeutiges mathematisches Minimum an der optimalen Losgröße, ihr Verlauf ist in der Regel jedoch so flach, dass prozentual große Änderungen der Losgröße nur einen verschwindend geringen Einfluss auf die Gesamtkosten haben (Abb. 2.20).

Im Ergebnis suggeriert das Vorgehen, bei bekannten Kosten ein Optimum erreichen zu können, obwohl Schwachstellen der Produktion gar nicht betrachtet werden. So gibt es beispielsweise keinen Anreiz, die Rüstkosten zu senken, da man sich dank Losgrößenberechnung schon am Optimum wähnt. Ferner basiert das Verfahren nur auf Kostensätzen, berücksichtigt aber nicht die logistische Leistungsfähigkeit einer Produktion. So fließen Auswirkungen einer Durchlaufzeitveränderung durch unterschiedliche Losgrößen nicht in die Bewertung mit ein. Flexibilitätsorientierte Verfahren ermöglichen es, möglichst späte und damit bedarfsgerechtere Losgrößenfestlegungen bei möglichst geringen Kostensteigerungen zu treffen, sind aber viel zu aufwendig, um noch praktikabel zu sein. Für die Losgrößenermittlung wird daher hier im Rahmen der Soll-Konzeption ein Vorgehen vorgeschlagen, das sich rein an den logistischen Gegebenheiten orientiert (vgl. Abschn. 3.3.2).

Verfügbarkeit

Bisher noch nicht berücksichtigt sind Einschränkungen des Kapazitätsangebots durch geplante und ungeplante Stillstände der Betriebsmittel. Der verbleibende Leistungsgrad der Produktionsprozesse wird im Datenkasten mit dem Wert der *technischen Verfügbarkeit* (V) angegeben (Abb. 2.19). Damit wird in einem summarischen Zahlenwert berücksichtigt, dass eine Ressource nicht die komplette Arbeitszeit verfügbar ist, sondern entweder geplant durch Wartung und Instandhaltungsarbeiten oder ungeplant durch technische Störungen mit Ausfall oder reduzierter Leistung nicht genutzt werden kann. Führt man Instandhaltungsarbeiten gezielt außerhalb des im Kundentakt berücksichtigten Arbeitszeitmodells (Gl. 2.1) durch, also beispielsweise bei einem Fünfzehnschichtmodell am Samstag, dann haben sie keinen negativen Einfluss auf die Verfügbarkeit. Das Ausfallverhalten technischer Systeme ist abhängig von den tatsächlichen Belastungen, dem Verschleiß der Bauteile und Komponenten, etwaigen Herstellungsfehlern bei den Betriebsmitteln, vom Auftreten menschlicher Fehlbedienungen sowie von unzureichender oder mangelhafter Wartung.

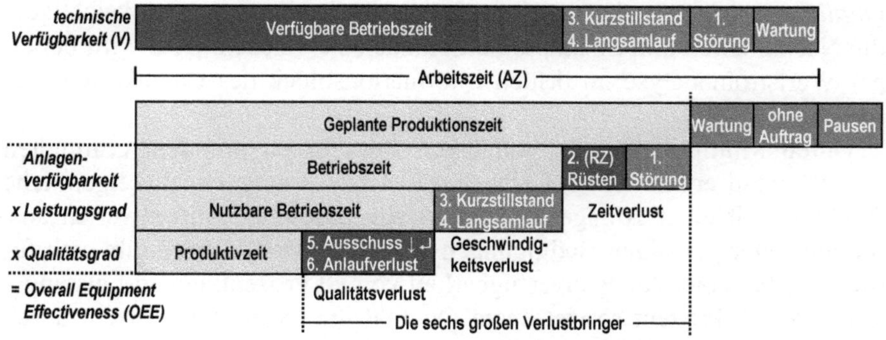

Abb. 2.22. Die sechs Verlustbringer der OEE-Kennzahl im Vergleich zur technischen Verfügbarkeit bei der Wertstromanalyse

Das relative Gewicht der genannten zahlreichen Einflussfaktoren wird häufig durch Messung der Gesamtanlageneffektivität genauer untersucht, um die Ursachen von Maschinenstillständen transparent zu machen und dadurch gezielt Verbesserungsmaßnahmen ableiten zu können. Die Minderungen im Leistungsgrad einer Anlage werden dabei mit der Kennzahl der *Overall Equipment Efficiency* (OEE) angegeben, die von der in einer Wertstromanalyse ermittelten technischen Verfügbarkeit in einigen Punkten deutlich abweicht (Abb. 2.22). Die OEE-Kennzahl bezieht sich üblicher Weise auf die geplante Produktionszeit, die gegenüber der Arbeitszeit bereits um Anlagenstillstände aufgrund fehlender Bearbeitungsaufträge oder geplanter Wartung und Instandhaltung reduziert ist.

Auf dieser Basis fließen nun in die Berechnung der OEE-Kennzahl die nach drei Kategorien unterschiedenen sechs großen Verlustbringer ein (Abb. 2.22, unten). Erstens entstehen *Zeitverluste* unbeabsichtigt durch Anlagenstillstände – hervorgerufen durch technische Störungen, fehlendes Material oder Bedienpersonal – sowie beabsichtigt durch Einrichten und Umrüsten. Diese Umrüstvorgänge sind in der Wertstromanalyse aufgrund ihrer hohen logistischen Bedeutung eigenständig mit der Rüstzeit erfasst. Die Anlagenverfügbarkeit, die sich aus dem Verhältnis von verbleibender Betriebszeit der Anlage zur geplanten Produktionszeit ergibt, ist von der technischen Verfügbarkeit deutlich zu unterscheiden. Zweitens entstehen *Geschwindigkeitsverluste* durch Kurzstillstände oder einen Langsamlauf der Anlagen. Diese geringfügigen Störungen werden routinemäßig vom

Maschinenbedienungspersonal behoben. Aufgrund ihrer kurzen Dauer und der fehlenden Dokumentation durch Instandhaltungspersonal fallen sie oft nur wenig als leistungsmindernd auf, obwohl sie in Summe beträchtliche Prozentsätze erreichen können. Die Betriebszeit reduziert sich um den Leistungsgrad auf die nutzbare Betriebszeit. Schließlich sind drittens noch *Qualitätsverluste* durch Ausschuss und Anlaufverluste zu berücksichtigen, die Nacharbeiten und Ersatzproduktion nach sich ziehen. Dies wird bei einer Wertstromanalyse im dritten Informationsblock des Datenkastens gesondert erfasst.

Durch Multiplikation der nutzbaren Betriebszeit mit dem ermittelten Qualitätsgrad erhält man bei einer OEE-Analyse nunmehr die eigentliche Produktivzeit einer Anlage. Geht man von absoluten Spitzenwerten aus, die nur unter günstigen Bedingungen erreichbar sind, dann ergibt sich für die OEE bei einer Anlagenverfügbarkeit von 90 Prozent, einem Leistungsgrad von 95 Prozent sowie einem Qualitätsgrad von 99,9 Prozent durch Multiplikation ein Wert von lediglich 85,4 Prozent. Zieht man einen Rüstanteil von 5 Prozent und den Qualitätsgrad ab, dann erhält man für die technische Verfügbarkeit einen Spitzenwert von etwa 90 Prozent.

Die technische Verfügbarkeit nun ist das Verhältnis der verfügbaren Betriebszeit einer Ressource zur Arbeitszeit (Abb. 2.22, oben). Als leistungsmindernd werden hierbei eine während der Arbeitszeit durchgeführte planmäßige Wartung und vorbeugende Instandhaltung, die störungsbedingten Stillstände mit Reparaturen sowie eine reduzierte Funktionserfüllung durch Kurzstillstände und Langsamlauf berücksichtigt.

EPEI-Wert

Mit den im zweiten Abschnitt des Datenkastens angegebenen Kennwerten (vgl. Abb. 2.19) kann nun die *Variantenflexibilität* eines Produktionsprozesses berechnet werden. Diese entspricht dem Zeitraum, der benötigt wird, um die Rüstfolge über alle Varianten einmal komplett zu durchlaufen und heißt *EPEI-Wert*. EPEI ist das Akronym von „Every Part – Every Interval“. Mit Angabe der Anzahl der Teile-Varianten (# Var) im Datenkasten erhält man auch die Anzahl der Rüstvorgänge, die erforderlich sind, um alle Varianten genau einmal als Los aufzulegen (Abb. 2.19). Die Abfolge aller Varianten mit der jeweiligen Bearbeitungszeit und den dazwischenliegenden Rüstzeiten lässt sich sehr anschaulich in einem Kreisdiagramm auftragen (Abb. 2.21, rechts). Stehen mehrere Ressourcen zur Verfügung, dann verringert sich der EPEI-Wert – allerdings nur dann, wenn parallel unterschiedliche Varianten bearbeitet werden.

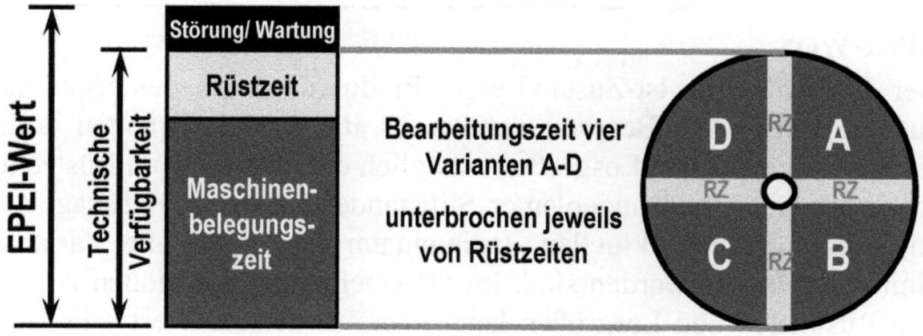

Abb. 2.21. Schematische Darstellung der Berechnung des EPEI-Wertes

Im einfachen Fall gleicher Losgrößen und Rüstzeit je Variante erhält man den EPEI-Wert entsprechend Gleichung 2.5 durch Addition aller Bearbeitungs- und Rüstzeiten. Alternativ lassen sich jeweils auch die Mittelwerte einsetzen. Bei variantenabhängigen Losgrößen oder reihenfolgeabhängigen Rüstzeiten kann man auch die entsprechenden Einzelwerte addieren.

$$EPEI = \frac{\sum BZ + \sum RZ}{\# Res \times AZ} = \frac{\# Var}{\# Res} \times \frac{((LG \times BZ) + RZ)}{AZ}$$

mit: EPEI EPEI-Wert [d]
Var Anzahl der Varianten [Stck.] (2.5)
Res Anzahl gleicher Ressourcen [Stck.]
LG Losgröße (Durchschnitt) [Stck.]
BZ Bearbeitungszeit pro Stück (Durchschnitt) [Zeiteinheit]
RZ Rüstzeit [Zeiteinheit]
AZ tägliche Arbeitszeit [Zeiteinheit/d]

Der idealerweise erreichbare EPEI-Wert (Gl. 2.5) ist noch um die Leistungsminderung durch die technische Verfügbarkeit der jeweiligen Ressourcen zu korrigieren (Abb. 2.21, links). Dadurch erhöht er sich um den entsprechenden Faktor:

$$EPEI_V = \frac{\sum BZ + \sum RZ}{\# Res \times V \times AZ} = \frac{\# Var}{\# Res \times V} \times \frac{((LG \times BZ) + RZ)}{AZ}$$

mit: $EPEI_V$ EPEI-Wert unter Berücksichtigung der Verfügbarkeit [d]
: V Verfügbarkeit [%]
Var Anzahl der Varianten [Stck.] (2.6)
Res Anzahl gleicher Ressourcen [Stck.]
LG Losgröße (Durchschnitt) [Stck.]
BZ Bearbeitungszeit pro Stück (Durchschnitt) [Zeiteinheit]
RZ Rüstzeit [Zeiteinheit]
AZ tägliche Arbeitszeit [Zeiteinheit/d]

EPEI-Wert

Der *EPEI-Wert* im Ist-Zustand eines Produktionsprozesses ergibt sich aus der Summe der Bearbeitungszeit für alle Produktvarianten in den jeweils vorgegebenen Losgrößen zuzüglich der notwendigen Rüstzeiten sowie geplanter und ungeplanter Stillstände. Dieser Wert besagt, wie lange es unter den aktuellen Bedingungen dauert, bis alle Varianten einmal produziert worden sind. Im Unterschied zu der bloßen Angabe von Rüstzeiten und Losgrößen kann man aus diesem Wert sehr leicht ablesen, wie *flexibel* ein Produktionsprozess momentan ist.

Prozessqualität

Neben Rüstzeiten und begrenzter Verfügbarkeit führen auch Qualitätsmängel zu Leistungsverlusten in der Produktion. Entsprechende Qualitätsdaten werden mit den Kennzahlen der *Gutausbeute* (↑) respektive des *Ausschusses* (↓) sowie der *Nacharbeitsquote* (↩) des jeweiligen Produktionsprozesses erfasst (Abb. 2.23). Entsprechend deren Prozentsatz erhöht sich der Kapazitätsbedarf, da die tatsächlich zu bearbeitende Stückzahl über den eigentlichen Kundenbedarf hinaus ansteigt.

↑	Gutausbeute [%]
↓	Ausschuss [%]
↩	Nacharbeit [%]
AZ_P	Prozess-Arbeitszeit je Tag
$Stck_P$	Prozess-Jahresstückzahl
KT_P	Prozess-Kundentakt

Abb. 2.23. Datenkasten, Abschnitt 3, mit den Informationen zur Prozessqualität und zur Ermittlung des prozessspezifischen Kundentaktes

Da es sich bei Qualitätsmängeln um eine der schwerwiegendsten Verschwendungen handelt (Abschn. 3), soll diese ausschussbedingte Stückzahlerhöhung nicht durch eine Senkung des Kundentaktes ausgedrückt werden. Qualitätsprobleme sind also nicht als eine scheinbare Bedarfssteigerung, sondern stattdessen als Verschlechterung der Produktionsprozessleistung darzustellen. Dies wird berechnet durch einen prozentualen Aufschlag auf die Netto-Zykluszeit, der im Falle des Ausschusses dem Anteil von Schlechtteilen entspricht (Gl. 2.7). Die Nacharbeit wird durch den Anteil der nachzubearbeitenden Teile berücksichtigt. Falls der zeitliche Aufwand für die Nacharbeit von der normalen Bearbeitungszeit deutlich abweicht, ist sie entsprechend zu gewichten. Falls es für die Nacharbeit einen eigenen Arbeitsplatz oder Produktionsbereich gibt, fließt sie in die Betrachtung der Zykluszeit des eigentlich betroffenen Produktionsprozesses gar nicht mit ein. Das Aussondern von nicht mehr nachzubearbeitenden Schlechtteilen hat den unangenehmen Nebeneffekt, dass sich der dadurch bedingte zusätzliche Mengenbedarf auf alle vorgelagerten Prozesse *vererbt*. Um den Kundenbedarf des Endproduktes auch abdecken zu können, muss nicht nur der Ausschuss des jeweils betrachteten Produktionsprozesses zusätzlich produziert werden, sondern es muss auch der zusätzliche qualitätsbedingte Bedarf für jeweils alle Folgeprozesse mitproduziert werden. Dadurch erhöht sich die Zykluszeit des Produktionsprozesses um einen qualitätsbedingten Faktor entsprechend folgender Gleichung:

$$ZZ_Q^m = ZZ_{netto}^m \times QV^m = ZZ_{netto}^m \times \left(\hookleftarrow_m + \sum_{pnf=1}^{m} \left(1 - \uparrow_{pnf}\right)\right) \tag{2.7}$$

mit:
- pnf Index für *m-1* Nachfolgeprozesse zu Produktionsprozess *m*
- ZZ_Q qualitätsmangelbedingte Verlustzeit [Zeiteinheit]
- ZZ_{netto} Zykluszeit [Zeiteinheit]
- QV Faktor für Qualitätsverluste [%]
- $\uparrow$ Gutausbeute [%] *häufig auch als:* $\downarrow$ Ausschuss [%]
- $\hookleftarrow$ Nacharbeit [%]

Im einfachsten Fall wird die Nacharbeit unmittelbar während der Bearbeitung eines Loses oder direkt im Anschluss daran an allen nachzuarbeitenden Teilen ausgeführt. Dadurch erhöht sich die Losgröße um den entsprechenden prozentualen Aufschlag der Nacharbeit. Möglicherweise fließen die Teile auch vom Folgeprozess wegen des erst dort entdeckten Nacharbeitsbedarfs zum Prozess zurück und erhöhen die Losgröße eines späteren Auftrags der entsprechenden Variante. In beiden Fällen ist der nach Gleichung 2.6 berechnete EPEI-Wert um den Einfluss der Nacharbeitsquote zu erhöhen, so dass sich zur Berechnung des *EPEI-Wertes bei festgelegten Losgrößen* folgende Gleichung ergibt:

$$EPEI_{fix} = \frac{\sum_{\mathrm{var}=1}^{n} LG_{\mathrm{var}} \times BZ_{\mathrm{var}} \times (1 + \hookleftarrow_{\mathrm{var}}) + \sum_{\mathrm{var}=1}^{n} RZ_{\mathrm{var}}}{\#\mathrm{Res} \times V \times \mathrm{AZ}} \tag{2.8}$$

mit:
- var Index für *n* Varianten
- $EPEI_{fix}$ EPEI-Wert bei festgelegten Losgrößen [d]
- LG Losgröße [Stck.]
- BZ Bearbeitungszeit pro Stück [Zeiteinheit]
- $\hookleftarrow$ Nacharbeit [%]
- RZ Rüstzeit [Zeiteinheit]
- # Res Anzahl gleicher Ressourcen [Stck.]
- V Verfügbarkeit [%]
- AZ tägliche Arbeitszeit [Zeiteinheit/d]

Die Nacharbeit erzeugt dann einen zusätzlichen Materialfluss, der bei Entdeckung des Nacharbeitsbedarfs erst im Folgeprozess zurückläuft oder aber zu einem speziellen Nacharbeitsprozess verzweigt. Im letztgenannten Fall bleibt der EPEI-Wert des Hauptprozesses unverändert.

Prozessqualität
Die Kennzahlen der *Gutausbeute* und der *Nacharbeitsquote* sind ein Maß für die qualitätsmangelbedingte Reduktion der Produktionsprozessleistung durch zusätzliche, über den Kundenbedarf hinausgehende Bearbeitungsaufwände. Dabei ‚vererbt' sich der ausschussbedingte Zusatzbedarf auf alle vorhergehenden Produktionsprozesse. Durch Qualitätsprobleme wird die *Wertstromleistung* insgesamt stark beeinträchtigt.

Prozessspezifischer Kundentakt

Manche Produktionsprozesse werden nicht für alle Produkte einer Produktfamilie benötigt, sondern von einigen Varianten übersprungen. Oder es gibt – umgekehrt betrachtet – für einige komplexere Varianten zusätzliche Produktionsprozesse. Möglich ist auch, dass ein Wertstrom in einem Teilabschnitt aus zwei parallelen Zweigen besteht (vgl. Abschn. 2.3.2). Die in diesen Fällen geänderte Leistungsanforderung an die Produktionsprozesse wird im Datenkasten ebenfalls erfasst und führt schließlich zur Berechnung des prozessspezifischen Kundentaktes (KT_P). Die entsprechenden Kennwerte werden im dritten Teil des Datenkastens angegeben (Abb. 2.23). Bei *verzweigten Wertströmen* mit alternativen Prozessabfolgen für unterschiedliche Varianten werden die jeweiligen Zweige lediglich mit einem prozentualen Anteil der Gesamtstückzahl ($Stck_P/Stck$) beaufschlagt, wodurch sich der Kundentakt um den jeweiligen prozentualen Anteil durch einfache Multiplikation wie folgt erhöht:

$$KT_P = KT \times \frac{Stck}{Stck_P} \times \frac{AZ_P}{AZ} = \frac{FT \times AZ_P}{Stck_P} \tag{2.9}$$

mit: KT_P prozessspezifischer Kundentakt [Zeiteinheit]
AZ_P/AZ prozessspezifische bezogen auf generelle Arbeitszeit [%]
$Stck_P/Stck$ Anteil der prozessbezogenen Jahresstückzahl [%]
FT Fabriktage [d/a]

Es ist ferner zu berücksichtigen, dass zuweilen manche Produktionsprozesse ein *prozessspezifisches Arbeitszeitmodell* haben. Die entsprechende Arbeitszeit (AZ_P) weicht dann ab von der für einen Wertstrom generell gültigen Arbeitszeit, die in die Berechnung des Kundentaktes (Gl. 2.1) eingeht. Durch das geänderte Zeitbudget verändert sich der Kundentakt proportional zum Verhältnis der beiden Arbeitszeiten (AZ_P/AZ). Dies fließt in der Berechnung des prozessspezifischen Kundentaktes nach Gleichung 2.9 als weiterer Faktor ein.

Prozessspezifischer Kundentakt
Der *prozessspezifische Kundentakt* korrigiert für einzelne Produktionsprozesse die übergreifend für den gesamten Wertstrom im Kundentakt formulierte Leistungsvorgabe. Dies ist bei prozessspezifisch abweichenden Arbeitszeitmodellen sowie bei verzweigten Wertströmen erforderlich. Beides führt zu *heterogenen* Produktionsabläufen mit unterschiedlichen Produktionsgeschwindigkeiten und stellt damit eine besondere Herausforderung für einen reibungslosen Produktionsablauf dar.

Bei der Wertstromaufnahme sind nun alle Produktionsprozesse der Reihe nach beginnend beim Versenden mit ihren Kennwerten zu erfassen und in der Wertstromzeichnung einzutragen. Die Prozesskästen sind dabei in ihrer Abfolge von rechts nach links unter dem Kundensymbol beginnend stromaufwärts in der unteren Hälfte des Zeichnungsblattes einzutragen (Abb. 2.24). Jeweils unter dem Prozesskasten zeichnet man den zugehörigen Datenkasten mit den entsprechenden Kennwerten ein.

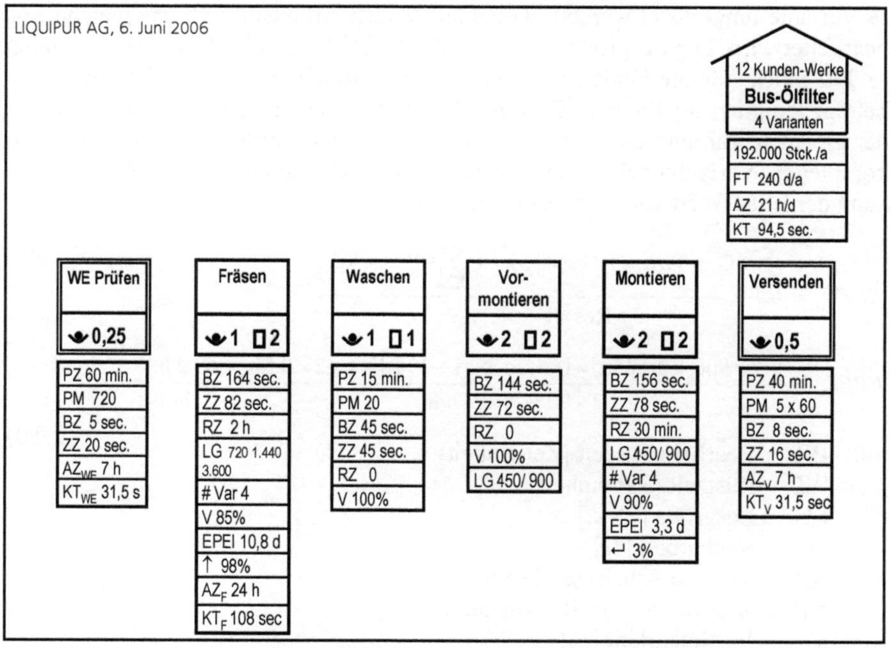

Abb. 2.24. Wertstromaufnahme bei Liquipur (2): Produktionsprozesse

Fallbeispiel Die betrachteten Ölfilter der Firma *Liquipur* haben als Grundkörper ein gefrästes Aluminium-Druckguss-Gehäuse. Das Fertigprodukt besteht neben diesem Gehäuse aus weiteren vierundzwanzig Kaufteilen, wie Dichtungen, Ventil, Schalter, Filterelement und Kunststoff-Gehäuseteilen. Insgesamt durchläuft das Produkt sechs Produktionsprozesse: Das Gussteil wird vereinnahmt, anschließend gefräst und gewaschen, danach in einem zweistufigen Montageprozess zusammengebaut und schließlich versendet. Die Einzelheiten sind in der nun folgenden ausführlichen Prozessbeschreibung dargestellt:

1. Versenden Die Ölfilter werden als Palette mit 5 Lagen à 60 Stück versendet. Bereitstellen und Verladen einer Palette sowie Andruck und Zuordnung der Lieferpapiere benötigen durchschnittlich 30 Minuten. Hinzu kommt ein Aufwand von etwa 10 Minuten für das Vereinnahmen und Einlagern der aus der Produktion gelieferten Ware. Pro Stück ergibt sich daraus eine Bearbeitungszeit von 40 min./ 300 Stck. = 8 Sekunden. Der Prozess wird zugleich auch für andere Produkte benutzt, für die Ölfilter steht eine halbe Arbeitskraft zur Verfügung. Daraus ergibt sich eine Zykluszeit von 16 Sekunden. Der Versand arbeitet einschichtig (7 Stunden). Bei einem Kundentakt von 94,5 Sekunden im Dreischichtbetrieb (21 Stunden) ergibt sich nach Gleichung 2.9 ein prozessspezifischer Kundentakt von 31,5 Sekunden.

2. Montieren Die Bearbeitung wird mit dem Justieren und dem Montieren der Kunststoff-Gehäuseteile abgeschlossen. Ein Mitarbeiter benötigt hierfür 156 Sekunden. Bei zwei gleichartigen Arbeitsplätzen mit je einem Mitarbeiter beträgt die Zykluszeit 78 Sekunden. Die Justiervorrichtung kann in 30 Minuten auf eine andere Variante umgerüstet werden, wobei auf beiden Arbeitsplätzen das gleiche Los bearbeitet wird. Die Losgrößen betragen für die beiden stückzahlstarken Varianten je 900 Stück, für die beiden anderen Varianten je 450 Stück. Die Verfügbarkeit beträgt lediglich 90 Prozent. Da beim Montieren immer beide Arbeitsplätze mit der gleichen Variante eingerüstet werden, erhöht sich der Rüstaufwand für einen kompletten Variantenzyklus entsprechend. Nach Anpassung von Gleichung 2.8 kann der EPEI-Wert wie folgt berechnet werden:

$$EPEI_M = \frac{\sum_{\text{var}=1}^{4} LG_{\text{var}} \times BZ_{\text{var}} \times (1 + \text{↵}_{\text{var}}) \ + \sum_{\text{var}=1}^{4} \#\text{Res} \times RZ_{\text{var}}}{\#\text{Res} \times V \ \times \text{AZ}}$$

$$EPEI_M = \frac{[((2 \times 900 + 2 \times 450) \times 156\,\text{sec.}) \times (1 + 3\,\%)] + 4 \times 2 \times 0{,}5\,\text{h}}{2 \times 90\,\% \ \times 21\,\text{h/d}} = \frac{69{,}2\,\text{h}}{21\,\text{h/d}} \approx 3{,}3\,\text{d} \tag{2.10}$$

mit:
- BZ Bearbeitungszeit [Zeiteinheit]
- RZ Rüstzeit [Zeiteinheit]
- LG Losgröße [Stck.]
- ↵ Nacharbeit [%]
- AZ tägliche Arbeitszeit [Zeiteinheiten/d]
- # Res Anzahl gleicher Ressourcen [Stck.]
- V Verfügbarkeit [%]

Um alle Varianten je einmal parallel auf beiden Arbeitsplätzen in den vorgegebenen Losgrößen bei einer Nacharbeitsquote von 3 Prozent zu montieren, werden 3,3 Tage benötigt.

3. Vormontieren Alle Kleinteile werden in das Gussgehäuse eingesetzt. Ein Mitarbeiter benötigt hierfür 144 Sekunden. Es werden zwei gleichartige Arbeitsplätze genutzt, damit beträgt die Zykluszeit 72 Sekunden. Da es keine Vorrichtungen gibt, entfallen das Rüsten und etwaige Störungen. Die Losgrößen sind die gleichen wie beim Montieren.

4. Waschen Die gefrästen Gussteile werden in Behältern zu je 20 Stück automatisch im Durchlauf mit einer Prozesszeit von 15 Minuten gewaschen. Durch einfache Division der Prozesszeit durch die Behältermenge errechnet sich eine Zykluszeit von 45 Sekunden. Zudem ist ein Mitarbeiter damit ausgelastet, das Handling sowie den Transport vom Fräsen und zum Vormontieren zu übernehmen. Daher ist zusätzlich eine Bearbeitungszeit von 45 Sekunden je Stück anzusetzen. Die Waschmaschine weist keine Störungen auf und muss auch nicht gerüstet werden.

5. Fräsen Die Rohgussteile werden auf zwei Fräsmaschinen mechanisch komplett bearbeitet. Ein Mitarbeiter übernimmt Handling und Rüsten an beiden Anlagen. Die Bearbeitungszeit pro Stück beträgt 164 Sekunden, damit beträgt die Zykluszeit 82 Sekunden. Die Rüstzeit je Maschine beträgt 2 Stunden, wobei auf beiden Maschinen zugleich das gleiche Los bearbeitet wird. Die Losgrößen betragen für die beiden stückzahlstarken Varianten je 3.600 Stück, für die dritte Variante 1.440 Stück und für die exotische Variante mit den sehr geringen Stückzahlen 720 Stück. Die Verfügbarkeit beträgt 85 Prozent. Entsprechend Gleichung 2.10 errechnet sich der EPEI-Wert folgendermaßen zu knapp 11 Tagen:

$$EPEI_F = \frac{\left(\left(2\times 3.600 + 1.440 + 720\right)\times 164\,\text{sec.}\right) + 4\times 2\times 2\,\text{h}}{2\times 85\% \quad \times 24\,\text{h/d}} = \frac{260\,\text{h}}{24\,\text{h/d}} \approx 10{,}8\,\text{d} \qquad (2.11)$$

Das Kapazitätsangebot liegt beim Fräsen höher als bei den anderen Prozessen, da die automatischen Fräsen auch während der Pausen laufen. Nach Gleichung 2.9 ergibt sich für den Kundentakt beim Fräsen ein Wert von 108 Sekunden:

$$KT_F = KT \times \frac{AZ_P}{AZ} = 94{,}5\,\text{sec.} \times \frac{24\,\text{h/d}}{21\,\text{h/d}} = 108\,\text{sec.} \qquad (2.12)$$

mit: KT_F Kundentakt beim Fräsen [Zeiteinheit]
AZ_P/AZ prozessspezifische bezogen auf generelle Arbeitszeit [%]

6. Wareneingang Prüfen Von jeweils drei Paletten à 240 Stück Rohgussteile werden Stichproben gezogen. Zusammen mit dem Handling ergibt sich ein Arbeitsaufwand von 60 Minuten für jeweils drei Paletten. Pro Stück ergibt sich die Bearbeitungszeit zu 60 min./720 Stck. = 5 Sekunden. Der Wareneingang steht auch für andere Gussteile zur Verfügung und arbeitet einschichtig (7 Stunden). Bei einem Mitarbeiter, der zu einem Viertel für diese Produktfamilie zur Verfügung steht, ergibt sich eine Zykluszeit von 20 Sekunden und wie beim Versenden ein prozessspezifischer Kundentakt von 31,5 Sekunden.

2.3.2 Materialfluss

Produktionsprozesse sind durch den *Materialfluss* logistisch verkettet. Der Materialfluss setzt sich aus den drei Komponenten Transportieren, Handhaben und Lagern zusammen. Lagern meint das zeitweilige Liegen von Materialien, Teilen und Erzeugnissen in einer entsprechenden Lagereinrichtung. Transportieren meint das Fortbewegen von Material, Teilen und Erzeugnissen zur Bereitstellfläche am nachfolgenden Produktionsprozess oder zu einem Lager. Handhaben meint die beim Ein- und Auslagern erforderlichen manuellen Tätigkeiten. Fallen diese in einem nennenswerten Umfang an, sind sie in einer Wertstromanalyse als eigener logistischer Prozess zu berücksichtigen (Abschn. 2.3.1). Andernfalls werden sie vernachlässigt, das heißt der Materialfluss wird ohne Bearbeitungszeiten aufgenommen. Somit sind beim Materialfluss zwei Aspekte darzustellen: Transport und Lagerfunktion.

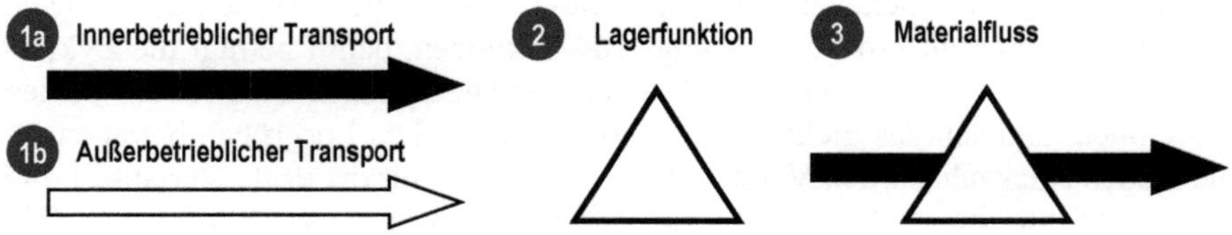

Abb. 2.25. Allgemeine Symbole für Transportieren und Lagern

1. Das *Transportieren* von einem Produktionsprozess zum jeweiligen Nachfolgeprozess wird mit Pfeilen dargestellt. Dabei sind grundsätzlich der innerbetriebliche Transport – symbolisiert durch einen schwarzen Pfeil – vom außerbetrieblichen Transport – symbolisiert durch einen breiten, innen weißen Pfeil – zu unterscheiden (Abb. 2.25, Fälle 1a und 1b). Die Pfeile können durch die Darstellung der Transportmittel oder der Ladeeinheiten spezifiziert werden.
2. Das *Lagern* zwischen zwei aufeinanderfolgenden Produktionsprozessen erfolgt entweder kurzzeitig als Puffern oder für eine längere Zeitdauer als Bevorraten oder Zwischenlagern. Die Lagerfunktion wird von einem aufrecht stehenden, gleichseitigen Dreieck symbolisiert (Abb. 2.25, Fall 2). Folgende Abkürzungen für unterschiedliche Lagerfunktionen, die man gut das Dreieckssymbol eintragen kann, haben sich bewährt: FWL (Fertigwarenlager), HRL (Hochregallager), HF (Halbfabrikatelager), Roh (Rohmateriallager), WIP (Work in Process). Das Lagersymbol ist durch einen Datenkasten zu ergänzen.
3. Der *Materialfluss* wird dargestellt durch Überlagerung beider Symbole (Abb. 2.25, Fall 3). Der Materialfluss ist in seiner Ausprägung

stark abhängig von der zugehörigen Planungs- und Steuerungslogik. Informations- und Materialfluss bilden gemeinsam die logistische Verknüpfung. Je nach Art dieser Verknüpfung werden Lagersymbol und Transportpfeil anders dargestellt (Abschn. 2.3.3). Ein Materialfluss kann sich auch verzweigen.

Falls sich ein Materialfluss in alternative Wege verzweigt, trägt man die stückzahlbezogene Aufteilung prozentual am *Verzweigungssymbol* ein (Abb. 2.26, Fall 1). Beim erneuten Zusammenfluss von Teilströmen erübrigt sich das Symbol, da es keinen Schwund geben sollte.

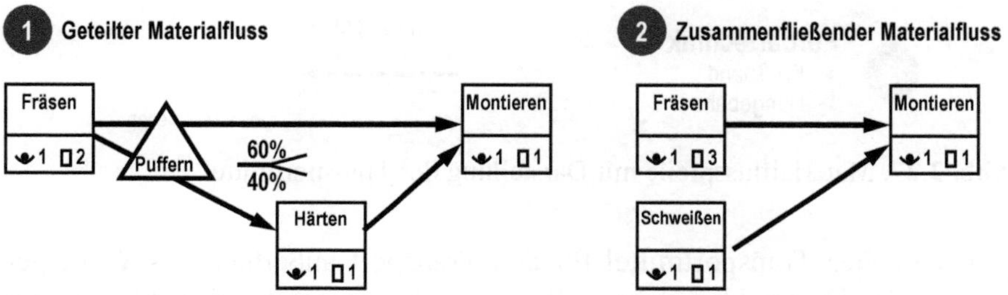

Abb. 2.26. Verzweigter Materialfluss

Die Produktionsprozesse, die logisch gesehen parallel erfolgen, zeichnet man übereinander angeordnet in die Wertstromdarstellung ein. Montierte Produkte bestehen oft aus mehreren komplexen und werthaltigen Teilen, die in unterschiedlichen Produktionsprozessen vor der Montage bearbeitet werden. In diesem Fall besteht der Wertstrom aus mehreren parallel verlaufenden Flüssen, die dann im Fügeprozess der Endmontage zusammenfließen (Abb. 2.26, Fall 2). Falls es alternative Zuströme gibt, beispielsweise ein Aluminium- oder ein Kunststoffgehäuse, dann kann man das Verzweigungssymbol spiegelsymmetrisch mit den entsprechenden Prozentanteilen einzeichnen.

Fördern und Transportieren

Der mit den Materialflusspfeilen symbolisierte Transport kann hinsichtlich der Transportmittel spezifiziert werden. Es sind die drei grundsätzlichen Möglichkeiten werksexterner Lkw-Transport, werksinterner Gabelstapler-Transport und Fördertechnik zu unterscheiden (Abb. 2.27). Der Transport erfolgt in Ladeeinheiten auf Ladungsträgern. Falls hinsichtlich der Transportmengen gewisse Standards bestehen, kann man den Materialflusspfeil ferner mit einem Behältersymbol, ein oben offenes Rechteck, ergänzen und die jeweilige *Gebindemenge* eintragen.

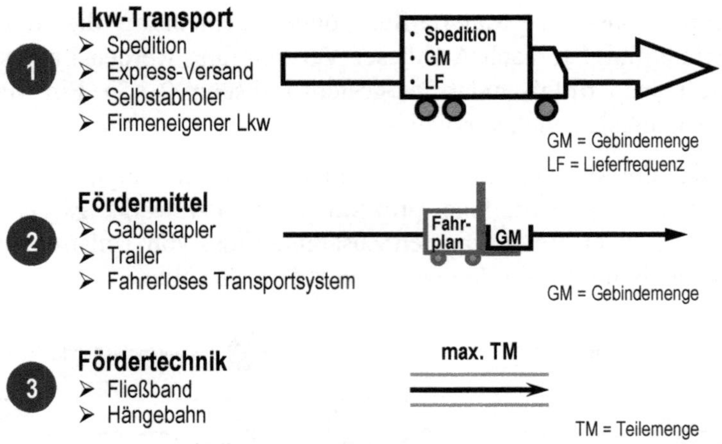

Abb. 2.27. Materialflusspfeile mit Darstellung der Transportmittel

1. Übliches Transportmittel für den Transport außerhalb des Werksgeländes ist der *Lkw*, dargestellt durch ein entsprechendes Piktogramm (Abb. 2.27, Fall 1). Der Auflieger im Symbol wird beispielsweise mit dem Namen der Spedition näher gekennzeichnet. Alternativ kann hier auch entsprechend der jeweiligen Gegebenheiten Selbstabholer oder Expressdienst notiert werden. Das Transporthilfsmittel ist im Wesentlichen charakterisiert durch die Anzahl der Teile oder Erzeugnisse pro Ladungsträger. Die Anzahl von Teilen auf Paletten, in Gitterboxen, Kartonagen, Holzkisten, Mehrwegbehältern oder teilespezifischen Spezialbehältern wird mit der Gebindemenge festgehalten. Die *Lieferfrequenz* gibt an, wie häufig Fertigprodukte zum Kunden transportiert oder Rohmaterialien vom Lieferanten angeliefert werden. Alternativ sind hier die entsprechenden Wochentage des Tourenplans oder auch der Rhythmus regelmäßiger Lieferungen, wie beispielsweise wöchentlich, einzutragen.
2. Für den innerbetrieblichen Transport werden unterschiedliche Transportmittel verwendet; typisch ist der Gabelstapler (Abb. 2.27, Fall 2). Alternativ lassen sich auch Hubwagen oder Fahrerlose Transportsysteme für den Verkehr innerhalb einer Halle sowie Trailer für den hallenexternen Verkehr skizzieren. Hier existiert zuweilen auch ein Fahrplan. Wenn der Materialfluss durch eine Lagerfunktion unterbrochen ist, entfällt meist das mehr oder weniger wirklichkeitsgetreue Piktogramm, damit Platz für das Lagersymbol ist (Abb. 2.25, Fall 3).
3. Produktionsprozesse können auch durch Fördertechnik – beispielsweise Rollenband, Fließband oder Hängebahn – fest verkettet sein.

Dieser Spezialfall lässt sich gut mit einem gerichteten Streifen darstellen (Abb. 2.27, Fall 3). Die Förderanlage hat in der Regel eine definierte Anzahl an Ladungsträgern oder bietet mit Staubändern definierter Länge einer bestimmten Maximalanzahl von Ladungsträgern Platz. Diese maximale Teilemenge (max. TM) erfüllt eine Pufferfunktion und wird als Bestandswert zwischen zwei Produktionsprozessen aufgenommen.

Lagern und Bestände

Zu jedem Lager gehört – ähnlich wie beim Produktionsprozess – ein *Datenkasten* (Abb. 2.28). Zunächst einmal kann man die Bezeichnungen für die zur jeweiligen Lagerfunktion gehörenden Lagermittel eintragen. Dies ist ein bestimmter Lagerplatz mit der zugehörigen Lagertechnik wie ein automatisches Hochregallager, ein Regallager, ein Durchlaufregallager, ein Bodenlager, ein Paternosterlager und anderes mehr. Unter dem Lagerort ist die alphanumerische Identifikation des Lagers im EDV-System zu verstehen. Ferner anzugeben ist die Bezeichnungen der bestandsmäßig erfassten Einkaufs-Materialien, Zwischenprodukte oder Teile. Die jeweilige *Lagerkapazität* lässt sich grob über die Anzahl an Lagerplätzen (# LP) angeben.

Bezeichnung Lager, Lagerort
Bezeichnung Material
 # LP Anzahl Lagerplätze
BM Bestands-Menge
 # T Anzahl Teile je Produkt
RW Reichweite

Abb. 2.28. Datenkasten für die Lagerfunktionen

Wichtigstes produktionsablaufbezogenes Merkmal eines Lagers ist der *Bestand.* Zum Bestand gezählt werden die zu allen Varianten der betrachteten Produktfamilie gehörenden Vorfertigungs-Teile. Nach Möglichkeit sollten hier nicht lediglich die im EDV-System erfassten Mengen abgefragt werden, sondern der Wertstromerfasser sollte selbst zählen, die Gegebenheiten vor Ort – wie bei der Zeitaufnahme – mit eigenen Augen erfassen. Dadurch lassen sich einerseits Datenfehler erkennen, andererseits gibt es oftmals bisher unbekannte Lagerorte zu entdecken und der Bestand wird in seinen realen Auswirkungen, in Platzbedarf, Anordnung, Verteilung und Zugänglichkeit spürbar. Die gezählten Mengen werden mit der Bestandsmenge (BM) angegeben.

Die für die Wertstromanalyse entscheidende Aussage liegt nun in der Zeitdauer, für die der Bestand zur Erfüllung des durchschnittlichen Kundenbedarfs ausreichend ist. Die *Reichweite* (RW) des jeweiligen Bestandes in Tagen berechnet man durch einfache Division der Bestandsmenge durch den Tagesbedarf (TB). Die Reichweite verringert sich allerdings um den Materialschwund, der durch den Ausschuss (↓) bei den jeweils nachfolgenden Produktionsprozessen hervorgerufen wird. Außerdem ist zu berücksichtigen, wie viele Gleichteile (# T) je Produkt benötigt werden:

$$RW = \frac{BM \times \uparrow}{TB \times \# T}$$

mit: RW Reichweite [d] (2.13)
BM Bestandsmenge [Stck.]
TB Tagesbedarf [Stck./d]
↑ Gutausbeute [%]
T Anzahl Gleichteile pro Produkt

Als relative Größe ist die Reichweite eine wesentlich aussagekräftigere Kennzahl als die absolute Größe der Bestandsmenge. Das zeigt sich insbesondere bei der Abschätzung der Verbesserungspotentiale (Abschn. 2.4).

Versenden und Anliefern

Der Materialflusspfeil des außerbetrieblichen Transportes verbindet die innerbetrieblichen Abläufe des betrachteten Wertstroms mit den werksexternen Quellen und Senken von Material und Produkten. Der letzte Produktionsprozess im Wertstrom ist in der Regel das ‚Verladen & Versenden' und wird mit dem Kundensymbol durch einen Materialflusspfeil verbunden. Je weiter man sich von der Großserienfertigung entfernt, desto vielfältiger wird auch das Kundenspektrum sowohl hinsichtlich der räumlichen Verteilung der Empfänger als auch hinsichtlich der aus Transportart und Kundenwunsch resultierenden *Lieferanforderungen.* Diese wirken sich in Form unterschiedlicher logistischer Anforderungen auf den gesamten Produktionsablauf aus. Daher sollten im Lkw-Symbol des werksexternen Materialflusses (Abb. 2.27, Fall 1) vermerkt werden:

- das in Abhängigkeit von der geforderten Lieferzeit LZ (vgl. Abb. 2.8) und der Entfernung zum Kunden erforderliche Transportmittel,
- die geforderte Versandart, beispielsweise Selbstabholer, (fremd-)beauftragte Spedition, Firmen-Lkw, Express-Versand,
- die geforderte Verpackungsart mit der jeweiligen Gebindemenge GM, beispielsweise Holzkisten für den Übersee-Versand, Kartonage für europäisches Ausland oder Behälterkreislauf im Inland sowie

- die übliche Lieferfrequenz LF. Erfolgt die Auslieferung nach Tourenplan, so sind die erforderlichen Planungsaufgaben im Informationsfluss darzustellen (vgl. Abb. 2.35).

Der erste Produktionsprozess im Wertstrom ist in der Regel das ‚Waren Vereinnahmen'. Die Anlieferung der Waren wird mit Materialflusspfeil und Lkw-Symbol dargestellt. Ähnlich wie beim Versenden sind Angaben zu Gebindemenge GM und Verpackungsart sowie zur Art und Häufigkeit der Anlieferung (Lieferfrequenz LF) im Lkw-Symbol zu vermerken.

Der Materialflusspfeil der Anlieferung geht aus vom Symbol des Lieferanten – dargestellt ähnlich wie der Unterlieferant als Fabrikhalle mit Scheddach (Abb. 2.29). Im *Lieferantensymbol* eingetragen werden der Name des oder der Lieferanten für ein bestimmtes Material, gegebenenfalls mit jeweiligem Standort. Hinzu kommen die Bezeichnung des gelieferten Rohmaterials beziehungsweise der gelieferten Kaufteile (RM) sowie die Anzahl der unterschiedlichen Typen dieser Materialien (# Typ). Da es mitunter sehr viele Lieferanten für sehr viele verschiedene Materialarten gibt, werden nur diejenigen Lieferanten berücksichtigt, die Kaufteile und Rohmaterialien von einer für den jeweiligen Wertstrom zentralen Bedeutung liefern. Dies können die Hauptkomponenten sein oder auch die mittels einer ABC-Analyse ermittelten A-Materialien, die aufgrund hoher Einkaufspreise sorgfältig disponiert werden müssen. Ferner benötigen kritische Teile mit eingeschränkter Verfügbarkeit, hervorgerufen durch Knappheit im Einkaufsmarkt oder als Folge schwankender Qualität, besondere Aufmerksamkeit.

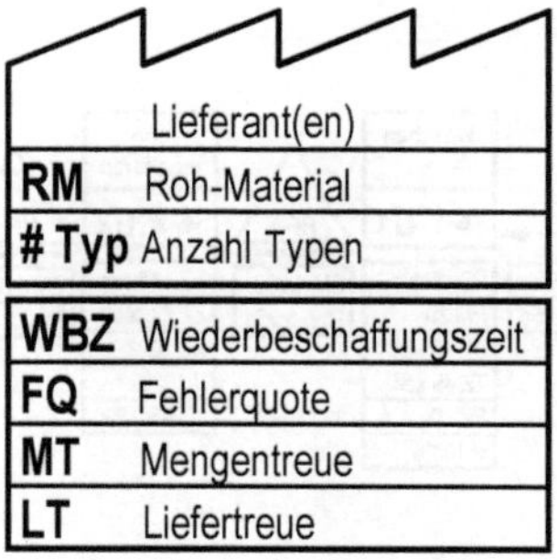

Abb. 2.29. Lieferantensymbol mit Datenkasten

Zur Beschreibung der Lieferantenleistung dient ein Datenkasten. Die Verfügbarkeit der Einkaufsteile wird hauptsächlich bestimmt durch ihre *Wiederbeschaffungszeit* (WBZ). Darin fließen der Zeitbedarf für die Bestellabwicklung, den Transport und die vom Lieferanten garantierte Lieferzeit ein. Die Qualität des Lieferanten wird mengenbezogen mit der erreichten Fehlerquote (FQ) und der erreichten Mengentreue (MT) sowie zeitbezogen mit der erreichten Liefertreue (LT) gemessen. Dabei können in der Mengentreue Abweichungen durch Über- und Unterlieferung, Teillieferung sowie Falschlieferung mit jeweils unterschiedlicher Gewichtung berücksichtigt werden.

Bei der Wertstromaufnahme wird zusammen mit den Produktionsprozessen der Materialfluss zwischen diesen gleich mit erfasst. Lediglich aus Gründen der Darstellung sind hier zunächst alle Produktionsprozesse (Abb. 2.24) und dann erst der Materialfluss analysiert. Alle Produktionsprozesse werden nun materialflusstechnisch mit Lagersymbol und dunklem Materialflusspfeil verbunden. Die Bestände werden gezählt, eingetragen und in Reichweiten umgerechnet. Die Lieferanten werden oben links in der Wertstromzeichnung in gleicher Höhe mit den Kunden dargestellt. Lieferanten und Kunden werden mit Lkw-Symbol und hellem Materialflusspfeil an den Wertstrom angebunden (Abb. 2.30). In der Darstellung erscheint der werksexterne Verkehr gewissermaßen als ein ‚vertikaler' Materialfluss, während er betriebsintern ‚horizontal' verläuft.

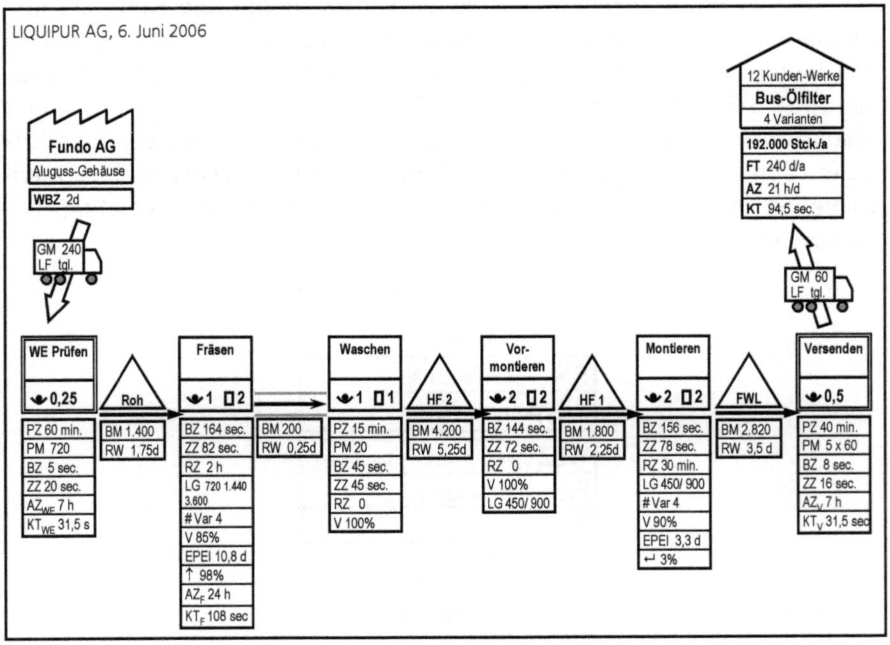

Abb. 2.30. Wertstromaufnahme bei Liquipur (3): Materialfluss und Lieferanten

Fallbeispiel Bei *Liquipur* werden Bestände zwischen allen Produktionsprozessen, also an fünf Stellen, gezählt. Die Umrechnung auf die Reichweite in Tagen erfolgt durch Division mit dem Tagesbedarf von 800 Ölfiltern. Die aufgenommen Daten werden alle in die Wertstromdarstellung eingetragen (Abb. 2.30).

1. **Fertigwarenlager** Es sind 47 Ganzpaletten mit 2.820 Ölfiltern vorhanden. Die Reichweite beträgt etwa 3,5 Tage.
2. **Halbfabrikate 1** Vor und beim Montieren werden zwei Varianten mit zusammen 1.800 Stück vormontierten Ölfiltern gezählt. Das entspricht einer Reichweite von 2,25 Tagen.
3. **Halbfabrikate 2** Vor und beim Vormontieren findet sich ein Bestand von etwa 4.200 Stück bearbeiteten Gehäuseteilen in allen vier Varianten. Das entspricht einer Reichweite von 5,25 Tagen.
4. **Waschen** Die gefrästen Gehäuseteile werden unmittelbar gewaschen. Vor der Waschmaschine ist ein Puffer von 200 Teilen, was einer Reichweite von 0,25 Tagen entspricht.
5. **Rohgusslager** Da täglich angeliefert wird, konnte der Rohmaterialbestand bereits im Vorfeld der Wertstromanalyse deutlich gesenkt werden. Am Tag der Wertstromaufnahme beträgt er 1.400 Stück, das sind 1,75 Tage Reichweite.

Der werksexterne Transport bei *Liquipur* wird mit Lkw abgewickelt. Das Aluminium-Druckguss-Gehäuse wird von der Fundo AG in Paletten à 240 Stück täglich angeliefert. Die Bestellung muss zwei Tage vor Lieferung erfolgen. Der Versand erfolgt täglich in Paletten mit jeweils 60 Ölfiltern.

Materialfluss

Zwischen zwei Produktionsprozessen muss für den erforderlichen Teiletransfer immer eine *Transportverbindung* eingezeichnet werden. Andernfalls liegt ein integrierter Produktionsprozess vor, und dann ist zur Modellierung nur ein Prozesskasten erforderlich. Diese Regel hilft, eine logistisch stimmige Wertstromdarstellung zu zeichnen. Das Transportieren wird je nach Art der logistischen Verknüpfung mit unterschiedlichen Pfeilen dargestellt. Das Verzweigungssymbol zeigt die prozentuale Aufteilung bei verzweigten Materialflüssen.

Der innerbetriebliche Materialfluss zwischen zwei technischen Prozessen wird in der Regel durch einen *Lagerprozess* unterbrochen. Die Lagerfunktion wird durch ein Dreieck symbolisiert, wenn es sich um eine disponierte Bevorratung handelt. Puffer und besondere Bevorratungsstrategien werden anders symbolisiert (Kap. 3).

Der jeweils gelagerte Bestand wird bei der Wertstromaufnahme gezählt und in die auf den Kundenbedarf bezogene *Reichweite* umgerechnet.

Über den werksexternen Materialfluss sind Kunden und *Lieferanten* mit dem betrachteten Wertstrom verknüpft. Zentrale Merkmale der externen Logistik sind *Lieferfrequenz* und *Wiederbeschaffungszeit* der Rohmaterialien und Kaufteile.

2.3.3 Auftragsabwicklung

Damit die Produktionsprozesse (Abschn. 2.3.1) arbeiten können und das Material (Abschn. 2.3.2) ins Fließen kommen kann, werden steuernde und/ oder regelnde Informationen benötigt. Diese Informationen werden von den *Geschäftsprozessen* verarbeitet und bereitgestellt. In der bekannten Literatur zum Wertstromdesign (Rother 2000) wird nur ein einziger Geschäftsprozess verwendet, nämlich die Produktionsplanung und -steuerung (PPS). Damit werden dann alle informationsverarbeitenden Aufgaben summarisch als Black Box mit Namen ‚PPS' dargestellt (Abb. 2.31). Diese extreme Vereinfachung hat sich in der Anwendung von Wertstromanalyse und auch Wertstromdesign nicht bewährt, da die Auftragsabwicklung doch ein wesentlich komplexerer Prozess ist, der an mehreren Stellen mit ganz unterschiedlichen Aufgaben und Tätigkeiten in den Produktionsablauf eingreift. Daher soll im Folgenden eine deutlich erweiterte Darstellung präsentiert werden.

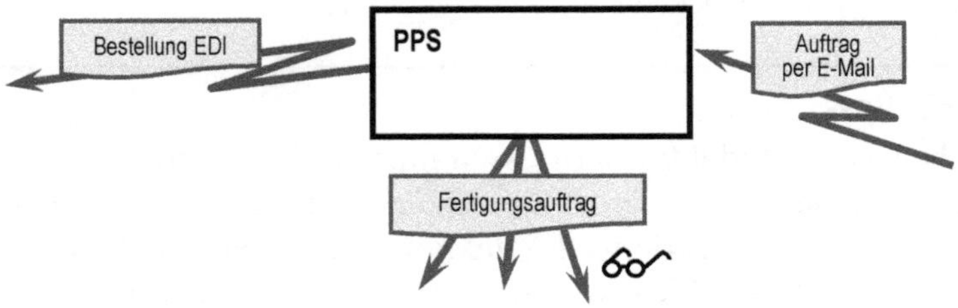

Abb. 2.31. Vereinfachter Informationsfluss der traditionellen Wertstromanalyse

Neuere Bestrebungen, im Sinne der sogenannten ‚Lean Administration' Geschäftsprozesse in Analogie zu den Produktionsprozessen als eigenen Wertstrom darzustellen (Wiegand 2004), können dieses Manko nicht lösen. Diese analoge Anwendung des Wertstromdesigns für administrative Prozesse beispielsweise bei Dienstleistungsunternehmen dient dazu, reine Dienstleistungsprozesse in ihrem Ablauf darzustellen und zu verbessern. Die im Rahmen der *Auftragsabwicklung* eines produzierenden Unternehmens anfallenden Aufgaben können so aber nicht, oder jedenfalls nicht in ihrem Bezug zur Produktion dargestellt und optimiert werden. Aus diesen Gründen werden die Geschäftsprozesse, die in produzierenden Unternehmen im Rahmen der Auftragsabwicklung erforderlich sind, hier in einer detaillierteren Darstellung und Beschreibung als in der bisher bekannten Wertstrommethode berücksichtigt. Dabei bleiben sie in den produktiven Wertstrom eingebunden, wie es sich bereits in Praxisprojekten bewährt hat. Im Ergebnis erhält man eine deutlich verbesserte Analyse der Auftragsabwicklung. Die Anwendung auf reine Dienstleistungsunternehmen soll hier nicht betrachtet werden.

Die Auftragsabwicklung bei der Wertstromanalyse ist unter drei Aspekten zu betrachten, die in den folgenden Abschnitten näher untersucht werden sollen:

1. Geschäftsprozesse erzeugen, verarbeiten und speichern Informationen, die zur Erfüllung von Kundenaufträgen sowie zur Planung und Steuerung der Produktion benötigt werden.
2. Der Informationsfluss übermittelt Daten und Dokumente zwischen den Geschäftsprozessen, zu Kunden und Lieferanten sowie zu den Produktionsprozessen.
3. Die logistische Verknüpfung beschreibt das Zusammenwirken von Informations- und Materialfluss zur Verknüpfung zweier aufeinanderfolgender Produktionsprozesse.

Geschäftsprozesse

Geschäftsprozesse werden durch ein Rechteck symbolisiert und mit der Geschäftsprozessbezeichnung identifiziert (Abb. 2.32). Die Anzahl der mit den zugehörigen Geschäftsvorgängen befassten Mitarbeiter kann hinter dem Symbol mit stilisiertem Kopf und Armen angegeben werden. Ziel der Geschäftsprozessaufnahme ist nicht so sehr die detaillierte Darstellung des gesamten Arbeitsablaufes auf Einzelschrittebene (Auftrag anlegen, Artikelnummern eingeben und prüfen, Lieferadresse aufrufen, Verfügbarkeit prüfen und Liefertermin eintragen, Druck Auftragsbestätigung auslösen), sondern vielmehr die übersichtliche Darstellung des Gesamtablaufs. Im Beispiel der Auftragserfassung würde demnach ein Prozesskasten ausreichen, ähnlich wie auch Produktionsprozesse immer mehrere Tätigkeiten zusammenfassen. Jeder Geschäftsprozess sollte durch die wichtigsten zu erledigenden Aufgaben in einer *Aufgabenliste* näher beschrieben werden.

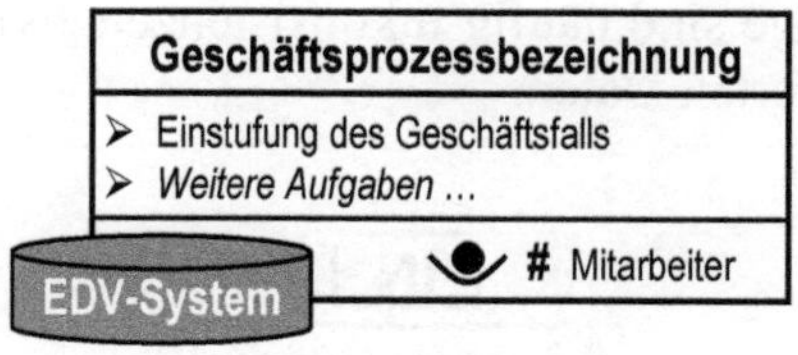

Abb. 2.32. Symbol für Geschäftsprozesse

Von zentraler Bedeutung für die Beschreibung eines Geschäftsprozesses ist die Einstufung des jeweiligen *Geschäftsfalls* in zugehörige Kategorien. So können Aufträge beispielsweise unterschiedliche Auftrags-Status respektive Prioritäten – wie eilig, normal oder ‚Chef-Auftrag' – erhalten, die dann im Prozesskasten anzugeben sind. Ein anderes Beispiel für eine Aufgabe in der Auftragsabwicklung ist die Festlegung des Auftragstyps – wie Lagerergänzungsauftrag, Planauftrag, Nacharbeitsauftrag, Kundenauftrag, Produktionsauftrag, Fertigungsauftrag – oder auch die Festlegung der Versandart, des Freigabestatus und andere. Diese Fallunterscheidungen bestimmen einerseits die Wege, die der vom jeweiligen Geschäftsprozess ausgehende Informationsfluss jeweils nimmt. Andererseits erfassen sie die wesentliche Charakteristik des Produktionsablaufes.

In der Regel wird ein *Datenverarbeitungssystem* zur Unterstützung des Arbeitsablaufes verwendet, mit Funktionen zur Datenspeicherung, Datenverarbeitung sowie Datenausgabe. Geeignet zur symbolischen Darstellung der EDV-Systeme ist der Zylinder, der bereits in Flussdiagrammen verwendet wird. In das Symbol eingetragen wird die Bezeichnung des verwendeten Systems. Das können einerseits handelsübliche Systeme, wie Enterprise Ressource Planning (ERP), Manufacturing Execution Systems (MES) oder PPS-Systeme sein, andererseits unternehmensspezifische Eigenentwicklungen mit ähnlichen Aufgaben. Oftmals findet man auch Datenbanken und Tabellenkalkulationsprogramme mit spezifischen Bedienermasken vor, die den Arbeitsablauf in eher rudimentärer Weise unterstützen, aber durchaus ausreichend sein können. Hinzu kommen jene EDV-gestützten Tools, die die Produktkonfiguration oder die Produktionsprozessführung – beispielsweise Verschnittoptimierung, Steuerdatenberechnung, Qualitätsdatenerfassung, Kennzahlenreporting – oder auch die Kundenanbindung ermöglichen – beispielsweise Customer Relation Management-Lösungen (CRM), Programme zur Versandabwicklung mit Kostenermittlung und Tracking, Programme für die Exportabwicklung.

Die Wertstromanalyse zeigt hierbei oft, dass im Betrieb mehrere EDV-Systeme parallel mit ähnlichen Funktionalitäten eingesetzt werden. Das ist oftmals in mangelhafter Funktionalität des Hauptsystems, in unzureichender Schulung der Bediener oder in fehlender Akzeptanz durch die Mitarbeiter begründet. Folge sind häufig Inkonsistenzen zwischen den mehrfach unabhängig gespeicherten Daten.

Abb. 2.33. Darstellung der Warteschlange von Aufträgen

Auch in der Auftragsabwicklung gibt es Bestände, die in der Summe den Auftragsbestand bilden (Abb. 2.33). Vor dem aus Kundensicht ersten Geschäftsprozess, der Auftragserfassung, befindet sich der Auftragseingang. Vor diesem und jedem anderen Geschäftsprozess stapeln sich mehr oder weniger viele Aufträge in der sogenannten ‚IN-Box'. Die symbolische Darstellung zeigt einen Kasten mit angedeutetem Papierstapel. Im zugehörigen Datenkasten wird die Anzahl der ‚gelagerten', das heißt wartenden, Aufträge angegeben. Mit Hilfe des für das Schichtmodell der Produktion geltenden Kundentaktes lässt sich die Reichweite des jeweiligen Auftragsstapels errechnen. Diese Reichweite entspricht dem Auftragsbestand des jeweiligen Wertstroms, ausgedrückt in der Länge der *Warteschlange* (W) und berechnet durch:

$$W = \#A \times KT \tag{2.14}$$

mit: W Warteschlange [Zeiteinheit]
A Anzahl wartender Aufträge [Stck.]
KT Kundentakt [Zeiteinheit/Stck.]

Informationsfluss

Ähnlich wie Produktionsprozesse über das Transportieren von Materialien und Teilen mit dem Materialfluss verbunden sind, sind Geschäftsprozesse über das Weiterreichen von Daten und Dokumenten mit dem Informationsfluss untereinander verbunden. Ferner gibt es Informationsflüsse von Geschäftsprozessen hin zu Produktionsprozessen, um diese sowie den jeweiligen Materialfluss zu steuern. Die Verknüpfungen des Informationsflusses werden mit einem einfachen, dünnen Pfeil symbolisch dargestellt (Abb. 2.34a). Für die Betrachtung des Produktionsablaufes ist wichtig, welche Informationen in welchem Format übermittelt werden. Es hat sich bewährt, dies in jeweils eigenen Symbolen anzugeben. Diese Symbole werden dann auf den jeweils zugehörigen *Informationsflusspfeil* gezeichnet. Die übertragenen Informationen und ihr Format können unter ablauflogischen Gesichtspunkten in vier Kategorien klassifiziert werden – Daten, Dokumente und Listen sowie informelle Abstimmung mit jeweils eigenen *Informationssymbolen*:

1. Einfache Daten und *Datensätze* werden ausschließlich in elektronischer Form über Netzwerk-Kabel oder Datenträger wie CD-ROM oder USB-Stick übertragen. Sie dienen entweder zum Datentransfer zwischen unterschiedlichen DV-Systemen oder als Steuerdaten für CNC-Maschinen. Letztere basieren auf den geometrischen Daten des jeweils zu fertigenden Produktes. Datensätze werden in Anlehnung an

Flussdiagramme mit einem Parallelogramm symbolisch dargestellt (Abb. 2.34b). In dieses Datensatz-Symbol werden dann Bezeichnung und Funktion eingetragen. Sofern ein automatischer Datentransfer ohne zwischengeschaltete manuelle Dateneingabe zwischen unterschiedlichen EDV-Anwendungen erfolgt, liegt eine *Schnittstelle* vor. Diese wird symbolisiert mit einem durchgekreuzten Kreis (Abb. 2.34g).

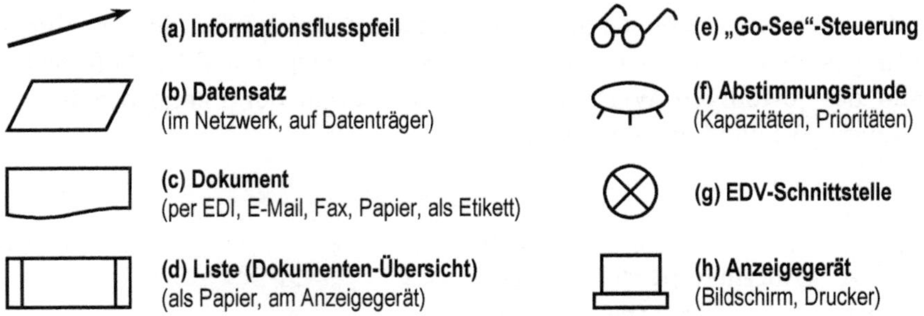

Abb. 2.34. Symbole für die Darstellung des Informationsflusses

2. Sind die auftragsspezifischen Daten in Formulare eingetragen, so erhält man *Dokumente*. Diese Dokumente können auf vielfältige Weise übermittelt werden, per Electronic Data Interface (EDI), E-Mail, Fax oder konventionell auf Papier – ausgedruckt oder manuell ausgefüllt. Die Papierform ist häufig sinnvoll als Materialbegleitschein, um zugleich die Identifikation des jeweils gesteuerten Materialflusses zu ermöglichen. Zumeist am besten zur Identifikation geeignet sind auf Produkte, Behälter oder Verpackungen aufgebrachte Etiketten, die dann zusätzlich noch die Steuerungsfunktionen übernehmen können. Dokumente sind wie bei Flussdiagrammen symbolisiert durch ein Recheck mit geschwungener Unterkante, dem Dokumenten-Symbol (Abb. 2.34c).
3. *Listen* verschaffen einen Überblick über die zu einem Geschäftsfall zugehörigen Dokumente. Ferner können sie auch Reihenfolgen, Prioritäten oder andere Klassifizierungen der Geschäftsvorfälle angeben. Typische Beispiele sind hier Produktionspläne, Abarbeitungslisten für die einzelnen Produktionsprozesse, Kommissionierlisten, Versandlisten und Ladelisten. Symbolisch dargestellt werden diese Listen als Rechteck mit doppeltem Rand (Abb. 2.34d). Listen können wie die Dokumente als Ausdruck verteilt oder auf einem *Anzeigegerät* zugänglich gemacht werden (Abb. 2.34h). Rückmeldungen von Zeiten, Qualitätsdaten oder anderen in der Produktion erzeugten Informationen sind häufig manuell in entsprechende Listen einzutragen.

4. Der Informationsfluss wirkt über die Daten, Dokumente und Listen steuernd auf die Produktionsprozesse ein. Diese richten sich entweder exakt nach den dokumentierten Vorgaben der Geschäftsprozesse oder sie nehmen eigenständig Veränderungen und Anpassungen an die täglichen Gegebenheiten vor. Mit dieser auf dem Shop Floor vorgenommenen *„Go-See"-Steuerung* kann bei von Störungen verursachten Planabweichungen dezentral mit einer ungeplanten Anpassung des Produktionsplanes reagiert werden. Ebenfalls können so außerplanmäßige Kundenbedarfsänderungen oder Eilaufträge am selbsterstellten Plan vorbei von der Fertigungssteuerung eingesteuert werden. Das Symbol für diese kurzfristigen Eingriffe vor Ort ist eine Brille (Abb. 2.34e). Es steht für die Flexibilität – und Unkalkulierbarkeit – einer Produktion.
   Häufig finden zur Kapazitätsanpassung an den tatsächlichen Bedarf, zur Änderung von Auftragsprioritäten oder zur Durchschleusung von Eilaufträgen auch regelmäßige *Abstimmungsrunden* zwischen zwei oder mehreren Produktionsbereichen statt. Dabei können auch Besonderheiten des Produktionsplanes besprochen, anfallende Rückfragen aufgrund von Mängeln in den Daten, Dokumenten oder Listen bearbeitet sowie Sonderfälle, die mit den vordefinierten Dokumenten nicht formal erfasst werden können, geklärt werden. Die Informationsflüsse zwischen den beteiligten Produktions- und Geschäftsprozessen sind dabei beidseitig ausgerichtet; der jeweilige Informationsflusspfeil erhält eine Doppelspitze. Für solche Abstimmungsprozesse eignet sich die symbolische Darstellung eines Tisches, zum Beispiel ein Oval mit drei Beinen (Abb. 2.34f).

Werden zwischen zwei Prozessen mehrere Dokumente, Daten oder Listen in die gleiche Richtung übertragen, dann ist ein gemeinsamer Informationsflusspfeil ausreichend. Die übliche Verwendung von Pfeilen mit einem Zick-Zack-Blitz, der die elektronische Datenübertragung symbolisieren soll, führt in der Regel zu sehr unübersichtlichen Darstellungen – insbesondere bei sich kreuzenden Informationsflüssen, was nicht immer vermieden werden kann. Das hat dann Zuordnungsprobleme zur Folge und ist außerdem zeichnerisch aufwendiger.

Mit den vorgestellten Informationssymbolen kann nun der Informationsfluss in einem produzierenden Unternehmen dargestellt werden (Abb. 2.35). Das schematische Beispiel zeigt die Auftragsabwicklung gegliedert in *fünf typische Geschäftsprozesse*. Diese stehen teilweise in einem hierarchischen Verhältnis zueinander. Bei der Aufnahme des Informationsflusses im zweiten Durchgang der Wertstromanalyse beginnt man rechts beim Kunden und schreitet bis zum Lieferanten fort. In der obersten Ebene sind das die drei Geschäftsprozesse ‚Auftrag erfassen', ‚Produktion planen' sowie ‚Material disponieren und beschaffen'. Diese werden im Beispiel alle vom gleichen ERP-System unterstützt. Anschließend geht man eine Ebene tiefer und ergänzt die beiden Geschäftsprozesse ‚Produktion steuern' und ‚Lieferung vorbereiten' zum Versenden. Die Produktionssteuerung leistet in diesem Fall ein MES-System, es könnte auch ein Leitstand sein.

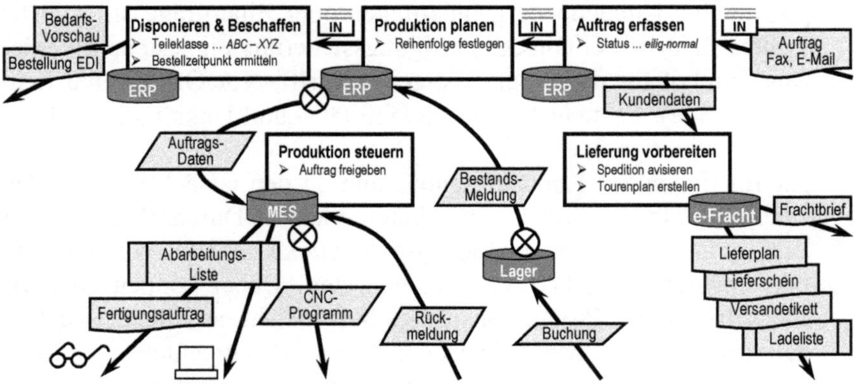

Abb. 2.35. Detaillierte Darstellung eines umfangreichen Informationsflusses

Es gibt weitere Subsysteme, die wie die Lagerverwaltung über Schnittstellen angebunden sein können, oder wie das Speditionssystem ‚e-Fracht' eine Insellösung darstellen. Im Beispiel nicht dargestellt ist der den Produktionsablauf meist wenig beeinflussende Geschäftsprozess ‚Fakturieren'. Auch übergeordnete, von einzelnen Geschäftsvorfällen unabhängige, grundlegende Geschäftsprozesse wie ‚Produktionsprogramm langfristig planen', ‚Personal einstellen' oder ‚Arbeit vorbereiten' mit Arbeitsplanerstellung und dergleichen brauchen in einer Wertstromdarstellung in der Regel nicht aufgenommen zu werden. Sie dienen mehr der Auslegung des Wertstroms und weniger seinem Betrieb.

Zwischen den Geschäftsprozessen sind die entsprechenden Informationsflüsse mit den zugehörigen Informationssymbolen eingetragen. Die Kundenaufträge kommen per Fax oder E-Mail und warten auf ihre Erfassung, die sie unter anderem auch der Dringlichkeit nach klassifiziert. Materialbestellungen werden per EDI an den Lieferanten übermittelt. In der Produktion erhält ein Produktionsprozess CNC-Programme überspielt. Gesteuert wird die Produktion mit Fertigungsaufträgen, deren Reihenfolge in Abarbeitungslisten vorgegeben ist. Diese kann situativ angepasst werden, wie die ‚Go-See'-Brille zeigt.

Logistische Verknüpfung

Da die Art der Produktionsplanung und -steuerung den Materialfluss entscheidend beeinflusst, werden auch die Materialfluss-Symbole der jeweiligen Steuerungslogik angepasst. Material- und Informationsfluss bilden eine Einheit, da es einen Materialfluss ohne Informationsfluss – wie bei einem umfallenden Stapel Kisten – nie geben sollte. Diese *logistische Verknüpfung* hat bei der klassischen Produktionsplanung mit MRP-Systemen drei tragende Elemente, die vorbereitende Produktionsplanung, die auslösende Übermittlung des Produktionsplanes an die Produktionsprozesse sowie den resultierenden Materialfluss. Der Materialfluss ist bei dieser Art der logistischen Verknüpfung bloßes Ergebnis einer mehr oder minder plangemäßen Produktionsausführung. Die Produktionsprozesse ‚schieben' die von ihnen jeweils fertig bearbeiteten Halbfabrikate in Richtung ihres jeweiligen Folgeprozess. Da dieser Prozess seinem eigenen Produktionsplan folgt, werden die Halbfabrikate zunächst auf Lager gelegt. Aus diesem so erzeugten plangemäßen Bestand bedient sich der Folgeprozess.

Diese Vorgehensweise wird gemeinhin als ‚Push-Produktion' bezeichnet. Dies ist allerdings ungenau und irreführend. So werden auch bei der FIFO-Verkopplung Halbfabrikate zum Folgeprozess ‚geschoben', obwohl es dabei kein zwischengeschaltetes Lager gibt (Abschn. 3.3.1). Ferner gibt es auch eine verbrauchsgesteuerte Disposition, die mit einem beplanten Lager arbeitet, aber eher als ‚Pull-Produktion' zu bezeichnen wäre. Deshalb wird hier in beiden Fällen von einer *planungsorientierten* Produktion gesprochen.

Bedarfsgesteuerte Disposition Die planungsorientierte Produktion arbeitet in der Regel *prognosebasiert*, insbesondere auf der Ebene der Sekundärbedarfe. Dieses auch programmgesteuert genannte Verfahren führt zu einer *bedarfsgesteuerten* Disposition von Halbfabrikaten oder Fertigprodukten. Dieses Dispositionsverfahren lässt sich besonders einfach bei Serienprodukten anwenden, wobei das Risiko von Fehlprognosen mit steigender Variantenanzahl zunimmt. Bei einer kundenauftragsorientierten Produktion werden nach diesem Verfahren Halbfabrikate prognoseorientiert vorproduziert, damit einerseits Lieferfristen verkürzt, andererseits aber auch Skaleneffekte durch die Losgrößenbildung genutzt werden können.

Die planungsorientierte logistische Verknüpfung ist wie folgt symbolisch darzustellen (Abb. 2.36): Der Geschäftsprozess ‚Produktion planen' erzeugt basierend auf Prognosen oder festen Kundenbestellungen Produktionspläne für alle Produktionsprozesse. Diese Pläne bilden eine Liste der in einem bestimmten *Planungshorizont* abzuarbeitenden Produktionsaufträge. Dem Planungshorizont des Produktionsplanes entspricht in der Regel die *Planungshäufigkeit* (PH), mit der er erstellt wird – hier beispielsweise wöchentlich. Die eingesteuerten Pläne werden in der Regel nicht rollierend geplant. Die Reihenfolge im Produktionsplan ist meist nicht strikt vorgegeben, aber durch Prioritäten doch eingeschränkt. Eilaufträge und Planänderungen kommen dann gegebenenfalls noch hinzu.

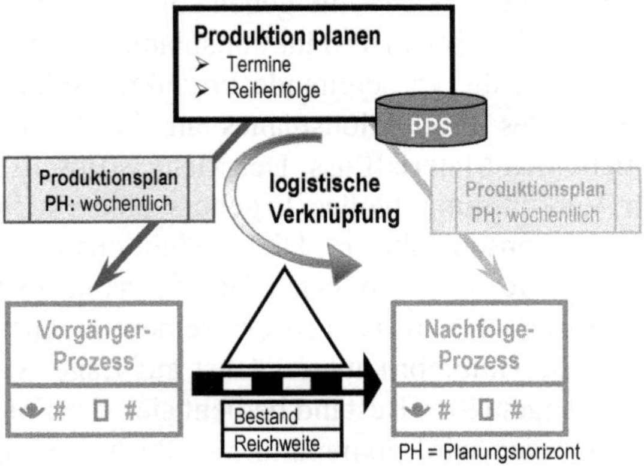

Abb. 2.36. Prognoseorientierte logistische Verknüpfung

Der mit Produktionsplan angesteuerte Produktionsprozess fertigt nun auf Lager, das durch ein Dreieck symbolisiert wird. Der zugehörige Materialfluss wird nun mit einem *gestreiften* Pfeil dargestellt, um den prognoseorientierten Charakter der logistischen Verknüpfung auch im Symbol hervorzuheben (Abb. 2.36). Zentrales Merkmal der planungsorientierten Produktion ist, dass der Nachfolgeprozess durch einen eigenen Plan angesteuert wird. Dieser sollte von der Planungsabteilung auf den Plan des Vorgängerprozesses abgestimmt sein. Um dies zu erleichtern, planen die Systeme eine sogenannte *Übergangszeit* zwischen den Produktionsprozessen ein. Dieser Zeitpuffer materialisiert sich dann in Beständen, die bei der Wertstromanalyse gezählt und unter dem Lagersymbol als Bestand eingetragen werden.

Verbrauchsgesteuerte Disposition Die zweite grundsätzliche Möglichkeit einer planungsorientierten Produktion ist das *Bestellbestandsverfahren* mit seinen verschiedenen Ausprägungen. Bei diesem Verfahren werden die Produktionspläne *verbrauchsgesteuert* erstellt, das heißt Produktionsaufträge werden durch Lagerentnahmen automatisch erzeugt und vom Disponenten dann in der Regel freigegeben. Der Lagerbestandsverlauf entspricht dann bei durchschnittlichen Verhältnissen der für diese Steuerung typischen Sägezahnkurve (Abb. 2.37, links). Bei durchschnittlichem Materialabgang aus dem jeweiligen Lager sinkt der Bestand linear über der Zeit ab.

Wenn die nachgefertigten Teile eintreffen, steigt der Bestand sprunghaft um die gelieferte Losgröße an. Wiederholt sich der Ablauf, entsteht der ‚Sägezahn'.

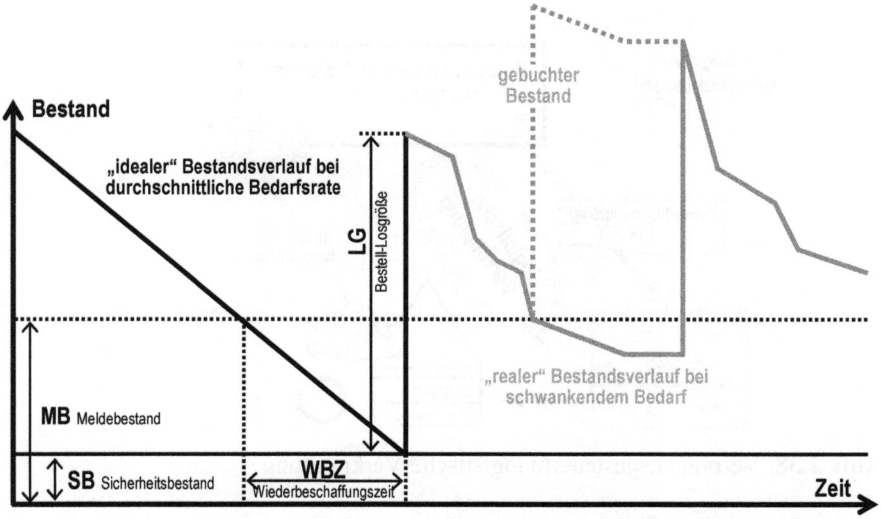

Abb. 2.37. Lagerbestandsverlauf beim Bestellbestandsverfahren

Die automatische Bestellauslösung erfolgt, wenn der Lagerbestand durch Lagerentnahmen auf den Meldebestand abgesunken ist. Der verbliebene Bestand muss nun reichen, bis das bestellte Los eingetroffen ist. Er entspricht daher dem durchschnittlichen täglichen Verbrauch während der Wiederbeschaffungszeit in Tagen. Damit auch kurzfristige Bedarfserhöhungen sowie störungsbedingte Lieferverzögerungen abgedeckt werden können, ist noch ein Sicherheitsbestand zu berücksichtigen. Damit ergibt sich als Berechnungsgrundlage für den Meldebestand:

$$MB = WBZ \times TB + SB \tag{2.15}$$

mit: MB Meldebestand [Stck.]
WBZ Wiederbeschaffungszeit [d]
TB Tagesbedarf [Stck./d]
SB Sicherheitsbestand [Stck.]

Der tatsächliche Materialverbrauch wird nicht ganz gleichmäßig verlaufen. Bei starkem Abgang nach Bestellauslösung wird eventuell der Sicherheitsbestand angegriffen, bei schwachem Abgang wird er, wie im Beispiel eingezeichnet, nicht erreicht (Abb. 2.37, rechts). Wichtig ist, dass die Bestellmenge als offener Lagerzugang dem Bestand zugebucht wird. Sofern die Bestell-Losgröße kleiner als der Meldebestand ist, kann letzterer ausgehend vom virtuellen Lagerbestand nochmals unterschritten werden und damit eine zweite Nachproduktion auslösen. Ohne die Zubuchung würde das Lager möglicherweise leerlaufen, falls nämlich die Meldegrenze durch Nachlieferung des ersten Loses nicht mehr überschritten wird.

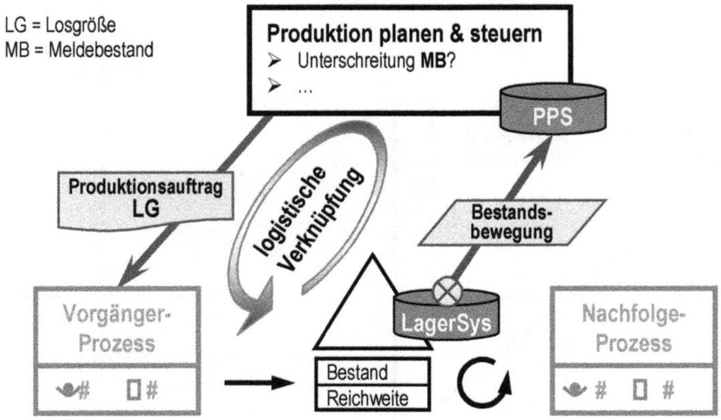

Abb. 2.38. Verbrauchsgesteuerte logistische Verknüpfung

Die logistische Verknüpfung bildet im Fall einer verbrauchsgesteuerten Disposition einen geschlossenen Kreislauf (Abb. 2.38). Das Lagerverwaltungssystem übermittelt via Schnittstelle die aktuellen Bestände an das PPS-System. Mit der dort implementierten Planungslogik werden Unterschreitungen von Meldebeständen ermittelt und Bestellvorschläge in festgelegten Losgrößen erzeugt. Nach Freigabe wird der entsprechende Produktionsauftrag beim Vorgängerprozess eingesteuert. Die fertiggestellten Teile werden abschließend eingelagert und im Lagerverwaltungssystem zugebucht. Die Abläufe können sich im Einzelnen von dem hier gezeichneten Beispiel unterscheiden. Das kann die systemtechnische Ausstattung betreffen oder auch die im Geschäftsprozess kurz beschriebene Planungslogik. So arbeitet beispielsweise das sehr ähnliche Bestellrhythmusverfahren mit fixen Bestellintervallen und variablen Losgrößen.

Des Weiteren lassen sich die verbrauchsgesteuerten Verfahren durch die *Reservierung* von Beständen auf künftige Ereignisse besser abstimmen. Um die Erfüllung einer Lieferzusage für einen künftigen Zeitpunkt zu garantieren, werden die benötigten Teile und Materialien schon vor Produktionsbeginn den entsprechenden Aufträgen fix zugeordnet. Dadurch ist die Verfügbarkeit im späteren Bedarfsfall abgesichert. Da der physische Bestand dann nicht mehr für andere Verbräuche verfügbar ist, wird die Nachproduktion bereits früher ausgelöst. In den Ablauf wird so ein prognoseorientiertes Element integriert.

Informationsfluss

Die Aufgaben der *Auftragsabwicklung* werden bei der Wertstromanalyse gegliedert in *Geschäftsprozesse* dargestellt. In den entsprechenden Rechtecksymbolen ist insbesondere die Planungs- und Steuerungslogik zu beschreiben.

Der Austausch von Daten und Dokumenten erfolgt entsprechend der mit *Informationsflusspfeilen* dargestellten Verbindungen zwischen Geschäftsprozessen, Kunden, Lieferanten und Produktionsprozessen. Eine Wertstromanalyse erfasst somit alle *Dokumente*, die im Rahmen der Auftragsabwicklung erstellt und bearbeitet werden.

Wenn mit Geschäftsprozessen und Informationsfluss die Planungs- und Steuerungslogik geklärt und dargestellt ist, kann der Materialfluss in seiner symbolischen Darstellung entsprechend angepasst werden. Alle drei Komponenten konfigurieren gemeinsam zwischen je zwei Produktionsprozessen deren *logistische Verknüpfung.*

Mit Einzeichnung der Geschäftsprozesse, aller Informationsflusspfeile sowie den jeweiligen Informationsträgern ist die Wertstromaufnahme abgeschlossen (Abb. 2.39). Das Informationsnetzwerk verbindet Kunden-, Lieferanten- und Produktionsprozesse und sorgt dafür, dass der Wertstrom ins Fließen kommt – oder eben auch ins Stocken gerät. In der Summe sind jetzt alle am Produktionsablauf beteiligten Prozesse, alle erstellten Dokumente und erzeugten Zwischenprodukte sowie alle charakteristischen Kennwerte der Prozesse erfasst, die den Wertstrom im Ist-Zustand beschreiben. In der unteren Blatthälfte befindet sich die Darstellung des Shop Floors mit den Produktionsprozessen und dem sie verbindenden, meist innerbetrieblichen, von links nach rechts laufenden Materialfluss. Rechts und links in der Vertikalen sind die außerbetrieblichen Transporte mit den angebundenen Kunden und Lieferanten dargestellt. Innerhalb dieses Rahmens befindet sich der netzartig aufgebaute Informationsfluss, der seinen Ausgangspunkt beim Kunden hat, sich nach links zu den Lieferanten und nach unten zu den Prozessen aufteilt sowie über den Versand wieder zurück nach rechts zum Kunden fließt.

Fallbeispiel Bei *Liquipur* werden in der Ist-Aufnahme des Wertstroms zwei Geschäftsprozesse unterschieden: ‚Produktion planen & Material disponieren' sowie ‚Lieferung vorbereiten' (Abb. 2.39). Entsprechend der von den Kunden übermittelten Bedarfsvorschau wird ein wöchentlicher Produktionsplan erstellt. Der Fräsprozess und die Vormontage erhalten zudem Auftragspapiere. Der durch prognoseorientierte Planung erzeugte Materialfluss ist in allen Fällen mit Dreieck und gestreiftem Pfeil zu symbolisieren. Lediglich vom Fräsen geht es unmittelbar ohne Zwischenlagerung an die Waschmaschine, was durch eine Förderstrecke symbolisiert wird.

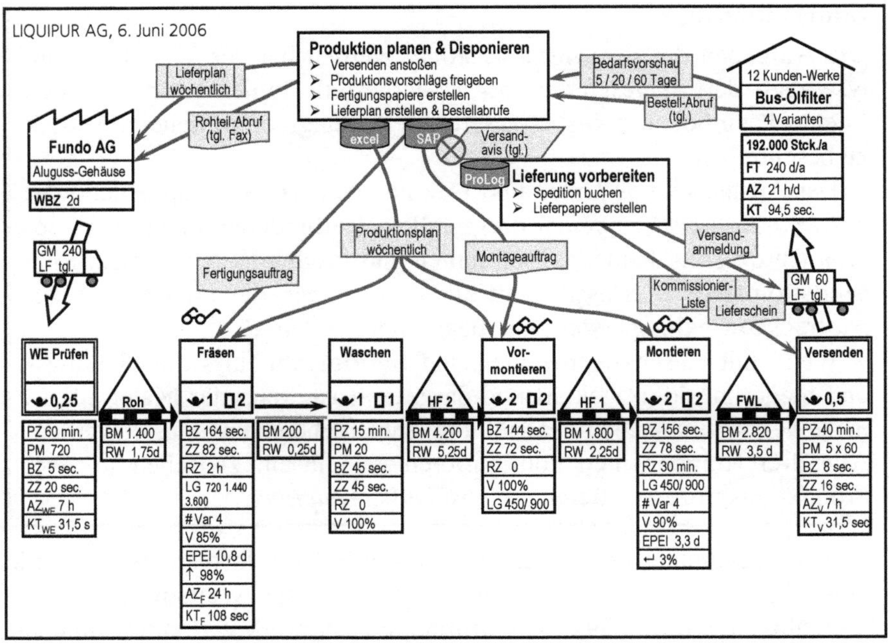

Abb. 2.39. Wertstromaufnahme bei Liquipur (4): Geschäftsprozesse, Informationsflusspfeile und Informationsträger

Die Versandabteilung erhält täglich per Schnittstelle aus dem SAP einen Versand-Avis in sein ‚ProLog'-System eingespeist. Je nach Kunde ist die Spedition auszuwählen und dort der Versand mit Menge anzumelden. Der Prozess ‚Versenden' erhält die Lieferscheine und eine Kommissionierliste, mit der die Ölfilter aus dem Fertigwarenlager kommissioniert werden.

Die Kunden übermitteln an das SAP-System eine unverbindliche Bedarfsvorschau, die mit abnehmender Genauigkeit den erwarteten Bedarf für die nächste Woche, den laufenden Monat und das laufende Quartal enthält. Der Bestellabruf erfolgt dann täglich, wobei eine Auslieferung am gleichen Tag vereinbart ist. Basierend auf der Bedarfsvorschau errechnet SAP einen wöchentlichen Lieferplan, der dem Lieferanten per EDI zugestellt wird. Der Bestellabruf für die Rohteile erfolgt dann jeweils zwei Tage vor der geplanten Bearbeitung nach Andruck und Sichtkontrolle auf Richtigkeit per Fax.

Für die Produktion wird ein wöchentlicher Produktionsplan in einer Excel-Tabelle erstellt. Dieser Plan listet alle Fertigungsaufträge für den Fräsprozess sowie die Montageaufträge für den Vormontage- und den Montageprozess in Bearbeitungsreihenfolge auf. In einer täglichen Terminbesprechung wird der Produktionsplan an aktuelle Gegebenheiten durch Mengen- und Reihenfolgeänderungen angepasst. Die Montageaufträge werden beim Vormontieren eingesteuert und zusammen mit dem Material zum Montieren gebracht.

2.4 Potentiale

Mit Fertigstellung der Wertstromaufnahme ist die Wertstromanalyse noch nicht abgeschlossen. Die Wertstromdarstellung kann vielmehr dazu genutzt werden, *Verbesserungspotentiale* für den Produktionsablauf aufzuzeigen:

1. Grundlage dafür ist zunächst einmal die Zeitlinie, die mit dem Vergleich von Durchlaufzeit und Bearbeitungszeit eine erste Bewertung des Produktionssystems erlaubt (Abschn. 2.4.1). Aus dem Verhältnis dieser beiden Werte, dem *Flussgrad*, lässt sich ableiten, wie träge eine Produktion ist. Die großen Staustufen im Produktionsfluss lassen sich an den Stellen mit hohen Beständen erkennen.
2. Ferner zeigt die Betrachtung der Leistungsfähigkeit einzelner Produktionsprozesse relativ zueinander, wie gut oder schlecht zueinander und zum Kundenbedarf passend die verfügbaren Betriebsmittel ausgelegt sind (Abschn. 2.4.2). Aus der vergleichenden Darstellung und dem *Auslastungsgrad* lässt sich ableiten, wie die Produktionsprozesse kapazitativ abgestimmt auf den Kundentakt zu gestalten sind.
3. Zudem können im Einzelfall bei leicht erkennbaren *Schwächen* des Produktionsablaufes an einzelnen Stellen bereits Sofortmaßnahmen zur punktuellen Verbesserung angestoßen werden, ohne dass konzeptionelle Änderungen erforderlich wären. Auch zeigt die Wertstromdarstellung den Komplexitätsgrad und die *Transparenz* des gesamten Produktionsablaufes. Je unübersichtlicher die Darstellung des Ist-Zustandes erscheint, desto wichtiger ist eine Neugestaltung nach den Gestaltungsrichtlinien des Wertstromdesigns (Kap. 3).

Die Wertstromanalyse ermöglicht und gestaltet ‚Management by Walking Around' durch den Produktionsleiter. Durch eine wiederholte Wertstromaufnahme können von Verbesserungsprojekten angestoßene Veränderungen in ihren Auswirkungen beurteilt werden. Ferner können die gegebenenfalls von veränderten Anforderungen oder schlechten Gewohnheiten bewirkten Verschlechterungen im Produktionsablauf sicher und umfassend erkannt werden. Die Wertstromanalyse eignet sich somit als Werkzeug zur Initiierung und Bewertung von Veränderungsprozessen in der Produktion.

Produktionsaudit

Die Wertstromanalyse ist insbesondere für *Unternehmensexterne* eine hervorragend geeignete Methode, um effizient und zielgerichtet den Ist-Zustand einer Produktion zu erfassen und Verbesserungspotentiale auszuweisen.

Der Abstraktionsgrad der Methode verbunden mit der analogen Darstellung auch sehr unterschiedlicher Produktionen erleichtert den Vergleich – und dadurch auch die Übertragung von Erfahrungen – zwischen Firmen aus unterschiedlichen Branchen. Genauso können kennzahlenbasierte *Benchmarks* zwischen Firmen der gleichen Branche oder mehreren Werken eines Unternehmens präzise mit Darstellungen des Produktionsablaufs verbunden werden.

Die in der Regel unvoreingenommene Sicht einer externen Person und seine partielle Unkenntnis sogenannter technischer Sachzwänge bieten dem analysierten Unternehmen einen Ausweg aus dem Tunnelblick bewährten Erfahrungswissens in der Produktionsweise. Dies spielt weniger in der Wertstromaufnahme eine Rolle – darin können interne Mitarbeiter gut geschult werden –, sondern vor allem beim anschließenden Aufzeigen von Verbesserungspotentialen. Letztere können zum großen Teil nur durch das In-Frage-Stellen des gewohnten Ablaufes als solche erkannt werden. Es gilt, scheinbar Bewährtes aufzugeben sowie technische ‚Sachzwänge' in ihrer Gestaltbarkeit – und damit Veränderbarkeit – zu erkennen.

2.4.1 Durchlaufzeit

Der Begriff ‚Wertstrom' verwendet die Metapher des Fließens für die Produktion. Viele denken hierbei zunächst an Wasserläufe wie Fluss oder Gebirgsbach. Da es sich bei einer Produktion nur äußerst selten um etwas natürlich Gewachsenes handelt, ist das Bild eines Kanals in diesem Zusammenhang geeigneter. Da eine Produktion den Durchfluss sowohl in der Richtung lenkt als auch in der Menge steuert und begrenzt, soll hier das Modell eines Rohres beziehungsweise einer Pipeline verwendet werden.

Das Pipeline-Modell der Produktion zeigt die Produkte als Kugeln, die durch ein Rohr gepresst werden. Die Produktionsdurchlaufzeit kann man sich nun denken als diejenige Zeitdauer, die eine Produkt-Kugel benötigt, um von der Wareneingangs-Rohröffnung zur Warenausgangs-Rohröffnung zu gelangen (Abb. 2.40). Man markiere also ein Rohmaterialteil und messe die Zeit, bis dieses markierte Teil als Bestandteil eines Fertigproduktes den Versand erreicht hat. Auf diesem Weg muss das Teil alle entsprechende

Prozessschritte mit den zugehörigen Bearbeitungs- und Prozesszeiten sowie alle zwischengelagerten Bestände durchlaufen. Im Lager darf das Teil die anderen Teile nicht überholen, sondern wird erst ausgelagert, nachdem die vor seiner Einlagerung vorrätigen Materialien verbraucht worden sind.

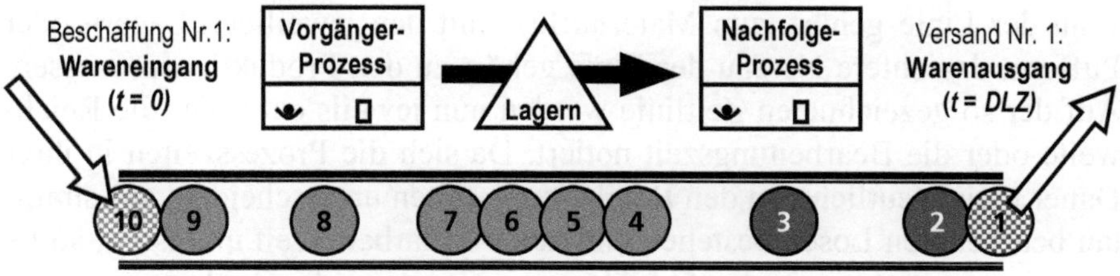

Abb. 2.40. Das Pipeline-Modell der Produktion

Dieser Modellvorstellung entsprechend gibt der Gesamtbestand in der Fabrik unmittelbar Auskunft über die Durchlaufzeit eines Produktes von der Einlagerung des Rohmaterials bis zur Versandbereitstellung. Die Durchlaufzeit eines Wertstroms ergibt sich somit als Summe aller Lagerreichweiten (Gl. 2.13) im langsamsten Zweig des betrachteten Wertstroms. Der Effekt der Bearbeitungszeiten und Prozesszeiten auf die Durchlaufzeit wird automatisch mit dem Umlaufbestand (WIP) berücksichtigt – komplett erfasst bis hin zum Teil, das sich gerade auf der Maschine befindet. Daher addiert man gleich bei der Wertstromaufnahme zum Lagerbestand zwischen zwei Produktionsprozessen gleich den jeweiligen WIP des Folgeprozesses hinzu und erhält so sehr einfach die Durchlaufzeit als Summe aller Reichweiten:

$$DLZ = \sum_{i=1}^{Prozess\,n} \frac{WIP_i \times \uparrow}{TB \times \#T} + \sum_{i=1}^{Lager\,m} RW_i = \sum_{i=1}^{m} \frac{(BM_i + WIP_i) \times \uparrow}{TB \times \#T} = \sum_i RW_i$$

mit: DLZ Produktions-Durchlaufzeit [d]
RW Reichweite der Lagerbestände [d] (2.16)
WIP Umlaufbestand [Stck.]
BM Bestandsmenge [Stck.]
TB Tagesbedarf [Stck./d]
$\uparrow$ Gutausbeute [%]
T Anzahl Gleichteile pro Produkt

Die Reichweite kann durch Bestandsmenge und Kundentakt ausgedrückt werden. Der damit formulierte Zusammenhang heißt auch ‚Little's Law' – benannt nach dem von John Little im Rahmen der Warteschlangentheorie formulierten Zusammenhang, dass sich der Bestand innerhalb einer Produktion als Produkt von Durchlaufzeit und Produktionsrate ergibt. Ersetzt man die Produktionsrate durch ihren mit dem Kundentakt formulierten Kehrwert, ergibt sich nach einfacher Umformung der in Gleichung 2.16 formulierte Zusammenhang.

Die jeweiligen Einzelzeiten eines Wertstroms werden auf der sogenannten *Zeitlinie* unterhalb der Wertstromdarstellung eingetragen (Abb. 2.41). Zunächst zeichnet man eine Sprunglinie mit zwei Niveaus – das obere Niveau der Linie gehört zum Materialfluss mit den jeweiligen Lägern oder Puffern, das untere Niveau der Linie gehört zu den Produktionsprozessen. Auf der so gezeichneten Zeitlinie werden nun jeweils entweder die Reichweite oder die Bearbeitungszeit notiert. Da sich die Prozesszeiten in ihrer Dauer meist deutlich von den Bearbeitungszeiten unterscheiden, aus simultan bearbeiteten Losen bestehen und keine Mitarbeiterzeit umfassen, sollte man sie getrennt wie in der Abbildung gezeigt unter der Zeitlinie einzeichnen. So erhält man im Ganzen eine Zeitlinie mit drei Niveaus.

Abb. 2.41. Zeitlinie (Ausschnitt) sowie Kasten mit Summenzahlen

Am rechten Ende der Zeitlinie trägt man in einem Kasten die Summe aller Reichweiten als *Produktions-Durchlaufzeit* (DLZ) ein sowie darunter zum Vergleich die Summe aller Bearbeitungszeiten (Σ BZ) und die Summe aller Prozesszeiten (Σ PZ). So erhält man auf einen Blick die fast immer erstaunlich große Differenz zwischen der Bearbeitungszeit im Minutenbereich und der Prozesszeit im Stundenbereich einerseits sowie der Durchlaufzeit im Tages- bis Wochenbereich andererseits. Der Flussgrad (FG) als Maß für die Dynamik der Produktion errechnet sich als Quotient von Bearbeitungszeit beziehungsweise Prozesszeit und Durchlaufzeit:

$$FG = \frac{\sum_{Prozess}(BZ + PZ)}{\sum_{Lager} RW \quad \times AZ} \times 100 \tag{2.17}$$

mit: FG Flussgrad [%]
BZ Bearbeitungszeit [Zeiteinheit]
PZ Prozesszeit [Zeiteinheit]
RW Reichweite der Lagerbestände [d]
AZ Arbeitszeit pro Tag [Zeiteinheit/d]

Die Zeitlinie zeigt auf einen Blick, an welchen Stellen im Wertstrom besonders hohe Reichweiten bestehen. Hohe Bestände in der Produktion weisen auf eine Verstopfung im Gesamtablauf hin; das Material fließt hier nicht schnell genug weiter. An diesen Stellen kommt es offenbar zu ausgeprägten Stauungen im Produktionsfluss. Dies passiert gerne vor kapazitativen Engpässen, durch die sich die Aufträge gewissermaßen hindurchquetschen müssen (Abb. 2.42). Die Bestandsreichweite kann aber auch ohne Engpass hoch sein, wenn nämlich im ERP-System entsprechend lange Übergangszeiten eingestellt sind. Dann handelt es sich um einen geplanten Auftragsstau. Bei zwei logistisch entkoppelten Produktionsprozessen liegen die Bestandsreichweiten zudem mindestens in der Größenordnung des EPEI-Wertes des jeweils vorausgehenden Produktionsprozesses, weil es andernfalls immer wieder zu Fehlteilen kommen würde. Bei unveränderter Logik der Produktionssteuerung kann die Bestandreichweite nur durch Reduktion der Losgrößen verringert werden.

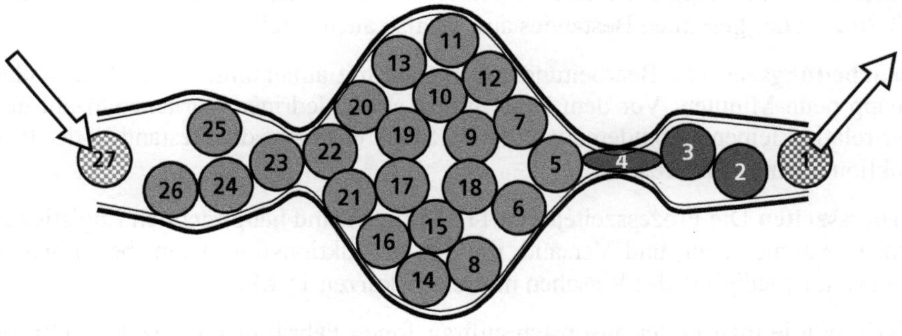

Abb. 2.42. Stauungen im Produktionsfluss weisen auf Engstellen hin

Mit der Frage „Weshalb brauche ich in der Produktion soundsoviele Tage, um an meinem Produkt soundsowenige Minuten zu arbeiten?“ wird die Spannweite nicht nur des zeitlichen Verbesserungspotentials des Wertstroms umrissen. Die Summe der Bearbeitungs- und Prozesszeiten gibt an, wie schnell eine Fabrik maximal werden kann und die Durchlaufzeit zeigt auf, wie groß der Abstand zu diesem theoretischen Minimalwert ist. Je größer diese zeitliche Spannweite ist, desto größer ist auch der Verstopfungsgrad in der Produktion, da in diesem Fall unverhältnismäßig viel angearbeitetes Material in der Fabrik herumliegt. Lediglich ein hoher Rohmaterialbestand ist – abgesehen von den Bestandkosten – vergleichsweise unproblematisch, da er die Produktionsfläche nicht belastet und den Produktionsablauf auch nicht behindert. Man sollte jedoch sicherstellen, dass die Größenordnung des Rohmaterialbestandes zum Lieferrhythmus passt. Erfahrungsgemäß führen Stauungen in der Produktion zu Problemen mit allen logistischen Zielvorgaben – der gewünschten Lieferzeit, der erreichten Liefertreue sowie der angebotenen Lieferfähigkeit. Diese Probleme kann eine schnelle Fabrik zumeist besser beherrschen (Kap. 3).

Mit Hilfe der Zeitlinie kann in einer einfachen grafischen Darstellung verfolgt werden, wie sich die aus Beständen resultierende Durchlaufzeit sowie die aus technischen und logistischen Prozesszeiten resultierende Bearbeitungszeit entlang des Wertstroms zueinander verhalten. Die Zeitlinie wird unterhalb des Wertstroms aufgetragen; ganz rechts unter dem Kundensymbol findet sich dann der Kasten mit dem zusammenfassenden Zeitvergleich (Abb. 2.43).

Fallbeispiel Nach Einzeichnung der Zeitlinie ist die Werstromdarstellung der Firma *Liquipur* komplett. Sie ist hier zur beispielhaften Illustration als Bleistiftzeichnung wiedergegeben (Abb. 2.43). Die Bewertung der *Zeitcharakteristik* ergibt folgendes:

Durchlaufzeit Die gesamte Durchlaufzeit beträgt 13 Tage. Der Bestand an Rohmaterial ist mit knapp 2 Tagen sehr gering. Mit 7,75 Tagen macht der WIP knapp 60 Prozent des gesamten Bestandes aus, ist also auch anteilig sehr hoch.

Bearbeitungszeit Die Bearbeitungszeit beträgt mit aufsummierten 522 Sekunden knapp neun Minuten. Vor dem Hintergrund einer niedrigen Variantenanzahl und der relativ kleinen Gebindemenge von 60 Stück erscheint der Bestand in der Produktion leicht reduzierbar.

Prozesszeiten Die Prozesszeiten von 115 Minuten sind hauptsächlich Logistikzeiten in Wareneingang und Versand, die den Produktionsfluss kaum beeinflussen. Relevant ist lediglich das Waschen mit relativ kurzen 15 Minuten.

Fazit Würde man in der ansonsten auftragsfreien Fabrik einen einzelnen Ölfilter produzieren, dann wäre er in knapp 23 Minuten (464 Sekunden ein Stück komplett bearbeiten plus 15 Minuten Waschen) fertiggestellt. Bezieht man diese Zeit auf den WIP von 7,75 Tagen, erhält man einen Flussgrad von lediglich 2,3 Promille. Produziert man ein Versandgebinde in überlappender Fertigung, dann wäre der Auftrag in 1,7 Stunden fertiggestellt (berechnet als Summe aus 60 Mal Fräsen parallel auf beiden Maschinen, einmal Waschen sowie Vormontieren und Montieren für das letzte Stück). Hält man das Los beisammen, dann steigt die Durchlaufzeit auf 4,6 Stunden. Bezogen auf den Gesamtbestand von 13 Tagen ergibt sich dann ein Flussgrad von 1,7 Prozent. Damit ist das Durchlaufzeitpotential umrissen.

Das Einsparpotential bei den Beständen im Rohmateriallager ist offensichtlich bei früheren Optimierungen bereits recht gut ausgeschöpft worden. Sehr auffällig als ungünstige Lösung ist die Trennung der beiden Montageprozesse durch ein zwischengeschaltetes Lager. Sogar der Informationsfluss behandelt diese beiden Prozesse gemeinsam, ähnlich wie beim Fräsen und Waschen.

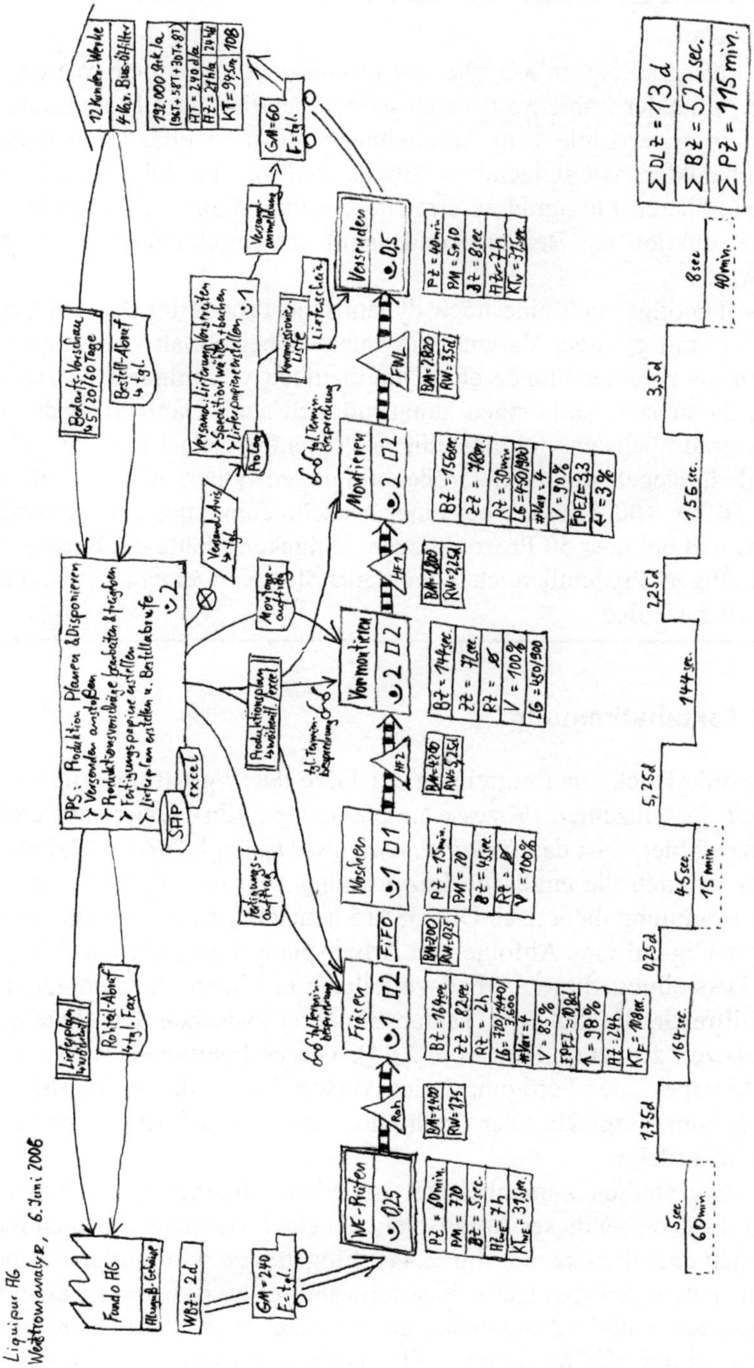

Abb. 2.43. Der komplette Wertstrom der Liquipur, gezeichnet am 6. Juni 2006

Flussgrad

Der Flussgrad ist ein *Maß für die Dynamik* des gesamten Wertstroms. Sein optimaler Zahlenwert hängt jedoch deutlich vom Produkt ab, und zwar in erster Linie vom Arbeitsinhalt und in zweiter Linie vom Seriencharakter. Mit steigendem Arbeitsinhalt pro Produkt ist es leichter, einen höheren Flussgrad zu erreichen, während eine steigende Varianz die Reduktion der Bestände und damit der Durchlaufzeit deutlich erschwert.

So benötigt auch eine hoch dynamische Produktion für ein Serienprodukt mit geringer Varianz und einem Arbeitsinhalt von einigen Minuten bis zu einer Stunde eine Durchlaufzeit von mindestens zwei Tagen, da sonst Losbildungen kaum möglich sind. Damit liegt dann der Flussgrad höchstens im einstelligen Prozentbereich. Liegt der Arbeitsinhalt hingegen um zwei Größenordnungen höher, wie zum Beispiel mit 50 bis 100 Stunden bei einer Maschinenmontage, dann wird der Flussgrad bei über 50 Prozent liegen. Umgekehrt hätte ein Flussgrad im einstelligen Prozentbereich Durchlaufzeiten von einem bis mehreren Jahren zur Folge.

2.4.2 Taktabstimmung

Der zweite Blick zur Beurteilung der Güte des Wertstroms gilt der Stimmigkeit der einzelnen Prozesse untereinander. Ein ideales und einfaches Werkzeug hierzu ist das *Taktabstimmungsdiagramm* (TAD). Gebräuchlich hierfür ist auch die englische Bezeichnung *Operator Balance Chart*. Die Taktabstimmung dient nach DIN 33415 dem Ziel, Arbeitsinhalte möglichst gleichmäßig auf eine Abfolge von Arbeitsplätzen zu verteilen. Die graphische Darstellung dieser Arbeitsverteilung in einem Balkendiagramm ist sehr hilfreich, die Güte der Taktabstimmung zwischen den einzelnen Arbeitsplätzen zu beurteilen (Abb. 2.44). Dieses Instrument wird vor allem bei Montage- oder Fertigungslinien verwendet. In der Wertstromanalyse wird es zum Vergleich aller Produktionsprozesse auf den gesamten Wertstrom ausgedehnt.

Im dargestellten Zahlenbeispiel ist jedem Mitarbeiter ein Arbeitsplatz zugeordnet, wobei dieser Arbeitsplatz bei einer Montagelinie auch mehrere Stationen enthalten kann (Abb. 2.44). Eingetragen wird nun der Arbeitsinhalt an jedem Arbeitsplatz – hier schwankt er zwischen 44 Sekunden an Arbeitsplatz 3 und 92 Sekunden an Arbeitsplatz 4. Verglichen wird also die Auslastung der Mitarbeiter. Der höchste Balken ist der *Engpass* der Linie, der den maximal erreichbaren Gesamtausstoß bestimmt. Im Idealfall, das heißt ohne Störungen und Verteilzeiten, beträgt die Ausbringung bei der Taktzeit des Engpasses von 92 Sekunden gut 39 Stück pro Stunde. Die Arbeitsersparnis an den schnelleren Arbeitsplätzen geht verloren, sowohl bezüglich der Ausbringung, als auch in der Regel als Wartezeiten der Mitarbeiter an den jeweiligen Arbeitsplätzen. Im dargestellten Zahlenbeispiel hat insbesondere der Mitarbeiter an Arbeitsplatz 3 große Wartezeiten, nämlich 48 Sekunden pro Stück, das sind 52 Prozent des größten Arbeitsinhaltes an Platz 4. Diese *Abtaktungsverluste* sieht man im Taktabstimmungsdiagramm sehr übersichtlich.

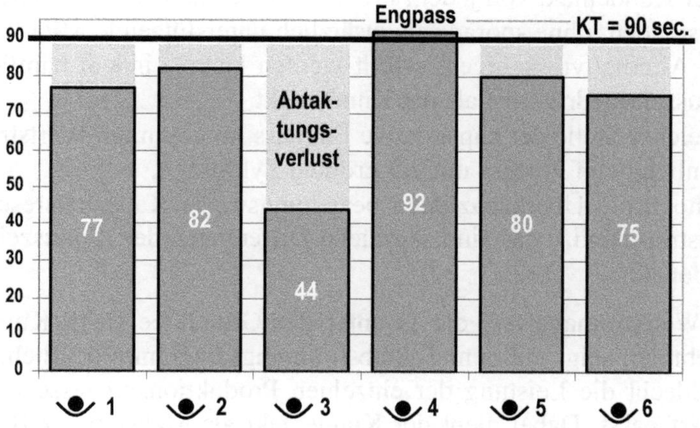

Abb. 2.44. Taktabstimmungsdiagramm (Zahlenbeispiel)

Ebenfalls in das Taktabstimmungsdiagramm einzeichnen kann man den Kundentakt. Um den Kundenbedarf im Normalbetrieb zu erreichen, muss jeder Arbeitsplatz schneller als der Kundentakt sein, also eine geringere Taktzeit aufweisen. Den Kundentakt zeichnet man als Linie in das Taktabstimmungsdiagramm ein (Abb. 2.44). Alle Arbeitsplätze, deren im Balken dargestellter Arbeitsinhalt unter der *Kundentaktlinie* liegt, haben eine ausreichende Kapazität. Im Zahlenbeispiel werden vom Kunden 40 Stück pro Stunde benötigt, das entspricht einem Kundentakt von 90 Sekunden. Damit ist Arbeitsplatz 4 nicht nur der langsamste Prozess, seine Ausbringung ist mit einer Zykluszeit von 92 Sekunden auch bezogen auf den Kundenbedarf zu gering. Man kann hier davon ausgehen, dass an diesem Arbeitsplatz regelmäßig Überstunden gemacht werden müssen oder zeitweilig ein zweiter Mitarbeiter aushilft.

Bei der Wertstromanalyse verwendet man das Taktabstimmungsdiagramm nun zum Vergleich der Ausbringung aller betrachteten Produktionsprozesse. Die Zykluszeit eines Prozesses gibt den Zeitbedarf pro Stück und damit die kapazitative Leistungsfähigkeit dieses Prozesses an. Je kleiner die Zykluszeit ist, desto größer ist die Kapazität. Durch Auftragen der Zykluszeiten lässt sich der gesamte Wertstrom mit seinem Kapazitätsangebot in einem Balkendiagramm darstellen. Mit dem Verlauf des Kapazitätsangebots über den Wertstrom hinweg erhält man so das *Kapazitätsprofil* des Wertstroms. Zu beachten ist, dass hier nicht der zeitliche Kapazitätsverlauf gemeint ist, sondern der räumliche über die Produktionsprozesse des Wertstroms hinweg. Als Analyseinstrument im Rahmen der Wertstromanalyse zeigt dieses im Taktabstimmungsdiagramm dargestellte Kapazitätsprofil:

- ob der Kundentakt von jedem Prozess im Normalbetrieb, das heißt ohne Überstunden, ohne sporadisch zusätzlich unterstützende Mitarbeiter und ohne Alternativressourcen, erfüllt werden kann – indem nämlich seine Zykluszeit niedriger ist als der Kundentakt,
- an welcher Stelle der kapazitative Engpass im gesamten Wertstrom liegt – nämlich beim Prozess mit der größten Zykluszeit,
- wie hoch die Überkapazitäten beziehungsweise Kapazitätsreserven im Wertstrom sind – das sind sämtliche Differenzen der Zykluszeiten zum Kundentakt.

Die Wertstromanalyse, die ja unter der Grundidee steht, Kundensicht einzunehmen, zeigt mit dem Taktabstimmungsdiagramm deutlich, wie gut oder schlecht die Leistung der einzelnen Produktionsprozesse zum Kundenbedarf passt. Dabei dient der Kundentakt als Maßstab zur Bewertung der kapazitativen Abstimmung einer Produktion. Das Verbesserungspotential des Wertstroms besteht im Beseitigen der so erkannten Engpässe und Überkapazitäten. Eine Abschätzung des Verbesserungspotentials lässt sich mit einer Berechnung der durchschnittlichen Auslastung der Produktionsprozesse im Wertstrom in folgender Weise machen:

$$AG = \frac{1}{n} \times \sum_{i=1}^{\text{Prozess } n} \frac{ZZ_i}{KT_i} \times 100 \tag{2.18}$$

mit: n Zahl der Produktionsprozesse im Wertstrom
AG Auslastungsgrad [%]
ZZ Zykluszeit [Zeiteinheit]
KT Kundentakt (prozessspezifisch) [Zeiteinheit]

Fallbeispiel Ein Blick auf das Taktabstimmungsdiagramm bei *Liquipur* zeigt, dass die beiden Montageprozesse recht gut aufeinander abgestimmt sind (Abb. 2.45). Das Fräsen ist am stärksten ausgelastet und liegt 13 Prozent unter dem Kundentakt von 94,5 Sekunden (Gl. 2.2). Die Waschmaschine ist zu knapp 50 Prozent ausgelastet. Die beiden Logistikprozesse ‚Versenden' und ‚Wareneingang Prüfen' arbeiten einschichtig und haben daher einen gedrittelten Kundentakt von 31,5 Sekunden. Ohne Berücksichtigung von Verfügbarkeiten, Rüstzeiten und Qualitätsproblemen sind demnach alle Produktionsprozesse kapazitativ ausreichend dimensioniert. Der Auslastungsgrad des Wertstroms ohne die beiden logistischen Prozesse kann zu 73 Prozent wie folgt ermittelt werden:

$$AG = \frac{100}{4} \times \frac{(82\,\text{sec.} + 45\,\text{sec.} + 72\,\text{sec.} + 78\,\text{sec.})}{94{,}5\,\text{sec.}} = \frac{87\% + 48\% + 76\% + 83\%}{4} = 73\% \quad (2.19)$$

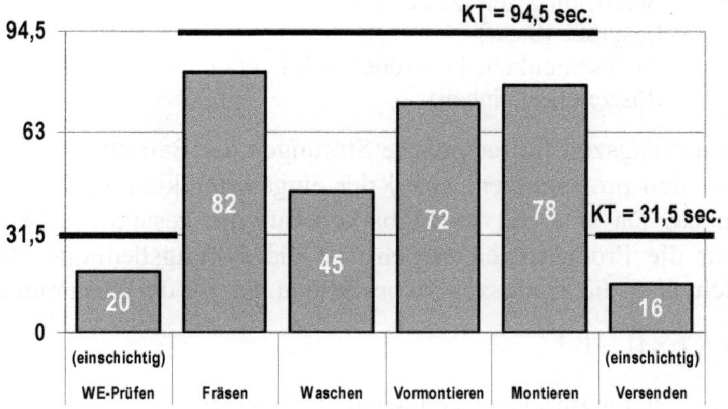

Abb. 2.45. Taktabstimmungsdiagramm der Liquipur im Ist-Zustand

Im Taktabstimmungsdiagramm ebenfalls sehr gut berücksichtigen lassen sich die verlangsamenden Effekte von Rüstvorgängen, eingeschränkten Verfügbarkeiten und Qualitätsproblemen. Dazu ist aus der bisher dargestellten, unter idealen Bedingungen erreichbaren *Netto-Zykluszeit* durch prozentuale Aufschläge die tatsächlich erreichte *Brutto-Zykluszeit* zu berechnen. Im Taktabstimmungsdiagramm vergrößern sich die Balken der Zykluszeit entsprechend um die drei Verlustzeiten und reduzieren so gegebenenfalls noch vorhandene Zeitpuffer zum Kundentakt (Abb. 2.46).

Der zusätzliche Zeitbedarf fürs Rüsten ist bei einheitlicher Losgröße und einem Betriebsmittel durch Umlage der Rüstzeiten auf das Einzelteil sehr einfach zu errechnen aus dem Quotienten von Rüstzeit und Losgröße. Bei variantenabhängigen Losgrößen oder Rüstzeiten berechnet man die Zuschlagszeit für das Rüsten über den nach Losgröße gestückelten Jahresbedarf und multipliziert mit der Netto-Zykluszeit:

$$ZZ_{RZ} = ZZ_{netto} \times RV = ZZ_{netto} \times \sum_{i=1}^{\# Var} \frac{RZ_i}{LG_i \times BZ_i} \times \frac{Stck_i}{Stck} = ZZ_{netto} \times \frac{RZ}{LG_{\varnothing} \times BZ} \tag{2.20}$$

mit:
- # Var: Anzahl Varianten
- ZZ_{netto}: = ZZ; Zykluszeit nach G. 2.3 [Zeiteinheit]
- ZZ_{RZ}: rüstzeitbedingte Verlustzeit [Zeiteinheit]
- RV: Faktor für Rüstverluste [%]
- Stck: Jahresstückzahl [Stck./a]
- BZ: Bearbeitungszeit [Zeiteinheit]
- LG: Losgröße [Stck.]
- $LG_{\varnothing}$: durchschnittliche Losgröße [Stck.]
- RZ: Rüstzeit [Zeiteinheit]

Die Zuschlagszeit für technische Störungen der Betriebsmittel errechnet sich über den prozentualen Anteil der eingeschränkten Verfügbarkeit am Kundentakt. Da sich die Verfügbarkeit auf die gesamte Arbeitzeit und nicht nur die Produktivzeit bezieht, ist die störungsbedingte Verlustzeit auch nicht über die Zykluszeit zu berechnen. Es gilt der Zusammenhang:

$$ZZ_V = KT \times (1 - V) \tag{2.21}$$

mit:
- ZZ_V: störungsbedingte Verlustzeit [Zeiteinheit]
- KT: Kundentakt [Zeiteinheit/Stck.]
- V: Verfügbarkeit [%]

Abb. 2.46. Schematische Darstellung der durch Rüsten, Nacharbeit, Ausschuss sowie Verfügbarkeit bedingten Verlustzeiten im Taktabstimmungsdiagramm

Der zusätzliche Zeitbedarf aufgrund von Qualitätsproblemen berücksichtigt Nacharbeit, Ausschuss und vererbten Ausschuss der Folgeprozesse und berechnet sich nach Gleichung 2.7. Zur Berechnung der Brutto-Zykluszeit sind dann alle drei Verlustzeiten und die Netto-Zykluszeit aufzusummieren:

$$ZZ_{brutto} = ZZ_{netto} + ZZ_{RZ} + ZZ_V + ZZ_Q \tag{2.22}$$

mit: ZZ_{brutto} Brutto-Zykluszeit [Zeiteinheit]
ZZ_{netto} = ZZ; Zykluszeit nach Gl. 2.3 [Zeiteinheit]

Fallbeispiel Berücksichtigt man Rüstzeiten, Verfügbarkeiten und Qualitätsprobleme, dann sind bei *Liquipur* die Zykluszeiten beim Montieren, Fräsen und Wareneingang Prüfen anzupassen. Beim Montieren entstehen Verlustzeiten durch Rüsten, Störungen und Nacharbeit. Insgesamt ergibt sich für die Brutto-Zykluszeit:

$$\begin{aligned} RZ_{RZ} &= 78\,\text{sec.} \times \frac{\left(\frac{96.000}{900} + \frac{58.000}{900} + \frac{30.000}{450} + \frac{8.000}{450}\right) \times 1\,\text{h}}{192.000 \times 156\,\text{sec.}} = 78\,\text{sec.} \times 3\% = 2{,}34\,\text{sec.} \\ ZZ_V &= 94{,}5\,\text{sec.} \times (1 - 90\%) = 9{,}45\,\text{sec.} \\ ZZ_Q &= 78\,\text{sec.} \times 3\% = 2{,}34\,\text{sec.} \\ ZZ_{brutto} &= 78\,\text{sec.} + 2{,}34\,\text{sec.} + 9{,}45\,\text{sec.} + 2{,}34\,\text{sec.} = 92{,}13\,\text{sec.} \end{aligned} \tag{2.23}$$

Beim Fräsen entstehen Verlustzeiten durch Rüsten, Störungen und Ausschuss. Insgesamt ergibt sich für die Brutto-Zykluszeit:

$$\begin{aligned} RZ_{RZ} &= 82\,\text{sec.} \times \frac{\left(\frac{96.000}{3.600} + \frac{58.000}{3.600} + \frac{30.000}{1.440} + \frac{8.000}{720}\right) \times 4\,\text{h}}{192.000 \times 164\,\text{sec.}} = 82\,\text{sec.} \times 3{,}4\% = 2{,}8\,\text{sec.} \\ ZZ_V &= 108\,\text{sec.} \times (1 - 85\%) = 16{,}2\,\text{sec.} \\ ZZ_Q &= 82\,\text{sec.} \times (1 - 98\%) = 1{,}64\,\text{sec.} \\ ZZ_{brutto} &= 82\,\text{sec.} + 2{,}8\,\text{sec.} + 16{,}2\,\text{sec.} + 1{,}6\,\text{sec.} = 102{,}6\,\text{sec.} \end{aligned} \tag{2.24}$$

Beim Wareneingang Prüfen ist der vom Fräsen vererbte Ausschuss von 2 Prozent noch zu berücksichtigen. Bei einer Zykluszeit von 20 Sekunden ergibt sich nach Gleichung 2.7 sehr einfach der angesichts der Genauigkeit der Zeitaufnahme im Grunde vernachlässigbare Zeitzuschlag von 0,4 Sekunden. Die Verlustzeiten der Produktionsprozesse sind im Taktabstimmungsdiagramm als hellgrauer Balken über der entsprechenden Zykluszeit aufgetragen (Abb. 2.47).

Die Zykluszeit für den Fräsprozess liegt deutlich über dem Kundentakt von 94,5 Sekunden, womit klar ist, weshalb die Fräsmaschinen die Pausen durchlaufen müssen. In diesem Fall gilt mit 108 Sekunden der Kundentakt für den 24-

Stundenbetrieb (Gl. 2.12). Sowohl beim Fräsen als auch beim Montieren liegt die Zykluszeit nur knapp unter dem jeweiligen Kundentakt. Die Produktion kann also den Kundenbedarf im Durchschnitt erfüllen, ist jedoch kapazitativ sehr unflexibel. Beide Prozesse können leicht zum Engpass werden. Daher muss die Lieferfähigkeit auch durch die vorgefundenen hohen Bestände abgesichert werden.

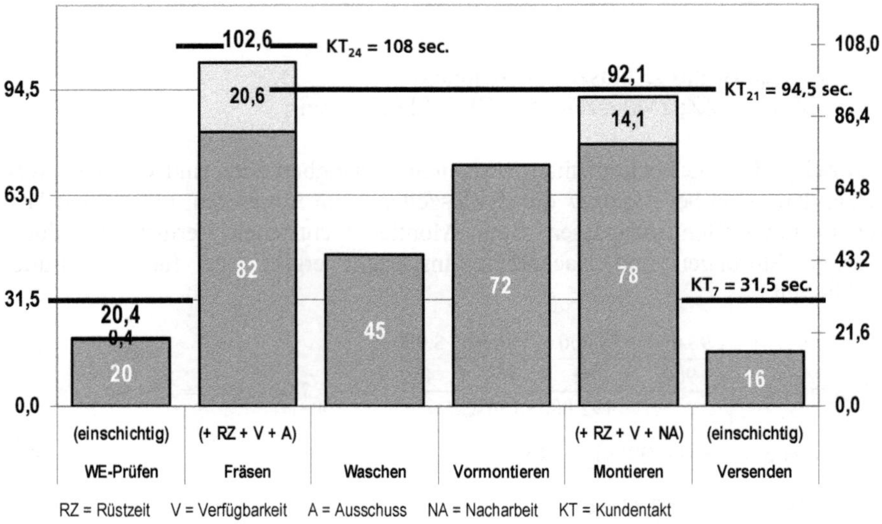

Abb. 2.47. Taktabstimmungsdiagramm der Liquipur mit Brutto-Zykluszeiten

Mit Ausweisung der Verbesserungspotentiale hinsichtlich Flussgrad und Taktabstimmung ist die Wertstromanalyse abgeschlossen. Nun kann mit der eigentlichen Aufgabe, für die eine gute Analyse die wesentliche Erfolgsvoraussetzung ist, begonnen werden: der Umgestaltung der Produktion, um ein an den jeweiligen Zielen der Produktion (Abschn. 1.2) orientiertes Optimum zu erreichen. Der erste Schritt bei der Verbesserung des Wertstroms besteht darin, die gesamte Produktion wertstromorientiert zu segmentieren und die jeweils zugeordneten Kapazitäten passend zueinander zu dimensionieren (Abschn. 3.1). Im zweiten Schritt geht es darum, die Produktion durch Verbesserung der Produktionsabläufe sowie durch technische Änderungen in den Produktionsprozessen zum Fließen zu bringen, insbesondere also die Produktions-Durchlaufzeit zu senken. Dazu dienen die im folgenden Kapitel vorgestellten Gestaltungsrichtlinien des Wertstromdesigns (Kap. 3).

Potentialanalyse

Zielsetzung ist es, Verbesserungspotentiale im Wertstrom hinsichtlich der Produktions-Durchlaufzeit sowie der Taktabstimmung auszuweisen. Die *Zeitlinie* zeigt, an welchen Engstellen im Produktionsfluss Stauungen des Materials entstehen und wie hoch das Potential zur Verkürzung der Durchlaufzeit ist – letzteres bemessen auch im *Flussgrad*. Das *Taktabstimmungsdiagramm* zeigt, wie gut die Leistungsfähigkeit der Produktionsprozesse aufeinander und bezogen auf den Kundenbedarf abgestimmt ist – letzteres bewertet auch mit dem *Auslastungsgrad*.

Im Einzelnen zeigt sich in der *Wertstromdarstellung*, an welchen Stellen und bedingt durch welche Ursachen einige der folgenden typischen Probleme auftreten:

1. Die Durchlaufzeit ist sehr lang, was sich in hohen Beständen und einer mit Material vollgestellten Fabrik zeigt.
2. Es gibt zahlreiche Eilaufträge, was in der Regel eine Folge der zu langen Durchlaufzeit ist.
3. Die Teilung von Produktionsprozessen durch Läger oder Puffer stört den Produktionsfluss und erhöht den logistischen Aufwand.
4. Die Produktionsstruktur ist unklar hinsichtlich der Zuordnung von Produkten zu Ressourcen.
5. Die Zykluszeit eines Prozesses liegt knapp über dem Kundentakt, was sich in häufigen Produktionsengpässen zeigt.
6. Die Mitarbeiter unterbrechen ihre wertschöpfende Tätigkeit für logistische, qualitätssichernde oder andere nicht stückbezogen durchzuführende Nebenaufgaben.
7. Die Mitarbeiter haben Wartezeiten durch Fehlteile und schlecht abgestimmte Produktionspläne.
8. Einige Ressourcen sind relativ zum Kundentakt deutlich zu leistungsfähig oder weisen einen zu hohen Automatisierungsgrad auf. Dabei treten zudem Wartezeiten der Mitarbeiter an automatisch ablaufenden Maschinen auf.
9. Der EPEI-Wert ist so groß, dass hohe Bestände nicht vermieden werden können und die Produktion sehr unflexibel auf Nachfrageschwankungen reagiert.
10. Die Verfügbarkeit einer Ressource ist so gering, dass dadurch der Kundentakt verfehlt wird.
11. Die Termintreue oder Teilequalität der Lieferanten ist zu gering und die Lieferzeit für (teure) Teile ist zu groß.

3 Wertstromdesign

Ziel der Wertstrommethode ist die Gestaltung einer wertstromoptimierten Fabrik. Bei der zunächst durchgeführten Wertstromanalyse orientiert man sich am gegenwärtigen Zustand der Produktion (Kap. 2). Wenn es nun im *Wertstromdesign* um die Neugestaltung dieser Produktion geht, dann muss man sich ins Offene eines noch zu entwickelnden Zielzustandes begeben. Um dabei nicht in die Irre zu gehen, ist ein Leitfaden überaus hilfreich. Genau diesen liefert die Methode des Wertstromdesigns mit einem festgelegten und geordneten Set an Gestaltungsrichtlinien, die es im Zuge der verbessernden Umgestaltung der Produktion mit Geschick anzuwenden gilt.

Maßgeblich für die Produktionsgestaltung ist die in der ersten Gestaltungsrichtlinie formulierte Ausrichtung am Kundentakt bei der kapazitativen Dimensionierung der Ressourcen. Die weiteren Gestaltungsrichtlinien des Wertstromdesigns betreffen den Materialfluss, die Steuerung und die Planung. Sie bestehen aus einfachen und bewährten Lösungsbausteinen für den Produktionsablauf. Im Wertstromdesign werden die Auswirkungen dieser Lösungsbausteine auf den Gesamtablauf der Produktion durch ihre graphische Darstellung mit Symbolen besonders deutlich sichtbar. Das Wertstromdesign ermöglicht mit den im Folgenden erläuterten *Gestaltungsrichtlinien* eine systematische Vorgehensweise bei der Konzeption einer kundenorientierten und effizienten Produktion. Die damit einhergehende Visualisierung des Soll-Zustandes liefert eine transparente Darstellung für eine strukturierte Argumentation über die geplanten Verbesserungen in der Produktion.

Trotz ihrer Einfachheit – vielleicht auch gerade wegen der damit verbundenen Allgemeinheit – ist die konsequente Umsetzung der in den Gestaltungsrichtlinien formulierten Lösungsbausteine oftmals schwierig. Die jeweilige Umsetzung setzt eine mehr oder weniger starke konzeptionelle Adaption der Bausteine an die spezifischen Gegebenheiten einer Produktion voraus. Die in den folgenden Abschnitten ausgeführten Erläuterungen zu den Gestaltungsrichtlinien sollen dazu dienen, dies zu erleichtern. Die entsprechenden Lösungsbausteine sind überwiegend in der Automobilindustrie entwickelt worden. Dies ist hier ergänzt durch Anpassungen an die Anforderungen anderer Branchen der Stückgutproduktion. Dabei sind insbesondere Erweiterungen in der Konzeption der Auftragsabwicklung sowie in den Methoden der Produktionsplanung und -steuerung für kundenauftragsbezogene Produktionen oder zur Berücksichtigung von Engpässen erforderlich.

Vermeidung von Verschwendung

Die Grundidee des Wertstromdesigns ist die *Vermeidung von Verschwendung* im Produktionsablauf. Dadurch wird der Fokus der Produktionsoptimierung primär auf die Reduktion der Kosten und damit auf die Wirtschaftlichkeit gelegt. Der Terminus ‚Verschwendung' legt aber zugleich fest, dass dies gerade nicht zu Lasten der Leistungsfähigkeit gehen darf, sondern vielmehr sind nur solche Kosten zu eliminieren, die dem Kunden keinerlei Nutzen bringen, für den er bezahlen würde. Ziel ist es also, alle nicht wertschöpfenden Tätigkeiten im Produktionsprozess zu eliminieren und sich auf die wertschöpfenden Tätigkeiten zu konzentrieren. Da auch alle technischen Restriktionen wie Rüstzeiten und Prozessmengen, insofern sie eine Abweichung vom aktuellen Kundenbedarf erforderlich machen, als Verschwendung angesehen werden, stellt sich die Aufgabe der Vermeidung von Verschwendung als eine ähnliche Optimierungsaufgabe dar, wie sie auch das Ablaufplanungsdilemma formuliert (Abschn. 1.2). Nur dass mit dieser Sichtweise bereits über die bloße Problembeschreibung hinaus der Lösungsansatz vorgegeben ist.

Hinter diesem Lösungsansatz steht die Annahme, dass die Hauptquelle von Verschwendung eine *ungleichmäßige Produktion* ist. Diese ungleichmäßige Belastung der Produktion hat zweierlei zur Folge. Einmal führt sie zeitweise zur Überbeanspruchung von Maschine und Personal – mit den entsprechenden Konsequenzen für Zuverlässigkeit, Qualität und Arbeitssicherheit. Zum anderen bedeutet sie zeitweise eine Unterlast, was zu Leerzeiten führt, die mit allerlei in den seltensten Fällen wertschöpfenden Tätigkeiten gefüllt werden. Hierin liegt dann die Verschwendung im engeren Sinn, japanisch als *Muda* bezeichnet. Übergeordnete Zielsetzung beim Wertstromdesign ist es, die Produktion zu vergleichmäßigen – allerdings bei schwankendem Kundenbedarf – und so Verschwendung zu vermeiden.

Mit Hitoshi Takeda sollen hier ‚die sieben Arten von Verschwendung' in der Produktion unterschieden werden (Takeda 2002). Hinzu kommt als achte Verschwendungsart die Verschwendung durch ungeeignete und aufwendige Geschäftsprozesse und IT-Werkzeuge in der Auftragsabwicklung. Die Verschwendung durch Produktion von Schlechtteilen, durch ungünstige Bewegungsabläufe der Mitarbeiter und durch ungünstige Bearbeitungsprozesse der Maschinen sowie durch Wartezeiten sind die vier Verschwendungsarten, die unmittelbar auf *Verschwendungen im Produktionsprozess* zurückgehen. Überproduktion, Lagerhaltung und Transporte sind die drei Verschwendungsarten, die sich auf *Verschwendungen im Produktionsablauf* beziehen. Die beiden erstgenannten sind neben der Produktion von Schlechtteilen als die schwerwiegendsten anzusehen. Sie werden auch in der Wertstromperspektive besonders gut erkennbar, denn die in der Wertstromanalyse aufgezeigten Potentiale decken genau diese beide Arten von Verschwendung auf: Das Taktabstimmungsdiagramm zeigt die Verschwendung, die durch nicht aufeinander abgestimmte Produktionsprozesse und die dadurch meist verursachte Überproduktion entsteht. Die Zeitlinie zeigt die Verschwendung, die durch lange Durchlaufzeiten und die dadurch bedingten übermäßigen Bestände entsteht. Die Wertstromdarstellung hilft, die jeweiligen Ursachen innerhalb der Produktion genau zu lokalisieren. Im Folgenden sollen nun *die acht Arten von Verschwendung* ausführlicher erörtert werden.

1 Überproduktion Verschwendung durch *Überproduktion* heißt zunächst, über den jeweiligen Marktbedarf hinaus zu produzieren. Innerhalb eines Wertstroms bedeutet Überproduktion, dass man mehr, früher oder schneller produziert, als es für den jeweils nachfolgenden Produktionsprozess erforderlich ist. Ein Produktionsprozess liefert dann also entweder größere Mengen als benötigt oder frühzeitig vor dem geplanten Termin oder mit höherer Ausbringung als erforderlich. Ursache sind punktuelle Überkapazitäten und allgemein in ihrer Kapazität beziehungsweise Zykluszeit schlecht aufeinander abgestimmte Produktionsprozesse. Hinzu kommt, dass es oft auch bei ausgeklügelten Produktionsplänen keine Regeln auf dem Shop Floor gibt, die bei kurzfristigen Abweichungen vom Produktionsplan durch veränderte Bedarfe oder Maschinenstillstände die daraus resultierende Überproduktion an anderer Stelle einschränken. Von zentraler Bedeutung für die Wertstromgestaltung ist es, nicht nur festzulegen, wann produziert werden soll, sondern auch, wann *nicht* produziert werden darf. Aufgabe des Wertstromdesigns ist die Gestaltung einer Ablauflogik, in der ein Produktionsprozess nur das herstellt, was der nächste Prozess benötigt und auch erst dann, wenn er es benötigt.

2 Lagerhaltung Verschwendung durch *Lagerhaltung* zeigt sich in Beständen an Fertigware, Halbfabrikaten, Rohmaterialien und Zukaufteilen. Bestände finden sich wohl deshalb so häufig und werden auch so hartnäckig verteidigt, weil sie Sicherheit gegenüber Risiken der Materialversorgung und der Anlagenverfügbarkeit bieten. Dem gegenüber erscheinen der Preis der Kapitalbindungskosten und der Liquiditätsverlust akzeptabel, ja fast gering. Erfahrungsgemäß lassen sich aus den Zinseinsparungen selten technische Veränderungen kurzfristig amortisieren. Mindestens doppelt so groß sind die Kosten durch Lagertechnik und erhöhten Flächenbedarf, den zusätzlichen Personalaufwand, die Verwaltung und nicht zuletzt das Veraltungsrisiko. Doch auch diese umfassende Betrachtung der Lagerungskosten trifft die eigentliche Problematik der Lagerhaltung nicht.

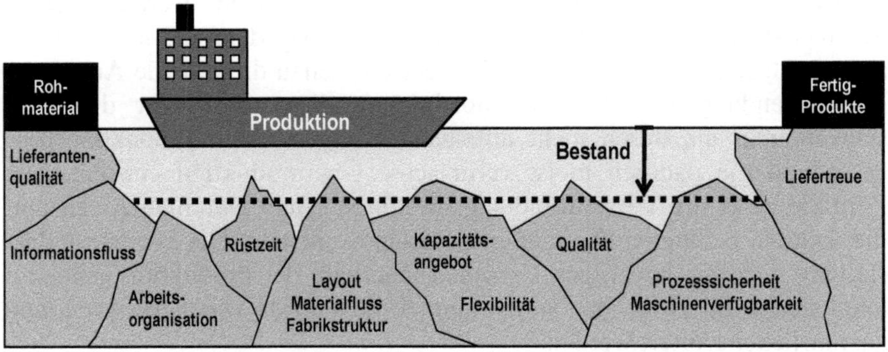

Abb. 3.1. Der Bestand verdeckt die Mängel der Produktion

Die Lagerungskosten könnte man für den angemessenen Preis einer durch Bestände in kontinuierlichem Betrieb gehaltenen Produktion erachten. Doch ein Fabrikbetrieb läuft nicht unbedingt reibungslos, oft ist eher das Gegenteil der Fall. Der wesentliche Nachteil hoher Lagerbestände liegt nämlich darin, dass sie Probleme in der Produktion *verdecken* und deren *Beseitigung verhindern*. Wenn etwas nicht so läuft, wie es sollte, dann ist immer noch etwas zum Ausgleich als Notlösung da – das macht ja gerade das Gefühl der Sicherheit durch die Bestände aus. Diese Bestände erlauben es, eine Produktion ungleichmäßig zu betreiben und trotzdem den Anschein zu erwecken, dass alles glatt läuft. So werden allerdings zahlreiche teure Verschwendungen aller Art zugedeckt – wie das bekannte Bild des Schiffes der Produktion zeigt, das auf dem hohen Wasserstand der Bestände sicher über die Klippen der Probleme und Schwächen im Shop Floor hinweg schwimmt (Abb. 3.1). Der hohe Bestand gleicht unterschiedliche Schwächen aus. Beispielsweise wirkt sich mangelnde interne Termintreue gegenüber dem Produktionsplan dank Vorproduktion nur teilweise auf die Liefertreue aus. Auch können Schlechtteile durch Überproduktion ausgeglichen und ohne weitere Folgen verschrottet werden. Alle Ressourcen können mit großen Losgrößen und hoher Auslastung unabhängig vom aktuellen Kundenbedarf betrieben werden. Und wenn eine Maschine ausfällt, dann dauert es lange, bis dies negative Auswirkungen auf den gesamten Wertstrom hat.

Erst durch eine *kontinuierliche Reduktion der Bestände* kann es gelingen, die zahlreichen Probleme auf dem Shop Floor sichtbar zu machen. Das ist unangenehm, da das Schiff der Produktion ständig der Gefahr einer Kollision mit einer der Problem-Klippen ausgesetzt wird. Aber genau dadurch wird der nötige Druck erzeugt, um die mit den Problemen einhergehenden Verschwendungen zu reduzieren. Eine kontinuierliche Verbesserung der Produktion kann demnach durch beständiges Senken des Bestandsniveaus angestrebt werden. Aufgabe des Wertstromdesigns ist es, an den richtigen Stellen richtig dimensionierte Sicherheitsbestände vorzusehen und so die Voraussetzung für ein kontinuierlich nach unten führendes Bestandsmanagement zu schaffen.

3 Transport Die Verschwendung durch *Transport* und andere logistische Tätigkeiten wie Ein-, Aus- und Umlagern sowie Sortier- und Kommissioniervorgänge kann zweierlei Ursachen haben. Die eine ist räumlicher Natur. So führt ein ungünstiges Layout zu häufigeren und längeren Transportwegen, als dies bei idealer Anordnung der Ressourcen und Lagerplätze der Fall wäre. Damit kann auch ein häufigeres Ein- und Auslagern einhergehen. Die zweite Ursache ist organisatorischer Natur. So können bei Unterbrechung angearbeiteter Aufträge zusätzliche Transporte anfallen. Ferner sind Fahrwege und Transportreihenfolge selten hinsichtlich der Entfernung minimiert. Oder Teile werden provisorisch irgendwo abgestellt, da Bereitstellplätze nicht ausgewiesen sind, ein Lager übervoll ist oder der Transportauftrag unterbrochen wird. Transportaufwände können durch eine konsequente wertstromorientierte Fabrikplanung nahezu vermieden werden, wenn nämlich im Fluss produziert wird und die Produktionsprozesse entsprechend in der Fabrik angeordnet sind. Unterstützend wirkt dabei die Ausweisung gut visualisierter Bereitstellplätze für das Material.

Verschwendung im Produktionsprozess Der Anteil der eigentlich wertschöpfenden Tätigkeiten, mit denen Teile bearbeitet und schließlich zusammengefügt werden, am gesamten Arbeitsaufwand in der Produktion ist vergleichsweise gering. Der weitaus größere Anteil des Produktionsprozesses ist nicht *Nutzleistung* im eigentlichen Sinne, sondern besteht aus Nebentätigkeiten und offensichtlicher Verschwendung (Abb. 3.2). Nebentätigkeiten wie das zur Hand Nehmen eines Werkzeugs, das Einspannen des Werkstücks in eine Vorrichtung, das Einschalten oder Justieren von Betriebsmitteln sowie generell das Prüfen der Qualität erzeugen eine *Scheinleistung*, weil sie zwar technologiebezogen unvermeidbar sind, aber eben keinen Wert erzeugen, da sie das Werkstück nicht unmittelbar hin zum Produkt wandeln. Diese ressourcenbedingten Stützprozesse wirken wertabschmelzend, da sie Kosten verursachen, ohne den Wert des Produktes zu erhöhen. Offensichtliche Verschwendung wie Teile- und Werkzeugsuche, Wartezeiten oder das Umpacken und Sortieren von Teilen sind reine *Blindleistung*. Diese Tätigkeiten erbringen keinen Wertzuwachs. Sie sind organisatorisch oder logistisch bedingt und daher auch ohne Änderung der Technologie vermeidbar.

Abb. 3.2. Wertschöpfung und Verschwendung in der Tätigkeit des Werkers

4 Schlechtteile Die kritischste Tätigkeit ist die *Fehlleistung*, das heißt die Verschwendung durch Produktion von Schlechtteilen. Denn bei Produktionsfehlern ist nicht bloß ein Anteil der Tätigkeit nicht wertschöpfend, sondern die Tätigkeit insgesamt wird wertlos, ja sie vernichtet (zumindest teilweise) zusätzlich noch den in den vorangegangenen Wertschöpfungsprozessen erzeugten Wert. Und wenn der Fehler nicht gleich erkannt wird, dann werden sogar die nachfolgenden, sonst wertschöpfenden Tätigkeiten zu Verschwendung (bei Ausschuss) oder aber zusätzliche Produktionsprozesse werden als Nacharbeit erforderlich. Die Aufgabe des Wertstromdesigns liegt nun darin, ablauforganisatorisch sicherzustellen, dass nur fehlerfreie Teile weitergeben werden, da jede spätere Entdeckung deutlich höhere Folgekosten der Fehlerbeseitigung verursacht. Da nun eine Qualitätskontrolle selbst wiederum eine Nebentätigkeit ist, gilt es zusätzlich, den Aufwand der Qualitätssicherung zu minimieren. Noch besser ist es, gleich hundertprozentige Qualität zu erzeugen und nicht erst im Nachhinein zu erprüfen. Das ist aber auch eine Frage der technischen Machbarkeit.

5 Bewegung Die Verschwendung durch ungünstige Bewegungsabläufe der Mitarbeiter entsteht durch Nebentätigkeiten und mangelhafte Ergonomie. Eine mangelhafte Arbeitsplatzgestaltung mit ungünstiger Anordnung der zu greifenden Werkstücke und Werkzeuge sowie der zu bedienenden Vorrichtungen und maschinellen Anlagen führt zu einer ergonomisch ungünstigen Belastung der Werker, zu unnötig aufwendigen Bewegungsabläufen mit langen Greifwegen und Körperdrehungen. Des Weiteren kann es zu Effizienzverlusten beispielsweise durch einhändiges Arbeiten, Umgreifen und wiederholtes Aufnehmen und Ablegen der Teile. Hinzu kommen unnötige Gehwege durch eine zu großräumige Gestaltung des Arbeitsbereiches sowie die Beschaffung oder Suche von nicht griffbereiten Hilfsmitteln, Werkzeugen oder Teilen sowie diverse Doppelarbeiten.

6 Bearbeitung Die Verschwendung durch *ungünstige Bearbeitungsprozesse* an Maschinen und anderen technischen Einrichtungen entsteht im engeren Sinn durch schlecht ausgelegte Betriebsmittel. Diese mangelhafte technische Güte bedeutet entweder eine generelle Überdimensionierung oder eine schlechte Betriebmittelgestaltung derart, dass eine Maschine nicht unmittelbar genutzt werden kann, sondern vom Bediener erst vorzubereiten ist. Das kann heißen, dass Bezugsflächen ständig zu reinigen sind, Späne manuell entfernt werden müssen, die Maschine oder Vorrichtung zu justieren ist, die Maschine zunächst in ihre Ausgangsposition fahren muss oder insgesamt lange Vorschubwege hat, die Teile während der maschinellen Bearbeitung vom Mitarbeiter manuell fixiert werden müssen, Schalter gedrückt gehalten werden müssen oder auch, dass maschinelle Operationen manuell anzutreiben sind. Im weiteren Sinne kann aber auch der Einsatz einer ungeeigneten Technologie schon die Hauptquelle aller Verschwendung sein. So kann der Automatisierungsgrad unpassend zur Produktvarianz sein. Generell passen Chargenprozesse nicht zu einer flussorientierten Produktion und sollten möglichst durch Durchlaufprozesse ersetzt werden. Auf diese Weise können gerade auch technologische Änderungen aus der Wertstromperspektive heraus angestoßen und in ihrer Zielrichtung zum Produktionsablauf passend ausgerichtet werden.

7 Wartezeit Die Verschwendung durch *Wartezeit* im Produktionsprozess kann zweierlei Ursachen haben. Die eine ist fehlendes Material, was auf Schwierigkeiten der innerbetrieblichen Logistik oder auch der Produktionssteuerung hinweist. Hier ist es wichtig, Füllarbeiten zur Überbrückung des Materialmangels zu verhindern, damit die Verschwendung auffällig und nicht verdeckt wird. Die zweite Ursache besteht darin, dass das Bedienpersonal einer Anlage während der Arbeitsfahrt ohne eine konkrete Tätigkeit lediglich den korrekten Ablauf der Automatik überwacht. Ähnliches gilt für Zwangsmechanismen, bei denen auch aus Gründen der Arbeitssicherheit ein Schalter oder Taster gedrückt gehalten werden muss. In beiden Fällen kann Verschwendung nur vermieden werden, wenn ein Mitarbeiter mehrere Arbeitsplätze hat, wie es bei Mehrmaschinenbedienung oder in einer Fertigungslinie realisierbar ist.

8 Auftragsabwicklung Nicht unmittelbar auf die Produktionsprozesse bezogen wie die bisher genannten sieben Verschwendungsarten ist die Verschwendung bei der *Auftragsabwicklung*. Bei der Wertstromanalyse werden Unzulänglichkeiten bei der Auftragsabwicklung von der Auftragserfassung bis zur Auftragsfreigabe mit der Darstellung des Informationsflusses sehr deutlich aufgezeigt. Sehr augenfällig sind hier zumeist die Mehraufwendungen durch inkompatible Software bei Auftragserfassung, Materialwirtschaft, Produktionsplanung und Produktionssteuerung. Damit einhergehend ist im Regelfall eine verteilte und teilweise mehrfache Datenhaltung. Auch werden oft viele Routineaufgaben der Losgrößenberechnung, Rüstoptimierung, Reihenfolgeplanung, Produktionspapiererstellung und Datenerfassung trotz vorhandenem Produktionsplanungssystem aufgrund seiner mangelnden Eignung oder unzulänglichen Implementierung manuell durchgeführt. Andererseits führen leistungsstarke Planungs- und Steuerungssysteme gerne zu komplexen Steuerungsmechanismen und aufwendigen Auftragsein- und Auftragsumplanungen. Eine ungünstige Arbeitsteilung zwischen den beteiligten Abteilungen aus Vertrieb, Konstruktion, Einkauf und Produktion kann zu Abstimmungsproblemen und Doppelarbeit führen.

Vorgehensweise

Die *Durchführung* des Wertstromdesigns für ein produzierendes Unternehmen zur Neugestaltung der Fabrik erfolgt in fünf Schritten (Abb. 3.3).

1. **Produktionsstrukturierung** Der jeweils umzugestaltende Wertstrom bezieht sich auf einen Ausschnitt aus dem Produktionsspektrum einer Fabrik. Ähnlich wie für die Wertstromanalyse Produktfamilien gebildet werden, sind im Wertstromdesign Produktionssegmente zu bilden. Im Rahmen dieser Produktionsstrukturierung werden dem Wertstrom bestimmte Ressourcen fix zugeordnet (Abschn. 3.1).
2. **Kapazitätsdimensionierung** Anschließend werden die einzelnen Produktionsprozesse kapazitativ ausgelegt, technologisch entsprechend der Erfordernisse des Gesamtablaufes umgestaltet und am Kundentakt ausgerichtet. Wichtig bei der Dimensionierung ist der vom Planungsfall abhängige zeitliche Betrachtungshorizont (Abschn. 3.2).
3. **Produktionssteuerung** Die Neugestaltung des Produktionsablaufes beginnt mit den Richtlinien zur Produktionssteuerung. Diese legen fest, auf welche Weise die Produktionsprozesse logistisch zu verknüpfen sind. Damit wird erstens der Materialfluss für den gesamten Produktionsablauf gestaltet sowie zweitens der angesteuerte Produk-

tionsprozess als sogenannter Schrittmacherprozess für den Wertstrom festgelegt (Abschn. 3.3).

4. **Produktionsplanung** Die Gestaltungsrichtlinien zur Produktionsplanung legen fest, in welcher Weise Produktionsaufträge geplant und freigegeben werden. Dazu sind insbesondere die Differenzen zwischen jeweiligem Kundenbedarf einerseits sowie Anforderungen und Restriktionen der Produktionsprozesse andererseits auszugleichen (Abschn. 3.4).
5. **Verbesserungsmaßnahmen** Die Konzeption schließt ab mit der Definition von konkreten Verbesserungsmaßnahmen zur Erreichung des konzipierten Soll-Zustandes für den Wertstrom, ergänzt um die zugehörige Umsetzungsplanung (Abschn. 3.5).

Erst wenn ein Produktionsablauf in diesen fünf Schritten fertig konzipiert ist, ist es sinnvoll, eine Realplanung von Fabrikgebäude und Fabriklayout durchzuführen. Dabei ist immer auch die Einbettung in Standort und Werk zu berücksichtigen, gegebenenfalls auch mit der Betrachtung unterschiedlicher Varianten im direkten Standortvergleich (Abschn. 4.1). Die Arbeitsorganisation schließlich ermöglicht den wertstromoptimierten Fabrikbetrieb durch strikte Einhaltung der Standards sowie durch Sicherstellung einer beständig hohen Produktionsqualität. Sie ist die wesentliche Komponente eines Produktionssystems (Abschn. 4.2). Auf diese beiden Fragen der räumlichen und organisatorischen Umsetzung kann im Rahmen dieses Buches nur kurz eingegangen werden.

Abb. 3.3. Vorgehensweise beim Wertstromdesign

Wertstromdesign zur Neugestaltung einer Produktion

Zielsetzung ist die Neugestaltung der Produktion hin zu einem effizienten und kundenorientierten Wertstrom. Orientierung am Kundentakt sowie eine durchgängige Kundensicht in der Analyse gewährleisten Kundenorientierung. Die Effizienz wird gesteigert durch die Vermeidung von Verschwendung in allen ihren acht Ausprägungen. Ein besonderes Augenmerk liegt dabei auf den durch Überproduktion, Lagerhaltung und Transport hervorgerufenen Verschwendungen im Produktionsablauf sowie auf Verschwendung durch eine unnötig aufwendige Auftragsabwicklung. Verschwendungen durch Qualitätsprobleme, ungünstige Bearbeitungsabläufe, Wartezeiten und Transporte in und zwischen den Produktionsprozessen sind durch ständige Verbesserungen kontinuierlich zu reduzieren.

Vorgehen In einem bewährten Set von Gestaltungsrichtlinien für das Wertstromdesign sind die grundlegenden Bausteine zur idealen Gestaltung einer Produktion formuliert. Eine zielorientierte und erfahrungsbasierte Anwendung dieser klaren Gestaltungsrichtlinien überführt den im Ist-Zustand aufgenommenen Wertstrom systematisch in einen hinsichtlich der vier Ziele der Produktion optimierten Soll-Zustand. Dabei können aus der Wertstromperspektive Anforderungen an Technik und Organisation abgeleitet werden, die zu aufeinander abgestimmten Prozessen führen. So werden sowohl technische Innovationen angestoßen, als auch Veränderungen der Gewohnheiten im Produktionsmanagement eingefordert. Die zum angestrebten Zielzustand führenden Einzelmaßnahmen werden in einer Umsetzungsplanung definiert, terminiert und Verantwortlichen zugeordnet.

Ergebnis ist die transparente und übersichtliche Darstellung des angestrebten Soll-Zustandes mit allen Produktionsprozessen sowie deren logistischer Verknüpfung. Dabei gewährleistet die Anwendung der Gestaltungsrichtlinien unter Einbeziehung des gesamten Wertstromes die Ausrichtung auf ein Gesamtoptimum des Produktionsablaufes – und nicht auf partielle Suboptima einzelner Produktionsprozesse.

3.1 Produktionsstrukturierung

In einer Fabrik finden sich in der Regel ganz unterschiedliche Technologien zur Produktion mehr oder weniger unterschiedlicher Produkte. Ähnlich wie die Wertstromanalyse bezieht sich das Wertstromdesign auf einen einzelnen Wertstrom, das heißt einen bestimmten Ausschnitt der Fabrik.

Diesen Ausschnitt zu definieren entspricht der Aufgabe in der Fabrikplanung, eine *Produktionsstruktur* zu bilden, mit der die gesamte Produktion in Bereiche beziehungsweise Segmente untergliedert wird. Für die Produktionsstrukturierung gibt es zwei grundlegende Ansätze, nämlich – bezogen auf den Produktionsablauf – die horizontale und die vertikale Segmentierung. Die erste orientiert sich an den Merkmalen der erforderlichen Ressourcen, die zweite an den Produktionsabläufen und Merkmalen der Produkte.

Ressourcenorientierte Segmentierung

Kompetenzen Untergliedert man eine Produktion horizontal, also quer zum Produktionsablauf, dann führt man unterschiedliche Arten einer *ressourcenorientierten* Segmentierung durch. Wenn als Kriterium einer geeigneten Fabrikstruktur die Produktionsabfolge in den Hintergrund tritt, dann ist es vorteilhaft, eine Fabrik durch Bündelung von Kompetenzen zu strukturieren. Dies ist nach *Betriebsmittelarten* oder nach *Qualifikationen* der Mitarbeiter möglich (Abb. 3.4). Typisches Ergebnis der ressourcenorientierten Segmentierung ist die Werkstättenfertigung, bei der einzelne Bereiche nach dem jeweils in ihnen von Maschinen und/oder Mitarbeitern beherrschten Verrichtungsprinzip gebildet werden. Die einzelnen Werkstätten heißen dann beispielsweise Schleiferei oder Fräserei. Zusammengefasst werden Mitarbeiter mit gleichen Qualifikationen wie Dreher oder Fräser. Die Stärke dieses Vorgehens ist zugleich seine größte Schwäche. Durch Konzentration der jeweiligen technologischen Kompetenzen und technischen Fähigkeiten in einem engen Bereich werden Spezialisierung und Spitzenleistungen gezielt unterstützt. Gleichzeitig driften jedoch die Bereiche auseinander, obwohl sie alle gemeinsam für ein Produkt benötigt werden.

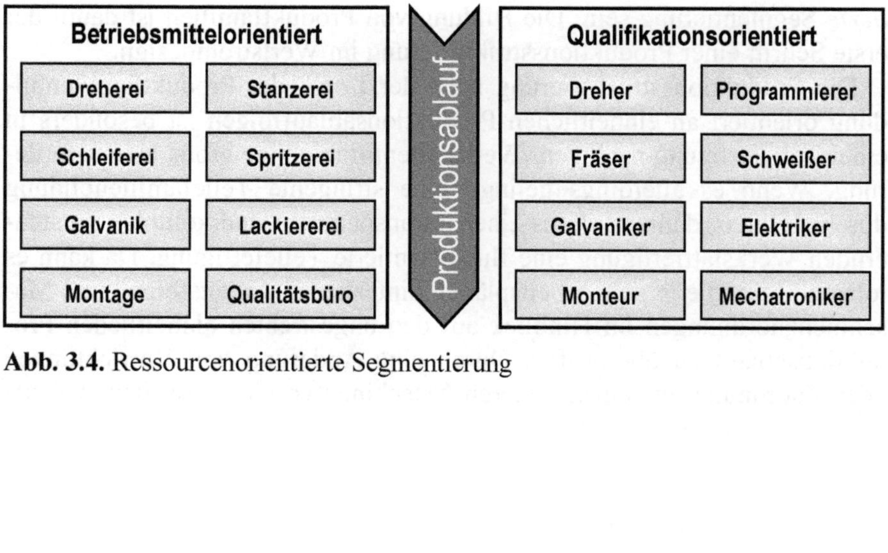

Abb. 3.4. Ressourcenorientierte Segmentierung

Monumente Die Strukturierung quer zum Produktionsablauf widerspricht dem Wertstromgedanken, da sie eine durchgängige Betrachtung von Versand bis Wareneingang erschwert und das Flussprinzip eher behindert denn fördert. Dieses Strukturierungsprinzip soll daher hier nicht weiter vertieft werden. Fabriken weisen jedoch häufig nach diesem Prinzip gewachsene Strukturen auf – und in der Wertstromanalyse zeigen sich dann die aus den Schnittstellen resultierenden Probleme. Insbesondere wenn es große, *zentralisierte Anlagen* gibt, erscheint eine ressourcenorientierte Segmentierung geeignet. Diese maschinentechnischen Monumente weisen häufig aufgrund von Skaleneffekten günstigere Stückkosten auf. Dies ist verstärkt dann der Fall, wenn ein Produktionsprozess spezifische Anforderungen an Infrastruktur und Medienversorgung stellt, wie beispielsweise Schallschutz, Reinraum, Prüfmedien oder Aufbereitungsanlagen. Dieser Kostendegression stehen aber immer die Aufwände gegenüber, die durch die Erschwerung des Produktionsablaufes entstehen, wenn nämlich alle Teile von unterschiedlichen Vorprozessen durch dieses eine monumentale Nadelöhr geschleust werden müssen.

Produktfamilienorientierte Segmentierung

Produktfamilien Bei der vertikalen Segmentierung wird eine Fabrik entsprechend des Produktionsablaufes für eine Produktfamilie aufgeteilt. So sind alle Produktionsprozesse, die für diese Produktfamilie benötigt werden, in einem Segment zusammengefasst. Im Unterschied zur horizontalen Segmentierung werden gleiche Technologien in jeweils mehreren Segmenten benötigt. Wie bei der Wertstromanalyse (Abschn. 2.1.2) sind die Produktfamilien entsprechend des Produktionsablaufes sowie nach Merkmalen der Rohmaterialien, Teile und Produkte gebildet (Abb. 3.5). Eine an Produktfamilien orientierte, wertstromgerechte Produktionsstrukturierung wird immer eine *produktionsablauforientierte* und *produktmerkmalsorientierte* Segmentierung sein. Die Bildung von Produktfamilien ist damit der erste Schritt einer Produktionsstrukturierung im Wertstromdesign.

Die Produktionsstrukturierung nach der Logik der Produktfamilienbildung orientiert an einheitlichen Produktionsablauffolgen ist besonders in einer Teilefertigung nach dem Werkstättenprinzip eine große Herausforderung. Wenn es allerdings gelingt, eine stringente Teilefamilienbildung durchzuführen, dann wird aus einer intransparenten und komplex zu steuernden Werkstattfertigung eine flussorientierte Teilefertigung. Da kann es lohnend sein, die in den Arbeitsplänen hinterlegten Arbeitsfolgen und Maschinenzuordnungen im Hinblick auf den angestrebten einheitlichen Produktionsablauf zu überprüfen. Durch eine Änderung von Vorrichtungen oder Zuordnung auf einen anderen Maschinentyp sind zuweilen Ablauffolgen austauschbar. Besondere Arbeitsgänge an manchen Teilen lassen sich eventuell hauptzeitparallel durchführen und brauchen daher nicht eigens berücksichtigt werden, auch wenn sie je nach Teil in unterschiedlicher Reihenfolge im Ablauf auftreten.

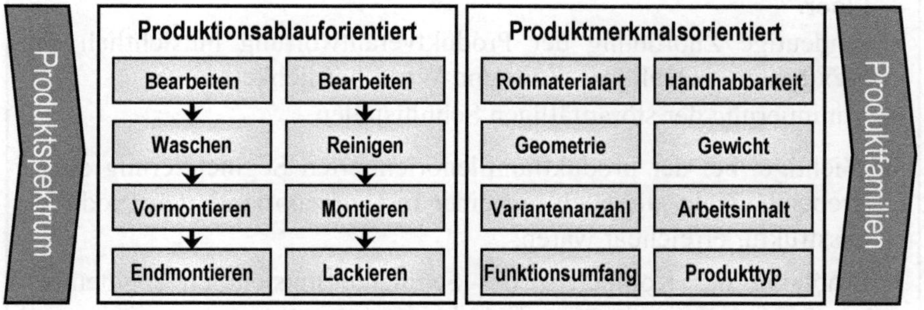

Abb. 3.5. Produktfamilienbildung – erster Schritt der produktfamilienorientierten Segmentierung

Geschäftstypen Für die Wertstromanalyse ist diese Gliederung in Produktfamilien hinreichend. Für die Neugestaltung einer Produktion im Rahmen des Wertstromdesigns müssen die Produktfamilien allerdings daraufhin geprüft werden, ob sie unmittelbar zur Bildung einer Produktionsstruktur geeignet sind. Aus *Marktsicht* könnte die weitere Untergliederung einer Produktfamilie nach Kriterien wie Stückzahlen, Nachfrageverlauf, Marktentwicklung und Wettbewerbssituation sinnvoll sein. Man erhält dann im zweiten Schritt der produktfamilienorientierten Segmentierung Geschäftstypen, mit denen ein Produktionssegment ein bestimmtes Marktsegment mit einer Produktfamilie zielgerichtet bedienen kann (Abschn. 3.1.1).

Ressourcen Ferner ist in manchen Fällen zu berücksichtigen, dass der kumulierte Kapazitätsbedarf einer Produktfamilie nicht ausreicht, um *komplette Ressourcen* zu belegen. Haben beispielsweise zwei derartige Produktfamilien teilweise gemeinsam genutzte Ressourcen, sollte man sie in einem Produktionssegment zusammenfassen. Erst mit Zuordnung der Ressourcen im dritten Schritt der produktfamilienorientierten Segmentierung kann die Praktikabilität einer Produktionsstruktur validiert werden (Abschn. 3.1.2). Wertstromdesign wird demnach für ein Produktionssegment, nicht für eine Produktfamilie durchgeführt.

Ziele der Produktionsstrukturierung

A Anzustrebende Ziele, die sich nur mit einer produktfamilienorientierten Segmentierung optimal realisieren lassen:

- Entflechtung der Materialflüsse und transparent strukturierter Shop Floor.
- Eindeutige Zuordnung der Produktverantwortung hinsichtlich der Flexibilitäts-, Qualitäts-, Zeit- und Wirtschaftlichkeitsziele.
- Minimierung der störanfälligen Schnittstellen.

B Wichtige, bei der produktfamilienorientierten Segmentierung anzustrebende Ziele, die auch mit einer ressourcenorientierten Produktionsstruktur erreichbar wären:

- Erhöhung der Kompetenz der Segmente hinsichtlich segmentbezogener, ergebnisrelevanter Entscheidungen.
- Fokussierung jedes Segments auf marktspezifische Kundenbedürfnisse.
- Einbindung der Mitarbeiter in Veränderungen der Produktionsabläufe und Produktionsprozesse zur Erhöhung von Motivation und Leistung.
- Erhöhung der Mitarbeiterflexibilität durch Mehrfachqualifikation und Jobrotation.
- Zuordnung indirekter Bereiche wie Instandhaltung, Logistik und Qualitätssicherung zu den einzelnen Segmenten zur Verbesserung von Leistungsprofil und Kostentransparenz.
- Visualisierung der Zielerreichung auf Segment- oder Arbeitsgruppenebene durch Produktionscontrollingtafeln.

C Ziele, die sich bei einer produktfamilienorientierten Segmentierung nur bedingt erreichen lassen:

- Konzentration technologischer Kompetenzen und technischer Fähigkeiten

3.1.1 Geschäftstypen

Die Kriterien, die zur Bildung von Produktfamilien herangezogen werden, sind rein technologischer (Produktionsablauf) und technischer (Produktgestaltung) Natur. Die Kundensicht, die für die Wertstromanalyse von zentraler Bedeutung ist, findet hier noch keine explizite Berücksichtigung. In der Analyse kann sich ein Wertstrom also auf sehr heterogene Kundenanforderungen und Märkte beziehen. Verschiedene Kundenerwartungen hinsichtlich Lieferzeit, Verpackung und Versandart, Bestellmengen, Bestellfrequenz oder Vertriebsweg erfordern jedoch häufig eine andere Produktionssteuerung. Nun ist es sowohl möglich, diese unterschiedliche Steuerung innerhalb eines Segments zu verwirklichen, als auch für andere Kunden oder Marktsegmente ein eigenes Produktionssegment zu schaffen.

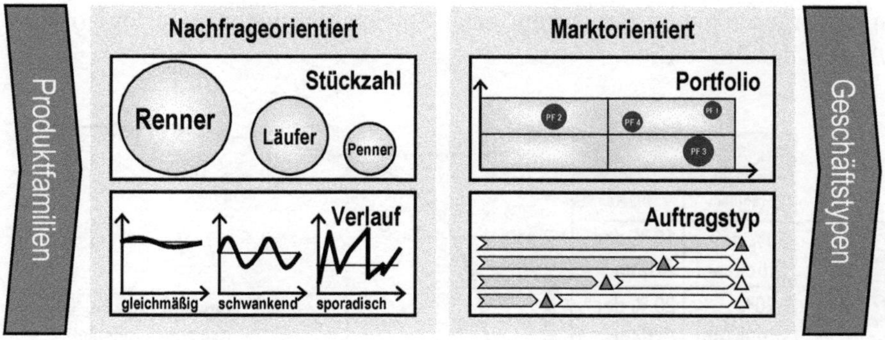

Abb. 3.6. Geschäftstypendefinition – zweiter Schritt der produktfamilienorientierten Segmentierung

Die marktbezogene Untergliederung der Produktfamilien im zweiten Schritt der Segmentierung kann in zweierlei Hinsicht erfolgen: Zum einen als quantitative Datenanalyse der Nachfrage hinsichtlich Menge und Verlauf sowie zum anderen als strategische Einordnung der Produkte hinsichtlich der Wettbewerbspositionierung im jeweiligen Markt (Abb. 3.6). Ergebnis der Betrachtung ist die Festlegung unterschiedlicher *Geschäftstypen* für den Produktionsablauf innerhalb einer Produktfamilie.

Nachfrageorientierte Segmentierung

Für eine *datenorientierte* Analyse der Kundennachfrage hinsichtlich der Stückzahlen unterschiedlicher Varianten innerhalb einer Produktfamilie ist die ABC-Analyse besonders geeignet. Aufgrund ihrer hohen Relevanz bei der Segmentierung sowie der Konzeption der Produktionssteuerung soll sie im Folgenden ausführlich vorgestellt werden.

Die *ABC-Analyse* ermöglicht es, die Objekte einer großen Gesamtheit entsprechend ihrer Relevanz zu sortieren und an Hand von Grenzwerten als A-, B- und C-Objekte zu klassifizieren. Das Ergebnis lässt sich zudem graphisch in einer geordneten Summenkurve übersichtlich darstellen. Bei der Klassifizierung wird davon ausgegangen, dass die analysierten Objekte von stark unterschiedlicher Relevanz bezüglich der Bewertungsgröße sind. Ein kleiner Prozentsatz der analysierten Objekte wird demnach einen wesentlichen Anteil der kumulierten Bewertungsgröße aufweisen. Die

A-Objekte erreichen mit einer relativ geringen Anzahl von Elementen einen hohen Anteil am Gesamtergebnis der jeweiligen Bewertung, während C-Objekte mit ihrer relativ großen Anzahl von Elementen nur einen geringen Anteil erreichen. Die Methode erlaubt es also, besonders wichtige Elemente einer Gesamtheit auszuwählen sowie dementsprechend Klassen zu bilden, wobei unterschiedliche Bewertungsgrößen möglich sind. Die hier vorgeschlagene Bewertung nach Stückzahlen betont den logistischen Aspekt der Produktion.

		Einteilungsvariante	
		regulär	invers
Artikelklasse	A	70% der Stückzahl	10 % der Artikel
	B	+20% Stückzahl	20 % der Artikel
	C	+10% Stückzahl	70 % der Artikel

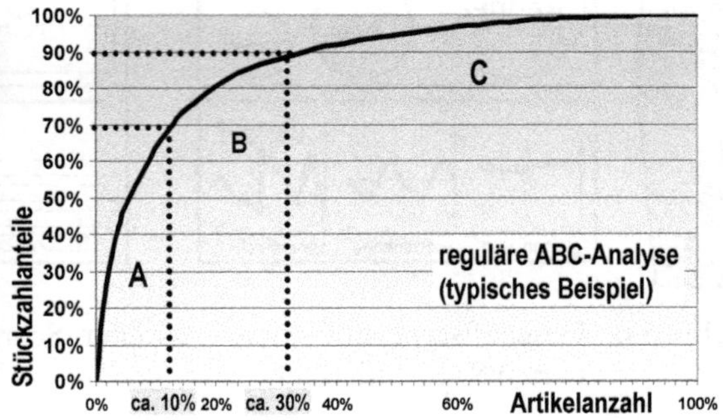

Abb. 3.7. Reguläre und inverse ABC-Analyse

Die Objekte einer Produktfamilie sind die zugeordneten Varianten beziehungsweise Artikelnummern, die aus Produktionssicht mit ihrer Jahresstückzahl bewertet werden. Die Artikel werden nun nach sinkender Stückzahl sortiert, so dass Artikel 1 die maximale und der Artikel mit der höchsten Ordnungsnummer die kleinste Stückzahl haben. Das Ergebnis ist eine charakteristische Summenkurve des kumulierten Jahresbedarfs über die verschiedenen Artikel hinweg (Abb. 3.7, rechts). Bei Gleichverteilung würde sich ein linearer Zusammenhang ergeben – in der Grafik eine Diagonale. Je nach Stückzahlspreizung ist die Kurve dann mehr oder weniger stark nach oben hin ausgebeult. Das Beispiel der Abbildung zeigt einen eher flachen Verlauf, liegt aber innerhalb der typischen Bandbreite, die sich erfahrungsgemäß ergibt.

Die ABC-Klassen können nun auf zweierlei Art und Weise festgelegt werden. Bei der *regulären ABC-Analyse* geht man von Stückzahlgrenzen aus, wobei die Artikel, die der Klasse A zugewiesen werden, 70 Prozent Anteil der kumulierten Stückzahl entsprechen. B-Artikel sind dann die folgenden 20 Prozent Stückzahlanteil und die C-Artikel machen den Rest aus (Abb. 3.7, links). Die vorgeschlagenen Grenzwerte 70/20/10 sind aus pragmatischen Gründen so festgelegt. Man könnte sie auch anders festlegen – in der Literatur findet man auch unterschiedliche Vorschläge, die beispielsweise in der A-Klasse von 60 bis 80 Prozent reichen. Erfahrungsgemäß entsprechen der A-Klasse dann 5 bis 15 Prozent der Artikel. Bei der *inversen ABC-Analyse* geht man umgekehrt vom Anteil der Artikel aus. So definiert man die A-Klasse als 10 Prozent aller Artikel – und ermittelt dann rückwärts, welchem Stückzahlanteil das entspricht. Die Klassifizierungsgrenzen bei der inversen ABC-Analyse sind mit 10/20/70 erfahrungsgemäß am besten festgelegt (Abb. 3.7, links). Die reguläre und die inverse ABC-Analyse zur Klassifizierung der Varianten nach Stückzahlen liefern ein charakteristisches Bild des kumulierten Jahresbedarfs mit jeweils leicht verschobenen Klassifizierungsgrenzen.

Die nach Stückzahlen gebildeten Artikelklassen erhalten mit *Renner*, *Läufer* und *Penner* noch einen sprechenden Namen. Je nach Produktmerkmalen stellt nun ein Rennerartikel in der Regel andere Anforderungen an Produktionseinrichtungen und den Produktionsablauf als ein Pennerartikel. Sind im einen Fall höhere Automatisierungsgrade möglich, stören im anderen Fall die Rüstaufwände. Erzielt man mit den Rennern hohe Lagerumschläge auch bei Lagerfertigung, liegen die Penner viel zu lange im Lager oder sind nie dann vorrätig, wenn man sie braucht. Eine unterschiedliche ABC-Klasse kann also eventuell die Bildung eines eigenen Segments sinnvoll machen. Auch wenn man sich dazu nicht entscheidet, so ist es doch in der Regel angezeigt, einen unterschiedlichen Planungs- und Steuerungsablauf innerhalb eines Segments für Artikel unterschiedlicher Klassen zu realisieren (Abschn. 3.3.3). Je nach ABC-Klasse kann ein anderer Geschäftstyp vorliegen, dem entweder ein eigenes Segment zugeordnet wird oder der innerhalb eines Segmentes mit einem eigenständigen Produktionsablauf abgewickelt wird.

Eine weitere Form der Massendatenanalyse ist die *XYZ-Analyse*. Diese auf den Variationskoeffizienten bezogene Massendatenanalyse klassifiziert die Artikel danach, ob der Kundenbedarf im zeitlichen Verlauf eher gleichmäßig, mehr schwankend oder nur sporadisch auftretend ist. Da sie nur von geringerer Bedeutung für die Segmentierung ist, soll sie hier nicht weiter erörtert werden.

Marktorientierte Segmentierung

Wenn man bestimmte Marktsegmente oder bestimmte Großkunden beziehungsweise Kundengruppen gezielt ansprechen möchte, kann es sinnvoll sein, ein Produktionssegment für diesen Zweck zu bilden. Manche Kunden auditieren die Produktion ihres Produktes – wenn man Kunden mit unterschiedlichen Anforderungen, gar aus verschiedenen Branchen beliefert, kann auch das ein Grund zur kundenorientierten Segmentierung sein. Ferner können unterschiedliche Vertriebswege unterschiedliche Anforderungen an Verpackung, Versandart, Lieferzeit, Liefermenge und Gebindemenge stellen. Das gleiche Produkt mag beispielsweise mit einem Paketdienst an einen Einzelkunden, in größeren Mengen als Ganzpalette mit dem eigenen Lkw zur Vertriebstochter oder in Mischpaletten mit einer Spedition zum Handel auszuliefern sein. Je nach Fertigungstiefe können diese Aspekte der Distribution auf die Segmentierung einen Einfluss haben. Alle diese *marktorientierten* Klassifizierungen von Produkten sind strategischer Natur und sind daher im Unterschied zur Massendatenanalyse mit qualitativen Methoden zu bilden.

Zur marktorientierten Klassifizierung von Produkten eignet sich besonders die *Portfolioanalyse.* Zwei Kenngrößen spannen die beiden Achsen eines Portfolios auf. In der Regel können die Kenngrößen zwei Ausprägungen annehmen – und zwar normalerweise hoch/niedrig; es sind aber auch je nach Kenngröße andere Ausprägungen definierbar. Im Ergebnis erhält man vier Felder und damit vier Klassen in einer zweidimensionalen Matrix. Jede dieser Klassen ist insbesondere dadurch charakterisiert, dass sie unterschiedliche Zielsetzungen beschreibt und umgekehrt auch erforderlich macht, sofern die Klassenzuordnung erhalten werden soll. Jedem Feld eines Portfolios können also spezifische Zielsetzungen und Handlungsoptionen zugewiesen werden, die dann für alle Elemente in dem entsprechenden Feld verbindlich sind. Im Folgenden sollen mit dem Marktchancen-Marktattraktivitäts-Portfolio sowie dem Erfolgsfaktoren-Portfolio zwei für die Segmentierung besonders nützliche Portfolios vorgestellt werden. Außerdem kann der Kundenentkopplungspunkt zur Geschäftstypendefinition herangezogen werden.

Marktchancen-Marktattraktivitäts-Portfolio Zur Einordnung in das von der Boston Consulting Group entwickelte Marktchancen-Marktattraktivitäts-Portfolio werden die bereits definierten Produktfamilien hinsichtlich ihres derzeitigen *Marktanteils* sowie ihres erwarteten *Marktwachstums* jeweils nach dem Kriterium hoch/niedrig klassifiziert (Abb. 3.8). Anschließend werden sie in diesem Portfolio mit Kreisen eingetragen, deren Größe den derzeitigen *Umsatz* wiedergibt. Im Feld der ‚Stars' befinden sich jene Produktfamilien, die in einem aufstrebenden Markt bei hohem Marktanteil gute Wettbewerbschancen bieten. Zielsetzung in diesem Feld ist es, den bereits hohen Marktanteil leicht auszubauen oder zumindest zu halten. Die ‚Cash Cows' tragen hauptsächlich zum Umsatz bei. Da sie aber nicht zur spezifischen Kompetenz des fraglichen Unternehmens gehören, könnte aus strategischen Gründen auch ein langsamer Abbau des Marktanteils sinnvoll sein. Bei den ‚Question Marks' ist aus strategischer Sicht Vorsicht und dementsprechend bei intensiver Marktbeobachtung selektiver Aus- oder Abbau angeraten. Von Produktfamilien, die einen geringen Marktanteil in einem Markt mit geringen Wachstumschancen aufweisen (‚Poor Dogs'), sollte man sich trennen. Übergeordnetes Ziel ist es also, die beiden Felder mit niedrigem Marktanteil mit möglichst wenig Umsatz zu belegen.

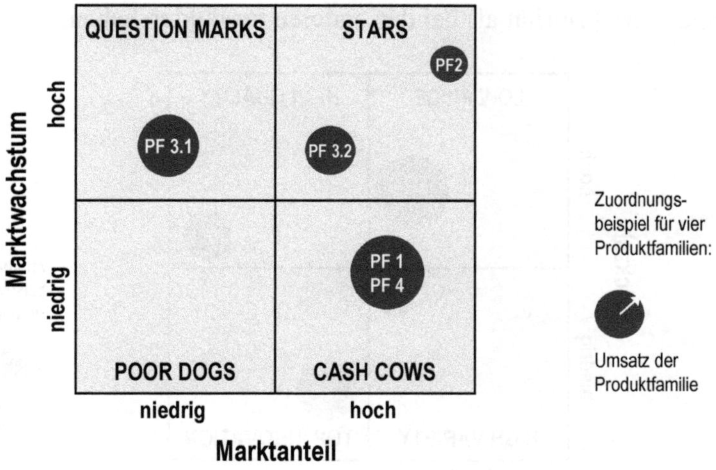

Abb. 3.8. Marktchancen-Marktattraktivitäts-Portfolio

Die im ersten Schritt der Segmentierung nach Produktionsablauf und Produktmerkmalen gebildeten *Produktfamilien* werden sich im Portfolio nicht immer eindeutig *zuordnen* lassen. Enthält eine Produktfamilie Produkte aus zwei unterschiedlichen Feldern, dann ist sie entsprechend in zwei Geschäftstypen aufzuteilen (im Beispiel die Produktfamilie 3 in PF 3.1 und PF 3.2, Abb. 3.8). Sind Produktfamilien nach diesen Marktkriterien hingegen identisch, dann kann man sie zusammengefasst darstellen (im Beispiel die Produktfamilien 1 und 4, Abb. 3.8); die Trennung der Produktfamilien bleibt allerdings bestehen. Es lassen sich aber auch Unterschiede innerhalb eines Feldes darstellen (im Beispiel sind die Produktfamilien 2 und 3.2 ‚Stars' unterschiedlicher Ausprägung, Abb. 3.8).

Die aus dem Portfolio abgeleiteten strategischen Entscheidungen haben Auswirkungen auf *Ressourcenzuordnung* und Investitionen. ‚Cash Cows' brauchen beispielsweise zuverlässige Betriebsmittel; das hohe Volumen bei geringer Änderungsfrequenz ermöglicht Lagerfertigung und der gesättigte Markt erwartet bei diesen eher standardisierten Produkten eine kurze Lieferzeit. Bei den ‚Stars' spielt die Auslastung eine geringere Rolle, schon allein weil auch Wachstumschancen realisierbar sein sollen. Bei den ‚Question Marks' wird man sehr flexibel sein müssen, um je nach Marktentwicklung die Ressourcen gegebenenfalls auch anders einsetzen zu können. Ferner sollte man möglichst auftragsorientiert produzieren, da eine

Lagerfertigung hier ein hohes Veraltungsrisiko bedeuten würde. Bei den ‚Poor Dogs' wird man nicht investieren, sondern ihnen eher ältere oder jene Betriebsmittel zuweisen, die für die anderen Produktfamilien am wenigsten geeignet sind. Auch die Erreichung logistischer Ziele wird hier eine niedrigere Priorität als bei den anderen Produkten haben.

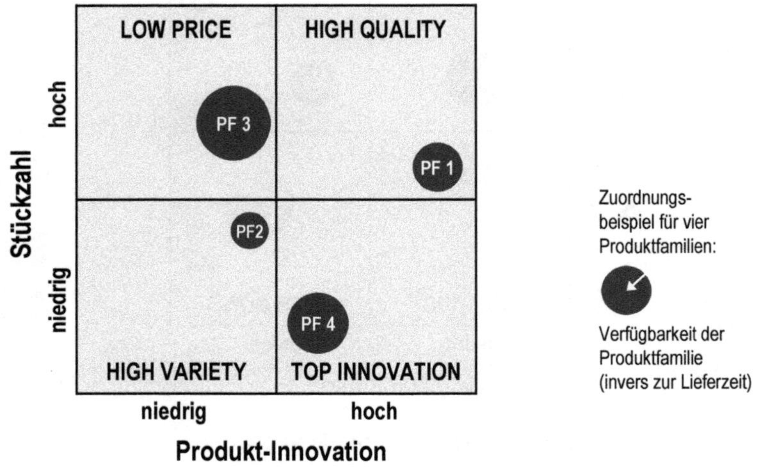

Abb. 3.9. Erfolgsfaktoren-Portfolio

Erfolgsfaktoren-Portfolio Beim Erfolgsfaktoren-Portfolio werden die Produktfamilien nach *Stückzahl* und *Innovationsgrad* klassifiziert (Abb. 3.9). Je nach Ausprägung – hoch oder niedrig – sind unterschiedliche Zielsetzungen zu verfolgen, um am Markt erfolgreich sein zu können. Um mit niedrigem Innovationsgrad erfolgreich sein zu können, wird man nur mit marktbezogen niedrigen Preisen zu hohen Stückzahlen kommen – mit der entsprechenden Produktfamilie ist die Kostenführerschaft am Markt zu übernehmen (‚Low Price'). Gewissermaßen spiegelbildlich dazu sind hoch innovative Produkte, die mangels umfangreicher Erfahrung im Einsatz und den damit verbundenen Funktionsrisiken, aufgrund höherer Preise und eines kleinerem Kundenkreises nur in kleinen Stückzahlen am Markt platziert werden können (‚Top Innovation'). Hohe Stückzahlen mit innovativen Produkten wird man erst dann erreichen können, wenn eine zuverlässig hohe Qualität sichergestellt ist und mit der entsprechenden Produktfamilie die Kompetenzführerschaft erreicht wird (‚High Quality'). Niedrige Stückzahlen bei nicht-innovativen Standardprodukten beschreiben ein Feld, das man meiden sollte, es sei denn, man kann sich als Nischenanbieter platzieren, der mit konventioneller Technologie eine hohe Varianz an Kundenwünschen bedienen kann (‚High Variety'). Die Verfügbarkeit der Produkte für den Kunden, das heißt die *Lieferzeit*, ist ein Erfolgsfaktor, der in allen vier Feldern mit unterschiedlicher Priorität noch hinzu kommt und möglichst groß sein sollte. Eine Produktfamilie mit kurzer Lieferzeit wird demnach mit einem Kreis mit großem Durchmesser im Portfolio eingetragen. Dieses Portfolio greift die im logischen Zielquadrat formulierten Produktionsziele auf (Abschn. 1.2.2).

Je nach Erfolgsfaktor werden auch die benötigten Ressourcen und die implementierten Produktionsabläufe andere Anforderungen erfüllen müssen. Innovative Produkte lassen sich schlecht in veralteten Low-Cost-Fabriken produzieren, sofern man potentielle Kunden nicht in die Flucht schlagen, sondern ihnen die Fabrik auch zeigen können möchte. Das gilt verstärkt dann, wenn die Produktinnovation hauptsächlich vom Produktdesign getragen wird. Passend zur High-Tech-Fabrik könnte man niedrigpreisige Produkte in einem eigenen Segment mit hoch automatisierten Betriebsmitteln produzieren. Die Lieferzeit bei diesen Standardprodukten sollte minimal sein, da in diesem Feld von zahlreichen Konkurrenzanbietern auszugehen ist. Diese automatisierte Herstellung preisgünstiger Produkte rechnet sich nur bei höherem Lohnniveau. Würde man diese Produktfamilie an einem Standort mit niedrigen Lohnkosten ansiedeln, ist auf möglichst billige, manuelle Betriebsmittel zurückzugreifen. Die gleiche Produktfamilie kann demnach je nach Standort ganz unterschiedliche Anforderungen an die Produktion und damit indirekt auch an die Segmentierung stellen. Die explizite Berücksichtigung der Erfolgsfaktoren bei der Produktionsstrukturierung ermöglicht somit auch eine *standortübergreifende Segmentierung*. Dabei sind allerdings von der Versorgungs- bis zur Distributionslogistik zahlreiche andere Faktoren zu berücksichtigen, worauf an dieser Stelle nicht weiter eingegangen werden kann.

Kundenentkopplungspunkt Geschäftstypen, die sich aus der unterschiedlichen Kundenspezifik der Produkte ableiten, unterscheiden sich meist durch die Lage des *Kundenentkopplungspunktes*. An dieser Stelle werden den Materialien, Teilen oder Produkten konkrete Kundenaufträge zugewiesen, davor liegt dann jeweils die kundenanonyme Vorproduktion. Je nach Variantenreichtum oder Kundenspezifik einer Produktfamilie liegt der Kundenentkopplungspunkt sinnvoller Weise jeweils an anderer Stelle im Prozessablauf. Falls Variantenbreite oder Kundenspezifik Auswirkungen auf die Gestalt der jeweils benötigten Ressourcen haben, ist die Bildung unterschiedlicher Produktfamilien nach dem Kriterien der Produktmerkmale zu empfehlen (Abschn. 2.1.2). Unabhängig davon besteht auch die Möglichkeit, innerhalb einer Produktfamilie in Abhängigkeit von Varianz und Kundenspezifik eines Produktes verschiedene Geschäftstypen zu bilden. Dies ist vor allem dann sinnvoll, wenn zwar die Ressourcenanforderungen in etwa gleich sind, die Auftragsabwicklung aber völlig verschieden sein muss. So ist etwa eine kundenanonyme Lagerfertigung nur dann möglich, wenn die Produkte keine kundenspezifischen Merkmale aufweisen; während es gleichzeitig ungünstig ist, bei einer Variantenfertigung alle Varianten auf Lager zu haben, auch wenn dies prinzipiell möglich wäre.

Geschäftstypen

Je nach Nachfrageverhalten, Marktstrategie, Erfolgsfaktoren sowie Lage des Kundenentkopplungspunktes kann es unterschiedliche technologische und logistische Anforderungen an die Produktion geben. Gleiche Anforderungen werden durch jeweils einen Geschäftstypen beschrieben, so dass neben einer eindeutigen Zuordnung sowohl eine Produktfamilie mehrere Geschäftstypen enthalten kann als auch mehrere Produktfamilien dem gleichen Geschäftstyp zugeordnet werden können. Bei der Segmentierung ist beides zu berücksichtigen.

Fallbeispiel Bei Liquipur lassen sich fünf Geschäftstypen unterscheiden (Abb. 3.10). Der erste Geschäftstyp entspricht einer kundenanonymen Lagerfertigung, wobei nur ein Teil der zugeordneten Produkte lackiert werden. Beim fünften Geschäftstyp erfolgt die Produktion ausgehend vom Rohgussteil komplett kundenauftragsbezogen. So können beim Fräsen beispielsweise kundenspezifische Bohrungen berücksichtigt werden. Entsprechend des vierten Geschäftstyps produzierte Produkte können in kundenspezifischer Farbe lackiert werden, verwenden aber bearbeitete Standardteile. Bei den Geschäftstypen 2 und 3 kann eine hohe Variantenbildung in der Montage berücksichtigt werden.

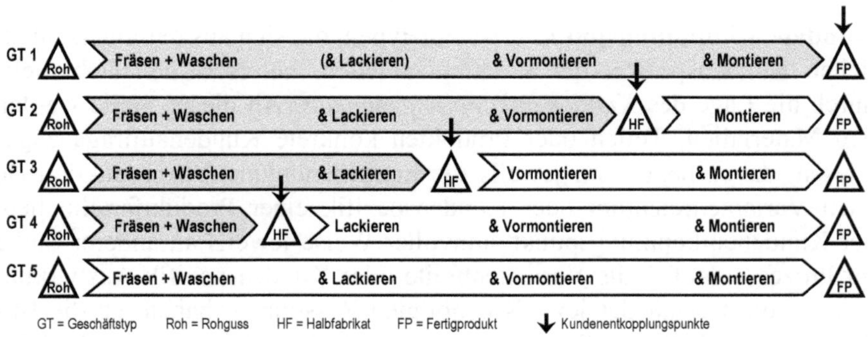

Abb. 3.10. Geschäftstypen bei Liquipur

3.1.2 Ressourcenzuordnung

Nachdem nunmehr nach produktionsablauforientierten, produktmerkmalsorientierten, nachfrageorientierten und marktorientierten Kriterien Produktfamilien gebildet und Geschäftstypen definiert sind, gilt es im abschließenden Schritt der Segmentierung, jeder Produktfamilien-Geschäftstyp-Kombination die benötigten *Ressourcen zuzuordnen.* Die zahlreichen Kriterien, die als relevant zur Produktionsstrukturierung erachtet werden können, führen in aller Regel zu einer recht hohen Anzahl unterschiedlicher Produktfamilien und Geschäftstypen. In der Ressourcensicht wird man dann schnell merken, dass die Anzahl der Betriebsmittel bei weitem nicht ausreichend ist, um alle Produktfamilien und Geschäftstypen jeweils komplett eigenständig zu versorgen. Dieser Effekt ist zunächst durchaus erwünscht, da es nur nach relativ feiner Untergliederung des Produktspektrums möglich ist, eine vom Ist-Zustand gelöste Neustrukturierung der Produktion zu erhalten.

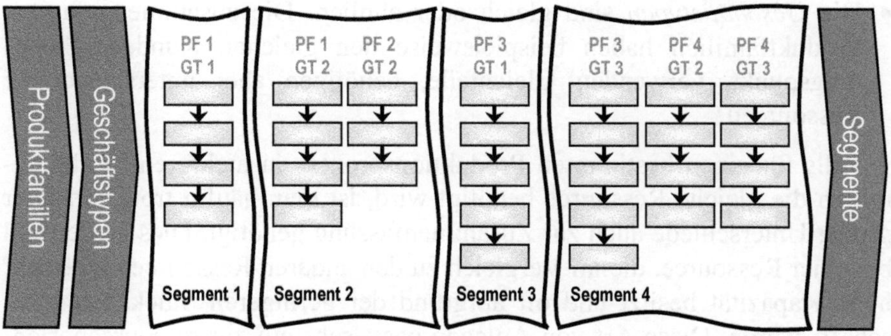

Abb. 3.11. Ressourcenzuordnung – dritter Schritt der produktfamilienorientierten Segmentierung

Im dritten Schritt der Segmentierung sind die nach Geschäftstypen aufgeteilten Produktfamilien wieder neu so zusammenzufassen, dass gemeinsam genutzte Ressourcen ausschließlich innerhalb eines Segmentes auftreten. Entscheidend ist, dass ein Segment die kompletten Wertströme der jeweiligen *Produktfamilien-Geschäftstyp-Kombination* enthält und kein Wertstrom über mehrere Segmente läuft. Nach Maßgabe der ressourcenbedingten Restriktionen werden also die Produktionsablaufschemata teilweise zusammengefasst (Abb. 3.11). So kann es dann innerhalb eines Segmentes ein oder mehrere Produktfamilien mit einem oder mehreren Geschäftstypen geben. Die jeweils zugeordneten Ressourcen bilden dann die Segmente. In der Abbildung sind die verschiedenen Möglichkeiten dargestellt – es gibt in einem Segment ein oder zwei Produktfamilien, einen oder ausnahmsweise zwei Geschäftstypen sowie ein bis drei zusammengefasste Kombinationen.

In einem Segment sollte man ausschließlich ähnliche Produktfamilien und Geschäftstypen entsprechend der folgenden drei *Ähnlichkeitskriterien* zusammenfassen:

- Der *Produktionsablauf* ist ähnlich. Typisch in diesem Fall ist, dass eine Produktfamilie einen Produktionsprozess überspringt oder einen alternativen Prozess durchläuft. Alle anderen Produktionsprozesse sind hingegen gleich.
- Die für den Gesamtablauf benötigten *Betriebsmittel* sind ähnlich oder gleich. Durch spezifische Produktmerkmale einer Produktfamilie gibt es keine Zusatzanforderungen an Ressourcen oder Infrastruktur, die für die anderen Produktfamilien des Segments nicht erfüllt sein müssen. So bestehen also beispielsweise gleiche Anforderungen an den Automatisierungsgrad, an die verwendeten Medien, an den Bauraum der Maschinen und auch an Transporthilfsmittel.
- Die *Geschäftstypen* sind gleich oder ähnlich. Die zusammengefassten Produktfamilien haben beispielsweise den gleichen Kundenentkopplungspunkt, verwenden Gleichteile, benötigen aber unterschiedliche Ressourcen.

Falls für einen bestimmten Produktionsprozess in mehreren Produktfamilien die gleiche Ressource benötigt wird, ist man häufig trotz sonstiger großer Unterschiede auch zur Zusammenfassung genötigt. Dies ist der Fall bei einer Ressource, die im Vergleich zu den anderen Ressourcen eine sehr hohe Kapazität besitzt und oft aufgrund der geringeren Stückkosten beschafft wurde. Diese Art von Anlagen passt sehr gut zur ressourcenorientierten Segmentierung und liegt damit quer zur hier intendierten Wertstrombetrachtung. Diese Art der Zusammenfassung von Produktfamilien wird immer einen Kompromiss zweiter Wahl darstellen, da sich meist Wertströme ganz unterschiedlicher Produktfamilien an einer Stelle überlagern – und dabei gerne auch sinnbildlich verknoten. Die vermeintliche Flexibilität der Anlage, alle Teile fertigen zu können, wird dann sehr schnell zum Hindernis und zur Flexibilitätsbremse, weil dann alle Teile mitunter recht lange darauf warten, auf diesem teuren Engpass in großen Losen bearbeitet zu werden.

In diesen ungünstigen Ausnahmefällen gibt es eine *zentrale Ressource*, über die dann (fast) alle Wertströme fließen. Strenggenommen könnte man hier gar nicht produktfamilienorientiert segmentieren; man müsste also wegen des einen maschinellen Monuments auf die Vorteile der Segmentierung verzichten. In solchen Fällen ist es jedoch empfehlenswert, diese großen, unteilbaren Anlagen als eine segmentübergreifende Ausnahme zuzulassen. In diesem Fall ist dann das Kapazitätsangebot des Monuments den einzelnen Segmenten je zeitweilig zuzuordnen. Diese Aufgabe der Produktionsplanung kann beispielsweise mit einem segmentübergreifenden Ausgleichskasten realisiert werden (Abschn. 3.4.2). Das funktioniert analog zur verbreiteten Kapazitätsreservierung, ist aber flexibler, da die Kapazitätszuordnung zu den Segmenten in Abhängigkeit vom Nachfragemix variabel ist. Es ist allerdings zusätzlich zu beachten, dass einzelne Segmente kapazitativ nicht überlastet werden.

Fallbeispiel Bei Liquipur lassen sich sieben Produktfamilien zu vier Segmenten zusammenfassen (Abb. 3.12). Die Segmente 2 und 3 entsprechen den Produktfamilien mit gleicher Nummerierung und Aluminium-Gehäusen. Die Geschäftstypen unterscheiden sich jedoch: Segment 2 ist mit Geschäftstyp 1 eine Lagerfertigung, Segment 3 ist mit Geschäftstyp 5 eine kundenspezifische Sonderfertigung bereits beim Fräsen (Abb. 3.11). Segment 4 umfasst zwei Serienproduktfamilien, die auf zwei unterschiedlichen Linien montiert werden, jedoch eine gemeinsam genutzte, automatische Lackieranlage erhalten. In Segment 1 sind verschiedene, eher stückzahlschwache und variantenreiche Produktfamilien zusammengefasst. Die Produktionsabläufe dieses Segments unterscheiden sich in der Fertigungstiefe, nutzen aber mit Montage-Einzelplätzen und manuellen Lackierzellen ähnliche Betriebsmittel.

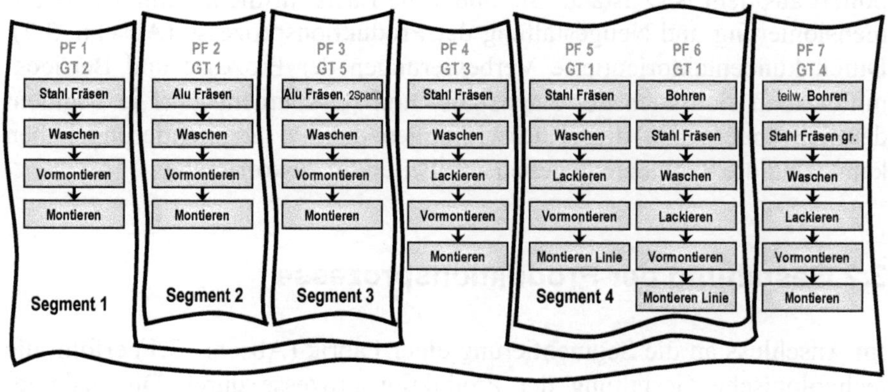

Abb. 3.12. Segmentbildung bei Liquipur

Produktfamilienorientierte Segmentierung
Wesentliches *Ziel* der produktfamilienorientierten Segmentierung ist die strikte Entflechtung der Materialflüsse, um einen hinsichtlich Produkt und Produktionsprozess transparent strukturierten Shop Floor zu erreichen. So wird die Kundensicht in der Fabrikstruktur implementiert.

Vorgehen Das Produktspektrum ist im ersten Schritt hinsichtlich Produktionsablauf und Produktmerkmalen in Produktfamilien zu untergliedern. Diesen Produktfamilien sind im zweiten Schritt je nach Nachfrageverhalten, Marktstrategie, Erfolgsfaktoren und Kundenentkopplungspunkt geeignete Geschäftstypen zuzuordnen. Schließlich sind im dritten Schritt diesen Produktfamilien-Geschäftstyp-Kombinationen die benötigten Ressourcen zuzuordnen.

Ergebnis Damit sind die Segmente der Fabrik gebildet. Sie können im Folgenden technologisch und organisatorisch ausgestaltet werden.

Mit Abschluss der Segmentierung sind den jeweiligen Produktionsprozessen Ressourcen zugeordnet. Diese werden meist dem Ist-Zustand entnommen, oder, falls eine Kapazitätserweiterung ansteht, als „Klone“ vorhandener Ressourcen ergänzt. Diese Zuordnung dient der Beschreibung der Segmente und ist als erster Grobentwurf zu verstehen, lediglich interpoliert aus dem Ist-Zustand. Sie bildet die Basis für die anschließende Dimensionierung und Neugestaltung der Produktionsprozesse (Abschn. 3.2). Durch kundentaktorientierte Verbesserungen der Prozesse und Betriebsmittel kann sich auch der Kapazitäts- und Ressourcenbedarf je Segment deutlich ändern. Da dies Rückwirkungen auf die Segmentierung haben kann, sind die Segmente gegebenenfalls iterativ zu korrigieren.

3.2 Gestaltung der Produktionsprozesse

Im Anschluss an die Segmentierung einer Fabrik (Abschn. 3.1) erfolgt die technologische Gestaltung der Produktionsprozesse durch Dimensionierung und Neugestaltung. Bei der *Dimensionierung* werden zunächst die für einen Produktionsprozess benötigten Betriebsmittel kapazitativ ausgelegt. Sofern sich die Bearbeitungszeiten unmittelbar aus der eingesetzten Technologie ergeben, besteht die Aufgabe in der Ermittlung der erforderlichen Anzahl gleichartiger Betriebsmittel (Abschn. 3.2.1). Ergänzend können aber auch das Leistungsprofil eines Betriebsmittels oder die eingesetzte Technologie überdacht werden. Die dadurch geänderten Bearbeitungszeiten haben wiederum einen Einfluss auf die erforderliche Anzahl alternativer Betriebsmittel pro Prozessschritt. Die Kapazitätsdimensionierung ist insbesondere bei Fertigungsprozessen von großer Bedeutung, da Fehldimensionierungen zu schlechten Auslastungen oder hinderlichen Engpässen führen.

Bei der anschließenden Neugestaltung der Produktionsprozesse durch eine möglichst weitgehende *Integration* in Fließfertigungsprozesse werden die zuvor dimensionierten Betriebsmittel gegebenenfalls über mehrere Produktionsschritte hinweg zusammengefasst (Abschn. 3.2.2). Durch mitunter drastische Veränderungen einzelner Produktionsprozesse gegenüber dem Ist-Zustand kann es hierbei auch zu entsprechend starken Veränderungen der eingesetzten Betriebsmittel und damit des Ressourcenbedarfs kommen. Die Prozessintegration ist besonders für Montageprozesse geeignet, da hier erfahrungsgemäß die höchsten Effizienzsteigerungen erreicht werden können. In ähnlicher Weise lassen sich aber auch Bearbeitungsmaschinen zu Linien verkoppeln oder einzelne Fertigungsprozesse in Montagelinien integrieren.

3.2.1 Kapazitative Dimensionierung der Ressourcen

Im Wertstromdesign legt der Kundentakt die Zielvorgabe zur Kapazitätsdimensionierung der Ressourcen fest. Das Taktabstimmungsdiagramm zeigt dann, wie gut gelungen die *kapazitative Dimensionierung* einer Produktion gemessen am Maßstab des Kundentaktes ist. Allgemein gilt, dass die Zykluszeiten möglichst gleich groß sein und den Kundentakt nie überschreiten sollen. Gegenüber dem Ist-Zustand sind also die Zykluszeiten der einzelnen Produktionsprozesse besser aufeinander abzustimmen und bezogen auf den Kundentakt richtig zu dimensionieren, indem sowohl Engpässe als auch Überkapazitäten beseitigt werden. Der Kundentakt als Bewertungsmaßstab liefert die erste Gestaltungsrichtlinie für einen optimalen Wertstrom:

Gestaltungsrichtlinie 1: *Ausrichtung am Kundentakt*

Das Kapazitätsangebot einer Produktion ist durchgängig am Kundentakt auszurichten.

Eine zum Kundenbedarf passende Auslegung des Kapazitätsangebots heißt allerdings nicht zwangsläufig, jeden Produktionsprozess mit Betriebsmitteln der gleichen Zykluszeit auszustatten. Aufgrund der Planungs- und Steuerungslogik können sich zusätzliche Anforderungen an die Kapazitätsdimensionierung eines Wertstroms ergeben. Hinsichtlich Flexibilität und Termintreue können Überkapazitäten, das heißt deutlich kleinere Zykluszeiten, an einigen Stellen im Produktionsfluss aus technologischen und ablauforganisatorischen Gründen deutliche Vorteile bringen. Der Einfluss auf die Kosten kann je nach den Gegebenheiten extrem unterschiedlich sein. Im richtigen Austarieren des Kapazitätsprofils liegt eine wichtige Gestaltungsaufgabe (Abschn. 3.4.3). Die Dimensionierung der Ressourcen ist also eventuell im Verlauf des Wertstromdesigns *iterativ* zu revidieren.

Der *Ressourcenbedarf* in einem Segment wird für jeden Produktionsprozess durch die Anzahl parallel eingesetzter Betriebsmittel angegeben – und muss daher ganzzahlig sein. Falls die Bearbeitungszeit größer als der Kundentakt ist, wird für den entsprechenden Produktionsprozess mindestens eine zusätzliche Ressource benötigt, damit die Zykluszeit als Quotient von Bearbeitungszeit und Ressourcenanzahl unter den Wert der Bearbeitungszeit sinkt. Nutzt man den Kundentakt, um das Kapazitätsangebot passend zum Kundenbedarf auszulegen, ergibt sich die minimale Anzahl benötigter Ressourcen aus der Division von Bearbeitungszeit und Kundentakt. Das Ergebnis ist aufzurunden, da es keine teilbaren Betriebsmittel gibt. Dieser Zusammenhang gilt unter idealen technischen Bedingungen, wie sie beispielsweise eine flexible, wartungsarme Montagelinie aufweist. Im Normalfall reduzieren jedoch Rüstvorgänge, Wartungszeiten und Störungen sowie Qualitätsprobleme das Kapazitätsangebot eines Betriebsmittels (vgl. Abschn. 2.3.1). Aufgrund der dadurch zuweilen deutlich geringeren Kapazität eines Betriebsmittels ist deren Anzahl entsprechend zu erhöhen. Damit ergibt sich für die Berechnung der benötigten Anzahl an Ressourcen:

$$\#\mathrm{Res} = \text{AUFRUNDEN}\left[\frac{BZ}{KT \times (1 - RV) \times V \times (1 - QV)}\right] \tag{3.1}$$

mit: # Res Ressourcenbedarf
BZ Bearbeitungszeit [Zeiteinheit]
KT Kundentakt [Zeiteinheit]
RV Faktor für Rüstverluste [%]
V Verfügbarkeit [%]
QV Faktor für Qualitätsverluste [%]

Bei einer Variantenfertigung erfordert die Kapazitätsauslegung einen höheren Rechenaufwand, sofern die Bearbeitungszeiten je Variante voneinander abweichen. In diesem Fall ersetzt man die einheitliche Bearbeitungszeit in Gleichung 3.1 durch die stückzahlgewichtete mittlere Bearbeitungszeit.

Im Ergebnis sollte die Kapazität eines Produktionsprozesses so dimensioniert sein, dass die Zykluszeit knapp unter dem Kundentakt liegt. Da

Betriebsmittel in ihrem Kapazitätsangebot *sprungfix* skaliert sind, entstehen durch das Aufrunden Überkapazitäten. Der Zwang zum Aufrunden auf komplette Betriebsmittel wirkt sich insbesondere dann stark negativ auf die Investitionssumme aus, wenn man kaufmännisch betrachtet hätte abrunden müssen, der zusätzliche Ressourcenbedarf also unter einer halben Maschine liegen würde. Alternativ bietet es sich hier an, den Ressourcenbedarf zu reduzieren, bis der abgerundete Wert erreicht ist. Ansatzpunkte hierzu wären:

- Erhöhung der spezifischen Leistungsfähigkeit der jeweiligen Betriebsmittel durch Reduktion der Bearbeitungszeiten je Teil.
- Verbesserung der technischen Verfügbarkeit, meist erreichbar durch eine effizientere Wartung, die gut organisiert schneller durchgeführt wird und Störungen besser vorbeugt.
- Deutliche Senkung der Rüstzeiten, durch technische und organisatorische Maßnahmen wie hauptzeitparalleles Rüsten, rüstfreundliche Vorrichtungen und/oder vergrößertes Werkzeugmagazin.
- Erhöhung der Betriebszeit einer Ressource gegenüber der ursprünglichen Berechnungsgrundlage, beispielsweise durch Wochenendschichten oder durchgearbeitete Pausen.
- Zuordnung einer Produktvariante zu einer anderen Produktfamilie in einem anderen Segment und damit Verschiebung des Ressourcenbedarfs in ein Segment mit Überkapazität.

Eine weitere Möglichkeit, Überkapazitäten zu vermeiden, besteht darin, den rechnerischen Kapazitätsbedarf abzurunden und für den verbleibenden Rest ein anders ausgelegtes Betriebsmittel mit geringerem Kapazitätsangebot einzusetzen. Für diesen Zweck ließe sich beispielsweise eine noch vorhandene, ältere Maschine mit geringerem Automatisierungsgrad verwenden oder eine leistungsschwächere, billigere Maschine beschaffen. Zwar steigen dann die Lohnstückkosten – aber eben nur anteilig und bei gesenkten Kapitalstückkosten. Das Kapazitätsangebot ist in diesen Fällen aus *heterogenen* Betriebsmitteln zusammengesetzt, was eine bessere Feinjustierung erlaubt.

Fallbeispiel Die Dimensionierung bei Liquipur sei hier an Hand der Ermittlung der Anzahl der Bearbeitungszentren für das Fräsen dargestellt (Abb. 3.13). In Produktfamilie 2 der Ölfilter ist eine Jahresstückzahl von 192.000 mit einer Bearbeitungszeit von 164 Sekunden zu bearbeiten. Um einen gleichmäßigen Wertstrom zu erreichen, soll sich die Dimensionierung am normalen Dreischichtmodell orientieren. Um den entsprechenden Kundentakt von 94,5 Sekunden zu erfüllen, werden mindestens 1,7 Maschinen, also aufgerundet 2 Maschinen benötigt. Bei Berücksichtigung eines Faktors für Rüstverluste von 3,4 Prozent, einer technischen

Verfügbarkeit von 85 Prozent und eines Faktors für Ausschussverluste von 2 Prozent (vgl. Gl. 2.24) erhöht sich der Ressourcenbedarf allerdings auf 2,2 Maschinen. Im Ergebnis hätte man also einen Bedarf an drei teuren, hochautomatisierten Bearbeitungszentren mit einer Überkapazität von insgesamt 36 Prozent. Im Ist-Zustand werden nur zwei Maschinen benötigt, da die Maschinen mannlos die Pausen durchlaufen, der Kundentakt so auf 108 Sekunden steigt (Gl. 2.12) und damit der Ressourcenbedarf auf 1,9 gedrückt werden kann. Im Zuge der Soll-Konzeption wird angestrebt, durch Senken des Rüstanteils, Anheben der Verfügbarkeit und Reduktion des Ausschusses mit zwei Maschinen auszukommen. Das Ergebnis wird dann im Taktabstimmungsdiagramm dargestellt (vgl. Abb. 3.65).

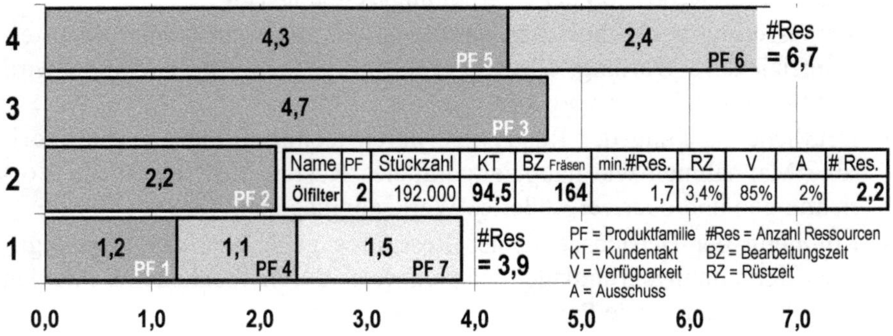

Abb. 3.13. Dimensionierung bei Liquipur

Umgekehrt zu den bisherigen Betrachtungen kann es auch sinnvoll sein, *Überkapazitäten* – auch über das Aufrunden hinaus – gezielt aufzubauen. Denn erst dadurch ist es möglich, bei relativ kurzen Lieferzeiten flexibel auf kurzfristige Nachfrageschwankungen hinsichtlich Gesamtmenge oder auch Variantenmix – vor allem bei stark unterschiedlichen Bearbeitungszeiten je Variante – zu reagieren. Diese Kapazitätsreserven können bei geringem Automatisierungsgrad kostengünstig sein. Sie sind daher insbesondere für die Montage geeignet, die zudem, da sie näher flussabwärts am Kunden sitzt, ohnehin flexibler sein sollte.

Die gezielte Planung von Überkapazitäten kann ebenfalls bei einem längeren zeitlichen Betrachtungshorizont der Dimensionierung eine Rolle spielen. Üblicherweise wird Wertstromdesign für den *Planungsfall* der kontinuierlichen Verbesserung einer bestehenden Produktion eingesetzt. Hier steht die sofortige Umsetzung von Einzelmaßnahmen im Vordergrund, wobei der konzipierte Soll-Zustand die Richtung für die einzelnen Schritte vorgibt. Für den Kundentakt kann dann in der Regel die gegenwärtige Verkaufsrate angenommen werden.

Es spricht jedoch nichts dagegen, Wertstromdesign auch für mittel- bis langfristige Umplanungen oder komplette Neuplanungen einzusetzen. In beiden Fällen ist beim Kundentakt die Realisierung des künftig angestrebten Stückzahlwachstums (oder auch Stückzahlrückgangs) zu berücksichtigen. Für die Kapazitätsdimensionierung bei Um- und Neuplanungen wird also der Kundentakt prognostisch hochgerechnet, so dass sich im Vergleich zum Ist-Zustand Überkapazitäten ergeben. Das Taktabstimmungsdiagramm dient dann als Werkzeug der langfristigen Produktionsplanung und ist somit Bestandteil des Wertstrommanagements (vgl. Abschn. 3.6.2).

Kapazitätsdimensionierung

Zielsetzung Bei der kapazitativen Dimensionierung der Ressourcen sind die Zykluszeiten der jeweiligen Produktionsprozesse aufeinander abzustimmen und am Kundentakt auszurichten.

Vorgehen Das Taktabstimmungsdiagramm als Hilfsmittel zur Kapazitätsdimensionierung zeigt das Kapazitätsangebot im Vergleich zum Kapazitätsbedarf. Da die Ressourcenzahl immer ganzzahlig gewählt werden muss, ist das Kapazitätsangebot sprungfix skaliert und daher nicht ohne weiteres mit dem Kapazitätsbedarf in Übereinstimmung zu bringen. Für die Gestaltung der Ressourcen sowie der Produktionsprozesse ergibt sich daraus die Anforderung, durch Erhöhen der Produktionsleistung oder Absenken der Verlustzeiten den Kundentakt genauer zu treffen und damit das Aufrunden beim Ermitteln des Ressourcenbedarfs zu vermeiden.

3.2.2 Prozessintegration und kontinuierliche Fließfertigung

Mit Angabe der Art und jeweiligen Anzahl der benötigten Ressourcen sind die Produktionsprozesse grob dimensioniert. Dabei greift man im Regelfall auf bereits vorhandene Betriebsmittel oder auf noch als Ersatz oder zur Erweiterung zu beschaffende Betriebsmittel ähnlichen Typs, aber neuerer Bauart zurück. Im nächsten Schritt ist nun die Aufteilung der Wertschöpfung auf die gewählten Produktionsprozesse mit den jeweils zugeordneten und dimensionierten Betriebsmitteln zu überprüfen. Der bisher lediglich nach Produktfamilien neu strukturierte Ist-Zustand der Produktion ist nun hin zu einem neu konfigurierten Soll-Zustand der eingesetzten Produktionsprozesse weiterzuentwickeln. Dabei sind einerseits die verwendeten Technologien hinsichtlich ihrer Eignung für eine wertstromorientierte Produktion zu prüfen. Andererseits ist die maschinelle und organisatorische Abgrenzung der einzelnen Produktionsprozesse voneinander neu zu gestalten.

Eine *ideale Produktion* verbindet die Vorteile industrieller Arbeitsteilung mit handwerklicher Einzelfertigung. Sie realisiert einerseits die mit Strukturierung der Arbeitsaufgabe und Spezialisierung der Arbeitsmittel und Arbeitskräfte gewonnenen Produktivitätsgewinne. Sie erreicht andererseits exakt den Kundenwunsch dadurch, dass jeweils das benötigte Produkt einzeln produziert werden kann. Dieses Ideal ist mit dem Flussprinzip tatsächlich erreichbar, sofern etwaige technologische Hindernisse beseitigt werden können.

Beim Flussprinzip sind die einzelnen Arbeitsplätze entsprechend der Folge der Arbeitsaufgaben räumlich angeordnet (DIN 33415). Mit Aufteilung der Arbeitsaufgaben auf einzelne Arbeitsplätze wird die Arbeitsteilung realisiert. Ergänzt man nun die Bedingung, dass sich an jedem mit einem Mitarbeiter besetzten Arbeitsplatz genau ein angearbeitetes Produkt zu befinden hat, dann erhält man die *kontinuierliche Fließfertigung*. Ist ein Prozessschritt abgeschlossen, wird das angearbeitete Produkt sofort zum nächsten Prozessschritt weitergereicht. Im Englischen spricht man daher sehr treffend von ‚One Piece Flow'. Die ideale Produktion erzeugt das soeben bestellte Produkt beginnend beim Rohmaterial in einer durchgängigen Kette gut ausgelasteter Arbeitsschritte.

Eine kontinuierliche Fließfertigung ist im Grunde ein einzelner Produktionsprozess, der lediglich in eine Abfolge von Prozessschritten untergliedert ist. Der ideale Wertstrom lässt sich demnach abbilden als ein Prozess, in den Rohmaterial hineinfließt und in dem daraus ohne Unterbrechung der Bearbeitung unmittelbar das Endprodukt hergestellt wird. Diesen Zielzustand erreicht man durch *Integration* vormals getrennter Produktionsprozesse. Erste Gestaltungsaufgabe bei der Entwicklung des Soll-Zustands einer Produktion ist also die Konzeption einer derartigen ‚Ein-Prozess-Fabrik' durch Zusammenfassung möglichst vieler Prozessschritte in einem integrierten Produktionsprozess oder in einer kontinuierlichen Fließfertigung, deren jeweilige Kapazität dem Kundentakt entspricht. Folgende Gestaltungsrichtlinie führt demnach zur ideal gestalteten Produktion:

Gestaltungsrichtlinie 2: *Prozessintegration*

Produktionsprozesse sind soweit möglich in einem integrierten Produktionsprozess oder in einer kontinuierlichen Fließfertigung zusammenzufassen.

Es lassen sich zwei grundlegende Ansätze der Prozessintegration unterscheiden – ein technologisch geprägter in der Fertigung sowie ein arbeitsablauforientierter in der Montage. Im ersten Fall ist bereits ein zur automatischen Fräsbearbeitung hauptzeitparalleles manuelles Entgraten oder

Bohren eine einfache Form der Prozessintegration. Die eigentliche technologische Integration erfolgt jedoch durch eine Zusammenfassung mehrerer Bearbeitungsverfahren wie beispielsweise der drei spanabhebenden Verfahren Bohren, Fräsen und eingeschränkt auch Drehen in einem automatisierten, mehrachsigen Bearbeitungszentrum. So kann eine Abfolge von Drehen, Fräsen in zwei Aufspannungen und Bohren, die über mehrere Werkzeugmaschinen hinweg erfolgt, durch eine *Komplettbearbeitung* auf einer einzelnen Maschine ersetzt werden. Durch Weiterentwicklungen der Maschinentechnologie wie der Einsatz für Dreharbeiten geeigneter rotierender Tische, integrierter Schleifspindeln oder integrierter Laser zur Oberflächenbehandlung (Härten) wird dieser technologische Ansatz weiter verfolgt.

Im zweiten Fall erfolgt die Zusammenfassung von mehreren Montageschritten und Baugruppenmontagen in einer kontinuierlichen *Fließmontage*. Dieser Ansatz setzt auf die Steigerung der Arbeitseffizienz durch Verbesserung eines stark manuell geprägten Arbeitsablaufes. Durch Einbindung einzelner teilautomatischer Bearbeitungsmaschinen wandelt sich die Fließmontage zur Fließfertigung. In dieser Weise lassen sich beide Ansätze passend zu den jeweiligen Anforderungen kombinieren.

Um in einer Fabrik das Flussprinzip durchgängig zu realisieren, sind zudem Chargenprozesse in *Durchlaufprozesse* umzuwandeln. So gelingt bei Waschmaschinen des öfteren eine Teilereinigung im Einzelstückfluss, sogar direkt im Anschluss an die vorgelagerte spanabhebende Bearbeitung. In der Oberflächen- und Wärmebehandlung (Lackieren, Galvanisieren, Härten) erscheinen jedoch die anlagentechnischen Monumente der Chargenbearbeitung aus Sicht der jeweiligen Hersteller offenbar unvermeidbar.

In den folgenden Abschnitten soll nun neben den grundlegenden Eigenschaften und Vorteilen der Prozessintegration das *Vorgehen zur Konzeption* einer Fließfertigung skizziert werden. Nach Festlegung des richtigen Automatisierungsgrades sind wesentliche Bausteine des Konzeptes die Ansatzpunkte und Methoden der Taktabstimmung, die schließlich die Verteilung der Arbeitsinhalte auf die Mitarbeiter ermöglichen. Durch unterschiedliche Arbeitsverteilungen kann eine Fließfertigung zusätzlich kapazitätsflexibel ausgelegt werden.

Eigenschaften der Fließfertigung

Vergleicht man die kontinuierliche Fließfertigung mit der diskontinuierlichen Losfertigung, dann werden die Vorteile dieses Produktionsprinzips besonders deutlich (Abb. 3.14). Am auffälligsten ist die drastische Verkürzung der Durchlaufzeit. Ferner resultieren aus dem Wegfall der Zwischenlagerung deutliche Verbesserungen in der Wirtschaftlichkeit der Produktion. In der Variantenproduktion kann zudem sehr leicht ein dem Kundenbedarf exakt entsprechender Variantenmix produziert werden. Ein nicht unmittelbar augenfälliger positiver Effekt der Fließfertigung ist schließlich die systembedingte Verbesserung der Produktionsqualität. Diese vier Vorteile, die übrigens den vier Zieldimensionen entsprechen (Abschn. 1.2.2), seien im Folgenden näher erörtert.

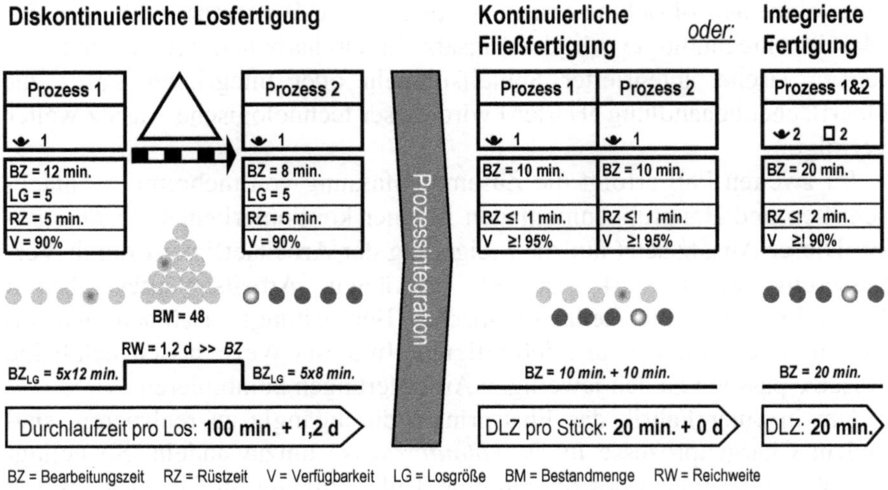

Abb. 3.14. Durch Prozessintegration von der diskontinuierlichen Losfertigung zur kontinuierlichen Fließfertigung oder einer integrierten Fertigung

Durchlaufzeit Die drastische *Verkürzung der Durchlaufzeit* beträgt im Falle der Losfertigung mindestens die Summe der Bearbeitungszeiten multipliziert mit der Losgröße. Aufgrund der Prozessunterbrechung kommt aber in der Regel noch eine deutlich längere Zwischenlagerungs- oder Pufferzeit hinzu. Im dargestellten einfachen Zahlenbeispiel erhält man bei zwei Prozessen mit einer Minute Bearbeitungszeit und der recht kleinen Losgröße von 5 Stück eine Durchlaufzeit von 10 Minuten (Abb. 3.14). Die Zwischenlagerung ist abhängig von der jeweiligen Planung und Steuerung, liegt aber typischerweise im Bereich von Stunden (zum Beispiel Pufferung in Arbeitsplatznähe) oder sogar Tagen (zum Beispiel Zwischenlagerung bis zur Auftragsfreigabe für die Weiterbearbeitung). Bei der Fließfertigung entfällt dieser oft auch schwer kalkulierbare Zeitanteil vollständig. Die Mitarbeiter bearbeiten ein Stück und reichen es direkt weiter an den nächsten Arbeitsplatz – oder nehmen es, je nach Arbeitsorganisation, selbst zum nächsten Arbeitsplatz mit. Im Zahlenbeispiel reduziert sich so die Durchlaufzeit auf die Summe der Bearbeitungszeiten für ein Stück, also auf zwei Minuten.

Wirtschaftlichkeit Durch den Entfall der Zwischenlagerung wird das gebundene Kapital gesenkt und vor allem werden alle Tätigkeiten eliminiert, die mit Ein- und Auslagerung, Transporten zum und vom Lagerplatz sowie der Lagerverwaltung zu tun haben. Dadurch sind deutliche *Produktivitätsgewinne* zu erreichen. Ferner entfällt der jeweilige Lagerflächenbedarf. Die Prozessintegration zwingt außerdem zur flächensparenden Anordnung der Arbeitsplätze, damit das unmittelbare Weiterreichen der Produkte überhaupt möglich ist. Insbesondere in Montagen kann so eine deutliche Steigerung der *Flächenproduktivität* gegenüber konventioneller Montage in kleinen Losen erreicht werden. Die Flächenverdichtung eliminiert zudem Laufwege und trägt so zur Produktivitätssteigerung bei. Vorausgesetzt werden muss hier allerdings, dass die Betriebsmittel nah zueinander angeordnet werden können. Bauliche oder technische Restriktionen könnten dagegen sprechen.

Variantenmix Da die Fließfertigung eine Einzelstückfertigung ist, kann jeder beliebige, also auch der dem Kundenbedarf exakt entsprechende Variantenmix produziert werden. Eine kundenspezifische Produktion ist in gleichem Maße einfach möglich. Die Realisierung einer solchen *maximalen Variabilität* setzt allerdings zweierlei voraus – die Minimierung der Rüstzeiten sowie variantenunabhängige Bearbeitungszeiten.

Eine Einzelstückfertigung mit beliebiger Variantenfolge ist nur möglich, wenn es keine Rüstzeiten oder andere technische Restriktionen für die Reihenfolge gibt. Die 30 Sekunden Rüstzeit im Zahlenbeispiel entsprechen 10 Prozent der Bearbeitungszeit eines Loses (Abb. 3.14). Bliebe diese Rüstzeit unverändert, so würde sie 50 Prozent der Bearbeitungszeit ausmachen, was bei einer variantenreichen Serienproduktion unsinnig wäre. Eine Bedingung für die Einführung der Fließfertigung ist daher eine nahezu gänzliche Vermeidung von Rüstzeiten. Minimale Rüstzeiten bleiben, abgesehen davon dass es sich um Verschwendung handelt, möglich. Bei einer Reduktion der Rüstzeit im Zahlenbeispiel auf sechs Sekunden würde man sich nicht verschlechtern; die Rüstzeit sollte also unter diesen sechs Sekunden liegen. Lässt sich die Rüstzeit nicht ausreichend reduzieren, ist alternativ die Realisierung einer Fließfertigung mit *überlappenden Losen* möglich. Dann verliert man zwar die Freiheit in der Reihenfolgebildung, sichert sich aber die anderen Vorteile des Fließprinzips.

Eine beliebige Variantenfolge ist zudem nur dann einfach möglich, wenn die Bearbeitungszeiten je Prozessschritt wie im Zahlenbeispiel unabhängig von der Variante sind. Bei einer variantenabhängigen *Spreizung* der Bearbeitungszeit kann es – je nach den Umsetzungsdetails – zu Stauungen oder Wartezeiten an den einzelnen Bearbeitungsstationen kommen, wenn nämlich schnelle Varianten die langsamen einholen und umgekehrt.

Dies kann man in gewissen Grenzen durch arbeitsorganisatorische Maßnahmen oder geringfügige Entkopplung der Prozessschritte (Abschn. 3.3.1) vermeiden. Im Ergebnis pulsiert die Ausbringung der Fließfertigung entsprechend stark. Die direkte Aufeinanderfolge von Varianten mit großem und deutlich kleinerem Arbeitsinhalt ist relativ schwer zu koordinieren. Als Erfahrungswert für die maximale Spreizung der Bearbeitungszeit in einer Fließmontage kann man 30 Prozent angegeben. Produkte, die außerhalb dieses Korridors liegen, müsste man dann einer anderen Produktfamilie zuordnen. Es ist aber auch denkbar, neben einer variantengesteuerten Mitarbeiteranzahl im Prozess unterschiedlich stark ausgeprägte *Reihenfolgerestriktionen* für die Abfolge der Varianten zu definieren und im Produktionsbetrieb dann entsprechend einzuhalten.

Noch größere Schwierigkeiten treten auf, wenn die Bearbeitungszeiten der einzelnen Prozessschritte variantenabhängig unterschiedlich stark schwanken. Eine Taktabstimmung macht dann eine variantenabhängige Zuordnung der Mitarbeiter zu den Arbeitsstationen erforderlich, was dann auch entsprechend zu steuern ist. Ist nur eine Arbeitsstation betroffen, wird man sie wohl nicht in die Fließfertigung integrieren, sondern anders mit der verbleibenden Fließfertigung verknüpfen (Abschn. 3.3).

Fehlerentdeckung Das Flussprinzip beeinflusst auch die Produktionsqualität. Entsteht in einem Prozess ein Fehler, der erst im Folgeprozess entdeckt werden kann, so dauert es bis zur Entdeckung in der Losfertigung sehr lange. Im Beispiel sind die fehlerhaften Teile mit der abweichenden Einfärbung der kreisförmigen Produktsymbole markiert (Abb. 3.14). Das fehlerhafte zweite Stück des ersten Prozesses wird zunächst einmal zwischengelagert und dann erst im zweiten Prozess an fünfter Stelle als Ausschuss erkannt. Bis dahin ist die Ursache der Fehlerentstehung nicht mehr richtig nachvollziehbar. Anders in der Fließfertigung. Das Schlechtteil kommt sofort in den Folgeprozess und kann damit auch unmittelbar eine Ursachenermittlung auslösen. So ist ein deutlich verbessertes Qualitätsmanagement möglich. Bei systematischen Fehlern erreicht man eine Reduktion der Fehlerkosten durch die ablaufbedingte *Fehlerfrüherkennung*, da nicht erst ein ganzes Los als Ausschuss produziert wird, bevor dies im Folgeprozess (oder in einem zwischengeschalteten Qualitätsprüfprozess) erkannt wird.

Verfügbarkeit Ähnlich wie Schlechtteile sofort erkannt werden, haben auch *Störungen* einzelner Betriebsmittel einen sofortigen Einfluss auf den Produktionsablauf – er kommt nämlich komplett zum Erliegen. Daraus ergeben sich zusätzliche Anforderungen an die Gestaltung einer Fließfertigung. Umgekehrt ist es nämlich bei der Losfertigung: Fällt bei den separierten Produktionsprozessen eine Maschine aus, dann können alle anderen

Produktionsprozesse an ihren Losen weiterarbeiten. Die dem gestörten Prozess nachfolgenden Prozesse können sich aus dem Zwischenlager bedienen – und die vorausgehenden Prozesse füllen das Lager vor dem gestörten Prozess. Solange die Betriebsmittel nicht verkoppelt sind, hat man eine deutlich höhere Verfügbarkeit der Produktion insgesamt und damit eine entsprechend höhere Ausbringung.

Wenn also im Zahlenbeispiel in beiden Prozessen Betriebsmittel mit einer Verfügbarkeit von je 90 Prozent benutzt werden, dann erreicht man in der Losfertigung auch eine Gesamtausbringung von 90 Prozent bezogen auf die theoretische Maximalmenge (Abb. 3.14). Vorausgesetzt sei dabei eine gut dimensionierte Pufferauslegung, die die längste Störungsdauer zu überbrücken erlaubt. In der Fließfertigung jedoch multiplizieren sich die Verfügbarkeiten zu einer Gesamtverfügbarkeit von im Zahlenbeispiel nur noch 81 Prozent – und je länger die Prozesskette, desto drastischer die Reduktion. Um im Beispiel die gleiche Ausbringung zu erreichen, müssten die Verfügbarkeiten auf jeweils 95 Prozent gesteigert werden. Damit eine Fließfertigung gut funktioniert, ist also eine hervorragende Verfügbarkeit der Einzelkomponenten unabdingbar. Aus diesem Grunde finden sich Fließfertigungen auch vornehmlich in der Montage und weniger in der mechanischen Fertigung.

Risikobereitschaft in der schlanken Produktion

Qualitätsprobleme und Störungen werden in einer Fließfertigung schnell erkennbar – und nötigen auch zu entsprechend rascher Reaktion. Das Produzieren erscheint dadurch riskanter, dass Störungen nicht durch Bestände aufgefangen werden können. Umgekehrt gibt es aber auch keine Bestände, die größere Mengen zunächst unerkannter Schlechtteile enthalten, die dann wiederum bei Bedarf doch nicht der Weiterbearbeitung zur Verfügung stehen. Wie auch immer, entscheidend ist, dass die Fließfertigung beide Problembereiche sichtbar macht und so erst den Druck erzeugt, Prozessverbesserungen einzuführen. Im anderen Fall lassen sich diese Verschwendungen allzu leicht in den Beständen verbergen.

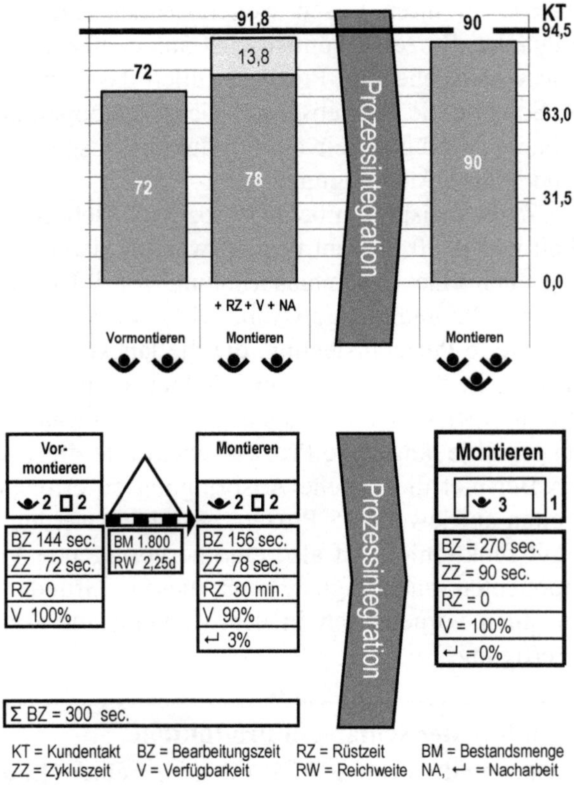

Abb. 3.15. Fließmontage bei Liquipur

Fallbeispiel Bei Liquipur werden in der Sollkonzeption die beiden Prozesse ‚Vormontieren' und ‚Montieren' zu einer Fließmontage integriert, die als U-Linie ausgestaltet werden soll. Als Fließfertigung gestaltete Produktionsprozesse können mit einer stilisierten U-Linie im Symbol hervorgehoben werden (Abb. 3.15, rechts). Die neugestaltete Montagelinie soll gegenüber dem Ist-Zustand einige technische Verbesserungen aufweisen: Elimination der Rüstzeit, Erhöhung der Verfügbarkeit auf 100 Prozent sowie Elimination der Nacharbeit. Die Zykluszeit sollte geringfügig unter dem Kundentakt von 94,5 Sekunden liegen – bewährt haben sich hier 5 Prozent. Damit sind auch Verteilzeiten berücksichtigt. Für die Montagelinie ergibt sich somit eine anzustrebende Zykluszeit von 90 Sekunden. Bei drei Mitarbeitern wäre dann eine Bearbeitungszeit von 270 Sekunden zu erreichen. An den alten Montagearbeitsplätzen beträgt die summierte Bearbeitungszeit 300 Sekunden. Gelingt es, diese Zeit um 10 Prozent zu senken, dann kann der Mitarbeiterbedarf in Summe von vier auf drei Mitarbeiter gesenkt werden. Der *Produktivitätsgewinn* beträgt dann insgesamt 25 Prozent.

Zusätzlich entfällt durch die Prozessintegration der Bestand von 1.800 Stück zwischen den zuvor getrennten Montageprozessen. Damit reduziert sich die *Produktionsdurchlaufzeit* um 2,25 Tage. Im Soll-Konzept besteht damit der Wertstrom der Bus-Ölfilter aus den fünf Prozessen Versenden, Montieren, Waschen, Fräsen und Entladen (Abb. 3.16). Die Parameter wie Anzahl der Mitarbeiter, Bearbeitungszeit, Rüstzeit usw. sind für die Fließmontage bereits festgelegt. Bei den anderen Produktionsprozessen sind die Anforderungen an die Prozessparameter in Abhängigkeit von der Art ihrer jeweiligen logistischen Verknüpfung festzulegen. Dies ist in den folgenden Abschnitten noch zu erörtern.

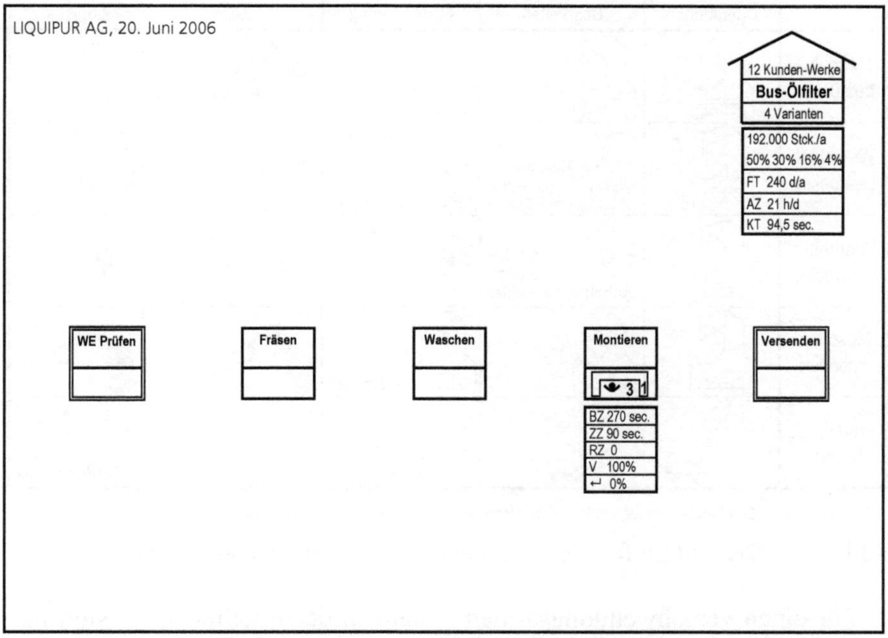

Abb. 3.16. Wertstromdesign bei Liquipur (1): Produktionsprozesse und Kundenbedarf

Festlegung des Automatisierungsgrades

Am Anfang der Gestaltung einer kontinuierlichen Fließfertigung stehen die Bestimmung des Arbeitsinhaltes mit dem zugehörigen Zeitbedarf sowie die Festlegung des geeigneten Automatisierungsgrades mit der entsprechenden Maschinenkapazität. Zunächst ist daher der gesamte Arbeitsablauf aufzunehmen durch eine detaillierte Untergliederung in seine einzelnen *Arbeitselemente.* Insbesondere bei der Ermittlung des Zeitbedarfs für die einzelnen Arbeitselemente können Videoanalysen sehr hilfreich sein. Im Anschluss daran ist jedes Arbeitselement dahingehend zu bewerten, ob es eine wertschöpfende Tätigkeit, eine Nebenarbeit oder aber reine Verschwendung darstellt. Im Taktabstimmungsdiagramm stellt man dann den um die *Verschwendungsanteile* reduzierten Arbeitsinhalt dar. Entsprechend der Ergebnisse dieses sogenannten ‚Papier-Kaizen' erhält man die zeitlichen Vorgaben für die Neugestaltung des Arbeitsablaufs, die sich durch Verbesserung der ergonomischen Gestaltung, der Teilebereitstellung sowie der Gestaltung der Vorrichtungen erreichen lässt.

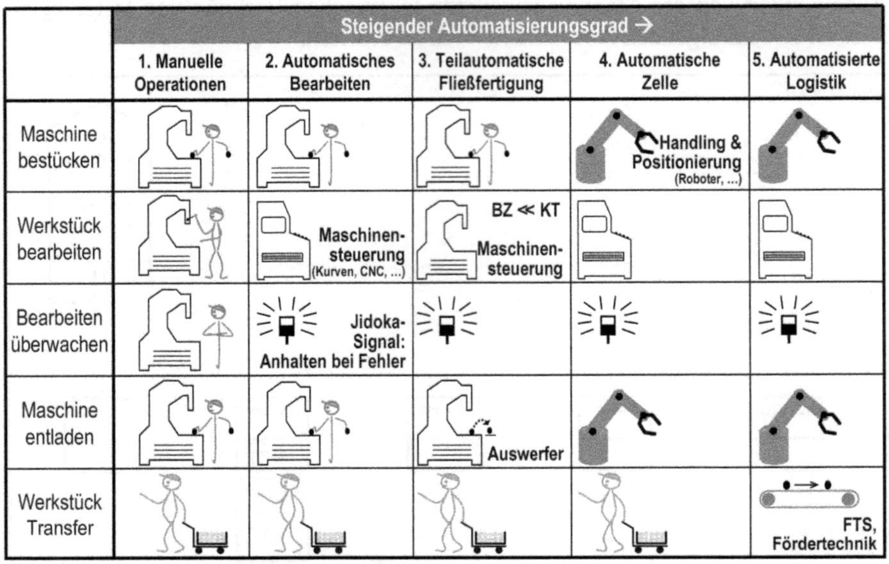

KT = Kundentakt BZ = Bearbeitungszeit CNC = Computerized Numeric Control FTS = Fahrerloses Transportsystem

Abb. 3.17. Die fünf Stufen des zunehmenden Automatisierungsgrades

Für einen verschwendungsarmen Ablauf in der Fließfertigung sind insbesondere die richtigen Betriebsmittel zu wählen. Eine Minimalforderung ist im Unterschied zur nackten Werkbank der Einsatz von Haltevorrichtungen für die zu bearbeitenden beziehungsweise zu montierenden Teile. Häufig wird nämlich die linke Hand als flexible und scheinbar kostengünstige Haltevorrichtung missbraucht, was aber beidhändig wertschöpfendes Arbeiten unmöglich macht. Wichtig insbesondere bei Montagearbeitsplätzen ist eine ergonomisch günstige Teilebereitstellung mit im Greifraum angeordneten, montagegerecht kleinen Behältern. Sofern es maschinelle Bearbeitungsschritte gibt, stellt sich die Frage nach dem richtigen *Automatisierungsgrad*. Hierbei lassen sich neben der rein manuellen Ausgestaltung einer Fließfertigung vier unterschiedliche Stufen der Automatisierung unterscheiden (Abb. 3.17). Generell gilt der Zusammenhang, dass mit dem Automatisierungsgrad die Investitionskosten steigen und die Lohnstückkosten sinken. Davon unabhängig ist aber zu berücksichtigen, dass zuweilen aus Gründen der Qualitätsanforderungen ein Mindestmaß an Automatisierung erforderlich ist. Zudem hat die Art und Weise der Automatisierung einen großen Einfluss auf Flexibilität und Wandlungsfähigkeit. Tendentiell lassen sich automatisierte Systeme flexibel in ihren voreingestellten Grenzen einsetzen, erfordern aber bei einer über das Vorgeplante hinausgehenden Änderung einen großen und sehr teueren Umbauaufwand, sind mithin nicht wandlungsfähig.

Der erste Grad der Automatisierung betrifft ausschließlich den Bearbeitungsprozess direkt, der mechanisch über Kurven oder numerisch über Programme gesteuert sein kann. Dazu gehört dann auch, dass die reinen Überwachungsaufgaben des ‚zuschauenden' Mitarbeiters nach Möglichkeit durch Funktionen der Selbstüberwachung eliminiert werden (Abb. 3.17, Spalte 2). Bei Störungen im Bearbeitungsablauf oder generell Abweichungen geprüfter Parameter von ihrem jeweiligen Normalwert stoppt der Bearbeitungsprozess und die Maschine gibt eine Signalmeldung. Erst wenn tatsächlich eine Störung im Ablauf auftritt, muss der Mitarbeiter seine Aufmerksamkeit der jeweiligen Maschine zuwenden. Dieses *autonome Automation* (japanisch ‚Jidoka') genannte Prinzip wurde wohl erstmals von Toyota bei Webmaschinen eingesetzt, die bei dem immer wieder auftretenden Fadenriss automatisch anhielten, ein entsprechendes Signal gaben und es so möglich machten, dass ein Mitarbeiter mehrere Webmaschinen betreut. Es bietet sich an, dieses Prinzip auf alle automatisierten Bearbeitungsprozesse, also auch auf Automaten in einer Werkstattfertigung, zu übertragen. Durch Trennung der menschlichen Arbeit von der Maschinenlaufzeit durch *Mehrmaschinenbedienung* kann so der Anteil der Arbeit um den entsprechenden Faktor gesenkt werden.

In einer teilautomatischen Fließfertigung kommt als weiteres Element ein *automatischer Auswerfer* hinzu, der jeweils nach Ablauf eines Maschinentaktes das Teil aus der Bearbeitungsvorrichtung automatisch auswirft und so die Maschine bereit macht für eine neue Bestückung durch den Mitarbeiter, ohne dass dieser die Bearbeitungsvorrichtung erst dazu vorbereiten muss (Abb. 3.17, Spalte 3). Diese Automatisierung des Auswerfens ist in der Regel sehr kostengünstig, da sie nicht präzise geführt werden braucht. Sie führt aber umgekehrt zu einer großen Einsparung von Arbeitszeit, da ein Handhabungsvorgang entfällt. Ein zweites wichtiges Prinzip bei der Umsetzung dieser kostengünstigen Form von Automatisierung – auch als ‚Low-Cost-Automation' bezeichnet – ist die großzügige *Überdimensionierung* der Maschinen. Dieses Vorgehen ist lohnkostenoptimiert: Es wartet nicht der Mensch auf die Maschine, sondern die Maschine wartet auf den Menschen, der während der Maschinenlaufzeit Tätigkeiten an anderen Arbeitsstationen ausführt. Außerdem unterstützt die Überdimensionierung der maschinellen Einrichtungen in der Fließfertigung eine hohe Kapazitätsflexibilität.

Deutlich anspruchsvoller als das automatische Auswerfen ist die Realisierung einer automatischen Werkstückzuführung, da hier eine exakte Positionierung und Sicherung erforderlich ist (Abb. 3.17, Spalte 4). In diesen Fällen wird man ohne *Robotik* oder vergleichbare Einrichtungen zur gezielten Handhabung von Einzelteilen nicht auskommen. Dem vergleichsweise hohen technischen Aufwand steht eine große Vielfalt der Einsatzmöglichkeiten gegenüber. Im Unterschied zur teilautomatischen Fließfertigung können sehr komplexe Bewegungsabläufe automatisiert werden. Und in Erweiterung rein manueller Tätigkeiten können größere Gewichte gehandhabt und Operationen in gefährlichen oder auch gesundheitsgefährdenden Umgebungen ausgeführt werden. Beides ist zwar auch ohne Automatisierung manuell gesteuert möglich, benötigt aber trotzdem entsprechende maschinelle Einrichtungen und Handhabungshilfen.

Sehr verlockend ist häufig auch die Automatisierung des Transfers von Werkstücken zum jeweils nächsten Bearbeitungsschritt mit *Fördertechnik* wie beispielsweise Transportbändern, Kettenförderern oder Fahrerlosen Transportsystemen (Abb. 3.17, Spalte 5). Auf diese Weise hat man das Maximum der Automatisierung erreicht und kann sich gar eine ‚menschenleere' Fabrik vorstellen, jedenfalls was die unmittelbare Arbeit im Produktionsprozess angeht. Dies wirkt, wie alle Automatismen, besonders faszinierend, und lenkt im gleichen Ausmaß den Blick von den gravierenden Nachteilen ab. Denn hier wird es oft sehr teuer; zunächst bei der Erstinstallation der Fördertechnik – was sich mitunter noch ‚rechnen' mag – sodann aber beim späteren Umbau, falls Änderungen im Ablauf erforderlich sind, eine Komponente getauscht oder ergänzt werden soll. Dies wird vor allem dann zum riskanten Innovationshemmnis, wenn die Umbaukosten der Fördertechnik mögliche Verbesserungen am Produktionsprozess verhindern.

Automatisierungsgrad

Die Festlegung des *richtigen* Automatisierungsgrades muss so erfolgen, dass im jeweiligen Fall eine ausreichend flexible, hochqualitative und kostengünstige Produktion im schnellen Durchfluss erreicht werden kann. Generell ist eine Mehrmaschinenbedienung anzustreben, die die Implementierung eines Signalgebers zur Störungsmeldung nach dem Prinzip der autonomen Automation voraussetzt. Bei einer teilautomatischen Fließfertigung werden nur die einfachsten Teiloperationen automatisiert, so dass bei Teilauslastung der maschinellen Einrichtungen Wartezeiten der Mitarbeiter konsequent vermieden werden. Die deutlich aufwendigere und teurere Automatisierung der Handhabung ermöglicht eine komplett andere Produktionsprozessgestaltung und sollte daher nicht bloß menschliche Bewegungen imitieren. Die Automatisierung des Werkstücktransfers kann sich deutlich nachteilig auf die Wandlungsfähigkeit der Produktion auswirken.

Taktabstimmung in der Fließfertigung

Die Prozessintegration in der Fließfertigung macht eine *Taktabstimmung* zwischen den integrierten Prozessschritten erforderlich. Während isolierte Produktionsprozesse mit Überstunden oder durch das Streichen oder Hinzunehmen einzelner Schichten in ihrer Kapazität recht leicht auf den Kundenbedarf abgestimmt werden können, müssen bei der Fließfertigung alle Prozesse im gleichen Takt arbeiten, wenn nicht teure Wartezeiten der Mitarbeiter in Kauf genommen werden sollen.

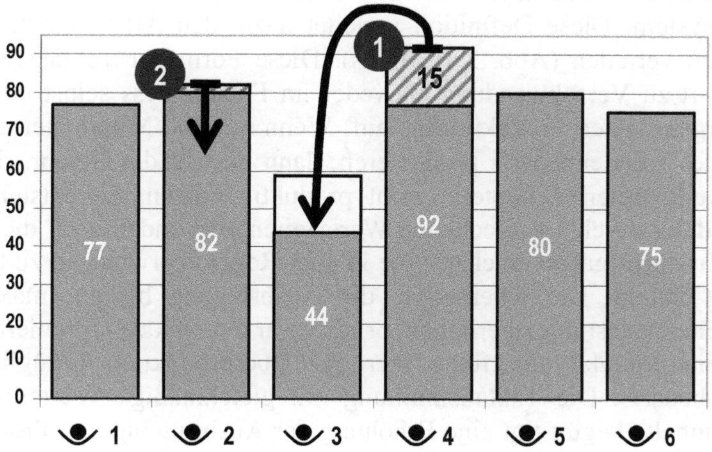

Abb. 3.18. Ansatzpunkte zur Taktabstimmung

Die Zuordnung des Arbeitsinhalts zu den einzelnen Mitarbeitern lässt sich mit dem Taktabstimmungsdiagramm übersichtlich darstellen. Dabei ist es durchaus möglich, dass ein Mitarbeiter für mehrere nebeneinanderliegende Arbeitsstationen zuständig ist. Um zu einer Taktabstimmung zwischen den einzelnen Mitarbeitern zu gelangen, gibt es grundsätzlich zwei Ansatzpunkte – die *Verschiebung* von Arbeitselementen und die *Reduktion* von Arbeitsinhalten (Abb. 3.18). Mit der Verschiebung von einzelnen Arbeitselementen an einen anderen Arbeitsplatz oder, was einfacher ist, einer anderen Zuordnung von Arbeitsstationen zu Mitarbeitern kann der Arbeitsinhalt ausgewogener verteilt werden. So kann man im Zahlenbeispiel einen Arbeitsgang mit fünfzehn Sekunden Arbeitsinhalt von Mitarbeiter 4 auf Mitarbeiter 3 verschieben, so dass deren Aufwand nun 77 beziehungsweise 59 Sekunden beträgt.

Eine zweite Möglichkeit ist es, den Arbeitsinhalt bei den Mitarbeitern mit der höchsten Arbeitsbelastung gezielt zu reduzieren. Durch Handhabungshilfen oder Automatisierung können einzelne Arbeitselemente beschleunigt oder überflüssig werden. Wichtig ist hierbei zu beachten, dass die *Amortisation* der zusätzlichen Betriebsmittel anders zu kalkulieren ist. Gelingt es, den Arbeitsinhalt von Mitarbeiter 2 um zwei Sekunden zu reduzieren, dann betrifft dieser Effekt alle sechs Mitarbeiter, reduziert also den lohnkostenrelevanten Zeitaufwand pro Produkt um 12 Sekunden. Würde die gleiche Maßnahme Mitarbeiter 1 betreffen, dann wäre keine Lohnkosteneinsparung zu erreichen, es sei denn man kombiniert die Reduktion mit einer zusätzlichen Verschiebung von Arbeitselementen.

Die Taktabstimmung ist definiert in DIN 33415 als die Aufteilung von Arbeitsaufgaben zur gleichmäßigen Auslastung aller Arbeitsplätze im Arbeitssystem. Diese Definition verleitet dazu, den Arbeitsinhalt *gleichmäßig* zu verteilen (Abb. 3.19, links). Diese Form der Taktabstimmung aber führt zu Verschwendung entweder im Fließprozess selbst oder aber im übergeordneten Produktionsablauf. Wenn nun die Mitarbeiter entsprechend des Kundenbedarfs produzieren, dann besteht die Gefahr, dass sie die jeweils freien Zeitanteile nicht produktiv nutzen. So entsteht Verschwendung durch entsprechende Wartezeiten oder indem sich die Mitarbeiter Zusatzaufgaben ‚suchen', die in aller Regel überwiegend zu Scheinleistung führen. Die Alternative, die Ausbringung bis zur maximalen Mitarbeiterauslastung zu erhöhen, bringt zwar eine lokale Optimierung der Mitarbeiterproduktivität, führt aber zur Überproduktion bezüglich des Kundenbedarfs. Die Taktabstimmung mit gleichmäßiger Verteilung der Arbeitsinhalte begünstigt eine Erhöhung der Ausbringung, um Produktivitätsverluste zu vermeiden. Der *Auslastungsdruck* bei ausgeglichener Arbeitsverteilung führt nur zu einer scheinbaren Verbesserung der Produktion.

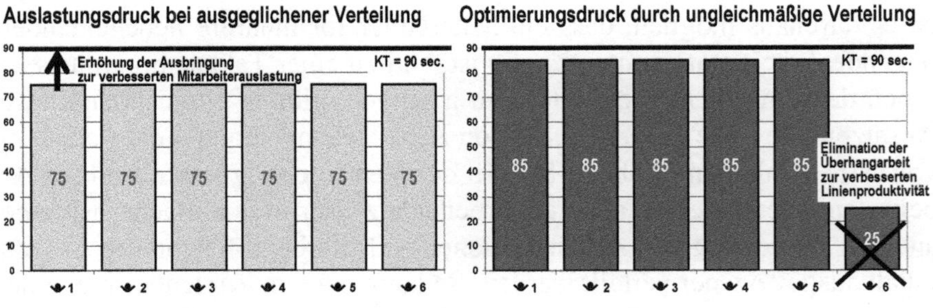

Abb. 3.19. Methoden der Taktabstimmung in einer Fließfertigung

Der am Wertstrom orientierte Lösungsansatz richtet sich dagegen strikt am Kundentakt aus und führt dadurch zu einer *ungleichmäßigen* Verteilung der Arbeitsinhalte (Abb. 3.19, rechts). Im Ergebnis arbeiten alle Mitarbeiter bis auf einen mit am Kundentakt orientierter Belastung, während sich die Überkapazität der Fließfertigung auf einen Mitarbeiter konzentriert. Dies soll den Verschwendungsanteil im System besonders deutlich machen. So entsteht ein *Optimierungsdruck* dahingehend, die Überhangarbeit zu eliminieren und durch Einsparen des dadurch überzähligen Mitarbeiters weitere Produktivitätsgewinne zu erreichen. Im Ergebnis erreicht man schließlich eine optimale Taktabstimmung direkt am Kundentakt. Dazu können die zuvor vorgestellten Instrumente der gezielten Reduktion und Verschiebung von Arbeitsinhalten iterativ immer wieder durchgeführt werden. Mit der ungleichmäßigen Verteilung werden Anreize zur kontinuierlichen Verbesserung im Arbeitssystem integriert.

Im Unterschied zu der mit Gleichung 3.1 formulierten Grobauslegung der Betriebsmittel-Kapazitäten ist die Zielvorgabe bei der Auslegung einer Fließfertigung durch Abrunden zu erreichen:

$$\#\mathrm{MA} = \text{ABRUNDEN}\left[\frac{\sum BZ_i}{KT \times 95\% \times \#\mathrm{Res}}\right] \tag{3.2}$$

mit: # MA Anzahl Mitarbeiter in der Fließfertigung
BZ_i Bearbeitungszeit an Station *i* [Zeiteinheit]
KT Kundentakt [Zeiteinheit]
Res Anzahl paralleler Fließlinien

Häufig ist es empfehlenswert, etwas Luft zum Kundentakt als sachliche *Verteilzeit* zu belassen. Damit sind unter anderem auch die Verfügbarkeits- und Rüstzeitverluste aufzufangen Man füllt also bis zu 95 Prozent des Kundentaktes mit Arbeitsinhalten. Im Zahlenbeispiel wurden mit 85 Sekunden als geplanter Zykluszeit 94,4 Prozent des Kundentaktes von 90 Sekunden gewählt.

Taktabstimmung

Der Arbeitsinhalt in einer Fließfertigung ist nach Bereinigung um offensichtliche Verschwendungsanteile so aufzuteilen, dass je Mitarbeiter etwa 95 Prozent des Kundentaktes erreicht werden. Dadurch ist jeder Mitarbeiter unter Berücksichtigung von Verteilzeiten entsprechend des Kundenbedarfs ausgelastet. Verbleibt dabei ein restlicher Arbeitsinhalt, der unter dem Kundentakt liegt, dann ist dieser durch Reduktion und Verschiebung von Arbeitselementen schrittweise zu eliminieren, bis schließlich eine optimale Taktabstimmung der Fließfertigung direkt am Kundentakt erreicht ist.

Arbeitsverteilung in der Fließfertigung

Nach erfolgter Taktabstimmung ist nun jedem Mitarbeiter ein Arbeitsplatz mit dem entsprechend abgetakteten Arbeitsinhalt zuzuordnen. Dies stellt gewissermaßen die Basislösung bei der Arbeitsverteilung auf die Mitarbeiter dar. In räumlich linearer Anordnung lässt sie sich gut als *Produktionslinie* realisieren (Abb. 3.20, Fall 1). Jeder Mitarbeiter verrichtet alle ihm zugewiesenen Arbeitselemente an ein und derselben Arbeitsstation und gibt die Werkstücke dann weiter zur nächsten Station. Diese Anordnung setzt voraus, dass jedem abgetakteten Arbeitsinhalt genau ein Arbeitsplatz entspricht.

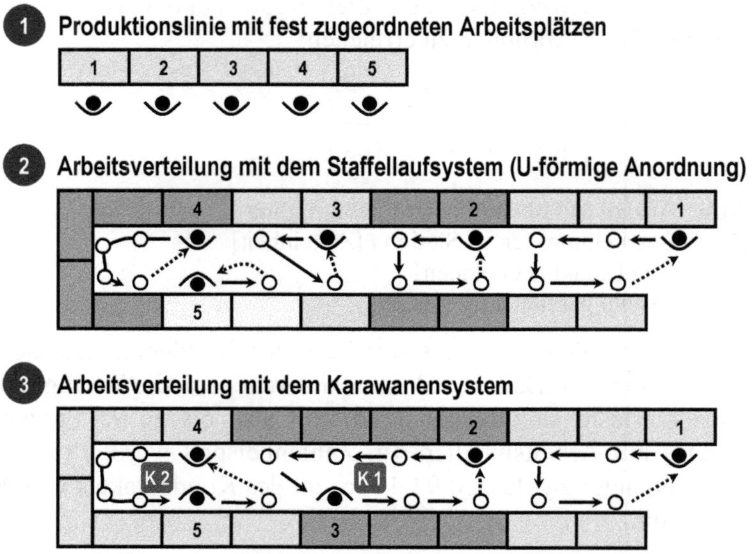

Abb. 3.20. Aufteilung der Arbeit auf die Mitarbeiter in einer Fließfertigung

Falls viele Arbeitsschritte mit unterschiedlichen Vorrichtungen oder Maschinen und geringem Arbeitsinhalt vorliegen, dann gibt es mehr Arbeitsplätze, als Mitarbeiter zum Erreichen des Kundentaktes benötigt werden. In diesem Fall gilt es, jedem Mitarbeiter mehrere Arbeitsplätze so zuzuordnen, dass alle etwa gleich ausgelastet sind (Abb. 3.20, Fall 2). Die Zuordnung mehrerer Stationen zu einem Mitarbeiter hat den großen Vorteil, dass die damit verbundene gehende Tätigkeit ergonomisch günstiger ist, als es eine sitzende oder stehende Tätigkeit am festen Arbeitsplatz wäre. Da die Mitarbeiter die Werkstücke jeweils an ihre Kollegen weiterreichen, spricht man hier auch vom *Staffellaufsystem*. Wegen der höheren Anzahl an Arbeitsstationen ist die Erreichung einer gleichmäßigen Taktabstimmung leichter möglich als im ersten Fall. Bei der Verschiebung von

Arbeitsinhalten muss kein Arbeitsplatz umgebaut werden, sondern es ändert sich lediglich die Mitarbeiterzuordnung.

Für die Möglichkeiten der Taktabstimmung spielt auch die räumliche Anordnung der Arbeitsplätze eine Rolle. Bei der Linie lassen sich nur benachbarte Arbeitsplätze zusammenfassen; bei einer schmalen *U-förmigen Anordnung* können auch jeweils gegenüberliegende Arbeitsplätze kombiniert werden. Bei einer U-Anordnung sollten die erste und die letzte Arbeitsstation immer vom gleichen Mitarbeiter bedient werden, da so der Arbeitstakt leichter einzuhalten ist. An den zahlreichen Übergabepunkten der Staffel haben die Mitarbeiter die Möglichkeit fallweise die jeweiligen Arbeitsinhalte anders zuzuordnen. So könnte beispielsweise ein schneller, erfahrener Mitarbeiter in jedem zweiten Takt den Arbeitsinhalt der ersten Station des nachfolgenden, einzuarbeitenden Mitarbeiters übernehmen. Auch ähnlich qualifizierte Mitarbeiter können so ihren Arbeitsrhythmus wechselseitig variieren.

Eine Vereinheitlichung des Arbeitsrhythmus erreicht man mit dem *Karawanensystem* (Abb. 3.20, Fall 3). Ein Mitarbeiter führt alle Arbeitsschritte hintereinander aus und geht dabei in Materialflussrichtung zu den einzelnen Arbeitsstationen. Ein zweiter Mitarbeiter folgt im Abstand von ein paar Arbeitsschritten. Bei dieser Form der Arbeitsorganisation erhält man den stärksten Standardisierungseffekt im Arbeitsablauf. Beide Mitarbeiter müssen allerdings vollständig synchron arbeiten. Ein deutlicher Vorteil ist, dass sich die Taktabstimmung nun auf zwei Mitarbeiter bezieht und damit leichter optimiert werden kann. In einer Fließfertigung mit zwei Mitarbeitern gibt es überhaupt keine Abtaktverluste mehr. In größeren Arbeitssystemen halbieren sich prozentual gesehen gleich hohe Taktabweichungen. An keiner Arbeitsstation darf ein überproportional großer Arbeitsanteil zu verrichten sein, da es sonst zum Mitarbeiter-Stau kommt. Diese Form der *Kreisgänge* erfordert erfahrene Mitarbeiter, deren Qualifikation und Arbeitsgeschwindigkeit auf dem gleichen Niveau liegen. Es hat sich gezeigt, dass dieses System im Regelfall nur für zwei Mitarbeiter geeignet ist. Bei drei Mitarbeitern kann es bereits schwierig werden, gegenseitige Behinderungen zu vermeiden und den Arbeitsrhythmus zu erhalten.

Arbeitsverteilung

Die Aufteilung des Arbeitsinhaltes auf mehrere Arbeitsstationen pro Arbeitsplatz sowie deren U-förmige Anordnung erleichtert beim Staffellaufsystem die gleichmäßige Verteilung des Arbeitsinhaltes auf die Mitarbeiter. Werden im Karawanensystem Arbeitsstationen für jeweils zwei Mitarbeiter zusammengefasst, dann erleichtert dies zusätzlich die Taktabstimmung.

Kapazitätsflexibilität in der Fließfertigung

Gängige Methoden, die Ausbringung einer Produktionslinie zu verändern, sind Überstunden vor oder nach der Schicht, in einem geschickten Zweischichtsystem auch zwischen den Schichten, sowie Zusatzschichten in der Nacht oder am Wochenende, je nach dem normalerweise bestehenden Schichtmodell. Die Kapazität einer Fließfertigung kann nun noch zusätzlich variiert werden, indem man ihr eine unterschiedliche Anzahl an Mitarbeitern zuordnet. Die Fließfertigung wechselt dadurch ihren *Modus*. Durch den Wechsel des Modus einer Fließfertigung wird in kontrollierter und definierter Weise die Ausbringung geändert. Dieses Vorgehen ist insbesondere für mittelfristige Kapazitätsanpassungen geeignet und kann daher ideal dem Ausgleich saisonaler Kundenbedarfsschwankungen dienen.

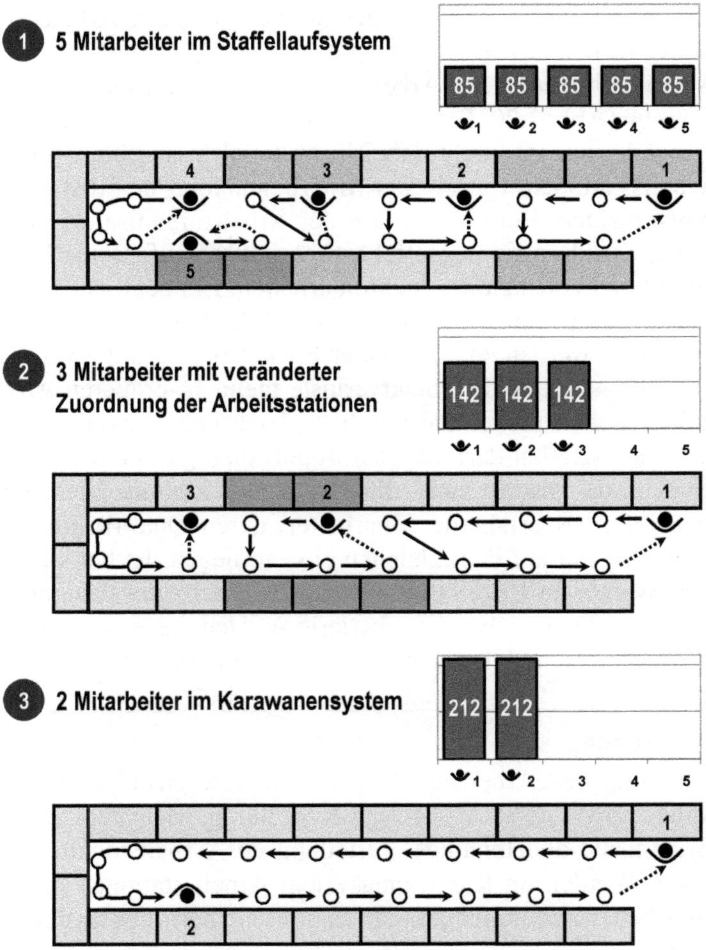

Abb. 3.21. Modus der Ausbringung in der Fließfertigung

Ein anderer Modus einer Fließfertigung macht auch eine andere Verteilung der Arbeitselemente erforderlich, so dass für eine *kapazitätsflexible* Fließfertigung mehrere Taktabstimmungen erarbeitet werden müssen. Im dargestellten Zahlenbeispiel beträgt der Ausstoß mit fünf Mitarbeitern im Staffellaufsystem 40 Stück pro Stunde (Abb. 3.21, Fall 1). Nach Reduktion auf drei Mitarbeiter sind die Arbeitsstationen neu zuzuordnen; der Ausstoß sinkt auf 24 Stück pro Stunde und die Zykluszeit beträgt nun 124 Sekunden (Abb. 3.21, Fall 2). Bei weiterer Reduktion auf zwei Mitarbeiter kann das Karawanensystem eingesetzt werden, so dass eine Taktabstimmung nicht mehr erforderlich ist. Der Ausstoß sinkt rechnerisch auf 16 Stück (Abb. 3.21, Fall 3). Da etwaige Abtaktungsverluste entfallen, dürfte dieser Wert in der Praxis leicht höher liegen. Hingegen dürfte mindestens einer der beiden anderen Werte schlechter sein, da es unwahrscheinlich ist, dass man zwei verschiedene, gleich gute Taktabstimmungen in einem Arbeitssystem realisieren kann.

Kapazitätsflexibilität

Bei Fließfertigungen lassen sich sehr einfach unterschiedliche Leistungs-Modi einstellen. In jedem Modus kann mit einer anderen Mitarbeiteranzahl bei entsprechend angepasster Arbeitsverteilung eine andere Ausbringmenge erreicht werden. Ohne Veränderung der Betriebsmittel lässt sich so eine sehr hohe Kapazitätsflexibilität erreichen.

Fließprinzip bei der Standplatzmontage

Die Einführung einer Fließfertigung kann grundsätzlich dann nicht gelingen, wenn das Produkt nicht mit überschaubarem Aufwand fortbewegt werden kann. Dies tritt typischer Weise im Anlagenbau auf. Häufig ist eine Anlage unzerlegt sogar überhaupt nicht transportierbar – und muss daher nach der Inbetriebnahme beziehungsweise dem Einfahren in Module zerlegt werden, bevor sie zum Kunden transportiert werden kann. Die Einführung des Fließprinzips bei einer *Standplatzmontage* erscheint daher auch als eine besondere Gestaltungsaufgabe. Der Lösungsansatz besteht nun einfach darin, das räumliche Fließen der Fließmontage, das den Arbeitsplatzwechsel immer mit einem bestimmten Montagefortschritt verknüpft, durch einen bloßen Montagefortschritt mit definierten Arbeitsschritten zu ersetzen.

Ein Montageablauf im Anlagenbau lässt sich im Regelfall grob gliedern in den mechanischen Aufbau, die elektrische Installation, die Inbetriebnahme, das Einfahren sowie die Demontage in Module. Eine weitere *Untergliederung* beispielsweise in Grundmontage und Aufbaumontage, Verdrahtung und Installation, mechanische Justage und elektrische Inbetriebnahme, Einfahren und Abnahme durch den Kunden und anderes mehr ist dann abhängig von der jeweiligen Anlage (Abb. 3.22). Der Zeitaufwand für jeden definierten Arbeitsschritt sollte in etwa gleich groß sein. Sofern zwei oder mehr Mitarbeiter zugleich an der Anlage an einem Arbeitsschritt arbeiten, kann der Arbeitsinhalt natürlich um den entsprechenden Faktor höher sein als bei Arbeitsschritten mit nur einem Mitarbeiter. Im Zahlenbeispiel gibt es sieben Arbeitsschritte, deren Arbeitsinhalt zwischen 5 und 16,2 Stunden liegt. Bezieht man diese Bearbeitungszeit auf die jeweilige Mitarbeiteranzahl pro Arbeitsschritt, dann ergeben sich Zykluszeiten zwischen 5 und 8,1 Stunden bei einem Kundentakt von 7,6 Stunden. In zwei Fällen wird also der Kundentakt leicht überschritten. Dieser unvermeidliche Mangel an Taktabstimmung kann durch lokale Überstunden oder mit Hilfe von Springern – beispielsweise Mitarbeiter aus den Arbeitsschritten mit einer unter dem Kundentakt liegenden Zykluszeit – ausgeglichen werden.

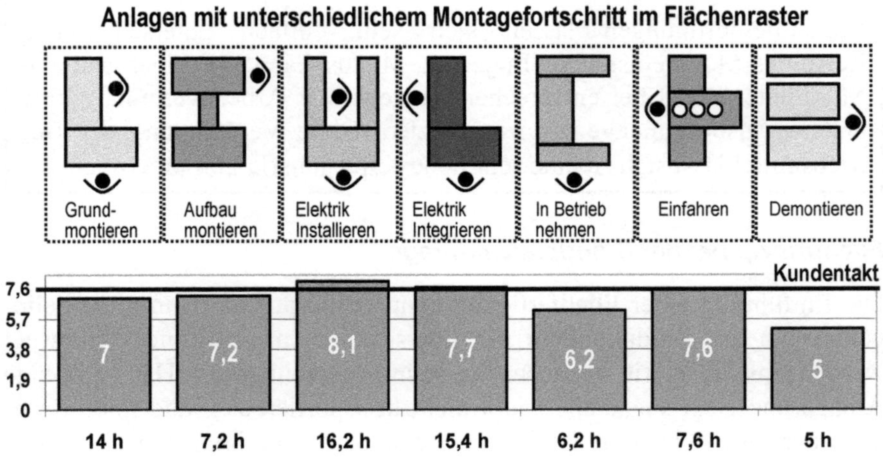

Abb. 3.22. Fließprinzip bei der Standplatzmontage

Die Anordnung der sieben in Bau befindlichen Anlagen in Abbildung 3.22 suggeriert einen Materialfluss, der so natürlich gar nicht stattfindet und auch nicht stattzufinden braucht. Die sieben Montageplätze können sich in beliebiger räumlicher Anordnung innerhalb der Montagehalle(n) befinden. Nach dem Beenden eines Arbeitsschrittes – im Zahlenbeispiel ist das eine Schicht, im üblichen Einschichtbetrieb also ein Tag – gehen die Mitarbeiter zu der Anlage, an der soeben der jeweils vorausgehende Arbeitsschritt abgeschlossen worden ist. Die Darstellung zeigt also die logische Position der jeweiligen Anlage im Wertstrom – was dann bei einer

Wertstromanalyse auch entsprechend aufzunehmen wäre. Die Durchlaufzeit in der Montage ergibt sich dann aus dem Montagebestand von in diesem Beispiel sieben Anlagen sehr einfach zu 7 Tagen im Einschichtbetrieb. In der gewählten schematischen Darstellung rücken die Anlagen also einen Schritt weiter, ohne natürlich ihren Platz zu wechseln. Dargestellt ist hier der sehr schöne einfache Fall, dass die Anlagen immer in etwa gleich groß sind und man daher auf ein einheitliches *Flächenraster* zurückgreifen kann. In anderen Fällen ist zusätzlich noch eine Flächenplanung mit zeitabhängiger Verschachtelung der Anlagenflächen erforderlich.

Hindernisse und Einschränkungen

Der wünschbaren durchgängigen Einführung von Fließfertigungen widersprechen zuweilen *technologische Hindernisse*, die auszuräumen zwar fast immer prinzipiell möglich, dann aber wirtschaftlich nicht sinnvoll sind. Vorausgesetzt, dass es für alle im Segment enthaltenen Produkte gelungen ist, die gleiche Arbeitsgangabfolge zu bilden, sind folgende Einschränkungen in der Realisierung zu bedenken:

- Manche Ressourcen lassen sich *räumlich* nicht in geeigneter Weise anordnen. Das kann an hohen Umstellungsaufwänden oder baulichen Restriktionen liegen; eine Neuplanung wäre hier deutlich im Vorteil gegenüber einem bestehenden Standort. Oder es liegt an der Größendimension der Ressourcen selber, beispielsweise wenn mehrere Produktfamilien in einer zentralen Ressource zusammenfließen und sich danach wieder trennen. Außerdem können manche Prozesse einander ausschließende Bedingungen an die bauliche Umgebung stellen (staub"erzeugender Prozess versus Reinraumanforderung; Wärmeprozess versus Abkühlprozess, Brandschutz), so dass räumliche Nähe zu deutlich erhöhten Aufwendungen führt.
- Einige Ressourcen weisen nennenswerte, nicht weiter reduzierbare *Rüstzeiten* auf. In diesem Fall ist eine Fließfertigung möglich, aber nur wenn man sie als überlappende Losfertigung betreibt. Weisen die integrierten Produktionsschritte stark verschiedene Rüstzeiten auf, dann bestimmt die längste Rüstzeit die Produktionsunterbrechung an allen integrierten Betriebsmitteln. Das kann dann die Installation höherer Kapazitäten erforderlich machen, als es bei einer Losfertigung nötig wäre.
- Die Ressourcen weisen eine zu geringe *Zuverlässigkeit* auf. Dieses Hindernis ist meist von der altersbedingten Güte der Ressourcen abhängig, mithin ein reiner Investitionskostenfaktor. Das Risiko, hier vom Wettbewerb abgehängt zu werden, ist dementsprechend groß. Anders liegt der Fall, wenn einzelne Produktionsprozesse einen hohen stochastischen *Ausschuss* haben, den zu reduzieren technologisch derzeit unmöglich ist.

- Die *Bearbeitungszeiten der Ressourcen* unterscheiden sich erheblich voneinander, so dass eine Taktabstimmung nicht möglich ist. So lässt sich der Stanzprozess eines einfachen Blechteiles schlecht mit der Bearbeitung eines Gussteiles sowie deren beider anschließenden Montage auf den gleichen Takt bringen. Hier wäre zwar eine Investition in entsprechend passend konstruierte Maschinen möglich, nur würden die in der Fließfertigung erreichbaren Vorteile diese Kosten niemals aufwiegen können. Stattdessen wird man die deutlich schnellere Ressource zur Versorgung mehrerer paralleler Fließfertigungen für unterschiedliche Produktfamilien einsetzen.
- Die *Bearbeitungszeiten* sind stark *variantenabhängig* – und zwar an jedem Produktionsschritt in unterschiedlichem Ausmaß. Hier könnte man sich am langsamten Prozess mit der zeitaufwendigsten Variante orientieren. Das führt jedoch zu einer geringen durchschnittlichen Auslastung der Ressourcen. In diesem Fall kann es daher aus wirtschaftlichen Gründen angezeigt sein, Prozesse zu entkoppeln.
- Eine Fließfertigung bedingt häufig die Anschaffung ausgeprägt produktspezifischer Betriebsmittel. Bei einem kurzen *Produktlebenszyklus* mit Nachfolgeprodukten, die deutlich geänderte technologische und kapazitative Anforderungen an die Produktion stellen, stellt sich die Frage der Weiternutzung dieser Betriebsmittel. Da sie nicht unspezifisch gestaltet sind, müssen sie eine hohe Wandlungsfähigkeit aufweisen. Letzteres ist wiederum aus technischen und wirtschaftlichen Gründen nur in eingeschränktem Maße möglich. Da das Problem unzureichender Wandlungsfähigkeit aber nicht nur bei Fließfertigungen auftritt, sondern auch solitäre Anlagen in gewissem Grade produktspezifisch gestaltet werden müssen, ist hier im Einzelfall abzuwägen.

Die meisten der genannten Hindernisse sind in den *gewachsenen Strukturen* einer Fabrik sowie der *gewohnten Auslegung* von Betriebsmitteln einschließlich der Vorrichtungen bedingt. Bei einem Neubau könnte man vieles gleich als Fließfertigung gestalten, ohne nennenswert höhere Investitionskosten. Es gibt also keine prinzipiellen Gründe, die gegen die durchgängige Einführung der Fließfertigung sprechen. Die meisten Gegengründe sind situationsabhängig und daher im jeweiligen Einzelfall abzuwägen. Erst wenn dies geschehen ist, sollte man sich anderen Möglichkeiten, die Produktion zu gestalten, widmen.

Mit Abschluss dieser Konzeptionsphase sind ein Teil der Produktionsprozesse eines Wertstroms zu einer oder mehreren Fließfertigungen integriert. Diese Fließprozesse sowie die verbliebenen Produktionsprozesse sind im Anschluss zu verknüpfen. Durch diese logistischen Verknüpfungen entsteht schließlich der Wertstrom. Die innerbetriebliche Logistik bestehend aus Materialfluss und der jeweiligen Steuerung soll im Folgenden gestaltet werden (Abschn. 3.3). Danach ist dann zu überlegen, wie eine zur idealen Produktionssteuerung passende Produktionsplanung auszusehen hätte (Abschn. 3.4).

Vorgehen zur Konzeption einer Fließfertigung

Das *Ideal* des Produzierens ist realisiert mit einer kontinuierlichen Fließfertigung. Diese führt zu einer minimalen Produktionsdurchlaufzeit, ermöglicht und erfordert maximale Produktionsqualität, reduziert Verschwendungen im Produktionsablauf und ermöglicht einen am Kundenbedarf ausgerichteten Variantenmix.

Das *Vorgehen* besteht aus fünf zentralen Schritten:

1. Festlegung der Produktfamilie und Ermittlung des zugehörigen Kundentaktes.
2. Ermittlung der erforderlichen Arbeitselemente sowie deren um Verschwendungsanteile bereinigten Arbeitsinhalt.
3. Gestaltung der erforderlichen Betriebsmittel im geeigneten Automatisierungsgrad.
4. Anordnung der Arbeitsstationen im Layout als Linie oder als U-Zelle.
5. Verteilung der Arbeit auf die Mitarbeiter (Taktabstimmung) und Entwicklung unterschiedlicher Kapazitätsmodelle.

3.3 Produktionssteuerung

Im Anschluss an die technologische Ausgestaltung der Produktionsprozesse eines Wertstroms durch eine möglichst weitgehende Einführung von Fließfertigung (Abschn. 3.2) erfolgt die Konzeption der Produktionssteuerung. Die im Folgenden vorgestellten *Steuerungsprinzipien* sollen ermöglichen, den Materialfluss vom Wareneingang bis zum Versand als gleichmäßig und ruhig verlaufender Fluss zu gestalten. Voraussetzung dazu sind zuverlässige Produktionsprozesse. Die effiziente Gestaltung eines Wertstroms erscheint dann am besten realisierbar, wenn der Wertstrom möglichst gleichmäßig und damit vorhersehbar verläuft.

Für die Produktionssteuerung sind dazu drei Gestaltungsrichtlinien anzuwenden, die eine feste Abarbeitungsreihenfolge (Abschn. 3.3.1), niedrige Bestände für kurze Durchlaufzeiten (Abschn. 3.3.2) sowie die an genau einem Produktionsprozess eingesteuerte Auftragsfreigabe (Abschn. 3.3.3) betreffen. Das Verbot von Reihenfolgevertauschungen auf dem Shop Floor und die niedrigen Durchlaufzeiten sorgen für eine hohe *Steuerbarkeit* der Produktion. Die Auftragsfreigabe an nur einer Stelle im Wertstrom verhindert das Auftreten nicht gut aufeinander abgestimmter oder gar widersprüchlicher Steuerimpulse und trägt so zum plangemäßen Produktionsverlauf bei.

Die Auftragsfreigabe bildet die Schnittstelle zur Produktionsplanung. Wenn mit den Steuerungsregeln festgelegt ist, wie freigegebene Aufträge als ein gleichmäßiger Produktionsfluss gesteuert werden, kann bestimmt werden, wie die zugehörige Produktionsplanung auszusehen hat (Abschn. 3.4). Die festgelegten Steuerungsprinzipien nun verbieten einen prognoseorientierten Planungsansatz, bei dem die Produktionsprozesse abhängig von prognostizierten Ereignissen geplant und dann unabhängig voneinander angesteuert werden. Die hier dargestellten Gestaltungsrichtlinien der Produktionssteuerung verfolgen unter anderem das Ziel, die Folgen des *Prognoseproblems der Produktionsplanung* nicht auf die Produktion übergreifen zu lassen. Sie sind daher mit prognosebasierten Steuerungsansätzen unvereinbar. Bevor auf die einzelnen Steuerungsprinzipien näher eingegangen werden kann, ist daher zunächst dieses Prognoseproblem und sein Einfluss auf die Gestaltung der Produktionssteuerung näher zu beleuchten.

Turbulenzcharakteristik

Prognoseproblem Auf die Produktionsplanung trifft das Prognoseproblem jeder Planung zu: Weil sie sich auf die nicht exakt vorhersehbare Zukunft bezieht, stimmt sie nie genau. Das gilt umso mehr, je langfristiger die Planungen und je komplexer die zu planenden Abläufe sind. Es lässt sich allenfalls im Bereich der jeweils zulässigen Abweichungen richtig planen. Das Zusammenspiel von Kunden, Produktionsprozessen und Lieferanten in einer Fabrik gehört sicherlich mit zu den komplexesten Abläufen, die der Mensch planerisch zu beherrschen versucht. Zur Beschreibung dieses Zusammenspiels hat sich der Begriff der *Turbulenz* durchgesetzt. Das aus dem Lateinischen stammende Wort steht für Wirbel, in der Physik für die Wirbelbildung bei Strömungen. Charakteristisch ist, dass die Bewegung von Teilchen in turbulenten Strömungen nicht mathematisch beschreibbar ist – übertragen heißt dies, dass der jeweilige Verbleib von Aufträgen und Erzeugnissen nicht planbar ist.

Das Prognoseproblem liegt in den drei turbulenzerzeugenden Mitspielern begründet. Zunächst einmal läuft die Produktion wegen vielerlei Störungen nicht nach Plan. Maschinen fallen aus, werden ungeplant gewartet, Personal wird krank, die Ausschussquote steigt oder sinkt. Dann kaufen die Kunden meist nicht das, was sie laut Prognose kaufen sollen. Der Kundenbedarf schwankt nicht nur, er schwankt vor allem nicht so, wie geplant.

Und zu guter letzt gibt es unzuverlässige Lieferanten. Benötigtes Material ist trotz Disposition nicht in ausreichender Menge oder hinreichender Qualität verfügbar. Das Ergebnis: Trotz genauer Planung können Liefertermine nicht eingehalten werden. Das berechtigte Ziel der Produktionsplaner ist, die Unsicherheit, ob Lieferzusagen eingehalten werden können, durch Planung zu verringern. Wenn dies aber wegen der Turbulenzen in der Auftragsabwicklung regelmäßig, fast zwangsläufig misslingt, weshalb sollte man dann überhaupt planen?

Neben dem unvorhersehbaren Verhalten der Akteure sind vor allem die zur Planung erforderlichen *Übergangszeiten* ein kritischer Punkt. Diese Übergangszeiten bilden einen Zeitpuffer, der einem Auftrag zwischen zwei Produktionsprozessen eingeräumt wird. Er ist begründet in der für den Transport notwendigen Zeit sowie der Wartezeit vor dem Folgeprozess, der in der Regel noch mit einem anderen Auftrag belegt ist. Möglicherweise wartet auch noch ein weiterer Auftrag. Geprägt von folgenreichen Störungen rechnet man also lieber mit dem Schlimmsten und plant in der Übergangszeit einen großen zeitlichen Sicherheitspuffer ein. So reißt der Materialfluss nicht ab, falls die Vorgänger-Maschine mal länger ausfällt. Durch die langen Übergangszeiten sind bei störungsfreiem Betrieb alle Aufträge zu früh fertig und stehen dann in der Warteschlange von ihrem jeweiligen Folgeprozess, der ja plangemäß noch einige andere Aufträge zu bearbeiten hat. Der Bestand in der Produktion steigt mit der Verlängerung der Übergangszeiten; die Produktion wird durch die langen Durchlaufzeiten sehr träge. Außerdem erscheint es nicht so dringlich, Standard-Termine einzuhalten, da ja jeder weiß, mit wieviel ‚Luft' geplant wird. Wirklich wichtige Teile erhalten daher einen Eilauftrag. Damit überholen sie andere Aufträge und bremsen diese aus. Planung und Steuerung erzeugen sich so ihre Turbulenzen selbst.

Turbulenzkeime Die Auslöser von Turbulenzen können in der Planungsebene *Schwankungen* von Mengen, *Streuungen* von Zeitdauern und *Änderungsfrequenzen* von technischen Merkmalen sein. In der Steuerungsebene treten Turbulenzkeime in Form unerwarteter *Abweichungen* hinsichtlich Mengen, Terminen und Qualitäten auf (Wiendahl 2006). Jede dieser vier Auslösungsarten kann durch die drei verursachenden Prozesse Kunde, Produktion und Lieferant hervorgerufen werden. Mit diesem Schema kann man in einem Unternehmen auf die Suche nach Turbulenzkeimen gehen und folgendes entdecken:

- Schwankungen treten auf, wenn in unterschiedlichen Zeitperioden verschiedene Mengen benötigt werden. Kundenseitig gibt es Bedarfs- und Variantenmixschwankungen. Produktionsseitig kann das Kapazitätsangebot schwanken, beispielsweise durch geplante Instandhaltung, Inbetriebnahme neuer Ressourcen, Urlaubszeiten der Mitarbeiter. Lieferantenseitig verändert die Preisgestaltung über Preisstaffeln oder Mindermengenzuschläge den ermittelten Bedarf. Zusätzlich kann in ungünstigem Zusammenwirken mit der Produktion unter anderem durch die Losgrößenbildung ein Aufschaukeln der Mengenbedarfe im sogenannten Peitschenknalleffekt (Bullwhip-Effekt) entstehen.

- Streuungen treten auf als unterschiedliche, erzeugnis- oder auftragsabhängige Zeitdauern innerhalb einer Periode. Lieferzeiten sind vor allem im Anlagenbau bei jedem Auftrag verschieden. Durch Chargenbildung oder durch prioritätenabhängige Reihenfolgebildung treten in der Produktion unterschiedliche Durchlaufzeiten auf. Wiederbeschaffungszeiten streuen bei komplexen auftragsbezogen beschafften Teilen wie beispielsweise großen Sondergussteilen zum Teil erheblich, vor allem wenn bei Qualitätsmängeln im Gussteil (Lunker) ein zweiter Anlauf nötig wird.

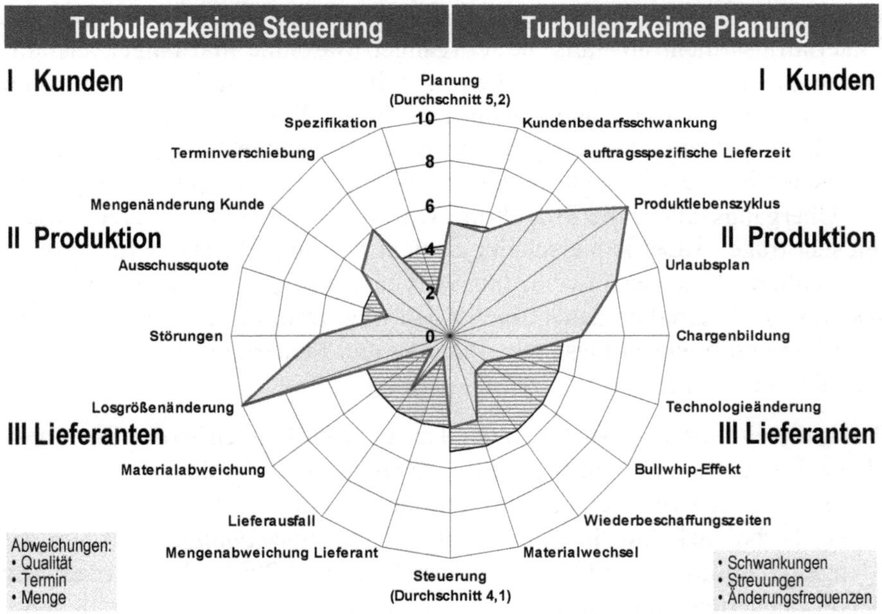

Abb. 3.23. Turbulenzcharakteristik (Zahlenbeispiel)

- Eine große Änderungsfrequenz der Merkmale von Produkten, Produktionstechnologien sowie Materialien und Einkaufsteilen ist turbulenzerzeugend, da das erforderliche Änderungsmanagement für die jeweilige Anlauf- und Auslaufplanung in der Produktionsplanung zu berücksichtigen ist.

- Bei unerwarteten Abweichungen nach der Auftragsfreigabe erfordern stochastische Ereignisse einen steuernden Eingriff, was wiederum andere unvorhergesehene Effekte und weiteren Steuerungsbedarf nach sich ziehen kann. Ein Auslöser sind unbeständige Kunden, die Termin, Menge oder Spezifikation ihrer Aufträge nach erfolgter Freigabe nochmals ändern. Mit in diese Gruppe gehören aber auch Vertrieb oder Management, die zuweilen die Prioritäten von Aufträgen nachträglich ändern. Eine weitere Störgröße können konstruktive Änderungen zur Behebung von Konstruktionsfehlern sein. Ein zweiter Auslöser ist die unzuverlässige Produktion mit ihren Maschinenstörungen, Personalausfällen und erhöhten Ausschussraten. Und schließlich gibt es noch unzuverlässige Lieferanten, deren Lieferung eine Mengen-, Termin- oder Materialabweichung aufweisen kann.

Die für einen Wertstrom relevanten Turbulenzkeime lassen sich in einer *Turbulenzcharakteristik* übersichtlich darstellen (Abb. 3.23). Die Relevanz jedes Turbulenzkeims kann man qualitativ mit Punkten bewerten und erhält so eine Übersicht, welche Probleme bei der Soll-Konzeption gelöst werden müssen. Die jeweiligen Durchschnittswerte für Planung und Steuerung zeigen, ob im Ist-Zustand eher Planungsprobleme oder eher Störungen durch Abweichungen der Ist-Werte auftreten. Um das Schema der Turbulenzkeime komplett zu zeigen, ist im Zahlenbeispiel für jeden Turbulenzkeim-Typ eine Bewertung der jeweiligen Relevanz mit Punkten durchgeführt. Im Anwendungsfall wir man lediglich eine Auswahl der zehn oder zwölf wichtigsten Turbulenzkeime auftragen. In Schraffur sind die jeweiligen Durchschnittswerte für Planung und Steuerung dargestellt.

Turbulenter und laminarer Auftragsstrom

Für die Fertigungssteuerung gibt es zwei grundsätzlich unterschiedliche Gestaltungsansätze, um mit Turbulenzen umzugehen. Der turbulenzorientierte Ansatz versucht die Turbulenzen durch eine differenzierte Planung und Steuerung zu beherrschen während der wertstromorientierte Ansatz auf die Vermeidung von Turbulenzen abzielt, um eine einfache mittelwertbasierte Planung zu ermöglichen (Wiendahl 2006). Im ersten Fall sind komplexe Steuerungssysteme erforderlich während im zweiten Fall einfache Steuerungsprinzipien mit einem entsprechend umgestalteten Shop Floor kombiniert werden.

Beim *turbulenzorientierten* Ansatz geht man davon aus, dass Turbulenzen unvermeidbar sind und es daher vor allem darauf ankommt, den Umgang mit ihnen zu beherrschen. Dazu setzt man ein hinreichend komplexes, mit zahlreichen Eingriffsmöglichkeiten in die Produktion versehenes

Produktionssteuerungssystem ein. Die turbulente Auftragsströmung sei visualisiert mit dem Modell eines quer angeströmten, unregelmäßigen Rohrbündels (Abb. 3.24). Die Wirbel der turbulenten Strömung liegen aus Kundensicht hinter den Turbulenzkeimen der Produktion. Aus Materialflusssicht ist dies gerade umgekehrt, beim Turbulenzkeim Maschinenstörung befindet sich die Verwirbelung also als Auftragsstau vor der betroffenen Maschine. Die Steuerungselemente müssen nun genau an dieser Stelle ansetzen und Prioritäten der Aufträge ändern oder die Aufträge anderen, störungsfreien Ressourcen zuordnen. Bei der turbulenzorientierten Auftragsabwicklung werden die Warteschleifen der Aufträge derart steuernd beeinflusst.

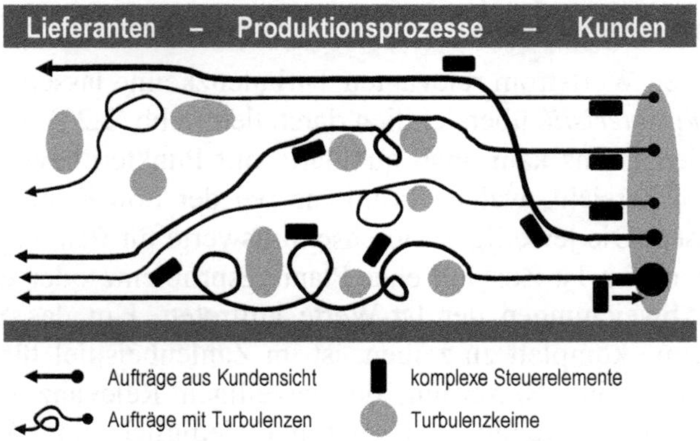

Abb. 3.24. Turbulenzorientierte Auftragsabwicklung

Das Funktionieren dieses Ansatzes hängt davon ab, inwieweit es gelingt, Turbulenzauswirkungen abzuschwächen. Wichtige Instrumente dazu sind einerseits die Erhöhung der Flexibilität insbesondere der Ressourcen sowie andererseits die Vergrößerung der Sicherheitspuffer in den Planzeiten, den Übergangszeiten oder bei den Beständen. Jeder Auftrag wird entsprechend seiner unterschiedlichen Anforderungen hinsichtlich Lieferzeiten und Mengen differenziert behandelt. Zahlreiche Randbedingungen und Restriktionen, die aus der komplexen Vernetzung teilweise nur eingeschränkt prozesssicherer Produktionsprozesse resultieren, können berücksichtigt werden. Die individuelle Abwicklung aller Aufträge kann auch bei unterschiedlichsten Anforderungen sehr passgenau sein; die Produktion kann ‚alles' möglich machen. Dem stehen jedoch ein sehr hoher *Planungs-* und *Steuerungsaufwand*, eine der Komplexität geschuldete *Intransparenz* der Produktionsabläufe und bedingt auch der Auftragsabwicklung sowie gewisse *Stabilitätsrisiken* gegenüber, die vor allem aus mangelnder Datengenauigkeit und Fehlern bei der Datenrückmeldung entstehen. Auch mit intelligenten Planungs- und Steuerungssystemen kommt man letztlich nicht am Prognoseproblem und dem Problem der Planung mit Übergangszeiten vorbei.

Beim wertstromorientierten, *turbulenzvermeidenden* Ansatz, wie er hier weiter verfolgt werden soll, versucht man, Turbulenzursachen zu beseitigen oder wenigstens möglichst stark zu reduzieren. Dazu segmentiert man zunächst die Produktion, um einheitlich strukturierte Teilbereiche zu erhalten, die auf ganz bestimmte Anforderungsprofile zugeschnitten sind (Abschn. 3.1). Dies lässt sich modellieren als ein parallel geführtes Röhrensystem (Abb. 3.25). In den spezialisierten Segmenten kann dann mit Hilfe sehr einfacher Steuerungsprinzipien ein *laminarer* Produktionsfluss erzeugt werden, der aufgrund seiner Einfachheit in seinem Verhalten gut prognostizierbar ist. Anstelle der zahlreichen Steuerungselemente gibt es eine Auftragsfreigabe, die wie ein Turbulenzfilter vor jedem Segment angeordnet ist. Jeder Auftrag wird einem Segment zugeordnet und dann nach Maßgabe der für dieses Segment gültigen Regeln so freigegeben, dass eine laminare Strömung im Segment gewährleistet ist.

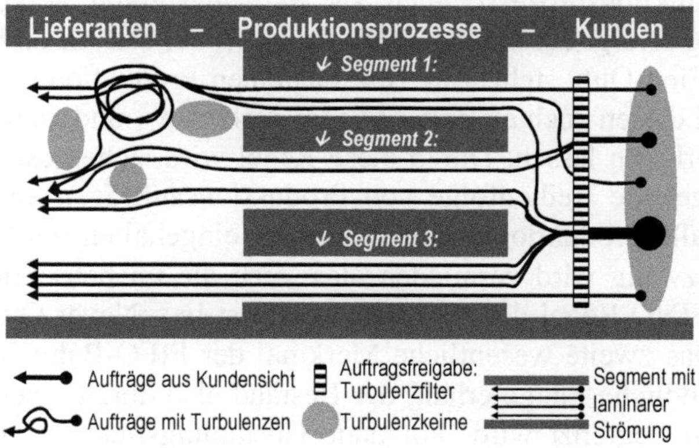

Abb. 3.25. Wertstromorientierte, turbulenzvermeidende Auftragsabwicklung

Ziel ist es, möglichst vieles auf die gleiche Weise zu tun, die Komplexität unterschiedlicher Produktionsabläufe also auf wenige *Standardabläufe* zu reduzieren. Damit verbunden ist die Verbesserung der internen Logistikleistung. Insbesondere die Verkürzung von Auftrags- und Produktionsdurchlaufzeit kann zahlreiche Turbulenzkeime im Ansatz ersticken, da dann für viele Abweichungen die Zeit zu knapp wird. Ferner können mit Hilfe von *Eintrittsbarrieren* wie Lieferantenbewertung oder logistikleistungsabhängiger Preisgestaltung unzuverlässige Lieferanten befähigt sowie dem Kunden eigentlich unwichtige Eilaufträge, Sonderanfertigungen und Auftragsänderungen vermieden werden. Produktionsintern ist die Einführung einer vorbeugenden Instandhaltung zur Störungsvermeidung von zentraler Bedeutung.

Zielsetzungen der Produktionssteuerung
Die Produktionsteuerung ist möglichst einfach und standardisiert zu gestalten. Notwendig ist die strikte Einhaltung der einmal festgelegten Standards durch Mitarbeiter und Management. Vorausgesetzt werden zuverlässige, aufeinander abgestimmte, am Kundentakt ausgerichtete Produktionsprozesse. Aufgabe der Produktionsplanung ist es dann, eine flexible und dennoch gleichmäßige Reaktion auf das turbulente Umfeld der Fabrik mit dieser Art der Steuerung zu ermöglichen (Abschn. 3.4).

3.3.1 Direkte Verkopplung von Produktionsprozessen

Falls die Integration von Produktionsprozessen in einer Fließfertigung nach Gestaltungsrichtlinie 2 (Abschn. 3.2.2) nicht gelingt, lassen sich getrennte Produktionsprozesse auch als *Reihenfertigung* verkoppeln. Die Verkopplung erfolgt durch eine *FIFO-Bahn*, wobei das Akronym FIFO für „First In – First Out" steht. Ein Teil, das einen Produktionsprozess zuerst erreicht, soll diesen auch als erstes wieder verlassen – und nicht etwa andere Teile überholen lassen. Durch diese Regel wird sichergestellt, dass die einmal festgelegte Reihenfolge von Produktionsaufträgen auf dem Shop Floor über alle Produktionsprozesse hinweg eingehalten wird. Durch den Reihenfolgezwang wird vermieden, dass sich die im betrieblichen Alltag so häufige FINO-Regel der Abarbeitung „First In – Never Out" durchsetzen kann. Das zweite wesentliche Merkmal der FIFO-Bahn ist, dass jede Bahn eine endliche Länge erhält, der Bestand also durch einen zulässigen Maximalwert begrenzt wird. Folgende Gestaltungsrichtlinie ist zur Verkopplung getrennter Produktionsprozesse anzuwenden:

Gestaltungsrichtlinie 3: *FIFO-Verkopplung*

Aufeinanderfolgende Produktionsprozesse, die aus technologischen oder organisatorischen Gründen nicht zur Fließfertigung integriert werden können, sind soweit möglich in einer Reihenfertigung mit Bestandsobergrenze zu verkoppeln.

Die FIFO-Verkopplung wird in der Lean-Management-Literatur als ‚sequential pull' bezeichnet. Damit wird zum einen das ‚Ziehen' des Kunden im Unterschied zu prognoseorientierten Push-Systemen betont, da dank der *Bestandsobergrenze* Aufträge nur dann freigegeben werden, wenn ein Teil am Ende der Kette durch den Kunden entnommen wurde. Die Reihenfertigung erlaubt in dieser Weise eine Ausrichtung am Kundentakt. Ferner wird die vorgegebene Sequenz der in festgelegter *Reihenfolge* abzuarbeitenden Aufträge benannt. Es ist allerdings zu beachten, dass es sich aus Materialflusssicht bei der FIFO-Verkopplung um eine Push-Produktion handelt. Das Erzeugnis wird nämlich vom vorgelagerten Produktionsprozess durch die nachfolgende Produktion entlang des Wertstromes geschoben. Allenfalls die Freigabelogik der Aufträge könnte man mit ‚Pull' bezeichnen. Möglicherweise eignet sich die Push-Pull-Unterscheidung auch nicht, um Steuerungssysteme halbwegs differenziert zu beschreiben. Deshalb wurde in diesem Buch auch überwiegend darauf verzichtet.

Im Folgenden sind nun zunächst die *Funktionslogik* und die passende Symbolik der Verkopplung von Produktionsprozessen mit einer FIFO-Bahn darzulegen. Entsprechend der unterschiedlichen technologischen Hindernisse bei der Einführung einer Fließfertigung (Abschn. 3.2.2) gibt es auch unterschiedliche *Anwendungsfälle* der FIFO-Verkopplung, da sie einige der Hindernisse zu überwinden erlaubt. Besondere Beachtung verdienen die verschiedenen Möglichkeiten der *Verzweigung* und Zusammenführung von Wertströmen.

Funktionslogik der FIFO-Verkopplung

Signale Eine FIFO-Bahn wird symbolisiert durch zwei parallele Linien, die zwischen die verkoppelten Produktionsprozesse gezeichnet werden. Ein mittig eingezeichneter Pfeil mit dem Akronym FIFO gibt die Richtung an und zeigt, dass die einmal festgelegte Reihenfolge im Wertstrom erhalten bleiben soll (Abb. 3.26). Bei der Produktionsprozess-Verkopplung mit einer FIFO-Bahn gibt der Folgeprozess ein *Freigabesignal* an den Vorgängerprozess, sobald er ein Erzeugnis der FIFO-Bahn entnimmt. So wird sichergestellt, dass der maximale Bestand nie überschritten wird. Der Steuerimpuls wird mit einem Pfeil eingezeichnet – der Übersichtlichkeit halber in den schematischen Darstellungen mit gestrichelter Linie. Das Signal wird symbolisiert durch einen Kreis, hier mit ‚ConWIP' bezeichnet. Dieses Akronym steht für ‚Constant Work in Process'. Die sich auf dem Shop Floor in Arbeit befindlichen Teile sollen also einem konstanten Arbeitsvorrat entsprechen. Als Steuergröße wird die Bestandsobergrenze als ‚Max. *Stck*' im Kreissymbol eingetragen.

Das Freigabe-Signal kann nun beispielsweise elektronisch übermittelt werden. Eine Alternative wäre, laminierte Pappkarten entsprechend der maximalen Stückzahl zu erstellen. Diese ConWIP-Karten legt man den Teilen bei ihrem Transport über die FIFO-Bahn bei. Wenn die Bearbeitung des Teils im Folgeprozess beginnt, bringt man die ConWIP-Karte zum Vorgängerprozess zurück, der dadurch die Freigabe zur Produktion erhält und die Karte wiederum dem Erzeugnis beilegt. Der vorgelagerte Produktionsprozess erhält neben der Freigabe durch das ConWIP-Signal auch den eigentlichen *Produktionsauftrag*. Darin ist festgelegt, welche Variante als nächstes entsprechend der Vorgaben der Produktionsplanung zu produzieren ist. Dabei ist sowohl die Freigabe von Einzelteilen als auch die Freigabe eines Produktionsloses je Produktionsauftrag möglich – je nach den Anforderungen und der entsprechenden Gestaltung der Produktionsplanung (Abschn. 3.4.1).

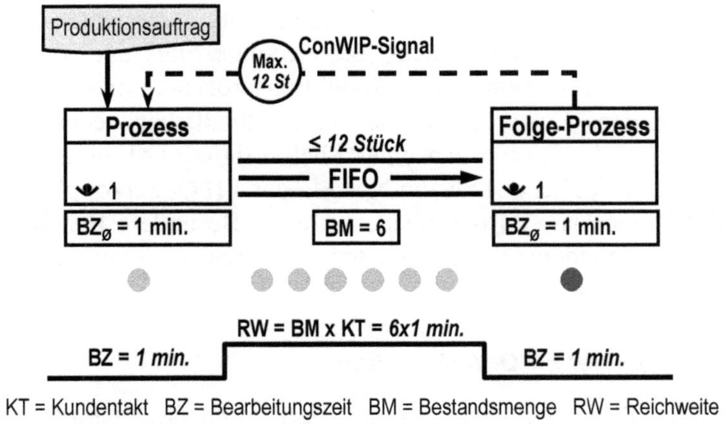

Abb. 3.26. Die FIFO-Verkopplung

Bestände Im eingezeichneten Zahlenbeispiel ist der ConWIP-Bestand auf maximal zwölf Stück festgelegt (Abb. 3.26). Zur vereinfachten Darstellung kann auch – anstatt des ConWIP-Signals – direkt über dem Symbol der FIFO-Bahn die Bestandsobergrenze eingetragen werden. Unter dem Symbol der FIFO-Bahn trägt man den jeweils in der Wertstromanalyse gezählten Bestand (BM) ein. Dieser kann unter – oder bei Steuerungsfehlern auch über – der im Kreissymbol eingetragenen Maximalmenge liegen. Weil die FIFO-Bahn zur Taktabstimmung zwischen den Produktionsprozessen dient oder andere *Pufferfunktionen* übernimmt, liegt der durchschnittliche Bestand niedriger als die festgelegte Bestandsobergrenze, da ja andernfalls kein Platz zum Abpuffern wäre. Bei richtiger Auslegung ohne über die Pufferfunktion hinausgehende Sicherheitsbestände liegt der durchschnittliche Bestand bei der Hälfte der Bestandsobergrenze.

Bei einem Kundentakt von einer Minute, der hier der Einfachheit halber identisch mit den durchschnittlichen Bearbeitungszeiten der beiden Produktionsprozesse gesetzt ist, ergibt sich ein durchschnittlicher Bestand von sechs Stück und damit eine Puffer-Reichweite von sechs Minuten. Für ein Teil resultiert daraus eine Durchlaufzeit von acht Minuten. Gegenüber den zwei Minuten Durchlaufzeit in der Fließfertigung (Abb. 3.14) steigt die Durchlaufzeit also deutlich. Sie bleibt jedoch erheblich unter dem Stunden oder Tage bemessenden Wert einer zwischengeschalteten Lagerung. Durch die FIFO-Methode wird der Bestand auf einem definierten Niveau geregelt und die Durchlaufzeit nach oben hin begrenzt und je nach Anwendungsfall auch nahezu konstant gehalten. Dadurch ist die Durchlaufzeit sehr gut vorhersagbar und eine Terminierung stellt somit geringere Anforderungen an das Planungs- und Steuerungssystem.

Qualitätssicherung Die Einhaltung der Teilequalität ist für die richtige Funktionsweise der FIFO-Verkopplung eine zentrale Voraussetzung. Werden nämlich Schlechtteile weitergegeben und nach Durchlaufen der FIFO-Bahn im Folgeprozess entdeckt, dann wird durch die nun notwendige Nachproduktion oder auch Nachbearbeitung die Reihenfolge der Aufträge durcheinander gebracht. Die Durchlaufzeiten schwanken in nicht vorhersehbarer Weise. Durch diese Turbulenzen auf dem Shop Floor sind zudem Fertigstellungstermine nicht mehr so einfach vorhersagbar. Falls also in einem Produktionsprozess Ausschuss nicht vermieden werden kann, ist beispielsweise durch *In-Prozess-Prüfung* sicherzustellen, dass ausschließlich IO-Teile an den Folgeprozess weitergegeben werden. Eine trickreiche Notlösung für eher variantenarme Produktionen ist auch, beim Folgeprozess einen Sicherheitsbestand an Teilen aller Varianten bereitzuhalten, die dann gegebenenfalls als Ersatz eingeschleust werden. Das mag zwar gut funktionieren, ist zugleich aber auch ein treffendes Beispiel für die Standardisierung von Verschwendungsprozessen.

FIFO-Ketten Wenn mehrere Produktionsprozesse mit FIFO-Bahnen hintereinandergeschaltet werden, dann ist ein Steuerimpuls, übermittelt vom letzten an den ersten Prozess der Kette, ausreichend (Abb. 3.27, unten). In diesem Fall wird die Bestandsobergrenze im ConWIP-Symbol für alle Prozesse gemeinsam festgelegt und nicht den einzelnen FIFO-Bahnen zugeordnet. Das hat zur Folge, dass jede der einbezogenen FIFO-Bahnen den kompletten Maximalbestand aufnehmen können muss. Wenn also im Zahlenbeispiel die Bestandsobergrenzen vor den Prozessen 2 und 3 zu fünfzehn Stück addiert werden, dann werden auch vor dem Prozess 2 fünfzehn und nicht mehr nur fünf Pufferplätze benötigt. Der WIP in der ganzen Kette erhöht sich dadurch jedoch nicht, da nicht mehr beide FIFO-Bahnen vollständig gefüllt sein können. Bei temporär *wandernden Engpässen* hat das den Vorteil, dass der Puffer nun jeweils größer ist, und damit höhere Schwankungsbreiten abdeckt, ohne dass der Bestand entsprechend höher festzulegen ist.

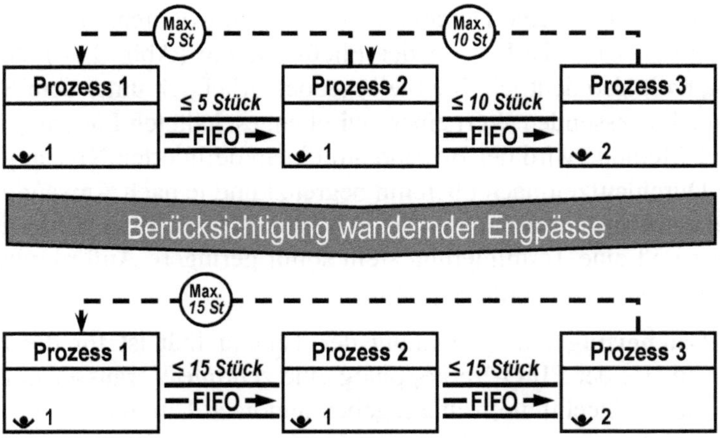

Abb. 3.27. Vereinfachte FIFO-Verkopplung bei mehreren Prozessen

Anwendungsfälle der FIFO-Verkopplung

Im einfachsten Fall dient die FIFO-Verkopplung der Überwindung größerer räumlicher Distanzen zwischen zwei Produktionsprozessen. Als Puffer überbrückt die FIFO-Verkopplung Taktzeitdifferenzen, unterschiedliche Rüstzeiten und Ausfallzeiten durch Störungen oder ermöglicht das Sammeln von Teilen für die Chargenbildung in einem Folgeprozess. Somit lassen sich innerhalb einer Produktion fünf Anwendungsfälle unterscheiden.

Für die exakte *Auslegung* des ConWIP-Bestandes sind hier für jeden Anwendungsfall einfache Berechnungsformeln angegeben. In der Regel muss eine FIFO-Bahn mehrere Pufferfunktionen zugleich erfüllen, beispielsweise wenn Taktzeitdifferenzen und Ausfallzeiten zugleich auftreten. Außerdem wird immer eine gewisse räumliche Distanz zu überbrücken sein, da es sich andernfalls um eine Fließfertigung handeln würde. In diesen Fällen addiert man einfach die unterschiedlichen Pufferanteile.

Da in die Berechnung zahlreiche Annahmen über das Produktionsprozessverhalten einfließen, wie maximale Störungsdauer, Schwankung der Bearbeitungszeiten und Transportdauer, kann das Ergebnis vor allem bei komplexen Verhältnissen nur ein Richtwert sein. Daran anknüpfend wählt man am besten das sehr einfache empirische Vorgehen einer kontinuierlichen Verbesserung durch schrittweise Verkleinerung eines anfänglich recht hohen ConWIP-Bestandes. Wenn die ersten kurzzeitigen Materialengpässe auftauchen, müssen die beteiligten Produktionsprozesse verbessert oder der Pufferbestand leicht angehoben werden.

Distanzüberbrückung Die FIFO-Verkopplung eignet sich bei Produktionsprozessen, die räumlich getrennt sind und sich aus technischen Gründen oder wegen der zu hohen Änderungskosten nicht nebeneinander anordnen lassen. Um die FIFO-Bahn zu realisieren, lassen sich gerade bei größeren Distanzen sehr gut Transportbänder oder andere Fördertechnik einsetzen. So ließe sich, wie schon die graphische Darstellung mit dem FIFO-Symbol suggeriert, auch ein Einzelstückfluss realisieren, lediglich verlängert um die Transportzeit. Häufig wird man aber aus Gründen der Kosten und der Wandlungsfähigkeit die Produktionsprozesse nicht physisch fix verketten wollen. Beim manuellen *Transport* kleinerer Teile wird man nicht einzeln, sondern in Gebindemengen transportieren. Das Gebinde wird symbolisch dargestellt durch ein oben offenes Rechteck, in das die jeweilige Gebindemenge eingetragen wird (Abb. 3.28, Fall 1). Dem jeweiligen Behälter legt man dann eine ConWIP-Karte bei. Die Bestandobergrenze errechnet sich dann aus der Transportzeit (TZ) und der Bearbeitungsdauer für ein Gebinde wie folgt:

$$ConWIP = \frac{(BZ \times GM) + TZ}{KT} = \frac{(60\,\text{sec.} \times 5\,Stck.) + 20\,\text{min.}}{60\,\text{sec.}} = 25\,Stck. \tag{3.3}$$

mit: ConWIP Bestandobergrenze [Stck.]
BZ Bearbeitungszeit am vorausgehenden Prozess [Zeiteinheit]
GM Gebindemenge beim Transport [Stck.]
TZ Transportzeit [Zeiteinheit]
KT Kundentakt [Zeiteinheit]

Es sind zwei Gebindetypen zu unterscheiden. Unterschiedliche Teilevarianten in beliebiger Sequenz lassen sich in *Transport-Gebinden* zusammenfassen, die dann zwischen den verkoppelten Produktionsprozessen hin und her pendeln. Dieses Vorgehen erlaubt eine Einzelstückfertigung, wie sie bei kundenspezifischen Teilen notwendig und bei hoher Variantenanzahl sehr hilfreich ist. In der Serienfertigung mit eher wenigen Varianten kann man auch sortenreine Gebinde bilden. Diese *Gleichteil-Gebinde* entsprechen kleinen Losgrößen, die durch die komplette Produktion laufen.

Taktabstimmungspuffer Die vergleichsweise geringen Bestände auf der FIFO-Bahn ermöglichen es, die Produktionsprozesse so weit zu entkoppeln, dass variantenabhängige *Taktabweichungen* ausgeglichen werden können. Beispielsweise kann der Folgeprozess zeitweise deutlich schneller und zeitweise deutlich langsamer laufen als der vorgelagerte Prozess (Abb. 3.28, Fall 2). Die FIFO-Bahn puffert dann die relativ zueinander schwankenden Bedarfe gegenseitig ab. So könnte beispielsweise hinter einer Fließmontage ein Prüfprozess mit einer Bearbeitungszeit liegen, die teilweise größer als die Zykluszeit der vorgelagerten Fließmontage ist. Die

Kapazität dieses Prüfprozesses ist dann ausreichend, wenn die durchschnittliche, nach Variantenstückzahlen gewichtete Bearbeitungszeit ($BZ_{gew.Ø}$) der Zykluszeit der Fließmontage entspricht.

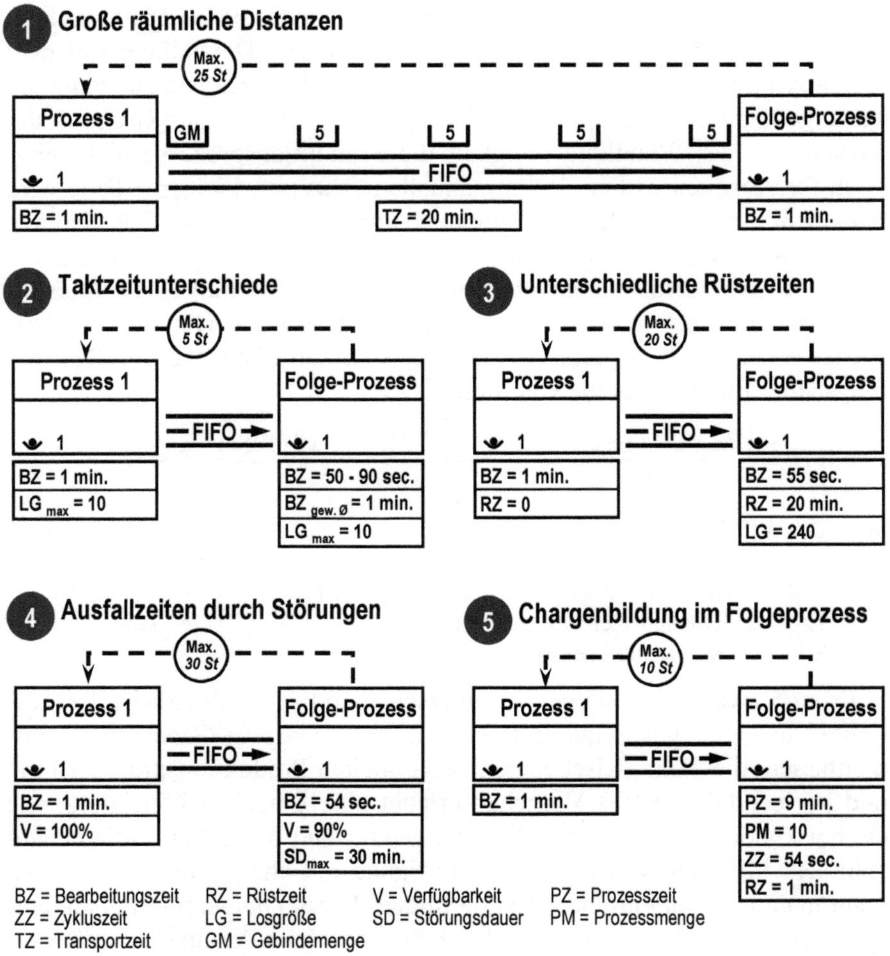

Abb. 3.28. Anwendungsfälle der FIFO-Verkopplung

Die erforderliche Mindestlänge ($ConWIP_{min}$) des FIFO-Bandes errechnet sich aus der Taktabweichung der maximalen Bearbeitungszeit für eine bestimmte Variante gegenüber der entsprechenden Bearbeitungszeit am vorausgehenden Prozess – multipliziert mit der maximalen Anzahl direkt hintereinander produzierter Erzeugnisse dieser Variante. Im Zahlenbeispiel betragen bei einem Kundentakt von einer Minute die maximale Bearbeitungszeit im Folgeprozess 90 Sekunden und die Losgröße zehn Stück

(Abb. 3.28, Fall 2). Der FIFO-Puffer muss in diesem Fall mindestens fünf Stück groß sein, um die temporäre Überproduktion des vorhergehenden Prozesses aufzufangen. Dieser Puffer baut sich bei späteren, kürzeren Prüfzyklen wieder ab, so dass Platz geschaffen wird für den langsameren Teileabfluss bei längeren Prüfzyklen.

$$ConWIP = \frac{(BZ_{\max} - BZ)}{KT} \times LG = \frac{(90\,\text{sec.} - 60\,\text{sec.})}{60\,\text{sec.}} \times 10\ Stck = 5\ Stck. \tag{3.4}$$

mit: ConWIP Bestandobergrenze [Stck.]
BZ Bearbeitungszeit am vorausgehenden Prozess [Zeiteinheit]
BZ_{max} maximale Bearbeitungszeit am Folgeprozess [Zeiteinheit]
KT Kundentakt [Zeiteinheit]
LG Losgröße [Stck.]

Auch wenn man den FIFO-Puffer sicherheitshalber etwas größer wählt: Für den Variantenmix gelten nun in Abhängigkeit von Taktabweichung und Puffergröße Reihenfolgerestriktionen, die in der Produktionsplanung zu berücksichtigen sind (Abschn. 3.4.2).

Rüstzeitpuffer Der FIFO-Puffer kann auch genutzt werden, um die während des Rüstens des Folgeprozesses vom vorgelagerten Prozess produzierten Teile abzupuffern (Abb. 3.28, Fall 3). Das ist natürlich nur erforderlich, wenn beim vorgelagerten Prozess keine oder deutlich geringere Rüstzeiten anfallen. Im dargestellten Zahlenbeispiel ist bei einer Bearbeitungszeit von einer Minute im vorgelagerten Prozess sowie zwanzig Minuten Rüstzeit im Folgeprozess genau diese Zeitdifferenz abzudecken. Entsprechend ist die Bestandobergrenze mit zwanzig Stück, berechnet wie folgt, festzulegen:

$$ConWIP = \frac{RZ}{KT} = \frac{20\,\text{min.}}{60\,\text{sec.}} = 20\ Stck.$$

$$LG_{\min} = \frac{RZ}{(BZ - BZ_F)} = \frac{20\,\text{min.}}{(60\,\text{sec.} - 55\,\text{sec.})} = 240 \tag{3.5}$$

mit: ConWIP Bestandobergrenze [Stck.]
RZ Rüstzeit [Zeiteinheit]
KT Kundentakt [Zeiteinheit]
BZ Bearbeitungszeit am vorausgehenden Prozess [Zeiteinheit]
BZ_F Bearbeitungszeit am Folgeprozess [Zeiteinheit]
LG_{min} minimale Losgröße [Stck.]

Aus der der *Stückzeitdifferenz* von fünf Sekunden zwischen beiden Prozessen ergibt sich die minimale Losgröße, die für den Folgeprozess erforderlich ist, um die beim Rüsten verlorene Zeit gegenüber dem vorgelagerten Prozess wieder einzuholen. Die minimale Losgröße ergibt sich durch Division der Rüstzeit durch die Stückzeitdifferenz zu 240 Stück (Gl. 3.5).

Störungspuffer Genauso wie Rüstzeiten können auch störungsbedingte Ausfälle des Folgeprozesses abgepuffert werden. Hierbei ist passend zu den Erfahrungswerten festzulegen, welche längste *Störungsdauer* (SD_{max}) abzupuffern ist (Abb. 3.28, Fall 4). Die Störungsdauer setzt sich zusammen aus dem Zeitverbrauch bis zur Registrierung der Störung und Meldung an die Instandhaltung, der Wartezeit auf Verfügbarkeit und Eintreffen eines Instandhalters und dem Zeitbedarf für Diagnose und Durchführung der Reparatur einschließlich der Beschaffung von Ersatzteilen sowie dem Neuanlauf. Die Aufzählung zeigt, dass die Störungsdauer sehr stark von der Qualität der Instandhaltungsorganisation abhängig ist und dementsprechend auch durch verbesserte Abläufe reduziert werden kann. Neben Reaktionsvermögen und Qualifikation der Instandhalter spielen auch Verfügbarkeit und einfache Zugänglichkeit der Ersatzteile und Werkzeuge eine wichtige Rolle. Der FIFO-Puffer ist so groß wie die maximal abzupuffernde Störungsdauer auszulegen:

$$ConWIP = \frac{SD_{\max}}{KT} = \frac{30\,\text{min.}}{60\,\text{sec.}} = 30\ Stck. \approx \frac{SD_{\varnothing} + 3 \times \sigma_{SD}}{KT} \qquad (3.6)$$

mit: ConWIP Bestandobergrenze [Stck.]
$SD_{max\,/\,\varnothing}$ maximale / durchschnittliche Störungsdauer [Zeiteinheit]
σ_{SD} Standardabweichung der Störungsdauer [Zeiteinheit]
KT Kundentakt [Zeiteinheit]

Geht man von einer statistischen Normalverteilung aus, dann erreicht man mit einer Puffergröße von der mittleren Störungsdauer zuzüglich der dreifachen Standardabweichung der Störungsdauer (σ_{SD}) eine Verfügbarkeit der Pufferstrecke von 99,9 Prozent. Bleiben die Störungen wider Erwarten aus, dann läuft der FIFO-Puffer allerdings leer, weil der vorhergehende Prozess trotz genügender Freigabesignale nicht mit dem Produzieren hinterherkommt, sondern im Zahlenbeispiel pro Stück sechs Sekunden verliert. In diesen Fällen kann der Materialfluss abreißen und der Folgeprozess hat Wartezeiten.

Chargenpuffer Die FIFO-Verkopplung ermöglicht außerdem die *Chargenbildung* im Folgeprozess, das heißt die Sammlung von Teilen vor dem Chargen-Prozess in der erforderlichen Prozessmenge. Der FIFO-Puffer ist dann mindestens so groß auszulegen wie eine Charge Teile hat. Die die Bestandsobergrenze im Zahlenbeispiel entspricht dann der Prozessmenge von zehn Stück (Abb. 3.28, Fall 5). Vorausgesetzt ist dabei, dass die vom vorgelagerten Prozess gelieferte Sequenz an Teilen auch zu einer Charge zusammengefasst werden kann. So könnte man beispielsweise mehrere Gussteile mit kundenspezifischen Bohrungen gemeinsam in einem Waschkorb durch die Waschmaschine laufen lassen. In einer variantenspezifischen Oberflächenbehandlung (Lackieren, PVCD-Beschichten, Galvanisieren) können die Teile nicht in beliebiger Reihenfolge bearbeitet werden. Hierauf ist dann die Reihenfolgeplanung abzustimmen (Abschn. 3.4.3).

Lieferantenanbindung

Die FIFO-Verkopplung lässt sich auch über eine Lieferkette hinweg realisieren. Das ist immer dann erforderlich, wenn keine Rohmaterialien oder Standardteile, wie beim Lieferanten-Kanban (Abschn. 3.3.2), sondern variantenspezifische Kaufteile beschafft werden. Wenn es sehr viele Varianten gibt, wird man sich nicht alle auf Lager legen wollen oder können. Stattdessen lässt man sich den Variantenmix *Just in Sequence* (JIS) anliefern (Abb. 3.29). Immer wenn der letzte Produktionsprozess im Wertstrom das nächste Produkt fertigt, wird dem Beschaffungsprozess ein Freigabesignal übergeben. Dies berechtigt die Beschaffung, das nächste Teil in der jeweils benötigten Variante zu bestellen. Der flussabwärts liegende Produktionsprozess ist dabei der Taktgeber.

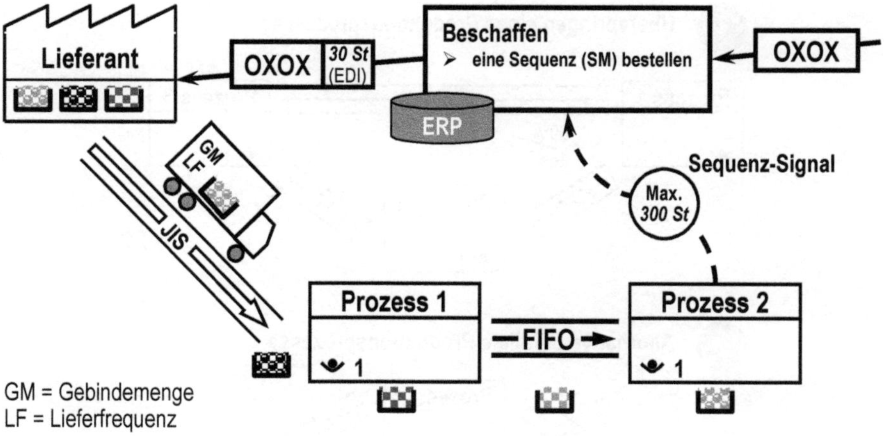

Abb. 3.29. Materialanlieferung ‚Just in Sequence'

In der Praxis wird man nicht jedes Teil einzeln bestellen, schon allein weil die Anlieferung nicht einzeln, sondern in den Transportlosen eines Lkws erfolgt. Es werden also mehrere Sequenzsignale gesammelt und dann eine bestimmte *Sequenzmenge* (SM) bestellt. Als Symbol für die Sequenz verwendet man die rechteckig umrandete, doppelte Abfolge von O und X. Der entsprechende Variantenmix wird in der Produktionsplanung nach bestimmten Regeln festgelegt (Abschn. 3.4.2). Der Lieferant produziert nun die Varianten in der gewünschten Reihenfolge und ordnet sie in den Transportbehältern und diese wiederum auf dem Lkw entsprechend an. Das Symbol für die Lieferantenanbindung ist eine *JIS-Bahn* mit breitem, innen weißem Pfeil für den außerbetrieblichen Transport. In gleicher Weise lassen sich auch kundenspezifische Teile beschaffen. Bei geringen Bestellfrequenzen wie beispielsweise im Anlagenbau bleibt es jedoch bei der üblichen Einkaufsabwicklung mit Einzelbestellung innerhalb eines Rahmenvertrages.

Verzweigte Wertströme

Die FIFO-Verkopplung ermöglicht es ferner, Verzweigungen im Wertstrom bei Erhaltung des Linienprinzips darzustellen. Die einfachste Verzweigung liegt vor, wenn einige Produktvarianten einen Produktionsprozess überspringen (Abb. 3.30, Fall 1). Das Verzweigungs-Symbol gibt mit Prozentsätzen die relative Stärke eines jeden Zweigs an. Zu beachten ist, dass die Produktvarianten mit dem zusätzlichen Bearbeitungsschritt von den anderen Varianten überholt werden. Beim Variantenmix ist darauf zu achten, dass der Nebenfluss in etwa gleichmäßig ausgelastet wird.

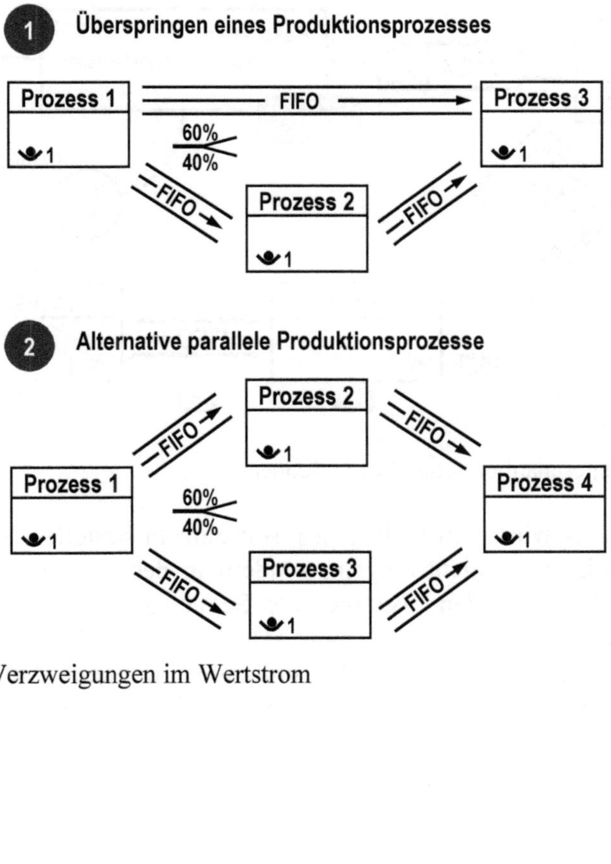

Abb. 3.30. Verzweigungen im Wertstrom

In komplexeren Wertströmen, die stärker differenzierte Produkte enthalten, sind auch teilweise parallel verlaufende Wertstromzweige denkbar (Abb. 3.30, Fall 2). Beim späteren Zusammenfluss sollte man die FIFO-Bahnen vor dem vereinigenden Produktionsprozess so zusammenführen, dass es genau einen Bereitstellpunkt gibt. Das bringt allerdings die Reihenfolge der Auftragsfreigabe durcheinander, wenn die Prozesse in den Zweigen unterschiedliche Durchlaufzeiten (Pufferlänge und Bearbeitungszeit) haben. Bei der Planung des Produktionsmix ist wiederum eine gleichmäßige Auslastung beider Zweige anzustreben (Abschn. 3.4.2).

Synchronisation Die Möglichkeit zur Vereinigung zweier Wertstrom-Teilflüsse kann man auch einsetzen, um bearbeitete Teile aus mehreren Quellen in einem Füge-Prozess (Montieren, Schweißen) zusammenzuführen. Ein Produktionsprozess in einem der vorgelagerten Zweige wird nun mit ConWIP-Signal und Produktionsauftrag angesteuert wie in einer einfachen FIFO-Kette. Dies ist dann der Wertstrom-Hauptzweig und sollte daher auch der Vorproduktion des jeweils wichtigsten Teiles dienen. Der Wertstrom-Nebenzweig (es können auch mehrere sein) wird nun vom Hauptzweig über das sogenannte *Golfball-Signal* getriggert (Abb. 3.31). Diese Steuerungslogik dient der variantenbezogenen *Synchronisation* von Nebenflüssen mit dem Hauptfluss eines Wertstroms.

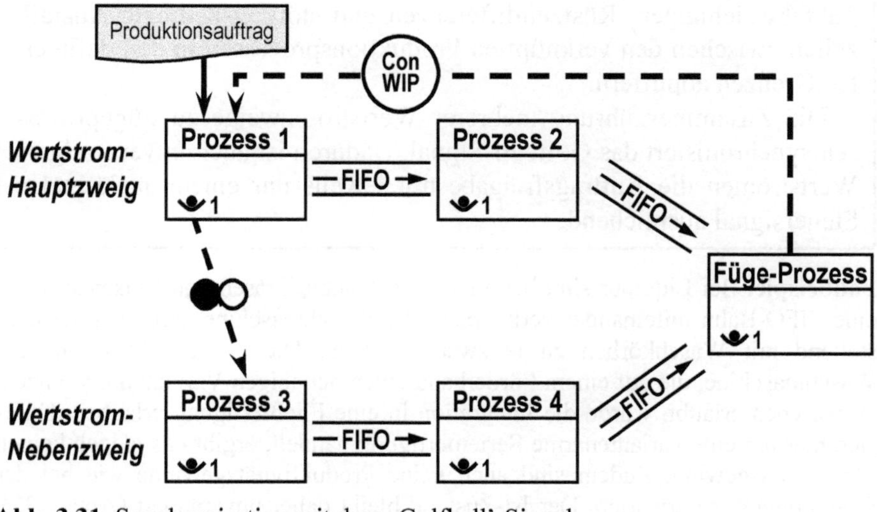

Abb. 3.31. Synchronisation mit dem ‚Golfball'-Signal

Die Bezeichnung ‚Golfball' bezieht sich auf eine Realisierungsmöglichkeit dieser Steuerungslogik. Der Mitarbeiter am gesteuerten Prozess im Hauptfluss wählt entsprechend der von ihm als nächstes zu produzierenden Variante einen Golfball von zugehöriger Farbgebung und leitet diesen über

Rohrpost an den Mitarbeiter im Nebenzweig weiter. Dieser produziert dann die entsprechenden Varianten der im Nebenzweig produzierten Teile in der richtigen Sequenz. Mit einem hellen und einem dunklen Kreis greift das *Symbol* den ‚Golfball' und die Varianten-Sequenz auf (Abb. 3.31). Diese Methode gewährleistet die strikte Einhaltung des FIFO-Prinzips bei der Verknüpfung von Montagebereichen mit unterschiedlichen Vorproduktionsbereichen (Baugruppenmontage, Vorfertigung). Sie ist sehr einfach anwendbar und kann auch mit anderen Hilfsmitteln umgesetzt werden – beispielsweise auf Sicht mit farbigen oder nummerierten Fähnchen an den Hauptteilen, elektronisch oder auch mit bedruckten Karten.

FIFO-Verkopplung in der Reihenfertigung

Zielsetzung Bei der Verknüpfung von Produktionsprozessen mit der FIFO-Logik werden die Aufträge in festgelegter und unveränderlicher Reihenfolge durch die Produktion geschoben. Die Einhaltung der Bestandsobergrenze mit dem Freigabe-Signal sorgt für kalkulierbare Durchlaufzeiten und geringe Bestände auf dem Shop Floor.

Anwendung Die Pufferfunktion der FIFO-Bahn erlaubt Transporte zwischen entfernt liegenden Produktionsprozessen einschließlich der Anbindung von Lieferanten. Für Chargenprozesse können Lose von den vorgeordneten Prozessen angesammelt werden. Zusätzlich lassen sich Taktabweichungen, Rüstzeitdifferenzen und störungsbedingte Ausfallzeiten zwischen den verknüpften Produktionsprozessen in den definierten Grenzen abpuffern.

Die Zusammenführung mehrerer Wertstromzweige zu Fügeprozessen synchronisiert das Golfball-Signal. Dadurch ist auch in verzweigten Wertströmen die Auftragsfreigabe mit jeweils nur einem auslösenden Steuersignal ausreichend.

Fallbeispiel Bei Liquipur sind bereits im Ist-Zustand Fräsen und Waschen durch eine FIFO-Bahn miteinander verkoppelt. Die Waschmaschine arbeitet zufriedenstellend mit Waschkörben zu je zwanzig Stück. Die Neuinvestition in eine Waschmaschine, die auf einem Förderband einen beliebigen Variantenmix einzeln zu waschen erlaubt, würde die Integration in eine Fließfertigung erlauben. Da es sich hier um eine variantenarme Serienfertigung handelt, ergibt das jedoch keinen Flexibilitätsgewinn. Zudem sind auch keine Produktivitätsgewinne wie bei der Fließmontage zu erwarten. Der Ist-Zustand bleibt daher unverändert (Abb. 3.32). Allerdings werden vor der Waschmaschine genau zehn Stellplätze für Waschkörbe markiert. Das Fräsen muss gestoppt werden, wenn keiner dieser Plätze frei ist. Dadurch ist das Freigabesignal in der entsprechenden Gestaltung des Shop Floors implementiert. Es funktioniert auf Sicht, so dass kein zusätzlicher Informationsfluss erforderlich ist. Zur Verknüpfung der anderen Produktionsprozesse ist keine FIFO-Verkopplung vorgesehen. Dies wird im weiteren Fortgang erläutert.

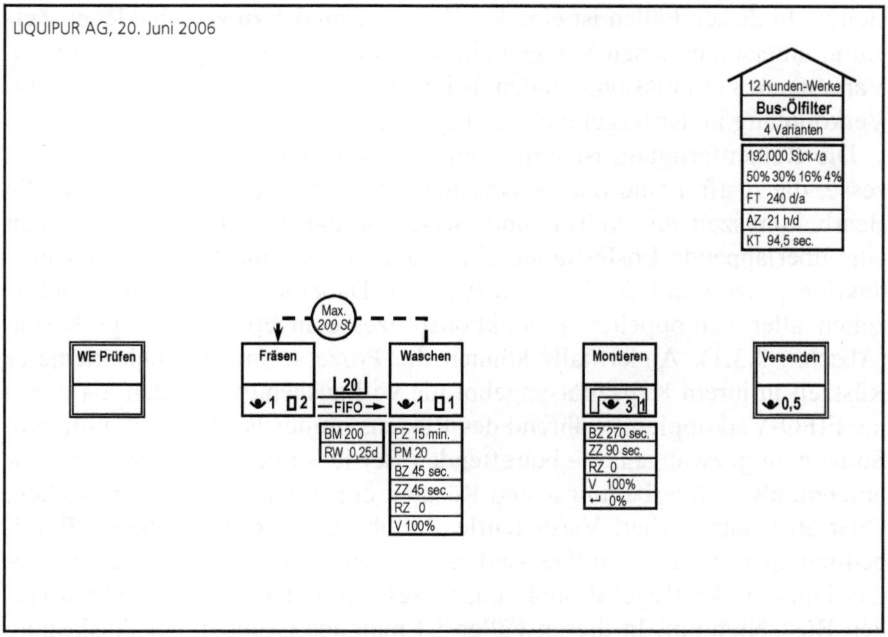

Abb. 3.32. Wertstromdesign bei Liquipur (2): FIFO-Verkopplung

3.3.2 Verbrauchsorientierte Kanban-Regelung

Einsatzgründe Bei der Reihenfertigung werden die Produktionsprozesse fest verkoppelt. Dadurch ist die Sequenz der Varianten über den ganzen entsprechend gestalteten Wertstrom hinweg fix. Dies bedeutet auch, dass man entsprechend früh wissen muss, welche Variantenabfolge benötigt wird. Bei einem Wertstrom mit vielen Produktionsprozessen und vergleichsweise langen Bearbeitungszeiten kann die Produktion nicht schnell genug auf den Kundenbedarf reagieren. Daher wird man insbesondere bei einer variantenreichen Produktion vorarbeiten, was eine *Entkopplung* der vorgelagerten von den nachgelagerten Produktionsprozessen erforderlich macht. Eine sehr lange Reihenfertigung mit zahlreichen verkoppelten Produktionsprozessen kann außerdem auch instabil werden, wenn sich zu viele der fast immer vorhandenen kleinen Störungen gegenseitig verstärken. Auch dann kann eine Trennung der langen Prozesskette in zwei entkoppelte Abschnitte sinnvoll sein.

Bei den Prozessen des Fügens, typischer Weise also in der Montage, fließen meist mehrere Wertstromzweige zusammen, die die zu fügenden

Eigenfertigungsteile liefern. Zudem sind die benötigten Kaufteile beizustellen. In diesen Fällen ist eine *Synchronisation* der zu verschiedenen Zeiten in unterschiedlichen Mengen eintreffenden und in der jeweils richtigen Variante zu kommissionierenden Teile erforderlich, die durch eine FIFO-Verkopplung in der Regel nicht gelingt.

Die Reihenfertigung ist ferner am besten geeignet für Produktionsprozesse, die rüstfrei sind oder Rüstzeiten haben, die deutlich kleiner als die Bearbeitungszeit für ein Teil sind. Setzt man hier bei größeren Rüstzeiten eine überlappende Losfertigung ein, orientiert sich die Losgröße am Produktionsprozess mit der längsten Rüstzeit. Dabei sollten jedoch die Rüstzeiten aller verkoppelten Produktionsprozesse in etwa gleich groß sein (Abschn. 3.3.1). Andernfalls können die Prozesse mit deutlich kleinerer Rüstzeit in ihrem Kapazitätsangebot nie voll ausgenutzt werden, da durch die FIFO-Verkopplung während des Rüstens immer Wartezeiten auftreten. So ist man gezwungen, die betreffenden Betriebsmittel größer zu dimensionieren, als es Bearbeitungs- und Rüstzeit eigentlich erforderlich machen. Oder aber man verliert Variantenflexibilität, da bei den gegebenen Randbedingungen die Lose größer sind, als sie sein müssten. Nun weisen Produktionen in der Regel Produktionsprozesse mit stark unterschiedlich langen Rüstzeiten auf. In diesen Fällen ist man aus Gründen der Auslastung einerseits sowie der Flexibilität andererseits gezwungen, Wiederholteile in Losen zu produzieren, und zwar je nach Prozessschritt in *unterschiedlichen Losgrößen*. Auch dann ist eine Verkopplung wie bei der Reihenfertigung nicht mehr realisierbar.

Kanban-Logik Die einfachste Form, eine *Losfertigung* zu steuern, ist, sie gar nicht zu steuern, sondern zu regeln. Hilfsmittel dieser automatisch ablaufenden Regelung sind *Regelkarten*, die mit dem Japanischen ‚Kanban' bezeichnet werden. Die Regelung entspricht dem Funktionsprinzip eines Supermarktes, bei dem die Entnahme von Produkten aus dem Supermarktregal automatisch das Auffüllen des Regals aus dem Lagerraum oder die Nachbestellung beim Zentrallager beziehungsweise direkt beim Lieferanten auslöst. Dabei orientiert man sich oft an Verpackungseinheiten, bestellt also nicht jede Zahnpastatube einzeln, sondern nach Verkauf jeder zehnten Tube wieder eine Packung mit zehn Tuben. Diese Prinzipien und die bereits angesprochenen Variationen finden sich in der Kanban-Regelung wieder.

Die *Kanban-Regelung* setzt die beiden verknüpften Produktionsprozesse in ein fabrikinternes Kunden-Lieferanten-Verhältnis. Hierbei löst die Entnahme von Teilen aus dem Supermarkt-Lager durch den Kundenprozess eine Nachproduktion dieser Teilevariante in der gleichen Menge beim Lieferprozess aus. So wird erreicht, dass immer nur die Menge nachproduziert wird, die zuvor verbraucht worden ist. Da es somit keine Planungsfehler mehr geben kann, kann auch in der Losfertigung eine Überproduktion verhindert werden. Vorausgesetzt sind dabei die richtige Auslegung des Kanban-Systems und dessen regelmäßige Pflege. Zusammenfassend lautet die Gestaltungsrichtlinie:

Gestaltungsrichtlinie 4: *Kanban-Regelung*

Produktionsprozesse, die aus technologischen Gründen Rüstzeiten aufweisen, sind bei Wiederholteilen über eine Losfertigung mit Supermarkt-Lägern zu verknüpfen.

Kanban eignet sich aufgrund der Losbildung ausschließlich für die Herstellung von Wiederholteilen. Produktionsprozesse lassen sich dann am einfachsten mit Kanban verknüpfen, wenn es wenige Varianten mit hoher Verbrauchsrate und *gleichmäßigem Bedarf* gibt. Jede Abweichung von diesen Idealbedingungen macht eine Erhöhung der Lagerreichweite im Supermarkt erforderlich. Höhere Bedarfsschwankungen benötigen einen höheren Bestand, um für den Kundenprozess immer Material verfügbar zu halten. Mit steigender Variantenzahl werden mehr Lagerplätze benötigt. Und bei geringem Verbrauch steigt durch die Losfertigung die jeweilige Reichweite.

Das Kanban-System ähnelt sehr stark einer ‚üblichen' verbrauchsgesteuerten Disposition (Abschn. 2.3.3). Augenfälligster Unterschied ist die Visualisierung der Kanban-Regelung in der Produktion. Die fix zugeordneten und beschrifteten Lagerplätze im Supermarktlager ermöglichen eine einfache visuelle Kontrolle des Bestandes. Ferner befinden sich mit dem Kanban auf allen Behältern alle relevanten Informationen zu den darin befindlichen Teilen und zum Produktionsablauf, während bei konventioneller Lagerung lediglich die Teile-Informationen ersichtlich sind. Das ändert sich erst bei Auslagerung mit dem Warenbegleitschein, der hier nun aber im Unterschied zum Kanban-System extra zu erstellen ist. Zudem kommt der Anstoß zur Lagerbewegung unmittelbar aus der Produktion, während bei der verbrauchsgesteuerten Disposition in der Regel ein Umweg über das Planungs- und das Lagerverwaltungssystem gegangen werden muss.

Neben diesen organisatorischen Unterschieden gibt es jedoch auch prinzipielle Unterschiede. So arbeitet das Kanban-System mit immer den gleichen Losgrößen, die sich an Behältermengen orientieren, während bei einer verbrauchsgesteuerten Disposition Losgrößen immer wieder neu berechnet und dadurch ‚optimiert' werden können. Dies führt jedoch zu einer ungleichmäßigen Belastung der Produktion, was nicht nur die Transparenz in der Produktion reduziert, sondern auch die Produktionssteuerung deutlich erschwert. Ferner können bei verbrauchsgesteuerten Verfahren Bestände auch für künftige Bedarfe, beispielsweise fixe Kundenbestellungen, reserviert werden. So kann man zwar früher als beim Kanban-System reagieren, erhöht aber die Komplexität und erzeugt dabei Entscheidungsprobleme dahingehend, in welchen Fällen und ab wann eigentlich reserviert werden darf und ob reservierte Bestände nicht doch für dringendere Aufträge wieder freigegeben werden sollten. Des Weiteren gibt es im Kanban-System keine Bedarfszusammenfassungen. Wenn also mehrere Kanban-Lose relativ zeitgleich benötigt werden, dann werden sie einzeln unabhängig voneinander nachproduziert und nicht zu einem Auftrag zusammengefasst, wie dies bei konventionellen Planungs- und Steuerungssystemen der Fall wäre.

Übersicht Insgesamt können drei Gruppen von Kanban-Regelungen unterschieden werden. Besteht die Absicht hauptsächlich darin, zwei Produktionsprozesse zu entkoppeln, dann ist die Kanban-Regelung so auszulegen, dass der Lieferprozess in der Losgröße, die der Entnahmemenge des Kundenprozesses genau entspricht, produziert. Dieser Standardfall des *Produktions-Kanban* soll im Folgenden ergänzt um nähere Ausführungen zur Arbeitsweise der Materiallogistik sowie zur Dimensionierung dargelegt werden.

Besteht die Absicht darin, zwei Produktionsprozesse mit deutlich voneinander abweichenden Rüstzeiten zu verknüpfen, dann ist die Kanban-Regelung so auszulegen, dass sie einen Losgrößenwechsel ermöglicht. Die beiden vorgestellten Formen des *Signal-Kanban* ähneln einer verbrauchsorientierten Produktionssteuerung. Bei der Dimensionierung des Kanban-Systems spielt die Festlegung der richtigen Losgröße eine entscheidende Rolle. Das Rüstportfolio zeigt, wie dies mit Hilfe des EPEI-Wertes zu erfolgen hat.

Die Kanban-Regelung bietet zudem eine sehr einfach zu handhabende Methode der Beschaffung von Rohmaterialien und Kaufteilen. Das Kaufteileportfolio zeigt, für welche Teilearten ein *Lieferanten-Kanban* für eine aufwandsarme Beschaffung sorgt. Rohmaterialien stellen besondere Anforderungen an die Dimensionierung von Lager und Bestellmengen.

Produktions-Kanban

Funktionslogik Beim Produktions-Kanban befindet sich zwischen den beiden verknüpften Produktionsprozesses ein Supermarkt-Lager. In diesem Lager sind immer alle vom Lieferprozess hergestellten Varianten vorrätig, um eine ständige Versorgungssicherheit für den Kundenprozess zu erreichen. Das *Supermarkt-Lager* wird symbolisiert durch ein stilisiertes Regal mit drei Fächern (Abb. 3.33). Die Fächer sind nach links hin offen zum Lieferprozess, da dieser für die mit dem Bestand sicherzustellende Materialverfügbarkeit verantwortlich ist. Der verbindende Materialfluss wird mit zwei Pfeilen dargestellt; das Nachfüllen durch den Lieferprozess mit einem nach jeweiliger Fertigstellung in das Lager ‚schiebenden' *geraden Pfeil*; die Entnahme durch den Kundenprozess mit einem nach Bedarf aus dem Regal ‚ziehenden' *kreisförmig gebogenen Pfeil*. Im Englischen spricht man daher vom ‚replenishment pull system'. Ausgelöst durch eine bedarfsgerecht ziehende Entnahme wird der Lagerbestand verbrauchsbezogen nachgefüllt.

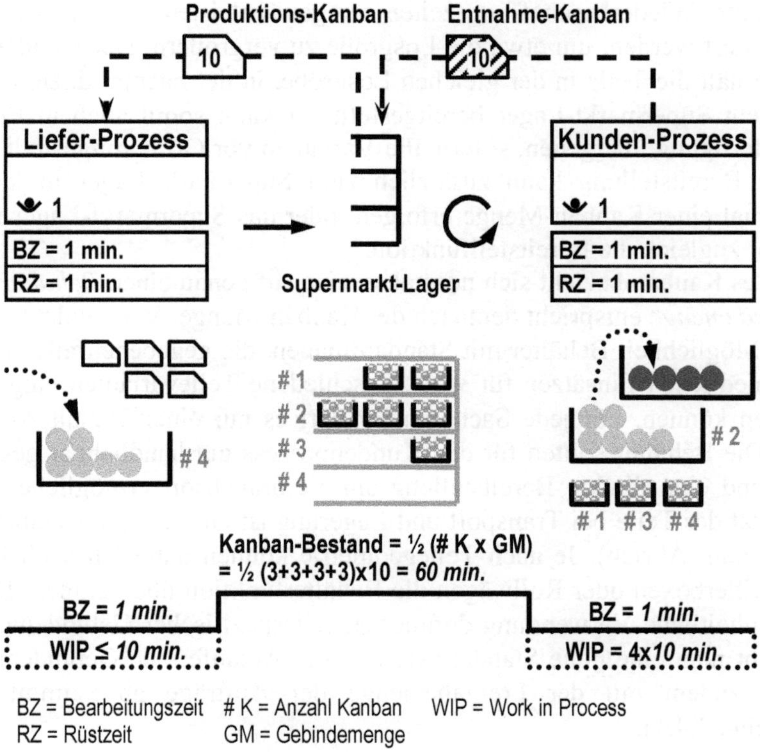

Abb. 3.33. Kanban-Regelung mit Zahlenbeispiel

Der Materialfluss zwischen den Prozessen wird durch Kanban geregelt. Ein Kanban wird symbolisiert als Rechteck mit abgeschnittener rechter oberer Ecke (Abb. 3.33). Jedes Kanban bezieht sich auf eine Bestelleinheit, die in das Kanban-Symbol einzutragen ist. Ein (hier zur Verdeutlichung gestrichelter) Pfeil zeigt an, von wo nach wo der vom Kanban übermittelte Steuerimpuls fließt. Im Standardfall sind zwei Kanban-Typen erforderlich. Das *Entnahme-Kanban* löst den Transport eines Behälters vom Supermarkt-Lager zum Kundenprozess aus. Das *Produktions-Kanban* löst beim Lieferprozess die Produktion von Teilen aus, die im Supermarkt-Bestand durch die vorherige Entnahme fehlen. Zur Unterscheidung wird das Symbol des Entnahme-Kanban schraffiert.

Beim Lieferprozess wird in der Reihenfolge des Eintreffens der Produktions-Kanban nachproduziert, die der Reihenfolge der Entnahme entspricht. Damit entspricht die *Losgröße* der Kanban-Menge. Vor dem Lieferprozess bildet sich eine Warteschlange der noch abzuarbeitenden Kanban. Die unterschiedlichen Varianten werden in beliebiger, dem Verbrauch entsprechender Reihenfolge beim Lieferprozess produziert. Um konstante Wiederbeschaffungszeiten zu gewährleisten, dürfen sie nicht umsortiert werden, um etwa die Losgröße zu vergrößern. Der Kundenprozess erhält die Teile in der gleichen Losgröße, in der nachproduziert wird, aus dem Supermarkt-Lager bereitgestellt. Er kann somit auch in Einzelstückfertigung übergehen, sofern alle Varianten vor Ort bereitgestellt sind. Diese Bereitstellung kann zusätzlich zum Supermarkt-Lager in jeweils maximal einer Kanban-Menge erfolgen; oder das Supermarkt-Lager übernimmt zugleich die Bereitstellfunktion.

Jedes Kanban bezieht sich normalerweise auf genau einen *Behälter*. Die *Gebindemenge* entspricht demnach der Kanban-Menge. Verwendet werden nach Möglichkeit Behälter mit Standardmaßen, die gegebenenfalls mit unterschiedlichen Einsätzen für viele verschiedene Teilevarianten eingesetzt werden können. Für jede Sachnummer darf es nur einen Behältertyp geben. Die Behälter sollten für den Kundenprozess gut handhabbar gestaltet sein und eine direkte Bereitstellung am Verbrauchsort ermöglichen. Die Qualität der Teile bei Transport und Lagerung ist zu schützen (Sauberkeit, Korrosion, Abrieb). Je nach Teilegeometrie können natürlich auch Paletten, Gitterboxen oder Rollwägen die Behälterfunktion übernehmen. Durch die einheitliche Verwendung definierter, teilespezifischer Gebindemengen erreicht man eine hohe Standardisierung der Abläufe. Die Gebindemenge sollte zudem mit der Freigabemenge der Aufträge abgestimmt sein (Abschn. 3.4.1).

Bestände Im *Datenkasten* zum Supermarkt-Lager gibt man neben dem Lagerort alle wichtigen Bezeichnungen für Lager, Material und Behältertyp an (Abb. 3.34). Die Anzahl der Varianten (# Var) gibt die Zahl der entsprechend bezeichneten Fächer im Supermarkt-Lager wieder. Die Kanban-Logik lässt keine chaotische Lagerung zu, sondern erfordert fix zugeordnete Lagerplätze entsprechend des Maximalbestandes. Dieser wird mit der Anzahl aller im Umlauf befindlichen Kanban (# K) wiedergegeben.

Bezeichnung Lager, Lagerort	
Bezeichnung Material	
# Var	Anzahl Kanban-Teile
# K	Anzahl Kanban
# T	Anzahl Teile je Produkt
RW	Reichweite

Abb. 3.34. Datenkasten für das Supermarkt-Lager

Die Lagerreichweite des Supermarkt-Lagers kann analog zur Berechnung beim Vorratslager (Gl. 2.13) berechnet werden. Dabei soll zur Abschätzung des durchschnittlichen Bestands angenommen werden, dass analog zum Bestandsverlauf bei verbrauchsgesteuerter Disposition (vgl. Abb. 2.37) der durchschnittliche Bestand der Hälfte des Maximalbestandes entspricht. Der Maximalbestand wiederum resultiert aus der Anzahl aller im Umlauf befindlichen Kanban, so dass sich für die Lagerreichweite unter Bezugnahme auf den Tagesbedarf folgendes ergibt:

$$RW = \frac{1}{2} \times \frac{\#K \times GM}{\#T \times TB} \qquad \text{bzw.:} \qquad RW = \frac{1}{2} \times \frac{\sum_{i=1}^{var} \#K_{Var} \times GM_{Var}}{\#T \times TB} \tag{3.7}$$

mit:
- # K Anzahl Kanban im Kreislauf
- RW Supermarkt-Reichweite [d]
- GM Gebindemenge Kanban-Behälter [Stck.]
- TB Tagesbedarf [Stck./d]
- # T Anzahl Gleichteile pro Produkt
- # K_{Var} Anzahl Kanban einer Variante
- GM_{Var} Gebindemenge der Variante [Stck.]

Die im Supermarkt jeweils gelagerte Menge kann variantenabhängig unterschiedlich festgelegt sein – und zwar ausschließlich als ein ganzzahliges Vielfaches der jeweiligen Gebindemenge. So stimmen die Anzahl der Kanban und die Anzahl der im Regelkreis befindlichen Behälter überein. Im Zahlenbeispiel sind vier Varianten mit zusammen sechs Behältern à zehn Stück im Supermarktlager vorrätig (Abb. 3.33). Hinzu kommen ein Behälter in Nachproduktion und fünf weitere Kanban, die auf ihre Abarbeitung beim Lieferprozess warten.

Ferner können sich je nach Ausgestaltung des Produktionsablaufes beim Kundenprozess weitere bereitgestellte Behälter befinden. Im Zahlenbeispiel sind alle vier Varianten bereitgestellt, so dass der Kundenprozess alle Varianten jeweils einzeln entnehmen kann. Würde der Kundenprozess auch in Losen arbeiten, müsste jeweils nur ein Behälter bereitgestellt sein. Die *Durchlaufzeit* für ein Teil entspricht in vereinfachter Betrachtung dem Bestand im Supermarkt-Lager, also der Lagerreichweite berechnet nach Gleichung 3.7. Im Zahlenbeispiel sind dies 60 Minuten (vgl. Abb. 3.33). Bei genauerer Betrachtung müssen noch die bereitgestellten Behälter sowie das in Arbeit befindliche Kanban-Los berücksichtigt werden. Dadurch steigt die Durchlaufzeit im Zahlenbeispiel auf insgesamt 110 Minuten an.

Für eine einfache *Dimensionierung* des Kanban-Systems empfiehlt sich ein Vorgehen durch Ausprobieren. Für die Anfangsauslegung trifft man zunächst eher großzügige Annahmen, um auf der sicheren Seite gegenüber Materialflussabrissen zu sein. Der Bestand kann dann noch recht hoch ausfallen. Nach Einführung senkt man den relativ hohen Umlaufbestand an Karten und damit auch Material schrittweise durch Entfernen einzelner Karten kontinuierlich, bis die ersten Störungen in der Materialverfügbarkeit auftreten. Wenn das geschieht prüft man, ob der Ablauf verbessert werden kann – oder fügt wieder eine Karte hinzu.

Ungleichmäßiger Bedarf Bei Teilen mit sehr starken Bedarfsschwankungen und mittleren bis großen Stückzahlen ist eine adäquate Supermarkt-Auslegung nicht möglich, da man entweder riesige Bestände erhält oder im Bedarfsfall nur teilweise lieferfähig ist, da der Bestand unter der maximalen Bestellmenge liegt. Auch eine prognoseorientierte Produktionsplanung würde sich schwer tun, solche extremen Schwankungen zuverlässig vorauszusehen. Typische Beispiele für diese Fälle sind Jahresbestellungen von Auslandsniederlassungen, Großaufträge von einzelnen Kunden zu besonderen Konditionen sowie saisonal angebotene oder besonders beworbene Erzeugnisse.

Diese Fälle lassen sich als Sonderaufträge mit *Sonder-Kanban* abwickeln. Ein Sonder-Kanban darf nur einmal verwendet werden und muss besonders gekennzeichnet sein, beispielsweise durch eine andere Farbe oder einen im Hintergrund aufgedruckten Querbalken. Großaufträge werden in Gebindemengen aufgeteilt. Für jede Teilmenge wird ein Sonder-Kanban erstellt und in die Produktion eingesteuert. Durch die Aufteilung erhöht sich natürlich die Lieferzeit gegenüber kleinen Bestellmengen. Im Vorgriff auf erwartete, aber noch nicht erfolgte Jahresbestellungen oder erwartete vorübergehende Absatzsteigerungen durch Werbeeffekte kann mit Hilfe von Sonder-Kanban sogar prognoseorientiert vorgearbeitet werden. Ähnlich lassen sich saisonale Kanban definieren und einsteuern. Dadurch wäre dann eine Anpassung der Lieferzeit vermieden. Das Kanban-System kann also durchaus sehr flexibel genutzt werden.

Um tendenzielle Entwicklungen im Kundenbedarf zu berücksichtigen (Abb. 2.10, Fälle B), muss das Kanban-System *gepflegt* werden. So sind die Anzahl der im Umlauf befindlichen Kanban regelmäßig (beispielsweise monatlich) zu überprüfen. Bei wachsenden Märkten muss die Kartenanzahl immer wieder erhöht werden, weil es andernfalls zum Materialflussabriss kommen würde. In schrumpfenden Märkten hingegen steigt die Lagerreichweite, wenn keine Karten aus dem Kreislauf entfernt werden. Um die Bestandsreichweite konstant zu halten, müssen hier schrittweise einzelne Karten entfernt werden.

Kanban-Regeln:

1. Produziert wird ausschließlich bei Vorliegen eines Produktions-Kanban in der jeweils angegebenen Losgröße.
2. Es wird in der Reihenfolge der Entnahme durch den Kundenprozess produziert, sofern nicht andere Prioritätsregeln definiert sind.
3. Jeder gefüllte Behälter muss mit einem Kanban versehen sein.
4. Kanban-Behälter werden nur an festgelegten und adressierten Plätzen abgestellt.
5. Der Logistiker übernimmt den Transport von Material und Kanban nach festem Fahrplan auf vorgegebener Route.
6. Die Anzahl der im Umlauf befindlichen Kanban ist regelmäßig (monatlich) zu überprüfen.

Besondere Kanban-Merkmale:

1. Eine Anhäufung von Kanban vor einem Produktionsprozess zeigt, dass er zu langsam arbeitet.
2. Im Unterschied zur FIFO-Verkopplung führen Qualitätsmängel an Einzelteilen nicht zur Störung des gesamten Produktionsablaufes, da durch die Austauschbarkeit der Teile eine gesonderte Nachlieferung nicht erforderlich ist.

Materiallogistik Es gibt zahlreiche Möglichkeiten, die dargestellte Regelungslogik mit den zwei Steuerimpulsen zu realisieren. Die gewissermaßen klassische Lösung verwendet beide Kanban-Typen, realisiert als laminierte Pappkarten, die zwischen Produktionsprozessen und Supermarkt-Lager pendeln. Die Kanban enthalten alle für die Steuerung relevanten Informationen zu Material, Kundenprozess, Lieferprozess sowie Behältern und den Karten selbst. (Abb. 3.35). Beim Materialtransport sind sie dem Behälter beigefügt. Die Karten als *Informationsträger* werden vor allem auch deshalb benötigt, weil Produktions- und Transportaufgaben strikt getrennt sind, um jede dieser Tätigkeiten für sich optimieren zu können.

Die Informationsübergabe vom Produktionsmitarbeiter an den Logistiker erfolgt mit Hilfe der Karten. Sobald der Mitarbeiter des Kundenprozesses das erste Teil aus einem bereits bereitgestellten Behälter entnimmt, legt er das zugehörige Kanban für den Logistiker bereit. Dieser kommt an allen Arbeitsplätzen, die er mit Material zu versorgen hat, regelmäßig nach einem festen *Fahrplan* auf vorgegebener Route vorbei und sammelt die bereitgelegten Entnahme-Kanban ein. Damit nicht zu viel Material beim Kundenprozess liegt, sollte die Gebindemenge so gewählt sein, dass die Behälterreichweite etwa eine Schicht beträgt. Die angestrebte Behälterreichweite macht eine Transportzykluszeit von unter einer bis maximal zwei Stunden erforderlich.

Abb. 3.35. Informationen auf Entnahme- und Produktions-Kanban

Wie mit einer Einkaufsliste versehen, entnimmt der Logistiker anschließend dem Supermarkt Behälter mit den angeforderten Teilen, entfernt das im oder am Behälter befindliche Produktions-Kanban und legt stattdessen das mitgebrachte Entnahme-Kanban bei. Die so entnommenen Behälter transportiert der Logistiker nun an den Verbrauchsort, wo er wiederum neue Entnahme-Kanban einsammelt. Es werden also immer *gemischte Transporte* durchgeführt. Die im Supermarkt-Lager bereitgelegten Produktions-Kanban werden wiederum von einem Logistiker zum Lieferprozess gebracht und dienen dort als Produktionsanweisung. Nach Fertigstellung werden die gefüllten Behälter zusammen mit dem Produktions-Kanban in das Supermarkt-Lager gebracht. Damit ist der Zyklus geschlossen.

Für die Materiallogistik werden die Kanban nicht unbedingt als physische Karten benötigt. Der gesamte Ablauf ist auch mit Hilfe elektronischer Datenübermittlung als ‚Faxban' oder nach Scannerbuchung als ‚e-ban' realisierbar. Auch ohne EDV sind je nach den spezifischen Gegebenheiten Vereinfachungen möglich. Wenn beispielsweise der Lieferantenprozess den Supermarkt und damit alle Materialentnahmen direkt sehen kann, kann er auf Sicht arbeiten und einfach leere, mit Materialnummern versehene Lagerplätze wieder auffüllen. Produktions-Kanban sind dann nicht erforderlich. Liegt der Supermarkt in der Nähe des Kundenprozesses, kann eventuell das Entnahme-Kanban entfallen. Falls es nur einen Verbrauchsort gibt, könnte sogar der Supermarkt in der Bereitstellfläche des Kundenprozesses aufgehen. Sehr praktikabel ist häufig das *Behälter-Kanban.* Hierbei übernimmt das Leergut die Funktionen von Entnahme- und Produktions-Kanban. Die zurückkommenden, leeren Behälter sind mit allen für die Steuerung relevanten Informationen versehen und lösen so die Nachproduktion aus. Das Problem der Leergutrückführung wird damit gleichzeitig gelöst.

Auslegung des Produktions-Kanban

Zur Auslegung des Kanban-Systems müssen der maximale Supermarkt-Bestand und daraus die Anzahl der benötigten Karten ermittelt werden. Dafür gibt es eine einfache *Berechnungsformel* aus drei Summanden mit nicht immer leicht zu ermittelnden Faktoren. Der Supermarkt-Bestand setzt sich demnach zusammen aus dem Umlaufbestand, einem Pufferbestand für Bedarfsschwankungen sowie einem Sicherheitsbestand zum Ausgleich von Störungen und Qualitätsproblemen (Gl. 3.9). Diese drei Anteile des Bestandes sollen im Folgenden näher beleuchtet werden.

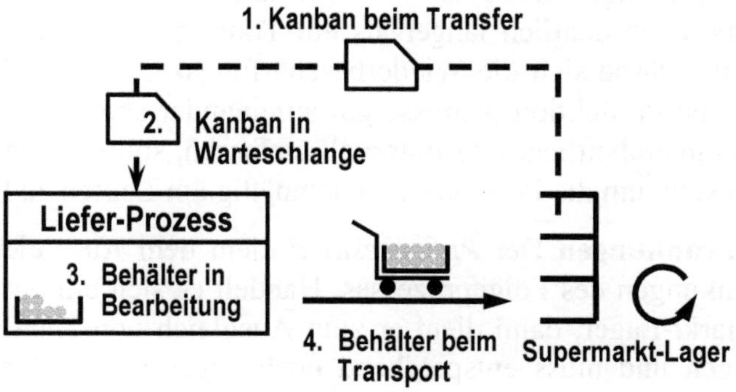

Abb. 3.36. Zyklus bei der Wiederbeschaffung

Wiederbeschaffung Der *Umlaufbestand* soll den Durchschnittsverbrauch während der Nachproduktion abdecken. Er ergibt sich aus dem Produkt von Wiederbeschaffungszeit in Tagen und durchschnittlichem Tagesverbrauch (Gl. 3.3). Schwierig abzuschätzen ist hier die Wiederbeschaffungszeit.

Die Wiederbeschaffungszeit setzt sich aus vier Komponenten zusammen, der Transferzeit des Kanban vom Supermarkt zum Lieferprozess, der Wartezeit des Kanban vor dem Lieferprozess, der Bearbeitungsdauer eines Loses und der Transportzeit (Abb. 3.36). Bei günstigen Bedingungen ist die *Transportzykluszeit* des Logistikers in der Lieferprozessschleife ausschlaggebend für die Wiederbeschaffungszeit. Man kann sich vorstellen, dass pro Rundgang des Logistikers die Wiederbeschaffung um einen Schritt voranschreitet. Im ersten Zyklus bringt der Logistiker das Produktions-Kanban zum Lieferprozess. Während des zweiten Zyklus befindet sich die Karte in der Warteschlange, aufgesteckt auf eine Kanban-Tafel vor dem Lieferprozess, im dritten Zyklus werden die Teile in Kanban-Menge nachproduziert und im vierten Zyklus werden die gefüllten Behälter ins Supermarkt-Lager gebracht. Vereinfacht lässt sich damit der erforderliche Umlaufbestand (UB) abschätzen zu:

$$UB = WBZ \times TB \approx 4 \times TZZ \times TB \qquad (3.8)$$

mit: UB Umlaufbestand [Stck.]
WBZ Wiederbeschaffungszeit [d]
TB Tagesbedarf [Stck./d]
TZZ Transportzykluszeit [Zeiteinheit]

Da hier ausschließlich von kleinen Losgrößen die Rede ist, kann für die Abschätzung angenommen werden, dass der Transportzyklus deutlich größer als die Bearbeitungszeit für ein Kanban-Los beim Lieferprozess ist. Der Logistiker transportiert also immer mehrere Behälter gleichzeitig. Pro Zyklus müssen dann auch immer mehrerer Lose nachproduziert werden. Die zu überprüfende Größe ist hier vor allem die Länge der *Warteschlange*, die auch deutlich länger als ein Transportzyklus werden kann. Tritt dies ein, würde sich die Wiederbeschaffungszeit entsprechend erhöhen. Sofern die Produktionsprozesse gut aufeinander abgestimmt sind und die Kanban ein einheitliches Zeitintervall umfassen, sollte das jedoch nicht erforderlich sein, um die Produktion gleichmäßig am Laufen zu halten.

Bedarfsschwankungen Der *Pufferbestand* dient dem Ausgleich von Bedarfsschwankungen des Folgeprozesses. Handelt es sich um ein Fertigwaren-Supermarkt-Lager, dann dient er zum Ausgleich von Kundenbedarfsschwankungen und muss entsprechend hoch angesetzt werden (Abschn. 3.4.1). Befindet sich das Supermarkt-Lager innerhalb der Produktion, dann sollten die beiden verknüpften Prozesse in der Regel so kapazitativ aufeinander abgestimmt sein, dass eine Volumenschwankung des Gesamtbedarfs nicht auftritt. Wohl aber ist eine Schwankung durch einen unterschiedlichen Variantenmix möglich. Dadurch wird eine Teilevariante häufiger nachgefragt, als es im Durchschnitt zu erwarten ist. Um diese Schwankung möglichst niedrig zu halten, muss das Planungskonzept sicherstellen, dass der erhöhte Bedarf im Produktionsmix möglichst gleichmäßig verteilt wird (Abschn. 3.4.2). Ganz ‚wegplanen' lässt sich die Schwankung aber nicht und sollte daher als Aufschlag berücksichtigt werden (Gl. 3.9). Um auch bei seltenen Varianten keinen Materialflussabriss zu riskieren, benötigt man jeweils mindestens zwei Kanban, damit während der Wiederbeschaffung im zweiten Behälter noch bereitgestellte Teile verfügbar sind.

Störungen Der *Sicherheitsbestand* dient dem Ausgleich von Schwankungen der Wiederbeschaffungszeit auf Grund von Störungen sowie dem Mengenausgleich bei einer erhöhten Ausschussrate. Relevant ist hier weniger – wie oftmals angegeben – der prozentuale Anteil, der für die Kapazitätsauslegung berücksichtigt wird. Vielmehr ist die Dauer der Störungen mit Produktionsausfall beziehungsweise die Bearbeitungszeit für die maximale Menge der nachzuproduzierenden Ausschussteile ausschlaggebend. Beides verlängert die Wartezeit für die Folgeaufträge um eben diese Zeitdauern. Festzulegen ist demnach die angestrebte zusätzliche Bestandsreichweite (RW_{SB}), die über den Tagesbedarf in einen Bestand umzurechnen ist (Gl. 3.9).

Für den *maximalen Supermarkt-Bestand einer Variante* ergibt sich durch Summierung der zuvor betrachteten drei Faktoren Wiederbeschaffungszeit, Bedarfsschwankung und Störungsdauer:

$$\begin{aligned} BM_{Var} &= UB + PB + SB \\ &\approx 4 \times TZZ \times TB_{Var} + 4 \times TZZ \times \Delta TB_{Var} + RW_{SB} \times TB_{var} \end{aligned} \tag{3.9}$$

mit:
- BM_{Var} maximaler Supermarkt-Bestand einer Variante [Stck.]
- UB Umlaufbestand [Stck.]
- PB Pufferbestand [Stck.]
- SB Sicherheitsbestand [Stck.]
- TZZ Transportzykluszeit [Zeiteinheit]
- TB_{Var} Tagesbedarf einer Variante [Stck./d]
- ΔTB_{Var} maximal zusätzlicher Tagesbedarf einer Variante [Stck./d]
- RW_{SB} Reichweite Sicherheitsbestand [d]

Die *Anzahl Kanban je Variante* ergibt sich durch Division dieses maximalen Bestandes einer Variante mit der jeweiligen, gegebenenfalls variantenspezifischen Gebindemenge, wobei das Ergebnis aufzurunden ist. Es empfiehlt sich jedoch, dieses Berechnungsergebnis entsprechend der sechsten Kanban-Regel im Fabrikbetrieb kontinuierlich zu überwachen.

$$\# K_{Var} = \text{Aufrunden}\left[\frac{BM_{Var}}{GM_{Var}}\right] \tag{3.10}$$

mit: $\# K_{Var}$ Anzahl Kanban einer Variante
BM_{Var} maximaler Supermarkt-Bestand einer Variante [Stck.]
GM_{Var} Gebindemenge der Variante [Stck.]

Signal-Kanban

Bei der gewöhnlichen Kanban-Regelung produziert der Lieferprozess in der gleichen Losgröße, in der der Kundenprozess Teile aus dem Supermarkt-Lager entnimmt. Die Losgrößen entsprechen der jeweiligen variantenabhängigen Gebindemenge und sind vergleichsweise klein, setzen also geringe Rüstzeiten voraus. Werden nun aber Produktionsprozesse mit vergleichsweise großen Rüstzeiten an Prozesse mit kleineren Rüstzeiten angebunden, dann ist diese Einheitlichkeit der Losgrößen nicht mehr sinnvoll. Entweder muss der Lieferprozess dann zeitanteilig zu viel rüsten oder der Kundenprozess muss in deutlich größeren Losen arbeiten, als es erforderlich ist. Damit steigen die Bestände und der Kundenprozess wird unflexibler. Dieses Abstimmungsproblem lässt sich sehr einfach lösen, indem man mehrere Produktions-Kanban sammelt, bevor man sie als ein Los dem Lieferprozess zur Nachproduktion übergibt. Dieses Vorgehen nennt man *Signal-Kanban.*

Funktionslogik Das Signal-Kanban wird mit einem auf der Spitze stehenden Dreieck symbolisiert, das das entsprechende Produktions-Kanban ersetzt (Abb. 3.37). Im Dreieck wird die *Losgröße der Kanban* eingetragen – im Zahlenbeispiel steht ein Signal-Kanban für neun Produktions-Kanban à zehn Stück; die Losgröße im Lieferprozess beträgt also 90 Stück. Immer wenn sich neun Entnahme-Kanban einer Variante angesammelt haben, wird beim Lieferprozess ein Los nachbestellt. Der übrige Ablauf sowie die zugehörige Symbolik entsprechen dem Produktions-Kanban.

Durch die größeren Lose steigen nun auch die Bestände deutlich an. Das Supermarkt-Lager muss die großen Lose aufnehmen, die zuzüglich eines Puffer- und eines Sicherheitsbestandes (vgl. Gl. 3.14) den maximalen Lagerbestand bestimmen (vgl. Gl. 3.15). Die *Durchlaufzeit* für ein Teil liegt nun im Zahlenbeispiel bei fünfeinhalb Stunden – errechnet aus neunzig plus zehn Minuten für die beiden in Arbeit befindlichen Lose zuzüglich des Supermarkt-Bestandes von 240 Minuten.

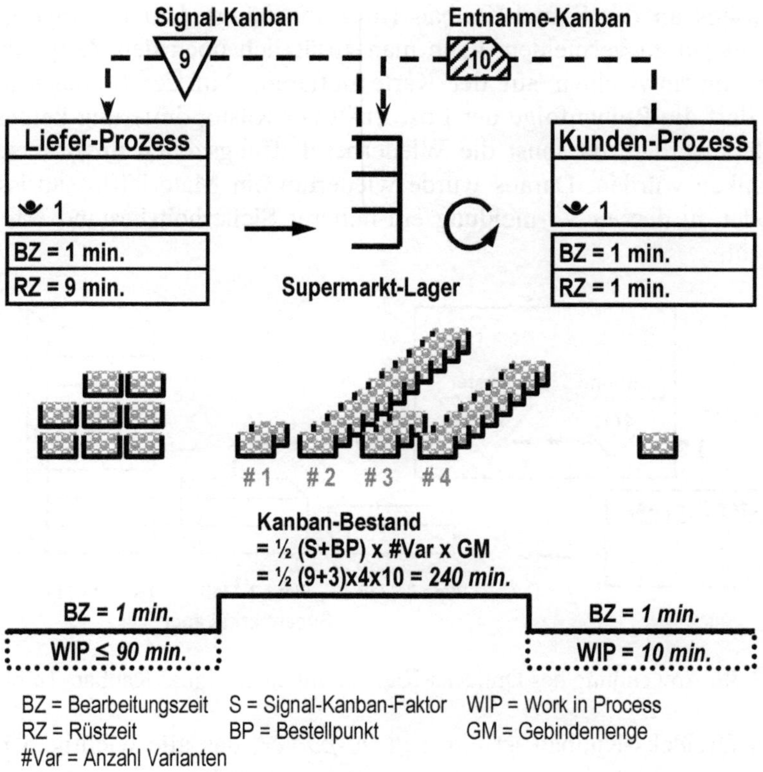

Abb. 3.37. Signal-Kanban mit Zahlenbeispiel

Dreiecks-Kanban Das Signal-Kanban wurde ursprünglich eingesetzt als ein Blatt, das schräg derart auf einem Behälter liegt, dass eine Ecke wie ein Dreieck aus dem Behälterstapel herausschaut (Abb. 3.38). Daher resultieren auch das Symbol und die Bezeichnung ‚Dreiecks-Kanban'. Durch die behälterweise Entnahme vom Stapel sinkt der Bestand jeder Variante schrittweise ab, bis der Behälter mit dem Signal-Kanban erreicht ist. Dies ist der *Bestellpunkt*, an dem die Nachproduktion angetriggert wird, indem das Signal-Kanban zum Lieferprozess gebracht wird. Der Bestellpunkt muss so gewählt werden, dass der im Supermarkt-Lager noch verbliebene Restbestand, der sich jeweils unter dem Behälter mit dem Signal-Kanban befindet, den Bedarf bis zum Eintreffen des nachproduzierten Loses in etwa abdeckt. Der Restbestand sollte höher liegen als der durchschnittliche Verbrauch während der Wiederbeschaffungszeit, damit Bedarfsschwankungen und Lieferstörungen aufgefangen werden können. Neben dem Umlaufbestand sind also Puffer- und Sicherheitsbestände vorzusehen.

Beim Lieferprozess werden die Signal-Kanban in der Reihenfolge ihres Eintreffens an der Signal-Kanban-Tafel angehängt. Um *Reihenfolgevertauschungen* zu vermeiden, kann man zusätzlich noch den Zeitpunkt der Auslösung abwischbar auf der Karte notieren. Auf der Signal-Kanban-Tafel darf die Reihenfolge der Lose etwa zur Rüstoptimierung keinesfalls geändert werden, da sonst die Wiederbeschaffungszeiten unvorhersehbar schwanken würden. Daraus würde wiederum ein Materialflussabriss folgen oder zu dessen Vermeidung ein höherer Sicherheitsbestand erforderlich sein.

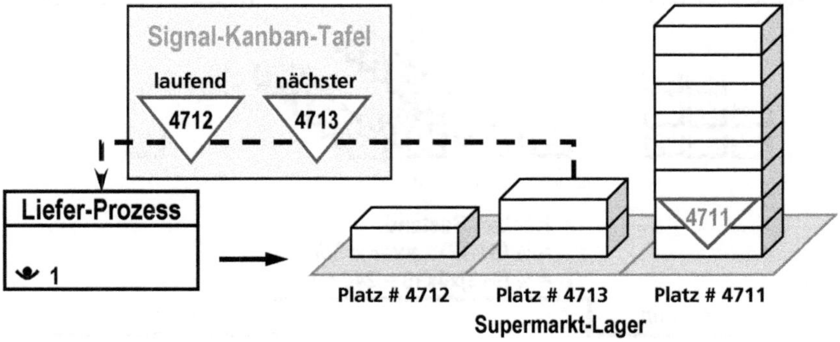

Abb. 3.38. Anwendung des Dreiecks-Kanban mit einer Signal-Kanban-Tafel

Das Dreiecks-Kanban ist ein *Auftragspapier*, das alle wichtigen Informationen zu Material, Lieferprozess und Bestellabwicklung enthält. Für die Bestellabwicklung ist die Angabe von Bestellpunkt und Losgröße erforderlich. Materialinformationen betreffen die Teile-Identnummer, die Materialbezeichnung und den Lagerplatz im Supermarkt-Lager. Für den Lieferprozess können Arbeitsplannummer, Maschinennummer, Werkzeugnummer oder auch Lagerplatz des Werkzeugs angegeben sein. Für jede Teile-Identnummer gibt es genau ein Signal-Kanban. Damit ist eine weitere Zusammenfassung von Losen ausgeschlossen. Das Dreiecks-Kanban lässt sich natürlich in analoger Weise auch elektronisch in Steuerungssoftware implementieren. Datenauswertungen erleichtern dann die Überwachung der Auslegung von Bestellmengen und Bestellpunkt.

Kanban in Losen Eine alternative Umsetzung des Signal-Kanban bietet die *Steuerungstafel*, an der Kanban gesammelt und zu Losen zusammengefasst werden. Die einzeln eintreffenden Kanban werden nach Teile-Identnummern sortiert von links nach rechts an die Steuerungstafel gesteckt (Abb. 3.39). An der Tafel gibt es für jede im Kreislauf befindliche Karte ein Feld. Bei Varianten mit weniger Kanban sind also einige Felder an der rechteckigen Tafel zu streichen. Die Felder werden nun den drei

Zonen ‚grün', ‚gelb' und ‚rot', die die jeweilige Dringlichkeit der Abarbeitung symbolisieren, zugeordnet.

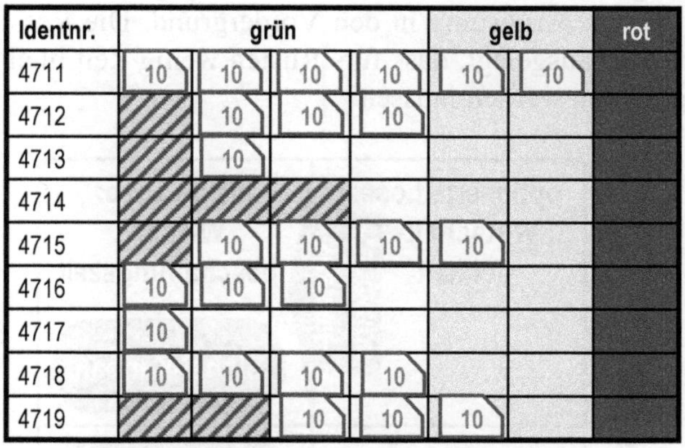

Abb. 3.39. Steuerungstafel für eine Kanban-Fertigung in Losen

Ist nun die Anzahl der zurückgekommenen Kanban kleiner als für das nachproduzierende Los erforderlich, hängen sie noch im grünen Bereich und das entsprechende Material darf nicht produziert werden. Nach Überschreiten der Grenze für die *Mindestbestellmenge* hängt die zuletzt angekommene Karte im gelben Bereich. Ab jetzt kann nachproduziert werden – und zwar alle bisher vorhandenen Kanban in einem Los. Im Bildbeispiel dürfen also die Teile 4711, 4715 und 4719 nachproduziert werden. Je nach der Anzahl gefüllter gelber Felder und Dringlichkeiten der anderen Teile kann der Werker mit der Nachproduktion noch abwarten – spätestens bis die erste Karte den roten Bereich erreicht. Dann ist es eigentlich schon zu spät, da der Sicherheitsbestand angebrochen worden ist. Dieser Fall sollte nur bei Störungen auftreten – die Nachproduktion wird nun zum Eilauftrag. Dieses Verfahren führt je nach Anzahl der gelben Felder zu unterschiedlichen Losgrößen für das gleiche Teil. Außerdem hängt die Reihenfolge auch von Prioritätssetzungen des Mitarbeiters ab. Beides kann die Flexibilität positiv erhöhen und erlaubt lokale Rüstoptimierungen. Dies senkt aber den Grad der Standardisierung und damit auch der Vorhersagbarkeit des Verhaltens des Kanban-Systems.

Losgrößenermittlung beim Signal-Kanban

Rüstportfolio Ein zentraler Unterschied bei der Zielsetzung der Kanban-Regelung gegenüber einer nach Produktionsplan gesteuerten Produktion ist die Erhöhung der *Rüsthäufigkeit.* Das Rüstportfolio zeigt die vier möglichen Zielgrößen und Maßnahmen bei der Realisierung von Kanban (Abb.

3.40). Die Steuerung nach Produktionsplan ermittelt bei eher hohen Rüstzeiten mit Hilfe von Losgrößenformeln hinsichtlich der Wirtschaftlichkeit optimierte Losgrößen. Bei kurzen Rüstzeiten drängt sich aus Kostengründen das Ziel hoher Auslastung in den Vordergrund. Die Ressourcen werden tendenziell so ausgelegt, dass fürs Rüsten wenig Zeit bleibt und daher große Lose gefahren werden müssen.

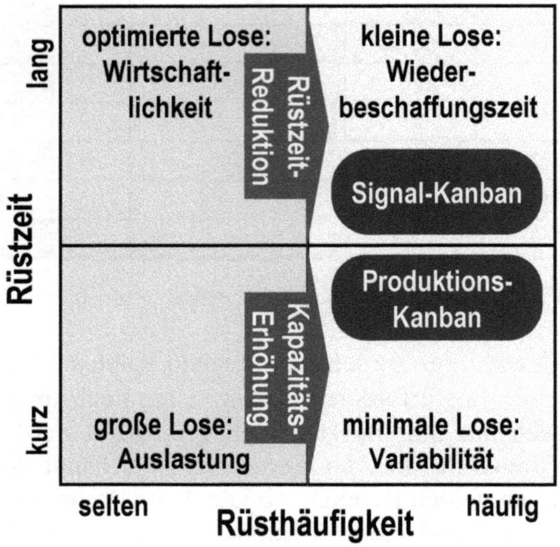

Abb. 3.40. Rüstportfolio

Mit der Kanban-Regelung werden die beiden anderen Zielgrößen verfolgt. Für das Produktions-Kanban sind minimale, an der Behältergröße orientierte Losgrößen ausschlaggebend, um ein Maximum an Flexibilität beim Variantenmix zu erreichen. Dazu wird auch bei kurzen Rüstzeiten eine ausreichend hohe Kapazitätsausstattung benötigt. Damit die kleinen Losgrößen auch bestandssenkend wirksam werden können, sind zudem Bedarfsschwankungen durch Kapazitätsflexibilität abzudecken, was eine Auslastungsmaximierung nicht erlaubt. Gegenüber einer prognoseorientierten Produktionssteuerung ist also eine *Kapazitätserhöhung* notwendig. Beim Signal-Kanban sind hingegen Maßnahmen der *Rüstzeitreduktion* von zentraler Bedeutung, um bei wirtschaftlichen Rüstaufwänden eine deutliche Reduktion der Wiederbeschaffungszeit von Teilen zu erreichen. Die Senkung des Rüstzeitanteils steht dabei nicht im Vordergrund.

EPEI-Wert Gut geeignet zur Losgrößenermittlung in Kanban-Systemen bei vorgegebenem *Rüstzeitanteil* ist der EPEI-Wert (Every Part Every Interval). Der EPEI-Wert gibt an, welchen Zeitraum ein Produktionsprozess benötigt, um alle Varianten in genau einem Los zu produzieren (Abschn. 2.3.1). Bei dieser Betrachtungsweise wird die Verringerung von Rüstzeiten nicht zur Minimierung des Rüstzeitanteils genutzt, sondern methodisch bedingt in eine Reduktion der Losgrößen soweit kapazitativ möglich umgesetzt. Für den Rüstzeitanteil wird ein Wert von etwa zehn Prozent angestrebt, was erfahrungsgemäß meist einen guten Kompromiss zwischen Rüstaufwands- und Durchlaufzeitminimierung ergibt.

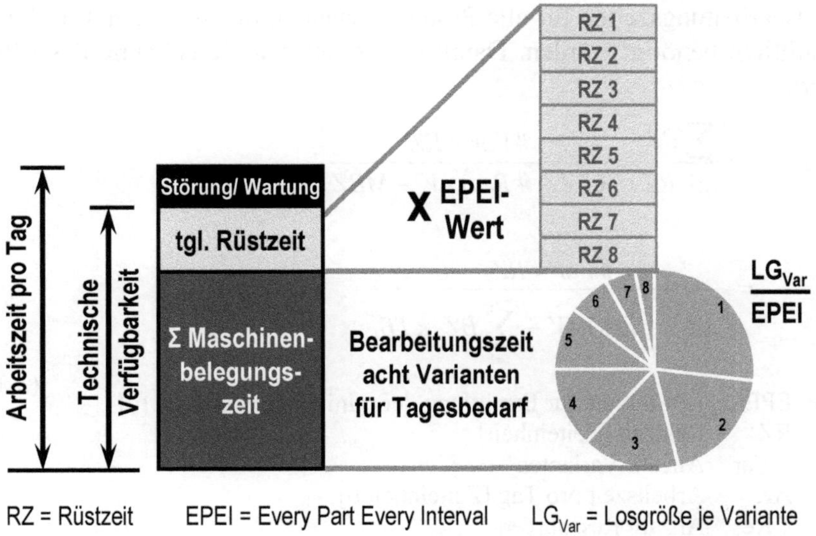

Abb. 3.41. Modell zur Berechnung des EPEI-Wertes

Bei der *Losgrößenermittlung* wird nun davon ausgegangen, dass ein Betriebsmittel während seiner gesamten verfügbaren Laufzeit genutzt wird – entweder zum Produzieren oder zum Rüsten. Damit geht man den umgekehrten Weg wie üblich. Zuerst setzt man die geplante Auslastung auf 100 Prozent, zieht dann die für den Tagesbedarf durchschnittlich benötigte Bearbeitungszeit ab und nutzt die verbleibende Zeit komplett zum Rüsten. Über diese Rüstzeit erhält man dann die Anzahl möglicher Rüstvorgänge pro Tag und über die Anzahl der Varianten dann den EPEI-Wert (Abb. 3.41). Der EPEI-Wert ist demnach der Quotient aus der Summe der Rüstzeiten, um jede Variante einmal einzurüsten, und der täglich fürs Rüsten zur Verfügung stehenden Zeitspanne (Gl. 3.11). Die Losgröße entspricht dann der Stückzahl einer Variante, die während der EPEI-Dauer durchschnittlich verbraucht werden.

Es sind also die beiden Zeitwerte der *Rüstzeitsumme* und der *täglichen Rüstzeit* zu ermitteln. Im Fall gleicher Rüstzeiten ist die Rüstzeitsumme gleich dem Produkt aus einzelner Rüstzeit und Anzahl der Varianten. Bei unterschiedlichen Rüstzeiten addiert man einfach die Einzelwerte. Die täglich zum Rüsten verfügbare Zeit ergibt sich aus der Differenz von täglichem Kapazitätsangebot und der Maschinenbelegungszeit. Das Kapazitätsangebot berechnet man als Produkt der Arbeitszeit und der Anzahl alternativer Ressourcen. Durch Störungen und Wartung wird das Kapazitätsangebot auf den Prozentsatz der technischen Verfügbarkeit eingeschränkt. Die Maschinenbelegungszeit wiederum entspricht der Summe der Bearbeitungszeiten für alle Produktvarianten, die an einem Tag durchschnittlich benötigt werden. Damit ergibt sich zur Berechnung des EPEI-Wertes:

$$EPEI_{\min} = \frac{\sum RZ}{\text{tgl.}\,RZ} = \frac{\#Var \times RZ}{(AZ \times \#Res) \times V - MBZ} = \frac{\#Var \times RZ}{(AZ \times \#Res) \times V - \sum_{i=1}^{i=\text{var}} BZ_i \times TB_i} \tag{3.11}$$

mit: $EPEI_{min}$ EPEI-Wert zur Ermittlung der minimalen Losgröße [d]
RZ Rüstzeit [Zeiteinheit]
Var Anzahl Varianten
AZ Arbeitszeit pro Tag [Zeiteinheit/d]
Res Anzahl Ressourcen
V Verfügbarkeit [%]
MBZ Maschinenbelegungszeit [Zeiteinheit]
BZ Bearbeitungszeit [Zeiteinheit]
TB Tagesbedarf [Stck./d]

EPEI-Berechnungsbeispiel Dies sei veranschaulicht an einem einfachen Zahlenbeispiel. Gegeben seien acht Varianten mit jeweils 1,5 Stunden Rüstzeit. Die Rüstzeitsumme beträgt also 12 Stunden. Der tägliche Durchschnittsbedarf liegt bei insgesamt 1.170 Stück bei einer Bearbeitungszeit von jeweils einheitlich einer Minute. Daraus ergibt sich ein täglicher Kapazitätsbedarf von 19,5 Stunden. Die Arbeitszeit im Dreischichtbetrieb beträgt ohne Pausen 22,5 Stunden. Nach Gleichung 3.11 ergibt sich ein EPEI-Wert von vier Tagen:

$$EPEI = \frac{8 \times 1{,}5\text{ h}}{22{,}5\text{ h/d} - (1.170/\text{d} \times 1\text{min.})} = \frac{12\text{ h}}{22{,}5\text{ h/d} - 19{,}5\text{ h/d}} = \frac{12\text{ h}}{3\text{ h/d}} = 4\text{ d} \tag{3.12}$$

Noch nicht berücksichtigt in diesem Beispiel ist die eingeschränkte Verfügbarkeit. Nun ist keineswegs der EPEI-Wert durch die Verfügbarkeit zu dividieren, sondern es ist lediglich das Kapazitätsangebot entsprechend zu reduzieren. Dieser Zusammenhang hat einen dramatischen Einfluss auf den EPEI-Wert, da die prozentuale Reduktion komplett von der fürs Rüsten verfügbaren Zeit abgezogen werden muss. So führt im Zahlenbeispiel eine recht hohe Maschinenverfügbarkeit von 90 Prozent immerhin zur Vervierfachung des EPEI-Wertes auf 16 Tage:

$$EPEI_{\min} = \frac{8 \times 1{,}5\,\text{h}}{(22{,}5\,\text{h/d} \times 90\%) - 1.170\,\text{min./d}} = \frac{12}{20{,}25 - 19{,}5}\,\text{d} = \frac{12}{0{,}75}\,\text{d} = 16\,\text{d} \quad (3.13)$$

Eine Verringerung des EPEI-Wertes erreicht man über die Rüstzeitreduzierung. Kann man sie im Zahlenbeispiel jeweils auf eine halbe Stunde dritteln, dann drittelt sich auch der EPEI auf 5,3 Tage.

Losgrößen Der EPEI-Wert entspricht der minimal erreichbaren Reichweite eines Loses. Die Losgröße jeder Variante ist mindestens so groß wie ihr jeweiliger Bedarf während der dem EPEI-Wert entsprechenden Zeitdauer. Richtet man sich streng nach dieser Berechnungsweise, dann erhält man die *variantenspezifische Losgröße* durch Multiplikation des jeweiligen Tagesbedarfs mit dem EPEI-Wert. Das hat den Vorteil, dass ausschließlich Lose mit gleicher Reichweite aufgelegt werden. Die Lose sind lediglich auf die sprungfixen Behältermengen abzustimmen.

Bei exotischen, selten benötigten Varianten kann jedoch der variantenbezogene Rüstzeitanteil extrem hoch liegen. In Fall *stückzahlarmer Varianten* empfiehlt es sich daher, mehrere Lose zusammenzufassen und sie nicht bei jedem Durchgang zu produzieren. Das erhöht zwar den Lagerbestand für die entsprechenden Varianten deutlich, bezogen auf die Gesamtstückzahl jedoch nur geringfügig, da es sich ja nur um den stückzahlniedrigen Bereich handelt. Im Zahlenbeispiel (vgl. Abb. 3.41) könnte man die Varianten 7 und 8 abwechselnd auflegen, so dass sie in Losgrößen mit doppelter Reichweite produziert werden.

Rüstzeitreduzierung Aufgrund schlechter organisatorischer und technischer Voraussetzungen sind Rüstzeiten oftmals deutlich zu lang. Zur systematischen Reduktion der Rüstzeiten gibt es mit der *Eliminierung* von Verschwendung und der *Externalisierung* von Nebentätigkeiten zwei grundsätzliche Ansatzpunkte, mit deren Hilfe man einen irgendwie historisch gewachsenen Rüstvorgang auf nur noch 10 Prozent der ursprünglichen Dauer reduzieren kann (Abb. 3.42).

Mit dem ersten Ansatzpunkt eliminiert man Verschwendungen im Ablauf, die bei unzureichender *Rüstvorbereitung* und fehlenden *Rüststan-*

dards um die 50 Prozent der Rüstzeit ausmachen. Um diese Verschwendungen zu erkennen, zeichnet man bei einer Rüstzeitaufnahme alle Wege des Einrichters im Maschinenlayout ein. So erhält man das sogenannte ‚Spaghetti-Diagramm' der langen Gehwege im Hin und Her und Rundherum zu den zahlreichen Bedienstellen an der Maschine sowie den Abstellplätzen für benötigte Vorrichtungen und Werkzeuge. Eine Videoanalyse erlaubt zudem, die Zeitanteile für das Suchen von Werkzeugen, das Lesen von schlecht visualisierten Anleitungen oder das knifflige Justieren von Einstellelementen zu erfassen. Insbesondere Justierarbeiten sollte man durch kleine technische Maßnahmen wie Endeinstellungen und Markierungen überflüssig machen, indem Rüsteinstellungen mit mechanischen Mitteln gespeichert und dadurch leicht reproduzierbar werden. Weitere Zeitverschwendung kann entstehen durch mangelnde Verfügbarkeit oder mangelnde Einsatzbereitschaft der benötigten Vorrichtungen und Werkzeuge sowie durch mangelnde Qualifikation der Einrichter.

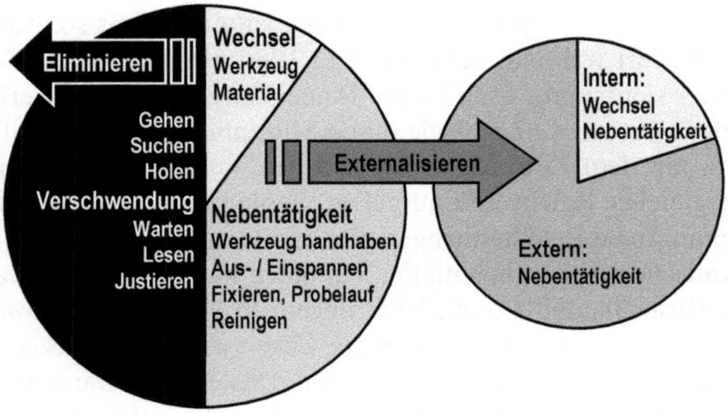

Abb. 3.42. Die zwei Ansatzpunkte zur Rüstzeitreduktion

Mit dem zweiten Ansatzpunkt externalisiert man einen möglichst hohen Anteil des verbleibenden Rüstaufwands. Gelingt es, etwa 80 Prozent des nunmehr verschwendungsarmen Rüstvorgangs in dieser Weise parallel zur Maschinenlaufzeit vor oder nach dem eigentlichen *Rüstwechsel* durchzuführen, dann reduziert sich der rüstbedingte Maschinenstillstand auf 10 Prozent des Ausgangswertes. Externalisieren lassen sich alle Aufwände zur Bereitstellung der Materialien, Vorrichtungen und Werkzeuge, sofern dies rechtzeitig und fehlerfrei vor dem Bearbeitungsende des vorhergehenden Loses erfolgt. Der problemlose Neuanlauf lässt sich am besten gewährleisten, wenn man Reinigung, Wartung und Instandsetzung der Vorrichtungen und Werkzeuge direkt nach dem Ausbau vornimmt und die Funktionsfähigkeit noch vor dem Einbau überprüft.

Bestellauslösung beim Signal-Kanban

Der EPEI-Wert ist ausschlaggebend für die *Reichweite* des Supermarkt-Lagers hinter dem jeweiligen Produktionsprozess. Das Lager muss je Variante mindestens ein komplettes Los aufnehmen. Geht man vereinfachend von einem gleichmäßigen und über die Varianten gleichverteilten Verbrauch aus, dann befindet sich von jeder Variante durchschnittlich die halbe Losgröße am Lager. Die Reichweite des Supermarkt-Bestandes entspricht dann dem halben EPEI-Wert. Nun wird es Bedarfsschwankungen hinsichtlich Menge und Produktionsmix geben, die mit einem zusätzlichen Pufferbestand auszugleichen sind. Zur Abfederung von Lieferstörungen sind ferner Sicherheitsbestände je Variante vorzusehen. Beides erhöht die für einen ununterbrochenen Wertstrom erforderliche Lagerreichweite. Deren Dimensionierung erfolgt am besten im Zusammenhang mit der Ermittlung des Bestellpunktes für das Signal-Kanban.

Wenn der Bestand einer Teilevariante im Supermarkt eine bestimmte Menge unterschreitet, muss die Nachproduktion ausgelöst werden. Dieser *Bestellpunkt* liegt mindestens in der Höhe des Bedarfs während der Wiederbeschaffungszeit dieser Variante beim Lieferprozess. Für Bedarfsschwankungen und Lieferstörungen sind zusätzlich Puffer- und Sicherheitsbestände vorzusehen. Wie schon bei der Bestandsermittlung beim Produktions-Kanban sind drei Faktoren zu addieren (vgl. Gl. 3.9). Allerdings wird hier nicht der Maximalbestand, sondern der *variantenbezogene Bestellbestand* berechnet. Durch Division mit der jeweiligen Gebindemenge ergibt sich daraus unmittelbar der *Bestellpunkt in Anzahl Behältern* analog zu Gleichung 3.10 wie folgt:

$$BB_{Var} = UB + PB + SB = WBZ \times \left(TB_{Var} + \Delta TB_{Var}\right) + RW_{SB} \times TB_{\mathrm{var}}$$

$$BP_{Var} = \text{AUFRUNDEN}\left[\frac{BB_{Var}}{GM_{Var}}\right] \tag{3.14}$$

mit:
- BB_{Var} variantenbezogener Bestellbestand [Stck.]
- BP_{Var} Bestellpunkt einer Variante [Anzahl Behälter]
- UB Umlaufbestand [Stck.]
- PB Pufferbestand [Stck.]
- SB Sicherheitsbestand [Stck.]
- WBZ Wiederbeschaffungszeit [Zeiteinheit]
- TB_{Var} Tagesbedarf einer Variante [Stck./d]
- $\Delta\ TB_{Var}$ maximal zusätzlicher Tagesbedarf einer Variante [Stck./d]
- RW_{SB} Reichweite Sicherheitsbestand [d]
- GM_{Var} Gebindemenge einer Variante [Stck.]

Bei der Berechnung der durchschnittlichen Lagerreichweite ist zu beachten, dass sich die Zahl der Kanban (# K) aus der Summe vom Bestellbestand am Bestellpunkt und der Signal-Kanban-Menge ergibt. Durch einfaches Einsetzen in Gleichung 3.7 ergibt sich somit:

$$RW = \frac{1}{2} \times \frac{\sum_{i=1}^{var} \left(BP_{Var} \times GM_{Var} + S_{Var} \times GM_{Var} \right)}{\# T \times TB}$$

mit: RW Supermarkt-Reichweite [d] (3.15)
BP Bestellpunkt [Anzahl Behälter]
GM Gebindemenge Kanban-Behälter [Stck.]
S Signal-Kanban-Faktor [Stck.]
TB Tagesbedarf [Stck./d]
T Anzahl Gleichteile pro Produkt

Die *Wiederbeschaffungszeit* beim Signal-Kanban (Gl. 3.14) setzt sich zusammen aus der Transferzeit des Signal-Kanban, der Wartezeit vor dem Lieferprozess, der Bearbeitungsdauer eines Loses inklusive Rüstzeit sowie der Transportzeit zum Supermarkt-Lager. Falls die Transport- und Transferzeiten im Vergleich zu den großen Losbearbeitungszeiten nicht vernachlässigbar klein sind, kann man für sie analog zur Berechnung beim Produktions-Kanban (vgl. Gl. 3.8) die doppelte Transportzykluszeit des Logistikers (TZZ) annehmen. Falls das Signal-Kanban variantenabhängig unterschiedlich groß festgesetzt wurde, ist für die Ermittlung der Bearbeitungsdauer eines Loses ein Durchschnittswert zu verwenden. Die durchschnittliche Wartezeit vor dem Lieferprozess hängt stark davon ab, wie gut das Kanban-System ausgelegt ist und wie gut es im Fabrikbetrieb funktioniert. Bei einer günstigen Einstellung, die sowohl eine schnelle Reaktion auf Bedarfe des Kundenprozesses erlaubt als auch ein Leerlaufen des Lieferprozesses mangels Aufträge verhindert, befindet sich vor jeder Maschine durchschnittlich ein Signal-Kanban in der Warteschlange. Nimmt man noch an, dass das in Arbeit befindliche Los im Durchschnitt zu Hälfte abgearbeitet ist, dann ergibt sich in Summe für die durchschnittliche Wiederbeschaffungszeit:

$$WBZ_{\varnothing} = 2{,}5 \times \left(BZ \times S_{\varnothing} \times GM + RZ \right) + 2 \times TZZ$$

mit: $WBZ_{\varnothing}$ durchschnittliche Wiederbeschaffungszeit [Zeiteinheit]
BZ Bearbeitungszeit [Zeiteinheit] (3.16)
GM Gebindemenge Kanban-Behälter [Stck.]
S Signal-Kanban-Faktor [Stck.]
RZ Rüstzeit [Zeiteinheit]
TZZ Transportzykluszeit [Zeiteinheit]

Die hier angegebenen Berechnungsformeln dienen hauptsächlich der Erstauslegung und Abschätzung der Mengen für einen Kanban-Regelkreis. Sie zeigen insbesondere die zu bedenkenden Einflussfaktoren auf. Dem Fabrikbetrieb ist dann die kontinuierliche Anpassung der zunächst ermittelten Werte zu überlassen.

Lieferanten-Kanban

Eine Kanban-Regelung eignet sich ebenfalls zur externen Beschaffung von Rohmaterial oder wiederholt bestellten Kaufteilen. In Abhängigkeit von der Teileart gibt es zwei Möglichkeiten, die sich vor allem organisatorisch und kaufmännisch, kaum jedoch in logistischer Hinsicht unterscheiden. Die preisgünstigen C-Teile werden mit einem *C-Teile-Management* abgewickelt, das entsprechende Lieferanten am Markt als Komplettlösung anbieten. Für teurere, produktspezifische Teile, Baugruppen und in größeren Mengen zu beschaffende Rohmaterialien baut man in enger Kooperation mit dem jeweiligen Lieferanten ein *Lieferanten-Kanban* auf. Falls kundenspezifische Teile und Materialien beschafft werden müssen, ist eine Kanban-Lösung nicht möglich. Möglich ist dann die Abwicklung als Einzelbestellung oder die Bestellung Just in Sequence (Abschn. 3.3.1).

Kaufteile-Portfolio Kaufteile und Rohmaterial lassen sich in Abhängigkeit vom jeweiligen *Beschaffungsvolumen* – ausgedrückt in einer ABC-Klassifizierung – sowie der jeweiligen *Versorgungssicherheit* – ausgedrückt mit der Anzahl konkurrierender Anbieter am Markt – in einem Kaufteile-Portfolio anordnen (Abb. 3.43). Jedem Quadranten des Portfolios ist eine Standardstrategie des Einkaufs zugeordnet.

Standardteile sind günstig von zahlreichen konkurrierenden Lieferanten leicht zu beschaffen. Bei diesen in großen Mengen zu beziehenden Kleinteilen wie Normteile und Zeichnungsteile ist der Anteil der Logistikkosten mit Transport, Handling, Bestandsüberwachung, Bestellabwicklung und Abrechnung bezogen auf den Einzelteilpreis sehr hoch. Ausschlaggebendes Zielkriterium ist hier die *Effizienz* des Beschaffungsprozesses. Bei einer effizienten Beschaffung sind neben dem Teilepreis insbesondere auch die internen Beschaffungs- und Logistikkosten zu berücksichtigen. Hier eignet sich ein C-Teile-Kanban, bei dem man mit den Teilen die logistische Lösung des C-Teile-Managements gleich mit einkauft. Der Lieferant garantiert die ständige Materialverfügbarkeit und übernimmt die Teileversorgung bis hin zum Shop Floor, gegebenenfalls sogar bis an den Verbrauchsort am Produktionsprozess. Bestellungen für diese Teile entfallen ganz.

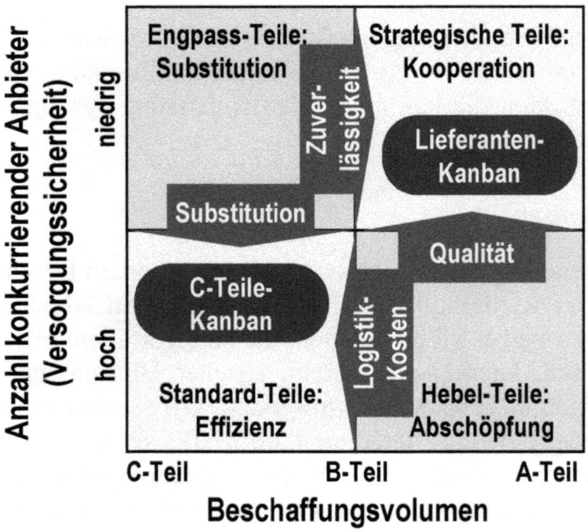

Abb. 3.43. Kaufteile-Portfolio

Teure Materialien, Teile und Baugruppen mit einem entsprechend hohen Beschaffungsvolumen sind dagegen häufig sehr spezifisch, so dass es nur wenige Nischenanbieter zur Auswahl gibt. Die Standardstrategie des Einkaufs bei diesen *strategischen Teilen* lautet hier, aus der Not eine Tugend zu machen und das Versorgungsrisiko durch eine langfristig abgesicherte Zusammenarbeit mit dem Lieferanten zu senken. Bei einer derartigen strategischen *Kooperation* ist es auch möglich, eine sehr enge logistische Lieferantenanbindung zu entwickeln – das im Folgenden noch detaillierter erläuterte Lieferanten-Kanban. Auch hier steht nicht mehr der Teilepreis alleine im Vordergrund, sondern auch die Verringerung von Logistikaufwänden und die Erhöhung von Lieferfrequenzen.

Massenteile mit einem engen Beschaffungsmarkt – oft sind das elektronische Bauteile – sind *Engpassteile.* Trotz ihres geringen Kostenfaktors kann ihr Fehlen die Produktion zum Erliegen bringen. Die Standardstrategie lautet hier, durch *Substitution* entweder der Teile oder der unzuverlässigen Lieferanten das Versorgungsrisiko zu senken. Zielsetzung ist es also, keine Teile in diesem Quadranten des Portfolios zu haben. Dazu substituiert man die Engpassteile durch leicht zu beschaffenden Standardteile und kann sie dann mit dem C-Teile-Kanban beschaffen. Geht das nicht, sollte man zur Senkung des Versorgungsrisikos eine langfristige Zusammenarbeit mit den entsprechenden Lieferanten anstreben – und damit in den Quadranten der Kooperation mittels Lieferanten-Kanban wechseln.

Am Beschaffungsmarkt leicht verfügbare, hochwertige A-Teile bieten dem Einkäufer einen großen *Einsparhebel*, da zahlreiche Lieferanten in Konkurrenz zueinander anbieten. Durch das hohe Beschaffungsvolumen haben ausgehandelte Preissenkungen einen großen Effekt. Nicht dabei bedacht sind jedoch die höheren internen Beschaffungs- und Logistikkosten, die mit einer größeren Anzahl alternativer Lieferanten meist verbunden sind. Zu prüfen ist also, ob ein Hebelteil bei Betrachtung der internen Prozesskosten wirklich noch Einsparungen bietet, oder ob man es nicht besser als Standardteil im C-Teile-Kanban mit hoher logistischer Effizienz abwickelt. Zum Leidwesen mancher Produktionsverantwortlichen beachtet der kostensparende Einkäufer zuweilen auch etwas Zweites nicht – die Qualität, seien es Toleranzen oder Liefertreue. So kann sich manche Ersparnis im Nachhinein als sehr teuer erweisen. Zu prüfen ist hier, ob man nicht besser alle A-Teile von kooperierenden Lieferanten in gut geregeltem, standardisiertem Lieferanten-Kanban beschafft – und dabei allerdings auf die Chancen eines größeren Beschaffungsmarktes verzichtet. Die Strategie der *Abschöpfung* lässt sich, da sie lediglich auf das eine Ziel der Wirtschaftlichkeit fokussiert ist, mit Kanban nicht realisieren. Dafür werden die für einen gleichmäßigen Produktionsfluss notwendige Zuverlässigkeit im Ablauf und Qualität der Teile sichergestellt.

Funktionslogik Die *Lieferantenanbindung* mit einer Kanban-Regelung setzt bei Kaufteilen ein einheitliches, werksübergreifendes Behälterkonzept mit aufeinander abgestimmten Gebindemengen voraus. Etwas aufwendiger ist die Mengenabstimmung, wenn es sich um Rohmaterialien wie Granulate, Flüssigkeiten, Papierrollen, Metallprofile, Blech- oder Drahtcoils handelt. Wenn nun ein Produktionsprozess ein im Supermarkt gelagertes Rohmaterial benötigt, bestellt er es per Entnahme-Kanban aus dem Rohmateriallager (Abb. 3.44). Das Rohmaterial ist mit einem Materialschein versehen, dem *Lieferanten-Kanban*. Diese Karte kann man nun bei der nächsten Anlieferung mit dem Lkw direkt zum Lieferanten transportieren oder aber, wie in der Abbildung dargestellt, um die Transportzeit zu sparen, über einen Beschaffungsprozess eine elektronische Bestellung auslösen. Im letzteren Fall wird der Materialschein an den Wareneingang übergeben und wartet dort im *Kanban-Postfach* auf das Eintreffen des Rohmaterials. Symbolisch dargestellt wird das Postfach durch ein oben offenes Rechteck mit Stil, in das das Kanban-Symbol aufrecht ‚hineingestellt' wird. Wählt man für jeden Tag ein eigenes Postfach, kann man etwaigen Lieferverzug unmittelbar sichtbar machen.

Beim Lieferanten-Kanban ist die Abwicklung der werksexternen Transporte an die Kanban-Logik anzupassen. Zielsetzung ist hierbei eine transportkostenneutrale Bestandssenkung. Die Lagerreichweite des Rohmaterial-Lagers hängt unmittelbar von der Lieferfrequenz ab und kann nicht niedriger liegen als der Bedarf zwischen zwei Lieferungen. Bei einer Umstellung von beispielsweise wöchentlicher auf tägliche Anlieferung gibt es ein Potential zur Bestandsreduzierung von 80 Prozent. Je nach den Restriktionen kann dieses Potential jedoch nur teilweise ausgeschöpft werden. Wenn beispielsweise der Tagesbedarf einer Variante geringer als ein Gebinde ist, dann ist die kürzestmögliche Reichweite länger als ein Tag – es sei denn die Gebindegrößen lassen sich reduzieren. Ein wichtiger Faktor zur Bestandssenkung sind auch die Transportkosten. Diese zu senken bei höherer Lieferfrequenz mit nur teilgefüllten Lkws hilft der sogenannte *Milk Run*. Dabei fährt der Spediteur alle Lieferanten nacheinander ab und sammelt so die relativ kleinen Liefermengen ein. Die gesamte Wegstrecke ist somit kleiner als beim Pendelverkehr, so dass jeder Lieferant bei gleichem Aufwand häufiger angefahren werden kann. Der Milk Run wird symbolisch dargestellt mit einem Lkw-Symbol auf einem gebogenen, wie beim außerbetrieblichen Transport innen weißen Pfeil (Abb. 3.44).

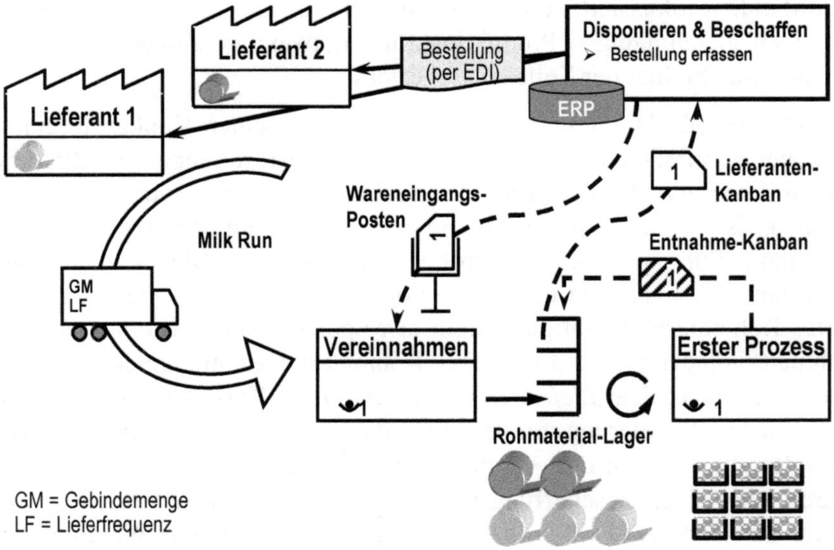

Abb. 3.44. Lieferanten-Kanban

Mengenabgleich Rohmaterial wird – im Unterschied zu einzelnen, zählbaren Kaufteilen – meist in Gewichts- oder Längeneinheiten gemessen und abgerechnet. Die in diesen Einheiten angegebene Gebindegröße kann wegen des unterschiedlichen Verschnitts und der variierenden Anlaufverluste beim Einstellen nach dem Rüsten nur ungefähr in Stückzahlen der daraus zu fertigenden Teile umgerechnet werden. Daher ist der Rohmaterialbestand nicht exakt, sondern nur nach Durchschnittwerten des *spezifischen Materialverbrauchs*, angegeben mit der Teileausbeute, in Reichweiten umrechenbar. Hinzu kommt, dass man einerseits das Rohmaterial in Gebinden, also nach Stückzahlen bestellt, andererseits aber die jeweilige Gebindegröße (Gewicht oder Länge) in einer nicht zu vernachlässigenden Toleranzbreite liegen kann. Dadurch sind auch einheitliche Bestellmengen immer je verschieden. So liegt beispielsweise bei einem ein Lieferanten-Kanban für Stahl-Coils die Bestellmenge je Coil irgendwo zwischen 450 und 550 Kilogramm. Alle genannten Werte sind im *Datenkasten* zum Rohmaterial-Supermarkt-Lager einzutragen (Abb. 3.45).

Bezeichnungen, Namen, Orte
 # Var Anzahl Materialvarianten
GG Gebindegröße [kg, m, ..]
 # B Anzahl Rohmaterialgebinde
TA Teileausbeute je Gebinde
RW Reichweite

Abb. 3.45. Datenkasten für das Rohmaterial-Supermarkt-Lager

Der das Rohmaterial verwendende Produktionsprozess arbeitet entsprechend der Logik des Signal-Kanban in festen Losgrößen. Dafür benötigt er aber nie exakt ein (respektive ein ganzzahliges Vielfaches) Gebinde des Rohmaterials, wie das die Kanban-Logik vorschreibt. Im Produktionsablauf wirkt sich das dann so aus, dass vom angebrochenen Gebinde ein Rest bleibt oder aber das Material kurz vor Erfüllung des Loses ausgeht. Der zweite Fall einer geringfügigen *Unterlieferung* ist im Regelfall unproblematisch, da sie lediglich bewirkt, dass die nachfolgende Bestellauslösung etwas früher erfolgt. Im ersten Fall könnte man den Rohmaterial-Rest natürlich einfach ins Lager zurückführen. Dabei würde jedoch ein erhöhter Logistikaufwand durch den Rücktransport entstehen und das Lager müsste auch größer sein, um zusätzlich die Anbruchsmengen jeder Variante wieder aufnehmen zu können. Im Übrigen würde man die Kanban-Regeln verletzen. Eine geeignete Lösung muss man daher für den jeweiligen Einzelfall finden. So könnte man auch eine geringfügige Überlieferung zulassen, oder im Rohmateriallager das FIFO-Prinzip verletzen und das in seiner spezifischen Größe am besten zum jeweiligen Los passende Gebinde auswählen oder die *Anbruchsmengen* direkt am Produktionsprozess zwischenlagern. Im Idealfall hat die fragliche Anlage ein Magazin für alle gängigen Materialarten.

Meist können auch jeweils mehrere Teilevarianten aus der gleichen Rohmaterialart gefertigt werden, so dass ein Gebinde für mehrere Lose verwendet werden kann. Bei entsprechender Reihenfolge im Variantenmix entfällt zudem teilweise der Rüstaufwand des *Materialwechsels*. In diesem Fall muss jedoch die Rüstreihenfolge von der Produktionsplanung durch entsprechendes Umsortieren des Signal-Kanban oder eine insgesamt veränderte Ablauflogik vorgegeben werden (Abschn. 3.4.2). Den reduzierten Rüstaufwand bezahlt man so mit erhöhtem Planungsaufwand und einer längeren Wiederbeschaffungszeit für eine Variante.

Kanban-Regelung

Kanban regelt die Nachproduktion von Teilen entsprechend des Verbrauchs. Die unterschiedlichen Implementierungen von Kanban-Regelungen lassen sich in drei Gruppen zusammenfassen.

1. Das einfache *Produktions-Kanban* erlaubt die Entkopplung von Produktionsprozessen mit kleinen Losgrößen. Ein Los entspricht einer Gebindemenge. Durch kurze Rüstzeiten und kleine Losgrößen ist die Durchlaufzeit noch vergleichsweise gering. Der Kundenprozess entnimmt in Losen, kann die bereitgestellten Teile aber auch einzeln weiter verarbeiten. Im Supermarkt-Lager sind alle Varianten vorrätig.
2. Das *Signal-Kanban* ermöglicht die Einbindung von Produktionsprozessen mit langen Rüstzeiten in den Wertstrom. Beim Dreiecks-Kanban wird jede Variante bei unterschreiten eines Bestellpunktes im Supermarkt in fixer Losgröße nachproduziert. Beim Einsatz einer Steuerungstafel werden einzelne Produktions-Kanban gesammelt und in Losen nachproduziert. Das Rüstportfolio zeigt, dass bei der Kanban-Regelung die Rüstzeitreduktion bei konstantem Rüstzeitanteil angestrebt wird. Mit dem EPEI-Wert ermittelt man bei Annahme einer kompletten Ressourcennutzung die minimal mögliche Losgröße und damit maximale Variantenflexibilität.
3. Das *Lieferanten-Kanban* ermöglicht die aufwandsarme Beschaffung von Rohmaterialien und Kaufteilen. Mit dem C-Teile-Kanban werden kleine Norm- und Zeichnungsteile nach dem Kriterium der logistischen Effizienz beschafft. Das Lieferanten-Kanban gestaltet die zuverlässige und gleichmäßig ablaufende Versorgung mit strategischen Teilen durch Kooperation. Mit dem Milk Run kann die Lieferfrequenz erhöht werden. Dies senkt die Rohmaterialbestände und vergleichmäßigt den Wertstrom. Der an Behältermengen orientierte erste Produktionsprozess macht einen Mengenabgleich mit den schwankenden Gebindegrößen des Rohmaterials erforderlich.

Fallbeispiel Bei Liquipur soll das Montieren mit dem Fräsen je nach Variante durch ein Produktions-Kanban oder ein Signal-Kanban verknüpft werden – über das mit FIFO angekoppelte Waschen hinweg. Ferner soll für die Rohgussteile ein Lieferanten-Kanban eingerichtet werden (Abb. 3.46).

Produktions-Kanban Die Kundenanforderungen an das Versandgebinde bleiben gleich. Daher kann auch zukünftig die Fertigware in Gebinden zu jeweils 60 Stück versendet werden. Aus diesem Grund ist es sinnvoll, auch beim letzten Produktionsprozess des Wertstroms, dem Montieren, in gleicher Losgröße zu arbeiten. Deshalb werden dem vorgelagerten Supermarkt-Lager bei jeder Variante Mengen zu jeweils 60 Stück entnommen. Da die Teile nach dem Waschen nicht umgepackt werden sollen, stapelt man jeweils drei Waschkörbe mit je zwanzig Teilen für einen Lagerplatz.

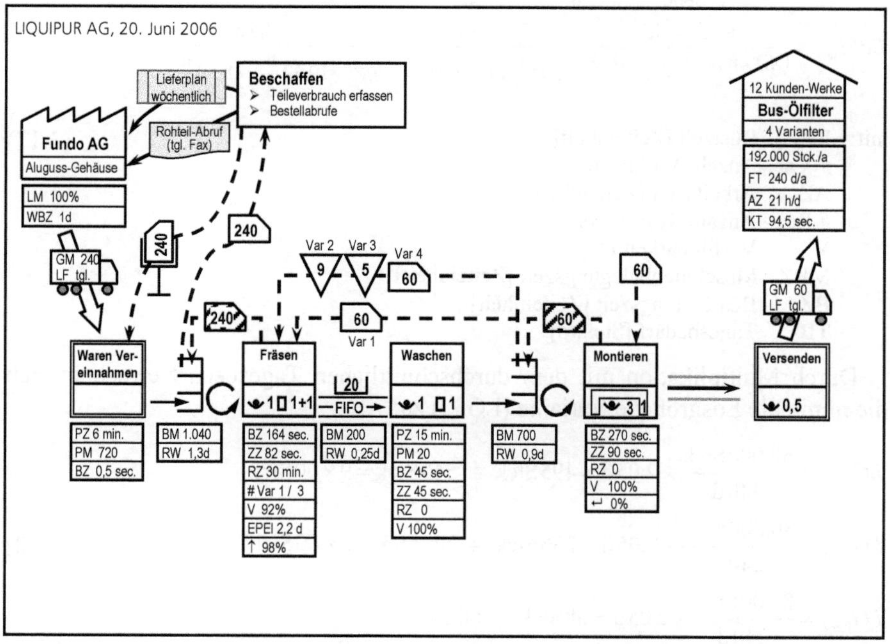

Abb. 3.46. Wertstromdesign bei Liquipur (3): Kanban-Regelung

Eine einfache Überlegung zeigt, dass die Variante 1 mit einem Stückzahlanteil von ziemlich genau 50 Prozent kontinuierlich auf einer Fräsmaschine gefertigt werden kann. Dadurch braucht an dieser Maschine nicht mehr gerüstet zu werden. Für jedes entnommene Los kann dann ein Produktions-Kanban zu 60 Stück ausgelöst werden. Die leeren Waschkörbe werden unabhängig vom Kanban-Regelkreis von der Montage zur Waschmaschine gebracht.

Mit konsequenter vorbeugender Instandhaltung soll die Verfügbarkeit der Fräsmaschine auf 92 Prozent gesteigert werden. Bei einer Bearbeitungszeit von weiterhin 164 Sekunden ergibt sich ein durchschnittlicher Kapazitätsbedarf von

178 Sekunden pro Stück. Bei der Auslegung soll nicht mehr davon ausgegangen werden, dass die Maschinen immer in den Pausen durchlaufen. Daher stehen täglich 21 Stunden Arbeitszeit zur Verfügung. Der tägliche Bedarf an Variante 1 von 400 Stück ist noch mit dem Ausschuss von 2 Prozent zu beaufschlagen, so dass also durchschnittlich 408 Teile bearbeitet werden müssen. Nach Gleichung 2.1 ergeben sich für den Kundentakt 185 Sekunden, was vier Prozent über der erforderlichen Zykluszeit liegt.

Signal-Kanban Die anderen drei Varianten werden auf der zweiten Fräsmaschine produziert. Die Rüstzeit wird deutlich auf 30 Minuten reduziert, was aber für eine einheitliche Losgröße von 60 Stück noch nicht ausreichend ist. Daher ist zur Losgrößenermittlung der EPEI-Wert nach Gleichung 3.6 zu berechnen:

$$MBZ = BZ \times TB = \left(\frac{164\,\text{sec}}{3600} \times 408 \frac{\text{Stck}}{\text{d}} \right) = 18{,}59 \frac{\text{h}}{\text{d}}$$

$$EPEI_{\min} = \frac{\#\,Var \times RZ}{(AZ \times \#\,Res) \times V - MBZ} = \frac{3 \times 0{,}5\,\text{h}}{\left(21 \frac{\text{h}}{\text{d}} \times 1 \right) \times 92\% - MBZ} = \frac{1{,}5\,\text{h}}{19{,}32 \frac{\text{h}}{\text{d}} - 18{,}59 \frac{\text{h}}{\text{d}}} \approx 2{,}05\,\text{d}$$

mit: RZ Rüstzeit [Zeiteinheit] (3.17)
\# Var Anzahl Varianten
AZ Arbeitszeit [Zeiteinheit]
\# Res Anzahl Ressourcen
V Verfügbarkeit [%]
MBZ Maschinenbelegungszeit [Zeiteinheit]
BZ Bearbeitungszeit [Zeiteinheit]
TB Tagesbedarf [Stck./d]

Durch Multiplikation mit dem durchschnittlichen Tagesbedarf errechnet sich die minimale Losgröße je Variante (LG_{Var}) zu:

$$\begin{aligned} LG_{Var2} &= \frac{58.000\,\text{Stck}}{240\,\text{d}} \times 2{,}05\,\text{d} = 495\,\text{Stck} \cong 540\,\text{Stck} = 9 \times 60\,\text{Stck} \\ LG_{Var3} &= \frac{30.000\,\text{Stck}}{240\,\text{d}} \times 2{,}05\,\text{d} = 256\,\text{Stck} \cong 300\,\text{Stck} = 5 \times 60\,\text{Stck} \\ LG_{Var4} &= \frac{8.000\,\text{Stck}}{240\,\text{d}} \times 2{,}05\,\text{d} = 68\,\text{Stck} \cong 60\,\text{Stck} \end{aligned} \quad (3.18)$$

Für die zweite Variante wird demnach der Signalfaktor neun, für die dritte Variante der Signalfaktor fünf und für die vierte Variante wird der Faktor eins gewählt. Die exotische Variante wird also trotz des hohen Rüstzeitanteils von über 15 Prozent (30 Minuten Rüsten bei 164 Minuten Bearbeitung) wie beim Produktions-Kanban abgewickelt. Mit den aufgerundeten Losgrößen ergibt sich nach Gleichung 2.6 der EPEI-Wert zu:

$$EPEI_{fix} = \frac{\sum BZ + \sum RZ}{\#\,Res \times V \times AZ} = \frac{((9+5+1) \times 60 \times 164\,\text{sec}) + 3 \times 30\,\text{min}}{1 \times 92\% \times 21\,\text{h}} = \frac{42{,}5\,\text{h}}{19{,}32\,\text{h}} = 2{,}2\,\text{d} \quad (3.19)$$

Supermarkt-Bestand für Halbfabrikate Im eingeschwungenen Zustand des Signal-Kanban befindet sich im Supermarkt-Lager für die Halbfabrikate vor dem Montieren die halbe Reichweite des EPEI-Wertes zuzüglich Puffer- und Sicherheitsbestand. Bei einem Tagesbedarf der Varianten 2 bis 4 von 400 Stück und einem EPEI-Wert von 2,2 Tagen sind dies 440 Stück. Zum Produktionsmixausgleich sei eine Schwankungsbreite von 30 Prozent angenommen, das sind etwa 130 Stück. Bei Variante 1 sollen immer ein bis zwei Lose vorrätig sein, also 90 Stück. Bei allen Varianten soll eine Maschinenstörung von maximal einer Stunde abgesichert werden. Bei einem Tagesbedarf von 800 Stück sind dies etwas 40 Stück. In Summe ergibt sich ein Bestand von durchschnittlich 700 Stück, das entspricht einer Reichweite von 0,9 Tagen.

Bestellpunkt Der Bestellpunkt sei beispielhaft für Variante 3 berechnet. Variante 2 hat bei einer Losgröße von 540 Stück mit 164 Sekunden Zykluszeit und 30 Minuten Rüstzeit eine Bearbeitungsdauer von 25,1 Stunden. Da es insgesamt nur drei Varianten gibt, sollte man den Bestellpunkt danach ausrichten, dass das vorhergehende Los schon zur Hälfte bearbeitet ist. Die Wartezeit beträgt dann also 12,5 Stunden. Hinzu kommt die Bearbeitungszeit für Variante 3 (vgl. Gl. 3.16). Da das Material direkt nach der Fertigstellung in den Waschbehältern über die FIFO-Bahn und den Waschprozess in Stapeln von je drei Behältern zum Supermarkt gebracht wird, sind hier für die Wiederbeschaffung die Waschdauer von 15 Minuten, der FIFO-Puffer von 200 Stück, das entspricht 5,25 Stunden, sowie die Bearbeitungszeit für 60 Stück, das sind 2,7 Stunden, anzusetzen. In Summe ergeben sich damit 20,7 Stunden, also etwa ein Tag. Bei einem Tagesbedarf der Variante 3 von 125 Stück sind dies 123 Stück. Für den Puffer sind 30 Prozent aufzuschlagen, das ergibt 160 Stück. Als Sicherheitsbestand sind für eine Stunde 6 Stück erforderlich. Damit liegt der Bestellpunkt bei 2,7 Losen zu 60 Stück, das Signal-Kanban auf dem dritten Behälterstapel.

Lieferanten-Kanban Die Lieferantenanbindung ist bereits im Ist-Zustand sehr gut. Mit der Einführung des Lieferanten-Kanban braucht die Lieferfrequenz von einem Tag nicht erhöht zu werden. Es wird davon ausgegangen, dass eine Wareneingangsprüfung nicht mehr erforderlich ist. Der eingetragene Arbeitsaufwand von 6 Minuten pro Palette mit 240 Stück resultiert vom Entladen. Als Bestand wird ein Bedarfspuffer von 30 Prozent vorgesehen, so dass der Bestand im Rohmaterial 1.040 Stück, das sind 1 Tag und ein Behälter.

3.3.3 Produktionssteuerung am Schrittmacher-Prozess

Kontinuierliche Fließfertigung, FIFO-Verkopplung und Kanban-Regelung sind die drei Gestaltungsrichtlinien, die für einen schlanken Materialfluss benötigt werden. Mit ihnen kann der Materialfluss für beliebige Produktionen von Stückgut *vollständig* aufgebaut werden. Es sind keine weiteren Grundprinzipien erforderlich. Einzelprozesse oder Fließfertigungen bilden dabei die Elemente des Wertstroms, die durch FIFO-Bahnen oder durch unterschiedliche Kanban-Regelungen verknüpft werden. Bei der Kombination dieser Verknüpfungen sind einige Regeln zu beachten, die im Folgenden dargestellt werden.

Schrittmacher Von zentraler Bedeutung dabei ist die Festlegung, wie der gesamte Wertstrom zu steuern ist. Im Unterschied zu den prognosebasierten Steuerungen gilt hier die Richtlinie, dass es für den Gesamtablauf eines jeden hergestellten Produktes nur genau *einen Einsteuerungspunkt* geben darf. Die zugehörigen Produktionsprozesse werden dann abhängig von diesem Einsteuerungspunkt über die genannten Verkopplungsprinzipien geregelt.

Der ausschlaggebende Vorteil dieser eindeutigen Festlegung des Einsteuerungspunktes ist, dass dadurch sich widersprechende Steueranweisungen, die unweigerlich zu Beständen und Fehlmengen führen, vermieden werden. Die Produktionssteuerung sollte also nur an einer Stelle im Wertstrom eingreifen. Im Regelfall – wenn alle Produkte einer Produktfamilie gleich gesteuert werden – gibt es damit in jedem Wertstrom genau einen Produktionsprozess, der gesteuert wird, während alle anderen Produktionsprozesse dieses Wertstroms davon abhängig geregelt werden. Dieser Prozess ist der *Schrittmacher-Prozess*, der für alle Prozesse des Wertstroms den Takt und damit den Produktions-Rhythmus vorgibt. Für die Steuerung eines Wertstroms gilt damit folgende Gestaltungsrichtlinie:

Gestaltungsrichtlinie 5: *Schrittmacher-Prozess*

Jeder Wertstrom ist an genau einem, eindeutig festgelegten Schrittmacher-Prozess im Kundentakt zu steuern.

Der Schrittmacher-Prozess übernimmt den Kundenbedarf für die Produktion. Die Aufträge sollten daher entsprechend des Kundentaktes eingesteuert werden. Der Schrittmacher sollte sich daher in besonderem Maße am Kundentakt orientieren und ihn auch sichtbar machen. Nur so kann die Kundennachfrage als *Rhythmus* in die Produktion eingesteuert werden. Abweichungen vom Kundentakt, die am Schrittmacher entstehen, pflanzen sich über den ganzen Wertstrom fort und verschlechtern so die Zielerreichung der gesamten Produktion. Daher sollte man bei der Gestaltung des Schrittmachers Vorrichtungen vorsehen, die etwaige Zeitüberschreitungen *visualisieren* können. Das können eine Leuchtanzeige, ein Signalton oder auch eine Anzeigetafel mit geplanter und tatsächlicher Produktionszahl sein.

Produktionstypen Die Produktionsplanung wandelt die Kundenaufträge in Produktionsaufträge um (Abschn. 3.4), die dann am Schrittmacher-

Prozess eingesteuert werden. Am Schrittmacher-Prozess liegt damit zugleich auch der *Kundenentkopplungspunkt*. Dieser trennt die kundenanonyme Vorproduktion von der kundenauftragsbezogenen, nachgelagerten Produktion. Daher können ausschließlich am Schrittmacher-Prozess oder weiter flussabwärts Erzeugnisse mit kundenspezifischen Eigenschaften produziert werden. Je nach Lage des Schrittmachers im Wertstrom können damit unterschiedliche Produktionstypen realisiert werden.

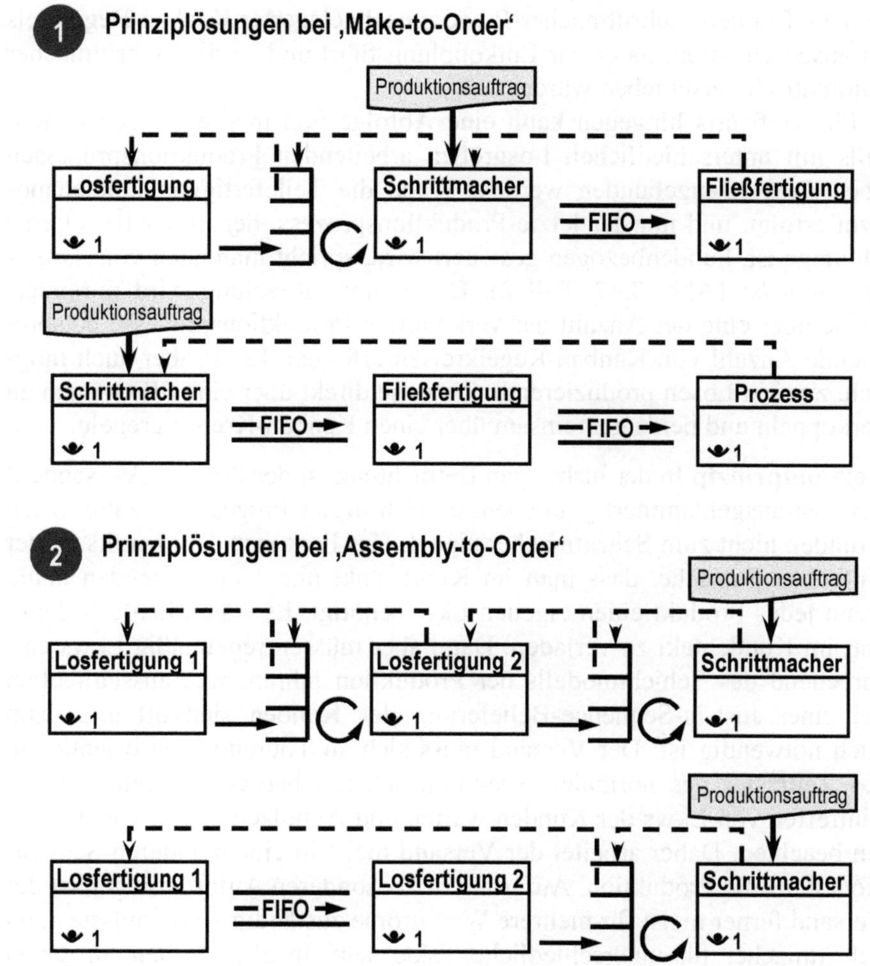

Abb. 3.47. Lage des Schrittmacher-Prozesses im Wertstrom

Bei der logistischen Verknüpfung der Produktionsprozesse mit dem Schrittmacher-Prozess sind einige Regeln einzuhalten. Dabei gilt allgemein, dass die kundenanonymen Vorprozesse über Kanban-Regelkreise und die kundenauftragsbezogenen Folgeprozesse über FIFO-Verkopplungen verknüpft werden. Flussabwärts kann also eine Abfolge von mehreren getrennten Fließfertigungen beziehungsweise einzelnen Produktionsprozessen an den Schrittmacher jeweils über eine FIFO-Bahn angekoppelt werden. In diesen Fällen liegt der Schrittmacher relativ weit flussaufwärts im Wertstrom, das heißt die meisten Produktionsprozesse arbeiten kundenauftragsbezogen. Da bei diesen Lösungen auch die Teilefertigung kundenspezifisch erfolgen kann, spricht man auch von *Make-to-Order* (Abb. 3.47, Fall 1). Ein dem Schrittmacher-Prozess nachgelagerter Kanban-Regelkreis ist ausgeschlossen, da er zur Entkopplung führt und so den Schrittmacher automatisch verschieben würde.

Flussaufwärts hingegen kann eine Abfolge von mehreren, gegebenenfalls mit unterschiedlichen Losgrößen arbeitenden Produktionsprozessen über Kanban angebunden werden. Wenn die Teilefertigung kundenanonym erfolgt, und nur der letzte Produktionsprozess, der in der Regel eine Montage ist, kundenbezogen gesteuert wird, spricht man auch von *Assembly-to-Order* (Abb. 3.47, Fall 2). Die Kanban-Regelung wird normalerweise über eine der Anzahl der verknüpften Produktionsprozesse entsprechende Anzahl von Kanban-Regelkreisen erfolgen. Es ist aber auch möglich, zwei in Losen produzierende Prozesse direkt über eine FIFO-Bahn zu verkoppeln und beide gemeinsam über einen Kanban-Kreis zu regeln.

Versandprinzip In der bisherigen Betrachtung ist der Prozess ‚Versenden' bewusst ausgeklammert geblieben, da sich dieser Prozess aus zahlreichen Gründen nicht zum Schrittmacher eignet. Das liegt zum Teil bereits an der einfachen Tatsache, dass man im Kundentakt nur dann versenden kann, wenn jedes Produkt einen eigenen Lkw benötigt. Es wäre allenfalls denkbar, im Kundentakt zu verladen. Dann aber müssen regelmäßig Lkws entsprechend des Schichtmodells der Produktion fahren, was ausschließlich bei einer Just-in-Sequence-Belieferung des Kunden sinnvoll und dann auch notwendig ist. Der Versand muss sich an Tourenplänen orientieren, das Zeitraster des normalen Speditionsbetriebs berücksichtigen, auf das Eintreffen von Lkws der Kunden warten und Abholzeiten von Paketdiensten beachten. Daher arbeitet der Versand meist in einem anderen Schichtmodell als die Produktion. Aufgrund der besonderen Anforderungen ist der Versand ferner meist für mehrere Wertströme zuständig – und müsste dann Schrittmacher für unterschiedliche Takte sein. In allen Fällen, in denen Versandkommissionen unterschiedlicher Artikel zusammengestellt und anschließend in Paketen oder auf Paletten verpackt und etikettiert werden, liegt eine Losabfertigung mit stark schwankenden Losgrößen vor. Zudem ist der jeweilige Zeitbedarf von der Stückzahl nicht linear abhängig, wodurch eine Funktion als Schrittmacher unmöglich ist. Insgesamt würde man also vom Versenden aus Zufälligkeiten und extern bestimmte Restriktionen, nicht aber den Kundentakt in die vorgelagerte Produktion übertragen.

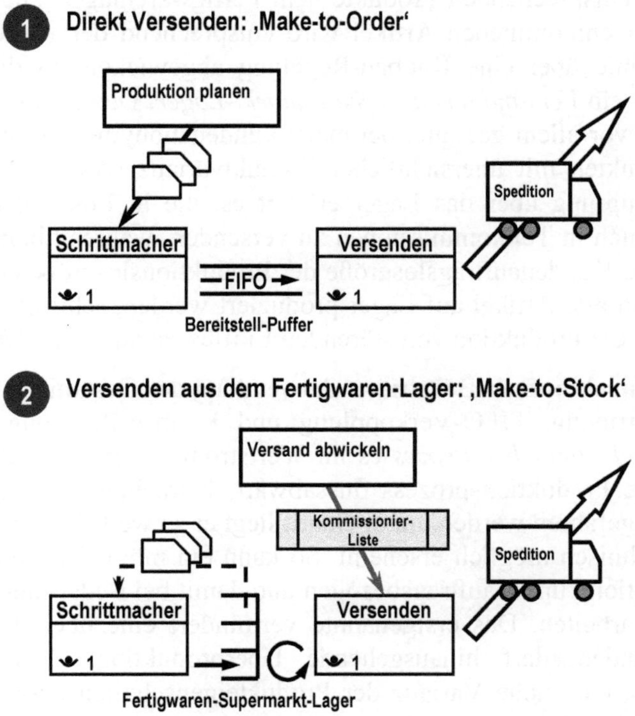

Abb. 3.48. Anbindung des Schrittmachers an das Versenden

Der Schrittmacher wird also immer ein Produktionsprozess flussaufwärts vor dem Versenden sein. Für die logistische Verknüpfung vom Schrittmacher zum Versenden gibt es zwei grundsätzliche Möglichkeiten. Legt man die Gestaltungsrichtlinie so aus, dass der Schrittmacher unmittelbar mit den Kundenaufträgen anzusteuern ist, dann erhält man einen *direkten Versand.* Alle Produkte werden in den Produktionsschritten ab dem Schrittmacher-Prozess kundenauftragsbezogen hergestellt, im Versand bereitgestellt, versandfertig gemacht und dann möglichst schnell auch versendet. Zwischen Schrittmacher und Versenden befindet sich eine FIFO-Bahn (Abb. 3.48, Fall 1). Diese Lösung entspricht allen ‚Make-to-Order'-Variationen und ist bei einer kundenspezifischen Produktion in kleinen Stückzahlen auch die einzige Möglichkeit. Direktes Versenden ist aber auch in der variantenarmen Serienfertigung gut einsetzbar, wenn nämlich der letzte Produktionsprozess in jeweils richtigen Mengen direkt in die Versandbehälter produziert.

Bei der zweiten Möglichkeit wird der Schrittmacher indirekt vermittelt über ein Fertigwarenlager angesteuert. Der Versandbereich erhält eine Kommissionierliste, eine Auslagerungsliste oder dergleichen und entnimmt die entsprechenden Produkte dem Fertigwarenlager. Die Nachproduktion der entnommenen Artikel wird entsprechend der vierten Gestaltungsrichtlinie über eine Kanban-Regelung abgewickelt. In diesem Fall erfolgt also ein *Versand aus dem Supermarkt-Lager*. Diese Make-to-Stock-Lösung ist vor allem geeignet bei meist kundenanonymer Produktion von Serienprodukten mit übersichtlicher Produktvarianz (Abb. 3.48, Fall 2). Die Verknüpfung über das Lager erlaubt es, die in Losen hergestellten Produkte auch in Teilkommissionen zu versenden, während beim direkten Versand die Kundenauftragslosgröße der Produktionslosgröße entsprechen muss. Wenn alle Artikel auf Lager produziert werden, schirmt das Fertigwarenlager die Produktion von störenden Einflüssen aus dem Versand ab.

Auftragsdurchlaufzeit Bei strikter Anwendung der Gestaltungsrichtlinien zu Fließfertigung, FIFO-Verkopplung und Kanban-Regelung steht die *Lage des Schrittmacher-Prozesses* im Wertstrom bereits eindeutig fest. Er ist der erste Produktionsprozess flussabwärts betrachtet, der nicht in großen Losen gefahren werden muss. Damit liegt er so weit flussaufwärts, wie jeweils technisch möglich erscheint. So kann ein möglichst großer Anteil der Produktion kundenauftragsbezogen und damit bei Bedarf auch kundenspezifisch arbeiten. Das erstgenannte vermindert eine über den tatsächlichen Kundenbedarf hinausgehende Überproduktion. Zweitgenanntes gestattet es, eine hohe Varianz der Produkteigenschaften passend zu den divergierenden Kundenwünschen möglichst aufwandsarm abzudecken.

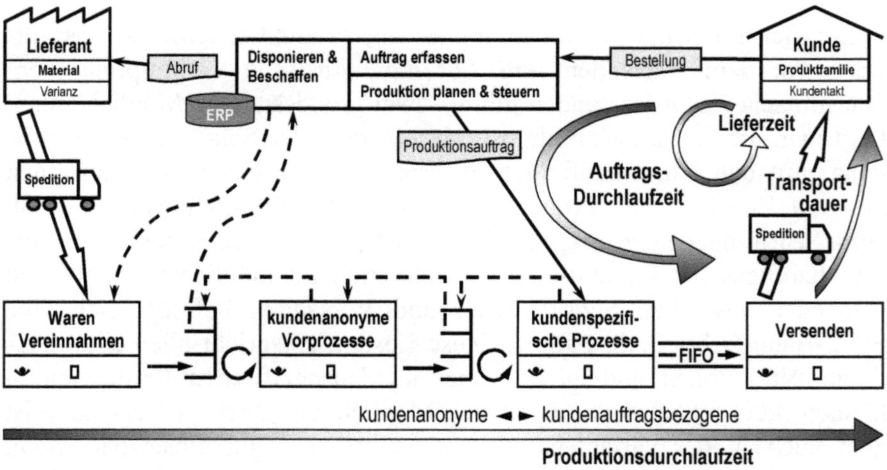

Abb. 3.49. Schematische Gesamtsicht des idealen Soll-Zustands einer Produktion

Bedingung für die strikte Anwendung der Gestaltungsrichtlinien eins bis fünf ist, dass die am Markt angebotene *Lieferzeit* ausreichend groß ist. Die Lieferzeit setzt sich aus Auftragsdurchlaufzeit und Transportdauer zusammen. Die jeweiligen Zeitspannen in ihrem Bezug zum Wertstrom sind in der schematischen Gesamtsicht des idealen Soll-Zustands einer beliebigen Produktion von Stückgut mit Direktversand abzulesen (Abb. 3.49). Um nun den angestrebten idealen Produktionsablauf realisieren zu können, muss deren Summe kleiner als die gewünschte Lieferzeit sein. Ist dies nicht der Fall, sollten unterschiedliche Möglichkeiten der Beschleunigung geprüft werden. Die *Transportdauer* ist meist ohne (kostenintensiven) Wechsel des Transportmittels nicht verringerbar. Ein Tourenplan kann zusätzlich durch die Restriktion, bestimmte Versandtage einhalten zu müssen, zu Wartezeiten führen. Bleibt die Kürzung der Auftragsdurchlaufzeit als Ansatzpunkt für die Produktionsoptimierung.

Die *Auftragsdurchlaufzeit* setzt sich aus zwei Teilen zusammen; der administrativen und planerischen Auftragsabwicklung sowie dem kundenauftragsbezogenen Teil der *Produktionsdurchlaufzeit.* Letztere ließe sich reduzieren durch Verkleinerung der Maximalbestände auf den FIFO-Bahnen oder auch Verkürzung der Bearbeitungszeiten. Beides dürfte aufgrund der bereits durchgeführten Verbesserungen kaum mehr möglich sein. Bliebe also die Verschiebung des Schrittmacher-Prozesses flussabwärts, sofern eine kundenanonyme Vorfertigung der Teile möglich ist. Die Verkürzung der Lieferzeit wird dann aber mit Beständen an vorgefertigten Teilen erkauft. Sofern es sich nicht um kundenspezifische Produkte handelt, ist auch die Einrichtung eines Fertigwarenlagers denkbar, das dann den Schrittmacher ansteuert. Das Versand-Kanban (Abb. 3.48) erlaubt also die Realisation der kürzestmöglichen Lieferzeit. Der Preis für die gemessen an der Lieferzeit zu langsam erfolgende Produktion ist dann der zusätzliche Fertigwarenbestand.

Ein weiterer Ansatzpunkt zur Auftragsdurchlaufzeitreduktion ist die *Auftragsabwicklung.* Sie ist, sofern der Kunde nicht per Briefpost bestellt und alle benötigten kundenspezifischen Daten zur Verfügung stellt, ausschließlich durch unternehmensinterne Geschäftsprozesse bestimmt. Dabei handelt es sich um die Auftragserfassung, die Auftragseinplanung sowie die Versanddisposition. Inwiefern die administrativen Prozesse der Auftragserfassung und Versanddisposition durch verbesserte elektronische Hilfsmittel, Parallelisierung, Teilautomatisierung, Elimination von Doppelarbeiten und Abstimmungsaufgaben beschleunigt werden können, soll hier nicht weiter untersucht werden. Wichtig ist hierbei, dass die Einführung des FIFO-Prinzips in der Auftragsabwicklung eine zentrale Voraussetzung für die Einführung einer schlanken Produktion ist, da nur so alle Aufträge in gleicher Weise bearbeitet werden können, ohne verloren zu gehen. Bei optimal implementierter und benutzter Software zur Auftragsabwicklung und zur Produktkonfiguration sind zumindest für variantenreiche Standardprodukte vernachlässigbar geringe Zeitdauern im Ablauf erreichbar.

Die Auftragseinplanung wandelt Kundenaufträge in Produktionsaufträge um und legt den Zeitpunkt des Produktionsbeginns mehr oder weniger zeitpunktgenau fest. Dies ist Aufgabe der Produktionsplanung (Abschn. 3.4). Durch die Planung ergeben sich *Wartezeiten* für die Kundenaufträge, die einen sehr großen Zeitanteil der Auftragsabwicklung beinhalten. Nur bei überwiegend kundenspezifischen Produkten mit hohen Zeitanteilen für die Konstruktion, wie zumeist im Anlagenbau, tritt die Wartezeit in den Hintergrund. Die genannten Wartezeiten sind demnach im Regelfall bestimmend für die erreichbare Lieferzeit aller nicht ausschließlich kundenspezifisch konstruierten Produkte. Sie resultieren aus der im folgenden Abschnitt eingeführten Planungslogik, die mit weiteren Gestaltungsrichtlinien konzipiert wird. Erst danach liegt der Produktionsablauf im Ganzen fest und kann dann auf die angestrebte Lieferzeit abgestimmt werden.

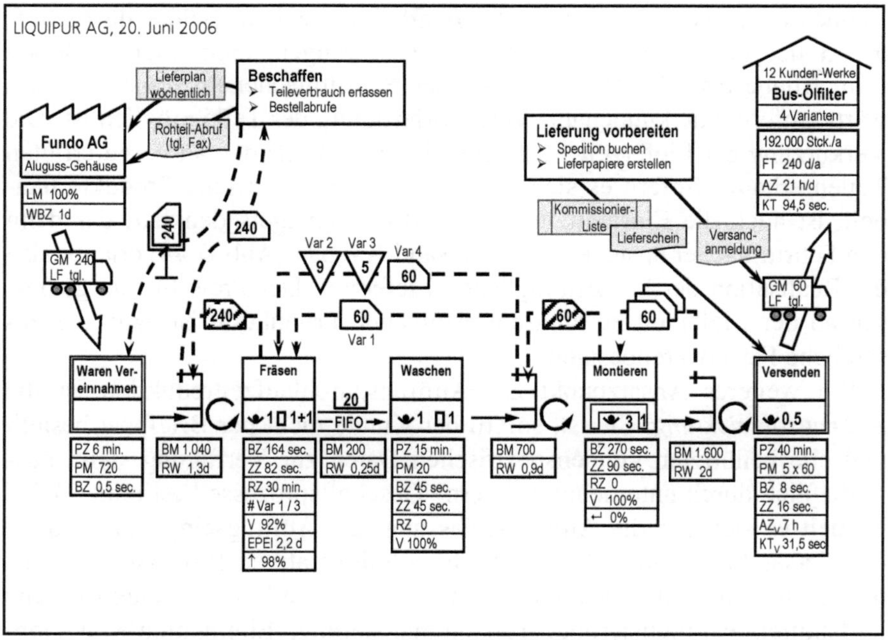

Abb. 3.50. Wertstromdesign bei Liquipur (4): Versand-Kanban

Fallbeispiel Bei Liquipur wird als Versandprinzip das Versand-Kanban gewählt (Abb. 3.50). Da die Lieferzeit mit einem Tag sehr kurz bemessen ist, kann nicht erst nach verbindlicher Bestellung montiert werden. Da die Bedarfsvorschau selten exakt stimmt, kann man auch nicht jeweils einen Tag genau vorproduzieren. Deshalb wird ein Fertigwarenlager mit einer Reichweite von zwei Tagen eingerichtet, das die Bedarfsschwankungen abpuffert (vgl. Abb. 3.52) und alle Kundenwünsche sofort bedient. Die Bedarfsvorschau hilft, etwaige Variantenmixverschiebungen rechtzeitig zu berücksichtigen.

Schrittmacher

Zielsetzung Jeder Wertstrom soll an genau einem Punkt gesteuert werden. Der gesteuerte Produktionsprozess ist der Schrittmacher für die gesamte Produktion. Alle anderen Prozesse werden davon abhängig geregelt.

Umsetzung im Wertstrom Am Schrittmacher liegt auch der Kundenentkopplungspunkt. Eine kundenspezifische Produktion kann ausschließlich am Schrittmacher-Prozess sowie flussabwärts erfolgen. Alle vorgelagerten Prozesse arbeiten kundenanonym. Durch die Lage des Schrittmachers wird der Produktionstyp dahingehend festgelegt, ob kundenauftragsbezogen gefertigt oder montiert wird oder ob es sich um eine Lagerfertigung handelt.

Der Versandprozess kann kein Schrittmacher sein, da er immer auch den gleichmäßigen Produktionsfluss von Schwankungen beim Kundenbedarf und den Restriktionen der Versandlogistik abschirmen muss. Bei einer Lagerfertigung wird der Schrittmacher durch das Versand-Kanban komplett vom Versenden entkoppelt. Beim Direktversand bestimmt ebenfalls der Schrittmacher-Prozess den Rhythmus der Produktion, und nicht der Versandprozess, der über einen Bereitstellpuffer bedient wird.

Auswirkungen Die Produktionsdurchlaufzeit ergibt sich aus der Anwendung der ersten fünf Gestaltungsrichtlinien. Die Lage des Schrittmachers entscheidet über den kundenauftragsbezogenen Anteil der Produktionsdurchlaufzeit. Damit ist ein Teil der erreichbaren Lieferzeit festgelegt. Die restlichen Anteile ergeben sich aus Transportzeit und Produktionsplanung.

3.4 Produktionsplanung

Im vorangehenden Abschnitt zur Produktionssteuerung sind mit den eingeführten Gestaltungsrichtlinien Steuerungsregeln definiert worden, mit denen der Materialfluss in einer Produktion am besten gesteuert und geregelt werden sollte. Im folgenden Abschnitt zur *Produktionsplanung* sind diejenigen Gestaltungsrichtlinien herauszuarbeiten, nach denen die Planungslogik bis zur Auftragsfreigabe zu konzipieren ist. Für das reibungslose Funktionieren der bereits konzipierten Produktionssteuerung wurde implizit angenommen, dass alle Produktionsaufträge in dazu geeigneter Weise zuvor durch die Produktionsplanung freigegeben worden sind. Die *Auftragsfreigabe* muss daher so erfolgen, dass mit den definierten Steuerungsregeln ein gleichmäßig fließender Wertstrom entsteht. Um dieses Ziel zu erreichen, muss die Produktionsplanung drei Aufgaben erfüllen.

Erstens sind die Kundenaufträge in Produktionsaufträge für den Schrittmacher-Prozess umzusetzen. Die für eine einfache Steuerung beste Lösung ist es, dabei immer gleich große Freigabeeinheiten zu erzeugen. Damit die Produktion gleichmäßig produzieren kann, muss auch die Belastung gleichmäßig erfolgen. Durch diese volumenbezogene *Produktionsnivellierung* entsteht bei schwankendem Kundenbedarf eine *Warteschlange* an Aufträgen (Abschn. 3.4.1). Zweitens sind die gebildeten Produktionsaufträge in die richtige *Reihenfolge* zu bringen. Dies erreicht man durch einen *Produktionsausgleich* hinweg über alle Varianten mit ihren jeweils unterschiedlichen Anforderungen an die Produktion (Abschn. 3.4.2). Schließlich sind drittens in einigen Fällen Freigabezeitpunkt und Auftragsreihenfolge zusätzlich abhängig von durch einzelne Produktionsprozesse bestimmte, kapazitative und technische *Restriktionen*, die zusätzlich bei der Planung berücksichtigt werden müssen (Abschn. 3.4.3). Mit diesem einfachen Regelwerk können auch Wertströme, die mit anspruchsvollen Produktionsprozessen komplexe Produkte herstellen, geplant werden. Dabei wird nicht, wie bei klassischen PPS-Ansätzen, mittelwertbasiert mit prognostizierten Daten gearbeitet, sondern jeder Auftrag wird einzeln eingeplant.

Zielsetzungen der Produktionsplanung

Damit eine einfache Produktionssteuerung möglich ist, muss der Kundenbedarf in der Produktionsplanung so aufbereitet werden, dass die Produktion möglichst gleichmäßig belastet wird. Dann erst kann ein gleichmäßiger Wertstrom entstehen. Dazu sind einheitliche Produktionsauftragseinheiten zu bilden, die in gleichmäßigem Rhythmus freizugeben sind. Die Reihenfolge der Produktionsaufträge ist so festzulegen, dass der Variantenmix einen kontinuierlichen Teile- und Kapazitätsbedarf erzeugt sowie andere Restriktionen der Produktionsprozesse berücksichtigt werden.

3.4.1 Glättung des Produktionsvolumens

Vorrangige Zielsetzung der Produktionsplanung ist, durch die Auftragsfreigabe eine gleichmäßig fließende Produktion zu erreichen. Dazu sollte dem Schrittmacher-Prozess immer nur ein genau definiertes Arbeitsvolumen in gleichmäßigem Rhythmus freigegeben werden. Die *Glättung* des Produktionsvolumens wird dadurch erreicht, dass nicht je Produktionsauftrag unterschiedliche Losgrößen in unterschiedlichen Zeitabständen, sondern immer gleiche Mengeneinheiten in gleichen Zeitabständen eingesteuert werden. In einfachen Fällen gleicher Bearbeitungszeiten sind die Stückzahlen als Mengenbasis ausreichend. Andernfalls bezieht man sich auf den Kapazitätsbedarf am Schrittmacher-Prozess.

Mit der Definition einer einheitlichen *Freigabeeinheit* zur Steuerung des Wertstroms wird der Zeitrahmen für die Produktionsplanung und -steuerung festgelegt. Gebräuchlich hierfür ist auch die englische Bezeichnung ‚Pitch', die nach der neunten Knickerbocker Baseball-Regel die Art des Balleinwurfs zum Start des Spiels festlegt. Dabei sollte die Größe der Freigabeeinheit, die in regelmäßigen Abständen am Schrittmacher-Prozess freigegeben wird und damit den Produktionsstart festlegt, möglichst klein gewählt werden, um den Prozessen ein gutes ‚Kundentakt-Gefühl' zu vermitteln. Die zur Produktionsnivellierung gehörige Gestaltungsrichtlinie lautet:

> **Gestaltungsrichtlinie 6:** *Festlegung der Freigabeeinheit*
>
> Die Freigabe von Produktionsaufträgen hat in kleinen, einheitlich dimensionierten Umfängen zu erfolgen und so für ein gleichmäßiges Produktionsvolumen zu sorgen.

Festlegung der Freigabeeinheit Die Festlegung der Größe der Freigabeeinheit ist ausschlaggebend für die erreichbare Flexibilität des Wertstroms, für Aufwand und Effektivität der Planung sowie die Transparenz der Abläufe. Die Freigabeeinheit sollte nicht zu klein sein, sich im Regelfall also auf mehr als ein Produkt beziehen, damit Planungs- und Steuerungsaufwand überschaubar bleiben. Umgekehrt haben zu großen *Freigabemengen* zahlreiche Nachteile. Wenn Produktionsaufträge mit dem Arbeitsinhalt von mehreren Tagen freigegeben sind, dann befindet sich am Schrittmacher-Prozess auch dementsprechend viel Material. Die Produktion ist vollgestellt, der Shop Floor wird unübersichtlich. Zudem liegen auch die Produktionsdurchlaufzeiten entsprechend hoch, was ein kurzfristiges und flexibles Reagieren auf veränderte Kundenbedarfe nur durch aufwendige Änderungen oder Eilaufträge noch möglich macht. Die zu großen Produktionslose lassen ferner den gegenwärtigen Marktbedarf nicht erkennen, da Bedarfe zur Losbildung zusammengefasst werden müssen.

Um nun den bereits in der Wertstromanalyse ermittelten Kundentakt nicht nur bei der Kapazitätsauslegung der Fließfertigung im Schrittmacher-Prozess zu berücksichtigen, sondern auch als *Taktgeber* für den Wertstrom einzusetzen, muss das *Freigabeintervall* klein genug sein, um den Kundentakt noch erkennen zu lassen. Nur so wird Rhythmus in die Produktion gebracht! Am Ende eines jeden Freigabeintervalls kann man erkennen, ob die Produktion noch reibungslos funktioniert. Ist das Freigabeintervall einen Tag lang, dann gibt es auch täglich nur einen Zeitpunkt, an dem man die Erreichung des Produktionszieles auch wirklich prüfen kann. Bei einer Freigabeeinheit von dreißig Minuten ist auch nach diesem kurzen Zeitintervall stets im Gesamtablauf der Produktion deutlich erkennbar, ob der geplante Rhythmus noch eingehalten wird oder ob Abweichungen durch Störungen aufgetreten sind.

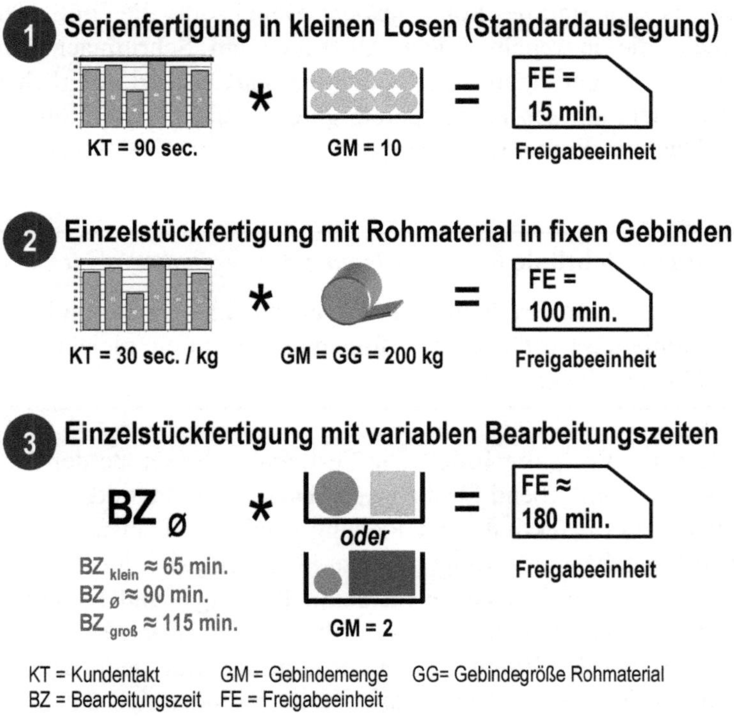

Abb. 3.51. Berechnung der Freigabeeinheit

Mit Festlegung der Freigabeeinheit als ganzzahliges Vielfaches des Kundentaktes erreicht man eine geeignete Anbindung an den Kundenbedarf. Die einfachste Berechnung der Größe einer Freigabeeinheit (FE) erfolgt demgemäß durch Multiplikation von Kundentakt und *Gebindemenge* (Abb. 3.51, Fall 1). Dies entspricht der Standardauslegung in der Serienfertigung.

Im Zahlenbeispiel ergibt sich bei einem Kundentakt von 90 Sekunden und einer Freigabemenge von 10 Stück, die genau einem Gebinde entspricht, ein Freigabeintervall von 15 Minuten. Die eine Freigabeeinheit definierende Gebindemenge entspricht im einfachsten Fall der Stückzahl im Fertigwarenbehälter, sofern dieser am Schrittmacher-Prozess eingesetzt wird. Kunden- und produktspezifische Fertigwarenbehälter gibt es meist dann, wenn die weiterverarbeitende Industrie mit Serienprodukten beliefert wird. Bei Auslieferungen an den Handel wird meist in Kommissionen versendet. Oft gibt es dann ein Fertigwarenlager mit sortenreinen Paletten. Deren Gebindemenge kann dann zur Ermittlung einer geeigneten Freigabeeinheit herangezogen werden. Möglicherweise ist es auch sinnvoller, fabrikinterne Transportbehälter der Produkte beziehungsweise der Teile als Basis für die Freigabeeinheit zu verwenden. Erscheint die aus einem Behälter ermittelte Freigabeeinheit zu klein, dann können auch mehrere Behälter (Anzahl b) als Grundlage verwendet werden. Falls der Schrittmacher oder ein Prozess flussabwärts in Losen arbeitet, die mehrere Gebindemengen umfassen, dann wird diese Losgröße maßgeblich für die Freigabeeinheit sein. Zur Ermittlung der Freigabeeinheit gilt demnach in der Serienfertigung folgender einfache Zusammenhang:

$$FE_{Serie} = KT \times b \times GM$$

$$FE_{Varianz} = KT \times \frac{\sum_{i=1}^{var} b_i \times GM_i}{\#Var} \qquad \langle b_i \times GM_i = konst. \rangle \tag{3.20}$$

mit: FE Freigabeeinheit [Zeiteinheit]
KT Kundentakt [Zeiteinheit/Stck.] *oder* [Zeiteinheit/ Mengeneinheit]
b ganzzahliger Faktor gleichzeitig freizugebender Gebinde
GM Gebindemenge [Stck.]
#Var Anzahl Varianten

Diese Formel kann natürlich nur eine Faustregel sein, die an die jeweiligen Gegebenheiten in einer konkreten Produktion anzupassen ist. Bei variantenreichen Produktfamilien hat man es oft mit sehr unterschiedlichen Gebindemengen zu tun. Eine saubere Lösung wäre in diesem Fall, das kleinste gemeinsame Vielfache der Behältermengen zu verwenden – was in der Praxis dann zu unrealistisch großen Mengen führt. Hier wird man Anpassungen bei den Behältermengen vornehmen müssen, um eine Einheitlichkeit in kleinen Mengenbereichen zu erhalten (Gl 3.20, unten).

Schließlich muss man aus Gründen der Praktikabilität auch auf glatte Zahlenwerte achten, die dann den durchschnittlichen Kundenbedarf nur ungefähr treffen. So würde man, um im Zahlenbeispiel zu bleiben, bei einem Kundentakt von 95 Sekunden nicht unbedingt die Freigabeeinheit auf 15,83 Minuten festlegen. Dann legt man beispielsweise den Schrittmacher-Prozess etwas leistungsstärker aus, als es der durchschnittliche Kundenbedarf genau fordert. Die Freigabeeinheit legt man dann auf Basis der Zykluszeit des Schrittmachers von 90 Sekunden mit 15 Minuten fest.

Bei einer kundenspezifischen Produktion ist es dann schwierig, eine Stückzahl als Grundlage für die Festlegung der Freigabeeinheit zu verwenden, wenn die Bearbeitungszeiten pro Stück sehr unterschiedlich oder sehr groß sind. Im erstgenannten Fall läßt sich jedoch häufig eine gemeinsame Bezugsgröße identifizieren, nämlich der Rohmaterialbedarf. Handelt es sich um eine Einzelstückfertigung von Produkten einer eher kleinen Komplexität, deren Hauptbestandteil aus einem in fixen *Gebindegrößen* (GG) angelieferten Rohmaterial besteht, dann kann diese Menge als Grundlage der Freigabeeinheit verwendet werden (Abb. 3.51, Fall 2). Auch lässt sich hier ein einfacher mathematischer Zusammenhang wie folgt (obere Gleichung) formulieren:

$$FE_{Einzel} = KT \times b \times GG$$

$$FE_{BZ} = GM \times BZ_{\varnothing}$$

mit: FE Freigabeeinheit [Zeiteinheit] (3.21)
KT Kundentakt [Zeiteinheit/Stck.] *oder* [Zeiteinheit/ Mengeneinheit]
b ganzzahliger Faktor gleichzeitig freizugebender Gebinde
GG Gebindegröße Rohmaterial [Mengeneinheit]
GM Gebindemenge – Anzahl Produkte nach Größenklasse kombiniert
$BZ_{\varnothing}$ Bearbeitungszeit [Zeiteinheit]

Bei Produkten höherer Komplexität findet sich zum einen die einfache Bezugsgröße nicht und zum anderen steigt die Bearbeitungszeit so an, dass eine Freigabeeinheit in sinnvoller Größe nur sehr wenige Produkte enthalten würde. In diesem Fall kombiniert man eine wechselnde Anzahl von Produkten derart, dass die Summe ihrer Bearbeitungszeiten nach Arbeitsplan den (relativ) konstanten Wert der definierten Freigabeeinheit ergibt. Um das zu vereinfachen, kann man auch an der Bearbeitungszeit orientierte *Größenklassen* bilden und unterschiedliche Kombinationen von Produkten aus diesen Größenklassen zur jeweils gleichen Freigabeeinheit bestimmen (Abb. 3.51, Fall 3). Die Freigabeeinheit ist dann ein ganzzahliges Vielfaches (GM) der durchschnittlichen Bearbeitungszeit ($BZ_{\varnothing}$), wobei der Faktor der Anzahl zeitgleich freigegebener Produkte entspricht (Gl.

3.21 unten). Bei Freigabe beispielsweise von immer einem Paar kann nach dem einfachen Schema ‚groß & klein' oder ‚mittelgroß & mittelgroß' ein vergleichmäßigtes Produktionsvolumen erreicht werden. Die nach dieser groben Glättung verbleibenden Taktabweichungen können dann durch eine geringfügige Kapazitätsflexibilität der jeweiligen Produktionsprozesse, wie beispielsweise produktionsprozessbezogene Überstunden oder Springer, ausgeglichen werden.

Sind die Stückzahlen sehr niedrig, wie das für den Anlagenbau typisch ist, dann ist eine Zusammenfassung mehrerer Produkte zur Freigabe überhaupt nicht sinnvoll. In diesen Fällen ist vielmehr die Bearbeitungszeit so hoch, dass eine Strukturierung der Produktion im Arbeitsrhythmus nur durch Teilung eines Kundenauftrags in mehrere Arbeitspakete möglich ist. Grundlage für die Definition der Freigabeeinheit sind dann die einzelnen *Arbeitsgänge* unterschiedlichen Umfangs, die dann jeweils zu Freigabeeinheiten gleicher Größe zusammenzufassen sind. In diesen Fällen ist die Freigabeeinheit also kleiner als der Kundentakt.

Produktionsglättung Die Glättung der Kundennachfrage-Schwankungen kann entweder durch den zeitlichen Puffer der Produktionsaufträge in der Warteschlange vor dem Schrittmacher oder aber durch den Fertigwarenbestand im Supermarkt-Lager erfolgen. Die Produktionsglättung in der Warteschlange benötigt man beim direkten Versand (vgl. Abb. 3.48). Hier bedingt die gleichmäßige Freigabe einheitlicher Produktionsmengen bei einem schwankenden Kundenbedarf eine unterschiedlich lange *Warteschlange* der Produktionsaufträge. Liegt die Kundennachfrage unter dem Durchschnittsbedarf, dann produziert der Schrittmacher schneller und verkürzt die Warteschlange. Bei starker Kundennachfrage laufen die Aufträge wieder auf und die Warteschlange wird entsprechend länger. Auf diese Weise kann die Belastung der Produktion auf dem Durchschnittsbedarf konstant gehalten werden (Abb. 3.52, Fall 1). Das bedeutet allerdings trotz konstanter Produktionsdurchlaufzeit eine schwankende Auftragsdurchlaufzeit. Wenn die Warteschlange nie zu lang wird, dann wird nur ein Teil der Aufträge termingerecht fertiggestellt, während die anderen Aufträge zu früh fertig werden. Das *Vorziehen* von Aufträgen vor den eigentlichen Bedarfszeitpunkt ist der Preis, den man hier für die Vergleichmäßigung zu zahlen hat.

Alternativ dazu kann man jedoch in Abhängigkeit von der Länge der Warteschlange auch die Kapazität der Produktion beginnend mit dem Schrittmacher flussabwärts dem schwankenden Bedarf anpassen. Entsprechend der Kapazitätsflexibilität wird entweder der *Freigaberhythmus* der Produktionsaufträge geändert – beispielsweise wenn zusätzliche Mitarbeiter am Schrittmacher-Prozess eingesetzt werden können – oder bei konstantem Rhythmus wird der täglich *verfügbare Zeitraum* geändert – beispielsweise durch Überstunden oder Schichtverkürzung. Meist wird die Kapazitätsflexibilität geringer sein als der Schwankungskorridor des Kundenbedarfs. In diesen Fällen kann man beide Instrumente gemeinsam einsetzten, also Aufträge vorziehen und Kapazitäten anpassen. Mit *Lieferverzug* muss man rechnen, wenn der Kundenbedarf über die geplante maximale Schwankungsbreite hinausgeht und so trotz maximaler Kapazitätsausschöpfung die Warteschlange ihr durchlaufzeitbezogenen Maximum überschreitet.

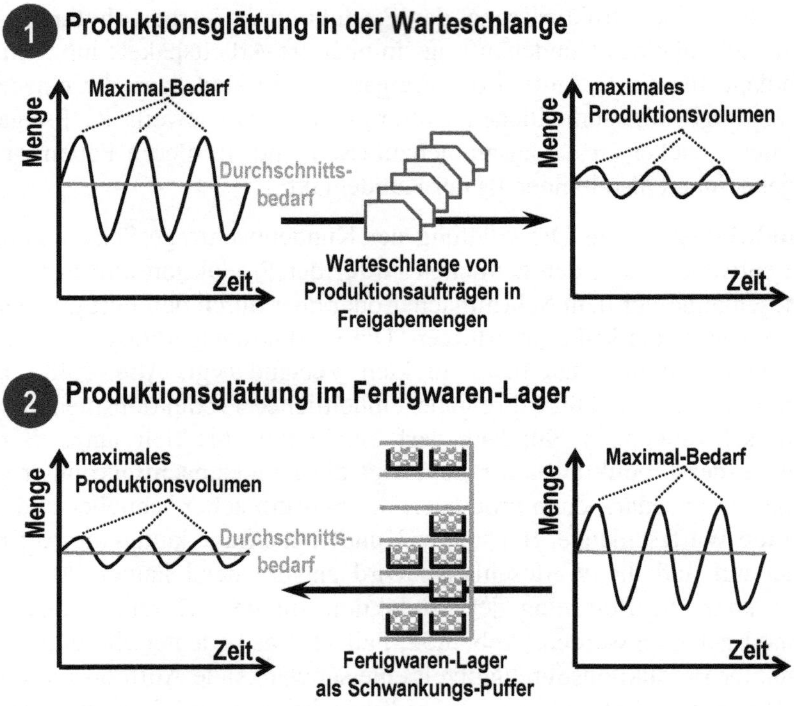

Abb. 3.52. Glättung der Kundennachfrage mit Warteschlange oder Fertigwaren-Lager

Beim Versenden aus dem Fertigwarenlager übernimmt dieses Lager zugleich die Produktionsglättung, es puffert die Bedarfsschwankung ab (Abb. 3.52, Fall 2). Der schwankende Kundenbedarf kann, sofern der *Fertigwarenbestand* nicht überschritten wird, sofort gedeckt werden. Die Auslieferung erzeugt entsprechend der Kanban-Logik Produktionsaufträge. Diese werden nun nicht direkt nach Lagerentnahme zum Schrittmacher gebracht, sondern in einer Warteschlange gesammelt und dann im festen Rhythmus intervallweise freigegeben. Dadurch erfolgt eine gleichmäßige

Belastung der Produktion. Ähnlich wie im ersten Fall (Abb. 3.52, Fall 1) kann auch hier die Kapazität den Schwankungen in gedämpftem Umfang nachgefahren werden, um den notwendigen Lagerbestand zu reduzieren.

Bei der *Auslegung* eines Fertigwaren-Supermarkt-Lagers sind grundsätzlich die drei Bestandsarten Umlaufbestand, Pufferbestand sowie Sicherheitsbestand zu unterscheiden (vgl. Gl. 3.9). Der Umlaufbestand entspricht der Menge, die den durchschnittlichen Bedarf über die Wiederbeschaffungszeit hinweg abdeckt. Der Pufferbestand dient dem Ausgleich von Kundenbedarfsschwankungen, die über die Kapazitätsflexibilität des Schrittmacher-Prozesses hinausgehen. So schirmt das Fertigwarenlager die Produktion von den mittelgroßen Schwankungen der Kundennachfrage ab. Der Sicherheitsbestand schließlich ist erforderlich bei internen Problemen wie längeren Maschinenstörungen oder erhöhtem Ausschuss, die zur Unterbrechung des Produktionsflusses führen. Der Zugriff auf den Sicherheitsbestand sollte den Mitarbeitern nur erschwert möglich sein, damit die jeweiligen Produktionsprobleme auch augenfällig werden. Nur so kann ein Druck zur ständigen Verbesserung erzeugt werden. Die drei Bestandsarten sind aus unterschiedlichen Gründen erforderlich, die sich im Verlauf der Zeit auch unterschiedlich verändern können. Daher sollte man sie auch getrennt voneinander auf ihre korrekte Größe hin regelmäßig überprüfen.

3.4.2 Ausgleich des Produktionsmix

Mit der Produktionsnivellierung wird der Produktionsfluss hinsichtlich des Volumens durch die Freigabeeinheiten vergleichmäßigt (Abschn. 3.4.1). Die Produktionsplanung hat, sofern es mehr als eine Produktvariante gibt, noch eine zweite Aufgabe, nämlich die Festlegung der Auftragsreihenfolge. Sofern also die Produktionsaufträge nicht alle identisch sind, muss auch ihre Reihenfolge geplant werden. Bei dieser *Reihefolgebildung* der Freigabeeinheiten geht es in der Regel um die Festlegung der Abfolge unterschiedlicher Produktvarianten. Zielsetzung hierbei ist es, mit der Reihenfolgebildung einen *Produktionsausgleich* zu erreichen. Ausgleich des Produktionsmix heißt, nach jedem Freigabeintervall die Variante zu wechseln. Die Gestaltungsrichtlinie zur Reihenfolgebildung lautet entsprechend:

Gestaltungsrichtlinie 7: *Produktionsmix-Ausgleich*

Die Reihenfolge von Produktionsaufträgen ist hinsichtlich der Varianten gut zu durchmischen.

Funktionslogik Die unmittelbare Auswirkung des Produktionsausgleichs ist eine möglichst schnelle Erfüllung von Bedarfen, die die gerade nicht produzierte Variante betreffen. So kann im Prinzip nach jeder Freigabeeinheit, die ein sehr kurzes Zeitintervall umfassen sollte (Abschn. 4.3.1), wieder etwas anders produziert werden. Die möglichst gleichmäßige *Durchmischung der Varianten* lässt die Sammlung von Produktionsaufträgen für gleiche Varianten zu Losen nicht zu (Abb. 3.53). Eine Freigabeeinheit entspricht also der exakt einzuhaltenden Losgröße jeder Variante am Schrittmacher-Prozess. Nach jeder Freigabe ist die Variante zu wechseln, in der schematischen Darstellung in der Abbildung dürfen daher die mit geometrischen Formen symbolisierten Varianten nicht aneinandergereiht werden, sondern müssen sich in möglichst gleichmäßiger Verteilung abwechseln. Damit sind dann die entsprechenden Anforderungen an die Rüstzeit gestellt: Sie muss zur Länge des Freigabeintervalls passen.

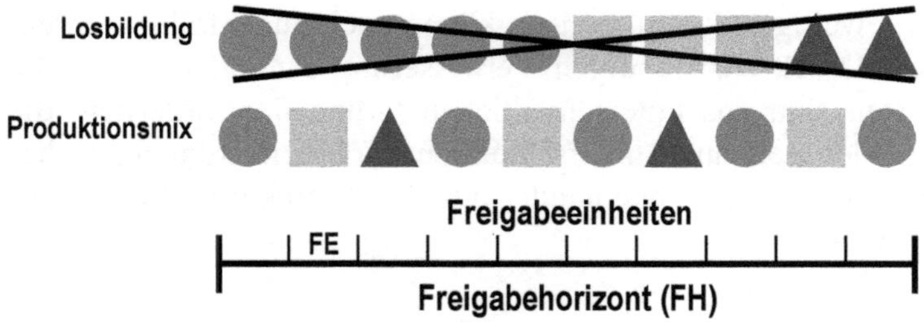

Abb. 3.53. Ausgleich des Produktionsmix

Der Ausgleich des Produktionsmix dient nicht nur der Anpassung der Produktion an den Kundenbedarf, sondern führt auch zu einer *vergleichmäßigten Belastung* der Produktionsprozesse. Wenn erstens am Schrittmacher-Prozess die Bearbeitungszeit nicht für alle Varianten exakt gleich ist, sondern um einen Mittelwert schwankt, wird dies mit der Durchmischung der Varianten automatisch ausgeglichen. Dies gilt in analoger Weise für alle über FIFO nachfolgenden Produktionsprozesse. Zudem wird zweitens die variantenbezogene Nachfrage von Teilen bei den jeweiligen Lieferprozessen vergleichmäßigt. Dies wirkt dem einseitigen Aufschaukeln von Bedarfen entsprechend des ‚Bullwhip-Effektes' (vgl. Abschn. 3.3) entgegen. Unterschiedliche Materialien werden abwechselnd nachgefragt und alternative Lieferketten werden abwechselnd mit Bedarfen belastet. Falls sich schließlich drittens der Wertstrom hinter dem Schrittmacher verzweigt, kann die relative Belastung der Zweige über einen entsprechenden Produktionsmix eingestellt werden. Gibt es beispielsweise hinter einer Montagelinie verschiedene variantenabhängig zu wählende Prüfvorrichtungen mit Prüfdauern, die über dem Montagetakt liegen, dann kann über ein fixes

Mischungsverhältnis der Varianten eine gleichmäßige Belastung erreicht werden.

Die Reihenfolge der Produktionsaufträge kann mit Hilfe des *Ausgleichskastens* – japanisch auch ‚Heijunka-Box' genannt – vergleichmäßigt werden. Der physisch realisierte Ausgleichkasten besteht beispielsweise aus Fächern, deren Anordnung in Spalten die jeweilige Freigabeeinheit und deren Zeile die jeweilige Produktvariante festlegen. In diesen Fächern können nun die Produktionsauftragskarten – das können auch Kanban sein – gleichmäßig verteilt werden (Abb. 3.54). Die Heijunka-Box ist ein sehr einfaches Hilfsmittel für den Ausgleich des Produktionsmix. Durch den Bezug auf die Freigabeintervalle erfolgt gleichzeitig immer auch die Glättung des Produktionsvolumens (Abschn. 3.4.1). Die im Ausgleichskasten eingeordneten und damit in ihrer Reihenfolge und dem Freigabetermin festgelegten Produktionsaufträge werden typischerweise über den Logistiker in die Produktion eingesteuert. Dieser entnimmt in festen zeitlichen Abständen – nämlich dem Freigabeintervall – dem Ausgleichskasten den jeweils nächsten Auftrag und stellt ihn dem Schrittmacher-Prozess zu.

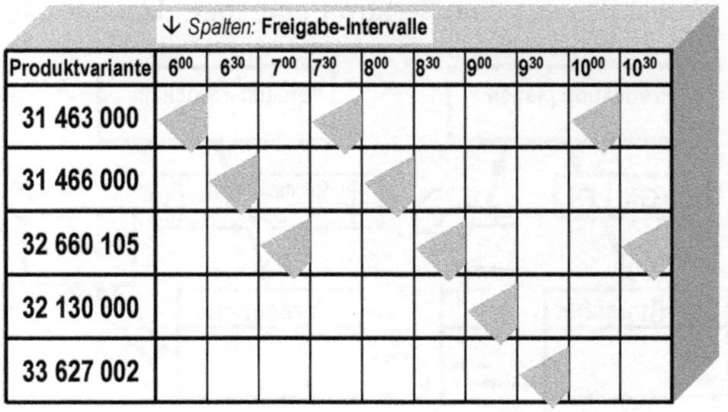

Abb. 3.54. Ausgleichskasten

Die Verwendung eines Ausgleichskastens beziehungsweise einer entsprechenden Planungslogik setzt den Bezug auf einen bestimmten Zeitraum voraus, den *Freigabehorizont* (Abb. 3.53). Der Produktionsausgleich erfolgt dann über diesen Zeitraum, beispielsweise über eine Schicht. Für jede Freigabeeinheit innerhalb des so festgelegten Planungshorizontes wird ein Produktionsauftrag eingeplant, wobei die Reihenfolge eine möglichst gleichmäßige Verteilung der Varianten über die Schicht gewährleisten muss. Der Freigabehorizont bildet die ‚Frozen Zone' der Auftragsreihenfolge, die nicht mehr geändert werden sollte. Als Symbol für den Ausgleich des Produktionsmix verwendet man die rechteckig umrandete, doppelte Abfolge von O und X in Verbindung mit einem Informationsflusspfeil (Abb. 3.55). Direkt daneben trägt man die Größe des Freigabehorizontes (FH) ein. Dieser wird durch einen Zeitraum, wie eine Schicht oder ein Tag, oder aber durch die Anzahl der jeweils geplanten Freigabeeinheiten angegeben.

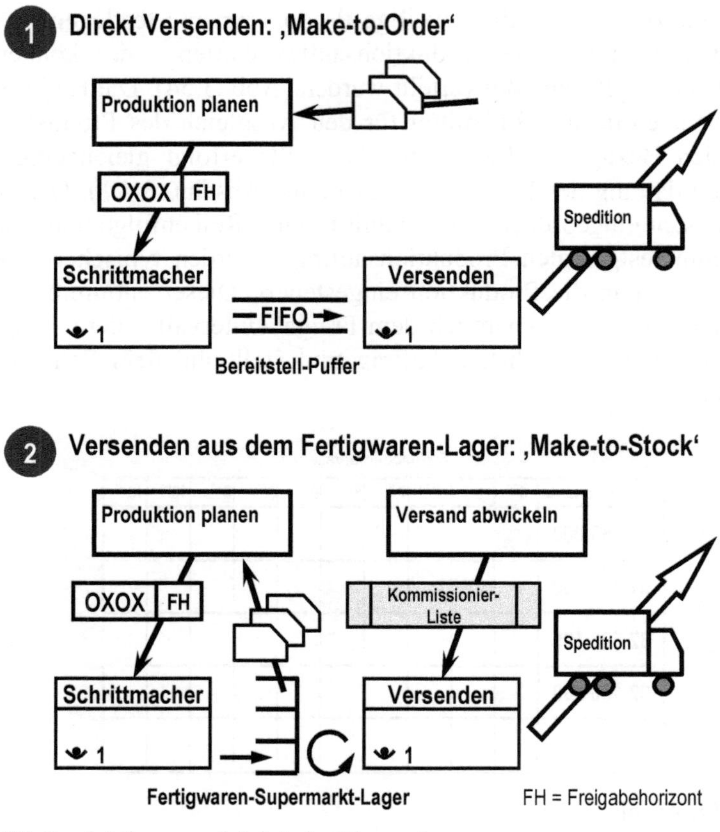

Abb. 3.55. Produktionsausgleich beim Versenden

Entsteht für eine Produktvariante ein dringlicher Bedarf, dann kann er in den jeweils nächsten Freigabehorizont eingeplant werden, ohne zusätzlichen Aufwand zu erzeugen. Da die Warteschlange der Aufträge in der Regel um einiges größer als der Freigabehorizont ist, bestehen bei diesem Planungsprinzip *Eilaufträge* lediglich darin, dass sie sich in der Warteschlange vordrängeln. In der Produktion selbst gibt es somit keine Eilaufträge und auch keine Terminjäger. Da aber auch innerhalb des in Abarbeitung befindlichen Freigabehorizontes niemals mehr als ein Auftrag freigegeben werden sollte, könnte sogar ein besonders dringlicher Bedarf sofort mit der nächsten Freigabe eingesteuert werden. Diese Änderung würde allerdings einen zusätzlichen Planungsaufwand erzeugen, da ein bereits in Reihenfolge gebrachter Auftrag wieder in die Warteschlange zurückgestellt werden müsste. Aber auch in diesem Extremfall kann auf dem Shop Floor beständiger Normalbetrieb gewährleistet werden, da alle Turbulenzen bereits in der Planung abgefangen werden.

Je nach *Versandprinzip* (vgl. Abb. 3.48) setzt der Produktionsmixausgleich an anderer Stelle an. Kundenbezogene Produktionsaufträge sind entsprechend des jeweiligen Liefertermins beziehungsweise Kundenwunschtermins in den richtigen Freigabehorizont einzuordnen. Die passend zur jeweiligen Dringlichkeit von der Produktionsplanung erzeugte Sequenz wird am Schrittmacher-Prozess eingesteuert. Die Produkte werden nach Fertigstellung direkt versendet (Abb. 3.55, Fall 1). Werden die Produkte hingegen aus dem Fertigwarenlager geliefert, dann handelt es sich bei den Produktionsaufträgen um Versand-Kanban (Abb. 3.55, Fall 2). Die aus dem Versandlager geschickten Karten werden in der Produktionsplanung gesammelt. Zum Produktionsausgleich ist eine Anzahl Kanban entsprechend der Größe des Freigabehorizontes der Warteschlange zu entnehmen, und zwar die Varianten jeweils entsprechend ihrer relativen Häufigkeit in der Warteschlange. Die gebildete Reihenfolge der Kanban wird anschließend beim Schrittmacher-Prozess eingesteuert, der dann die Produkte fürs Fertigwaren-Supermarkt-Lager herstellt.

Großaufträge Für einen Variantenfertiger typisch ist eine Mischung aus vielen kleinen Kundenaufträgen, die sich in den definierten Freigabeintervallen abarbeiten lassen, sowie einigen Großaufträgen. Bei letzteren liegt die Kundenbestellung für eine Variante in der Größenordnung des gewählten Freigabehorizontes, so dass sich kein Variantenmix einsteuern lässt. Die Produktion wäre für längere Zeit durch einen Auftrag belegt. Neben dem Nachteil einer einseitigen, unausgeglichenen Belastung wären dann auch alle anderen Kundenaufträge blockiert. Günstig in diesem Fall ist es, den Freigabehorizont für Großaufträge in passender Größe zu wählen. Bei *verlängerter Lieferzeit* für Großmengen kann ein Teil des in Freigabeeinheiten zerlegten Kundenauftrags zurückgehalten werden, so dass es genug Lücken für Kleinaufträge mit anderen Varianten gibt. Man muss also entweder die Warteschlange – und damit die Lieferzeit – ausreichend verlängern, damit wieder mehrere Kundenaufträge gemischt werden können, oder aber auf den Produktionsausgleich verzichten.

Anders sind die Lösungsmöglichkeiten, wenn Großaufträge ab Fertigwarenlager bedient werden sollen. Bei unmittelbarer Entnahme aus dem Lager wäre in der Produktion wiederum kein Produktionsausgleich möglich. Wenn gar das Auftragsvolumen größer ist als der für die üblichen kleinen und mittleren Bestellmengen vorgehaltene Bestand, ist der Auftrag zudem gar nicht ausführbar. Nun einfach auf Teillieferung auszuweichen, ist im Regelfall vom Kunden nicht gewünscht und aufgrund der Transportkosten auch zu teuer. Stattdessen könnte man den Auftrag stückchenweise über mehrere Tage hinweg aus dem Fertigwarenlager bereitstellen und dann am Liefertermin verladen. Das setzt entsprechende Bereitstellflächen und eine gute Organisation voraus. Die elegantere Lösung ist wohl die Verwendung von Sonder-Kanban (Abschn. 3.3.2.1). Dabei werden vor Auslieferung zusätzliche, nur einmal verwendbare Kanban in die Warteschlange untergemischt. Dadurch entsteht langsam ein entsprechender *Sonderbestand* im Fertigwarenlager, der dann bei Auslieferung automatisch wieder abgebaut wird.

Kampagnenbildung Lassen sich am Schrittmacherprozess große Rüstzeiten nicht vermeiden, dann erzwingt der einfache Produktionsmix-Ausgleich nach Gestaltungsrichtlinie 6 sehr große Freigabeeinheiten, sofern man sehr große Rüstzeitanteile vermeiden will. Gibt es zudem sehr viele Varianten, dann wird der Wertstrom viel zu träge und die einfache Steuerung mit einheitlichen Freigabemengen scheitert im Vergleich zur konventionellen, bedarfsbezogenen Produktionsplanung. Nun ist es häufig aber so, dass je nach *Variantenwechsel* ganz unterschiedliche Rüstzeiten anfallen. Schränkt man nun den *Freiheitsgrad* in der Reihenfolgebildung ein, dann kann man ähnlich wie bei Verwendung einer Rüstmatrix (vgl. Abschn. 2.3.1) den aufsummierten Rüstaufwand senken.

In der Regel gibt es bei hoher Variantenzahl am Schrittmacher je nach Variantenwechsel zwei Typen von Rüstvorgängen. Beim ersten Typ sind größere Umbauten an der Anlage erforderlich, die zu einer großen Rüstzeit führen und daher nur bei großen Losen zu rechtfertigen sind. Beim zweiten Typ sind nur geringfügige Änderungen wie Feinjustage, Leerzyklus, Behälterwechsel und dergleichen erforderlich, so dass die Rüstzeit in der Größenordnung der Bearbeitungszeit für ein Stück liegt, mithin klein ist und damit auch kleine Lose erlaubt. Einen einfachen Produktionsausgleich erreicht man in diesem Fall durch ein zweistufiges Vorgehen. Zunächst bestimmt man die Größe einer Freigabeeinheit orientiert an der kleinen Rüstzeit, so dass wie gewünscht jede Variante in kleinen Losgrößen produziert werden kann. Sodann fasst man eine bestimmte Anzahl (k) von Freigabeeinheiten zu einer *Kampagne* ausschließlich derjenigen Varianten zusammen, die untereinander betrachtet nur einen kleinen Rüstwechsel erforderlich machen. Beim Kampagnenwechsel darf dann eine große Rüstzeit anfallen und es werden Varianten eines anderen Rüsttyps produziert.

Die Kampagnenbildung ist eine einfache Steuerungsmethode, weil sie eine im Produktionsvolumen geglättete und im Produktionsmix ausgeglichene Produktion von kleinen Losgrößen je Variante trotz teilweise sehr großer Rüstzeiten ermöglicht (Abb. 3.56). Die Reihenfolgebildung der Aufträge erfolgt dabei zweistufig. Im ersten Schritt wird mit der Kampagnendauer (KD) ein immer gleich großes Zeitintervall festgelegt, innerhalb dessen alle Varianten mit einem bestimmten rüstbedingten *Gruppenmerkmal*, beispielweise einer Größen- oder Durchmesser-Dimension, eingeplant werden dürfen. In der Abbildung 3.56 ist dieses Gruppenmerkmal durch die unterschiedliche Kantenlänge der Quadrate schematisch dargestellt. Im zweiten Schritt werden innerhalb einer Kampagne die Freigabeeinheiten jener Varianten angeordnet, die sich durch ein *sekundäres Merkmal* unterscheiden. Das könnte im Beispiel die Einstellung des genauen Durchmessers innerhalb der Durchmesserdimension der Kampagne sein oder auch ein Wechsel in der Farbe des verwendeten Materials, was zwar keine Einstellungsänderung, wohl aber eine Unterbrechung zur sauberen Materialtrennung erforderlich macht. Dies ist in der Abbildung dargestellt durch die unterschiedlichen Grautöne der symbolisierten Varianten.

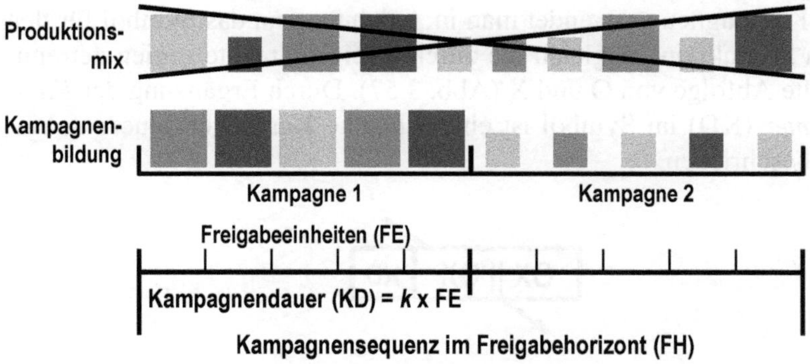

Abb. 3.56. Kampagnenbildung zum zweistufigen Produktionsmixausgleich

Innerhalb einer Kampagne können die Freigabeeinheiten nun nach der Logik eines Ausgleichskastens durchmischt werden. Die Art und Weise der Festlegung der Reihenfolge der Kampagnen, also des Wechsels der Variantengruppen, hängt von der Größe des Freigabehorizontes (FH) ab. Da die Kampagnendauer methodisch bedingt vergleichsweise groß ist, wird ein Freigabehorizont von sinnvoller, das heißt in der Größenordnung der Lieferzeit liegender Zeitdauer, nur selten deutlich mehr Kampagnen umfassen, als es unterschiedliche Variantengruppen gibt. Nur in diesem Fall wäre der Einsatz eines Ausgleichskastens auf Kampagnenebene sinnvoll. Normalerweise plant man für jede Variantengruppe im Voraus lediglich genau eine Kampagne in fixierter *Kampagnensequenz*. Die jeweiligen Kampagnen brauchen anfänglich aufgrund des dadurch entstehenden langen Freigabehorizontes noch nicht komplett mit Aufträgen gefüllt sein. Nachteil ist, dass die Kampagnendauer in diesem Fall vom Bestellverhalten der Kunden beeinflusst wird, der Kampagnenwechsel also in uneinheitlichem Zeitabstand erfolgt. Das bringt Unruhe in die Produktion. Ferner liegt es nahe, immer wieder zu prüfen, ob man einen neuen Auftrag noch in eine eigentlich gefüllte Kampagne hineinzieht, diese aber dadurch verlängert und alle Folge-Kampagnen verschiebt, oder ob man den Auftrag in die nächste gleiche Kampagne verschiebt. Derartige Optimierungen können jedoch zu einer nervösen Planung führen und passen auch wegen ihres Aufwandes wenig zum Prinzip einer einfachen Produktionssteuerung.

Deshalb ist es eine interessante Alternative, den Freigabehorizont genauso lang wie eine Kampagne zu wählen, ihn mithin in ihr aufgehen zu lassen. Das ist sehr flexibel, denn es lässt offen, welche Variantengruppe als nächstes produziert wird. So kann bis zum Moment der Freigabe noch festgelegt werden, welches die Gruppe mit der höchsten Priorität ist. Außerdem lässt sich so sicherstellen, dass nur Kampagnen einheitlicher Größe freigegeben werden. Als Symbol für den zweistufigen Produktionsausgleich in Kampagnen verwendet man in Anlehnung an das Symbol für den einfachen Produktionsausgleich die durch zwei senkrechte Linien getrennte, doppelte Abfolge von O und X (Abb. 3.57). Durch Ergänzung der *Kampagnendauer* (KD) im Symbol ist eine schlanke Kampagensteuerung hinreichend beschrieben.

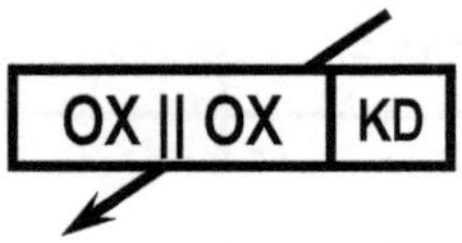

Abb. 3.57. Symbol für die Kampagnensteuerung

Bei diesem vereinfachten Vorgehen kann man jedoch nicht, wie bei der fixierten Kampagnensequenz, den genauen *Liefertermin* ermitteln. Allenfalls könnte man einen spätesten Liefertermin zusagen, der sich aus der Zahl der Variantengruppen und der jeweiligen, immer gleichen Kampagnendauer ergibt. Allerdings kann bei diesem Vorgehen das Füllen einer jeden Kampagne nicht mehr gewährleistet werden.

Kombinierte Planung und Steuerung In der Variantenfertigung mit gängigen und exotischen Varianten erscheint oft eine *kombinierte Steuerung mit Volumenlager* vorteilhaft. Bei dieser Lösung werden die beiden oben dargestellten Standard-Fälle des direkten Versands sowie des Versands aus dem Supermarkt-Lager kombiniert (vgl. Abb. 3.55). Durch Kombination der Produktion von Fertigwaren auf Lager sowie der Produktion auf Kundenbestellung mit den gleichen Ressourcen weist ein Wertstrom *zwei Einsteuerungspunkte* auf. Dabei ist jeder Produktvariante genau ein Steuerungsverfahren zuzuordnen. Die Zuordnung erfolgt entsprechend der ABC-Klassifizierung (Abschn. 3.1.1) einer Variante. So werden alle regelmäßig und/oder in größeren Mengen benötigten Varianten ‚Standard' ab Fertigwarenlager (FWL) versendet und über Kanban aus dem Halbfabrikatelager (HF) nachproduziert (Abb. 3.58). Selten und/oder in geringen Stückzahlen benötigte Varianten ‚Exot' oder aber auch kundenspezifisch variierte Artikel werden nach Kundenbestellung, gestückelt nach Freigabeeinheiten, flussaufwärts eingesteuert und direkt versendet.

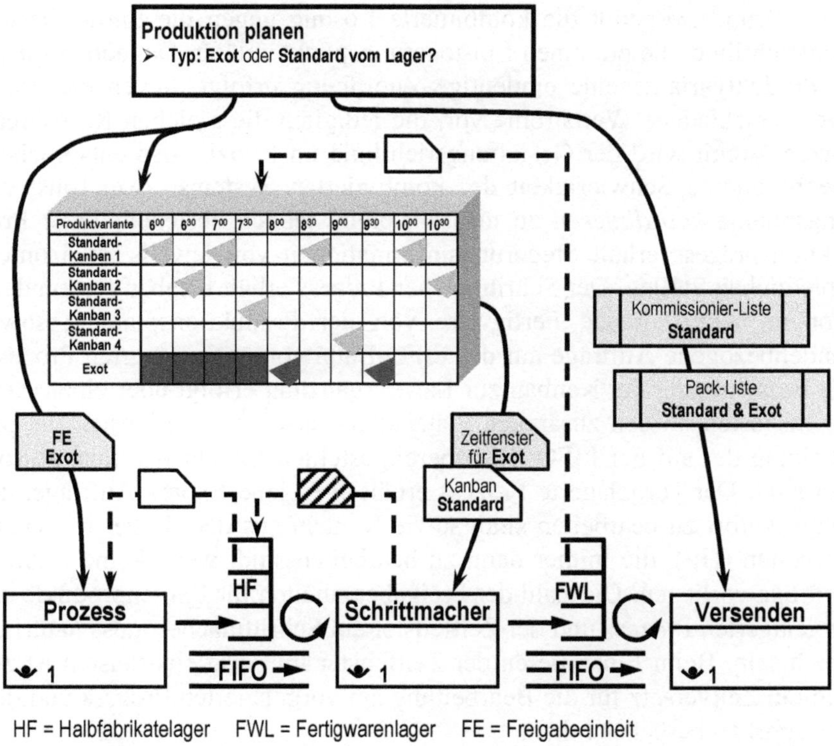

Abb. 3.58. Kombiniert gesteuerte Produktion

In dieser kombinierten Lösung übernimmt das Supermarkt-Lager die Funktion des *Volumenausgleichs*. Bei hoher Nachfrage werden die Standardprodukte dem Fertigwaren-Supermarkt entnommen, wodurch genügend Kapazität bleibt, alle anderen zeitgleich bestellten Varianten kundenauftragsbezogen zu produzieren. An Tagen mit geringer Nachfrage wird der Supermarkt wieder aufgefüllt und dazu die nun freie Kapazität genutzt.

Diese kombinierte Lösung ist allerdings nur dann sinnvoll, wenn die Lieferzeit so kurz ist, dass ein Ausgleich der Volumenschwankung über die Warteschlange nicht möglich ist. Andernfalls ist es im Regelfall vorzuziehen, alles kundenauftragsbezogen zu produzieren.

Da sich die relative Häufigkeit der Auftragsarten ändert, kann in beiden Fällen nicht mit *Zeitscheiben* fixer Ressourcenzuordnung zu Auftragsarten gearbeitet werden. Stattdessen ist immer den kundenauftragsbezogenen Aufträgen die höhere *Priorität* zu geben, damit eine stabile Durchlaufzeit gewährleistet werden kann. Das Kanban-System muss so dimensioniert sein, dass es etwaige Wartezeiten der Standardprodukte auf freie Kapazität ausgleichen kann.

Im Grunde verstößt die kombinierte Lösung gegen die fünfte Gestaltungsrichtlinie, die nur einen Einsteuerungspunkt zulässt. Da jedoch für jede Produktvariante eine eindeutige Zuordnung erfolgt, liegen eigentlich zwei verschiedene Wertströme vor, die lediglich die gleichen Ressourcen nutzen. Somit wird der Gestaltungsrichtlinie im Prinzip also entsprochen. Die besondere Schwierigkeit des kombinierten Systems, zwei Einsteuerungspunkte *koordinieren* zu müssen, bleibt jedoch bestehen. Jeder Produktionsprozess erhält Steuerungsinformationen von jeweils zwei unterschiedlichen Stellen. Der Schrittmacher-Prozess erhält Kanban für kundenanonym herzustellende Fertigware von der Produktionsplanung sowie kundenbezogene Aufträge auf der FIFO-Bahn vom vorgelagerten Prozess. Die Einsteuerung der Kanban zur Lagerergänzung erfolgt über einen Ausgleichskasten, in den zusätzlich Platzhalter-Karten als Zeitfenster zur Bearbeitung der auf der FIFO-Bahn bereitgestellten Exoten-Aufträge einsortiert sind. Der vorgelagerte Prozess erhält eben jene Exoten-Aufträge, die immer sofort zu bearbeiten sind, sowie Kanban aus dem Lager mit Halbfabrikaten (HF), die immer dann zu bearbeiten sind, wenn keine Exoten-Aufträge vorliegen. Die Zahl der Freigabeeinheiten für Exotenprodukte am vorgelagerten Prozess und der Zeitfenster am Schrittmacher muss natürlich gleich sein. Beim Einsortieren der Zeitfenster im Ausgleichskasten ist zudem ein Zeitversatz für die Bearbeitung am vorgelagerten Prozess und den Transport zu berücksichtigen.

In der kombinierten Steuerung vorausgesetzt ist, dass es von den kundenauftragsbezogenen exotischen Varianten keine zu lagernden Restmengen gibt. Kundenbestellmenge und Freigabemenge müssen also immer im ganzzahligen Verhältnis zueinander stehen. Ist das nicht möglich, kann man auch den umgekehrten Weg wählen, und nur die Varianten mit geringem Kundenbedarf lagern, während die Volumenprodukte kundenauftragsorientiert produziert werden. Bei dieser *kombinierten Steuerung mit Variantenlager* hat das Fertigwarenlager einen jeweils geringen Bestand zahlreicher Artikel. Da bei exotischen Varianten die Kundenbestellmenge kleiner als die Freigabeeinheit ist, enthält das Fertigwarenlager lediglich die jeweiligen Restmengen. Eine Glättung des Produktionsvolumens kann dann aber nicht mehr vom Lager, sondern nur von der Warteschlange übernommen werden.

Vier Systeme der Planung und Steuerung Für die Planung und Steuerung einer schlanken Produktion gibt es vier verschiedene Möglichkeiten, die sich aus unterschiedlicher Kombination der beiden grundlegenden Versandprinzipien Direktversand und Versand-Kanban ableiten lassen. Sie sollen im Folgenden hinsichtlich ihrer Einsatzmöglichkeiten einander gegenübergestellt werden.

1. Im ersten Standardfall werden alle Produkte kundenauftragsbezogen gefertigt und direkt versendet (vgl. Abb. 3.48, Fall 1). Die Produktionsglättung bei der *Steuerung mit Direktversand* erfolgt in der Warteschlange der Produktionsaufträge (vgl. Abb. 3.52, Fall 1). Der Produktionsausgleich erfolgt durch eine gleichmäßige Verteilung des Variantenmix im Freigabehorizont, in den die nach terminlicher Dringlichkeit ausgewählten Produktionsaufträge eingeordnet werden (vgl. Abb. 3.55, Fall 1). Diese Lösung führt zu einem *minimalen Bestand*, der sich nur aus etwaigen Produktionslosgrößen sowie der gegebenenfalls zur Taktabstimmung erforderlichen Länge der FIFO-Bahnen zusammensetzt. Sie ist die einzige Lösungsmöglichkeit bei einer *kundenspezifischen* Produktion. Diese Möglichkeit ist die *ideale Lösung* für jede Produktion, sofern dem keine Restriktionen durch Rüstzeiten, Lieferzeiten oder zu geringe Kapazitätsflexibilität entgegenstehen.
2. Im zweiten Standardfall werden alle Produkte kundenanonym vorgefertigt und dann ab Fertigwarenlager versendet (vgl. Abb. 3.48, Fall 2). Die Produktionsglättung bei der *Steuerung mit Versand-Kanban* erfolgt durch das Fertigwarenlager (vgl. Abb. 3.52, Fall 2). Der Produktionsausgleich erfolgt durch eine gleichmäßige Verteilung des Variantenmix der zur Nachproduktion ausgelösten Kanban im Freigabehorizont (vgl. Abb. 3.55, Fall 2). Diese Lösung führt zu einem vergleichsweise hohen Bestand und eignet sich umso besser, je weniger Produktvarianten es gibt. Sie ist meist die einzige Möglichkeit zur verlässlichen Realisierung *kurzer Lieferzeiten.* Sie muss ferner dann gewählt werden, wenn Produktionslosgrößen ab dem Schrittmacher-Prozess und Kundenbestellmengen nicht in Übereinstimmung zu bringen sind. Diese Möglichkeit ist meist die beste Lösung für eine *variantenarme* Produktion.

3. Bei der *kombinierten Steuerung mit Volumenlager* werden stückzahlstarke Produkte kundenanonym vorgefertigt und stückzahlschwache Produkte kundenauftragsbezogen gefertigt (vgl. Abb. 3.58). Die Produktionsglättung erfolgt wie beim zweiten Standard-Fall durch das Fertigwarenlager. Der Produktionsausgleich erfolgt durch Mischung beider Auftragstypen, das heißt von kundenbezogenen Produktionsaufträgen und Kanban, sowie deren überlagerten Einsteuerung. Diese Lösung hält den erforderlichen Fertigwarenbestand bei *variantenreicher* Produktion in realisierbaren Grenzen und ermöglicht dabei kurze Lieferzeiten. Aufgrund der problematischen Steuerung sollte man aber prüfen, ob nicht eine stückzahlbezogene Segmentierung möglich ist, damit nach den beiden Standard-Fällen getrennt gesteuert werden kann. Bei den stückzahlschwachen Produkten kann es zudem Probleme bei der Abstimmung von Kundenauftragsmengen und Freigabemengen respektive Losgröße geben.
4. Bei der *kombinierten Steuerung mit Variantenlager* werden stückzahlschwache Produkte kundenanonym vorgefertigt und stückzahlstarke Produkte kundenauftragsbezogen gefertigt. Die Produktionsglättung erfolgt wie beim ersten Standard-Fall in der Warteschlange. Der Produktionsausgleich erfolgt durch Mischung beider Auftragstypen und deren überlagerte Einsteuerung. Diese Lösung führt zu einem Fertigwarenlager mit minimalem Bestand, der auch losgrößenbedingte Restmengen aufnehmen kann. Zur Produktionsglättung ist jedoch eine hinreichend *lange Lieferzeit* gerade bei den Standardprodukten erforderlich. Diese Lösungsmöglichkeit ist nur dann sinnvoll, wenn aufgrund hoher Rüstzeiten am Schrittmacher-Prozess der erste Standard-Fall nicht für stückzahlschwache Varianten gewählt werden kann.

Fallbeispiel Für Liquipur ist wegen der geringen Variantenanzahl sowie der kurzen Lieferzeit die Steuerung mit Versand-Kanban am besten geeignet (Abb. 3.59). Einmal täglich werden dem Fertigwarenlager entsprechend des Bestellabrufes vom Kunden die zu liefernden Produkte in Behältern zu je 60 Stück entnommen. Diese Gebindemenge, die auch bereits als Kanban-Menge definiert worden ist, bestimmt auch die Freigabeeinheit. Nach Multiplikation mit der Zykluszeit des Schrittmacher-Prozesses von 90 Sekunden ergeben sich für die Freigabeeinheit 90 Minuten, also eineinhalb Stunden. Im Dreischichtbetrieb können so täglich bis zu 14 Kanban abgearbeitet, also maximal 840 Ölfilter montiert werden. Da der Durchschnittsbedarf mit 800 Stück niedriger liegt, kann es nach Tagen mit geringen Bestellabrufen verkürzte oder freie Schichten geben. Der Freigabehorizont des Ausgleichskastens für die vier Varianten entspricht einem Tag mit 14 Freigabeeinheiten.

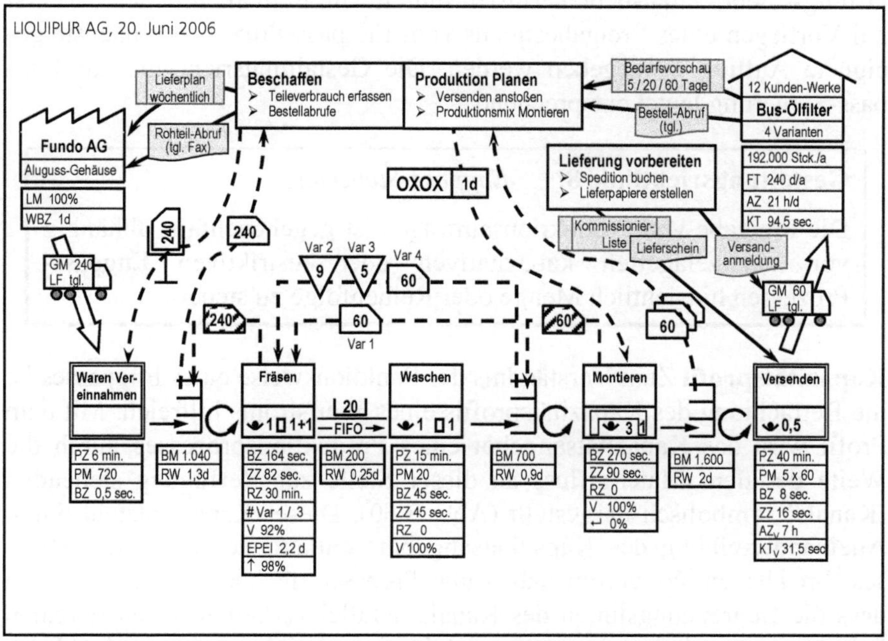

Abb. 3.59. Wertstromdesign bei Liquipur (5): Produktionssteuerung

3.4.3 Steuerung von kapazitativen und restriktiven Engpässen

Mit Nivellierung des Produktionsvolumens und Ausgleich des Produktionsmix ist die Planungslogik für Produktionen mit gleichem Kapazitätsangebot an jedem Produktionsprozess komplett. In vielen Produktionen wird man es jedoch mit einem mehr oder weniger unterschiedlichen Kapazitätsangebot an jedem Produktionsprozess zu tun haben. Daraus ergibt sich eine weitere Aufgabe für die Produktionsplanung. Die Frequenz der Auftragsfreigabe muss sich am Produktionsprozess mit der kleinsten Kapazität orientieren, damit es zu keinen Stauungen im Produktionsfluss kommt. Falls dieser leistungsschwächste Prozess zugleich der Schrittmacher-Prozess ist, sind keine weiteren Planungsaufgaben erforderlich. In allen anderen Fällen liegt im Wertstrom ein *Engpass* vor, der bei der Steuerung zu berücksichtigen ist.

Dieser Engpass kann rein *kapazitativ* das maximal mögliche Stückzahlvolumen im Wertstrom begrenzen oder aber *restriktiv* prozesstechnisch bedingte Regeln für die Reihenfolgebildung vorgegeben. Typisch für derartige Restriktionen ist, dass deren Nichteinhaltung zu nennenswerten Auslastungs- oder Gutausbeuteverlusten führen würde. In allen Fällen darf erst bei Vorliegen eines Freigabesignals vom Engpass-Prozess der nächste geeignete Auftrag freigegeben werden. Die Gestaltungsrichtlinie zur Engpass-Steuerung lautet entsprechend:

Gestaltungsrichtlinie 8: *Engpass-Steuerung*

Die Freigabe von Produktionsaufträgen ist gegebenenfalls abhängig von nachgelagerten kapazitativen oder restriktiven Engpass-Prozessen hinsichtlich Menge oder Reihenfolge zu steuern.

Kapazitätsprofil Zum Verständnis der Funktionsweise eines Engpasses ist die Betrachtung des Kapazitätsprofils eines Wertstroms hilfreich. Mit dem Profil wird das Kapazitätsangebot eines Produktionsprozesses durch die Weite des dem Materialfluss an dieser Stelle zur Verfügung stehenden ‚Kanals' symbolisch dargestellt (Abb. 3.60). Dieser Kanal entsteht durch Aneinanderreihung des Kapazitätsangebots entlang des Produktionsflusses. Im idealen Wertstrom haben alle Prozesse die gleiche Kapazität, so dass die Begrenzungslinien des Kanals parallel verlaufen. In einer realen Fabrik werden allein schon aufgrund der Schwierigkeit, eine exakte Taktabstimmung zu erreichen, selten alle Produktionsprozesse die gleiche Kapazität haben können. Daher stellt das *beste Kapazitätsprofil* unter realen Bedingungen dem jeweiligen Schrittmacher-Prozess die kleinste Kapazität im gesamten Wertstrom zur Verfügung (Abb. 3.60, Fall 1). So wird ein Abriss des Materialflusses vermieden, da von den vorgelagerten Produktionsprozessen für alle eingesteuerten Aufträge immer genügend Material nachgeliefert werden kann und die Folgeprozesse alle Aufträge problemlos abarbeiten können.

Falls der Einsteuerungspunkt nicht am Prozess mit der kleinsten Kapazität liegt, dann gibt es an anderer Stelle im Wertstrom einen Engpass. Wenn dieser flussabwärts vom Schrittmacher liegt, dann kommt die *Engpass-Steuerung* zum Einsatz (Abb. 3.60, Fall 2). Ein Ignorieren des Engpasses würde hier zur Überproduktion führen, weil am Schrittmacher mehr Aufträge freigegeben würden, als dann schließlich in der Folge abgearbeitet werden könnten. Der umgekehrte Fall, dass flussaufwärts vor dem Schrittmacher ein Engpass liegt, sollte unbedingt vermieden werden, da er unweigerlich zum wiederholten Abriss des Materialflusses führt. Falls sich das einmal nicht vermeiden lässt, weil der flussaufwärts liegende Engpass nicht kapazitativ erweitert werden kann, dann sollte man die Kapazität des Schrittmachers beispielsweise durch Senkung der prozessspezifischen Arbeitszeit reduzieren, ihn also zum Engpass machen und den Wertstrom so in den ersten Fall überführen.

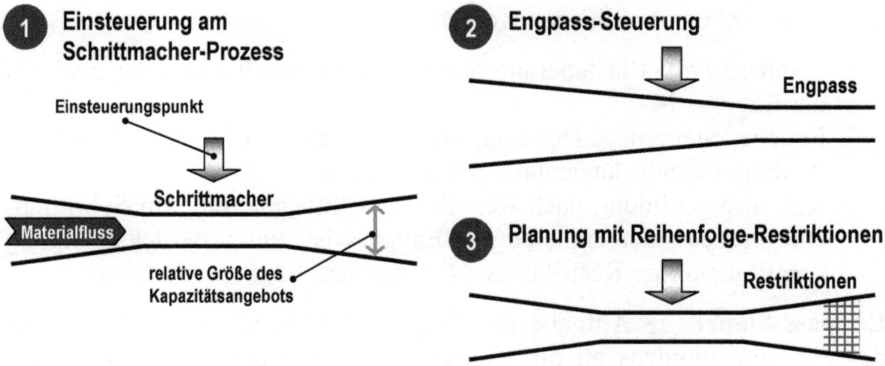

Abb. 3.60. Kapazitätsprofile des Wertstroms

Bei der Engpass-Steuerung unterliegen die am Schrittmacher-Prozess freigegebenen Aufträge einer von einem Folgeprozess vorgegebenen kapazitativen Einschränkung. Das entsprechend der sechsten Gestaltungsrichtlinie nivellierte Freigabevolumen wird hierbei kapazitativ zusätzlich reglementiert. Die Folgeprozesse können jedoch auch in anderer Hinsicht restriktiv wirken, indem sie nämlich Einschränkungen bezüglich der nach der siebten Gestaltungsrichtlinie zu wählenden Reihenfolge machen. In Abhängigkeit von den restriktiv wirkenden Ressourcen kann dann ein bestimmter Variantenmix erforderlich sein, um den maximal möglichen Durchsatz zu erreichen. Ein weiterer typischer Fall ist eine flussabwärts erfolgende Chargen-Bildung, bei der zueinander passende Produktvarianten gesammelt werden müssen. Diese Chargenbildung ist dann bereits bei der Einsteuerung zu berücksichtigen und hängt vom jeweiligen Auftragsbestand und der Dringlichkeit einzelner Aufträge ab. Erfolgt eine *Reihenfolgebildung nach Restriktionen,* dann ist ein gewisser Grad an Überkapazität beim restriktiven Engpass erforderlich, da andernfalls durch die Überlagerung kapazitativer und produktionsprozessbedingter Restriktionen für einige Aufträge unkalkulierbar lange Wartezeiten auftreten könnten (Abb. 3.60, Fall 3). Eine typische technische Restriktion flussaufwärts vom Schrittmacher sind optimale Rüstreihenfolgen bei der auftragsanonymen Vorproduktion. Derartige Reihenfolgerestriktionen, die zu deutlichen Ausbringungsverlusten bei Nichtbeachtung führen können, sind mit einer Kanban-Regelung nur bedingt verträglich, da Kanban am besten nach dem rein zeitlichen Kriterium der Reihenfolge des Eintreffens der Karten funktioniert (Abschn. 3.3.2). Hier wird man also Rüstverluste gegen unkalkulierbare Wiederbeschaffungszeiten abwägen müssen – oder am besten die Reihenfolgerestriktionen beim Rüsten beseitigen.

Beim Kapazitätsprofil eines Wertstroms können demnach folgende drei *steuerbare* Fälle unterschieden werden:

1. Standard-Fall: Einsteuerung am Schrittmacher-Prozess, der zugleich der Engpass ist.
2. Engpass-Steuerung: Der Engpass liegt flussabwärts und wird bei der Auftragsfreigabe kapazitativ berücksichtigt.
3. Reihenfolgebildung nach Restriktionen: Einsteuerung am Schrittmacher-Prozess, der zugleich der Engpass ist, unter Berücksichtigung von Reihenfolge-Restriktionen flussabwärts liegender Prozesse.

Engpass-Steuerung Aufgabe der Engpass-Steuerung ist die Anpassung des Freigabevolumens an die Kapazität des vom Schrittmacher-Prozess aus gesehen flussabwärts liegenden kapazitativen Engpasses. Die Engpass-Steuerung ist auch als *Drum-Buffer-Rope-Steuerung* (Goldratt 1995) bekannt und lässt sich in ihrer Funktionsweise mit der Wertstromsymbolik sehr gut darstellen (Abb. 3.61). Der Engpass – hier markiert durch eine Schraffur – übernimmt hier gewissermaßen als ‚Trommel' die Rolle des Taktgebers. Jeweils nach Fertigstellung eines Produktionsauftrags gibt der Engpass-Prozess ein Signal, symbolisiert durch den ConWIP-Kreis, an die Produktionsplanung oder direkt an den Schrittmacher. Das Vorliegen dieses Signals gestattet dann die Freigabe beziehungsweise den Start des nächsten Auftrages. So wird Überproduktion an den leistungsfähigeren Prozessen verhindert. Die Frequenz der Auftragsfreigabe und die Zykluszeit am Engpass-Prozess werden synchronisiert. Die auf Freigabe in Warteschlange und Freigabehorizont wartenden Aufträge hängen am ‚Strang', den die Engpass-Steuerung hinter sich herzieht. Die entsprechend Auftragsreihenfolge wird mit dem OXOX-Ausgleichssymbol unter Angabe des zugehörigen Freigabehorizonts dargestellt. Die freigegebenen Aufträge gelangen schließlich über FIFO-Bahnen zum Engpass-Prozess und stauen sich im Puffer vor dem Engpass. Dadurch ist gewährleistet, dass dem Engpass immer Material zur Bearbeitung zur Verfügung steht.

Zielsetzung der Engpass-Steuerung ist es, eine möglichst hohe *Auslastung* am Engpass zu erreichen. Jede dort verlorene Fertigungsminute fehlt der ganzen Produktion. Ein Leerlauf am Engpass bedeutet im Grunde, die Fabrik kurzzeitig stillzulegen. Umgekehrt bringt jegliche temporäre Auslastungserhöhung an den anderen Nicht-Engpass-Prozessen für den Wertstrom keinen Vorteil. Auch kleine Leistungsverbesserungen dieser Prozesse durch Investitionen sind im wesentlichen Verschwendung, da die Produktionsmenge insgesamt dadurch nicht erhöht werden kann. Man kann sie allenfalls mit den eingesparten Mitarbeitern gegenrechnen. Eine Investition am Engpass wäre jedoch ungleich effektvoller.

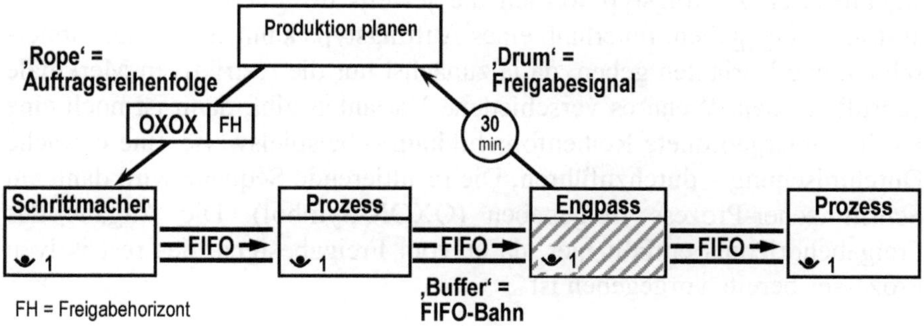

Abb. 3.61. Engpass-Steuerung

Wenn die *Ausbringung der Fabrik* ausschließlich vom Engpass abhängig ist, dann muss insbesondere dessen Ausbringung maximiert werden. Dies kann unterstützt werden durch ein effizientes Störungsmanagement, das bei Instandhaltung und Reparatur den Engpass-Ressourcen immer die höchste Priorität einräumt und auch die Unterbrechung anderer Arbeiten rechtfertigt. Insofern ist es auch sehr wichtig, seine Engpässe zu kennen. Außerdem gilt es, den Rüstzeitanteil zu reduzieren – entweder durch Rüstzeitverkürzung oder Losvergrößerung oder beides. Mit der Vergrößerung der Lose gerät man jedoch schnell in Widerspruch zu den entsprechend der anderen Gestaltungsrichtlinien getroffenen Maßnahmen zur Bestandsreduzierung und Flexibilitätserhöhung. Diesen Lösungsansatz sollte man also nur sehr behutsam verfolgen. Insgesamt gilt, dass die Kapazität des Wertstroms am Engpass entschieden wird: Zykluszeiten, Rüstzeiten und Losgrößen dieses Prozesses legen die erreichbare Jahresstückzahl fest.

Reihenfolgebildung nach Restriktionen Aufgabe der Reihenfolgebildung entsprechend der technischen Restriktionen eines flussabwärts liegenden Produktionsprozesses ist die Anpassung der Freigabereihenfolge am Schrittmacher-Prozess an eben diese Restriktionen. Der *restriktive Engpass* – hier markiert mit einem Gittermuster – gibt ähnlich wie bei der kapazitativen Engpass-Steuerung ein Freigabesignal an die Produktionsplanung (Abb. 3.62). Dieses Freigabesignal ist aber zusätzlich noch mit den jeweiligen technologischen Anforderungen verbunden, die bei der jeweils nächsten Auftragsfreigabe zu berücksichtigen sind. Die symbolische Darstellung der Reihenfolgerestriktionen ist eine Kombination aus dem Con-WIP-Kreis und dem OXOX-Ausgleichssymbol.

Die Produktionsplanung klassifiziert alle eingehenden Aufträge entsprechend der Merkmale, auf die sich die technologischen Restriktionen beziehen. Deshalb sind alle Kundenaufträge so in Produktionsaufträge umzusetzen, dass eine sortenreine Klassifikation möglich ist. Für den nun signalisierten Auftragstyp werden die jeweils dringlichsten Produktionsaufträge freigegeben. Innerhalb eines Auftragstyps kann es durchaus unterschiedliche Varianten geben, da ja zunächst nur die restriktiven Merkmale geprüft werden. Wenn es verschiedene Varianten gibt, dann ist noch eine zweite, untergeordnete Reihenfolgebildung – beispielsweise eine einfache Durchmischung – durchzuführen. Die resultierende Sequenz wird dann am Schrittmacher-Prozess freigegeben (OXOX-Symbol). Die Angabe des Freigabehorizonts entfällt hier, da er vom Freigabesignal des restriktiven Prozesses bereits vorgegeben ist.

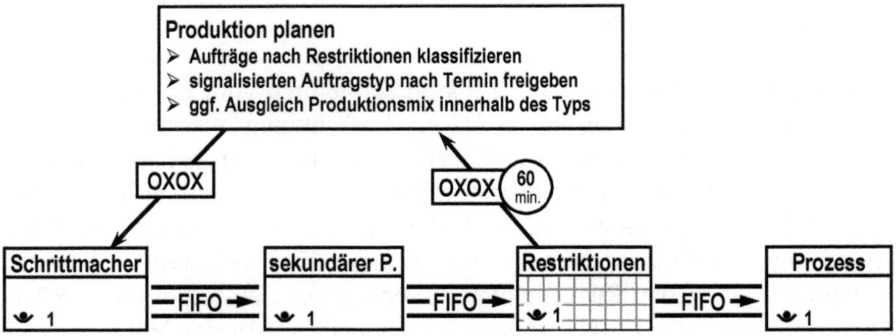

Abb. 3.62. Reihenfolgebildung nach produktionsprozessbedingten Restriktionen

Reihenfolge-Restriktionen können sich entweder auf den im Freigabehorizont *zulässigen Variantenmix* beziehen oder für eine flussabwärts erfolgende *Losbildung* erforderlich sein. Zu unterscheiden sind dabei jeweils zwei Typen, so dass sich für eine Planung mit Reihenfolge-Restriktionen insgesamt die vier Typen sekundäre Engpässe und sekundäre Taktabstimmungsverluste sowie zyklische Produktion und Chargen-Produktion unterscheiden lassen. Sie sollen im Folgenden näher erörtert werden.

Im ersten Fall liegt eigentlich eine Engpass-Steuerung vor. Diese ist ausgelegt für einen durchschnittlichen Variantenmix in einer gewissen Bandbreite. Nun kann es einige wenige Varianten geben, die im Unterschied zu den stückzahlstarken Varianten am sekundären Prozess eine höhere Zykluszeit aufweisen, als am eigentlichen Engpass-Prozess. Steigt deren Stückzahlanteil in einer Periode überproportional stark an, dann wird der sekundäre Prozess zum *sekundären Engpass*. Dies lässt sich verhindern, indem der Stückzahlanteil der fraglichen Varianten im geplanten Variantenmix begrenzt wird. Durch diese Einschränkungen des erlaubten Mischungsverhältnisses unterschiedlicher Varianten werden in der Planung zusätzliche Reihenfolgerestriktionen beachtet. Falls der sekundäre Engpass bereits bei geringen Produktionsmixschwankungen auftritt, steigt der Planungsaufwand deutlich und eine zusätzliche Überwachung des Puffers vor dem sekundären Engpass wird unvermeidlich sein. Das sind dann Komplikationen, die aus der Fertigung im Werkstattprinzip wohlbekannt sind – und die man bei der kapazitativen Auslegung des Wertstroms möglichst vermeiden sollte.

Beim zweiten Fall liegen die Verhältnisse bei den abweichenden Varianten gerade umgekehrt. Sie benötigen am restriktiven Prozess deutlich mehr Kapazität als die Mehrheit der gefertigten Produkte. Steigt ihr Anteil deutlich, dann läuft der Schrittmacher-Prozess leer, da die Stückzahl pro Freigabesignal – das ja einer fixen Freigabemenge entspricht – deutlich geringer ausfällt und der Schrittmacher vergleichsweise wenig Arbeitsinhalt erhält. Im durchschnittlichen Variantenmix hingegen arbeitet der restriktive Prozess – beispielsweise ein Prüfprozess – schneller als der Schrittmacher-Prozess – beispielsweise eine Fließ-Montage. Die FIFO-Bahn gleicht die Taktunterschiede zwischen beiden Prozessen in einem gewissen Grad aus. Ist ihr Maximalbestand erreicht, dann wird die Montage zur Vermeidung von Überproduktion angehalten – mit den entsprechenden Arbeitszeitverlusten bei den Monteuren. Falls dies nur einer ungünstigen Reihenfolgebildung zu verdanken ist, sollte das natürlich vermieden werden. Am Schrittmacher kommt es so bedingt durch den restriktiven Prozess zu *sekundären Taktabstimmungsverlusten.* Zur Taktabstimmung kann eine Beschränkung des zulässigen Variantenmix erforderlich sein.

Im dritten Fall schreibt der restriktive Prozess eine ganz bestimmte, optimale Produktionsabfolge für die unterschiedlichen Varianten vor. Das bekannteste Beispiel dürfte hierbei die rüstzeitminimale Rüstreihenfolge sein, wie man sie allerdings eher in der Vorfertigung und weniger bei einem Prozess flussabwärts findet. Bei dieser *zyklischen Produktion* garantiert die Einhaltung einer optimalen Reihenfolge der Varianten in der Summe minimale Rüstzeiten. Bei Farbreihenfolgen in Lackierprozessen oder beim Spritzguss wird zudem Material eingespart. In thermischen Prozessen entfallen bei bestimmten Reihenfolgen die Übergangszeiten zur nächsten Variante. Gemeinsames Merkmal ist, dass ein bestimmtes Muster für die Reihenfolge im Variantenmix vorgegeben ist. Der restriktive Prozess arbeitet die Varianten immer in einem bestimmten Zyklus ab. Der Warteschlange werden dann die jeweils passenden Produktionsaufträge entnommen. Da in der Warteschlange der Variantenmix Schwankungen unterworfen ist, wird man je Zyklus unterschiedlich viele Freigabeeinheiten pro Variante freigeben. Die Losgrößen variieren also innerhalb des fixen Reihenfolgeschemas – jeweils passend zur terminlichen Dringlichkeit der Aufträge.

Im vierten Fall werden die Produkte an einem flussabwärts liegenden Produktionsprozess nach bestimmten Merkmalen zu Losen zusammengefasst und dort in *Chargen* gefahren. Die Prozesszeit einer Charge entspricht der Freigabeeinheit und kann je nach Variante eine unterschiedliche Anzahl Produkte enthalten. Oftmals sind diese Prozesse hinsichtlich der Reihenfolge der Lose flexibler, als es bei der zyklischen Produktion der Fall ist. Eine Produktion in Chargen gibt es beispielsweise in der Oberflächenbehandlung. Bei einem Beschichtungsprozess mag sich die gewählte Schichtart in beliebiger Reihefolge abwechseln, es muss aber immer eine bestimmte, Anzahl an Produktvarianten gefunden werden, die gemeinsam bestimmte geometrische Bedingungen erfüllen.

Planungsprinzipien

Zielsetzung Die Produktionsplanung für einen Wertstrom soll mit einer einfachen Produktionssteuerung einen gleichmäßigen Produktionsfluss ermöglichen. Dazu ist eine hinsichtlich Menge und Variantenmix gleichmäßige Auftragsfreigabe erforderlich, die mit dem Kapazitätsprofil des Wertstroms abgestimmt ist.

Methoden

1. Mit der Freigabeeinheit wird ein relativ kleines Planungs- und Freigabeintervall definiert, das als Taktgeber für den Schrittmacher-Prozess fungiert.
2. Die Glättung des Produktionsvolumens erreicht man durch eine Warteschlange der Kunden- oder Lagerergänzungsaufträge.
3. Den Ausgleich des Produktionsmix erreicht man durch das variantenbezogene Mischen der Aufträge im jeweiligen Freigabehorizont mit Hilfe des Ausgleichskastens.
4. Liegen am Schrittmacher rüstbedingte Reihenfolgerestriktionen vor, so kann man diese durch Kampagnenbildung berücksichtigen.
5. Die kapazitative oder restriktive Engpass-Steuerung wendet man an, wenn Produktionsprozesse flussabwärts vom Auftragseinsteuerungspunkt Restriktionen der Menge oder der Reihenfolge bedingen.

Ergebnis sind vier grundsätzliche Lösungen der Planung und Steuerung: Die beiden Standardfälle einer Steuerung mit Direktversand oder mit Versand-Kanban sowie die kombinierte Steuerung mit Volumen- oder mit Variantenlager.

3.4.4 Merkmale einer schlanken Planung und Steuerung

Die übergeordnete Zielsetzung einer nach den acht Gestaltungsrichtlinien des Wertstromdesigns entworfenen schlanken Planung und Steuerung ist die Minimierung von Überproduktion und Beständen. Sichtbares Ergebnis ist eine von überflüssigem Material bereinigte Fabrik mit einem entsprechend schlankem Materialfluss. Dadurch wird die *Transparenz auf dem Shop Floor* gefördert, so dass Abweichungen vom standardisierten Produktionsfluss leichter auffallen. Die niedrigen Bestände bedingen insbesondere eine niedrige Produktionsdurchlaufzeit. Eine schlanke Fabrik ist also immer auch eine *schnelle Fabrik*. Demgemäß ist auch die als Potential ausgewiesene Zeitlinie (Abschn. 2.4.1) von besonderer Bedeutung für die Umgestaltung einer Produktion nach den Gestaltungsrichtlinien des Wertstromdesigns.

Für die Ausgestaltung eines schlanken Planungs- und Steuerungssystems wird bei allen Gestaltungsrichtlinien die Primärtugend möglichst großer Einfachheit verfolgt. Alle Planungs- und Steuerungsaufgaben sind so zu formulieren, dass sie ohne großen, nicht mehr nachvollziehbaren Rechenaufwand erfüllt werden können. So ist im Prinzip eine rein manuelle Lösung ohne Unterstützung durch Informationstechnologie möglich. Das spricht nicht gegen ihren Einsatz – das Ausdrucken von Etiketten, die Rückmeldung von fertiggestellten Aufträgen, das Ordnen großer Mengen von Produktionsaufträgen, die Vergabe von Nummern und vieles anderes mehr sollte man natürlich nicht rein manuell durchführen. Die Einfachheit stellt jedoch sicher, dass Angaben und Ergebnisse im System leicht nachvollziehbar sind und die Anforderungen an die Rechenleistung gering bleiben. Ziel ist *Transparenz in Planung und Steuerung*.

Wichtigstes Prinzip der Planungs- und Steuerungsregeln ist, dass die Reihenfolge einmal freigegebener Produktionsaufträge keinesfalls vertauscht werden darf. Nur so kann eine konstante und damit genau vorhersagbare Produktionsdurchlaufzeit gewährleistet werden. Die genaue Einhaltung ist auch deshalb so wichtig, weil die Produktionsdurchlaufzeit so kurz ist und sich Reihenfolgeveränderungen prozentual bezogen auf die wenigen freigegebenen Aufträge stark auswirken. Daher werden alle prozessbedingt notwendigen Anpassungen der Auftragsreihenfolge bereits in der Planung durchgeführt. Dazu ist eine ausreichend lange Warteschlange erforderlich, deren Dimensionierung bei der Konzeption nicht vergessen werden sollte. Insgesamt erfolgt die Einsteuerung der Aufträge in den Wertstrom in der Weise, dass eine möglichst *gleichmäßige Kapazitätsbelastung* erreicht wird.

Die aufsummierte maximale Bestandshöhe im Wertstrom ist durch die Dimensionierung der Kanban-Regelkreise und der FIFO-Bahnen fixiert.

Im Rahmen der kurzfristigen Produktionsplanung kann die Bestandshöhe also *nicht* geregelt werden. Ausnahme sind hier lediglich die Sonder-Kanban, die eine situative Bestandserhöhung ermöglichen. Ansonsten sind Änderungen der Bestandshöhe nur mittelfristig durch Anpassung der jeweils im Kreislauf befindlichen Kanban sowie durch eine Verschiebung des Signalpunktes bei der FIFO-Verkopplung möglich. In Abhängigkeit vom schwankenden Füllgrad der FIFO-Bahnen und einer schwankenden Menge der vor einem Prozess wartenden Kanban kann der Bestand innerhalb der Produktion jedoch auch geringfügig, aber ungeplant, schwanken. Hinsichtlich der unterschiedlichen Möglichkeiten zur Wertstromgestaltung kann man als Faustregel für die *Reichweiten der Bestände* folgendes angeben: Was bei der Fließfertigung Minuten sind, das sind bei der Reihenfertigung Stunden, bei Kanban-Regelkreisen Schichten und bei der konventionellen prognosebasierten Lagerung Tage.

Die Gestaltungsrichtlinien gehen davon aus, dass die Produktion *störungsfrei* verläuft. In der Planung werden Störungen nicht explizit berücksichtigt. Das ist gewollt, damit etwaige Störungen auch auffallen und so Transparenz erzeugt wird. Kurzfristige Störungen flussaufwärts in der Vorproduktion werden durch den Sicherheitspuffer, den die Kanban-Bestände bieten, abgefedert. Bei längeren Störungen kommt es aber unvermeidlich zu *Fehlteilen* am Schrittmacher-Prozess. Ferner können Fehlteile durch säumige Lieferanten auftreten. Fehlteilprozesse werden jedoch absichtlich nicht definiert, da sie dann als standardisierte Verschwendung festgeschrieben wären.

Störungen flussabwärts vom Schrittmacher-Prozess werden automatisch berücksichtigt, da die Auftragsfreigabe sowohl bei der FIFO-Verkopplung als auch bei der Engpass-Steuerung verzögert wird. Daraus resultierende *Lieferverzögerungen* werden jedoch *nicht* berücksichtigt, etwa in dem Sinne, dass Alternativressourcen aus anderen Segmenten beplant werden. Diese Rückstände sind dann durch Kapazitätsflexibilität auszugleichen. Das zugehörige Instrumentarium mit entsprechenden Schichtverlängerungen oder Zusatzschichten ist in den Gestaltungsrichtlinien nicht eigens kodifiziert, kann aber den konventionellen Lösungen entlehnt werden.

Wesentliche Merkmale einer schlanken Planung und Steuerung

1. Die schlanke Fabrik ist *strukturfixiert*.
   Die üppigen Freiheitsgrade komplexer Planungssysteme werden dadurch reduziert, dass auf dem Shop Floor zahlreiche Festlegungen physisch fixiert werden. So ist ein wesentliches Merkmal der wertstromorientierten Segmentierung die feste Ressourcenzuordnung, wodurch die planerische Aufgabe der *situativen Zuordnung* einzelner Aufträge zu geeigneten Ressourcen ausreichender Kapazität komplett entfällt.
2. Die Planungs- und Steuerungsgrößen sind *schwellwertorientiert.*
   Es findet lediglich eine aufwandsarme Überprüfung von Schwellwerten (FIFO-Puffer, Kanban-Menge) mit wenigen definierten Eingriffspunkten (Schrittmacher, Engpass) statt. Alle anderen *Einzelereignisse* im Produktionsablauf (beispielsweise Auslastung der anderen Produktionsprozesse) werden vom Planungs- und Steuerungssystem nicht berücksichtigt und auch nicht erfasst.
3. Die schlanke Produktion setzt *Risikobereitschaft* voraus.
   Negative Auswirkungen von Störungen auf den Produktionsablauf sollen ‚spürbar' werden, damit Druck zu deren nachhaltigen Beseitigung entsteht. Denn das aus hohen Beständen und langfristigen Prognosen resultierende *Sicherheitsgefühl* verdeckt Missstände und Verschwendung.

3.5 Konzeption und Umsetzung

Konzeption Die Neugestaltung einer Produktion beginnt mit der Strukturierung der Fabrik in Produktionssegmente basierend auf Produktfamilien und Geschäftstypen (Abschn. 3.1.1). Nach Auswahl des umzugestaltenden Segments erfolgt dann die Soll-Konzeption des Wertstroms unter Anwendung der acht Gestaltungsrichtlinien in der Reihenfolge ihrer Nummerierung. Davon ausgehend ergibt sich unter Einbeziehung der externen Logistik und der Dimensionierung insgesamt folgende *zehnstufige Vorgehensweise* für das Wertstromdesign:

1. Ermittlung des *Kundentaktes* und Ausbildung des *Kapazitätsprofils* für den gesamten Wertstrom.
2. Zusammenfassung von Produktionsprozessen soweit möglich durch *technische Integration* oder Einführung von *Fließfertigung.*
3. Verkopplung der Produktionsprozesse beginnend beim Versenden flussaufwärts soweit möglich mit der *FIFO-Logik.*
   Anmerkung: Dies ist bei kundenspezifischer Produktion zwingend, bei Serienfertigung geht es in der Regel immer dann, wenn die Rüstzeiten etwa gleich groß sind.
4. Anbindung der Produktionsprozesse für Wiederholteile, die eine Losfertigung erfordern, mit der Supermarkt-Pull-Systematik.
   Anmerkung: Gegebenenfalls können innerhalb eines *Kanban-Regelkreises* zwei oder mehrere Prozesse in Folge mit der FIFO-Logik verkoppelt werden.
5. Festlegung des *Versandprinzips* auf Direktversand oder Versand aus einem Fertigwaren-Supermarkt passend zu Produkt und Lieferzeit sowie Gestaltung der *Lieferantenanbindung* Just in Sequence oder Just in Time.
6. Definition von geeigneten Kanban-Mengen und Behältergrößen sowie von *Losgrößen* an rüstintensiven Produktionsprozessen mit Hilfe des EPEI-Wertes.
7. Festlegung des *Schrittmacher*-Prozesses und damit Festlegung des Kundenentkopplungspunktes, falls es kein Fertigwarenlager gibt.
8. Festlegung der *Freigabeeinheit* zur Produktionsnivellierung bei der Auftragsfreigabe.
9. Definition von Regeln zur *Reihenfolgebildung* und gegebenenfalls *Kampagnenbildung* sowie Festlegung des *Freigabehorizonts* für den Ausgleich des Produktionsmix.
10. Berücksichtigung von kapazitativen und restriktiven *Engpässen* in der Steuerungslogik.

Diese Vorgehensweise des Wertstromdesigns bietet einen standardisierten Weg, um eine beliebige Produktion von Stückgut in Richtung deutlich verbesserter Produktionsabläufe neu zu gestalten. Dabei wird man jedoch nur wirklich Erfolg haben, wenn man eine *innovative* Umgestaltung wagt, sich also weit genug vom Bewährten und von eingefahrenen Gewohnheiten distanziert. Eine Neugestaltung kann nur dann wirklich gelingen, wenn man die Produktion mit dem externen Blick der Unvoreingenommenheit betrachtet. In der Konzeptionsphase darf man sich nicht von scheinbar unverrückbaren Restriktionen einengen lassen. Oft genug wird das, was als alltagsferne Vision in einem Workshop zur Neugestaltung der Produktion begonnen worden ist, schließlich zum strategischen Unternehmensziel, nachdem man sich erst einmal gemeinsam die positiven Konsequenzen für den gesamten Produktionsablauf ausgemalt hat. Hallen mit Zwischenlägern schrumpfen zu einer Anzahl handlicher U-Linien, große Öfen für langwierige Wärmeprozesse in großen Losen werden zu schlanken Durchlauföfen und andere Effekte mehr. Mancher Skeptiker vergisst seine Einwände, weil auch er überzeugt ist, nachdem das Gewohnte im Vergleich zur entwickelten Zielvorstellung seinen Reiz verloren hat. Wenn ein Workshop zur wertstromorientierten Fabrikplanung mit den Produktionsverantwortlichen zu einem solchen Ergebnis gelangt, dann gibt es nicht nur ein neues Konzept, sondern auch einen neuen Konsens.

Neugestaltung einer Produktion mit Wertstromdesign
Zielsetzung ist die Produktionsverbesserung hin zur schlanken Fabrik.

Wesentliche Eigenschaften

1. Konsequente und systematische Anwendung der klar formulierten Gestaltungsrichtlinien.
2. Materialflussorientierte Gestaltung der Produktion.
3. Einheitliche Abstimmung der Produktionsprozesse am Kundentakt.
4. Reduktion von Verschwendung im logistischen Gesamtablauf.
5. Weitgehende Standardisierung aller Produktionsabläufe.

Resultat ist eine transparente Fabrik, die Kundenwünsche schnell erfüllt. Der Wertstrom in jedem Produktionssegment zeichnet sich aus durch einen klaren Informationsfluss, einen bestandsreduzierten Materialfluss und kundentaktorientierte Produktionsprozesse.

Umsetzungsplanung Wenn das Soll-Konzept für den zukünftigen Wertstrom verabschiedet ist, gilt es, einen Umsetzungsplan zu erarbeiten, mit dem der Zielzustand erreicht werden kann. In der Wertstromdarstellung der neugestalteten Produktion sind alle Produktionsprozesse und logistischen Verknüpfungen mit den künftig erforderlichen Parametern zu Zykluszeiten, Rüstzeiten, Losgrößen, Behältergrößen und anderes mehr eingezeichnet. Diese technologischen und organisatorischen Veränderungen setzen entsprechende Verbesserungen an den Prozessen voraus, die erst noch erreicht werden müssen. Die zu diesem Zweck jeweils notwendigen *Verbesserungsmaßnahmen* werden mit einem Blitz symbolisiert (Abb. 3.63). Diese in Anlehnung an die japanische Bezeichnung für den kontinuierlichen Verbesserungsprozess in der Produktion als ‚Kaizen'-Blitze titulierten Symbole zeichnet man im Soll-Konzept an den entsprechenden Stellen ein. Da in der Wertstromperspektive der Gesamtzusammenhang des Wertstroms transparent ist, können auch alle so definierten Verbesserungsmaßnahmen in ihrer Gesamtwirkung beurteilt werden.

Abb. 3.63. Kaizen-Blitz für die Verbesserungsmaßnahmen

Wenn nun alle Verbesserungs-Maßnahmen definiert sind, wird der Wertstrom zur schrittweisen Umsetzung in *Abschnitte* zerlegt. In jedem Abschnitt sind entsprechend der Kaizen-Blitze Aufgaben zu definieren und die zugehörigen Ziele quantitativ festzuhalten. Anschließend sind in einem Maßnahmenplan klar beschriebene Meilensteine, die jeweiligen Endtermine und vor allem die Verantwortlichkeiten festzulegen. Die Umsetzung der zum Soll-Zustand hinführenden Maßnahmen sollte schrittweise direkt in der laufenden Produktion erfolgen, denn nur durch kurze Feedbackzyklen können Lösungen erprobt und verbessert und so in die richtige Richtung gelenkt werden.

Die Umsetzung erfolgt in einer geeigneten *Abfolge* der zuvor definierten Abschnitte. Da der Schrittmacher-Prozess den Wertstrom mit seinen Eigenschaften am stärksten prägt, sollte er zuerst entsprechend des Soll-Konzeptes gestaltet werden. Anschließend werden alle Folgeprozesse flussabwärts umgestaltet. Die Materialversorgung des Schrittmachers sollte anfangs üppig ausgelegt werden, damit man sich zunächst auf den Prozess selbst konzentrieren kann. Nachdem der Schrittmacher und die Folgeprozesse technisch umgestaltet sind, kann das neue System der Planung und Steuerung im kundenauftragsbezogenen Abschnitt des Wertstroms eingeführt werden. Mit Abschluss der Umgestaltung des Schrittmacher-Abschnitts sind die Anforderungen an die vorgelagerten kundenanonymen Prozesse bereits Realität und nicht mehr bloß Konzept. Auf dieser Basis kann man sich nun schrittweise flussaufwärts vorarbeiten, wobei jeweils ein Kanban-Regelkreis in der Regel einen einzeln umgestaltbaren Abschnitt des Wertstroms ausmacht. Parallel dazu kann dann die Ablösung des bestehenden Produktionsplanungs-Systems erfolgen.

Zur Beschleunigung der Umsetzung kann natürlich auch parallel in den einzelnen Abschnitten gearbeitet werden. Schließlich sind kontinuierliche Anpassungen ohnehin sinnvoll, so dass die Abschnitte immer wieder aufeinander abgestimmt werden können. Die aus dem Schrittmacher-Prozess resultierenden Anforderungen bleiben jedoch allen anderen Prozessen und Abläufen übergeordnet, auch wenn die Umsetzung erst später erfolgen sollte.

Typische Verbesserungsmaßnahmen

- Drastische Reduktion der Durchlaufzeit durch Einführung einer Fließfertigung und Definition eines Schrittmacher-Prozesses mit Festlegung genau eines Planungspunktes sowie Beschränkung der Auftragsfreigabe.
- Beseitigung von Verschwendung im Produktionsprozess, bis der Kundentakt unterschritten wird.
- Verbesserung der Verfügbarkeiten durch vorbeugende Instandhaltung und Steigerung der Prozesssicherheit.
- Reduktion von Rüstzeiten durch Rüstzeitoptimierung oder Elimination von Rüstzeiten durch Vorrichtungsbau.
- Einführung von Mehrmaschinenbedienung.
- Reduktion von Verschwendung im Arbeitsablauf.
- Durchführung von Wertstromdesign beim Lieferanten.

Fallbeispiel Bei Liquipur kann die Umsetzung in drei Abschnitten erfolgen (Abb. 3.64): Zunächst beginnt man mit der Implementierung der Fließfertigung sowie der Einrichtung des Versand-Kanban. Im zweiten Abschnitt werden das Halbfabrikatelager an die Kanban-Regelung angepasst, Rüstoptimierungs-Workshops an den Fräsen durchgeführt, Wartungspläne erstellt und Kanban gedruckt. Im dritten Abschnitt schließlich wird die Lieferantenanbindung weiter optimiert und dabei auf Kanban umgestellt.

Aus den bisher mit Anwendung der Gestaltungsrichtlinien erfolgten Festlegungen ergeben sich als Zielsetzungen zum einen die Reduktion der Bearbeitungszeit pro Stück von 522 Sekunden um 6 Prozent auf 487,5 Sekunden sowie zum anderen die Reduktion der Durchlaufzeit von 13 Tagen um 65 Prozent auf 4,5 Tage (Abb. 3.64). Damit ist das erreichte Durchlaufzeitpotential umrissen.

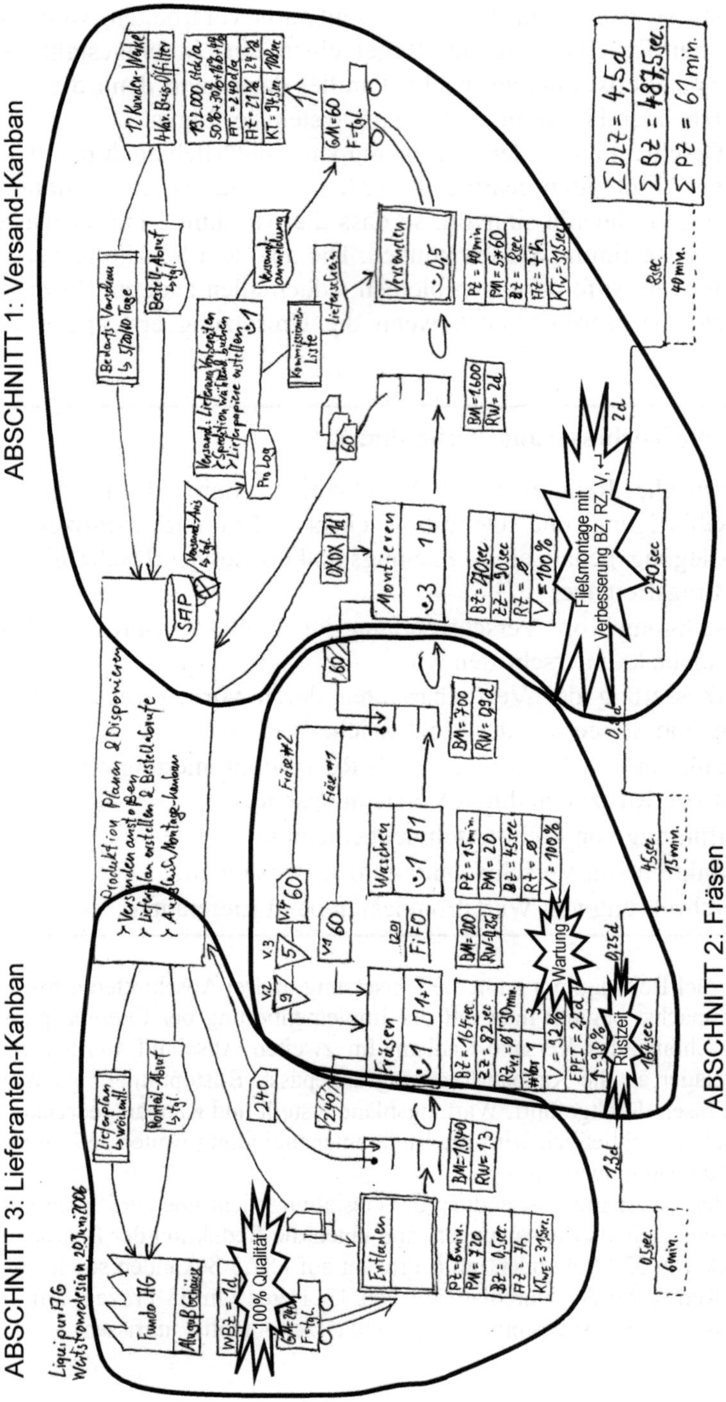

Abb. 3.64. Wertstromdesign bei Liquipur (6): Kaizen und Umsetzungs-Abschnitte

Das Taktabstimmungsdiagramm zeigt die erreichte Verbesserung der Leistungsabstimmung der Produktionsprozesse relativ zueinander. Einzig für das Waschen ändert sich nichts gegenüber dem Ist-Zustand. Da das Wareneingang Prüfen nach Einrichtung des Lieferanten-Kanban (Abschn. 3.3.2) entfällt, wird der verbliebene minimale Zeitaufwand für das Entladen der Ware von 0,5 Sekunden pro Stück der Einfachheit halber beim Versenden mit eingetragen. Das Montieren wurde als Fließmontage mit einer Zykluszeit von 90 Sekunden neu konzipiert (Abschn. 3.2.2). Beim Fräsen entstehen weiterhin Verlustzeiten durch Rüsten, Störungen und Ausschuss. Bei der für Variante 1 genutzten Maschine entfällt das Rüsten jedoch komplett. Somit ergeben sich entsprechend Gleichung 2.22 für beide Maschinen unterschiedliche Brutto-Zykluszeiten:

$$RZ_{RZ} = 82\,\text{sec.} \times \frac{\left(\frac{58.000}{540} + \frac{30.000}{300} + \frac{8.000}{60}\right) \times 0{,}5\,\text{h}}{96.000 \times 164\,\text{sec.}} = 82\,\text{sec.} \times 3{,}9\% = 3{,}2\,\text{sec.}$$

$$ZZ_V = 94{,}5\,\text{sec.} \times (1 - 92\%) = 7{,}56\,\text{sec.} \tag{3.22}$$

$$ZZ_Q = 82\,\text{sec.} \times (1 - 98\%) = 1{,}64\,\text{sec.}$$

$$ZZ_{brutto} = 82\,\text{sec.} + 3{,}2\,\text{sec.} + 7{,}56\,\text{sec.} + 1{,}64\,\text{sec.} = 91{,}2\,\text{sec.} + 3{,}2\,\text{sec.} = 94{,}4\,\text{sec.}$$

Dementsprechend werden im Taktabstimmungsdiagramm auch beide Maschinen getrennt dargestellt.

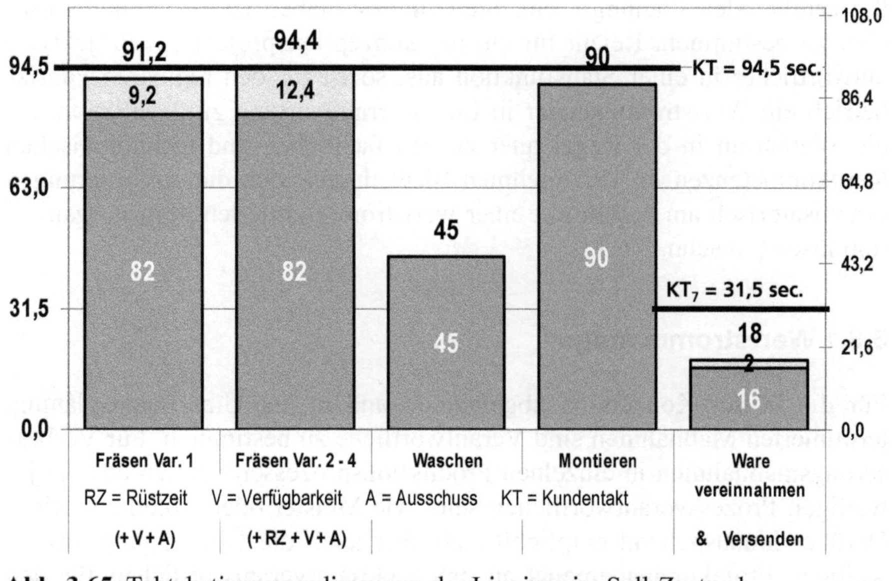

Abb. 3.65. Taktabstimmungsdiagramm der Liquipur im Soll-Zustand

3.6 Wertstrommanagement

Mit der Erläuterung der acht Gestaltungsrichtlinien des Wertstromdesigns ist in den vorangehenden Abschnitten ein Vorgehen beschrieben worden, das die systematische Neukonzeption eines Produktionsablaufes bis hin zur Umsetzungsplanung ermöglicht. Wenn nun die definierten Maßnahmen umgesetzt und die jeweiligen Zielsetzungen mehr oder weniger gut erreicht worden sind, dann ist zwar ein *Planungsprojekt* der wertstromorientierten Umgestaltung abgeschlossen, aber der Produktionsalltag läuft natürlich noch weiter. Der einmal eingerichtete Wertstrom ist nun im *Fabrikbetrieb* auf dem erreichten Leistungsniveau zu halten oder besser noch kontinuierlich in kleinen Schritten zu verbessern. Außerdem wird es immer wieder geringfügige Änderungen in der Produktgestaltung, in der Zusammensetzung der Produktfamilie, im vom Kunden geforderten Produktionsmix, in der Ausstattung mit Betriebsmitteln und anderes mehr geben, was nicht jedes mal eine Neukonzeption, wohl aber eine Anpassung des Wertstroms erfordert. Diese Aufgaben werden vom Wertstrommanagement erfüllt (Abschn. 3.6.2).

Eine wertstromorientierte Ausrichtung der Produktion erfordert eine entsprechende *organisatorische Verankerung* im Unternehmen. Sowohl für die projektbezogenen Gestaltungsaufgaben als auch für die routinemäßig erfolgenden Planungs- und Steuerungsaufgaben ist ein Verantwortlicher zu bestimmen. Reicht für ein Neukonzeptionsprojekt ein Projektverantwortlicher in einer Stabsfunktion aus, so ist für den regulären Fabrikbetrieb ein Wertstrommanager in Linienverantwortung zu installieren. Da ein Wertstrom in der Regel quer zu den fachlichen und technologischen Kernkompetenzen im Unternehmen fließt, lassen sich die Anforderungen organisatorisch am besten mit einer wertstromorientierten Matrixorganisation lösen (Abschn. 3.6.1).

3.6.1 Wertstrommanager

Für die in der Konzeption abgeleiteten und in der Umsetzungsplanung terminierten Maßnahmen sind Verantwortliche zu bestimmen. Für Verbesserungsmaßnahmen in einzelnen Produktionsprozessen können das die jeweiligen Prozessverantwortlichen sein, wie Meister oder Abteilungsleiter. Darüber hinausgehend empfiehlt sich aber auch die Übertragung des jeweiligen Projektmanagements an einen Gesamtverantwortlichen für den jeweiligen Wertstrom. Primäre Aufgabe dieses *Wertstromverantwortlichen* ist es, die Einzelmaßnahmen so zu koordinieren, dass die im Gesamtkonzept angestrebten Fabrikziele auch erreicht werden können. Dazu gehört insbesondere, in Konfliktfällen einen Interessenausgleich zwischen den am Wertstrom beteiligten Produktionsabteilungen herbeizuführen.

Eine sehr wichtige Voraussetzung zur nachhaltigen Anwendung des Wertstromdesigns über eine einmalige Neukonzeption hinaus ist es, grundsätzlich eine wertstromorientierte Planung zur Bedingung für alle *Investitionsentscheidungen* in den jeweiligen Abteilungen zu machen. Die entsprechende einzelfallbezogene Prüfung, wie gut oder schlecht die jeweiligen Alternativen zum Gesamtablauf des zugehörigen Wertstroms passen, kann vom Wertstromverantwortlichen durchgeführt werden. Dieser nimmt damit Aufgaben aus den Bereichen Arbeitsvorbereitung, Betriebsmittelplanung und Fabrikplanung wahr. In der Unternehmensorganisation kann dies sehr einfach im Sinne einer Projektorganisation verankert werden.

Ein Weg, den Einsatz der Wertstrommethode im Unternehmen durchgängig einzuführen, ist auch die Einrichtung einer entsprechenden *Stabsfunktion*, häufig realisiert in der Form eines ‚Inhouse-Consulting'. Dies unterstützt eine nachhaltige und einheitliche Umsetzung, da die Mitglieder der entsprechenden Abteilung die Möglichkeit haben, ihre Kompetenz in Theorie und Anwendung systematisch aufzubauen und Methoden firmenspezifisch weiterzuentwickeln. Wegen der gebündelten Verantwortlichkeit für alle Produktfamilien können die Prinzipien der schlanken Produktion in allen Wertströmen in gleicher Weise implementiert werden und unternehmensübergreifend Prioritäten festgelegt werden. Ferner lässt sich so sehr gut ein einheitliches Kennzahlensystem für alle Wertströme einführen. Außerdem finden so regelmäßige Produktionsaudits ihren institutionellen Rahmen. Dies alles gerät jedoch nur dann zum Vorteil, wenn die Qualität der internen Berater gut ist, da andernfalls berechtigte Akzeptanzprobleme bei den Produktionsverantwortlichen auftreten. Außerdem müssen die zusätzlichen indirekten Mitarbeiter letztlich durch interne Verrechnung von den betreuten Abteilungen finanziert werden.

Die eigentliche Aufgabe des Wertstrommanagements ist nun aber nicht so sehr die Umsetzung von Maßnahmen, die sich aus einer Neukonzeption des Wertstroms ergeben haben, sondern die kontinuierliche Anpassung und Verbesserung des Wertstroms im operativen Betrieb. Dazu sind die Planungs- und Steuerungsparameter wie beispielsweise die Anzahl der Kanban zu überwachen und anzupassen (Abschn. 3.6.2). Mit diesen Tätigkeiten nimmt der *Wertstrommanager* Aufgaben aus der klassischen Produktionsplanung wahr, wobei sich das Tätigkeitsprofil in den Methoden natürlich deutlich gewandelt hat. Das Tätigkeitsprofil gibt bereits einen Hinweis darauf, wie der Wertstrommanager in der bestehenden Unternehmensorganisation verankert werden kann.

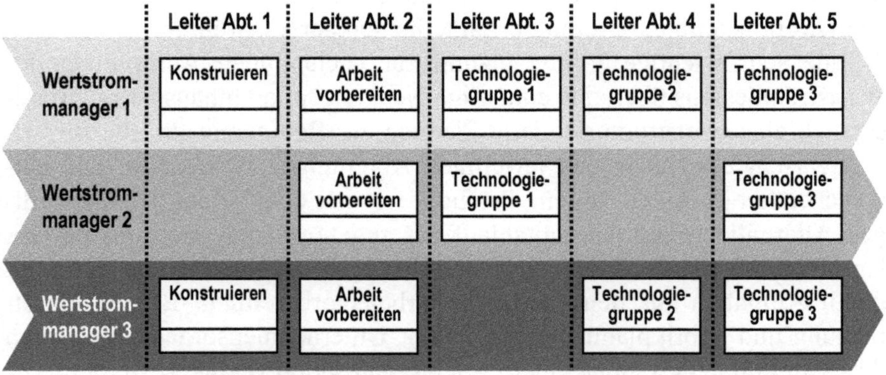

Abb. 3.66. Schematische Darstellung einer Matrixorganisation für drei Wertströme (Beispiel)

Als Aufbauorganisation für das Wertstrommanagement bietet sich eine an die *Matrixorganisation* angelehnte Struktur an (Abb. 3.66). Dadurch können die quer zum Wertstrom liegenden, in Abteilungen gegliederten Unternehmensfunktionen vom Wertstrommanager in Flussrichtung organisatorisch verknüpft werden. Nur so können, trotz aller Schwächen dieser Lösung, zwei gegenläufige Ziele innerhalb einer einheitlichen Organisation erreicht werden. So stellt der Wertstrommanager erstens die produktfamilienbezogene Kundenorientierung des Wertstroms entlang der Wertschöpfung und alle beteiligten Unternehmensfunktionen übergreifend sicher. In dieser Wertstromperspektive kann die Zielsetzung eines flexiblen, laminaren, schnellen und schlanken Produktionsflusses konsequent verfolgt werden. Zweitens kann insbesondere über die fachliche Führung innerhalb der Abteilungen quer zum Wertstrom die Einheitlichkeit der technologischen und organisatorischen Kompetenzen im Unternehmen sichergestellt werden. Würde man darauf verzichten, führt das eventuell zu einer divergierenden Entwicklung, bis im Grunde zwei verschiedene Unternehmen entstanden sind.

Die disziplinarische Führung obliegt in der klassischen Matrixorganisation ebenfalls dem Fachvorgesetzten der jeweiligen Abteilung, liegt also quer zum Wertstrom. Das führt dann zwangsläufig früher oder später zu *Konflikten* zwischen den Fachvorgesetzten und den verschiedenen Wertstrommanagern, da letztere zwar keinen wirklichen Zugriff auf das Personal in den jeweiligen Abteilungen haben, wohl aber die Verantwortung für die gesamte Wertstromleistung. Derartige Konflikte sind jedoch auch in anderen Organisationsformen und bei klassischen Produktionsabläufen nicht unbekannt. So liegt bereits im Namen des ‚Terminjägers' der Konflikt zwischen der zu ‚erjagenden' Produktionsgesamtleistung und den entgegengesetzten und daher zu ,erlegenden' lokalen Optimierungen der Abteilungen. Auch Auftragsleitstellen beispielsweise im Maschinenbau haben letztlich die Aufgabe, zwischen den Dringlichkeiten und vielfältigen Sonderwünschen unterschiedlicher Vertriebsbereiche und den Möglichkeiten und Zielsetzungen der produzierenden Abteilungen zu vermitteln.

3.6.2 Aufgaben im Wertstrommanagement

Planungsebenen Aufgabe des Wertstrommanagements ist die operative Umsetzung des im Wertstromdesign definierten Planungs- und Steuerungskonzeptes im Fabrikbetrieb. Das erfolgt auf drei Planungsebenen, die sich durch ihren jeweiligen Zeithorizont in lang-, mittel- und kurzfristige Planungsaufgaben unterscheiden. Dieses Ebenenmodell der Produktionsplanung und –steuerung wird üblicher Weise in einem hierarchisch gegliederten Dreieck dargestellt (Abb. 3.67). Auf jeder Ebene werden diejenigen zur Planung und Steuerung zu treffenden Entscheidungen zusammengefasst, die eine gleiche Zeitcharakteristik aufweisen. Jeder Planungsebene ist ein entsprechender Planungshorizont zugeordnet.

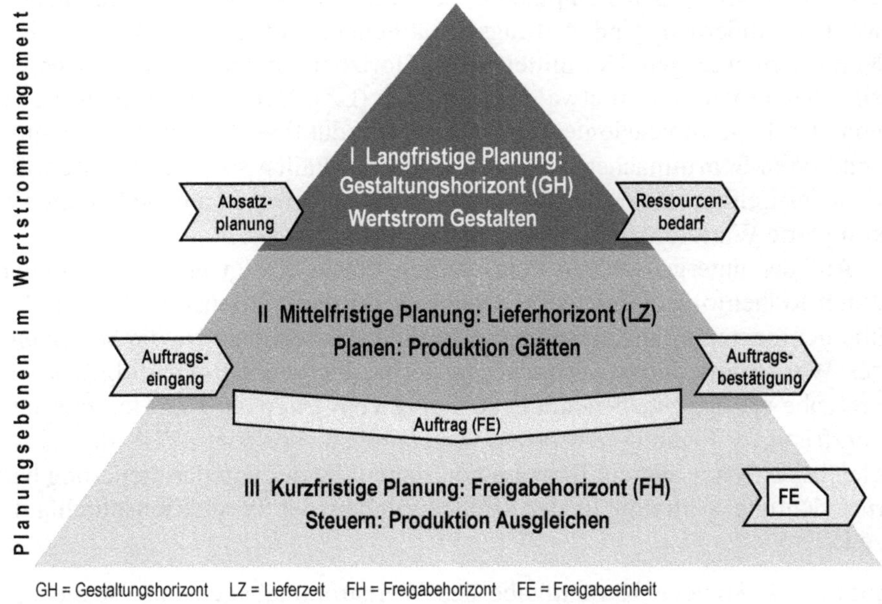

Abb. 3.67. Die drei Planungsebenen im Wertstrommanagement

Die oberste Ebene und zugleich die Spitze des Dreiecks entspricht der langfristigen Perspektive. Sie wird in der Regel bei Planungsprojekten eingenommen. Die *Gestaltung* des Wertstroms kann aber auch turnusmäßig im Fabrikbetrieb überprüft werden. Dazu erfolgt zum einen die Neu-Dimensionierung der Ressourcen passend zum geänderten Kundentakt durch kapazitative Anpassung der Betriebsmittel und Änderung der eingeplanten Personalstärke. Zum anderen kann auch die Neu-Einstellung der logistischen Grundkonfiguration durch Umstellung der Materialflussverknüpfungen von Kanban auf FIFO oder auch von Signal-Kanban auf Behälter-Kanban oder jeweils umgekehrt erfolgen. Dies ist dann erforderlich, wenn sich die Anzahl der Varianten in einer Produktfamilie erhöht oder zusätzlich kundenspezifische Produktvarianten produziert werden sollen. Analog können beschaffungsseitig die Dispositionsmethoden anzupassen sein. Der langfristige Horizont ist der Gestaltungshorizont (GH) des Wertstroms und orientiert sich beispielsweise am Geschäftsjahr, damit die Dimensionierung zeitlich passend zur Budgetplanung und zur Absatzplanung erfolgen kann.

Für den Fabrikbetrieb unmittelbar relevant sind der mittel- und der kurzfristige Zeithorizont. Auf der mittelfristigen Ebene erfolgt die *Planung* des Wertstroms durch Produktionsnivellierung. Aus den eingehenden Kundenaufträgen werden die Freigabeeinheiten (FE) gebildet, die dann der untergeordneten Ebene zur Feinplanung beziehungsweise Steuerung übergeben werden. Außerdem sind Auftragsbestätigungen mit Liefertermin für den Kunden zu erzeugen. Der mittelfristige Horizont entspricht bei kundenspezifischer Produktion in etwa der Lieferzeit (LZ). Bei Lagerfertigung ist er von der Lagerdimensionierung und der Produktionsdurchlaufzeit beginnend beim Schrittmacher abhängig. In beiden Fällen sollte er ein Mehrfaches des Zeithorizontes der kurzfristigen Ebene betragen und außerdem die komplette Warteschlange an Aufträgen umfassen.

Auf der untergeordneten kurzfristigen Ebene erfolgt eine Feinplanung durch Reihenfolgebildung zum Ausgleich des Produktionsmix der von der übergeordneten Ebene eingeplanten Freigabeeinheiten sowie die *Steuerung* des Wertstroms durch Auftragsfreigabe in eben jener Reihenfolge. Diese Freigabe erfolgt gegebenenfalls abhängig vom Engpass. Der Horizont der kurzfristigen Planung entspricht dem Freigabehorizont (FH) des Ausgleichskastens. Liegt ein Engpass vor, dann liegt der von der Steuerung berücksichtigte Zeitraum in der Größenordnung der Produktionsdurchlaufzeit.

Planen & Steuern Kernaufgabe des Wertstrommanagements ist die zur Auftragserfüllung erforderliche Planungs- und Steuerungstätigkeit. Auslöser hierfür ist immer der Kundenauftrag, der entweder direkt einzuplanen ist oder vermittelt über einen Kommissionierauftrag aus dem Fertigwarenlager heraus einen Lagerergänzungsauftrag auslöst. Dabei ist zu beachten, dass zunächst jeder Auftrag dem richtigen Wertstrom *zuzuordnen* ist. Daran anschließend ergeben sich im Einzelnen die folgenden Routine-Tätigkeiten für den Wertstrommanager (vgl. Abb. 3.69):

1. *Fertigungsauftragserzeugung* – Die Kundenaufträge müssen in einheitliche Freigabeeinheiten umgesetzt werden. Dazu können eine Aufteilung oder eine Zusammenfassung der Aufträge erforderlich sein. Gegebenenfalls ist auch die jeweilig Auftragsart festzulegen, wie beispielsweise Eilaufträge, die sich in der Warteschlange ‚vordrängeln' dürfen. Mit zu dieser Aufgabe gehört auch das Anpassen der geplanten Freigabeeinheiten im Falle der Änderung oder Stornierung von Kundenaufträgen. Dies ist vor Auftragsfreigabe sehr einfach möglich, danach sollte es ausgeschlossen sein, da der Produktionsablauf dadurch erheblich gestört werden würde.
2. *Lieferterminbestätigung* – Sofern die aktuelle Länge der Warteschlange kürzer ist als die definierte Maximallänge, kann dem Kunden sofort der Liefertermin nach Standard-Lieferzeit bestätigt werden. Bei Überschreiten der Maximallänge sind zunächst Maßnahmen zur Kapazitätsanpassung zu prüfen (siehe unten). Bei Eilaufträgen kann eine verkürzte Lieferzeit bestätigt werden, die sich zum Großteil aus der Produktionsdurchlaufzeit ergibt. Deren Anzahl muss allerdings durch gewisse Hindernisse, wie beispielsweise Preisstaffel, Auftragstausch oder Teillieferung im Rahmen gehalten werden. Eine ‚klassische' Lieferterminermittlung erfolgt nicht.
3. *Reihenfolgeplanung* – Im Wertstrommanagement erfolgt die Festlegung der Auftragsreihenfolge durch Reihenfolgebildung der Freigabeeinheiten nach definierten Regeln. Übliches Modell ist hier der Ausgleichskasten. Dies wird gegebenenfalls variiert durch ein zweistufiges Vorgehen bei der Kampagnenbildung oder durch eine von einem restriktiven Engpass eingeschränkte Reihenfolgebildung. Ferner können unterschiedliche Prioritäten der in der Warteschlange befindlichen Aufträge zu beachten sein.
4. *Materialverfügbarkeitsprüfung* – Diese Aufgabe sollte eigentlich überflüssig sein, ist aber meist trotzdem erforderlich, weil nicht alle Materialien in den beiden wertstromgerechten Modi der Just in Sequence-Anlieferung oder des Lieferanten-Kanban beschafft werden können. Außerdem kann es bei einigen einer Produktfamilie zugeordneten Exoten-Produkten erforderlich sein, Sondermaterialien zu beschaffen.
5. *Auftragsfreigabe* – Die Freigabeeinheiten werden im vorgegebenen Rhythmus oder nach Vorliegen des Freigabesignals vom Engpass-Prozess am Schrittmacher-Prozess eingesteuert. Dabei ist auch das

zuverlässige Auslösen der Synchronisation parallel zu startender Wertstromzweige durch das Golfball-Signal zu überwachen.

6. *Auftragsüberwachung* – Da es im Wertstrommanagement keine eigentliche Terminüberwachung gibt, braucht auch der Arbeitsfortschritt nicht in einzelnen Schritten zurückgemeldet und damit überwacht zu werden. Erst die komplett bearbeiteten Fertigungsaufträge, ergo Freigabeeinheiten, sind nach Verlassen des letzten Produktionsprozesses vor dem Versenden fertigzumelden. Danach erfolgt die entsprechend zu buchende Einlagerung. Bei kundenspezifischer Produktion können jetzt der bereits geplante Versand auch bestätigt sowie die Versandpapiere gedruckt werden.

Mit den genannten sechs Kernaufgaben des Planens und Steuerns setzt das Wertstrommanagement unter anderem auch das Warteschlangenprinzip (vgl. Abschn. 3.4.1) im Produktionsablauf um. Insbesondere bei Produkten, für die eine kundenspezifische Anpasskonstruktion erforderlich ist, also typischer Weise im Maschinenbau, spielt dieser Aspekt eine bedeutende Rolle.

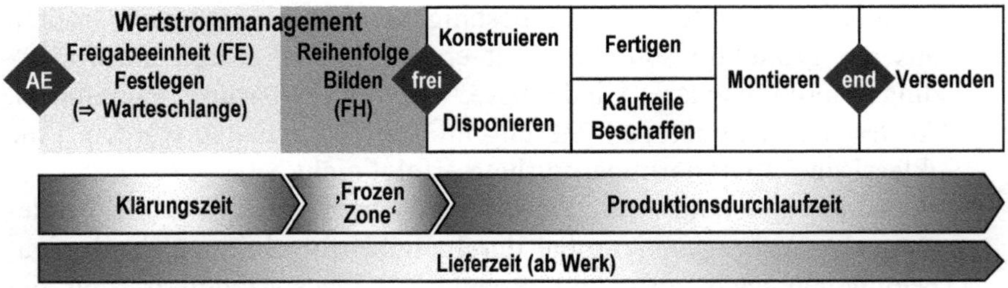

AE = Auftragseingang frei = Auftragsfreigabe FH = Freigabehorizont end = Fertigmeldung

Abb. 3.68. Einordnung des Wertstrommanagements im Produktionsablauf

Die beiden Hauptschritte des Wertstrommanagements – das Festlegen der Freigabeeinheiten nach Auftragserteilung durch den Kunden (Planen) sowie das Bilden der Bearbeitungsreihenfolge (Steuern) – erfolgen während der *Klärungszeit* (Abb. 3.68). Wenn es gelingt, durch eine Wertstromoptimierung die Produktionsdurchlaufzeit deutlich kürzer als die (unveränderte) Lieferzeit auszugestalten, dann bleibt mehr Zeit für eine aufwandsarme Auftragsklärung. Änderungswünsche der Kunden können dann während der gesamten Wartezeit des Auftrags berücksichtigt werden, ohne Störungen in der Produktion zu verursachen. Nach Festlegung der Bearbeitungsreihenfolge in der ‚Frozen Zone' direkt vor der Auftragsfreigabe sind lediglich Terminänderungen, nicht aber technische Änderungen störend. Die Bearbeitung der Aufträge wird also zum spätmöglichsten

Zeitpunkt begonnen. Die maximale Länge der Warteschlange ergibt sich aus der Differenz von Produktionsdurchlaufzeit und Lieferzeit. Sie ist passend einerseits zu den Nachfrage-Schwankungen sowie andererseits zu den Möglichkeiten einer flexiblen Kapazitätsanpassung zu dimensionieren.

Monitoring Neben den operativen Kernaufgaben ist eine weitere Aufgabe des Wertstrommanagements das beständige Überwachen des Wertstroms zur Bewertung der jeweils erreichten logistischen Leistung mit den *Kennzahlen* der Wertstrommethode. Bei diesem *Monitoring* des Wertstroms sind die Kennzahlen entsprechend aufbereitet in ihrem zeitlichen Verlauf grafisch darzustellen. Sofern es gelingt, prägnante Kennzahlen zu definieren und sie auch verständlich zu präsentieren, lohnt es sich, die Ergebnisse zeitnah den operativ Verantwortlichen zur Verfügung stellen. Das hilft den Mitarbeitern in der Produktion, die Auswirkungen sowohl ihrer Handlungen als auch besonderer Ereignisse unmittelbar zu erkennen, und ermöglicht es ihnen, anstelle eines ‚Blindflugs' auf der operativen Ebene gegebenenfalls frühzeitig umzusteuern. Ferner sind bei negativer Drift einer Kennzahl gemeinsam mit den operativ Verantwortlichen Maßnahmen zur Trendumkehr zu erarbeiten. Bei den Kennzahlen zum Wertstrom-Monitoring lassen sich die im Folgenden beschriebenen drei Gruppen zur Dynamik, Produktivität und Kundenorientierung des Wertstroms unterscheiden:

Die *Dynamik* des Wertstroms zeigt sich entsprechend des ersten Verbesserungspotentials für den Produktionsablauf in der Durchlaufzeit, ausgedrückt in Reichweiten. In der Regel sollte man dabei getrennt erstens die Reichweite des Fertigwarenlagers (RW_{FWL}), zweitens die Reichweite des Work in Process (WIP) von der Bereitstellung des Rohmaterials am ersten wertschöpfenden Produktionsprozess bis zur Zubuchung im Fertigwarenlager sowie drittens die Reichweite des Rohmaterials und der Kaufteile (RW_{Roh}) in den entsprechenden Lägern erfassen.

Die *Produktivität* des Wertstroms zeigt sich entsprechend des zweiten Verbesserungspotentials für den Produktionsablauf in der Brutto-Zykluszeit (ZZ_{brutto}) je Produktionsprozess, ausgedrückt in Zeiteinheiten je Stück. An erster Stelle wird wohl meist die mit der erreichten Ausbringung zusammenhängende Mitarbeiterproduktivität stehen. Ferner können alle Faktoren erfasst werden, welche die Wertstromleistung reduzieren. Das sind beispielsweise die technische Verfügbarkeit der Maschinen und Anlagen (V), die Rüstzeiten je Vorgang (RZ) – nicht aber anteilig, da der Rüstzeitanteil in einer schlanken Produktion eher eine Stellgröße ist –, sowie die Qualitätskennzahlen wie Gutausbeute und Nacharbeitsquote.

Die *Kundenorientierung* des Wertstroms zeigt sich in der Liefertermintreue (LT), ausgedrückt in Prozent. Außerdem kann man hier zusätzlich den Anteil an Kundenreklamationen erfassen. Wird die Liefertermintreue wie üblich gegen den bestätigten Liefertermin gemessen, dann ist mit der Differenz zwischen letzterem und Kundenwunschtermin zusätzlich noch die Lieferfähigkeit zu bewerten. Die Lieferfähigkeit innerhalb der als Standard angegebenen Lieferzeit ist gefährdet, wenn die Länge der Warteschlange an noch nicht freigegebenen Aufträgen in Reichweite (RW_{WA}) – seien es Kundenaufträge oder auch Lagerergänzungsaufträge – einen bestimmten definierten Wert überschreitet. Ebenfalls großen Einfluss auf Lieferzeit und Lieferfähigkeit hat die termingerechte Verfügbarkeit des Rohmaterials, die ohnehin zur Lieferantenbewertung erfasst werden sollte. Durch Monitoring des Produktionsmix in prozentualen Anteilen stellt man sicher, dass bei größeren Verschiebungen die dadurch gegebenenfalls erforderlichen Anpassungen in Beschaffung und Betriebsmittelausstattung rechtzeitig angestoßen werden.

Flexibilität steuern Das Überwachen von Kennzahlen ist nur dann sinnvoll, wenn daraus auch Maßnahmen abgeleitet werden. Im Wertstrommanagement ergeben sich dabei ganz typische mittelfristige Maßnahmen, mit denen die *Flexibilität* des Wertstroms hinsichtlich Mengen und Kapazitäten gesteuert werden kann. Das entsprechende Vorgehen unterscheidet sich deutlich von der üblichen Produktionsbedarfsplanung mit Sekundärbedarfsplanung, Terminplanung und Kapazitätsplanung. Es ersetzt diese durch die beiden im Folgenden näher erläuterten Maßnahmen der Bestandsanpassung und der Warteschlangenüberwachung mit Kapazitätssteuerung (vgl. Abb. 3.69). Zudem sollten bei Abweichungen in der Wertstromleistung Maßnahmen zur Störungsbeseitigung und zur kontinuierlichen Verbesserung eingeleitet werden.

Dank der Kanban-Logik brauchen Materialbedarfe nicht geplant werden, sondern die Materialverfügbarkeit wird ohne gesonderte Prüfung vorausgesetzt. Um die Verfügbarkeit aber dauerhaft sicherzustellen, müssen die Bestände an mittelfristige Veränderungstrends der Kundennachfrage angepasst werden. Die daher zuweilen notwendige *Anpassung des Bestandes* im Fertigwaren-Supermarktlager und im Rohmaterial-Supermarktlager ähnelt noch am stärksten der üblichen Vorgehensweise, sofern man mit einem verbrauchsorientiert disponierten Lager mit Meldebestand vergleicht. Doch während im verbrauchsorientierten Lager die Parameter des Meldebestands und/oder der Bestellmenge anzupassen sind, überprüft der Wertstrommanager die Anzahl der je Artikelnummer im Umlauf befindlichen Kanban. Auslöser dafür können proaktiv eine Veränderung in der prognostizierten Kundenbedarfsvorschau, eine Vorbereitung auf Sonderaktionen des Vertriebs oder neue Anforderungen durch Änderungen im logistischen System sein, wie eine erhöhte Anlieferfrequenz oder eine veränderte Bevorratungsstrategie der Vertriebspartner. Reaktiver Auslöser ist typischer Weise ein auf niedriges Niveau abgesunkener Bestand durch erhöhten Verbrauch. Umgekehrt zeigt ein Monitoring des ‚Bodensatzes' an Kanban, also der Anzahl Kanban, die über einen längeren Zeitraum betrachtet immer mindestens im Lager liegen, welcher Bestand zum Ausgleich von Bedarfsschwankungen offenbar überzählig ist. In ähnlicher Weise sind die Pufferbestände auf den FIFO-Bahnen anzupassen, wenn es häufiger zu Materialflussabrissen oder Materialstauungen kommt und Verbesserungsmaßnahmen an den beteiligten Produktionsprozessen (noch) nicht greifen.

Im Wertstrom erfolgt auch keine Terminplanung im eigentlichen Sinne. Für jeden Auftrag in der Warteschlange steht zunächst nur der spätest mögliche Starttermin fest, der sich aus Lieferzeit und anteiliger Produktionsdurchlaufzeit nach Einplanung im Freigabehorizont ergibt. Um Liefertermine zuverlässig einhalten zu können, muss gegebenenfalls eine *Vergleichmäßigung der Warteschlangenlänge* vor dem Schrittmacher-Prozess erfolgen. Ein steuernder Eingriff ist immer dann nötig, wenn die Länge der Warteschlange in Reichweite nach unten oder oben aus einem definierten Korridor der zulässigen Schwankungsbreite hinausdriftet. Im ersten Fall der zu kurzen Warteschlange gibt es gemessen am eingestellten Produktionstakt zu wenige Kunden- oder Lagerergänzungsaufträge. Der momentane Bedarf ist also deutlich unter den Jahresdurchschnitt gefallen. Wenn keine Maßnahmen ergriffen werden, droht im Wertstrom Produktionsstillstand durch fehlende Aufträge. Im zweiten Fall der überlangen Warteschlange wächst der Auftragsbestand stark an, da der momentane Bedarf deutlich über den Jahresdurchschnittsbedarf ansteigt. Der Produktionstakt ist jetzt zu niedrig. Wenn keine Maßnahmen ergriffen werden, droht im Wertstrom Lieferverzug durch Überschreiten der Lieferzeit oder Einschränkungen der Lieferfähigkeit aus dem Fertigwarenlager heraus.

Durch eine geeignete *Anpassung der Kapazitäten* kann die Warteschlange wieder auf eine Länge innerhalb des vorgesehenen Korridors gebracht werden. Für die dazu erforderliche *Kapazitätssteuerung* im Wertstrom dient primär die bereits im Soll-Konzept gestaltete Kapazitätsflexibilität. Die größten Möglichkeiten bietet hierbei die Arbeitszeitflexibilität im Ein- oder Zweischichtbetrieb. Indem die Mitarbeiter nach Bedarf auch kurzfristig ohne lange Vorankündigung bis zu einer Stunde länger bleiben oder früher gehen – und im Zweischichtbetrieb beide Schichten einen dazu geeigneten Zeitabstand aufweisen – kann die tägliche Ausbringung um plus/minus gut 10 Prozent variiert werden. Ein weiteres Mittel sind Sonderschichten und Freischichten, die aber beide einen höheren organisatorischen Aufwand und höhere Kosten bedeuten sowie eine längere Vorlaufzeit benötigen.

Abb. 3.69. Aufgaben des Wertstrommanagements im Überblick

Die beim Wertstrom-Monitoring überwachten Kennzahlen geben auch Hinweise auf eine verschlechterte Wertstromleistung. Dies ist vor allem dann der Fall, wenn der Work in Process ansteigt oder die gemessene Produktivität der Mitarbeiter oder der Maschinen und Anlagen sinkt. Dies sollte unmittelbarer Auslöser für eine *Störungsbeseitigung* auf dem Shop-Floor sein. So könnte beispielsweise gemeinsam mit den am Produktionsprozess beteiligten Mitarbeitern nach der 5W-Methode – also dem beharrlichen, fünfmaligen Kinder-Warum-Fragen – nach den wirklichen Ursachen der Verschlechterung gesucht und dann in einem KVP-Workshop Maßnahmen zur nachhaltigen Verbesserung definiert werden. Durch periodische Produktionsaudits kann auch vorbeugend die Wertstromleistung abgesichert und kontinuierlich verbessert werden. Zielsetzung dafür können sein eine Verbesserung der Wertstromleistung durch Verkürzung der Produktionsdurchlaufzeit, eine Reduzierung von Beständen, die Verkleinerung der Freigabeeinheiten, die Erhöhung der Mitarbeiterproduktivität durch Mehrmaschinenbedienung, Rüstzeitminimierung, Verfügbarkeitssteigerung und anderes mehr. An die mittelfristige Ebene des Wertstrommanagements schließen also zahlreiche aus Produktionssystemen (vgl. Abschn. 4.2) bekannte Methoden an.

Wandlungsfähigkeit planen Maßnahmen mit einem langfristigen Zeithorizont sind erforderlich bei einer dauerhaften Änderung des Kundenbedarfs, einer Änderung des Produktspektrums sowie bei Änderungen der verwendeten Ressourcen. In allen diesen Fällen muss der Wertstrom entsprechend umgestaltet werden. Das Wertstrommanagement nutzt bestimmte Planungswerkzeuge, mit denen die *Wandlungsfähigkeit* des Wertstroms hinsichtlich Dimensionierung und Strukturierung geplant werden kann. Die Umgestaltung erfolgt bei einer Mengenänderung oder einer Leistungsänderung rein kapazitativ durch erstens eine Neuauslegung des Wertstroms. Bei verändertem Produktionsmix durch Nachfrageverschiebung oder Produkteinführung ist zweitens eine Neuabstimmung des Wertstroms erforderlich. Bei Änderung der Stückzahlcharakteristik pro Variante oder bei Einsatz neuartiger Technologien ist häufig drittens eine partielle Neukonfiguration der Produktionsabläufe sinnvoll (vgl. Abb. 3.69). Ebenfalls zu den langfristigen Planungsaufgaben gehört schließlich viertens die Stammdatenpflege.

Kann die Länge der Warteschlange nur durch beständige Kapazitätsanpassung im vorgegebenen Korridor gehalten werden, weist das auf eine nachhaltige Änderung des Kundenbedarfes hin. In analoger Weise können proaktiv aus einer Trendfortschreibung oder entsprechend aus der Absatzplanung eine künftig zu erwartende Änderung des Kundenbedarfs abgeschätzt werden. Umgekehrt kann sich durch erfolgreiche kontinuierliche Verbesserungsmaßnahmen, technologische Neuerungen oder auch allfällige Ersatzinvestitionen die Leistungsfähigkeit und Verfügbarkeit der Betriebsmittel so deutlich ändern, dass Produktionstakt und Kundentakt dauerhaft voneinander abweichen. Diesen Änderungen kann sinnvoll nur durch eine *Neuauslegung des Wertstroms* entsprochen werden.

Zur entsprechenden Dimensionierung eignet sich das Taktabstimmungsdiagramm als *Planungswerkzeug*, in das man Änderungen des durchschnittlichen Kundenbedarfs, ausgedrückt als Kundentakt, wie auch der Leistungsdaten der Produktionsprozesse, ausgedrückt als Zykluszeit, beispielsweise monatlich rollierend einpflegt. Aus den jeweiligen Differenzen von Zykluszeiten und Kundentakt lässt sich ein Handlungsbedarf ableiten, der eine Veränderung des installierten Kapazitätsangebots der jeweiligen Produktionsprozesse bedeutet. Die Wandlungsfähigkeit einer Fabrik zeigt sich dann darin, inwieweit der Änderungsbedarf durch eine Neuzuordnung von Betriebsmitteln und/oder Personal zu einer Produktfamilie ohne allzu großen Aufwand erfüllt wird.

Innerhalb der in einem Wertstrom produzierten Produktfamilie kann es Verschiebungen beim Bedarf der jeweiligen Varianten relativ zueinander geben. Da der Wertstrom passend für einen bestimmten Produktionsmix ausgelegt ist, kann es dadurch zu einer Veränderung der Ausbringung oder zu einem verschobenen Engpass kommen, je nachdem, ob sich die durchschnittliche Bearbeitungszeit gleichmäßig über den gesamten Wertstrom hinweg oder nur an einem Produktionsprozess ändert. Bezogen auf den neuen Produktionsmix ist deshalb eine *Neuabstimmung des Wertstroms* erforderlich.

Diese Aufgabe ergibt sich planmäßig immer dann, wenn eine neue Produktvariante der Produktfamilie zugeordnet oder ihr ausgegliedert wird. Die neue Produktvariante kann aus einer anderen Produktfamilie stammen oder eine Produktneueinführung sein. Durch den *Produktanlauf* oder (seltener) den Produktauslauf verändert sich in der Regel der Kundentakt, ferner aber auch der konkrete Bedarf an speziellen Vorrichtungen oder Teilen. Entsprechende Stammdaten sind anzulegen und die Produktionsprozesse sind für die neue Variante technisch und logistisch auszurüsten. Die Pflege und (Neu-) Ermittlung der *Stammdaten* bei Fehlerereignissen oder eben bei Produktneueinführungen ist somit ebenfalls eine Aufgabe des Wertstrommanagers. Der Produktanlauf ist gegebenenfalls auch in mehreren Stufen im Vorhinein zu planen. Die daraus abgeleiteten Maßnahmen der Kapazitätsanpassungen im Wertstrom sind dann zeitgerecht zu veranlassen.

Ein Wandel der Stückzahl pro Variante kann auch zu einer Änderung der Produktionscharakteristik insgesamt führen. So kann sich beispielsweise eine Serienproduktvariante hin zum Kleinserienprodukt oder auch zur kundenspezifischen Produktvariante entwickeln. Dadurch kann eine Änderung des logistischen Prinzips notwendig sein, beispielsweise die Umstellung von Kanban-Logik auf FIFO-Bahnen. Auch komplett neue Technologien können, indem sie mehrere Produktionsprozesse integrieren oder Losgrößen deutlich reduzieren, bestimmte Lagerstufen überflüssig machen und daher ebenfalls eine Anpassung des Produktionsablaufes erforderlich machen. In diesen Fällen ist eine *Neukonfiguration des Wertstroms* erforderlich, was einer kompletten Neukonzeption des Wertstroms in einem eigenen Planungsprojekt schon sehr nahe kommt.

Gestaltungsmerkmale eines schlanken Produktionsablaufes

Ein *wertstromorientierter Fabrikbetrieb* wird entsprechend der sechs Kernaufgaben des Wertstrommanagements geplant und gesteuert. Übergeordnet sind die Planungsaufgaben zur Steuerung der Flexibilität und Planung der Wandlungsfähigkeit einer schlanken Fabrik. Aus dem Auftragsmanagement sind sechs Gestaltungsmerkmale bekannt, nach denen die Eigenschaften der von den Planungs- und Steuerungssystemen zu erfüllenden Funktionen festzulegen sind (Wiendahl 2002). Übertragen auf einen wertstromorientierten Produktionsablauf ergeben sich für das *Wertstrommanagement* jeweils die folgenden Ausprägungen der sechs Merkmale:

1. **Produktionsstrukturierung** Die Produktion wird entsprechend einer *produktfamilienorientierten Segmentierung* untergliedert – und zwar nicht nur logistisch, sondern soweit möglich auch räumlich, um eine transparente Fabrik zu realisieren. Resultat ist ein durchgängiger Wertstrom vom Wareneingang bis zum Versand.
2. **Logistisches Leitbild** Angestrebt wird ein *laminarer Produktionsfluss* mit konstanter Produktionsrate, einheitlicher Auftragsgröße und fixierter Auftragsreihenfolge ohne Prioritätsänderungen nach der Auftragsfreigabe.
3. **Marktsynchronisation** Der Kundenbedarf wird in festem Freigaberhythmus am *Schrittmacher*-Prozess in den Wertstrom eingesteuert. Bei kundenauftragsbezogener Produktion liegt hier zugleich der Kundenentkopplungspunkt. Bei Lieferung ab Fertigwarenlager wird der Kundenbedarf indirekt an den Schrittmacher weitergegeben.
4. **Synchronisationsprinzip** Schwankungen des Kundenbedarfs werden hinsichtlich des *Volumens nivelliert* sowie hinsichtlich der *Varianz ausgeglichen*. Die Belastung der Produktion wird demnach ausschließlich über die Menge vergleichmäßigt, nämlich entweder durch den Bestandspuffer im Fertigwarenlager oder aber durch den Auftragspuffer in der Warteschlange. Es erfolgt daher keine Ermittlung auslastungsabhängiger Liefertermine, sondern allenfalls eine Überprüfung, ob die maximale Lieferzeit eingehalten werden kann.

5. **Planungsebenen** Im Wertstrommanagement lassen sich drei Zeithorizonte unterscheiden. In der *langfristigen Planung* wird der Wertstrom mit Hilfe des Taktabstimmungsdiagramms kapazitativ dimensioniert. Bei der *mittelfristigen Planung* werden die Kundenaufträge in einheitliche Freigabeeinheiten umgesetzt und die Produktion so geglättet. Ferner werden die logistische Leistung des Wertstroms auf dieser Ebene überwacht und daraus gegebenenfalls Änderungen der Parametrisierung abgeleitet. Bei der *kurzfristigen Planung* werden die auf der übergeordneten Ebene gebildeten Freigabeeinheiten in eine geeignete Reihenfolge gebracht und im festen Rhythmus zur Produktion freigegeben.

6. **Planungsobjekte** Alle Aufträge werden als *Freigabeeinheit* in einheitlicher Menge eingeplant. Dabei werden allerdings Abweichungen mancher Produkte vom gewählten Repräsentanten nicht immer berücksichtigt. Ein großer Vereinfachungseffekt der wertstromorientierten Produktionsplanung ergibt sich daraus, dass je Wertstrom auf diese Weise nur ein einziger Produktionsprozess mit den zugeordneten Kapazitäten verplant wird. Dies ist im Regelfall der *Schrittmacher*-Prozess, bei dem die Aufträge eingesteuert werden, oder aber der Engpass-Prozess. Dadurch sind auch nur Aufträge für *Endprodukte*, deren Herstellung am Schrittmacher beginnt, zu erzeugen und einzuplanen, während Vorprodukte dank Kanban automatisch nachgeregelt werden, also nicht eigens über eine Stücklistenauflösung zu planen sind. Ausnahme sind Wertströme für komplexe Produkte, bei denen mehrere Anfangspunkte zu synchronisieren sind. Termine spielen als Planungsobjekt nur bei der Reihenfolgeplanung eine Rolle, sie sind hingegen nicht steuerungsrelevant.

4 Die schlanke Fabrik

Das Ideal des Produzierens verwirklicht sich in einer Fabrik, in der jedes Produkt bei konkretem Bedarf einzeln und kundenspezifisch hergestellt wird – und zwar mit industriellen Mitteln. Letzteres bedeutet, effizient zu produzieren, das heißt Arbeitsteilung und Mechanisierung so zu nutzen, dass nicht nur die Kosten gesenkt, sondern auch die anderen Ziele des Produzierens erreicht werden (Abschn. 1.2.2). Mit industriellen Mitteln sind demnach zugleich die Qualität und Genauigkeit der Produkte zu steigern, die Dauer des Herstellprozesses zu senken sowie trotz der Standards eine hohe Varianz des Produktspektrums zu verwirklichen. Dieses Ziel einer ‚idealen Fabrik' sollte man sich immer vor Augen halten, wenn man seine Produktion kontinuierlich verbessern möchte.

Die in diesem Buch ausführlich erläuterten acht Gestaltungsrichtlinien des Wertstromdesigns (Kap. 3) erlauben es, jede Produktion von Stückgut zu einem idealen Zielzustand hin zu entwickeln. Dieses Ziel ist die *schlanke Fabrik*. Das in diesem Buch ausgearbeitete Wertstromdesign bietet zudem eine bewährte Reihenfolge in der Anwendung der Gestaltungsrichtlinien bei der Konzeption an. Für die Gestaltung des Produktionsablaufes in einer Fabrik sollten diese acht Gestaltungsrichtlinien ausreichend sein.

Auf dem Weg zur idealen, schlanken Fabrik wird man bei der Anwendung der Gestaltungsrichtlinien immer zwei Arten von *Kompromissen* eingehen müssen:

1. Zum einen die Anwendung einer jeweils ‚schwächeren' Gestaltungsrichtlinie, also Reihenfertigung statt Fließfertigung, Losfertigung statt Einzelstückfertigung, Berücksichtigung von Restriktionen in der Reihenfolgebildung.
2. Zum anderen die ‚unsaubere' Umsetzung einer Gestaltungsrichtlinie, wie kleine Sicherheitsbestände in der Fließfertigung, Überholen auf der FIFO-Bahn, planerisches Überwachen der Kanban-Regelkreise mit einem übergeordneten EDV-System und anderes.

Die ‚Verlockung' zur unsauberen Umsetzung ist im Fabrikalltag erfahrungsgemäß besonders groß, da eine strikte Einhaltung von Richtlinien mehr Mühe macht, als dabei an unmittelbarem Nutzen für den Einzelnen sofort erkennbar ist. Zuweilen haben Richtlinienverstöße sogar einen offensichtlichen Vorteil – jedoch *nur* unter Voraussetzung der jeweils spezifischen Gegebenheiten bei Produktionsprozessen *und* Produkt. So bietet es sich beispielsweise bei stark schwankenden Arbeitsinhalten besonders im Maschinenbau an, dass kleine Maschinen die Großen mit mehr Modulen in der Montagelinie überholen. Genau genommen aber entspricht hier das Montagekonzept nicht dem Idealzustand, der eben eine gleichmäßig ablaufende Montage ermöglichen sollte. Was nicht heißen soll, dieser wäre einfach und kostenfrei erreichbar.

Wertstromorientierte Fabrikplanung Mit der Methode des Wertstromdesigns kann der *Weg zur schlanken Fabrik* sicher und erfolgversprechend beschritten werden. Die acht dargelegten Gestaltungsrichtlinien sind für die Gestaltung des Produktionsablaufes in einer Fabrik ausreichend. Für eine wertstromorientierte Fabrikplanung sind die Gestaltungsrichtlinien jedoch noch in zweierlei Hinsicht zu ergänzen:

1. Die physische Realisierung des mit den Gestaltungsrichtlinien des Wertstromdesigns konzipierten Produktionsablaufes in der Fabrik bedarf auch der räumlichen Anordnung der den Produktionsprozessen zugeordneten Ressourcen. Wie eine *wertstromorientierte Layoutplanung* für die schlanke Fabrik aussehen könnte, soll im Folgenden näher beleuchtet werden (Abschn. 4.1). Eingeführt werden dazu zwei Gestaltungsrichtlinien zur Layoutplanung.
2. Der erörterte Betrachtungsbereich bei Wertstromanalyse und Wertstromdesign erstreckt sich von Tor zu Tor eines Werkes. Damit sind die Planungsebenen Betriebsmittel, Segment beziehungsweise Bereich, Gebäude sowie ganzes Werk methodisch abgedeckt. Nicht betrachtet worden ist die Ebene des Produktionsnetzes mit ihren standortübergreifenden Zusammenhängen. Sowohl bei der Festlegung der *Produktionsordnung* im Sinne der Verteilung von Produktionsaufgaben auf mehrere Standorte als auch bei der Gestaltung der logistischen Zusammenhänge von *Zuliefernetzwerken* sind zusätzliche spezifische Aspekte zu berücksichtigen, die im Rahmen dieses Buches nicht ausgearbeitet werden konnten. Ein entsprechend erweitertes Set an Gestaltungsrichtlinien würde die erforderlichen Planungsaufgaben für eine schlanke Fabrik im Produktionsnetz abdecken.

Die weiteren Aufgaben zur Produktionsgestaltung resultieren aus dem Produktdesign sowie den jeweils erforderlichen Produktionstechnologien. Hier formulieren die Gestaltungsrichtlinien explizit und auch implizit Anforderungen und erste Gestaltungshinweise, die aber nicht hinrechend zur Technikgestaltung sein können. Die Nutzbarmachung sowohl einer *innovationsgetriebenen Technologieentwicklung* als auch einer *produktionsge-*

rechten Produktgestaltung für die Optimierung einer Fabrik ist daher nicht als ein Teil der Fabrikplanung, sondern als ein eigenständiges Aufgabenfeld anzusehen. So lautet beispielsweise die Anforderung einer wertstromorientierten Fabrikplanung an die Technologieentwicklung, dass Durchlaufprozesse generell Chargenprozessen vorzuziehen sind. Wie die jeweils einzusetzenden technologischen Prinzipien und die zu findende technische Gestaltung im Einzelnen auszusehen hat, ist dann Sache der entsprechenden technischen Fachdisziplin.

Wertstromorientierter Fabrikbetrieb Da sowohl die Konzeption als auch die anschließende Realisierung der Fabrik selten (hier euphemistisch gemeint für ‚nie') im ersten Anlauf den Idealzustand erreichen, ist es angezeigt, die Produktion im Fabrikbetrieb kontinuierlich zu verbessern. Das kann operativ im Kleinen erfolgen, das heißt an den Arbeitsplätzen direkt – geplant und ausgeführt durch die Mitarbeiter vor Ort –, sowie konzeptionell im Großen durch eine *kontinuierliche Fabrikplanung*. Zudem sind ständig Änderungen der verfügbaren Produktionstechnologien, der Produkte und nicht zuletzt auch der vom Markt abhängigen Zielgewichtung in die Fabrikumgestaltung mit einzubringen. Die Grundidee eines schlanken Fabrikbetriebs liegt somit in der ständigen Verbesserung aller Prozesse.

Organisatorisch verantwortlich für einen in dieser Weise ausgeführten *wertstromorientierten Fabrikbetrieb* ist der Wertstrommanager. Die tägliche Umsetzung der acht Gestaltungsrichtlinien des Wertsromdesigns im Betrieb einer schlanken Fabrik erfolgt durch die sechs Kernaufgaben des Wertstrommanagements (Abschn. 3.6.2). Durch Monitoring der unternehmensspezifisch definierten Wertstromkennzahlen kann zusätzlich zu explizit von extern angestoßenen Veränderungen auch unmittelbar ein mittel- und langfristiger Anpassungsbedarf des Wertstroms im Betrieb erkannt werden. Daraus leiten sich dann Planungsaufgaben des Wertstrommanagers zur *Steuerung der Flexibilität* und *Planung der Wandlungsfähigkeit* einer schlanken Fabrik ab. Mit dem Wertstrommanagement ist damit der Produktionsablauf im Fabrikbetrieb komplett beschrieben.

Der Fabrikbetrieb ist allerdings nicht nur durch das Wertstrommanagement bestimmt, sondern insbesondere auch durch die Organisation der Arbeitsabläufe in den Produktionsprozessen. Wenn die Arbeitsorganisation in einem Unternehmen in strukturierter Weise ausformuliert ist, spricht man auch von einem *Produktionssystem*. Gemeint ist hier nicht ein technisches Produktionssystem wie ein flexibles Bearbeitungszentrum, sondern in Anlehnung an das Toyota Produktionssystem ein arbeitsorganisatorischer Rahmen, der handlungsleitend für alle Mitarbeiter vom Produktionsleiter bis hin zur Hilfskraft wirken soll. Ein Produktionssystem umfasst alle Prinzipien und Methoden, die für eine Produktionsorganisation mit klaren

Verantwortlichkeiten, einem schlanken Produktionsablauf und einem unterstützenden Produktionscontrolling erforderlich sind. Die Hauptbestandteile eines Produktionssystems sollen im Sinne eines Handlungssystems abschließend kurz umrissen werden (Abschn. 4.2). Gelingt es, daran anschließend für den Aufbau eines Produktionssystems die benötigten Gestaltungsrichtlinien auszuformulieren, wäre ein methodisches Vorgehen zur Einführung von unternehmensspezifisch auszuwählenden Produktionssystemelementen in ähnlicher Weise wie beim Wertstromdesign möglich.

4.1 Wertstromorientierte Fabrikplanung

Wenn die Produktionsabläufe definiert sind, mithin die Logik des Produzierens feststeht, beginnt die Planung der physischen Umsetzung mit den bereits dimensionierten Ressourcen sowie deren Anordnung. Dies ist das ursprüngliche Feld der Fabrikplanung, bei dem man häufig vor allem an *Fabriklayout* und *Fabrikgebäude* denkt, weniger an Fabrikstruktur und Produktionsablauf. Mit dem Wertstromdesign deckt man die beiden letztgenannten Punkte ab – die Strukturierung durch die Produktfamilienbildung sowie die Optimierung des Produktionsablaufs durch die acht Gestaltungsrichtlinien. Da die in diesem Buch vorgestellte Methode diese beiden Aufgaben sehr effizient erfüllt und zusätzlich auch gut visualisiert, hat sich die Integration des Wertstromdesigns in das klassische Fabrikplanungsvorgehen bereits hervorragend bewährt. Dies kann man bei unterschiedlichsten Planungsaufgaben beobachten, so dass sich auch ‚alte Hasen' der Fabrikplanung zuweilen fragen, wie denn früher ohne die Wertstrommethode überhaupt Fabriken geplant werden konnten.

Von der Wertstrommethode überwiegend unberührt geblieben sind jedoch bisher die Aufgaben, die mit der räumlichen Gestaltung im weitesten Sinne zusammenhängen. Die Grundsätze der Wertstrommethode auch auf Aspekte des Fabriklayouts und der Gebäudegestaltung anzuwenden, ist das Anliegen einer *wertstromorientierten Fabrikplanung*. Dazu soll im Folgenden zunächst auf das allgemeine Fabrikplanungsvorgehen eingegangen werden. Aus der klassischen Fabrikplanung bekannte Planungsgrundsätze können auch für eine wertstromorientierte Fabrikplanung fruchtbar gemacht werden. Daran anschließend werden in drei Schritten die Besonderheiten der wertstromorientierten Fabrikplanungsmethode erläutert. Das sind ersten mit der Flächenplanung ein Vorgehen zur Flächenverdichtung, zweitens mit der Idealplanung ein Vorgehen zur materialflussorientierten Anordnungsplanung sowie drittens mit der Realplanung eine an Bewertungskriterien der schlanken Fabrik orientierte Nutzwertanalyse von Reallayoutvarianten. Dieses Vorgehen kann hier jedoch in Summe nur relativ knapp umrissen werden, da die fundierte Untersuchung der architektonischen und gebäudetechnischen Aspekte sowie der flächenbezogenen Planungsinhalte eine eigenständige Abhandlung erfordern würde.

Planungsvorgehen

Im Jahr 2009 ist erstmals eine VDI-Richtlinie im Gründruck erschienen, die sich umfassend dem Thema Fabrikplanung widmet – die *VDI-Richtlinie 5200*, Blatt 1: ‚Fabrikplanung – Planungsvorgehen'. Zielsetzung dieser Richtlinie ist es, in Analogie zur Honorarordnung der Architekten (HOAI) ein allgemeines, in Phasen gegliedertes Planungsvorgehen für die produktionsbezogene Fabrikplanung vorzuschlagen, an der sich ein methodisches Planungsvorgehen zur Beschreibung von einschlägigen Planungsleistungen orientieren kann. Dazu ist es insbesondere erforderlich gewesen, die vielfältige Begrifflichkeit der traditionellen Fabrikplanungsliteratur (Kettner 1984, Schmigalla 1995, Grundig 2009) zu vereinheitlichen. Außerdem ist mit Zuordnung der neun Leistungsphasen gemäß HOAI §15 die Verbindung zur architektonischen Gebäudeplanung explizit aufgezeigt worden, um die zeitliche und inhaltliche Koordination zwischen produktionsbezogener und architektonischer Fabrikplanung zu verbessern.

Die VDI-Richtlinie macht mit der zunächst etwas umständlich anmutenden Definition des *Fabrikplanungsbegriffs* alle zu berücksichtigenden Aspekte ersichtlich. Diese Aspekte sind von der VDI-Arbeitsgruppe anhand von zehn ‚W-Fragen' – Wer? *plant* Wie? Warum? Wann? Womit? Was? Weshalb? Wozu? Wieso? und Wo? – abgeleitet worden. Dabei ist ein erweiterter Planungsbegriff angesetzt worden, um neben der Planung im engeren Sinne auch die Begleitung der Realisierung inklusive des Fabrikhochlaufs mit zu umfassen: »Fabrikplanung ist der systematische, zielorientierte, in aufeinander aufbauende Phasen strukturierte und unter Zuhilfenahme von Methoden und Werkzeugen durchgeführte Prozess zur Planung einer Fabrik von der Zielfestlegung bis zum Hochlauf der Produktion. Sie kann ebenso die später folgende Anpassung im laufenden Betrieb beinhalten. Der Fabrikplanungsprozess kann verschiedene Anlässe haben sowie unterschiedliche Planungsfälle umfassen. Die Aufgaben werden in Form von Projekten im Team bearbeitet und mit Methoden des Projektmanagements gesteuert« (VDI-Richtlinie 5200).

Das in der Richtlinie entwickelte *Planungsphasenmodell* gliedert sich in sieben fachliche Hauptphasen sowie das begleitende Projektmanagement mit einer Bewertung der Güte des gesamten Planungsprozesses im Projektabschluss (Abb. 4.1). Jede Phase schließt mit der Fertigstellung eines von Planungsteam und Auftraggeber gemeinsam zu verabschiedenden, eigenständigen Dokumentes, das – ganz im Sinne eines Projektmeilensteines – die jeweiligen Ergebnisse der Planungsphase zusammenfasst.

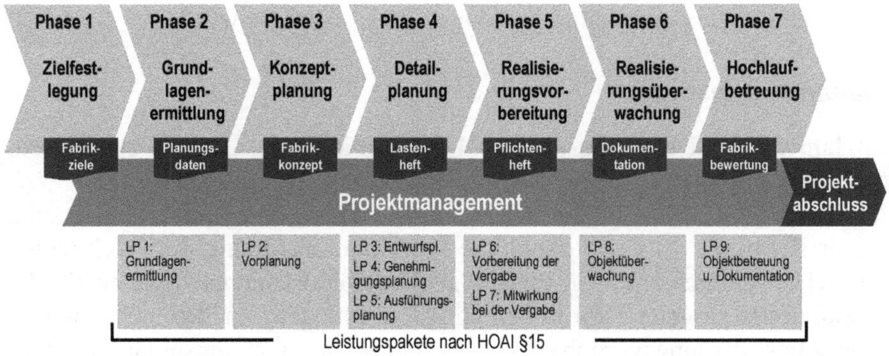

Abb. 4.1. Phasenmodell des Fabrikplanungsprozesses nach VDI 5200

Der *Planungsablauf* stellt sich dann wie folgt dar: Auslöser einer Fabrikplanung sind entweder interne Veränderungen (Technologieentwicklung, Produktänderung) oder Änderungen der externen Anforderungen (Marktsituation, gesetzliche Vorgaben). Diese gilt es in Verbindung mit der Unternehmensstrategie in konkrete Fabrikziele mit gewichteten Bewertungskriterien sowie in entsprechende Projektziele inklusive eines Projektplanes umzuwandeln (Phase 1). Eingangsgrößen der Fabrikplanung sind die zu erarbeitenden Planungsgrundlagen (Phase 2). Darauf aufbauend erfolgt die Entwicklung eines umsetzbaren Fabrikkonzeptes in den vier Hauptschritten Strukturierung, Dimensionierung, Idealplanung und Realplanung (Phase 3). In der Detailplanung erfolgt dann die Erstellung von Ausführungsplänen, Lastenheften und Genehmigungsanträgen (Phase 4), so dass schließlich externe Leistungen vergeben und die Umsetzung interner Aktivitäten geplant werden können (Phase 5). Das zu erreichende Planungsergebnis ist die auf geplantem Leistungsniveau stabil produzierende Fabrik einschließlich Bewertung (Phase 7) und Dokumentation (Phase 6) der erbrachten Planungsleistungen.

In den bisherigen Ausführungen in diesem Buch sind bereits einige Aspekte dieses Planungsablaufs abgehandelt worden. Insbesondere die flächenbezogenen Planungsaufgaben werden nun noch nachgetragen, so dass am Ende dieses Abschnitts eine Übersicht über die sieben Phasen einer wertstromorientierten Fabrikplanung gegeben werden kann. Zum methodisch richtigen Vorgehen einer Fabrikplanung gehört neben der Orientierung an diesen sieben Planungsphasen das Einhalten der im Folgenden erläuterten sechs *Planungsgrundsätze*, die an ein wertstromorientiertes Vorgehen angepasst sind.

Planungsgrundsätze der wertstromorientierten Fabrikplanung

1. *Wertschöpfungsorientierung* – Kern jeder Planung ist der Wertstrom mit den unmittelbar daran beteiligten Produktionsprozessen, Materialflüssen und Geschäftsprozessen der Auftragsabwicklung. Erst wenn diese Abläufe konzipiert und die zugehörigen Betriebsmittel mit ihrem Flächenbedarf gestaltet sind, werden die zuarbeitenden Nebenfunktionen wie Ver- und Entsorgung, Instandhaltung, Ausbildungswerkstatt, Technikum und andere geplant.

2. *Idealplanungsprinzip* – Die Anwendung der acht Gestaltungsrichtlinien des Wertstromdesigns hat das Ziel, zunächst einen möglichst idealen Produktionsablauf zu gestalten. In gleicher Weise erfolgt die Anordnungsplanung der Betriebsmittel zuerst immer als restriktionsfreies Ideallayout, das heißt ohne Berücksichtigung der vorhandenen Gebäudesubstanz gewissermaßen auf der ‚Grünen Wiese'. Erst im zweiten Schritt erfolgt dann eine sogenannte Realplanung unter Berücksichtigung von Restriktionen. Diese ergeben sich überwiegend aus den bestehenden räumlichen Gegebenheiten sowie den begrenzten finanziellen Mitteln.

3. *Variantenentwicklung* – In der Realplanung sind aufgrund der Restriktionen Kompromisse im Vergleich zur idealen Lösung zu machen. In der Regel sind Alternativen mit jeweils unterschiedlichen Nachteilen denkbar. Indem man durch Konzeption mehrerer Varianten den Lösungsraum auslotet, lässt sich die relativ gesehen beste Lösung durch vergleichende Bewertung zielgerichtet auswählen.

4. *Szenarienbildung* – Damit das entwickelte Fabrikkonzept auch zukunftsfähig ist, sollte es hinsichtlich unterschiedlicher Zukunftsszenarien abgesichert sein. Denkbar ist es, mit unterschiedlichen Zukünften beispielsweise im Sinne eines ‚Bad Case' und eines ‚Good Case' zu rechnen und die Sensitivität des Konzeptes zu prüfen. Dazu gehört dann insbesondere die Sicherstellung einer aufwandsarmen Erweiterungsfähigkeit des Fabrikkonzeptes. Außerdem können bereits vorab Optionen eingeplant werden, deren Realisierung noch völlig offen ist.

5. *Pyramidenprinzip* – In der Wertstromperspektive wird zunächst der Gesamtablauf der Produktion unter Ausblendung von Details und Besonderheiten in den Blick genommen. Daraus werden Zielvorgaben für die Ausplanung der Produktionsprozesse mit den zugeordneten Betriebsmitteln und angeschlossenen Materialflüssen abgeleitet. Mit exemplarischer Detailplanung kann bei Bedarf die Erreichbarkeit der Ziele überprüft und die Grundlage für eine validierte Hochrechnung auf die gesamte Fabrik gelegt werden.
6. *Iterationsprinzip* – Im Verlauf der Anwendung der Gestaltungsrichtlinien oder generell mit zunehmendem Projektfortschritt können sich vorhergehende Festlegungen als unvollständig oder unrichtig erweisen sowie neue Erkenntnisse ergeben. In diesem Fall sind eigentlich abgearbeitete Planungsphasen erneut zu durchlaufen. Dieses Iterieren entspricht im Grunde der kontinuierlichen Verbesserung einer Planung.

Flächenplanung

Flächenanalyse Bei der Wertstromanalyse wird die Flächennutzung im Ist-Zustand nicht eigens betrachtet. Dies ist im Rahmen einer wertstromorientierten Fabrikplanung noch nachzuholen, um die Grundlagenermittlung zu vervollständigen. Weist man den einzelnen Flächenelementen im Fabriklayout eine ihrer Nutzungscharakteristik entsprechende Flächenart zu, so kann man mit einer Flächenanalyse die Flächenanteile nach Flächenarten ermitteln. Gemeinhin lassen sich die folgenden sieben *Flächenarten* unterscheiden:

1. die *Produktionsfläche* für die Produktionsprozesse des Fertigens, Montierens und Qualität Prüfens inklusive der produktionsprozessnahen Bereitstellflächen,
2. die Puffer- und *Lagerfläche* für Rohmaterial, Kaufteile, Halbfabrikate, Fertigware, Werkzeuge, Betriebs- und Hilfsstoffe mit den entsprechenden Einrichtungen,
3. die *Verkehrsfläche* für den Material- und Personenfluss,
4. die *Funktionsfläche* mit den produktionsnahen Büroflächen zur Produktionssteuerung, NC-Programmierung, Versandabwicklung, Mitarbeiterinformation und anderen dem Informationsfluss zugehörigen Funktionen,
5. die *Sonderfläche* für die keinem Wertstrom direkt zuzuordnenden Flächen mit produktionsnahem Hintergrund wie beispielsweise Lehrwerkstatt, Technikum, Instandhaltung oder Werkzeugbau,

6. die *Sozial-* und *Sanitärflächen*,
7. die *Freiflächen*, die nicht in die Auswertung, wohl aber in die spätere Layoutplanung eingehen.

Der Flächenanteil jeder Flächenart lässt sich über Kreisdiagramme sehr gut visualisieren. Setzt man die Produktionsfläche in Beziehung zur Summe der drei anderen wertstromrelevanten Flächenarten – der Lager-, Verkehrs- und Funktionsfläche –, dann erhält man den *Flächennutzungsgrad* des Wertstroms. Dieser entspricht neben Flussgrad und Auslastungsgrad (vgl. Abschn. 2.4) dem dritten Verbesserungspotential eines Wertstroms und gibt Anhaltspunkte zu Möglichkeiten der Flächenverdichtung. Der Flächennutzungsgrad lässt sich auch mit einer entsprechenden, meist branchenspezifischen Flächenkennzahl vergleichen, um Verdichtungspotentiale abzuschätzen.

Belegt man die Maschinenanordnung im Fabriklayout mit der in der Wertstromanalyse ermittelten *Materialflussverknüpfung*, dann erhält man die exemplarische Darstellung des Materialflusses für die Hauptkomponenten des Repräsentanten einer Produktfamilie. Aus dem typischen Hin und Her der Materialtransporte einschließlich der zwischengeschobenen Ein- und Auslagerungen in einer gewachsenen Fabrikstruktur lässt sich das Verbesserungspotential einer veränderten Maschinenanordnung visuell ablesen und nach Vermessung der Steckenkilometer auch kostenmäßig bewerten.

Eine weitere Analyseaufgabe der Fabrikplanung ist die Analyse und Bewertung von Gebäudestruktur und Werkstruktur. Die Gebäudestruktur umfasst zum einen die Bewertung der *Gebäudesubstanz* hinsichtlich des Sanierungsbedarfs. Hinzu kommt zum anderen die Beschreibung der *Flächenqualität*, mit der das Flächenangebot im Hinblick auf seine Nutzbarkeit für die unterschiedlichen Betriebsmittel bewertet wird. Dazu gehören Bodenlasten, Infrastruktur und Medienversorgung, baurechtliche Nutzungseinschränkungen, Stützenraster und sonstige gebäudeseitigen Restriktionen.

Die Analyse der Werkstruktur ist insbesondere bei übergreifenden Werkstrukturplanungen erforderlich und weniger bei der Neugestaltung von Wertströmen, die nur einen Teil eines Werkes beanspruchen. Man nimmt hier eher den Zusammenhang aller Wertströme eines Werkes in den Blick. Die Analyseaufgaben umfassen die Erfassung der Topologie des Geländes, der *Erschließung* und verkehrstechnischen Anbindung, baurechtlicher und sonstiger Restriktionen der *Geländenutzung* sowie der Erweiterungsmöglichkeiten und -beschränkungen. In der Gestaltung spielen dann vermehrt städtebauliche Aspekte eine Rolle, worauf hier nicht vertiefend eingegangen werden soll.

Flächenbedarf Bereits im ersten Schritt des Wertstromdesigns erfolgt die Kapazitätsauslegung des Wertstroms. Für jeden Produktionsprozess wird dabei der Ressourcenbedarf mit der Anzahl der jeweils erforderlichen Betriebsmittel festgelegt. Dabei dient das Taktabstimmungsdiagramm als Kapazitätsmodell. In fabrikplanerischer Hinsicht ist nun erstens entsprechend der gewählten Ressourcenzuordnung zu den Produktionsprozessen noch der jeweilige Flächenbedarf pro Betriebsmittel zu ergänzen, der aufsummiert die gesamte Produktionsfläche ergibt. Dabei ist unter Betriebsmittelfläche nicht nur die Maschinengrundfläche zu verstehen, sondern auch die Fläche für alle zugehörigen Einrichtungen, für den Maschinenbediener und die zugeordnete Bereitstellfläche. Diese *Flächenbedarfsermittlung* ist zweitens fortzusetzen mit der Dimensionierung der für die FIFO-Verkopplung und Kanban-Verknüpfung erforderlichen Puffer- und Lagerflächen. Der Flächenbedarf hängt hierbei stark von der verwendeten Lagertechnik ab, die jeweils zur Funktionsweise eines schlanken Materialflusses passend gewählt werden sollte. Schließlich sind drittens die aus der Art der logistischen Verknüpfung abzuleitenden Transport- und Fördermittel mit ihrem entsprechenden Verkehrswegebedarf zu berücksichtigen, wobei die tatsächlich erforderliche Verkehrsfläche sich erst im Zusammenhang mit der Anordnungsplanung ergibt.

Grundidee bei der Flächenplanung in einer schlanken Fabrik ist die *strikte räumliche und personelle Trennung von Produktionsprozess und Materialfluss* auf dem Shop Floor. Die produzierenden Mitarbeiter sind dann ausschließlich verantwortlich für Tätigkeiten, die der wertschöpfenden Veränderung der Teile und Produkte mit Hilfe der Produktionsprozesse dienen. Die logistischen Mitarbeiter sind dagegen ausschließlich verantwortlich dafür, dass sich die produzierenden Mitarbeiter auf ihre wertschöpfende Tätigkeit konzentrieren können, dazu immer ausreichend Material zur Verfügung haben und sich auch nicht um den Abtransport von Fertigteilen kümmern müssen. Die Arbeitsbereiche von beiden sollten daher deutlich räumlich voneinander getrennt sein. Die zugehörige Gestaltungsrichtlinie lautet:

> **Gestaltungsrichtlinie 9:** *Trennung von Produktionsprozess und Materialfluss*
>
> Wertschöpfende Tätigkeiten im Produktionsprozess sind von den unterstützenden, logistischen Tätigkeiten räumlich und personell abzutrennen.

Die Vermischung von bearbeitenden und logistischen Tätigkeiten führt in der Regel zu Verschwendungen, die, weil sie notwendig erscheinen, in der Regel im Arbeitsalltag gar nicht auffallen. Die klare Aufgabenteilung zwischen den sehr unterschiedlichen Tätigkeiten Produzieren und Transportieren ermöglicht eine voneinander unabhängige Gestaltung und Optimierung der jeweiligen Arbeitsabläufe. Da bei getrennter Betrachtung die jeweiligen spezifischen Anforderungen besser berücksichtigt werden können, erleichtert dieses Vorgehen die Steigerung der Effizienz (Abb. 4.2).

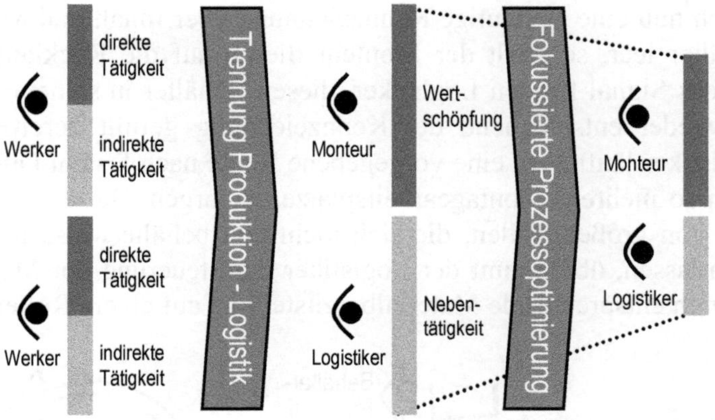

Abb. 4.2. Fokussierte Prozessoptimierung durch separierte Tätigkeitsarten

So hat ein Werker mit gemischten direkten und indirekte Aufgaben häufigere ‚geistige' Rüstwechsel zu vollziehen. Außerdem stellt sein Arbeitsplatz entweder einen Kompromiss zwischen Ergonomie der Materialbearbeitung und Ergonomie der Materialbereitstellung dar, oder der Wechsel zwischen beiden Tätigkeiten ist umständlich und zeitaufwendig. Trennt man nach Tätigkeitsart auf, dann entfallen die Zeitaufwände für den Wechsel der Tätigkeit. Außerdem kann insbesondere beim Materialfluss ein Logistiker – im Gegensatz zum Direktverkehr bei der Selbstversorgung – im Rundverkehr mehrere Monteure gleichzeitig versorgen. Die Umsetzung dieses *Separationsprinzips* in der Fabrik erfolgt erstens typischer Weise in der Fließfertigung mit Hilfe von Durchlaufregalen als Schnittstelle. Zweitens sind bei einzelnen Produktionsprozessen mit Hilfe klar markierter Bereitstellflächen definierte An- und Ablieferzonen einzurichten. Beides wird im Folgenden näher beschrieben.

Durchlaufregale bilden in der Fließfertigung die Schnittstelle zwischen wertschöpfenden Produktionsprozessen und der Bereitstellogistik zur Materialversorgung (Abb. 4.3). Der Puffer der bereitgestellten Teile *entkoppelt* die unterschiedlichen Zeitrhythmen in Bearbeitung und Materialfluss, so dass die jeweiligen Mitarbeiter entsprechend der Eigenlogik ihrer Aufgabe effizient arbeiten können. Der Monteur bekommt alle benötigten Teile vom Logistiker in entnahmegerechten Behältern in einem leicht geneigten Regalfach für einen einfachen Zugriff bereitgestellt. Montageablauf und Stellplatz des Behälters sollten so aufeinander abgestimmt sein, dass sich jedes Teil an dem Platz befindet, an dem es auch verbaut wird – idealer Weise auch so angeordnet, dass der Monteur überkreuzungsfrei beim Zugriff beide Hände simultan nutzen kann. Dementsprechend sind auch die Montagevorrichtungen so zu gestalten, dass jedes Werkzeug sich an dem Platz befindet, an dem es gebraucht wird. An jedem Behälter befindet sich nun eine eindeutige Kennzeichnung über Inhalt und Menge. Ist ein Behälter leer, so stellt der Monteur diesen auf die Rücklaufschiene. Dies ist das Signal für den Logistiker, diesen Behälter in seinem nächsten Zyklus wieder entsprechend der Kennzeichnung gefüllt bereitzustellen. Der Logistiker läuft dazu eine vorgegebene Route nach festem Fahrplan ab und kann so mehrere Montagearbeitsplätze versorgen. Bei der Variantenmontage von großen Teilen, die sich nicht alle behälterweise im Zugriff anordnen lassen, übernimmt der Logistiker die Steuerung der Montagesequenz durch entsprechende Materialbereitstellung auf einem Rollenband.

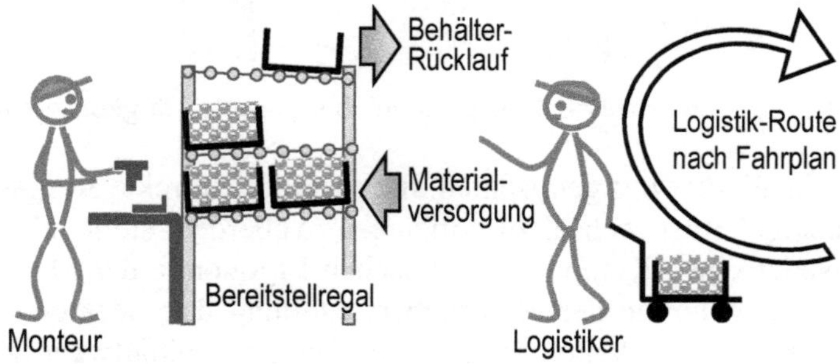

Abb. 4.3. Durchlaufregal als Schnittstelle zwischen Wertschöpfung und Logistik

Ein sehr vorteilhafter Nebeneffekt der Fließfertigung ist ihre hohe *Flächeneffizienz*. Das ergibt sich im Grunde zwangsläufig aus dem Gestaltungsziel, den Weg für einen Mitarbeiter innerhalb der Fließfertigung zu minimieren, um Verschwendung durch weites Gehen zu eliminieren. Daher sind die wertschöpfenden Arbeitsstationen in ihrer Arbeitsfläche sehr knapp auszulegen und dann so dicht wie eben möglich anzuordnen. Da es prinzipbedingt zur Verhinderung von Losbildung auch keine Bestände zwischen den Arbeitsstationen geben soll, entfällt auch der Flächenbedarf für Teilepuffer. Als methodisch sehr hilfreich hat es sich erwiesen, wenn man die Gestaltung des Layouts einer Fließfertigung zunächst so durchführt, als ob nur ein Mitarbeiter im Umlauf produzieren würde. Damit lässt sich die Durchgängigkeit des Fließprinzips am besten einhalten und auch sicherstellen, dass sich keine Hindernisse im Gehweg befinden.

Was hier am Beispiel der Fließmontage dargestellt ist, gilt in analoger Weise auch für die Fertigung an Einzelmaschinen. Auch hier sollten die Maschinenbediener nicht als ‚Wanderarbeiter' durch die Fabrikhalle laufen, um die Teile für ihren nächsten Fertigungsauftrag zu suchen und dann herbeizuschaffen, indem sie sich eine Ameise organisieren oder darauf warten, dass der Kran frei wird. Auch in der Fertigung ist es deutlich effizienter, wenn ein Mitarbeiter regelmäßig das Material für den Folgeauftrag bereitstellt sowie die fertigen Teile abholt und zum Folgearbeitsschritt bringt. Dabei sollte analog zu den markierten Regalstellplätzen in der Fließfertigung eine *Visualisierung des Materialflusses* durch entsprechend bezeichnete und eindeutig markierte Stellplätze erfolgen. Jeder Produktionsprozess erhält so gewissermaßen seinen Wareneingang und Warenausgang. Dadurch entfallen Suchaufwände und der jeweilige Arbeitsvorrat ist leicht zu erkennen. Die jeweils reservierten Flächen müssen mit der definierten Puffergröße der jeweiligen FIFO-Bahn respektive der jeweiligen Kanban-Menge übereinstimmen. Das beschriebene Logistikprinzip ist auch übertragbar auf die Bereitstellung von Werkzeugen, beispielsweise auf einem Rüstwagen, sofern sie nicht vor Ort gelagert werden können oder auch die Entsorgung von Spänen.

Das Prinzip der konsequenten Trennung von Produktionsprozess und Materialfluss steigert meist wie gezeigt die Flächeneffizienz in der Produktion. Zudem führt die im Wertstromdesign angestrebte deutliche Reduktion der Produktionsdurchlaufzeit zu ebenso deutlich verminderten Beständen auf dem Shop Floor und damit automatisch zu einer merklichen Flächeneinsparung. Nunmehr überflüssige Lagereinrichtungen können abgebaut und an die Konkurrenz in China verkauft werden. Die Ermittlung des Flächenbedarfs bei der Planung einer schlanken Fabrik ist also deutlich geprägt vom Ziel einer *Flächenverdichtung.* Die Vermeidung von Verschwendung durch Lagern und Transportieren führt nebenbei zu einer teilweise starken Erhöhung der Flächenproduktivität. Daher kann die Wertstrommethode auch bei übergeordneten Planungsaufgaben wie Konsolidierung von Standort(en) oder Standorterweiterungen eine nützliche Rolle spielen.

Anordnungsplanung

Ideallayout Nach Abschluss der Flächenbedarfsermittlung kann die räumliche Anordnung aller Betriebsmittel im Fabriklayout erfolgen. Gestaltungsregel der klassischen Fabrikplanung ist es, kreuzungsfreie Materialströme zu erreichen, also ein *materialflussgerechtes* Layout zu entwerfen. Ein Teil dieser Arbeit ist mit der Wertstromdarstellung bereits erledigt, indem nämlich die Abfolge der Produktionsprozesse festgelegt und die jeweils gewählten Betriebsmittel eindeutig zugeordnet sind. Ein *flussorientiertes Ideallayout* erhält man durch einfaches Anordnen der Betriebsmittel entsprechend des im Wertstrom dargestellten Materialflusses. Somit lautet die entsprechende Gestaltungsrichtlinie:

> **Gestaltungsrichtlinie 10:** *Flussorientiertes Ideallayout*
> Die Betriebsmittel in einer Fabrik sind möglichst eng entsprechend ihrer Abfolge im Wertstrom nebeneinander anzuordnen.

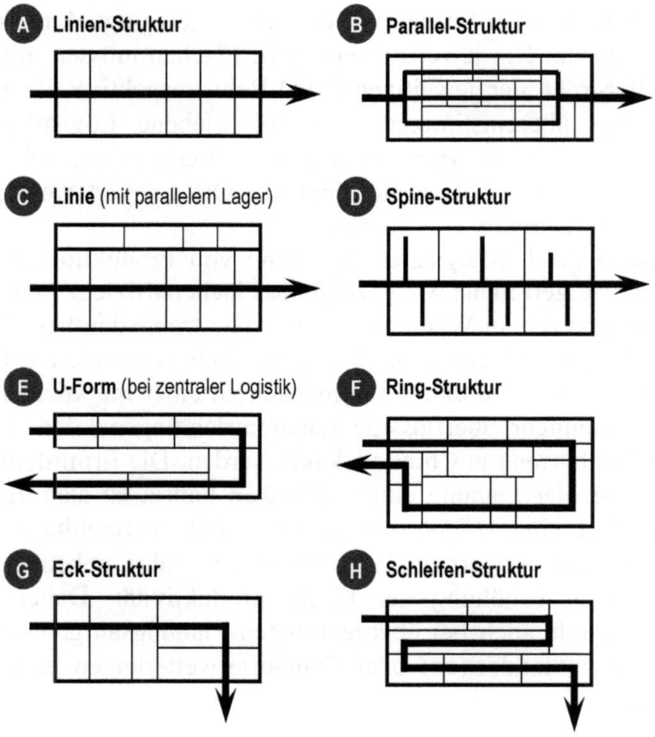

Abb. 4.4. Acht wesentliche Materialflussstrukturen für ein wertstromorientiertes Fabriklayout

Diese Gestaltungsrichtlinie ersetzt das aus der Fabrikplanung bekannte, aber mit Recht nur selten angewendete Dreiecksverfahren zur Anordnung von Flächenelementen. Eine unmittelbare Umsetzung der Wertstromdarstellung in ein Layout würde zu einer *Linienanordnung* führen (Abb. 4.4, Fall A). Das muss nicht immer die bestmögliche Anordnung sein. Daher empfiehlt es sich, bei der Konzeption die unterschiedlichen Grundstrukturen für den Materialfluss zu berücksichtigen. Bei verzweigten Wertströmen bietet sich eine Parallelstruktur an (Abb. 4.4, Fall B). Bei einer Linienanordnung mit volumenstarkem Kaufteilezufluss an mehreren Stellen bietet sich ein parallel zur produzierenden Linie geführter Logistikbereich an (Abb. 4.4, Fall C). Werden mehrere Teil-Wertstöme zusammengeführt, ist im Regelfall die Spine-Struktur die am besten geeignete Form.

Durch die Abweichung von der Linienanordnung in der U-Form, der Ringstruktur, der Eck-Struktur oder der Schleifen-Struktur ergibt sich jeweils vor allem eine andere relative Lage von Wareneingang und Versand zueinander (Abb. 4.4, Fälle E bis H). Auf diese Weise kann der Materialfluss innerhalb eines Gebäudes passend zu Vorgaben von Geländetopologie oder Grundstückserschließung gestaltet werden, ohne dass man dadurch die Materialflussorientierung aufgeben muss. Außerdem ergeben sich durch andere Anordnungsstrukturen zwischen den Produktionsprozessen veränderte *Nachbarschaften*, wie sie bei der Linienanordnung nicht vorhanden sind. Dies ist vor allem wichtig, wenn aus technologischen oder organisatorischen Gründen bestimmte Produktionsprozesse nah beieinander oder weit voneinander entfernt liegen sollten. So stören sich viele Produktionsprozesse durch Lärm, Schmutz, Wärme, Vibrationen oder andere Emissionen gegenseitig, manche kritische Medien sollten nach Möglichkeit nur Produktionsprozesse versorgen, die am Hallenrand liegen und manche Technologien erfordern spezielle Mitarbeiterqualifikationen, die man möglichst gebündelt anordnen möchte.

Die in Abbildung 4.4 dargestellten Grundstrukturen sind stark vereinfachend gegenüber dem tatsächlich erreichbaren Materialfluss, weil der Flächenbedarf der einzelnen Betriebsmittel stark voneinander abweichen kann. Auch wird die jeweilige Flächengeometrie, die im Wesentlichen aus dem Grundriss des Betriebsmittels resultiert, die im Idealfall realisierbare Materialflussstruktur mehr oder weniger deutlich beeinflussen. Das Ideallayout ist demnach durch die Flächengeometrie der erforderlichen Betriebsmittel sowie deren spezifischen Anforderungen an die gebäudetechnische Infrastruktur (Medienversorgung, Klimatisierung, Lärmschutz, Reinraum, besondere Sicherheitsanforderungen für Brandschutz, Gesundheitsschutz, Explosionsschutz) geprägt. Solange noch keine gebäudespezifischen Festlegungen erfolgen und auch kein Gelände berücksichtigt wird, kristallisiert sich erfahrungsgemäß eine einzige Ideallösung für das Fabriklayout heraus.

In der Regel ist es nicht ausreichend, im Sinne eines Groblayouts jeden Produktionsprozess lediglich mit einem Flächenelement zu modellieren. Vielmehr zeigen erst *flächenmaßstäbliche Maschinenanordnungspläne*, wie der im Wertstromdesign entwickelte Materialfluss konkret abläuft.

Sind einem Produktionsprozess mehrere gleichartige Maschinen zugeordnet, dann sollten auch ihre jeweilige Ausrichtung sowie die Anordnung der zugehörigen Bereitstellflächen zur Fließrichtung des Wertstroms passen. Dies erkennt man erst bei Betrachtung der einzelnen Betriebsmittel innerhalb eines Produktionsprozesses. Teilweise gegenläufiges Kriterium zur flussorientierten Anordnung der Einzelmaschinen sind die Verschachtelungsverluste (Abb. 4.5).

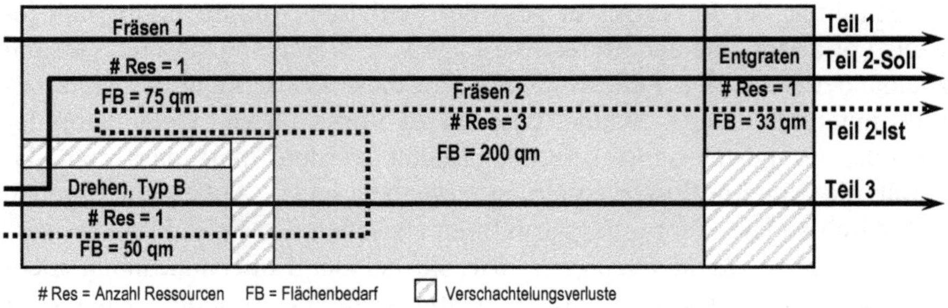

Abb. 4.5. Flächenmaßstäblicher Maschinenanordnungsplan in der Fertigung

Ein weiterer Aspekt ist die Darstellung des Materialflusses für unterschiedliche Teile innerhalb einer Produkt- beziehungsweise Teilefamilie. Da eine Produktfamilie durch ähnliche, nicht aber identische Produktionsablauffolgen gekennzeichnet ist, gibt es namentlich in der Teilefertigung immer leicht unterschiedliche Materialflüsse. Im dargestellten Beispiel laufen die Teile 1, 2-Soll und 3 über gleiche Maschinen in durchaus unterschiedlicher Produktionsfolge (Abb. 4.5). Trotzdem erhält man einen gerichteten Materialfluss. Aus der Wertstromperspektive leitet sich hier allerdings die Anforderung ab, den Ablauf von Teil 2-Ist, gegebenenfalls durch Anpassung der Aufspannvorrichtungen beim Fräsen, in den Ablauf 2-Soll zu transformieren, um Rückflüsse (und hier auch ein doppeltes Passieren des Fräsen 2) zu vermeiden.

Reallayout Die gebäudeseitigen Restriktionen, wie Rastermaß, gleichmäßiger Baukörper (kein Zick-Zack-Grundriss des Gebäudes), vorhandene Bausubstanz, zulässige Flächenlasten, unterschiedliche Medienverfügbarkeit, Beleuchtung und Klimatisierung und vieles anderes mehr, werden in der *Reallayoutplanung* berücksichtigt. Für die ideale schlanke Produktion sollte die Regel gelten, dass keine gebäudeseitigen Restriktionen geschaffen werden, die die wertstromorientierte Anordnung der Betriebsmittel verhindern. In der Praxis wird man, da es einige unvermeidliche gebäudeseitige Restriktionen gibt, wohl oder übel mit Kompromissen leben müssen. Das methodische Handwerkszeug, in diesen Fällen die jeweils beste

Lösung systematisch zu suchen und schließlich auszuwählen, ist die im Folgenden kurz erläuterte Bildung von *Planungsvarianten* mit abschließender *Nutzwertanalyse*.

Da Restriktionen die Abweichung von der Ideallösung auf jeweils unterschiedliche Art und Weise zulassen, können bei der Umsetzung des Ideallayouts in ein Reallayout unterschiedliche Planungsvarianten entwickelt werden. Diese Varianten sind ungleichwertig in quantitativer und qualitativer Hinsicht. Im ersten Fall einer rein monetären Betrachtung können die Varianten unterschiedliche Investitionskosten für Umbau und Sanierung von Hallen, Erweiterungs- und Anbauten, einen kompletten Neubau sowie den Umzug von Maschinen, Anlagen und anderen Einrichtungen erfordern. Die Kosten je Variante lassen sich in einem *Kostenschema* systematisch zusammenstellen und schließlich aufsummieren. Um die Varianten in ihrem Investitionsaufwand richtig einschätzen zu können, sollte man auch immer eine Idealvariante mit komplettem Neubau durchrechnen. Genauso ist immer auch eine Minimalvariante am anderen Ende der Skala zu berechnen, die nur im einfachsten Fall gar keine Änderungsinvestitionen beinhaltet. Es kann aber durchaus sein, dass unabhängig von der jeweiligen Planungsaufgabe auch dann Investitionen erforderlich sind, wenn gar keine strukturellen Anpassungen in der Fabrik stattfinden – beispielsweise unvermeidliche Sanierungen, Ersatzinvestitionen für nicht wirtschaftlich reparierbare Maschinen, oder Investitionen aufgrund rechtlicher Vorgaben. Vor dem Hintergrund dieser Mindestaufwendungen erhalten manche Umstellungskosten ein geringeres Gewicht.

Die investitionsärmste Variante muss nicht unbedingt die wirtschaftlichste sein. Daher sind zusätzlich noch die nach der Realisierung einer jeden Variante *laufenden Kosten* zu vergleichen. Dabei ist eine reine Differenzbetrachtung ausreichend, das heißt es müssen nur die Unterschiede monetär bewertet werden. Varianten, die sowohl in den Investitionen als auch im Betrieb teurer als eine Vergleichsvariante sind, kann man aussortieren. In der Regel wird eine Variante mit höheren Investitionskosten geringere laufende Kosten bedingen, so dass man die jeweilige Amortisationszeit zu einer Vergleichsvariante berechnen kann.

Eine Auswahl der Vorzugsvariante lediglich auf monetärer Basis würde allerdings zu kurz greifen. Es gilt vielmehr, neben der Wirtschaftlichkeit auch die anderen drei Zieldimensionen Variabilität, Qualität und Geschwindigkeit (vgl. Abschn. 1.2.2) zu berücksichtigen. Für jede dieser Zieldimensionen sollten nun *qualitative Bewertungskriterien* für die Variantenbewertung festgelegt werden, die dann in einem *paarweisen Vergleich* relativ zueinander zu gewichten sind. Um keine Zieldimension zu vernachlässigen oder allein durch eine Vielzahl von Bewertungskriterien überzugewichten, sollte nach Möglichkeit für jede Zieldimension die gleiche Anzahl Kriterien festgelegt werden. Eine Hilfestellung bei der Festlegung geeigneter Bewertungskriterien mag sein, jede Zieldimension unter den vier Aspekten Produkt (Material), Technologie (Maschine), Zeit (Methode) sowie Mitarbeiter (Mensch) zu betrachten. Für eine Layoutbewertung seien beispielhaft folgende Bewertungskriterien genannt:

- **Variabilität** – Dynamik realisieren: Das Fabriklayout soll dank entsprechender räumlicher, technischer und arbeitsorganisatorischer Voraussetzungen bei Änderungen möglichst aufwandsarm anzupassen zu sein.
  - Wandlungsfähigkeit bei Änderung des Produktportfolios
  - Attraktive Arbeitsbedingungen
  - Erweiterungsmöglichkeiten für zukünftiges Wachstum
  - Räumliche Unterstützung von flexibler Teamarbeit
- **Qualität** – Zuverlässigkeit sicherstellen: Das Fabriklayout soll einen stabilen Produktionsablauf durch eine geeignete räumliche Struktur möglichst umfassend unterstützen.
  - Räumliche Nähe der unterstützenden Prozesse zu den Produktionsprozessen
  - Gebäudenutzung ist je nach Anforderungen klar strukturiert
  - Eignung des Ziellayouts für eine stufenweise Umsetzung
  - Räumliche Bündelung technologischer Kompetenzen
- **Geschwindigkeit** – Transparenz gewährleisten: Das Fabriklayout soll durch einen klar strukturierten Materialfluss alle Produktionsabläufe transparent machen und so möglichst stark beschleunigen.
  - Kurze, direkte Transportstrecken; gute Anbindung an andere Fabrikbereiche
  - Materialflussorientierung des Layouts
  - Geringe Umsetzungsdauer des Fabrikplanungsprojektes
  - Räumliche Unterstützung von Ergonomie und Mehrmaschinenbedienung

Die Planungsvarianten werden nun hinsichtlich dieser Kriterien vom Auftraggeber, gegebenenfalls gemeinsam mit den Mitgliedern des Planungsteams mit Punktzahlen bewertet. Diese Punktzahlen sind dann mit Gewichtungsfaktoren entsprechend der Relevanz des jeweiligen Kriteriums zu multiplizieren. Hat man beispielsweise im paarweisen Vergleich eine Rangfolge der Kriterien ermittelt, dann erhalten sie eine dementsprechende Gewichtung. Um prägnante Ergebnisse zu erzielen, sollte man vier Gewichtungsfaktoren in geometrischer Reihe (1 – 2 – 4 – 8) wählen. Um die Güte der Planungsergebnisse besser beurteilen zu können, sollte man die beiden Grenzfälle, nämlich den abzulösenden Ist-Zustand sowie den in einem Neubau realisierten Ideal-Zustand, ebenfalls gleich mitbewerten.

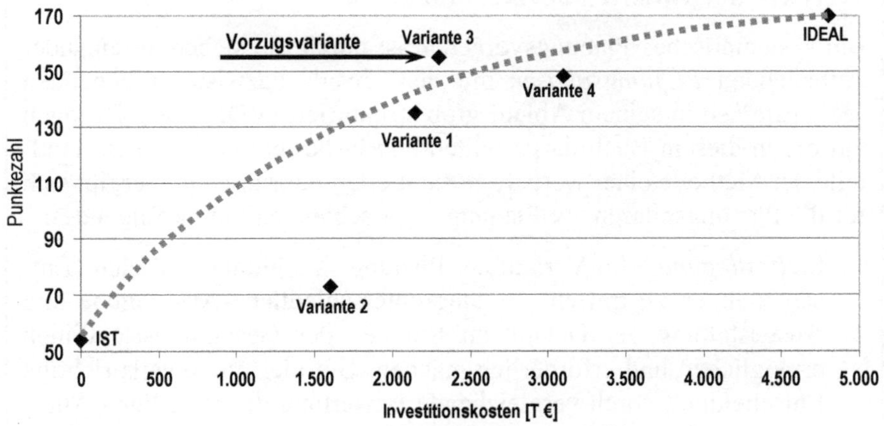

Abb. 4.6. Variantenvergleich mit der Nutzwertanalyse (Beispiel)

Für die abschließende Auswahl der *Vorzugsvariante* berücksichtigt man in der Nutzwertanalyse sowohl die quantitative als auch die qualitative Bewertung. Eine sehr anschauliche Auswahl gelingt, wenn man in einem Diagramm die Punktewerte der jeweiligen Varianten über dem zugehörigen Kostenwert aufträgt (Abb. 4.6). In der Regel sehen dann manche Varianten vergleichsweise schlecht (hier Variante 2) und andere vergleichsweise gut aus (hier Variante 3). Man kann auch gut erkennen, wie weit die Vorzugsvariante vom Ideal entfernt ist. Mit dieser zusammenfassenden Darstellung der Bewertung nach Investitionskosten und Nutzwertpunkten schließt die Konzeptionsphase eines Fabrikplanungsprojektes.

Wertstromorientierte Fabrikplanung

Ein systematisches Planungsvorgehen ist durch die sieben aufeinander aufbauenden *Planungsphasen* mit den jeweils dazwischen liegenden *Meilensteinen* in seinem Ablauf grob strukturiert (VDI 5200). Bezogen auf die in diesem Buch dargestellten und bisher entwickelten Bestandteile der Methode einer wertstromorientierten Fabrikplanung ergibt sich für die Planungsphasen zur Planung einer schlanken Fabrik folgendes:

1. *Zielfestlegung* – Im Verlauf der Planung sind immer zahlreiche Entscheidungen zu treffen, die eine unterschiedliche Ausprägung und Ausgestaltung der Details im Rahmen der Gestaltungsrichtlinien ermöglichen und erforderlich machen. Um hier die jeweils richtige Entscheidung durch vergleichende Bewertung der jeweiligen Alternativen treffen zu können, ist eine Klärung der Fabrikziele und ihrer Wechselwirkungen im *logischen Zielquadrat* von Variabilität, Qualität, Geschwindigkeit und Wirtschaftlichkeit unumgänglich.

2. *Grundlagenermittlung* – Mit der *Wertstromanalyse* wird der Ist-Zustand einer Fabrik in effizienter Weise komplett, aber grob erfasst. An jenen Stellen, die sich in der Wertstromperspektive als erfolgskritisch erweisen, sind entsprechende Detailanalysen zu ergänzen. Für eine vollständige Fabrikplanung hinzuzufügen sind dann noch eine *Flächenanalyse* und eine Analyse der Gebäudesubstanz. Im Ergebnis erhält man die drei Verbesserungspotentiale der Wertstromanalyse, ausgedrückt in Flussgrad, Auslastungsgrad und Flächennutzungsgrad.

3. *Konzeptplanung* – Die Fabrikstrukturierung erfolgt entsprechend der *Produktfamilienbildung* durch Segmentierung in voneinander unabhängig zu gestaltende Wertströme. Die kapazitative Dimensionierung der Ressourcen erfolgt durch ihre Ausrichtung am *Kundentakt* und die Entwicklung des Kapazitätsprofils für den gesamten Wertstrom. Die Idealplanung erfolgt mit dem *Wertstromdesign* der künftigen Produktionsabläufe in Anwendung der acht Gestaltungsrichtlinien sowie mit der wertstromorientierten *Ideallayoutplanung* entsprechend der zehnten Gestaltungsrichtlinie. Die stringente Anwendung der Methode der wertstromorientierten Fabrikplanung schließt ab mit einer *Nutzwertanalyse* alternativer *Realvarianten*, die sich an den Zielen einer Fabrik mit flexiblen, laminaren, schnellen und schlanken Produktionsabläufen orientiert. Als Ergebnis liegt ein realisierbarer Soll-Wertstrom mit Groblayout und Gebäudevorentwurf in Form der bewerteten Vorzugsvariante vor.

4. *Detailplanung* – Nach Fertigstellung des Konzepts für den Soll-Wertstrom und des zugehörigen Groblayouts kann die Ausplanung der in den ‚Kaizen'-Blitzen definierten Verbesserungsmaßnahmen – die natürlich auch eine komplette Neugestaltung meinen können – beginnen. Das wird häufig die Konzeption einer Fließfertigung passend zum Wertstrom sein. Hierbei und auch bei allen anderen Ausplanungen ist insbesondere die neunte Gestaltungsrichtlinie zur *Trennung wertschöpfender von unterstützenden* Tätigkeiten zu berücksichtigen.
5. *Realisierungsvorbereitung* – Charakteristisch für ein wertstromorientiertes Vorgehen ist die in eine Folge von *Wertstromabschnitten* gegliederte, schrittweise Umsetzung. Diese Abschnitte sind meist entkoppelte Regelkreise, die ausgehend von der Kundenanbindung flussaufwärts bis zur Lieferantenanbindung eingeführt werden. Parallel dazu erfolgt die Vergabe der extern zu beschaffenden Betriebsmittel und sonstigen Leistungen.
6. *Realisierungsüberwachung* – Sofern der *Wertstrommanager* die Verantwortung für den langfristigen Gestaltungshorizont des Wertstrommanagements hat, initiiert und überwacht er Projekte zur Neuauslegung, Neuabstimmung und Neukonfiguration des Wertstroms.
7. *Hochlaufbetreuung* – Zentrales Element ist hier die kontinuierliche Bewertung der Wertstromleistung durch das *Monitoring* des Wertstroms. Die dabei eingesetzten Kennzahlen lassen sich in die drei Gruppen zur Bewertung von Dynamik, Produktivität und Kundenorientierung des Wertstroms untergliedern. Je nach Definition der Kennzahlen werden die Fabrikziele in unterschiedlicher Gewichtung zueinander bewertet – so mit der Dynamik meist Geschwindigkeit und Wirtschaftlichkeit, mit der Produktivität meist Wirtschaftlichkeit und Qualität sowie mit der Kundenorientierung meist Variabilität und Geschwindigkeit.

4.2 Produktionssysteme

Der Erfolg des maßgeblich von Ohno Taiichi entwickelten Toyota Produktionssystems (TPS) hat dazu geführt, dass die systematische Organisation der Produktion durch *Produktionssysteme* weite Verbreitung gefunden hat. Kaum ein Automobilunternehmen, das sich nicht mit einem eigenen Produktionssystem schmückt (genannt seien einige willkürlich herausgegriffene Beispiele: Mercedes Produktionssystem – MPS, Audi Produktionssystem – APS, Valeo Produktionssystem – VPS). Entstanden sind umfangreiche Broschüren und veränderte Produktionsabläufe. Die besonders erfolgreichen, selbst produzierenden Unternehmen, wie beispielsweise Porsche, Trumpf, Festtool, SEW Eurodrive sind unter die Berater gegangen, um ihre eigenen positiven Erfahrungen an andere Industrieunternehmen weiterzugeben. Die Lösungsansätze und Methoden sind vergleichbar, die Erfahrungen damit aber von Unternehmen zu Unternehmen durchaus unterschiedlich. Woran mag das liegen?

Abb. 4.7. Das Toyota Produktionssystem (eigene Darstellung)

Tempelmodell Vielleicht nicht von ungefähr, betrachtet man den Habitus ihrer Protagonisten, wird das Toyota Produktionssystem als Hauptreferenz aller verwendeten Produktionsmethoden gerne als *Tempel* dargestellt. Als doppelte Basis werden die Vermeidung von Verschwendung und flexible Produktion angegeben, die vier Säulen heißen Just in time, Jidoka sowie zweifach Total Quality Management (Oeltjenbruns 2000). Die hier gewählte, gegenüber der klassischen Darstellung leicht abgewandelte Form bietet eine kondensierte, strikter systematisierte Gliederung der Elemente eines Produktionssystems (Abb. 4.7). Die Funktion der Elemente im System ist im Folgenden kurz dargelegt:

- Das *Fundament* des Produktionssystems bildet die absolute Zuverlässigkeit aller Produktionsprozesse und Produktionsabläufe. Sie kann durch Standardisierung aller Arbeitsabläufe gewährleistet werden.
- Die Vermeidung von Verschwendung wird durch Methoden erreicht, die in den beiden *Säulen* dargestellt sind.

Die linke, *logistische* Säule umfasst Methoden, die zur Vermeidung von Verschwendung in den Abläufen führen sollen. Dazu gehören im Wesentlichen die Realisierung einer gleichmäßigen und ausgeglichenen Produktion (Heijunka) sowie einer zeitgerechten Produktion ohne Überproduktion (Just in time). Hier befinden sich die in den Gestaltungsrichtlinien des Wertstromdesigns festgelegten Methoden der Produktionsablaufgestaltung.

Die rechte, *technologische* Säule umfasst Methoden, die zur Vermeidung von Verschwendung in den Produktionsprozessen führen sollen. Dazu gehören im Wesentlichen die kontinuierliche Verbesserung mit den Mitarbeitern direkt an den Betriebsmitteln (Kaizen) sowie eine intelligente Automatisierung (Jidoka). Bei letzteren erfolgt insbesondere die Funktionsüberwachung automatisch, so dass der Mitarbeiter der Maschine nicht beim Produzieren zuzuschauen braucht und auch Mehrmaschinenbedienung möglich ist. Weitere produktionsprozessbezogene Methoden sind die Shop-Floor-Gestaltung nach Kriterien der Ordnung und Sauberkeit, die konsequente vorbeugende Instandhaltung, die Mehrfachqualifikation der Mitarbeiter für einen flexiblen Einsatz sowie die Fehlervermeidung durch narrensichere Gestaltung von Vorrichtungen und Bedienelementen (Poka Yoke).

- Das *Dach* schließlich bildet die bekannte Trias der wesentlichen Ziele der Produktion: Top-Qualität, kurze Durchlaufzeiten und minimale Kosten. Die Visualisierung der Regelabläufe in der Produktion sowie der Produktionsergebnisse in aus Kennzahlen erzeugten grafischen Darstellungen dient der Transparenz der Zielerreichung.

Die eingangs erwähnten und auch viele andere unternehmensspezifische Produktionssysteme zeichnen sich in der Regel durch einen höheren Detaillierungsgrad aus. Es werden zusätzliche Methoden und allgemeine Prinzipien genannt, diese werden ausführlich beschrieben und auch immer wieder anders angeordnet. Dabei ist das Säulenmodell mit Dach und Sockel die am weitesten verbreitete grafische Darstellung. Die Anzahl der Säulen, ihre Gruppierung, die Bezeichnung als Produktionsprinzip oder Methode, die Zahl der berücksichtigen Methoden und Werkzeuge und die Zuordnung zu Sockel, Säule oder Dach ist jeweils deutlich verschieden. Dies lässt nicht ganz ungerechtfertigt den Eindruck von Beliebigkeit aufkommen. Es fehlt noch die überzeugende Grundstruktur, nach der ein jedes Produktionssystem aufzubauen wäre.

Handlungsmodell Lösungsansatz hierfür könnte sein, das Produktionssystem nicht als eine mehr oder weniger systematische Methodensammlung, sondern als die Beschreibung eines *Handlungssystems* namens ‚Fabrik' zu begreifen. In diesem Fall dient ein entsprechendes Handlungsmodell dazu, ein präziser formuliertes Produktionssystem zu entwickeln. Eine technische Handlung lässt sich allgemein in fünf Handlungsphasen untergliedern: Vorbereitung der Ausgangssituation, Auslösung der Handlung, ausgelöstes Ereignis, bewirkte Folgen der Handlung sowie Nachbereitung der Handlung (Erlach 2000). Beispielsweise setzt ein Bediener (1) eine bereitstehende eingerüstete Maschine (2) in Betrieb, damit diese (3) ein Teil bearbeitet, bis jenes (4) die vorgegebene Form erhält. Abschließend wird (5) die Maschine gereinigt und umgerüstet.

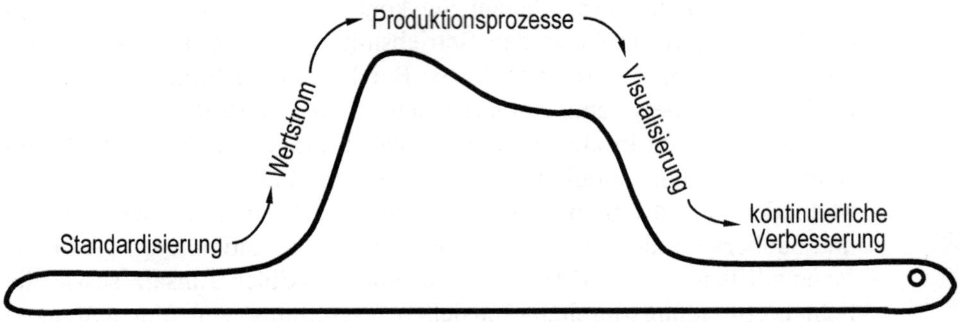

Abb. 4.8. Handlungsmodell mit den fünf zentralen Handlungsfeldern, modelliert als Schlange, die einen Elefanten verschluckt hat (Idee: Le Petit Prince de Antoine de Saint-Exupéry „Mon dessin […] représentait un serpent boa qui digérait un éléphant.“; with a special tribute to Thomas T. Ballmer)

Entsprechend der Struktur dieser fünf Handlungsphasen lassen sich dann die unverbindlich parallelisierten Säulen der üblichen Produktionssysteme durch eine stringente Abfolge von *Handlungsfeldern* ersetzen. Als Handlungsfelder für die systematische Konfiguration eines Produktionssystems können vorläufig die fünf ‚Säulen' vorbereitende Standardisierung, auslösender Informations- und Materialfluss im Wertstrom, durchführende, robust zu gestaltende Produktionsprozesse, Visualisierung der mit Kennzahlen zu messenden Ergebnisse sowie nachbereitende Maßnahmen zur kontinuierlichen Verbesserung künftiger Handlungen angenommen werden (Abb. 4.8). Für die Handlungsphasen ist ein Säulenmodell denkbar ungeeignet, da es die Dynamik des Fabrikbetriebs in keiner Weise wiedergibt. Wie die Module eines am Phasenmodell orientierten Produktionssystems im Einzelnen aussehen würde – dies wäre eine ausführliche Untersuchung an anderer Stelle wert.

Durch diese neue Sichtweise wird deutlich erkennbar, dass es der wesentliche Grundzug eines Produktionssystems ist, für den Fabrikbetrieb handlungsleitend zu sein. Die Gestaltungsrichtlinien und analog dazu die

Handlungsrichtlinien im Fabrikbetrieb haben einen verpflichtenden Charakter. Sie müssen durchgesetzt werden, damit ein Produktionssystem zum Erfolg führen kann. Hierin liegt sicherlich auch der unterschiedliche Erfolgsgrad von Produktionssystemen in der deutschen Industrie – eine strikte Anpassung der Unternehmenskultur ist unabdingbare Voraussetzung dafür. Aus diesem Grund können zwar durchaus einzelne Richtlinien und Methoden wie Kanban oder verbesserte Ordnung und Sauberkeit vom mittleren Management gewinnbringend implementiert werden, die umfassende Einführung eines Produktionssystems kann so jedoch nicht gelingen. Hier ist eine klare Selbstverpflichtung des oberen Managements sowie eine konsequente Geduld in der Umsetzung die conditio sine qua non für das erfolgreiche produzierende Handeln in einem Produktionssystem.

Produktionssystem

Ein *Produktionssystem* ist die Systematik, die die in einer Produktion zulässigen methodischen Standards sachlogisch aufeinander aufbaut. Ein Produktionssystem legt fest, *wie* zu produzieren ist.

Ein Produktionssystem zeichnet sich durch folgende Merkmale aus:

1. Es ist gegliedert in *Handlungsfelder*.
2. Es enthält die Beschreibung der *Gestaltungsrichtlinien* sowie der untergeordneten Gestaltungsregeln und Methoden und legt diese als *Standard* fest.
3. Es dient der Verwirklichung einer schlanken Fabrik, ausgerichtet an den vier *Zieldimensionen* Variabilität, Qualität, Geschwindigkeit und Wirtschaftlichkeit.
4. Die mit den definierten Standards angestrebte kontinuierliche Verbesserung von Produktionsabläufen ist mit geeigneten *Kennzahlen* zu messen.
5. Als *Handlungssystem* wird es von den Mitarbeitern unter hoher *Mitverantwortung* getragen und kann auch nur dann erfolgreich sein, wenn sich alle den Zielen und Methoden verpflichtet fühlen.

Eine Fabrikplanung mündet immer in einen Fabrikbetrieb. Je größer der Druck ist, eine Produktion kontinuierlich zu verbessern, damit sie wettbewerbsfähig bleibt, desto mehr verschwinden die zeitlichen Differenzierungen zwischen Planung und Betrieb. Auch die Fabrikplanung wird zur kontinuierlichen Aufgabe, wie man gerne sagt. So eingängig dieses Argument auch ist, so sollte man nicht vergessen, dass sich grundsätzliche Änderungen im Gesamtablauf, so wie sie mit den hier vorgestellten Gestaltungsrichtlinien des Wertstromdesigns konzipiert werden, nicht im Alltag des

Fabrikbetriebs planen lassen. Hier geht nur eines: Auf Distanz gehen, die Produktion in der Vogelperspektive der extern unterstützten Wertstromanalyse betrachten, sich fremd werden lassen, sich über scheinbar notwendige, aber doch unpraktische Lösungen ungezwungen wundern und schließlich mit der ganzen Kraft aktiven Vergessens von im Alltag eingetrichterten Restriktionen unter Zuhilfenahme der Gestaltungsrichtlinien des Wertstromdesigns eine zunächst visionäre Lösung entwickeln. Zuweilen muss man die von den Mitarbeitern ‚bewohnte' Fabrik neu zu denken wagen, um nicht in Gewohnheiten zu altern, sondern wieder verjüngt weiter wachsen und damit überleben zu können.

5 Projektbeispiele

Erst in der Anwendung zeigt sich, wie eine Methode genau funktioniert. Einsatz und Wirkungsweise der Wertstrommethode sind daher im Folgenden an Hand einiger Projektbeispiele ausführlich darzustellen. Um die Anwendungsbreite des Wertstromdesigns aufzuzeigen, wurden Beispiele unterschiedlicher Produktionstypen aus verschiedenen Branchen gewählt. Im Unterschied zu einem reinen Lehrbeispiel, das nur die Anwendung der Methode illustriert, ohne auf Besonderheiten in der Anwendung hinzuweisen, basieren die hier vorgestellten Beispiele auf Industrieprojekten. Die Projektbeispiele sind auch deshalb relativ komplex und umfangreich, da sich nur so die faktische Vorgehensweise in der Praxis veranschaulichen lässt. Reales Vorbild für die vier im Folgenden näher ausgeführten Beispiele sind die Firmen Beurer in Ulm, Brand in Anröchte, Saint Gobain Deutsche Glas in Aachen sowie Dronco in Wunsiedel.

Trotz ihrer Vorbilder sind die Beispiele gegenüber der Wirklichkeit etwas vereinfacht und teilweise stark variiert, damit bestimmte Effekte besser herausgearbeitet werden können. So können auch Erfahrungen aus andern Projekten mit in die Beispiele einfließen. Voraussetzung einer erfolgreichen Anwendung der Wertstrommethode ist es, einerseits die Besonderheiten einer Produktion klar darzustellen und nicht etwa durch ungeschickte Vereinfachungen wegzumodellieren. Andererseits ist zu vermeiden, zu sehr ins Detail zu gehen, so dass die Aussagekraft der Durchschnittsbetrachtung in der Vielfältigkeit von Einzelergebnissen verloren geht.

Die Projektbeispiele decken drei wesentliche Fertigungsprinzipien der Produktion ab. In einer Unterbettenfertigung kann eine Fließfertigung im Einzelstückfluss eingeführt werden. Daran werden weitere Produktionsprozesse über eine FIFO-Verkopplung angebunden (Abschn. 5.1). Die intransparente Losfertigung einer Federnsetproduktion kann durch die Einführung einer Kanban-Regelung in der Planungslogik deutlich vereinfacht und im Produktionsdurchfluss beschleunigt und vergleichmäßigt werden (Abschn. 5.2). Nach Identifikation des Engpasses kann eine komplett kundenspezifische Herstellung von Sicherheitsglasscheiben besser planbar gemacht werden. Zudem wird die Produktion bei Einhaltung bestimmter, einfacher Reihenfolgerestriktionen für die Kundenaufträge im deutlich beschleunigten Produktionsdurchfluss überhaupt erst steuerbar (Abschn. 5.3).

5.1 Die Komfort GmbH – Transparenz durch Fließfertigung

Das Unternehmen

Produkt Die Komfort GmbH mit Sitz in Tübingen produziert in ihrem ungarischen Werk neben anderen Produkten auch heizbare Unterbetten für den europäischen Markt. Diese Unterbetten sorgen bei älteren Menschen oder bei heizungslosen Häusern im winterlichen Südeuropa für warme Betten. Zwischen zwei mit Schaumstoff kaschierten Stofflagen ist eine elektrische Heizkordel verlegt, die über einen Normstecker direkt mit dem Stromnetz verbunden werden kann. Produktvarianten entstehen durch verschieden Formate sowie unterschiedliche Anforderungen an die Stoffe und die Elektrik.

Da die saisonalen Bedarfsschwankungen extrem hoch sind – in den drei Herbstmonaten werden etwa 80 Prozent der Stückzahl verkauft –, muss teilweise mit sehr langem Vorlauf auf Lager produziert werden. Eine Besonderheit in diesem Fall ist, dass aufgrund ihres unterschiedlichen Nachfrageverhaltens drei Teilmärkte beziehungsweise Kundengruppen unterschieden werden müssen:

1. Die Gruppe der Discounter in Deutschland bestellt wenige Varianten in sehr hohen Stückzahlen. Der komplette Jahresbedarf ist an einzelnen Terminen im September oder Oktober zu liefern.
2. Die Eigenmarke der Komfort GmbH mit höherwertigen Produkten (größere Formate, elektronische Schaltung, höhere Heizleistung, andere Stoffqualitäten und Stoffdesigns sowie Einfassbänder, unterschiedliche Schaumstoffstärken) wird an den deutschen Einzelhandel in einem größeren Variantenspektrum vertrieben. Die Nachfrage verteilt sich über das ganze Jahr mit einer Bedarfsspitze im Winter.
3. Für das europäische Ausland werden Fremdfabrikate im Auftrag produziert. Hierbei gibt es zahlreiche länderspezifische Varianten, die den dortigen Normen (Niederspannung, Sicherheitsvorschriften) und spezifischen Vorlieben der Kunden angepasst sind. Hinzu kommen markenspezifische Verpackungsvarianten.

Die betrachtete Produktfamilie der Unterbetten gibt es für Einzel- und Doppelbetten sowie zusätzlich mit Fußbettwärmer. Bei der Wertstromanalyse wird für die Erfassung der Bearbeitungszeiten vom weitaus häufigsten Standardformat 150x80 cm ausgegangen.

Kundenbedarf Die Jahresgesamtstückzahl von 540.000 verteilt sich auf die drei Kundengruppen Discounter, Eigenmarke und Fremdfabrikate etwa im Verhältnis von 7:2:1. Für jede Kundengruppe ist ein eigener Kundentakt zu ermittelten; der Kundentakt für die gesamte Produktion errechnet sich aus dem Kehrwert der Summe der Kehrwerte zu 24 Sekunden (Abb. 5.1).

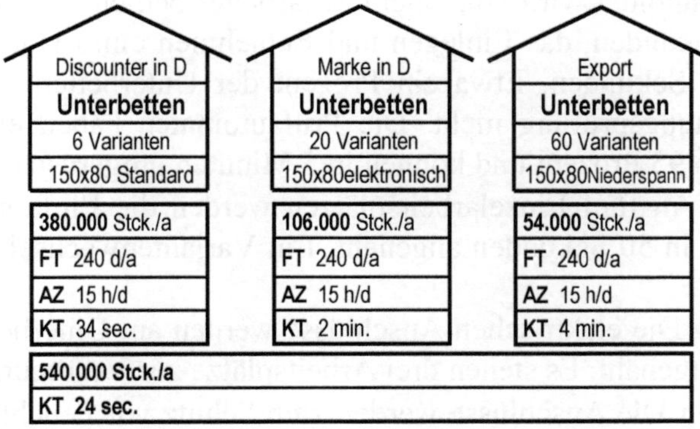

Abb. 5.1. Der Kundenbedarf bei der Komfort GmbH

In diesem Fall des reinen Saisongeschäfts hat die Angabe einer durchschnittlichen Verkaufsrate wenig mit dem wirklichen Verkaufsrhythmus zu tun. Da die Produktion jedoch ganzjährig erfolgen soll, ist für ihre Auslegung der durchschnittsbezogene Kundentakt durchaus verwendbar.

Wertstromanalyse

Produktionsprozesse Der erste Eindruck vom Shop Floor vermittelt das Bild eines Stapellagers für Stoffe. Mitarbeiter sind zunächst gar nicht zu sehen. Um die Arbeitsplätze herum sind die angearbeiteten Unterbetten in einmal gefalteten Stapeln zu je vierzig Stück auf quadratischen Rollwägen von knapp einem Meter Höhe bereitgestellt. Je nach Material ergeben sich Stapelhöhen von über zwei Metern, wobei ein Tagesbedarf bereits fast 60 Stapel ausmacht. Zwischen diesen Stapeln versteckt befinden sich die einzelnen Sitzarbeitsplätze mit Nähmaschinen und anderen Betriebsmitteln. An einer Seite der Halle befinden sich eine betagte Kaschieranlage und eine neue automatische Anlage zum Ultraschallschweißen. Der Prozessablauf stellt sich flussaufwärts betrachtet wie folgt dar (Abb. 5.2):

- **Verpacken** An sechs Arbeitsplätzen stellt jeweils eine Mitarbeiterin die Kartonage auf. Sie faltet das Unterbett und steckt es mit Beipackmaterialien, wie beispielsweise Benutzungsanleitungen, in den Karton. In einer Vorrichtung wird der Karton zugeklebt. Die einzeln in Kartons verpackten Unterbetten werden schließlich von einem Mitarbeiter aus der Logistik sortenrein auf Paletten gestapelt, versandfertig gemacht und bereitgestellt.

- **Prüfen** Die Unterbetten müssen auf Hochspannung geprüft werden. Es stehen zwei Prüfautomaten mit je zwei Prüfbetten, in die abwechselnd die Unterbetten eingelegt und angeschlossen werden, zur Verfügung. Jeder Prüfautomat wird von einem Mitarbeiter bedient. Die Prüfzeit beträgt 12 Sekunden, das Einlegen und Entnehmen eines Unterbettes insgesamt 20 Sekunden. Etwa ein Prozent der Unterbetten bestehen die Hochspannungsprüfung nicht. Die Prüfautomaten haben eine Verfügbarkeit von 95 Prozent und können in 5 Minuten umgerüstet werden.
- **Einfassen** An fünf Einzelarbeitsplätzen werden die Einfassbänder und das Etikett in 50 Sekunden angenäht. Ein Variantenwechsel benötigt 20 Minuten.
- **Verriegeln** Die elektrischen Anschlüsse werden am Unterbett in 33 Sekunden festgenäht. Es stehen drei Arbeitsplätze zur Verfügung.
- **Umspritzen** Die Anschlüsse werden zum Schutz vor Feuchtigkeit in 38 Sekunden mit Harz umgossen. Das zum Zuführen und Aufheizen des Harzes benötigte Gerät hat eine Verfügbarkeit von 90 Prozent. Bei Variantenwechsel werden die Vorrichtungen in 30 Minuten umgebaut.
- **Anschließen** Die Heizkordel des Unterbetts wird mit dem Anschlusskabel in 36 Sekunden elektrisch verbunden. Das Anschlusskabel wird in einem anderen, hier nicht betrachteten Bereich vormontiert. Ein Variantenwechsel dauert 5 Minuten.
- **Abisolieren** Die Enden der Heizkordel werden nach außen geführt und in 44 Sekunden abisoliert, damit die externe Stromversorgung angeschlossen werden kann.
- **Ultraschallschweißen** Diese neue, hochautomatisierte Anlage verschweißt die in Rollen zugeführte Ober- und Unterseite der Unterbetten. Zudem wird die Heizkordel in Schleifen zwischen beiden Schichten ausgelegt. Die Anlage läuft in einer Taktzeit von 16 Sekunden. Da insgesamt sechs Mitarbeiter für Materialwechsel und Abstapeln der verschweißten Unterbetten zuständig sind, beträgt die Bearbeitungszeit das Sechsfache, also 96 Sekunden. Die 78 Varianten – durch Doppelverwendungen weniger als die 86 Endproduktvarianten – werden in Losgrößen zu 1.000 bis 20.000 Stück, bei einem Durchschnitt von 16.800 Stück, produziert. Die durchschnittliche Auftragslosgröße ab Prozessschritt Abisolieren für die 86 Endproduktvarianten beträgt 15.500 Stück.
- **Kaschieren** Diese betagte und daher mit einer Verfügbarkeit von 60 Prozent sehr unzuverlässige Anlage kaschiert den Stoff auf die jeweilige Schaumstoffunterlage mit einer Leistung von 2.500 Meter pro Schicht oder umgerechnet von 10,8 Sekunden pro Meter. Dabei ist der Aufwand für den Wechsel der Rohmaterialrollen bereits berücksichtigt. Pro Unterbett werden zwei kaschierte Stoffbahnen à ein Meter Länge inklusive

Verschnitt benötigt. Daraus ergibt sich eine Zykluszeit von 21,6 Sekunden je Endprodukt. Die Anlage wird dreischichtig betrieben. Der prozessspezifische Kundentakt beträgt daher das Eineinhalbfache des Kundentaktes im restlichen Wertstrom, also 36 Sekunden. Nach dem Kaschieren müssen die Stoffrollen außerdem einen Tag trocknen.

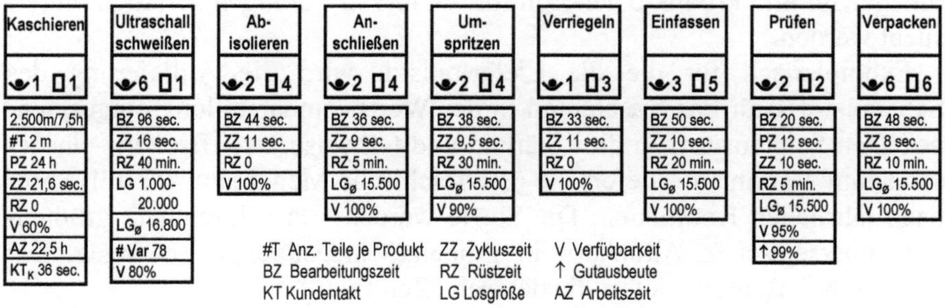

Abb. 5.2. Die Produktionsprozesse bei der Komfort GmbH

Für alle Produktionsprozesse werden Bearbeitungszeiten, Rüstzeiten, Verfügbarkeiten und Gutausbeute aufgenommen und in der Wertstromdarstellung eingetragen (Abb. 5.2). Bei den manuellen Produktionsprozessen gibt es zwischen drei und fünf gleich ausgestattete, alternative Einzelarbeitsplätze. Nicht alle diese Arbeitsplätze sind während der Istaufnahme besetzt; entsprechend ist teilweise eine geringere Mitarbeiterzahl eingetragen. Die berechneten Zykluszeiten beziehen sich auf die Maximalkapazität, das heißt die Anzahl der Arbeitsplätze, nicht der Mitarbeiter. Je nach Bedarf können die Mitarbeiter an unterschiedlichen Arbeitsplätzen eingesetzt werden, so dass auch die Zahl der Mitarbeiter je Produktionsprozess im Tagesverlauf schwankt.

Materialfluss Beim Rundgang werden 500 bereitgestellte Fertigprodukte gezählt, die jedoch nicht in die Produktionsdurchlaufzeit eingerechnet werden, da sie bereits in den Verantwortlichkeitsbereich des Fertigwarenlagers gehören. Zwischen den Bearbeitungsschritten auf den Wägen befinden sich insgesamt 11.640 Unterbetten in den unterschiedlichen Bearbeitungsstufen. Bei einem täglichen Kundenbedarf von 2.250 Stück ergibt sich eine Reichweite des Bestands auf dem Shop Floor von 5,4 Tagen. Hinzu kommt ein Bestand von 10.800 Meter kaschiertem Rollenmaterial. Bei einem Stückbedarf von zwei Metern entspricht das einer Reichweite von 2,4 Tagen, wobei die Trocknungszeit von 24 Stunden als Prozesszeit vom Bestand abzuziehen ist. Ferner wird ein Bestand an Schaumstoffrollen von 117.000 Metern ermittelt, das entspricht einer Reichweite von 26 Tagen. Da das Fertigwarenlager aufgrund des Saisongeschäfts nach ganz anderen Kriterien als die Produktion zu bewirtschaften ist, werden die entsprechenden Bestände nicht berücksichtigt.

Werksexterne Logistik Der Betrachtungsbereich der Wertstromanalyse endet mit der Bereitstellung der Paletten zum Verladen oder Einlagern. Die Distributionslogistik mit dem Vorratslager in Werksnähe sowie dem Zentrallager für alle Produkte der Komfort GmbH in Tübingen soll nicht untersucht werden.

Exemplarisch für die die Lieferlogistik wird die Anlieferung des Schaumstoffs für das Kaschieren in der Wertstromdarstellung eingezeichnet. Den Schaumstoff in drei Stärken und teilweise zwei Breiten – insgesamt fünf Varianten – liefert die österreichische Megafoam AG auf Abruf nach jährlichen Kontrakten. Die Stoffe werden von zahlreichen, größtenteils überseeischen Anbietern in großen Mindestmengen bezogen. Die elektrischen Bauteile liefert die deutsche Zentrale.

Geschäftsprozesse Die Logistikabteilung im Werk Ungarn führt die Produktionsplanung basierend auf Bestellungen vom Zentrallager sowie den Vertriebsprognosen und den vom Vertrieb direkt übermittelten Kundengroßbestellungen durch. Mit der Software ‚ProPlan' werden Fertigungsaufträge mit Terminen auf Kalenderwochenbasis in den errechneten Losgrößen erstellt. Diese Fertigungsaufträge dienen der Steuerung des Ultraschallschweißens. Neben den losbezogenen Fertigungsaufträgen erhält das Schweißen zusätzlich noch für jeweils 40 Unterbetten ein Produktionsdatenblatt sowie einen Lohnschein. Diese Fertigungspapiere begleiten beide den Wagen, auf den die zugehörigen Unterbetten gestapelt werden. Die Mitarbeiter an den Produktionsprozessen flussabwärts erhalten so ihre Fertigungsunterlagen zusammen mit dem Material. Der Fertigungsauftrag wird auf den letzten Wagen eines Loses gelegt und löst die Auftragsfertigmeldung beim Verpacken aus.

Die Kapazitätsplanung auf Tagesbasis für die manuellen Prozesse vom Ultraschallschweißen flussabwärts erfolgt basierend auf den terminierten Fertigungsaufträgen in ‚Excel'. Ergebnis ist eine tabellarische Auftrags- und Kapazitätsübersicht, mit der unter Berücksichtigung der aktuellen Personal- und Betriebsmittelverfügbarkeit die Mitarbeiter den Arbeitsplätzen zugeteilt werden. Das Kaschieren wird passend zum auftragsspezifischen Materialbedarf mit Lohnscheinen für jede mit Schaumstoff zu kaschierende Stoffrolle gesteuert – entsprechende Fertigungsaufträge sind in der Software nicht implementiert.

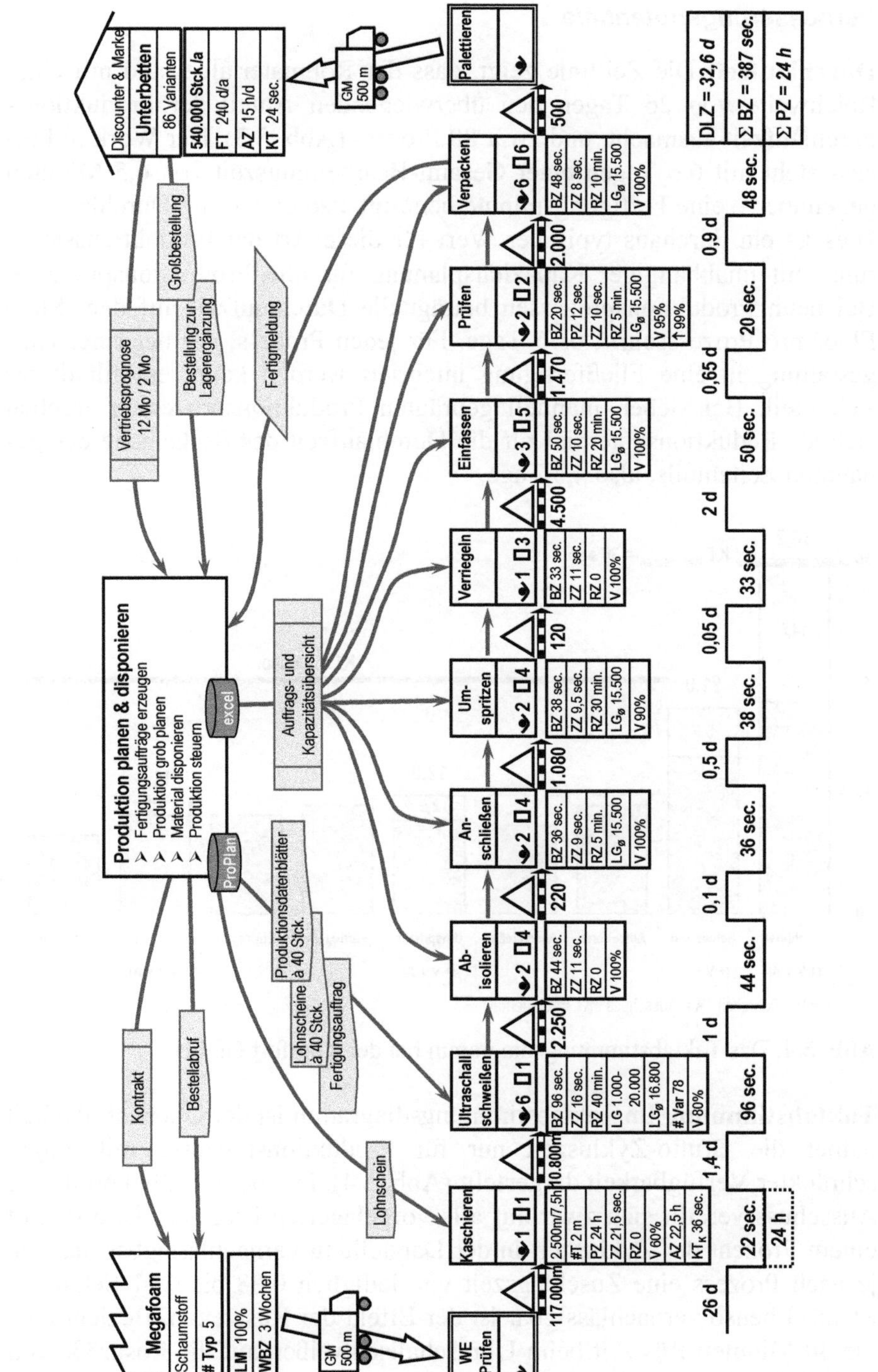

Abb. 5.3. Ergebnis der Wertstromanalyse bei der Komfort GmbH

Verbesserungspotentiale

Durchlaufzeit Die Zeitlinie zeigt, dass der Rohmaterialbestand mit einer Reichweite von 26 Tagen den überwiegenden Anteil der Produktionsdurchlaufzeit ausmacht, und zwar 80 Prozent (Abb. 5.3). Der Work in Process steht mit 6,6 Tagen einer Gesamt-Bearbeitungszeit von 6,5 Minuten gegenüber – eine Fertigungsminute benötigt also einen Tag Durchlaufzeit. Dies ist ein durchaus typischer Wert für diese Art der Produktionssteuerung mit unabhängiger Kapazitätsplanung für alle Produktionsprozesse. Bei neun Produktionsprozessen beträgt die Durchlaufzeit auf dem Shop Floor pro Prozessschritt 0,75 Tage. Für jeden Prozess, der bei einer Umgestaltung in eine Fließfertigung integriert werden kann, entfällt dieser Zeitanteil. Bei sieben manuell geprägten Produktionsprozessen ergeben sich als Reduktionspotential für die Durchlaufzeit das Sechsfache des genannten Zeitanteils, also 4,5 Tage.

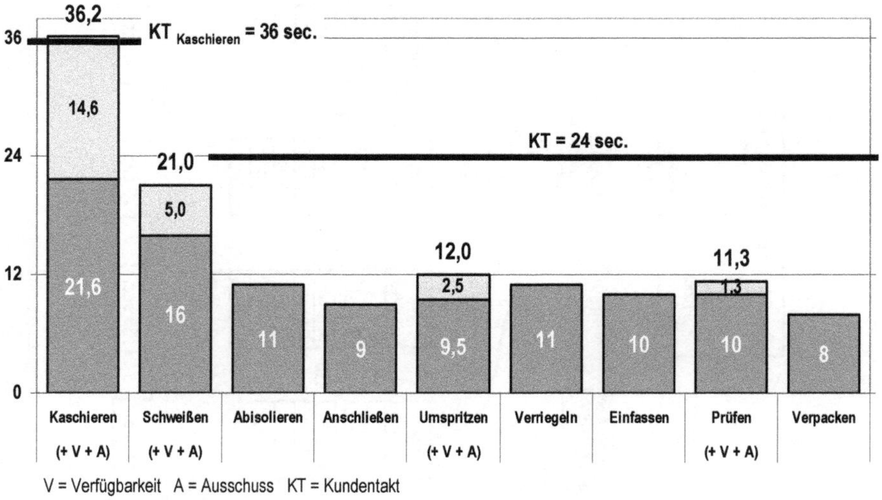

Abb. 5.4. Das Taktabstimmungsdiagramm bei der Komfort GmbH

Taktabstimmung Im Taktabstimmungsdiagramm ist der Übersichtlichkeit halber die Brutto-Zykluszeit nur für Produktionsprozesse mit eingeschränkter Verfügbarkeit dargestellt (Abb. 5.4). Der beim Prüfen ermittelte Ausschuss vererbt sich zwar auf alle vorgelagerten Prozesse, ist aber mit einem Prozent der Zykluszeit in der Darstellung vernachlässigbar, da sich je nach Prozess eine Zuschlagszeit von lediglich 0,08 bis 0,11 Sekunden ergibt. Ebenso vernachlässigbar ist der Effekt der Rüstzeiten. Bezieht man die 40 Minuten Rüstzeit beim Ultraschallschweißen auf die Losgröße von 16.800 Stück, dann liegen nach Gleichung 2.20 die Rüstverluste mit 0,9

Prozent noch unter dem Effekt des Ausschusses. Alle anderen Rüstzeiten sind noch deutlich kleiner.

Auffällig ist, dass die Zykluszeiten der manuellen Prozesse weniger als die Hälfte des Kundentaktes betragen. Damit ist die Anzahl dieser kostengünstigen Arbeitsplätze mehr als doppelt so hoch, wie für den durchschnittlichen Kundenbedarf erforderlich. Andererseits kann nicht genügend kaschiertes und verschweißtes Vormaterial produziert werden, um alle diese Arbeitsplätze voll auszulasten. Beim Ultraschallschweißen auf der neu beschafften Anlage erhöht die Verfügbarkeit nach Gleichung 2.21 die Zykluszeit um 5 Sekunden, so dass noch eine Kapazitätsreserve von 12,5 Prozent zur Verfügung steht. Das Kaschieren muss nur aufgrund der geringen Verfügbarkeit dreischichtig gefahren werden. Und auch so verfehlt es den Kundentakt – allerdings so knapp, dass ein gelegentliches Ausweichen auf die Pausen oder eine Samstagsschicht zur Deckung des Bedarfs ausreichen.

Wertstromdesign

Zielsetzung Bei der Neugestaltung der Produktion steht die Erhöhung der Transparenz auf dem Shop Floor im Vordergrund. Die Bestände auf dem Shop Floor sollen drastisch gesenkt werden. Dies hat zwar wegen des Fertigwarenlagers für das stark saisonale Geschäft keine Auswirkungen auf die Liquidität, spart aber Produktionsfläche und lenkt den Blick auf weitergehende Prozessoptimierungen.

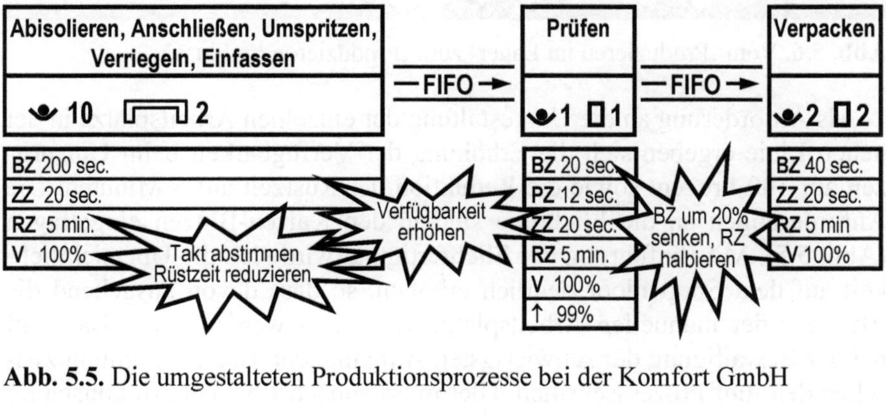

Abb. 5.5. Die umgestalteten Produktionsprozesse bei der Komfort GmbH

Produktionsprozesse Die fünf Produktionsprozesse Einfassen, Verriegeln, Umspritzen, Anschließen und Abisolieren lassen sich zu einer Fließfertigung (Abb. 5.5) zusammenfassen (Gestaltungsrichtlinie 2). Dadurch fallen die vier Zwischenpuffer zwischen den Einzelarbeitplätzen mit ihren hoch gestapelten Beständen ersatzlos weg. Die Unterbetten werden zwischen den Prozessschritten nicht mehr ab- und wieder aufgestapelt, sondern direkt zur nächsten Mitarbeiterin weitergegeben. Das hat neben dem verbesserten Produktionsfluss auch ergonomische Vorteile. Im ersten Schritt brauchten lediglich die vorhandenen Betriebsmittel in eine Reihe gestellt und mit einfachen Tischen verbunden werden. Der erste Eindruck der Mitarbeiter war, dass durch Wegfall des Ab- und Aufstapelns die Anstrengung bei der Arbeit sank (Abb. 5.6).

Abb. 5.6. Vom ‚Produzieren im Lager' zum ‚Produzieren im Fluss'

Als Anforderung an die Umgestaltung der einzelnen Arbeitsplätze in der neuen Linie ergeben sich die Erhöhung der Verfügbarkeit beim Umspritzen auf 100 Prozent sowie die Reduktion der Rüstzeit auf 5 Minuten. Die Anforderungen an die Fließlinie sind in den Kaizen-Blitzen eingetragen (Abb. 5.5). Mit Einführung der Fließfertigung wird sich die Übersichtlichkeit auf dem Shop Floor deutlich erhöhen, so dass davon ausgehend die Effizienz der manuellen Arbeitsplätze verbessert werden kann. Das hilft bei der Bewältigung der schwierigsten Aufgabe, der Taktabstimmung zwischen den fünf Prozessschritten. Hier muss zunächst bei nahezu konstanter Summe der Bearbeitungszeit (200 Sekunden statt 201 Sekunden im Ist-Zustand) eine gleichmäßige Zykluszeit von 20 Sekunden über die ganze Fließlinie hinweg erreicht werden.

Trägt man die Zykluszeiten in einem Taktabstimmungsdiagramm ein, dann zeigen sich die kapazitativen Engpässe. In der Fließfertigung sind dies das Einfassen und das Abisolieren, die mit 25 Sekunden beziehungsweise 22 Sekunden über dem angestrebten Zyklus der Fließfertigung von 20 Sekunden liegen (Abb. 5.7). Bei einem Kundentakt von 24 Sekunden bleibt – bei Einrichtung von zwei Fließlinien – mit über 16 Prozent noch eine eher zu hohe Verteilzeit, die am besten durch Freischichten auszugleichen ist. Da teilweise die doppelte Anzahl an Arbeitsplätzen vorhanden ist, können auf den beiden Fließlinien die Standardprodukte, auf den verbliebenen Produktionseinrichtungen hingegen Sonderformate, Unterbetten mit doppelter Heizkordel oder kleine Auftragslose produziert werden – beispielsweise dann, wenn eine der Fließlinien nicht eingesetzt wird. Durch diese Fokussierung wird die Produktionsoptimierung an den Fließlinien deutlich erleichtert. Dies unterstützt zudem eine Fabrikstruktur, in der die Betriebsmittel besser auf die Produkte abgestimmt werden können.

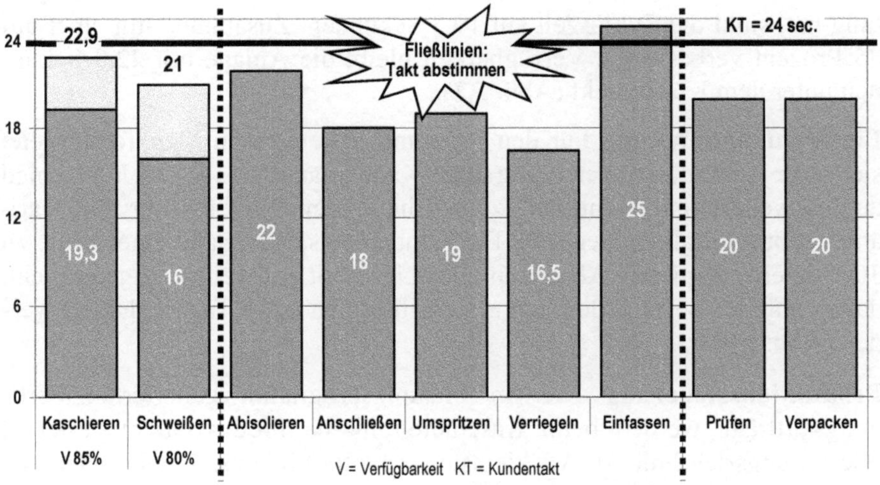

Abb. 5.7. Abstimmung der Kapazitäten bei der Komfort GmbH

Materialfluss Der Prüfprozess ist etwa doppelt so schnell wie die Fließfertigung. Somit lässt sich eine Prüfvorrichtung recht einfach mit zwei Fließlinien über eine FIFO-Bahn verkoppeln (Gestaltungsrichtlinie 3). Je nach Größe des FIFO-Puffers werden die Unterbetten über die Wägen bereitgestellt, oder, was besser wäre, direkt weitergegeben. Jede Fließlinie könnte dann einen der beiden Prüfplätze, die im Wechsel belegt werden, versorgen. In diesem Fall sollte die Verfügbarkeit der Prüfvorrichtung auf 100 Prozent erhöht werden. Die Rüstzeit von 5 Minuten entspricht dem Wert, der für die Fließlinien als Vorgabe gewählt worden ist (Abb. 5.5).

Damit auch die Verpackplätze über eine FIFO-Bahn angekoppelt werden können, sollte zur Synchronisation auch deren Rüstzeit auf 5 Minuten halbiert werden (Abb. 5.5). Die Verpackungszeit von derzeit 48 Sekunden liegt bei zwei Verpackplätzen exakt auf dem Kundentakt von 24 Sekunden. Um aber mit den Fließlinien im Takt zu arbeiten und um über etwas Verteilzeit zu verfügen, wird angestrebt, die Verpackungszeit auf 20 Sekunden je Einheit zu senken (Abb. 5.7).

Auch die Produktionsprozesse weiter flussaufwärts können über FIFO-Bahnen angekoppelt werden. Berücksichtigt man beim Ultraschallschweißen die eingeschränkte Verfügbarkeit von 80 Prozent, dann beträgt die erreichbare Zykluszeit nicht 16 Sekunden, sondern 21 Sekunden (Abb. 5.7).

Das Kaschieren lässt sich über FIFO am einfachsten an den restlichen Wertstrom ankoppeln, wenn dieser Produktionsprozess ebenfalls zweischichtig betrieben wird. Eine passende Ersatzinvestition würde einen Mitarbeiter in der Nachtschicht einsparen. Geht man davon aus, dass die neue Anlage mit 2.800 Metern pro Schicht eine um gut 10 Prozent höhere Leistung hat, sinkt die Zykluszeit auf 19,3 Sekunden. Zusammen mit einer auf 85 Prozent verbesserten Verfügbarkeit bleibt die Anlage mit 22,9 Sekunden unter dem Kundentakt (Abb. 5.7).

Lieferantenanbindung Für den Schaumstofflieferanten Megafoam bietet sich eine Anbindung über Lieferanten-Kanban an, da es – im Unterschied zu den weiterhin konventionell zu beschaffenden Stoffen – nur fünf Varianten gibt (Gestaltungsregel 4). Ein Kanban entspricht dann einer Rolle zu 300 Metern. Wird eine Absenkung der Lieferzeit auf wenige Tage erreicht, dann kann der Bestand deutlich um einen Monat auf 6 Tage reduziert werden (Abb. 5.8).

Produktionssteuerung Die im Planungsprogramm generierten Fertigungsaufträge werden beim Kaschieren in die Produktion eingesteuert (Gestaltungsrichtlinie 5). Als kleinste sinnvolle Freigabeeinheit bietet sich eine kaschierte Stoffrolle zu 300 Meter Länge an, das sind dann 150 Unterbetten (Gestaltungsrichtlinie 6). Bei einem Kundentakt von 24 Sekunden entspricht das dem Kundenbedarf einer Stunde. Einer solch kleinen Freigabeeinheit steht jedoch der hohe Rüstaufwand beim Ultraschallschweißen entgegen. Die vierzigminütige Rüstzeit fällt an bei einer Änderung von Format, Kordeltyp oder Schweißmuster und würde bei einer Freigabeeinheit von nur einer Stunde zu dem enormen, wirtschaftlich nicht zu rechtfertigenden Rüstanteil von 40 Prozent führen. Wird lediglich der Stoff geändert, dann sinkt der Rüstaufwand auf nur noch 5 Minuten. Man könnte also mit Reihenfolgerestriktionen arbeiten. Da aber ohnehin überwiegend auf Lager für die nächste Saison produziert wird, fällt kein kurzfristig zu befriedigender Bedarf an nicht vorrätigen Varianten an. Deshalb wird die einfache und pragmatische Lösung gewählt, eine Freigabeeinheit von 1.200 Stück festzulegen. Dies entspricht acht Stoffrollen und vom Arbeitsinhalt etwas mehr als einer Schicht – mit dem erklärten Ziel, pro Schicht immer genau einen Auftrag abzuarbeiten.

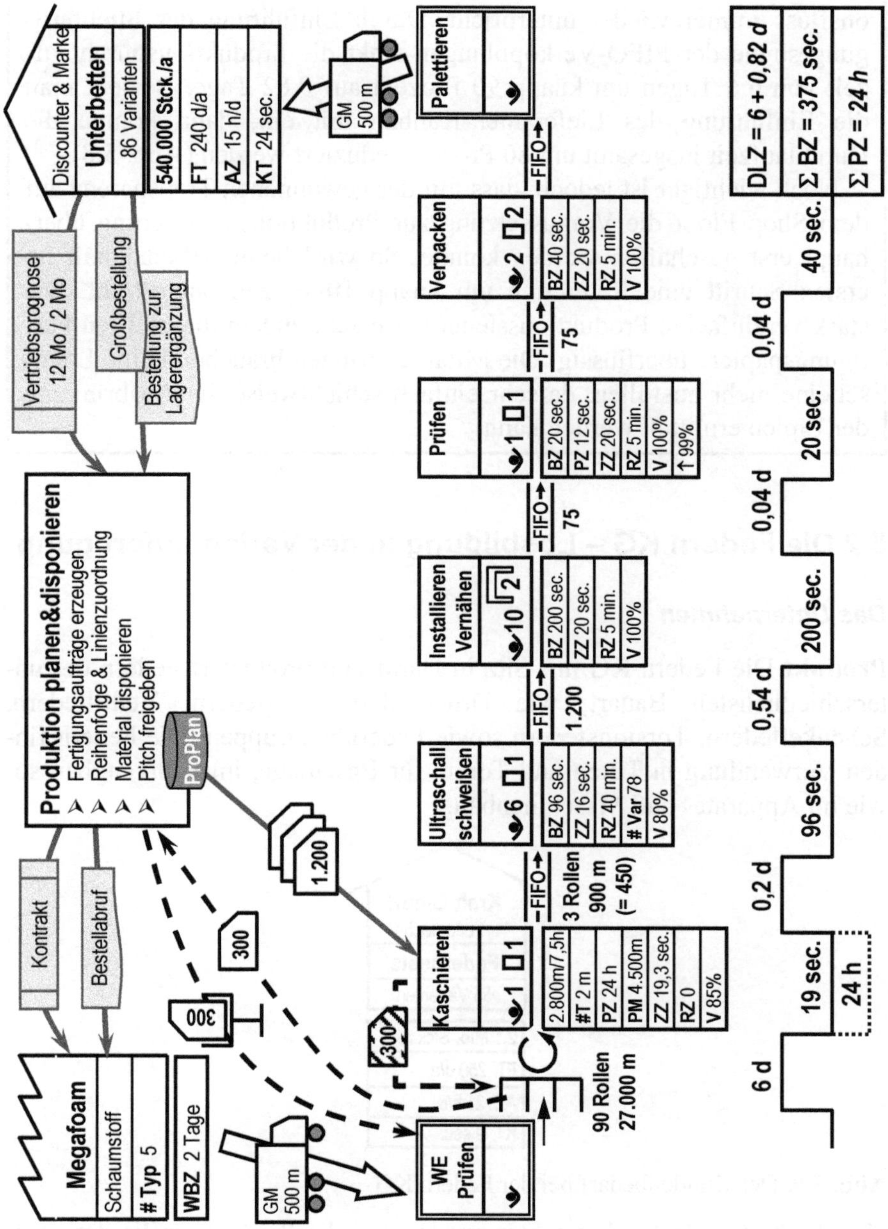

Abb. 5.8. Soll-Konzept für die Unterbetten-Produktion bei der Komfort GmbH

Fazit Die Wertstromanalyse hat den ersten in der Produktion gewonnenen Eindruck bestätigt und präzisiert. Der Bestand in der Produktion stört insbesondere deshalb, weil er an zahlreichen Stellen den Produktionsfluss immer wieder unterbricht. Durch Einführung der Fließfertigung sowie der FIFO-Verkopplungen sinkt die Produktionsdurchlaufzeit von 6,6 Tagen um knapp 90 Prozent auf 0,82 Tage. Bezieht man die Einführung des Lieferanten-Kanban mit ein, dann konnte die Durchlaufzeit insgesamt um 80 Prozent reduziert werden (Abb. 5.8).

Noch wichtiger ist jedoch, dass mit der gewonnenen Transparenz auf dem Shop Floor die Voraussetzung zur Produktionsoptimierung überhaupt erst geschaffen werden konnte. So wird beim Arbeitsinhalt im ersten Schritt eine Reduktion um knapp 10 Prozent angestrebt. Die stark vereinfachte Produktionssteuerung macht zudem die meisten Fertigungspapiere überflüssig. Die Mitarbeiterinnen brauchen keine Lohnscheine mehr ausfüllen, da sehr einfach schichtweise die Ausbringung der Linien ermittelt werden kann.

5.2 Die Federn KG – Losbildung in der Variantenfertigung

Das Unternehmen

Produkt Die Federn KG mit Sitz in Darmstadt produziert Federn der unterschiedlichsten Bauart, wie Druckfedern, Zugfedern, Ventilfedern, Schenkelfedern, Torsionsfedern sowie Federnbaugruppen. Die Federn finden Verwendung in Türen und Toren, für Beschläge, im Fahrzeugbau sowie im Apparate- und Maschinenbau.

Abb. 5.9. Der Kundenbedarf bei der Federn KG

Kundenbedarf Näher betrachtet werden soll die Produktfamilie der geraden Kupplungsdämpferfedern. Sie werden im Fahrzeugbau im Antriebsstrang eingesetzt. Die betrachteten Kupplungsdämpferfedern werden in 55

Varianten für einen Großkunden, die Kraft GmbH in Feuerbach, in einer Jahresstückzahl von 2,1 Millionen produziert. Die gesamte Produktion arbeitet im Dreischichtbetrieb mit einer Stunde Pause je Schicht an 250 Tagen im Jahr. Daraus ergibt sich ein Kundentakt von 9 Sekunden (Abb. 5.9).

Wertstromanalyse

Produktionsprozesse Die betrachteten Kupplungsdämpferfedern werden als Federnset geliefert, die aus einer Außenfeder (AF) bestehen, in die eine Innenfeder (IF) eingefügt ist. Zudem wird auf beiden Stirnseiten eine Endkappe eingepresst. Der Prozessablauf stellt sich wie folgt dar (Abb. 5.10):

- **Versenden** Die Federn werden als Schüttgut in einer Gitterbox versendet. Bereitstellen und Verladen einer Palette mit 2.000 Federn sowie Andruck und Zuordnung der Lieferpapiere benötigen durchschnittlich 20 Minuten. Hinzu kommt ein Aufwand von etwa 10 Minuten für das Vereinnahmen und Einlagern der aus der Produktion gelieferten Ware. Der Versand ist auch für andere Produktfamilien zuständig. Es stehen zwei Mitarbeiter einschichtig zur Verfügung.
- **Prüfen** Bei allen Federnsets wird abschließend der Verpresssitz der Endkappe – je nach Variante auf der Außen- oder der Innenfeder – geprüft. An zwei Prüfplätzen benötigt je ein Mitarbeiter 10 Sekunden für das Prüfen. Die zu prüfenden Federnsets werden von der Montage jeweils auf einem Förderband zugeführt. Beim Variantenwechsel muss die Messvorrichtung angepasst werden, was etwa zehn Minuten Zeit benötigt. Beim Prüfen wird ein Ausschuss von 5,5 Prozent ermittelt.
- **Montieren & Verpressen** Die Innenfeder wird in die Außenfeder montiert und anschließend mit den Endkappen verpresst. Federn und Kappen werden den beiden manuellen Verpresseinrichtungen vereinzelt zugeführt. In diesem Prozess entstehen die 55 Varianten der Produktfamilie.
- **Anlassen & Warmsetzen** Die Federn werden von einem Mitarbeiter je Durchlaufofen in eine Aufnahme auf einem Förderband gelegt. Auf diesem Förderband befinden sich 240 Federn, die für einen Durchlauf 30 Minuten benötigen. Nach dem Anlassen werden die Federn direkt in den Setzautomaten geführt. Die Rüstzeit einer Linie beträgt 1,5 Stunden. Die Setzautomaten haben eine Verfügbarkeit von 96 Prozent. Aus Prozessmenge und Durchlaufzeit ergibt sich ein Maschinentakt von 7,5 Sekunden; für Innen- und Außenfeder damit eine Bearbeitungszeit von 15 Sekunden, bei zwei Linien also eine Zykluszeit von 7,5 Sekunden.
- **Kugelstrahlen** Die Federn werden in einem 25-minütigen Programm kugelgestrahlt und dazu in Wannen zu je 200 Stück Außenfedern oder 300 Stück Innenfedern bereitgestellt. Es sind zwei Anlagen mit einer

Verfügbarkeit von durchschnittlich 84 Prozent vorhanden. Sie werden nebenher von einem Mitarbeiter, der auch die innerbetrieblichen Transporte übernimmt, bedient. Ein Behälterwechsel mit Materialbereitstellung und Programmwechsel dauert etwa 5 Minuten. Aus der Teilemenge in den Wannen sowie Strahldauer und Beschickungsdauer ergibt sich eine Maschinenzykluszeit bei Außenfedern von 9 Sekunden und bei Innenfedern von 6 Sekunden – und damit ein Mittelwert für jede Anlage von 7,5 Sekunden. Da für jedes Federnset einerseits zwei Einzelfedern benötigt werden und andererseits zwei Anlagen zur Verfügung stehen, entspricht dies auch der Zykluszeit des Prozesses.

- **Schleifen & Entgraten** Die Stirnseiten der Federn werden geschliffen und unmittelbar danach an einer mit der Schleifmaschine verketteten Maschine entgratet. Die Schleifdauer ist abhängig vom Drahtdurchmesser bei den Außenfedern mit 10 Sekunden deutlich größer als bei den Innenfedern mit 4 Sekunden.
- **Anlassen** Die Federn durchlaufen den Ofen als Schüttgut auf einem Förderband in 20 Minuten. Es sind zwei Durchlauföfen vorhanden, die jeweils eine Menge von bis zu 300 Federn aufnehmen können.
- **Winden** Die Produktion beginnt mit dem Winden und Ablängen der Federn aus Draht. Hier entstehen zahlreiche Varianten durch Unterschiede beim Draht-Material, beim Draht-Durchmesser, beim Federndurchmesser sowie bei der Federnlänge. Die Zeitdauer für das Winden pro Feder ist vor allem vom Drahtdurchmesser abhängig und liegt zwischen 5,2 und 12,8 Sekunden. Der nach Stückzahlen gewichtete Durchschnitt beträgt bei den Außenfedern 11,5 Sekunden, bei den Innenfedern 9,5 Sekunden. Pro Federnset ergibt das eine Bearbeitungszeit von 21 Sekunden. Bei drei Maschinen liegt die Zykluszeit bei 7 Sekunden. Der Umrüstaufwand beträgt bei Änderungen der Federngeometrie zwei Stunden. Je nach Gängigkeit der Federnvariante liegt die Losgröße zwischen 2.000 Stück und 20.000 Stück. Für jede Windemaschine steht ein Mitarbeiter für das Rüsten, den Materialwechsel, die Fehlerbehebung und den Abtransport der Fertigteile zur Verfügung.
- **Entladen** Für die Federn werden als Rohmaterial Drahtcoils benötigt. Das Entladen und Einlagern wird von den Versand-Mitarbeitern übernommen. Die Wareneingangstätigkeiten werden aufgrund ihres geringen Umfanges nicht einzeln aufgenommen.

Für alle Produktionsprozesse werden Bearbeitungszeiten, Rüstzeiten, Verfügbarkeiten und Gutausbeute aufgenommen (Abb. 5.10). Federn und Federnsets werden aufgrund der Rüstzeiten in großen Losen gefertigt. Dabei wird je Artikelnummer eine wirtschaftliche Losgröße auf Basis der Andlerschen Losgrößenformel errechnet (vgl. Gl. 2.4). Bei seltenen Varianten werden Mindestmengen angesetzt. Insgesamt ergibt sich so normalerweise für jeden Produktionsauftrag eine andere Losgröße. Bei der Wertstromaufnahme werden jeweils der Größenbereich der Losmengen und der Durchschnittswert aus dem vergangenen Jahr erfasst.

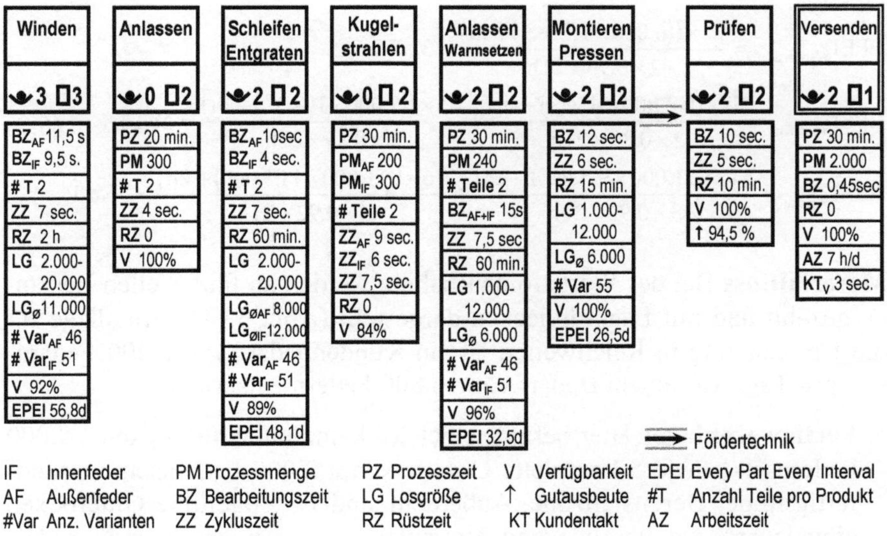

Abb. 5.10. Die Produktionsprozesse bei der Federn KG

Aus den durchschnittlichen Losgrößen ist nun noch der *EPEI-Wert* für die Produktionsprozesse mit Rüstaufwänden zu berechnen. Beim Montieren liegen die Losgrößen zwischen 1.000 und 12.000 Stück, was bei einer Bearbeitungszeit von 12 Sekunden eine Maschinenbelegungszeit von 3,3 bis 36,6 Stunden ergibt. Für die mittlere Losgröße von 6.000 Stück errechnet sich nach Gleichung 2.6 für die 55 Varianten folgender EPEI-Wert:

$$EPEI = \frac{\#Var \times \left(\left(LG_{\emptyset} \times BZ\right) + RZ\right)}{\#Res \times V \times AZ} = \frac{55 \times \left(\left(6.000 \times 12\,\text{sec.}\right) + 15\,\text{min.}\right)}{2 \times 100\% \times 21\,\text{h}} = 26{,}5\,\text{d}$$

mit:
Var Anzahl der Varianten [Stck.]
Res Anzahl gleicher Ressourcen [Stck.] (5.1)
$LG_{\emptyset}$ durchschnittliche Losgröße [Stck.]
BZ Bearbeitungszeit pro Stück [Zeiteinheit]
RZ Rüstzeit [Zeiteinheit]
V Verfügbarkeit [%]
AZ Arbeitszeit [Zeiteinheit/d]

Beim Warmsetzen, Schleifen und Winden werden die Einzelfedern in Losen bearbeitet. Da pro Federnset eine Innen- und eine Außenfeder benötigt werden, ergibt sich rechnerisch die doppelte Variantenzahl von 110

Stück. Aufgrund von Mehrfachverwendungen sind es jedoch lediglich 97 Stück, 46 Außen- und 51 Innenfedern. Aufgrund der unterschiedlichen Variantenanzahl und der unterschiedlichen Bearbeitungszeiten sind die EPEI-Werte für Außen- und Innenfedern teilweise getrennt zu errechnen und dann zu addieren. Für die drei Prozesse ergibt sich damit:

$$\begin{aligned}
EPEI_{\text{Warmsetzen}} &= \frac{97 \times ((6.000 \times 7{,}5\,\text{sec.}) + 1\text{h})}{2 \times 0{,}96 \times 21\text{h}} = 32{,}5\,\text{d} \\
EPEI_{\text{Schleifen}} &= \frac{51 \times ((12.000 \times 4\,\text{sec.}) + 1\text{h})}{2 \times 0{,}89 \times 21\text{h}} + \frac{46 \times ((8.000 \times 10\,\text{sec.}) + 1\text{h})}{2 \times 0{,}89 \times 21\text{h}} = 48{,}1\,\text{d} \\
EPEI_{\text{Winden}} &= \frac{51 \times ((11.000 \times 9{,}5\,\text{sec.}) + 2\text{h})}{3 \times 0{,}92 \times 21\text{h}} + \frac{46 \times ((11.000 \times 11{,}5\,\text{sec.}) + 2\text{h})}{3 \times 0{,}92 \times 21\text{h}} = 56{,}8\,\text{d}
\end{aligned} \tag{5.2}$$

Materialfluss Bei der Wertstromaufnahme werden an fünf Stellen Bestände gezählt und mit Lagerdreiecken dargestellt (Abb. 5.11). Grundlage für die Umrechnung in Reichweiten ist ein Kundenbedarf von 8.400 Federnsets pro Tag, was einem Bedarf von 16.800 Federn entspricht.

- **Fertigwarenlager** Hier befinden sich 20 komplette Gitterboxen à 2.000 Federnsets sowie 5 komplette Gitterboxen à 2.000 Federnsets versandfertig in der Bereitstellzone. Außerdem sind 14 teilgefüllte Gitterboxen eingelagert, die überwiegend Varianten mit geringem Kundenbedarf enthalten. Aus den Beschriftungen der Boxen ergibt sich hierfür eine Gesamtzahl von 8.800 Federnsets. In Summe sind 58.000 Sets vorhanden, woraus sich nach Division mit 8.800 Stück eine Reichweite von sieben Tagen ergibt.
- **WIP Montieren, Pressen & Prüfen** Aufgrund der großen Losgrößen sind auch die in Arbeit befindlichen Lose durchlaufzeitrelevant. Diese drei Prozesse sind durch Fördertechnik fest verkettet und bearbeiten zum Aufnahmezeitpunkt eine Fertigungsauftrags-Losgröße von 4.000 Federnsets sowie eine von 6.000 Sets. Diese 10.000 Sets entsprechen einer Reichweite von 1,2 Tagen.
- **Zwischenlager** Hinter dem Anlassen befinden sich inklusive der in Arbeit befindlichen Lose Wannen mit insgesamt 33.600 Innen- und Außenfedern. Bei der Ermittlung der logistisch bewerteten Reichweite spielt die faktische Kombinationsmöglichkeit zu Endprodukten keine Rolle. So errechnet sich bei zwei Federn pro Produkt eine Reichweite von 2 Tagen.
- **Halbfabrikatlager** Im Zwischenlager für kugelgestrahlte Federn befinden sich 400 Wannen mit je 200 Außenfedern sowie 226 Wannen mit je 300 Innenfedern. Die insgesamt 147.800 Federn ergeben eine Reichweite von 8,8 Tagen.

- **WIP Schleifen, Entgraten & Kugelstrahlen** Geschliffene Federn werden im zweiten Arbeitsgang des entsprechenden Fertigungsauftrags sogleich kugelgestrahlt. Bei der Istaufnahme werden ein Fertigungslos von 8.000 Außenfedern und eines von 4.000 Innenfedern bearbeitet. Das entspricht einer Reichweite von 0,7 Tagen.
- **Zwischenpuffer** Die angelassenen Federn werden in der Regel nach kurzer Übergangszeit weiter bearbeitet. Es werden 23.500 Federn gezählt. Das entspricht einer Reichweite von 1,4 Tagen.
- **WIP Winden & Anlassen** Federn dürfen nach dem Winden aus Qualitätsgründen nicht lange gelagert werden. Daher erstreckt sich ein Fertigungsauftrag immer gemeinsam auf das Winden und das anschließende Anlassen. Bei der Istaufnahme werden ein Fertigungslos von 6.000 Außenfedern und eines von 9.000 Innenfedern bearbeitet. Das entspricht einer Reichweite von 0,9 Tagen.
- **Rohmateriallager Drahtcoils** Die Coils haben je nach Drahtstärke ein Gewicht von 500 bis 1.500 kg. Es sind 74 Coils mit einem Gesamtgewicht von 72.600 kg vorhanden. 1.000 Federnsets wiegen im gewichteten Durchschnitt 500 kg. Wegen Ausschuss und Materialverlusten beim Coilwechsel muss ein Materialzuschlag von zehn Prozent angenommen werden. Daraus errechnet sich ein Bestand von 132.000 Federnsets, was einer Reichweite von 15 Tagen entspricht.

Werksexterne Logistik Die Federn werden als Schüttgut in einer Gitterbox versendet. Der Versand erfolgt täglich per Spedition in Paletten zu 2.000 Federn (Abb. 5.11).

Für die Anlieferung von Drahtcoils gibt es zwei Lieferanten. Die Firma Ståltråd in Noorköping, Schweden liefert 355 to. jährlich in drei Qualitäten mit insgesamt fünf Abmessungen, die Acero S.A. in Bilbao, Spanien liefert 800 to. jährlich in fünf Qualitäten mit insgesamt elf Abmessungen. Die Lieferungen kommen dienstags oder donnerstags per Spedition. Die Lieferzeit beträgt jeweils sechs Wochen; drei der fünf sehr gängigen Abmessungen aus Noorköping werden auf Bestell-Abruf nach einer Woche geliefert (Abb. 5.11).

Geschäftsprozesse Die Federn KG plant prognoseorientiert auf Basis der vom Kunden übermittelten Bedarfsvorschau. Für mehrere Produktionsprozesse wird darauf basierend ein Fertigungsplan erstellt. Halbfabrikate und Endprodukte werden nach Plan auf Lager produziert. Die Auftragsabwicklung ist in drei Geschäftsprozesse wie folgt gegliedert (Abb. 5.11):

- **Versand abwickeln** Der Kunde schickt seine Bestellung wöchentlich per EDI an die Federn KG. In der Versandabteilung werden die automatisch in SAP erfassten Aufträge auf sachliche Richtigkeit und Lieferfähigkeit geprüft und freigegeben. Entsprechend der Liefermenge wird die Spedition avisiert. Es werden eine tägliche Versandliste sowie die benötigten Lieferscheine erstellt. Von der Produktion gelieferte Ware wird dem Fertigwarenbestand zugebucht; die zur Lieferung bereitgestellte Ware wird vom Fertigwarenlager abgebucht. Alle Aufgaben dieses Geschäftsprozesses werden von den Mitarbeitern des Produktionsprozesses ‚Versenden' mit übernommen.

- **Produktion planen** Basierend auf der täglich per EDI vom Kunden aktualisierten Bedarfsvorschau über sechs Wochen wird ein täglich aktualisierter Fertigungsplan mit Wochenhorizont für das Winden, das Schleifen, das Warmsetzen und die Montage erstellt. Die vier Fertigungspläne werden als Excel-Tabelle erstellt, wobei Fertigungslosgrößen manuell festzulegen sind und die geplanten Zu- und Abgänge in den Lägern berücksichtigt werden. Der Fertigungsplan für das Schleifen entspricht dem um einen Tag verschobenen Plan für das Winden. Hier muss jedoch je nach tatsächlicher Teileverfügbarkeit vom vorgegebenen Plan abgewichen werden. Anlassen und Kugelstrahlen erhalten keinen eigenen Fertigungsplan, da sie in überlappender Losfertigung mit den jeweils vorgelagerten Produktionsprozessen direkt von den Mitarbeitern gesteuert werden. Hier ist in der Wertstromdarstellung jeweils ein Go-See-Symbol einzutragen.
  Von der Produktionsplanung wird ferner ein Entnahmebeleg für die beim Winden benötigten Coils erstellt. Ebenfalls beim Winden werden Teilebegleitschein und Lohnschein als Fertigungspapiere den Aufträgen beigelegt. Die freigegebenen Fertigungsaufträge werden im SAP angelegt und nach dem Prüfen fertiggemeldet. In der Produktionsplanung arbeitet ein Mitarbeiter.
- **Disponieren & Bestellen** Basierend auf der Bedarfsvorschau des Kunden, den Hochrechnungen der Federn KG, den freigegebenen Fertigungsaufträgen sowie den Rohmaterialbeständen ermittelt SAP eine vierzehntägige und eine zweimonatige Bedarfsvorschau für die Lieferanten. Ebenfalls werden vom System Bestellvorschläge gemacht, die der Dispositionsmitarbeiter nach Prüfung andruckt und per Fax an die Lieferanten schickt.

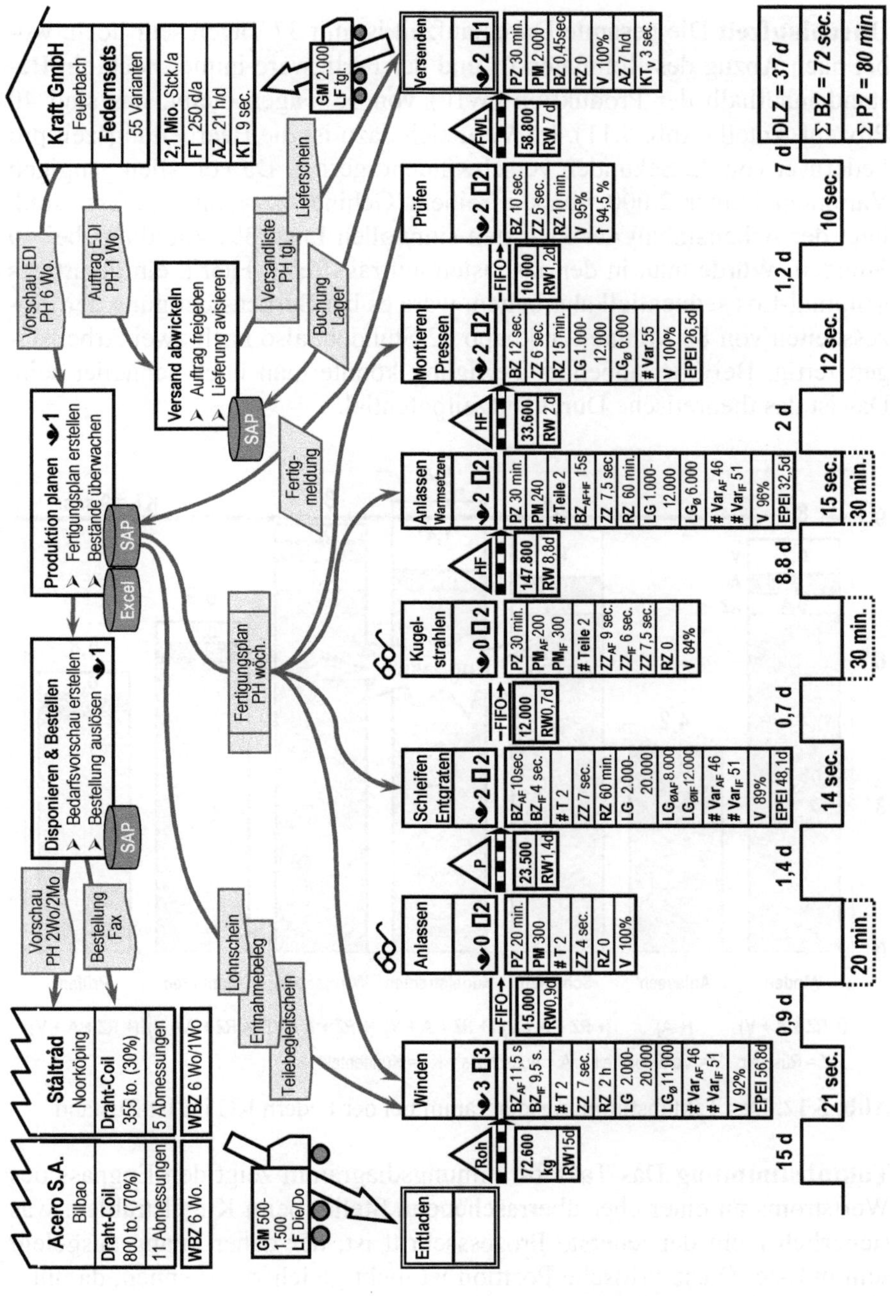

Abb. 5.11. Ergebnis der Wertstromanalyse bei der Federn KG

Verbesserungspotentiale

Durchlaufzeit Die gesamte Durchlaufzeit ist mit 37 Tagen sehr hoch, wobei nach Abzug des Rohmaterials und der Fertigware immer noch ein Bestand innerhalb der Produktion (WIP) von 15 Tagen bleibt, das sind 40 Prozent Anteil (Abb. 5.11). Im Vergleich dazu ist die Bearbeitungszeit pro Federnset von 72 Sekunden verschwindend gering. Da von allen gängigen Varianten immer 2.000 Stück in einem Gebinde zusammengefasst sind, liegt der Arbeitsinhalt der kleinsten sinnvollen Losgröße allerdings bei 40 Stunden. Würde man in der ansonsten auftragsfreien Fabrik ein derartiges Minimal-Los sequentiell abarbeiten, wäre es bei Berücksichtigung der Prozesszeiten von 80 Minuten in knapp 42 Stunden, also nach zwei Arbeitstagen fertig. Bei überlappender Fertigung könnte man noch schneller sein. Das ist das theoretische Durchlaufzeitpotential.

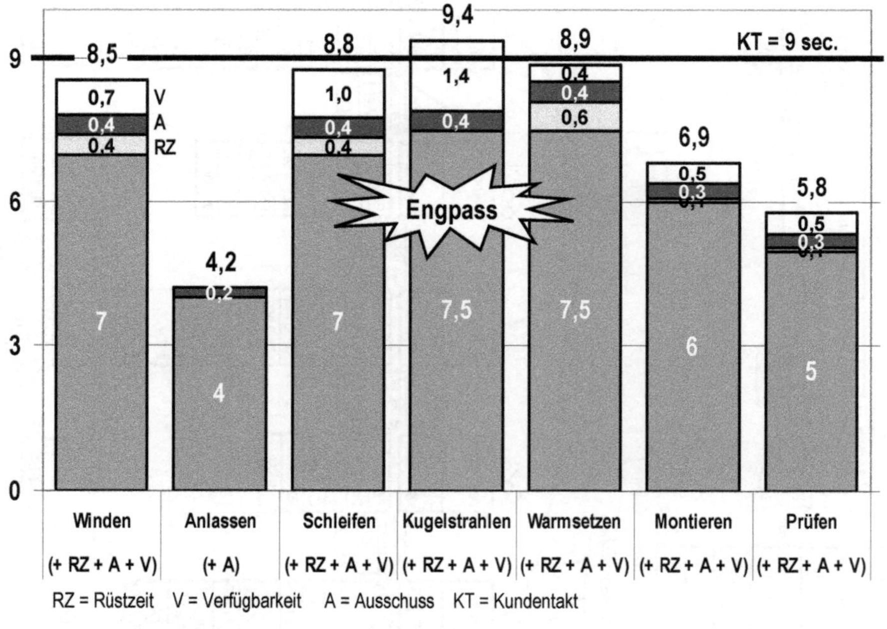

Abb. 5.12. Das Taktabstimmungsdiagramm bei der Federn KG im Ist-Zustand

Taktabstimmung Das Taktabstimmungsdiagramm zeigt den Engpass des Wertstroms an einer eher überraschenden Stelle: beim Kugelstrahlen, was sicherlich nicht der teuerste Prozessschritt ist, der daher knapp ausgelegt sein müsste. Diese kritische Position ist nicht gleich zu erkennen, da unter idealen Bedingungen die Zykluszeit des Kugelstrahlens mit 7,5 Sekunden noch deutlich unter dem Kundentakt von 9 Sekunden liegt (Abb. 5.12, dunkelgrauer Balkenabschnitt). Durch die eingeschränkte Verfügbarkeit von nur 84 Prozent erhöht sich die Zykluszeit jedoch nach Gleichung 2.21 um 16 Prozent vom Kundentakt, also um 1,4 Sekunden (Abb. 5.12, weißer Balkenabschnitt). So berührt der Anlagenzyklus mit 8,9 Sekunden bereits den Kundentakt. Zusätzlich vererbt sich der beim Prüfen ermittelte Ausschuss auf alle Produktionsprozesse. Nach Gleichung 2.7 ist jeweils der entsprechende Anteil von 5,5 Prozent auf die Zykluszeit aufzuschlagen, was zwischen 0,2 und 0,4 Sekunden ausmacht (Abb. 5.12, schwarzer Balkenabschnitt). Daher verlangsamt sich das Kugelstrahlen weitere 0,4 Sekunden auf 9,4 Sekunden und kann damit den Kundenbedarf offenbar gar nicht decken. Wie ist das nun möglich? Nachfragen ergeben, dass, da der Prozess automatisch läuft, die Arbeitspausen großteils mit genutzt werden können. Dadurch liegt die verfügbare Arbeitszeit bei 24 anstatt der berechneten 21 Stunden, so dass der prozessspezifische Kundentakt faktisch bei 10,3 Sekunden liegt (vgl. Gl. 2.9).

Ebenfalls sehr dicht am Kundentakt liegen das Warmsetzen und das Schleifen. Neben Ausschuss und Störungen führt hier das erforderliche Rüsten zu Zeitverlusten (Abb. 5.12, hellgrauer Balkenabschnitt). Nach Gleichung 2.20 können aus der Rüstzeit, der durchschnittlichen Losgröße und der zum jeweiligen Los gehörigen Bearbeitungszeit für eine Feder oder ein Federnset die Zuschlagszeiten wie folgt berechnet werden:

$$
\begin{aligned}
ZZ_{RZ,\,Warmsetzen} &= 7{,}5\,\text{sec.} \times \frac{60\,\text{min.}}{6.000 \times 7{,}5\,\text{sec.}} = 7{,}5\,\text{sec.} \times 8\,\% = 0{,}6\,\text{sec.} \\
ZZ_{RZ,\,Schleifen} &= 7\,\text{sec.} \times \frac{2{,}1\,\text{Mio.} \times \left(\frac{1}{8.000} + \frac{1}{12.000}\right) \times 60\,\text{min.}}{2{,}1\,\text{Mio.} \times (10\,\text{sec.} + 4\,\text{sec.})} \\
&= 7\,\text{sec.} \times 5{,}36\,\% \approx 0{,}4\,\text{sec.}
\end{aligned}
\qquad (5.3)
$$

Einzig beim Winden liegt mit 5,5 Prozent der Abstand der Brutto-Zykluszeit vom Kundentakt bei einem praktikablen Wert, der ausreichend sachliche Verteilzeit belässt. Beim Warmsetzen könnte man durch Reduktion der Rüstverluste und beim Schleifen und Kugelstrahlen durch Verbesserung der Verfügbarkeit den Engpass entschärfen. Bei Berechnung der störungsbedingten Verlustzeiten ist zu berücksichtigen, dass die eingeschränkte Verfügbarkeit der Prüfplätze auch beim ausfallsicheren Montieren berücksichtigt werden muss, da beide Prozesse miteinander fördertechnisch verkoppelt sind. Da das Prüfen schneller als das Montieren ist, wird der Mitarbeiter dort immer Wartezeiten haben. Außerdem sind beide Prozesse gegenüber dem Kundentakt um 25 beziehungsweise 35 Prozent zu schnell, was zu Freischichten oder einer ungleichmäßigen Auslastung der Mitarbeiter führt. Der Anlassofen ist ebenfalls deutlich, nämlich um den Faktor 2 zu groß. Da das Anlassen ein automatischer Prozess ist, kostet dies zwar keine Mitarbeiterzeit, bedeutet jedoch möglicherweise eine Energieverschwendung.

Wertstromdesign

Zielsetzung Bei der Umgestaltung der Federnproduktion gilt es insbesondere, eine deutliche Reduktion der Bestände durch eine besser aufeinander abgestimmte Losfertigung zu erreichen. Insgesamt soll näher am Kundenbedarf produziert werden, wobei eine wöchentliche Bedarfsschwankung von bis zu 30 Prozent über dem Durchschnittswert berücksichtigt werden soll. Außerdem sollen durch Automatisierung die Personalkosten gesenkt werden.

Produktionsprozesse Die manuelle Montage mit dem Verpressen und anschließenden Prüfen kann in einer Einheit automatisiert werden (Gestaltungsrichtlinie 2). In einer solchen Anlage ist eine Zykluszeit von 4 Sekunden erreichbar, so dass eine Anlage mehr als ausreichend ist. Besonderes Augenmerk muss auf die Rüstaufwände gelegt werden, damit nicht zu große Lose erzwungen werden. Zielsetzung ist es, mit 20 Minuten die Rüstzeit gegenüber dem Ist-Zustand nur geringfügig zu vergrößern.

Aus Sicht der Produktqualität ist es vorteilhaft, kugelgestrahlte Federn möglichst schnell zu montieren. Wird dies so umgesetzt, steigt die Gutausbeute beim Prüfen auf 97 Prozent. Gelingt es, die Verfügbarkeit beim Kugelstrahlen auf 90 Prozent zu erhöhen, dann sinkt die Zuschlagszeit für Störungen auf 0,9 Sekunden. Zusammen mit der auf 0,2 Sekunden verminderten Zuschlagszeit für den Ausschuss liegt die Bruttozykluszeit mit 8,6 Sekunden auch wieder im Kundentakt.

Materialfluss Der Wertstrom wird in zwei Abschnitte eingeteilt – die Federnherstellung als Halbfabrikatfertigung sowie die Herstellung der Federnsets (Abb. 5.14). Die *Federnsetproduktion* beginnt beim Kugelstrahlen flussabwärts bis zum Versenden. Damit die Produktionsprozesse synchron arbeiten können, ist passend zur Montageanlage die Rüstzeit beim Warmsetzen auf 20 Minuten zu reduzieren. Dann ist eine Verkopplung der Prozesse über FIFO-Bahnen möglich (Gestaltungsrichtlinie 3). Es sollen immer gleichzeitig die beiden Innen- und Außenfedernvarianten warmgesetzt werden, die anschließend zu montieren sind. Die Puffermengen sind so auszulegen, dass sie den Wannentransport im Pendelverkehr vom Kugelstrahlen zum Warmsetzen sowie den anschließenden Transport zu den Sortern beim Montieren ermöglichen. Die Verkopplung zwischen Warmsetzen und Montieren könnte man auch als fördertechnische Verkettung ausführen, wodurch dann zwei Durchlauföfen, zwei Setzautomaten und ein

Montageautomat eine Einheit bilden würden. Das würde den Zwischenpuffer weiter reduzieren. Allerdings addieren sich dann die Störzeiten und zudem wären variantenabhängige Schwankungen in den Bearbeitungszeiten nicht mehr abzupuffern. Deshalb wird auf diese Lösung zunächst verzichtet. Der FIFO-Puffer in diesem Abschnitt wird mit 0,5 Tagen angesetzt.

Um Kundenbedarfsschwankungen abzupuffern, werden bis zu drei Tage, im Durchschnitt also eineinhalb Tage, vorproduziert. Dies ist dank der Wochenbestellung und der Vorschau des Kunden ohne große Abweichungen realisierbar. Auf der sicheren Seite ist man, wenn man die Rennerartikel vorproduziert.

Die vorgelagerte *Halbfabrikatfertigung* setzt sich aus Winden, Anlassen sowie Schleifen und Entgraten der Federn zusammen. Die drei Prozessschritte werden ebenfalls über FIFO verkoppelt. Da es drei Windemaschinen, aber nur zwei Öfen und zwei Schleifmaschinen gibt, kann nicht durchgängig in überlappenden Losen produziert werden. Hinter dem Winden muss immer mindestens ein Los, vorzugsweise ein kleines, komplett gesammelt werden, bevor es angelassen werden kann. Bei geschickter Shop-Floor-Steuerung werden die großen Lose durchgefertigt und die kleinen Lose dann dazwischengeschoben. Insgesamt wird der Puffer in diesem Abschnitt mit 2 Tagen höher als in der Endproduktion angesetzt.

Die *Verknüpfung* der beiden Wertstromabschnitte erfolgt über eine Kanban-Regelung (Gestaltungsrichtlinie 4). Durch die Entkopplung der beiden Abschnitte können die Federnsets relativ zügig kundenauftragsbezogen montiert werden. Ein Großteil der Produktionsdurchlaufzeit fällt auf den kundenauftragsanonymen ersten Wertstromabschnitt. Die Entkopplung mit Kanban ermöglicht größere Losgrößen beim Winden und regelt automatisch die Mehrfachverwendung von Einzelfedern in unterschiedlichen Set-Varianten. Zudem können passend zur jeweils materialspezifisch verfügbaren Coil-Länge von der Planung abweichende Losgrößen beim Winden produziert werden, ohne dass davon eine Kundenbestellung unmittelbar betroffen wäre. Die Kanban-Logik ermöglicht es hier, die jeweiligen Über- und Untermengen einfach abzupuffern.

Lieferantenanbindung Ein Lieferanten-Kanban erscheint aufgrund der langen Lieferzeit und der großen Entfernung der Lieferanten derzeit nicht realisierbar. Die Vorschau des Kunden eignet sich gut zur relativ bestandsarmen Rohmaterialdisposition, die angesichts der Variantenvielfalt auch beim Material bereits im Ist-Zustand trotz der hohen Reichweite recht gut realisiert ist.

Produktionssteuerung Der Einsteuerungspunkt für die Kundenbestellungen befindet sich beim Kugelstrahlen (Gestaltungsrichtlinie 5). Als Freigabeeinheit sehr gut geeignet ist die Liefereinheit einer Palette mit 2.000

Stück Federnsets (Gestaltungsrichtlinie 6). Diese Menge entspricht einem Kundenbedarf von 5 Stunden. Die wöchentlichen Kundenaufträge können im Freigabehorizont von 5 Tagen in den Varianten mit Hilfe eines Ausgleichskastens gleichmäßig gemischt werden (Gestaltungsrichtlinie 7). Es gibt 10 Exoten-Varianten, deren Jahresstückzahl sich zwischen 160 und 2.220 Stück bewegt und in Summe einen Anteil von bloß 0,7 Prozent ausmacht. In diesen wenigen Fällen wird man sinnvoller Weise von der einheitlichen Freigabeeinheit abweichen und in kundenauftragsbezogener Menge fertigen – beginnend beim Winden mit den zugehörigen exotischen Einzel-Federn.

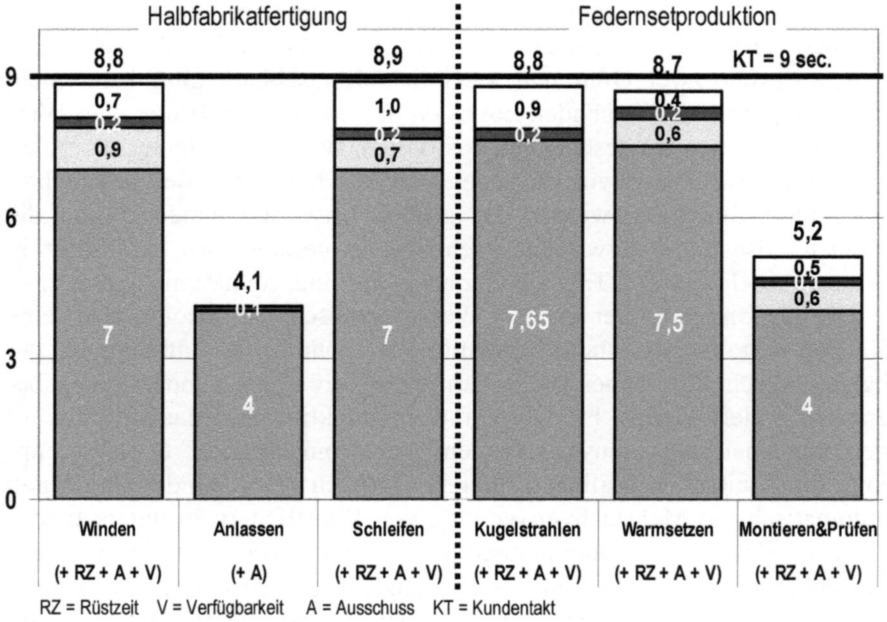

Abb. 5.13. Das Taktabstimmungsdiagramm bei der Federn KG im Soll-Zustand

Die einheitliche Losgröße von 2.000 Stück beim Kugelstrahlen passt nicht zur Behältermenge der Innenfedern von 300 Stück. Die je Los benötigten Innenfedern werden künftig auf 7 Wannen mit jeweils einer Behältermenge von 286 Stück aufgeteilt. Die Zykluszeit für Innenfedern erhöht sich dadurch von 6 auf 6,3 Sekunden, die durchschnittliche Zykluszeit auf 7,65 Sekunden. Mit den Zuschlagszeiten für Störungen und Ausschuss von zusammen gut 1,1 Sekunden steigt die Brutto-Zykluszeit beim Kugelstrahlen auf 8,8 Sekunden (Abb. 5.13).

Die Einzelfedern werden über Signal-Kanban in teilweise größeren Losgrößen nachgefertigt. Eine ABC-Analyse ergibt 12 A-Federn, 19 B-Federn und 66 C-Federn. Eine nähere Betrachtung zeigt, dass 34 C-Federn in Summe lediglich 2 Prozent der Gesamtstückzahl ausmachen. Mit Jahresbedarfen von 160 bis 5.400 je Variante bilden sie eine eigene D-Klasse von Exoten-Teilen, die am besten nach Bestellung kundenauftragsbezogen in jeweiliger Stückzahl produziert werden. Aufgrund der kleinen Menge wirken sich die Abweichung von der einheitlichen Freigabeeinheit und die Einsteuerung am Ausgleichskasten vorbei kaum störend auf den Produktionsfluss aus.

Je nach Klasse werden die Kanban-Mengen mit dem Faktor 4, 2 oder 1 beaufschlagt und so auf 8.000, 4.000 beziehungsweise 2.000 Stück festgelegt. Zur Abschätzung des durchschnittlichen Bestands im Supermarkt-Lager soll angenommen werden, dass sich die Gesamtzahl der Kanban im Kreislauf aus genau einer Signalmenge pro Variante ergibt. Das ist dann richtig, wenn die Signalmenge je Variante größer ist als der von maximalem Tagesbedarf und Wiederbeschaffungszeit abhängige Maximalbestand nach Gleichung 3.9. Bei einer Produktionsdurchlaufzeit ab dem Winden von 2 Tagen muss also der maximale Bedarf von zwei Tagen der stückzahlstärksten A-Variante niedriger als 8.000 Stück sein. Nach Gleichung 3.7 errechnet sich dann die Supermarkt-Lagerreichweite zu:

$$RW = \frac{1}{2} \times \frac{(12 \times 4 + 19 \times 2 + 31) \times GM}{TB} = \frac{1}{2} \times \frac{117 \times 2.000}{16.800} = 7\,\mathrm{d} \tag{5.4}$$

mit: RW Supermarkt-Bestandsreichweite [d]
GM Gebindemenge [Stck.]
TB Tagesbedarf [Stck./d]

Mit Festlegung der Kanban-Mengen kann für das Winden und das Schleifen der EPEI-Wert unter Ausklammerung der Exoten-Federn nach Gleichung 2.8 berechnet werden. Bei jeweils 31 Außen- und Innenfedern ergibt sich:

$$EPEI_{Winden} = \frac{(117 \times 2.000 \times 10{,}5\,\mathrm{sec.}) + 62 \times 120\,\mathrm{min.}}{3 \times 92\% \times 21\,\mathrm{h}} = 13{,}9\,\mathrm{d}$$

$$EPEI_{Schleifen} = \frac{(117 \times 2.000 \times 7\,\mathrm{sec.}) + 62 \times 60\,\mathrm{min.}}{2 \times 89\% \times 21\,\mathrm{h}} = 13{,}8\,\mathrm{d} \tag{5.5}$$

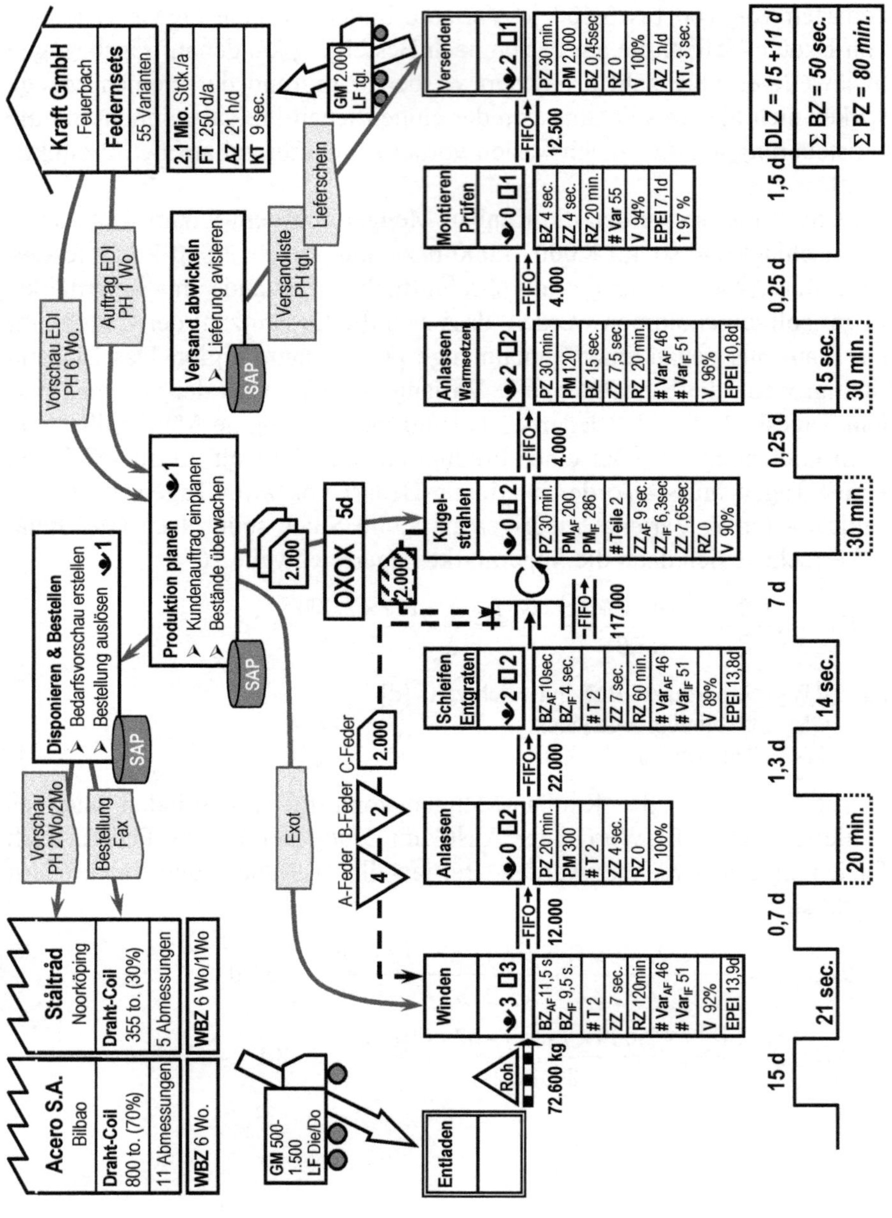

Abb. 5.14. Soll-Konzept für die Kupplungsdämpfungsfedern-Produktion der Federn KG

Bei der Berechnung der Zuschlagszeit für das Rüsten beim Winden und Schleifen nach Gleichung 2.20 sind die unterschiedlichen Losgrößen je nach ABC-Klasse zu berücksichtigen und entsprechend des Stückzahlanteils der jeweiligen Klasse zu gewichten:

$$ZZ_{RZ,\,Schleifen} = ZZ_{netto} \times \frac{RZ}{LG_{ABC-Klasse} \times \frac{BZ_{IF} + BZ_{AF}}{2}}$$
$$= 7\,\text{sec.} \times \left(\frac{60\,\text{min.} \times 70\%}{8.000 \times 7\,\text{sec.}} + \frac{60\,\text{min.} \times 20\%}{4.000 \times 7\,\text{sec.}} + \frac{60\,\text{min.} \times 10\%}{2.000 \times 7\,\text{sec.}} \right)$$
$$= 7\,\text{sec.} \times 9{,}64\,\% \approx 0{,}7\,\text{sec.}$$

$$ZZ_{RZ,\,Winden} = 7\,\text{sec.} \times \left(\frac{120\,\text{min.} \times 70\%}{8.000 \times 10{,}5\,\text{sec.}} + \frac{120\,\text{min.} \times 20\%}{4.000 \times 10{,}5\,\text{sec.}} + \frac{120\,\text{min.} \times 10\%}{2.000 \times 10{,}5\,\text{sec.}} \right) \quad (5.6)$$
$$= 7\,\text{sec.} \times 12{,}86\,\% = 0{,}9\,\text{sec.}$$

mit: ZZ_{netto} Zykluszeit [Zeiteinheit]
ZZ_{RZ} rüstzeitbedingte Verlustzeit [Zeiteinheit]
RZ Rüstzeit [Zeiteinheit]
BZ Bearbeitungszeit (Innen- und Außenfeder) [Zeiteinheit]
LG Losgröße [Zeiteinheit]

Fazit Im Gesamtablauf ergibt sich eine Produktionsdurchlaufzeit ohne Rohmaterial von 11 Tagen (Abb. 5.14). Damit konnte der WIP gegenüber dem Ist-Zustand von 22 Tagen halbiert werden. Über die Hälfte des Bestandes befindet sich in einem definierten Halbfabrikatelager, während sich der restliche Umlaufbestand überwiegend aus den in Arbeit befindlichen Losen ergibt. Durch die Aufteilung des Wertstroms in zwei Abschnitte wurde der Produktionsablauf nicht nur schneller, sondern auch einheitlicher und transparenter organisiert.

Einer weiteren Verkürzung der Durchlaufzeit und Flexibilisierung des gesamten Wertstroms steht vor allem das Winden entgegen. Die große Rüstzeit erzwingt zu große Lose und die vergleichsweise lange Bearbeitungszeit pro Feder führt dazu, dass keine durchgängigen, synchronen Linien aufgebaut werden können. Stattdessen müssen immer drei Fertigungslose beim Winden mit zwei Losen in der übrigen Produktion kombiniert werden.

5.3 Die Glas AG – Kurze Lieferzeiten in der Einzelfertigung

Das Unternehmen

Produkt Zur Glas AG zählt neben den Geschäftsfeldern Glaserzeugung und Autoglas auch das Geschäftsfeld Bauglas. In diesem Geschäftsfeld kann man drei Produktgruppen unterscheiden, das sind das Einscheiben-Sicherheitsglas (ESG), das Verbund-Sicherheitsglas (VSG) sowie das Isolierglas (ISO) für den Fensterbau. Zu diesem Geschäftsfeld der Glas AG gehören in Deutschland 11 Werke mit teilweise sich überdeckendem Produktportfolio und stark regional geprägter Kundenstruktur. Im hier betrachteten Werk Cottbus werden unter anderem Einzelscheiben mit kundenspezifischen Abmessungen (Dicke, Geometrie, Bohrungen) aus Sicherheitsglas für Anwendungen im Baubereich produziert (Gebäudeaußenverglasung, Türen, Trennwände). Diese ESG-Scheiben unterscheiden sich ferner durch die eingesetzte Glasart (Tönung, Ornament).

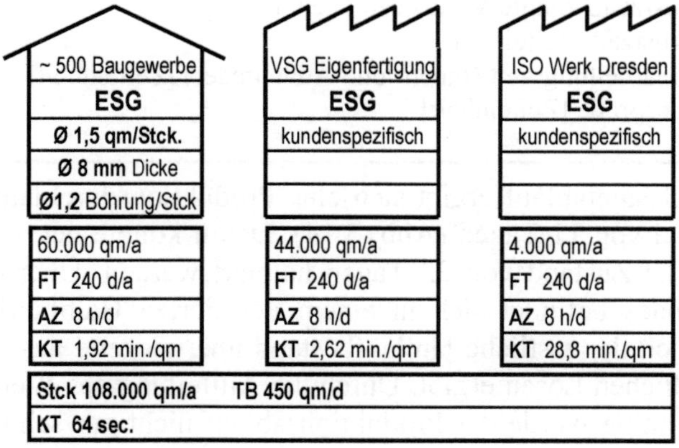

Abb. 5.15. Der Kundenbedarf bei der Glas AG im Werk Cottbus

Kundenbedarf Die ESG-Produktion im Werk Cottbus liefert etwa 55 Prozent der Produktionsmenge an etwa 500 Kunden und Baustellen überwiegend in der Region. Mit etwa 40 Prozent der Produktionsmenge ist die ESG-Produktion Vorlieferant für die Verbundglasproduktion im eigenen Werk. Die restliche Menge wird für die Isolierglasproduktion im Werk Dresden benötigt. Die Jahresstückzahl beträgt 72.000 Scheiben unterschiedlicher Glasarten in kundenspezifischen Abmessungen von 0,1 bis 10 Quadratmeter Scheibengröße. Aus dieser Größenvarianz wird ersichtlich, dass die Stückzahl für die Ermittlung des Kundenbedarfs in einer Flachglasbearbeitung nur von geringer Aussagekraft ist. Stattdessen ist die Jahresproduktionsmenge in Quadratmetern anzugeben. Im Werk Cottbus beträgt die Jahresleistung 108.000 Quadratmeter, das ergibt eine Durchschnittsgröße pro Scheibe von 1,5 Quadratmetern (Abb. 5.15). Im Einschichtbetrieb ergibt sich daraus ein Kundentakt von 64 Sekunden pro Quadratmeter.

Wertstromanalyse

Produktionsprozesse Die Glasbearbeitung hat den Charakter einer Werkstattfertigung. Die zugeschnittenen Scheiben werden an alternativen Maschinen in mehreren Schritten bearbeitet und schließlich alle im Ofen vorgespannt. Einige wenige Scheiben erhalten zusätzlich vor dem Ofenprozess einen Siebdruck, was hier allerdings nicht betrachtet werden soll. Der Prozessablauf sieht im Einzelnen wie folgt aus (Abb. 5.16):

- **Kommissionieren & Verpacken** Die aus der Produktion auf Rollwagen bereitgestellten ESG-Scheiben werden von zwei Mitarbeitern in 150 Sekunden kommissionsgerecht auf Transportgestelle umgeladen. Dabei ist die Reihenfolge der nach Tourenplan angefahrenen Kunden zu berücksichtigen. Die Scheiben werden mit Abstandshaltern getrennt, teilweise eingeschrumpft oder mit Kartonagen geschützt. Da die Scheiben für die VSG-Produktion nicht zu versenden sind, sind lediglich 59 Prozent der Gesamtproduktion zu verpacken. Durch Division mit dem Kundentakt von 64 Sekunden ergibt sich ein prozessspezifischer Kundentakt von gut 108 Sekunden.
- **Vorspannen** Durch die Erhitzung und anschließende Abkühlung mit Gebläse werden die Glasscheiben zu Sicherheitsglas. Die auf einem Rollwagen bereitgestellten Scheiben werden von zwei Mitarbeitern auf einer Rollenbahn angeordnet und mit dem Sicherheitsstempel versehen. Der Ofen zieht die Scheiben automatisch ein und schiebt sie nach Durchlaufen des Wärmeprozesses von glasdickenabhängiger Dauer auf der anderen Seite wieder heraus. Die gleichen Mitarbeiter stapeln die Scheiben nach Sichtkontrolle wieder ab. Beim Übergang von dickeren zu dünneren Scheiben ist zum geregelten Herunterfahren des Temperaturprofils ein sogenannter Leerzug erforderlich. Bei der Sichtkontrolle werden Kratzer entdeckt. Ferner geht zuweilen im Prozess Glas zu Bruch, so dass die Ausbeute lediglich 95 Prozent beträgt. Über die Verfügbarkeit liegen keine statistischen Auswertungen vor. Der Vorspannofen wird zweischichtig betrieben, so dass sich der Kundentakt von 64 Sekunden prozessspezifisch auf 128 Sekunden verdoppelt.

  Die Prozesszeit des Ofens hängt ab von der Dicke des jeweils gefahrenen Glases und beträgt 54 Sekunden pro Millimeter. Zur Berechnung der Zykluszeit ist daher eine genauere Analyse der Daten des vergangenen Geschäftsjahres durchzuführen. Sie ergibt eine nach Flächenanteilen gewichtete Durchschnittsdicke von 8 Millimetern, wobei die Glasstärken von 4 bis 16 Millimetern reichen. Damit liegt also die mittlere Prozesszeit des Ofenprozesses bei 7,2 Minuten. Für einen Zug stehen acht Quadratmeter Ofenfläche zur Verfügung. Die Ofenbelegung erreicht eine durchschnittliche Ausnutzung von 45 Prozent, also 3,6 Quadratmetern pro Zug. In 7,2 Minuten Prozesszeit werden demnach 3,6 Quadratmeter bearbeitet, woraus sich eine Zykluszeit von zwei Minuten ergibt. Dies entspricht bei zwei ständigen Mitarbeitern am Prozess einer Bearbeitungszeit von 240 Sekunden pro Quadratmeter.

- **Waschen** Die mit feuchtem Glasstaub verunreinigten Scheiben werden von den vorgelagerten Bearbeitungsmaschinen auf Rollenbahnen der Durchlauf-Waschmaschine zugeführt. Die sauberen und trockenen Scheiben werden abgestapelt und vor dem Ofen bereitgestellt. Pro Scheibe benötigt ein Mitarbeiter 33 Sekunden, woraus sich bei einer durchschnittlichen Fläche von 1,5 Quadratmetern pro Scheibe eine Bearbeitungszeit von 22 Sekunden ergibt. Die Waschmaschine muss auf die Glasdicke eingestellt werden, was etwa 2 Minuten beansprucht.
- **Bohren / Fräsen** Löcher und Aussparungen in den Scheiben werden nach Zeichnung gefertigt. Es stehen eine manuelle Bohrmaschine mit Anreißplatz und eine NC-gesteuerte Fräs-Bohr-Maschine, die der Mitarbeiter selbst programmiert, zur Verfügung. Das manuelle Bohren dauert 120 Sekunden pro Bohrung, das automatische 30 Sekunden. Die Scheiben weisen bis zu 16 gesenkte Bohrungen auf. Durch die unterschiedliche Anzahl an Bohrungen sowie zusätzlich durch die gelegentlich zu fräsenden Aussparungen schwanken die Bearbeitungszeiten extrem. Eine genauere Datenauswertung ergibt 1,2 Bohrungen pro ausgelieferter Scheibe, das sind 0,8 Bohrungen pro Quadratmeter. Die Zykluszeiten ergeben sich jeweils aus der Multiplikation mit der Bearbeitungszeit pro Bohrung zu 24 beziehungsweise 96 Sekunden, wobei hier die Fräszeiten nicht berücksichtigt worden sind. Rüstzeiten von 2 Minuten fallen bei Bohrerwechseln an.
- **Schleifen** Die Kantenbearbeitung erfolgt bei mittelgroßen, rechteckigen Scheiben auf einer zweiseitigen Durchlaufschleifmaschine und benötigt durchschnittlich 100 Sekunden pro Quadratmeter. Zur Komplettbearbeitung werden die Scheiben zurückgeführt, wobei geringe Rüstzeiten von 10 Sekunden bei der Breitenverstellung anfallen. Größere und unregelmäßige Scheiben werden senkrecht auf einer einseitigen Schleifmaschine bearbeitet. Die einseitige Bearbeitung ist zwar deutlich langsamer, da hier aber größere Scheiben bearbeitet werden ergibt sich mit 150 Sekunden nur eine geringfügig höhere Bearbeitungszeit pro Quadratmeter. Da

zwei einseitige Bearbeitungsmaschinen vorhanden sind, liegt die Zykluszeit hier sogar niedriger.

- **Zuschneiden** Das Rohglas in Bandmaßen zu 19,26 Quadratmetern wird auf einem Zuschnittisch automatisch angeschnitten und dann von zwei Mitarbeitern gebrochen und abgestapelt. Die Beschickung mit Bandmaßen übernimmt ein Lagerarbeiter. Für die Maschinensteuerung ist der Meister zuständig, der jedoch, wie die anderen Führungskräfte auch, nicht in die Wertstromdarstellung aufgenommen wird. Die Verschnittoptimierung liefert eine Glasausbeute von 80 Prozent. Pro Bandmaß werden 7,5 Minuten benötigt, das sind gut 23 Sekunden pro Quadratmeter. Berücksichtigt man den Verschnitt, ergibt sich eine Zykluszeit von 29 Sekunden. Für einen minimalen Anteil von Ornamentgläsern oder Reststücken kann ein manueller Zuschnittisch eingesetzt werden. Die zugeschnittenen Scheiben werden mit einem Klebeetikett versehen, das alle Kundenauftragsdaten enthält.

Die jeweils angegebenen Mitarbeiter betreffen die pro Arbeitsplatz erforderliche Anzahl, um die jeweilige Maschine zu betreiben. In der Produktion gibt es jedoch mehr Arbeitplätze als Mitarbeiter, die je nach den täglich schwankenden Anforderungen des Produktspektrums an unterschiedlichen Arbeitsplätzen eingesetzt werden.

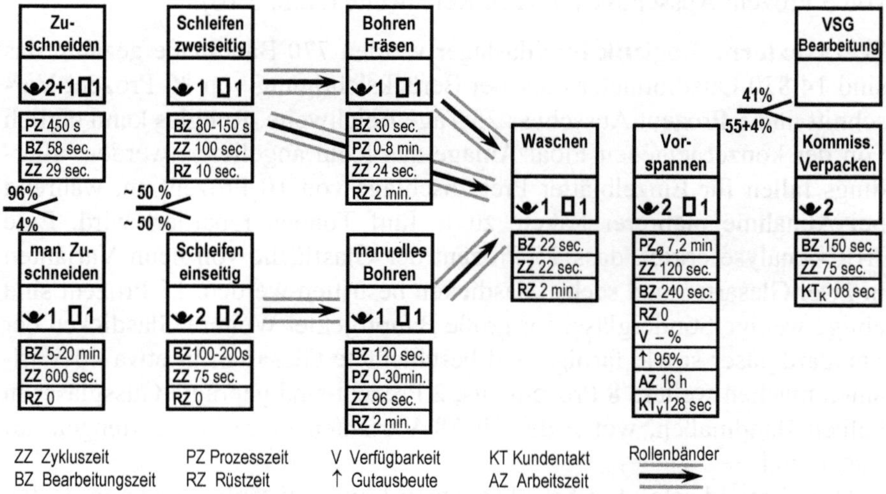

Abb. 5.16. Die Produktionsprozesse bei der Glas AG

Materialfluss Einige Maschinen sind unmittelbar mit Rollenbändern zum einfachen Verschieben der Glasscheiben verbunden (vgl. Abb. 5.16). Alle anderen Transporte erfolgen auf den innerbetrieblich eingesetzten Transportgestellen auf Rollen, die sehr viele Scheiben aufnehmen können, aber auch aufgrund ihrer Größe und ihres Gewichts von zwei Mitarbeitern geschoben werden müssen (Abb. 5.19, links). Das Zählen des Bestandes erscheint zunächst undurchführbar, da nicht bloß die Anzahl der in unterschiedlichen Größen und Formen auf den Transportgestellen gestapelten Scheiben zu ermitteln ist, sondern deren Fläche. Auf den Etiketten kann jedoch die jeweilige Fläche abgelesen werden, so dass zahlreiche Additionen zur Bestandsermittlung ausreichen. Die Ergebnisse sind in Abbildung 5.17 dargestellt.

An verpackter Ware auf den Tourenplätzen für den Versand in den nächsten Tagen wird ein Bestand von 790 Quadratmetern gezählt. Darin sind auch die Mengen für das ISO-Werk enthalten. Hinzu kommen noch 425 Quadratmeter, die für die VSG-Fertigung bereitgestellt sind. Daraus ergibt sich bei einem Tagesbedarf von 450 Quadratmetern eine Reichweite des Fertigwarenbestands von 2,7 Tagen. Hinter dem Ofen werden 135 Quadratmeter gezählt, das entspricht 0,3 Tagen Reichweite.

Beim Bestand von 377 Quadratmetern vor dem Ofen sind die 5 Prozent Ausschuss reichweitenmindernd abzuziehen. Die daraus herstellbaren 358 Quadratmeter Endprodukt haben eine Reichweite von 0,8 Tagen. In der Bearbeitung und hinter dem Zuschnitt stehen an unterschiedlichen Stellen Rollwägen mit weiteren 811 Quadratmetern, das sind bei Berücksichtigung von 5 Prozent Ausschuss 1,7 Tage Reichweite (Abb. 5.16).

Werksexterne Logistik Im Glaslager werden 770 Bandmaße gezählt, das sind 14.830 Quadratmeter oder bei Berücksichtigung von 80 Prozent Verschnitt und 5 Prozent Ausschuss 25 Tage Reichweite. Rohglas kann täglich von der konzerneigenen Float-Anlage aus Köln angeliefert werden, allerdings fallen für Einzelblätter Preiszuschläge von 10 Prozent an, während bei Abnahme mehrerer Pakete zu je fünf Tonnen rabattiert wird. Eine ABC-Analyse ergibt, dass 75 Prozent der Glasfläche von neun Varianten in zwei Glasarten und sechs Glasdicken bestritten werden. 15 Prozent sind einige wenige Sondergläser für große Bauprojekte. Weitere Glasdicken der Standardgläser sowie farbige und beschichtete Glasarten in etwa 40 Varianten machen weitere 8 Prozent aus; 2 Prozent sind geprägte Gussgläser in halben Bandmaßen, wobei derzeit 78 Varianten in geringen Mengen auf Lager sind.

Der Versand erfolgt mit werkseigenen Lkws auf täglich anderen, festen Touren. Das Versandbüro erstellt die Lieferscheine sowie Versandlisten, in denen die Aufträge nach Touren, Fahrern und Kundenadressen sortiert sind. Die Versandliste gibt den Kommissionierern die Stellreihenfolge der Scheiben auf den Versandgestellen vor. Da viele Kunden nur einzelne Scheiben bestellen, kann nicht für jeden ein eigenes Gestell verwendet werden; die Scheiben werden dann einzeln entladen. Dem Fahrer ist durch die Versandliste vorgegeben, in welcher Reihenfolge er die Kunden anfährt.

Geschäftsprozesse Die Kundenbestellungen nimmt der Vertriebsinnendienst entgegen und erstellt Auftragsmappen mit den Kundenanforderungen. In der Auftragsabwicklung werden die Aufträge in der branchenspezifischen Unternehmenssoftware GLAP erfasst. Nach der technischen Klärung wird die Verfügbarkeit von speziellen Glassorten überprüft, der Auftrag mit Termin bestätigt und schließlich die Zeichnung vom Kunden freigegeben. Nun ist der Auftrag eingelastet und kann von der Arbeitsvorbereitung eingeplant werden. Die Software erlaubt eine Kapazitätsplanung auf Maschinenebene, so dass auch alle Bearbeitungsschritte den jeweiligen Maschinen zugeordnet werden. Die Aufträge werden mit Übergangszeiten von jeweils einem Tag für die Prozessschritte Zuschneiden, Bearbeiten, Vorspannen, Kommissionieren eingeplant. Das Planungsergebnis ergibt eine Abarbeitungsliste für jede Maschine mit den jeweils täglich zu bearbeitenden Kundenaufträgen.

Neben den Abarbeitungslisten erhält die Produktion Betriebsaufträge und Klebeetiketten mit den Kundendaten. Letztere werden zur Identifikation auf die einzelnen Scheiben geklebt. Der Zuschnitt erhält aus dem G/Opt-Programm den sogenannten Job, das ist der verschnittoptimierte Zuschnittplan für einen Tagesbedarf. Die Mitarbeiter am Vorspannofen melden die Aufträge fertig und lösen so die Versandplanung aus. Für die bei der Qualitätsprüfung aussortierten Scheiben erstellen die Mitarbeiter sogleich auf einem Formular einen Nachschnittauftrag, den der Meister routinemäßig zum Zuschnitt bringt. Dort werden diese Nachschnitte entweder manuell in die automatisch erstellten Zuschnittpläne eingefügt oder aus Restscheiben nachgeschnitten. Die Nachschnitte werden auf gelben Transportwägen nachgeliefert und sind in der Bearbeitung so als ‚eilig' kenntlich gemacht.

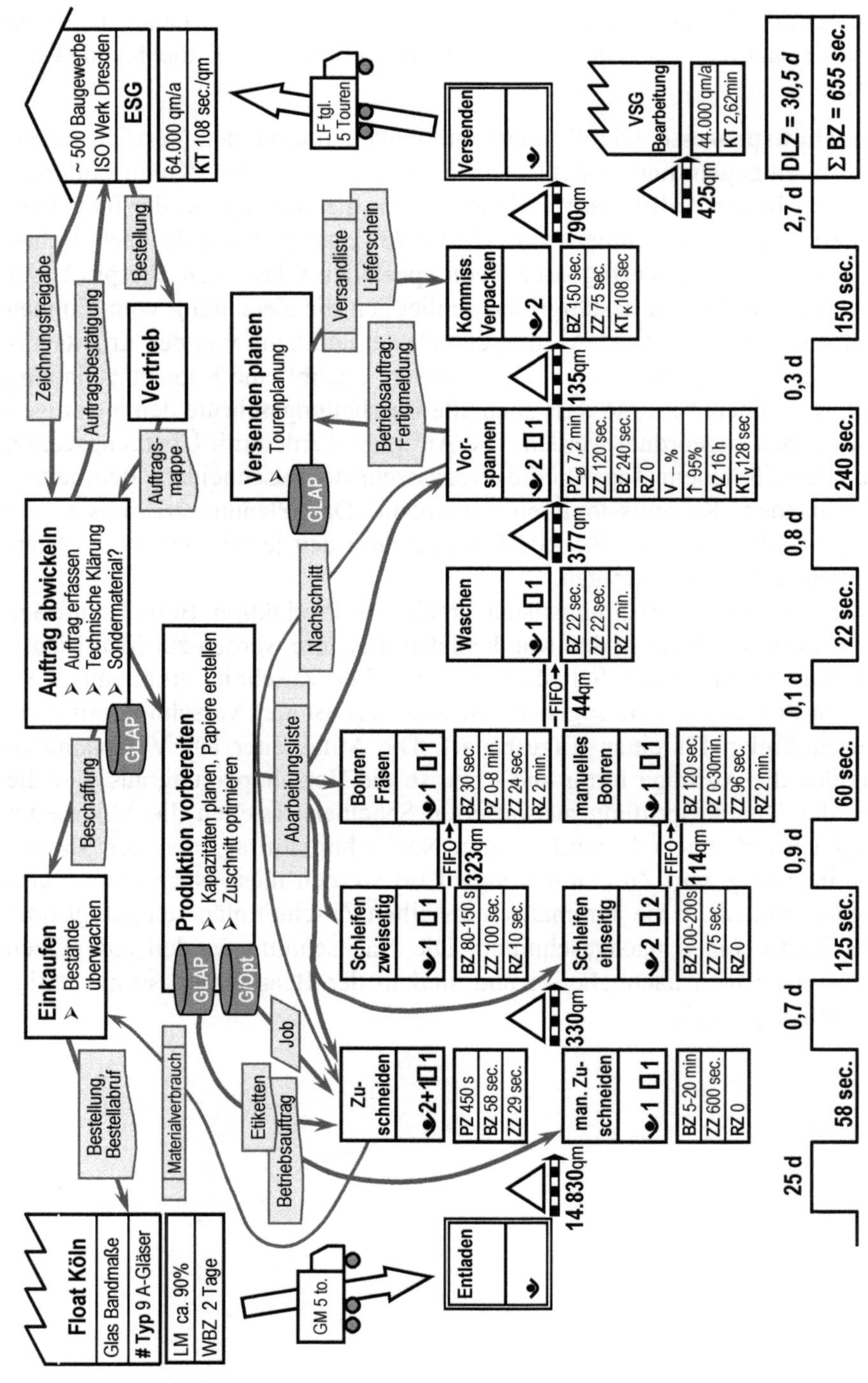

Abb. 5.17. Ergebnis der Wertstromanalyse bei der Glas AG

Verbesserungspotentiale

Durchlaufzeit Die Produktionsplanung mit Übergangszeiten führt zu langen Produktionsdurchlaufzeiten und zu langen Lieferzeiten. Außerdem befindet sich dadurch relativ viel Material in der Produktion, was zu erheblichen Suchaufwänden nach einzelnen Aufträgen führen kann. Die Abarbeitungslisten geben das Tagesprogramm, aber nicht die Bearbeitungsreihenfolge vor. Da die Mitarbeiter am Ofen nach Scheibendicke, bei der Bearbeitung nach Scheibenform jeweils umsortieren, verbleiben zahlreiche Aufträge länger in der Produktion als ursprünglich geplant, während andere vorgezogen werden. Insgesamt ist in der Wertstromanalyse eine Durchlaufzeit von 5,5 Tagen zuzüglich eines sehr hohen Rohmaterialbestandes von 25 Tagen ermittelt worden – bei einer summierten Bearbeitungszeit von nur 11 Minuten (Abb. 5.17). Das erklärte Ziel, eine Lieferzeit von einem Tag ab Werk auch für kundenspezifische Scheiben aus Standardgläsern zu realisieren, erscheint trotz derzeitig gegenteiliger Gepflogenheiten durchaus realistisch.

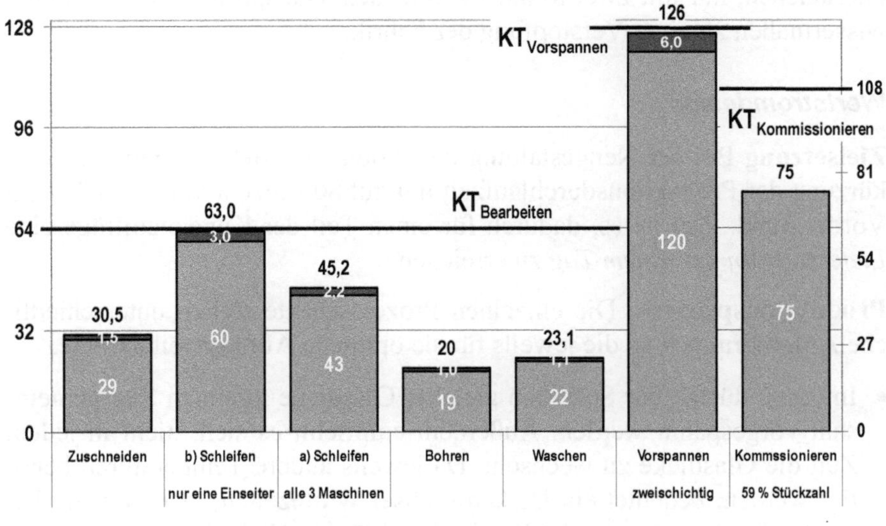

Abb. 5.18. Das Taktabstimmungsdiagramm bei der Glas AG

Taktabstimmung Das Taktabstimmungsdiagramm weist den Ofen trotz Zweischichtbetrieb und bereits ohne Berücksichtigung der eingeschränkten Verfügbarkeit sehr deutlich als Engpass aus (Abb. 5.18). Mit einer Zykluszeit von 120 Sekunden und einer ausschussbedingten Verlustzeit von 6 Sekunden bleiben zum Kundentakt nur 2 Sekunden Abstand, was für störungsbedingte Stillstände nicht ausreicht.

Das Bohren hat mit einer Zykluszeit von 19 Sekunden – berechnet durch Addition der Kehrwerte der Zykluszeiten von 24 beziehungsweise 96 Sekunden beider Anlagen – deutliche Kapazitätsreserven. Diese werden auch für das bei einigen Scheiben sehr zeitaufwendige Fräsen benötigt.

Das Schleifen weist mit insgesamt 43 Sekunden Zykluszeit eine Kapazitätsflexibilität auf, die für eine kundenspezifische Produktion mit den im Auftragsmix stark schwankenden Bearbeitungszeiten erforderlich ist. Würde man eine der beiden einseitigen Schleifmaschinen stillegen, dann würde man mit 63 Sekunden inklusive Ausschuss gerechnet ziemlich genau den Kundentakt erreichen, müsste sich im Auftragsmix aber am jeweiligen Kapazitätsbedarf beim Schleifen orientieren. Die höhere Maschinenkapazität mit flexibel einsetzbaren Mitarbeitern ist daher hier der bessere Weg.

Das Zuschneiden – der manuelle Tisch für die Druckgläser kann vernachlässigt werden – ist mit 29 Sekunden Zykluszeit mehr als doppelt so schnell wie der Kundentakt von 64 Sekunden. Die Freigabe des Auftragsvolumens für einen Tag oder mehr führt regelmäßig zu hohen Beständen vor der Bearbeitung – einhergehend mit Platzmangel und fehlenden oder überladenen, nur mit zwei Mann zu rollenden Transportgestellen, also gewissermaßen zu einer Verstopfung der Fabrik.

Wertstromdesign

Zielsetzung Bei der Neugestaltung der Produktion steht die radikale Verkürzung der Produktionsdurchlaufzeit um gut 80 Prozent auf einen Tag im Vordergrund. Ziel ist es, dadurch für einen Teil der Kundenaufträge eine *Lieferzeit von nur einem Tag* zu erreichen.

Produktionsprozesse Die einzelnen Prozessschritte stellen unterschiedliche Anforderungen an die jeweils für sie optimale Auftragsreihenfolge.

- Im Ofen dürfen nur Scheiben gleicher Glasdicke in einem Zug gemeinsam vorgespannt werden. Außerdem empfiehlt es sich, nicht in jedem Zug die Glasdicke zu wechseln. Da jeweils andere Temperaturen benötigt werden, bedeutet ein Dickenwechsel Wartezeiten, insbesondere bei großen Sprüngen und beim Wechsel auf dünnere Scheiben.
- Beim Bohren sollten sich die zeitaufwendigen Fräsbearbeitungen gleichmäßig über den Tag verteilen.
- Bei der Kantenbearbeitung sollten Scheiben gleicher Geometrie gemeinsam gewissermaßen als Los geschliffen werden, da dann die Breitenverstellung entfällt.
- Beim Zuschneiden müssen alle Aufträge mit Scheiben der gleichen Glasart gemeinsam bearbeitet werden. Kundenaufträge mit mehreren Glasarten müssen demnach auseinandergerissen werden.

Diese unterschiedlichen Anforderungen an die Auftragsreihenfolge sprechen gegen eine Integration der Produktionsprozesse im Sinne einer Fließfertigung (vgl. Gestaltungsrichtlinie 2), da eine durchgängige und variantenübergreifende Taktabstimmung nicht erreichbar erscheint.

Materialfluss Um einen gleichmäßigen Produktionsfluss zu erreichen, ist jedoch eine fixierte Auftragsreihenfolge erforderlich, die nicht an jedem Produktionsprozess geändert wird. Dazu sind zunächst die drei Prozessschritte Zuschneiden, Bearbeiten und Vorspannen weitgehend zu synchronisieren. Die Produktion wird deshalb orientiert am Ofen auf Zweischichtbetrieb umgestellt. In der Bearbeitung sind dann pro Schicht weniger Mitarbeiter anwesend, die je nach Bedarf jede Maschine bedienen können. Die Leistung des Zuschnitts muss jedoch deutlich auf etwa ein Viertel gebremst werden. Zum einen kann ein Mitarbeiter vom Zuschnitt zusätzlich Bandmaße aus dem Lager zuführen, während der andere Mitarbeiter auch die auf der Verschnittoptimierung basierende Maschinensteuerung übernimmt. Zum anderen ist auch der VSG-Bereich des Werks direkt mit Basisglas zu versorgen. Dies wurde bisher immer am Ende der Schicht gemacht, während künftig beide Bereiche abwechselnd von den gleichen Mitarbeitern versorgt werden.

Abb. 5.19. Robustes und handliches Transportgestell auf Rollen für Glasscheiben

Die grob synchronisierten Produktionsprozesse werden über FIFO verkoppelt (Gestaltungsrichtlinie 3). Dazu werden innerhalb der Bearbeitung die vorhandenen Rollenbahnen verwendet und teilweise zur Verbesserung des Materialflusses auch umgebaut. Zwischen den drei Prozessschritten werden Transportwägen verwendet, die so klein sein sollen, dass nur noch Scheiben aus einem zugeschnittenen Bandmaß darauf gestellt und sie von einem Mitarbeiter allein bewegt werden können (Abb. 5.19, rechts).

Lieferantenanbindung Die Analyse der Rohglasbestände hat gezeigt, dass ein großer Materialbedarf von neun Varianten gedeckt wird. Für diese Gläser eignet sich die Einführung eines Lieferanten-Kanban (Gestaltungsrichtlinie 4).

Produktionssteuerung Da es sich um eine kundenspezifische Produktion handelt, befindet sich der Einsteuerungspunkt zwangsläufig am ersten Prozess, dem Zuschneiden (Gestaltungsrichtlinie 5). Als Freigabeeinheit bietet sich das Bandmaß an (Gestaltungsrichtlinie 6). Beim Zuschneiden umfasst dieses auftragsunabhängig immer in etwa den gleichen Arbeitsinhalt auf, beim Vorspannen allerdings hängt der Arbeitsinhalt linear von der jeweiligen Glasdicke ab. Ein Puffer von etwa drei Stunden vor dem Ofen dient dazu, Schwankungen in der Ausbringung der Bearbeitungsschritte zwischen Zuschneiden und Vorspannen auszugleichen, da diese in der Bestimmung der Freigabeeinheit nicht berücksichtigt sind.

Für die Festlegung der Auftragsreihenfolge im gleichmäßigen Variantenmix ist in der kundenspezifischen Produktion das Rohmaterial ausschlaggebend. Demnach müsste man Bandmaße gleicher Glasart möglichst gleichmäßig verteilen (Gestaltungsrichtlinie 7). Aufgrund der zahlreichen prozessspezifischen Restriktionen flussabwärts wäre diese jedoch hier nicht sinnvoll. Da der Ofen der kapazitative Engpass ist, dessen Ausbringung zusätzlich durch die bei häufigem Glasdickenwechsel erforderlichen Leerzüge reduziert werden würde, haben die dortigen Restriktionen die höchste Priorität für die Festlegung der Auftragsreihenfolge (Gestaltungsrichtlinie 8). Daher sollten die Scheiben in der Reihenfolge ihrer Dicken produziert werden, und zwar idealerweise täglich ein Zyklus von 4 Millimetern Dicke ansteigend bis zu 19 Millimetern. In diesem Fall entfallen sämtliche Leerzüge. Kundenaufträge mit unterschiedlichen Glasdicken werden wie bisher auch beim Kommissionieren wieder zusammengeführt.

Die beschriebene Reihenfolgeregelung muss nun noch auf die Erfordernisse der belieferten Kundengruppen abgestimmt werden. Zu unterscheiden sind folgende fünf Geschäftstypen:

- Das ‚1-Tag-ESG' sind in kleinen Stückzahlen kurzfristig zu liefernde Scheiben an die Handwerker und Baustellen in der Region.

- Das ‚Touren-ESG' sind Normalbestellungen von Kunden, die in der Regel einmal wöchentlich beliefert werden. Die Lieferzeit ist dann vom Tourenplan abhängig und liegt zwischen vier und acht Werktagen.
- Das ‚Projekt-ESG' betrifft Bestellungen für Großbaustellen mit entsprechend langer Lieferzeit sowie zahlreichen, tagesgenauen Lieferungen pro Auftrag.
- Das ‚ISO-ESG' ist täglich nach Dresden zu liefern, wobei derzeit eine Lieferzeit von drei Tagen vereinbart ist.
- Das ‚VSG-ESG' wird für die eigene Weiterverarbeitung derzeit mit einer Übergangszeit von zwei Tagen zum VSG-Bereich eingeplant.

Für alle Geschäftstypen gilt eine Produktionsdurchlaufzeit von einem Tag. Das bedeutet intern eine deutliche Beschleunigung auch der VSG-Aufträge. Für das ‚1-Tag-ESG' stellt sich nun als zusätzliche Anforderung, dass innerhalb eines Tages nicht nur die Produktion, sondern auch die Auftragsbearbeitung sowie die Verpackung und der Eiltransport zum Kunden erfolgen sollen. Die Bestellung des ‚1-Tag-ESG' wird bis spätestens 9:00 Uhr zugelassen. Für Auftragsabwicklung und Arbeitsvorbereitung mit Zuschnittoptimierung bleibt dann bis 10:00 Uhr Zeit. Bei der Optimierung werden die Bandmaße mit Scheiben aus den anderen Auftragsarten gefüllt. Der Zuschnitt der Scheiben für das ‚1-Tag-ESG' beginnt dann um 10:00 Uhr, wobei aufgrund des nunmehr verlangsamten Zuschnitts etwa alle 15 Minuten ein Bandmaß bearbeitet werden kann. Der weitere Produktionsdurchlauf hängt von den erforderlichen Bearbeitungszeiten ab. Außerdem ist der Puffer vor dem Ofen zu berücksichtigen. Zwischen 14:00 Uhr und 15:00 Uhr dürften die ersten ‚schnellen' Scheiben aus dem Ofen kommen. Für den Durchlauf aller Scheiben sowie die Kommissionierung und Verpackung bleibt dann bis zum Ende der zweiten Schicht um 22:00 Uhr Zeit. Am Folgetag kann dann ab 6:00 Uhr verladen und ausgeliefert werden.

Durch das ‚1-Tag-ESG' sind nun mindestens zwei Zyklen täglich erforderlich; der erste Zyklus für die Bandmaße mit ‚schnellen' Scheiben, der zweite Zyklus für die anderen Geschäftstypen. Die Kundennachfrage für das ‚1-Tag-ESG' wird voraussichtlich stark schwanken. Die anderen Geschäftstypen bieten hier jedoch die Möglichkeit zur Bedarfsglättung, indem beispielsweise Projektgläser vorgezogen, die Übergangszeit zum VSG durch Verspätung ausgeschöpft oder das ISO-Glas je nach Bedarf im Dreitageszeitraum verschoben wird. Dazu ist dann weiterhin der Einsatz der Planungssoftware GLAP sinnvoll. Nicht planbar und nur bedingt steuerbar bleibt der Nachschnitt. Beim ‚1-Tag-ESG' kann dafür der zweite Zyklus genutzt werden. ‚Nachläufer' in dickem Glas sind dann allerdings erst kurz vor Schichtende fertig, so dass zum Verpacken gegebenenfalls Überstunden erforderlich sind.

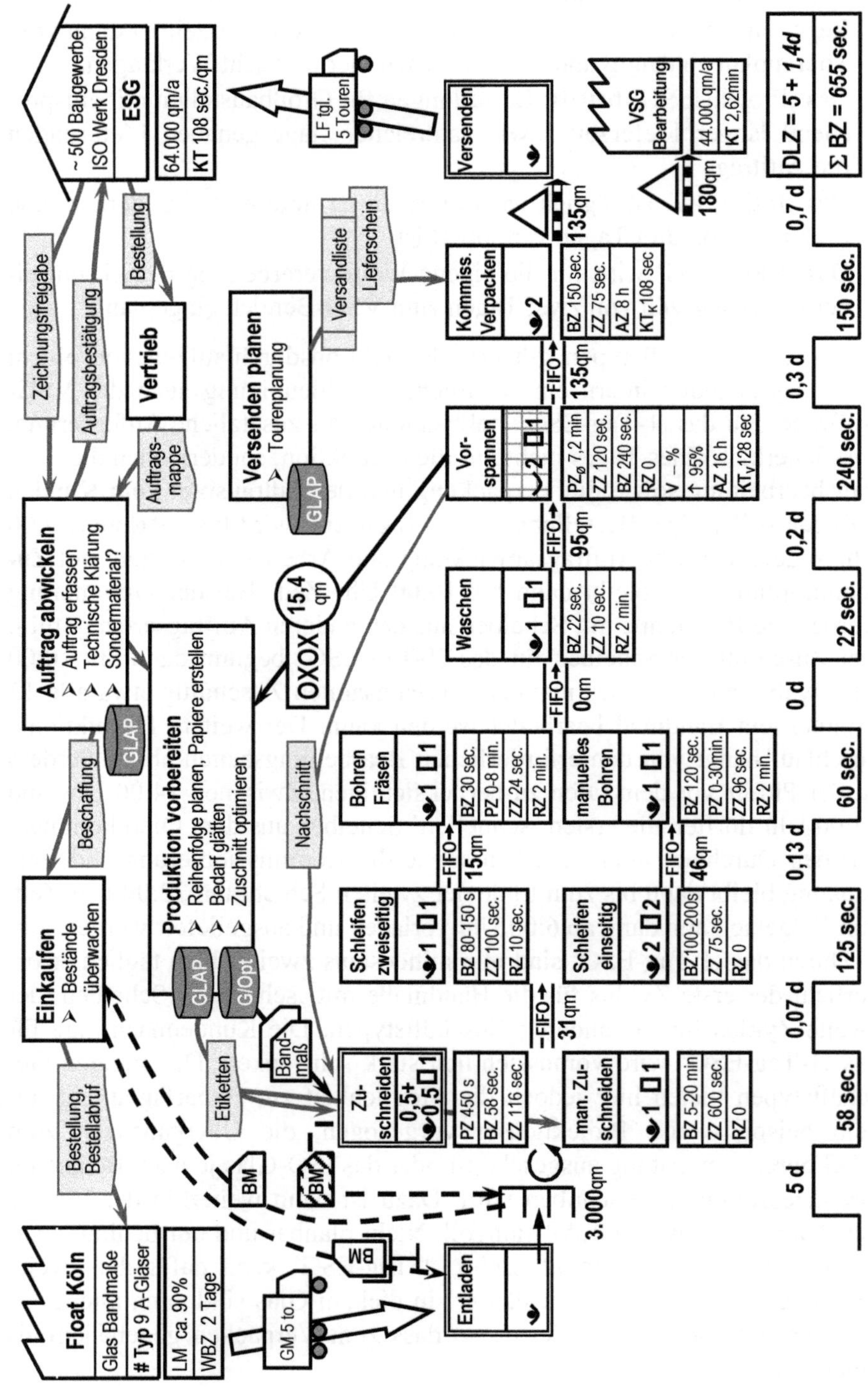

Abb. 5.20. Soll-Konzept für die ESG-Produktion bei der Glas AG

Fazit Mit der Wertstromanalyse sind gerade bei den sehr komplexen Zusammenhängen in einer kundenspezifischen Produktion die wesentlichen Einstellgrößen und Restriktionen für die Auftragseinlastung und Produktionssteuerung deutlich aufgezeigt worden. Im Werk Cottbus hat sich der Vorspannofen als kapazitativer und restriktiver Engpass gezeigt, dessen Ausbringung sich bei einer Auftragseinlastung in der richtigen Reihenfolge noch erhöhen lässt.

Durch Veränderung der Produktionssteuerung konnte die Produktionsdurchlaufzeit von 5,5 Tagen um 75 Prozent auf 1,4 Tage gesenkt werden (Abb. 5.20). Ohne die zum Versand nach Tourenplan bereitgestellte Fertigware gerechnet dauert die Produktion nur 0,7 Tage, so dass bei Zweischichtbetrieb künftig eine Lieferzeit von einem Tag realisierbar ist. Für die hauseigenen VSG-Scheiben bedeutet die erreichte Beschleunigung ebenfalls eine Verkürzung der Lieferzeit um knapp eine Woche.

5.4 Die Seco GmbH – Flussorientierung durch Technologie

Das Unternehmen

Produkt Die Seco GmbH mit Sitz in Dornbirn (Vorarlberg) produziert und vertreibt ein großes Produktspektrum an Schleifmitteln. Schwerpunkt sind dabei die scheibenförmigen Produkte wie Trennscheiben, Schruppscheiben, Fächerschleifscheiben und Diamant-Trennscheiben. Ein gutes Drittel der Produkte wird unter eigenem Markennamen über den Fachhandel in Österreich und Deutschland vertrieben. An Baumärkte werden Scheiben unter deren jeweiligen Eigenmarken geliefert. Ferner lassen mehrere Hersteller von Schleifmaschinen ihre Erstausstattung und auch Ersatzscheiben unter ihrem Produktnamen produzieren. Der Anteil dieser sogenannten ‚Private Labels‘ beträgt 25 Prozent. Ein Drittel der Erzeugnisse geht in den Export, die Hälfte davon wird in Länder außerhalb der EU exportiert. Insgesamt sind über 2.000 Kunden zu bedienen.

Kundenbedarf Näher betrachtet werden soll die Produktfamilie der Trenn- und Schruppscheiben. Die Scheiben unterscheiden sich durch ihre geometrischen Abmessungen und das jeweilige Schleifmaterial. Für das letztgenannte sind 45 unterschiedliche Rezepte für die Masse gebräuchlich, die sich aus dem Wirkmedium Korn, den zum Verkleben erforderlichen Harzen sowie den Füllstoffen zusammensetzt. Die Scheibengröße ist durch neun verschiedene Außendurchmesser und elf verschiedene Dicken bestimmt. Hinzu kommen zwei unterschiedliche Standard-Bohrungsdurchmesser sowie fünf eher ungebräuchliche Bohrungsdurchmesser. Die Scheibe kann zudem an der Bohrung gerade oder gekröpft sein. Weitere Varianz entsteht durch die unterschiedlichen Markennamen sowie die verschiedenen Verpackungsformen. In der Kombinatorik ließen sich so viele Tausend Varianten generieren, wobei jedoch nur ein kleiner Teil zu gebräuchlichen Produkten führt.

Die tatsächlich produzierte Anzahl an Varianten ergibt sich aus der Anzahl der verwendeten Etiketten zu 300 Stück, da diese mit der Produktbezeichnung und der Angabe von Produkteigenschaften (Abmessungen) und Anwendungshinweisen (ergeben sich aus der Rezeptur) immer für nur genau eine Variante verwendet werden können. Hinzu kommen dann lediglich noch die Verpackungsformen – das sind teilweise kundenspezifische Kartonagen, die zwischen 5 und 20 in Dosen luftdicht verpackte oder in Folie zu Paketen eingeschrumpfte Scheiben enthalten.

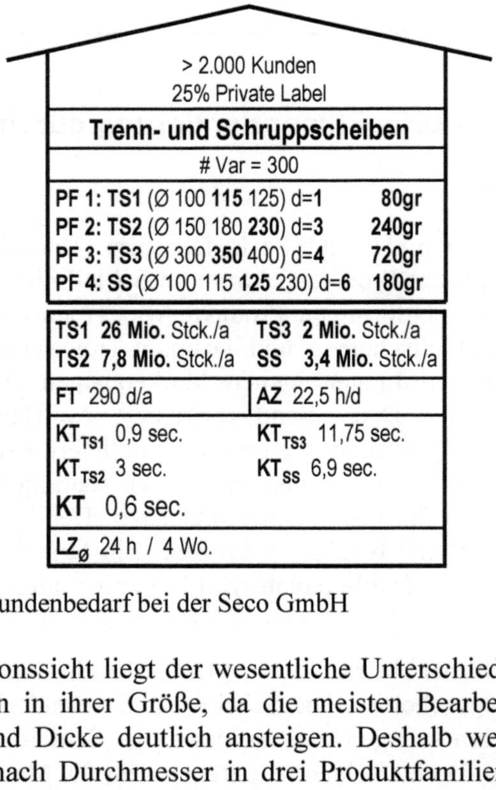

Abb. 5.21. Der Kundenbedarf bei der Seco GmbH

Aus Produktionssicht liegt der wesentliche Unterschied der Trenn- und Schruppscheiben in ihrer Größe, da die meisten Bearbeitungszeiten mit Durchmesser und Dicke deutlich ansteigen. Deshalb werden die Trennscheiben (TS) nach Durchmesser in drei Produktfamilien gegliedert. Da die Dicke mit dem Durchmesser korreliert, kann sie bei der Produktfamilienbildung vernachlässigt werden. Die Schruppscheiben (SS) bilden eine eigene Produktfamilie, da sie deutlich dicker als die Trennscheiben sind. In jeder Produktfamilie gibt es eine Durchmesser-Dicken-Kombination, die

die überwiegende Stückzahl ausmacht und daher als Repräsentant verwendet wird. Der ersten Produktfamilie TS1 (Durchmesser 115 mm, Dicke 1 mm) können Erzeugnisse mit einer Jahresstückzahl von 26 Mio. Stück und mit einem Durchschnittsgewicht von 80 Gramm zugeordnet werden. Zur Produktfamilie TS2 (Durchmesser 230 mm, Dicke 3 mm) gehört eine Jahresstückzahl von 7,8 Mio. Stück mit einem Stückgewicht von 240 Gramm und zur Produktfamilie TS3 (Durchmesser 350 mm, Dicke 4 mm) eine Stückzahl von 2 Mio. Stück mit einem Stückgewicht von 720 Gramm. Schruppscheiben (Durchmesser 125 mm, Dicke 6 mm) werden 3,4 Mio. Stück à 180 Gramm produziert (Abb. 5.21).

Die Produktion arbeitet im Dreischichtbetrieb an sechs Tagen die Woche mit einer halben Stunde Pause je Schicht. Bei Berücksichtigung von Feiertagen und Betriebspausen ergeben sich 290 Arbeitstage im Jahr. Daraus ergeben sich ein Tagesbedarf von 135.172 Stück sowie ein Kundentakt über alle Scheiben gerechnet von 0,6 Sekunden (Abb. 5.21). Die Produkte sind ab Lager lieferbar, allerdings besteht bei Großbestellungen eine Lieferzeit von durchschnittlich 4 Wochen.

Wertstromanalyse

Produktionsprozesse Die Trenn- und Schruppscheibenherstellung ist über zwei Standorte verteilt. An einem Standort wird die Masse gemischt, die am Hauptstandort dann zu Scheiben gepresst wird. Diese Rohscheiben werden in einem Wärmeprozess verbacken – was einige Zusatztätigkeiten erfordert – und schließlich verpackt. Der Prozessablauf sieht im Einzelnen wie folgt aus (Abb. 5.22):

- **Versenden** Die auf Paletten im Hochregallager gelagerte Fertigware wird entsprechend der Kommissionierbelege ausgelagert, an vier Arbeitsplätzen kommissioniert und mit Lieferscheinen versehen. Etwa 70 Prozent der Menge wird dann direkt zum Versand per Spedition auf Palette bereitgestellt. Der restliche Bedarf setzt sich aus Kleinaufträgen mit einem Gewicht von jeweils unter 100 Kilogramm zusammen. Die Ware wird zu drei Packplätzen gebracht und dort in Pakete für den Paketdienst verpackt und frankiert. Da der Versand nicht näher untersucht werden soll, werden auch keine Zeitaufnahmen gemacht.
- **Verpacken: Eindosen oder Einschrumpfen** Die kleinen und mittleren Trennscheiben werden entweder in Blechdosen zu je 10 Stück verpackt oder in Stapeln zu je 25 Stück mit Folie eingeschrumpft. Es wird etwa ein Stückzahlanteil von 25 Prozent eingedost.

Für das Eindosen stehen zwei Anlagen mit jeweils einem Maschinenbediener zur Verfügung. Alle 20 Sekunden wird eine Dose verschlossen. Nach Division durch Verpackungsgröße und Anlagenanzahl ergibt sich eine Zykluszeit von 1 Sekunde. Der Wechsel auf einen anderen Durchmesser oder eine andere Dicke (Dosenhöhe) benötigt 30 Minuten. Die Anlagen haben eine durchschnittliche Verfügbarkeit von 80 Prozent.
Für das Einschrumpfen gibt es eine Anlage mit Handlings-Roboter, die von einem Mitarbeiter bedient wird. Alle 12,5 Sekunden ist ein Stapel fertig, was eine Zykluszeit von 0,5 Sekunden ergibt. Die Rüstzeit beträgt hier nur eine Minute, wenn die Materialbereitstellung hauptzeitparallel erfolgt. Die Verfügbarkeit beträgt 84 Prozent.
Die großen Trennscheiben und die Schruppscheiben werden zu je 10 Stück eingeschrumpft. Das Einschrumpfen erfolgt manuell an drei Arbeitsplätzen und dauert 120 Sekunden, das macht eine Zykluszeit von 4 Sekunden. Ein Variantenwechsel benötigt zur Materialbereitstellung 10 Minuten.

- **Endkontrollieren** Bei der Endkontrolle werden die Scheiben per Sichtkontrolle auf Randfehler überprüft. Dies benötigt pro Fertigungsauftrag 10 Minuten. Hinzu kommen pro Auftrag zwei zerstörende Prüfungen, um über die Standzeit und das Bruchverhalten die Materialqualität sicherzustellen. Beide Prüfungen mit je einer Scheibe benötigen zusammen 15 Minuten. Insgesamt werden 3,2 Prozent Ausschuss ermittelt.
- **Ableeren** Die Scheiben werden beim Pressen, jeweils getrennt von Abtrennplatten, auf Metalldorne gestapelt. Nach dem Verbacken müssen nun diese Stapel kopfüber mit einiger Kraftanstrengung oben in eine der sechs jeweils von einem Mitarbeiter bedienten Anlagen gestellt werden. Durch Rüttelbewegungen werden die verklebten Scheiben vom Dorn und den Abtrennscheiben gelöst und vereinzelt. Das ist eine sehr laute und schmutzige Angelegenheit und kann zur Beschädigung der Scheiben wie auch der Dorne führen. Zeitaufnahmen ergeben für das Ableeren eines Dorns 120, 200, 160 sowie 100 Sekunden in den vier Produktfamilien. Bei Durchmesserwechsel sind Einstellungen an den Führungsschienen vorzunehmen, was 5 Minuten beansprucht. Die Anlagen haben eine Verfügbarkeit von 93 Prozent. Die Mitarbeiter holen sich ihre Aufträge aus der Abkühlhalle. Da sie keine Abarbeitungsreihenfolge vorgegeben bekommen, wählen sie jeweils die Aufträge aus, die ihnen am ältesten erscheinen.
- **Verbacken & Abkühlen** Die gepressten Rohscheiben müssen in einem Ofen einen langen, energieintensiven Wärmeprozess durchlaufen, um zu verbacken und ihre Festigkeit zu erhalten. Die Verweildauer im Ofen einschließlich des Befüllens und Entnehmens mit einem Gabelstapler

beträgt 20 Stunden. Es stehen 44 Öfen zur Verfügung, in die jeweils zwei Spezial-Gitterboxen im Standardmaß 800 x 1.200 gestellt werden können.
Nach der Entnahme aus dem Ofen müssen die verbackenen Scheiben noch mindestens 6 Stunden – bei heißem Wetter auch länger – in einer Vorhalle abkühlen.

- **Spannen** Damit sich die gepressten Rohscheiben bei der Wärmebehandlung nicht verziehen, werden die Stapel vorab mit Gewichten beschwert oder mit Vorrichtungen am Dorn verspannt. Pro Dorn benötigt ein Mitarbeiter an einem zu 98 Prozent verfügbaren Arbeitsplatz 40 Sekunden.
- **Pressen** Beim Pressen wird zunächst eine Geweberonde in die Pressform gelegt, dann die Masse in richtiger Dosierung eingefüllt, danach eine weitere Gewebescheibe sowie das Etikett aufgelegt und schließlich das Ganze verpresst. Dabei gibt es 4 Prozent Materialverlust.
Für das Pressen gibt es zum einen sechs Rundtaktautomaten für Trennscheiben aus den Produktfamilien 1 und 2. Die Automaten haben eine Taktzeit von 6 Sekunden, eine Verfügbarkeit von 85 Prozent und eine Rüstzeit von 30 Minuten. Die Zykluszeit beträgt 1 Sekunde.
Zum anderen befinden sich relativ betagte manuelle Pressen in drei Größenklassen im Einsatz, wobei die Arbeitsabläufe standardisiert, dokumentiert und vor Ort gut sichtbar visualisiert sind. Auf den elf kleinen Anlagen für kleine Trenn- und Schruppscheiben erhält man in einem Zyklus von 48 Sekunden vier Scheiben. Die vier mittelgroßen Anlagen für Produktfamilie 2 produzieren in 72 Sekunden ebenfalls vier Scheiben. Die sechs großen Anlagen für Produktfamilie 3 produzieren in 80 Sekunden zwei Scheiben. Nach Division des jeweiligen Maschinentaktes durch die Scheibenanzahl je Zyklus und entsprechende Anlagenanzahl ergeben sich die Zykluszeiten zu 1,1 / 4,5 / 6,7 Sekunden. Die Verfügbarkeit der Anlagen beträgt 82 Prozent, die Rüstzeit 15 Minuten. Bei den Trennscheiben tritt ein Erstausschuss von 2,2 Prozent, bei den Schruppscheiben von einem Prozent auf – stückzahlgewichtet ergibt dies zusammen 2,1 Prozent. Die gepressten Rohscheiben werden an jeder Anlage vom jeweiligen Maschinenbediener auf Dornen gestapelt.
- **Masse Aufbereiten** Die von der Mischerei dreimal täglich antransportierte Masse muss aufbereitet werden, da durch Feuchtigkeit beim Transportieren, Lagern oder auch schon beim Mischen unter anderem Verklumpungen entstehen. Das Aufbereiten einer Mischung zu 300 Kilogramm mit Hilfe eines der drei Siebe benötigt 12 Minuten. Danach muss die Masse noch etwa 6 Stunden ruhen. Die drei Mitarbeiter sind zudem für die Versorgung der Pressen zuständig. Pro Transport zu 100 Kilogramm werden 10 Minuten Zeitaufwand abgeschätzt. Die Mitarbei-

ter an den Pressen rufen rechtzeitig vor Beendigung eines Auftrags die Masse für ihren nächsten Auftrag durch Einstecken einer Abrufkarte auf der sogenannten ‚roten Tafel' ab.

- **Mischen** Im Mischer wird zunächst das produktspezifische Korn mit Flüssigharz 8 Minuten lang vermengt. Anschließend werden schrittweise die Füllstoffe und Pulverharz zugegeben, was 4 Minuten beansprucht. Über eine Zwischentrommel wird die Mischung in drei Säcke abgefüllt, was weitere 3 Minuten benötigt. Alle Rezepte sind auf eine Menge von 300 Kilogramm ausgelegt. Der Prozess ist sehr staubig und nicht zuletzt auch deshalb an einem anderen Standort vier Kilometer von der Produktion entfernt. Die Qualität der Masse ist wetterabhängig. In der Mischerei arbeiten vier Mitarbeiter an den zwei Mischanlagen im Zweischichtbetrieb an fünf Tagen die Woche. Bei 242 Fabriktagen mit je 15 Arbeitsstunden ergibt sich ein prozessspezifischer Kundentakt von 0,33 Sekunden.

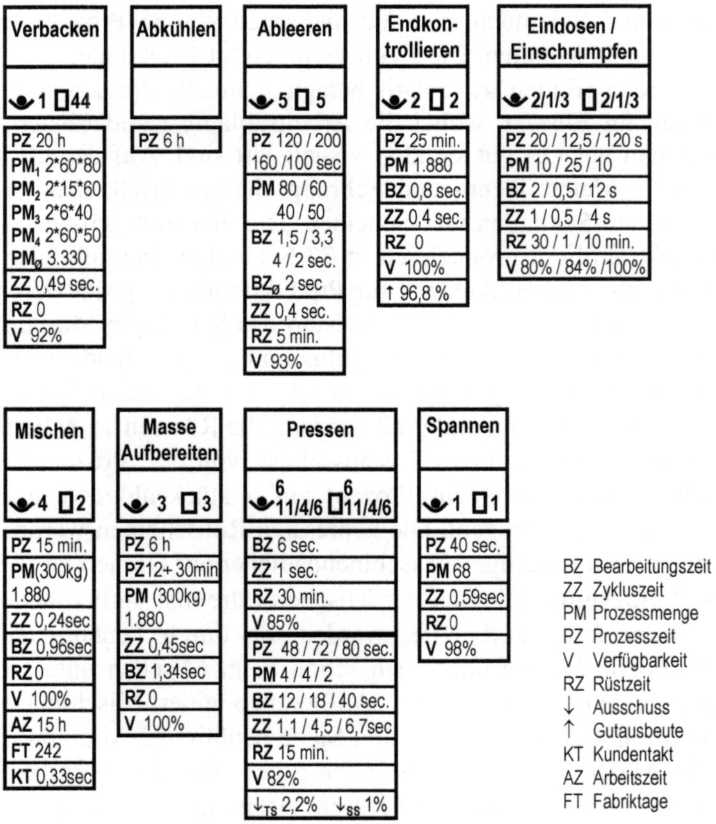

Abb. 5.22. Die Produktionsprozesse bei der Seco GmbH

Da einige Produktionsprozesse in Chargen arbeiten, sind noch aus den gemessenen Kennwerten die Wertstromkennzahlen – hier hauptsächlich die jeweilige Zykluszeit – rechnerisch abzuleiten. Dabei ist zu berücksichtigen, dass sich vier Produktfamilien in der Produktion überlagern, die eine jeweils ganz unterschiedliche Prozessleistung bedingen. Zu berechnen sind daher im Folgenden die Losgrößen sowie die Prozessmengen in den Chargenprozessen für die vier Produktfamilien sowie im nach Jahresstückzahl gewichteten Mittel.

Die Auftragsgröße wird beim Mischen mit 300 Kilogramm festgelegt. Aus dem produktfamilienspezifischen Stückgewicht lässt sich daraus die Losgröße je Produktfamilie (PF) und im gewichteten Durchschnitt berechnen. Dabei ist zu berücksichtigen, dass aufgrund der 4 Prozent Materialverlust je Auftrag 288 Kilogramm für die gepressten Scheiben bleiben:

$$LG_{PF1} = \frac{GG}{G_{PF1}} = \frac{288\,\text{kg}}{80\,\text{g}} = 3.600 \qquad LG_{PF2} = \frac{288\,\text{kg}}{240\,\text{g}} = 1.200$$

$$LG_{PF3} = \frac{288\,\text{kg}}{720\,\text{g}} = 400 \qquad LG_{PF4} = \frac{288\,\text{kg}}{180\,\text{g}} = 1.600$$

$$\begin{aligned} LG_{\varnothing} &= \frac{GG}{\sum_{pf=1}^{4} \frac{G_{pf} \times Stck_{pf}}{Stck}} = \frac{288\,\text{kg}}{\frac{(80\,\text{g} \times 26 + 240\,\text{g} \times 7{,}8 + 720\,\text{g} \times 2 + 180\,\text{g} \times 3{,}4)\,\text{Mio.}}{39{,}2\,\text{Mio.}}} \\ &= \frac{288\,\text{kg}}{\frac{6.004\,\text{to.}}{39{,}2\,\text{Mio.}}} = \frac{288\,\text{kg}}{153\,\text{g}} \approx \mathbf{1.880\ Stück} \end{aligned} \tag{5.7}$$

mit: LG Losgröße [Stck.]
G Stückgewicht einer Scheibe [Gramm]
GG Gebindegröße Rohmaterial [Kilogramm]
Stck Jahresstückzahl [Stck./a]
pf Index für Produktfamilie

Aus der Losgröße können nun für das Mischen, das Aufbereiten und das Endkontrollieren in jeweils analoger Weise die Zykluszeiten nach Gleichung 2.3 (Legende der Abkürzungen siehe dort) wie folgt berechnet werden:

$$\begin{aligned} ZZ_{Mischen} &= \frac{PZ}{PM \times \#\text{Res}} = \frac{15\,\text{min.}}{1.880 \times 2} = 0{,}24\,\text{sec.} \\ ZZ_{Aufbereiten} &= \frac{PZ}{PM \times \#\text{Res}} = \frac{42\,\text{min.}}{1.880 \times 3} = 0{,}45\,\text{sec.} \\ ZZ_{Endkontrollieren} &= \frac{PZ}{PM \times \#\text{Res}} = \frac{25\,\text{min.}}{1.880 \times 2} = 0{,}4\,\text{sec.} \end{aligned} \tag{5.8}$$

Die Rohscheiben werden nach dem Pressen auf 60 Zentimeter hohen Dornen gestapelt, jeweils getrennt von etwa 6 Millimeter starken Abtrennplatten. Je nach Scheibenstärke passen so zwischen 40 und 80 Scheiben auf einen Dorn, wobei aber nicht immer exakt abgezählt wird. Für die vier Produktfamilien lassen sich als Durchschnittswerte 80, 60, 40 beziehungsweise 50 Stück je Dorn abschätzen. Bezieht man das auf die jeweilige Stückzahl, dann ergibt sich eine durchschnittliche Anzahl von Scheiben je Dorn zu 68 Stück. Daraus kann dann die Zykluszeit beim Spannen wie folgt berechnet werden:

$$PM_{Dorn\,\varnothing} = \frac{Stck}{\sum_{pf=1}^{4}\frac{Stck_{pf}}{PM_{Dorn\,pf}}} = \frac{39{,}2}{\frac{26}{80}+\frac{7{,}8}{60}+\frac{2}{40}+\frac{3{,}4}{50}} = \frac{39{,}2\text{ Mio.}}{373.000} \approx \mathbf{68\ Stück}$$

$$ZZ_{Spannen} = \frac{PZ}{PM \times \#\text{Res}} = \frac{40\,\text{sec.}}{68 \times 1} = 0{,}59\,\text{sec.} \tag{5.9}$$

Beim Verbacken passen in jeden Ofen jeweils zwei Gitterboxen mit Rohscheiben. Aufgrund des Durchmessers und der Stapelhöhe ergibt sich für jede Produktfamilie eine andere Füllmenge. Eine Gitterbox nimmt 60 Dorne der Produktfamilien 1 und 4, 15 Dorne der Produktfamilie 2 oder 6 Dorne der Produktfamilie 3 auf. Gewichtet mit der jeweiligen Stückzahl ergibt sich eine durchschnittliche Anzahl von Scheiben je Ofenfüllung zu 3.330 Stück. Entsprechend folgender Berechnung lässt sich daraus leicht die Zykluszeit ermitteln:

$$PM_{Ofen\,\varnothing} = \frac{Stck}{\sum_{pf=1}^{4}\frac{Stck_{pf}}{PM_{Ofen\,pf}}} = \frac{39{,}2\text{ Mio.}}{\frac{26\text{ Mio.}}{2\times60\times80}+\frac{7{,}8\text{ Mio.}}{2\times15\times60}+\frac{2\text{ Mio.}}{2\times6\times40}+\frac{3{,}4\text{ Mio.}}{2\times60\times50}}$$

$$= \frac{39{,}2\text{ Mio.}}{11.775} \approx \mathbf{3.330\ Stück} \tag{5.10}$$

$$ZZ_{Verbacken} = \frac{PZ}{PM \times \#\text{Res}} = \frac{20h}{3.330 \times 44} = 0{,}49\,\text{sec.}$$

Beim Ableeren berechnet sich die durchschnittlich Zykluszeit unter Berücksichtigung der jeweiligen Dornmengen aus den stückzahlgewichteten Einzelzeiten wie folgt:

$$BZ_{Ableeren} = \sum_{pf=1}^{4}\frac{PZ_{pf}\times Stck_{pf}}{PM_{pf}\times Stck} = \frac{120\times26}{80\times39{,}2}+\frac{200\times7{,}8}{60\times39{,}2}+\frac{160\times2}{40\times39{,}2}+\frac{100\times3{,}4}{50\times39{,}2} = 2\,\text{sec.}$$

$$ZZ_{Ableeren} = \frac{BZ}{\#\text{Res}} = \frac{2\,\text{sec.}}{5} = 0{,}4\,\text{sec.} \tag{5.11}$$

Materialfluss Die Bestände werden in Stück gezählt oder im Fall der Masse in Kilogramm ermittelt. Die Reichweite der Fertigware ergibt sich dann aus dem Tagesbedarf von 135.172 Stück. Innerhalb der Produktion ist die bei der Endkontrolle festgestellte Gutausbeute von 96,8 Prozent zu berücksichtigen, so dass der Tagesbedarf 139.640 Stück beträgt. Aus Scheibengewicht und Stückzahl je Produktfamilie kann man leicht ein durchschnittliches Stückgewicht von 153 Gramm ermitteln. Nach Zuschlag des Materialverlustes von 4 Prozent und des beim Pressen entstehenden Ausschusses von etwa 2 Prozent erhält man einen täglichen Massebedarf von 22,64 Tonnen. Mengen und Reichweiten werden unter den jeweiligen Lager-Dreieckssymbolen eingetragen (Abb. 5.23).

- **Fertigwarenlager** Im Hochregallager befinden sich nach Datenabfrage 3,352 Millionen Trenn- und Schruppscheiben, was einer Bestandsreichweite von 24,8 Tagen entspricht.
- **WIP Verpacken** An den sechs Arbeitsplätzen sind 32 Aufträge mit einer Gesamtmenge von 62.400 Scheiben bereitgestellt, das entspricht 0,45 Tagen Reichweite.
- **WIP Endkontrolle** In der Endkontrolle befinden sich 28 Aufträge mit einer Gesamtmenge von 49.960 Scheiben. Dies entspricht einer Reichweite von 0,36 Tagen.
- **WIP Ableeren** Beim Ableeren sind 38 Aufträge mit einer Gesamtmenge von knapp 75.000 Scheiben bereitgestellt. Dies entspricht einer Reichweite von 0,54 Tagen.
- **WIP Abkühlplatz** 26 Aufträge mit einer Gesamtmenge von 44.400 Scheiben müssen noch abkühlen. Dies entspricht einer Reichweite von 0,32 Tagen.
- **WIP Ofenprozess** Derzeit befinden sich 98 Aufträge entweder beim Verbacken oder davor wartend. Die den Auftragspapieren entnommenen Stückzahlen von in Summe 197.000 Stück entsprechen einer Reichweite von 1,41 Tagen. Dabei ist zu berücksichtigen, dass sich durch die Prozesszeit des Verbackens von 20 Stunden eine Mindestreichweite von 0,9 Tagen ergibt.
- **WIP Spannen** Dank überlappender Produktion warten derzeit vor dem Spannplatz nur Scheiben aus Aufträgen, die an den Pressen laufen. Es wird eine Menge von etwa 4.200 Scheiben abgeschätzt, das sind 0,03 Tage Reichweite.
- **WIP Pressen** Es befinden sich 23 Aufträge zu je 300 Kilogramm in Arbeit mit einer rechnerischen Reichweite von 0,3 Tagen. Davon ist der zugehörige Bestand beim Spannen abzuziehen, so dass sich eine Reichweite von 0,27 Tagen ergibt.

- **Masselager** Es sind insgesamt 125 Mischungen à 300 Kilogramm zwischengelagert, was einer Reichweite von 1,66 Tagen entspricht.
- **Rohmateriallager** Der wichtigste Rohmaterialbestandteil mit etwa 70 Prozent ist das Korn. Am Standort lagern 38 Tonnen in den 20 verschiedenen Körnungen, im Außenlager eines Dienstleisters noch einmal 688 Tonnen. In Summe ergibt das eine Reichweite von 45,81 Tagen.

Werksexterne Logistik Beim Versand sind Klein- von Großmengen zu unterscheiden. Kleine Bestellungen werden als Pakete mit jeweils bis zu 30 Kilogramm über Paketdienste versendet. Großmengen ab 100 Kilogramm werden auf Paletten über Speditionen versendet (Abb. 5.23).

Die erforderlichen Rohstoffe für die Masse kommen fast alle aus China – der Rohstoff Korn von der Firma KeLi aus Quingdao – mit einer Lieferzeit von 3 bis 4 Monaten. Die Abwicklung und Lagerung erfolgt über den Logistikdienstleister L&T, der das Werk Dornbirn täglich anfährt (Abb. 5.23).

Geschäftsprozesse Die Kundenbestellungen werden bei der Seco GmbH entweder direkt aus dem Lager bedient oder kundenauftragsbezogen mit einer Lieferzeit von durchschnittlich 4 Wochen erfüllt. Die Auftragsabwicklung ist in vier Geschäftsprozesse wie folgt gegliedert (Abb. 5.23).

- **Auftrag erfassen** Die Bestellungen gehen je nach technischer Ausstattung der Kunden über Fax, Telefon, E-Mail oder EDI ein. Alle Bestellungen werden mit der AS 400 als Auftrag erfasst. Nach Bestandsprüfung erfolgt für Kleinaufträge die Auftragsbestätigung. Für Großaufträge, die etwa 70 Prozent des Volumens ausmachen, wird ein entsprechender Planauftrag erzeugt. Unter Berücksichtigung der Auslastung der Pressen für die jeweilige Produktgruppe ermittelt das System einen Liefertermin, der dem Kunden bestätigt wird.
- **Versand vorbereiten** Für die Kleinaufträge werden Kommissionierbelege und Lieferscheine direkt aus der AS400 erstellt. Dies erfolgt bei Großaufträgen analog – allerdings erst nach Fertigmeldung aus der Produktion und Avisierung der Spedition. Bei Seefracht ist gegebenenfalls der entsprechende Verladetermin abzuwarten.
- **Produktion vorbereiten** Die Hauptaufgabe ist das Anlegen der Fertigungsaufträge. Die im System eingestellten Planaufträge – entweder von der Auftragserfassung erzeugt für eine Kundenbestellung oder automatisch generiert bei Unterschreitung des Meldebestands im Fertigwarenlager – sind auf die einheitliche Rezeptmenge von aufsummiert 288 Kilogramm Produktgewicht zu bringen. Unter Berücksichtigung der bestätigten Liefertermine und einer angenommenen Produktionsdurchlaufzeit von maximal 5 Tagen werden die Fertigungsaufträge in einer

Excel-Tabelle einer jeweils geeigneten Presse zugeordnet und terminiert. Diese einmal wöchentlich erstellte Pressenbelegungsplanung steuert die Produktion. Aus dieser Planung wird zudem durch Rückwärtsterminierung die Masseplanung für die Mischerei abgeleitet.
Ferner erfasst werden Rückmeldungen von den Pressen mit der genauen Stückzahl und dem Erstausschuss, von der Endkontrolle mit dem Ausschuss sowie Fertigmeldungen vom Ofenbereich, dem Ableeren und dem Verpacken.

- **Beschaffen** Die Rohstoffe werden basierend auf der Rohstoffverbrauchsmeldung aus der Mischerei unter Berücksichtigung der teilweise langen Lieferzeiten disponiert und einmal wöchentlich bei den Lieferanten in China, Italien und Deutschland bestellt. Hier betrachtet werden soll nur der tägliche Bestellabruf beim Logistikdienstleister L&T, der alle Rohstoffe für die Masse lagert.

Verbesserungspotentiale

Durchlaufzeit Die sehr hohe Durchlaufzeit ergibt sich vor allem aus der Reichweite des Bestands an Fertigware und Rohmaterialien von zusammen gut 70 Tagen. Das sind knapp 12 Wochen, denn rechnerische Bezugsgröße ist hier die 6-Tage-Woche. Der Rohmaterialbestand ist vor allem in der langen Wiederbeschaffungszeit begründet. Der Fertigwarenbestand erscheint hingegen unnötig hoch, trotz der vielen Varianten. Das ist sicher auch dem Umstand geschuldet, dass zwischen Auftragsauslösung durch Unterschreiten des Meldebestands und Fertigmeldung nach Einplanung und Produktion des Lagerergänzungsauftrags sehr viel Zeit vergeht. Dies wiederum ist verursacht von dem langsamen wöchentlichen Planungsrhythmus mit einem noch längeren Planungshorizont sowie der eigentlichen Produktionsdurchlaufzeit, die 5 Tage ausmacht (Abb. 5.23).

Der WIP-Bestand mit gut 3 Tagen entsteht vor allem vor dem Aufbereiten der Masse und beim Verbacken. Bei ersterem fällt zudem der aufwendige Transport zwischen den Standorten auf, der auch der Produktqualität nicht förderlich ist und das Aufbereiten der Masse zum Teil überhaupt erst erforderlich macht. Beim Verbacken stört vor allem die sehr lange Prozesszeit den Fluss. Aber auch die verbleibenden Bestände von 2 Tagen zwischen den anderen Produktionsprozessen könnten deutlich kleiner sein. Nimmt man eine mittelgroße Trennscheibe der zweiten Produktfamilie, dann beträgt ihre aufsummierte Bearbeitungszeit 18 Sekunden, so dass sich bei einem WIP von 5 Tagen ein Flussgrad von verschwindenden 0,045 Promille ergibt. Auf ein mittleres Los von 1.880 Stück bezogen ergibt sich aber immerhin ein recht ordentlicher Flussgrad von 8,4 Prozent.

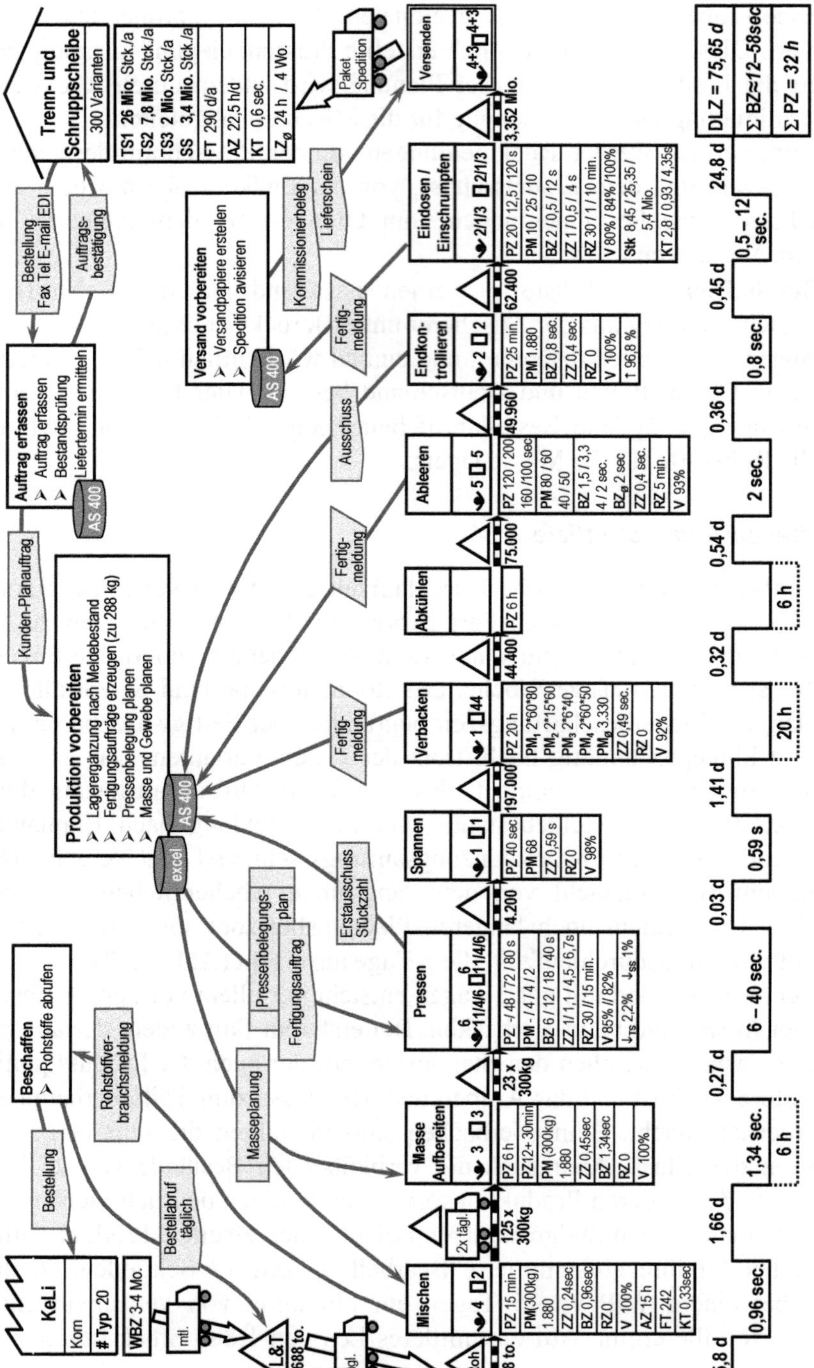

Abb. 5.23. Ergebnis der Wertstromanalyse bei der Seco GmbH

Taktabstimmung Das Taktabstimmungsdiagramm zeigt einen Engpass an einer unerwarteten Stelle – beim Spannen (Abb. 5.24). Da nur eine exemplarische Zeitaufnahme gemacht wurde und auf die doch recht verschiedenen Produktfamilien interpoliert worden ist, ist wohl der tatsächliche Zeitbedarf beim Spannen etwas geringer, da sonst die Stückzahl gar nicht hätte produziert werden können. Trotzdem sollte man es gerade in einer Variantenfertigung mit dem sich durch Produktmixschwankungen beständig ändernden Kapazitätsbedarf vermeiden, ausgerechnet den von der Betriebsmittelausstattung deutlich billigsten Produktionsprozess sehr knapp auszulegen und so zwischenzeitlich Abrisse im Materialfluss zu erzeugen.

Beim Pressen und Verpacken teilt sich der Wertstrom auf vier beziehungsweise drei Äste. Um das im Taktabstimmungsdiagramm einheitlich darstellen zu können, wurde die jeweilige Zykluszeit mit dem zugehörigen Mengenanteil skaliert. Der eingerechnete Mengenanteil ist jeweils unter dem Balken angegeben (Abb. 5.24).

Beim Verpacken ergibt sich bei den (teil-)automatischen Anlagen auch unter Berücksichtigung der großen Rüstzeit- und Verfügbarkeitsverluste eine Auslastung von unter 75 Prozent, obwohl es noch zusätzlich manuelle Arbeitsplätze gibt. Die Anlagen sind zwar stückkostenoptimiert, jedoch nur für einen begrenzten Durchmesserbereich und beim Eindosen mit hohem Rüstzeitanteil.

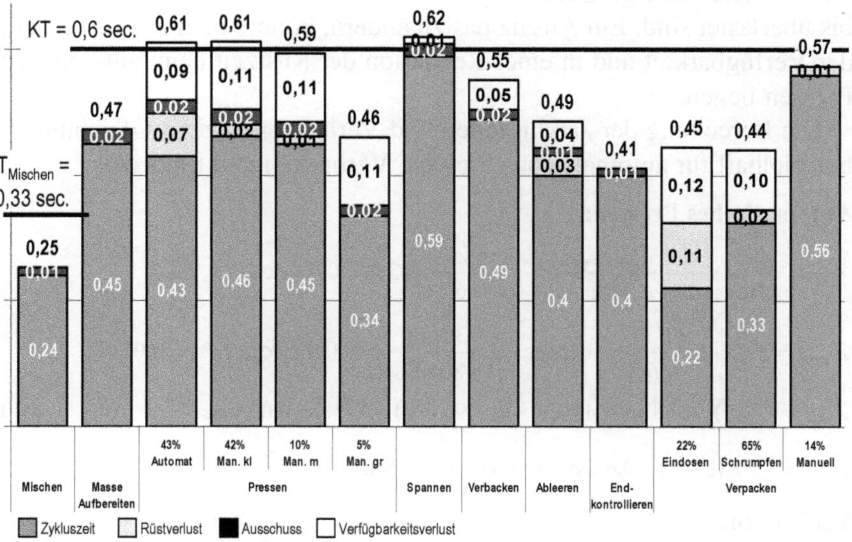

Abb. 5.24. Das Taktabstimmungsdiagramm bei der Seco GmbH im Ist-Zustand

Etwas schwieriger ist die Mengenzuordnung bei den Pressen, da nur Produktfamilie 3 eindeutig einer Betriebsmittelart zuzuordnen ist. Beim automatischen Pressen könnte mit den Produktfamilien 1 und 2 eine Gesamtstückzahl von 33,8 Millionen produziert werden. Daraus ergibt sich ein prozessspezifischer Kundentakt von 0,69 Sekunden. Da die Zykluszeit bei einer Sekunde liegt, können maximal 70 Prozent des Bedarfs auf den automatischen Pressen erzeugt werden. Berücksichtigt man noch die 15 Prozent Verfügbarkeitsverluste sowie einen Rüstanteil von vielleicht 5 Prozent, dann erscheint eine jeweils hälftige Aufteilung der Produktfamilien 1 und 2 auf automatisches respektive manuelles Pressen für eine erste Abschätzung geeignet. Damit ergeben sich dann die folgenden Mengenanteile für die vier Pressengruppen:

$$\begin{aligned}
&\frac{Stck_{Automatisches\ Pressen}}{Stck} = 50\% \times \frac{\left(Stck_{pf1} + Stck_{pf2}\right)}{Stck} = 50\% \times \frac{26+7{,}8}{39{,}2} = 43\% \\
&\frac{Stck_{Manuelles\ Pressen\ klein}}{Stck} = \frac{50\% \times Stck_{pf1} + Stck_{pf4}}{Stck} = \frac{50\% \times 26 + 3{,}4}{39{,}2} = 42\% \\
&\frac{Stck_{Manuelles\ Pressen\ mittelgroß}}{Stck} = \frac{50\% \times Stck_{pf2}}{Stck} = \frac{50\% \times 7{,}8}{39{,}2} = 10\% \\
&\frac{Stck_{Manuelles\ Pressen\ groß}}{Stck} = \frac{Stck_{pf3}}{Stck} = \frac{2}{39{,}2} = 5\%
\end{aligned} \tag{5.12}$$

Mit der vorgenommenen Mengenzuteilung ergibt sich denn auch eine relativ gleichmäßige Belastung, wobei fast alle Pressen hoch ausgelastet bis überlastet sind. Ein Ansatz das zu ändern, könnte in einer Verbesserung der Verfügbarkeit und in einer Reduktion der Rüstzeit beim automatischen Pressen liegen.

Die Berechung der Zykluszeiten und Verlustzeiten zeigt Gleichung 5.13 beispielhaft für automatisches Pressen, Verbacken und Eindosen:

Automatisches Pressen:

$$\begin{aligned}
&ZZ = \frac{BZ}{\#\mathrm{Res}} \times \frac{Stck_{Automatisches\ Pressen}}{Stck} = \frac{6\,\mathrm{sec.}}{6} \times 43\% = 0{,}43\,\mathrm{sec.} \\
&ZZ_{RZ} = ZZ \times \frac{RZ}{LG \times BZ} = 0{,}43\,\mathrm{sec.} \times \frac{30\,\mathrm{min.}}{1.880 \times 6\,\mathrm{sec.}} = 0{,}43\,\mathrm{sec.} \times 16\% = 0{,}07\,\mathrm{sec.} \\
&ZZ_Q = ZZ \times \sum\left(1 - \uparrow\right) = 0{,}43\,\mathrm{sec.} \times \left[\left(1 - 96{,}8\%\right) + 2{,}1\%\right] = 0{,}023\,\mathrm{sec.} \\
&ZZ_V = KT \times \left(1 - V\right) = 0{,}6\,\mathrm{sec.} \times \left(1 - 85\%\right) = 0{,}09\,\mathrm{sec.}
\end{aligned} \tag{5.13}$$

Verbacken:

$ZZ_{Verbacken} = 0{,}49\,\mathrm{sec.}$ (vgl. Gl. 5.10)

$ZZ_Q = ZZ \times \left(1 - \uparrow\right) = 0{,}49\,\mathrm{sec.} \times \left(1 - 96{,}8\%\right) = 0{,}02\,\mathrm{sec.}$

$ZZ_V = KT \times \left(1 - V\right) = 0{,}6\,\mathrm{sec.} \times \left(1 - 92\%\right) = 0{,}05\,\mathrm{sec.}$

Eindosen:

$$\frac{Stck_{Eindosen}}{Stck} = 25\% \times \frac{\left(Stck_{pf1} + Stck_{pf2}\right)}{Stck} = 25\% \times \frac{26 + 7{,}8}{39{,}2} = 22\%$$

$$ZZ = \frac{PZ}{PM \times \#\text{Res}} \times \frac{Stck_{Eindosen}}{Stck} = \frac{20\,\text{min.}}{10 \times 2} \times 22\% = 0{,}22\,\text{sec.} \tag{5.13}$$

$$ZZ_{RZ} = ZZ \times \frac{RZ}{LG \times BZ} = 0{,}22\,\text{sec.} \times \frac{30\,\text{min.}}{1.880 \times 2\,\text{sec.}} = 0{,}22\,\text{sec.} \times 48\% = 0{,}11\,\text{sec.}$$

$$ZZ_V = KT \times (1 - V) = 0{,}6\,\text{sec.} \times (1 - 80\%) = 0{,}12\,\text{sec.}$$

Wertstromdesign

Zielsetzung Durch Investition in teilweise neu zu entwickelnde Technologien soll der gesamte Produktionsablauf völlig neu gestaltet werden. Dabei sollen zum einen eine konsequente Flussorientierung erreicht und zum anderen der Personalaufwand deutlich reduziert werden.

Produktionsprozesse (1): Verbacken Kernpunkt ist die Überlegung, das derzeit sequentiell in Chargen erfolgende Verbacken durch einen kontinuierlichen Prozess zu ersetzen. Da ein geeigneter Durchlaufofen von den einschlägigen Anlagenbauern nicht angeboten wird, soll ein entsprechender Prototyp selbst entwickelt werden. Erhoffte Effekte sind ein verbesserter Produktionsfluss, die Einsparung von Handlingskosten und Produktionsfläche sowie ein deutlich reduzierter Energiebedarf gegenüber den nur eingeschränkt wärmegedämmten alten Öfen.

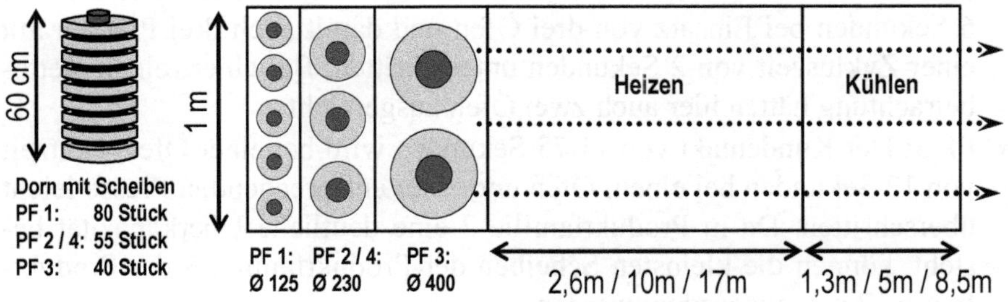

Abb. 5.25. Prinzipskizze für einen Durchlaufofen

Für die Grobauslegung des Durchlaufofens wird angenommen, dass der Innenraum etwa ein Meter breit wird. In Abhängigkeit vom Durchmesser der Scheiben können dann je nach Produktfamilie fünf, drei oder zwei Dorne mit Scheiben nebeneinander auf einem Förderband in einem Abstand von jeweils etwa 5 Zentimeter durch den Ofen transportiert werden (Abb. 5.25). Die Ofenlänge ergibt sich nun aus dem Ziel, die Prozesszeit auf 10 Stunden zu halbieren und mit der Ofenleistung der Taktzeit von 6 Sekunden (PF 1, 2, 4) beziehungsweise 12 Sekunden (PF 3) einer automatischen Presse zu entsprechen. Unter Berücksichtigung der Menge pro Dorn (DM) von 80, 55 beziehungsweise 40 Stück ergeben sich dann die folgenden, stark unterschiedlichen Ofenlängen:

$$\begin{aligned}
Länge_{Ofen,pf1} &= \frac{PZ \times (\varnothing + 50\text{mm})}{TZ \times DM \times \# D} = \frac{10h \times (125mm + 50mm)}{6\,\text{sec.} \times 80 \times 5} = 2{,}63m \\
Länge_{Ofen,pf2/4} &= \frac{10h \times (230mm + 50mm)}{6\,\text{sec.} \times 55 \times 3} = 10{,}2m \\
Länge_{Ofen,pf3} &= \frac{10h \times (400mm + 50mm)}{12\,\text{sec.} \times 40 \times 2} = 16{,}9m
\end{aligned} \tag{5.14}$$

Für das Abkühlen wird eine Zeit von 5 Stunden angenommen, so dass noch einmal die halbe Ofenlänge hinzu kommt. Da der Ofen für Produktfamilie 1 vergleichsweise sehr kurz ist, wird er mit doppelter Leistung ausgelegt, so dass ein Ofen die Rohscheiben von zwei Pressen aufnehmen kann. Um die jeweiligen Kundentakte zu erreichen, wird dann je nach Produktfamilie folgende Anzahl an Durchlauföfen und jeweils an zugeordneten Pressen benötigt (Abb. 5.27):

- PF 1: Der Kundentakt von 0,9 Sekunden wird bei einer Ofen-Taktzeit von 3 Sekunden bei vier Öfen mit einer Zykluszeit von 0,75 Sekunden unterschritten. Da die Pressen die doppelte Taktzeit haben, werden acht Stück benötigt.
- PF 2: Der Kundentakt von 3 Sekunden wird bei einer Ofen-Taktzeit von 6 Sekunden bei Einsatz von drei Öfen und damit auch drei Pressen mit einer Zykluszeit von 2 Sekunden unterschritten. Bei einer reinen Nettobetrachtung hätten hier auch zwei Öfen ausgereicht.
- PF 3: Der Kundentakt von 11,75 Sekunden wird bei einer Ofen-Taktzeit von 12 Sekunden bei einem Ofen und einer entsprechenden Presse leicht überschritten. Da in Produktfamilie 2 eine deutliche Überkapazität besteht, können die kleinsten Scheiben der Produktfamilie 3 der Produktfamilie 2 neu zugeordnet werden.
- PF 4: Der Kundentakt von 6,9 Sekunden wird bei einer Ofen-Taktzeit von 6 Sekunden bei einem Ofen und einer entsprechenden Presse mit einer Zykluszeit von 6 Sekunden unterschritten.

Bei der Entwicklung des Ofens wird insbesondere die Steigerung der Energieeffizienz forciert. Dabei zeigt sich, dass sich passend zur Geometrie der Scheiben Röhren als Brennraum besonders eignen. Diese werden zunächst waagrecht in der Form des geplanten Durchlaufofens konstruiert.

Allerdings sind in dieser Bauform der Flächenbedarf durch die Baulänge groß und die Wärmeverteilung ungünstig. Durch Teilung des Ofenraumes in mehrere senkrechte Röhren, die wie bei einem Rundtakttisch angeordnet werden, entsteht schließlich der ‚Orgelpfeifen-Ofen' (Abb. 5.26). Er wird zwar wiederum sequentiell von unten befüllt, allerdings sind die Chargenmengen durch die Teilung kleiner und der Ofen kann in eine Linienproduktion mit Pressen und Verpacken gut integriert werden. Dies entspricht dann dem in den folgenden Schritten beschriebenen Konzept.

Abb. 5.26. Ein alter Wärmeofen für Gitterboxen und der Prototyp des neuen, vertikal beschickten ‚Orgelpfeifen-Ofens' (hier ohne Wärmedämmung)

Produktionsprozesse (2): Ableeren & Verpacken Das Ableeren soll ergonomischer gestaltet werden, so dass die Lärm- und Schmutzbelastung deutlich reduziert werden und das Heben großer Lasten entfällt. Es sind Abtrennscheiben zu suchen, die sich leichter lösen lassen. Gegebenenfalls sind die Zusammensetzung der Masse und die Prozessführung im Ofen anzupassen. Ziel ist es, dass die verbackenen und abgekühlten Scheiben, die auf den Dornen in gleichmäßiger Geschwindigkeit aus den Durchlauföfen kommen, leicht von Hand abgenommen und dabei gleich auf Qualität geprüft werden können. Außerdem bietet es sich an, das Eindosen und Einschrumpfen zu integrieren (Gestaltungsrichtlinie 2).

Wenn ein Logistiker die Bereitstellung der Verpackungsmaterialien (Dosen, Kartonage) übernimmt, kann die Rüstzeit entfallen. Da hier der Automatisierungsgrad zurückgefahren wird, kann auch eine höhere Verfügbarkeit erreicht werden.

Bei den großen Trennscheiben (PF 3) und den Schruppscheiben (PF 4) erfolgt das manuelle Einschrumpfen einer Verpackungseinheit zu je 10 Stück weiterhin in 120 Sekunden. Da die Scheiben zum Verpacken ohnehin in die Hand genommen werden müssen, sind das Ableeren und Kontrollieren in diese Tätigkeit ohne zeitlichen Zusatzaufwand zu integrieren. Pro Scheibe ergibt sich so eine Bearbeitungszeit von 12 Sekunden, so dass für die großen Trennscheiben ein und für die Schruppscheiben zwei Verpackplätze benötigt werden, um die Zykluszeit der jeweiligen Öfen zu erreichen (Abb. 5.27).

Bei den Produktfamilien 1 und 2 sind 25 Prozent Mengenanteil zu je 10 Stück einzudosen und der Rest zu je 25 Stück einzuschrumpfen. Daraus ergibt sich eine Durchschnittsmenge von 21,25 Scheiben je Packung. Bei einer zu 40 Sekunden abgeschätzten Bearbeitungszeit werden mit drei beziehungsweise einem Arbeitsplatz die Zykluszeiten von 0,6 beziehungsweise 1,8 Sekunden erreicht (Abb. 5.27).

Produktionsprozesse (3): Pressen Das Pressen der Scheiben soll komplett automatisiert werden; der bisher eingeschlagene Weg ist also konsequent weiterzuführen. Dadurch können in den zusätzlich automatisierten Produktbereichen etwa 50 Prozent der Personalkosten eingespart werden. Nimmt man die bestehenden Anlagen als Maßstab für die Leistung, dann werden in Summe 13 automatische Anlagen benötigt (Abb. 5.27). Die sieben zusätzlichen Anlagen ersetzten die 18 manuellen Pressen.

Produktionsprozesse (4): Mischen Das Mischen ist an den Produktionsstandort zu verlagern. Dadurch können zahlreiche Vorteile erreicht werden: Die Transportkosten entfallen. Durch eine zeitnahe Masseherstellung kann zudem das Aufbereiten mit immerhin drei Mitarbeitern pro Schicht (das sind unter Berücksichtigung des Urlaubs 12 Mitarbeiter) entfallen (Gestaltungsrichtlinie 2). Außerdem werden über eineinhalb Tage Durchlaufzeit und die entsprechende Lagereinrichtung im Masselager eingespart. Durch das zeitnahe Mischen kann zudem die Qualität der Masse durchgängig hoch gehalten werden, am besten wird dieser Bereich klimatisiert.

Um die Qualität zu erhöhen, wird die Mischzeit auf 30 Minuten verdoppelt. Um die Losgröße zu senken, orientiert sich der neu zu definierende Prozess an den Mischern des ehemaligen Aufbereitens mit 100 Kilogramm, so dass die durchschnittliche Mindest-Losgröße auf 627 Stück gedrittelt werden kann. Aus dem täglichen Massebedarf von 22,64 Tonnen ergibt sich im Dreischichtbetrieb ein Bedarf von gut einer Tonne pro Stunde. Bei einer Leistung von 200 Kilogramm pro Stunde werden demnach gut fünf, also 6 Mischer benötigt. Angestrebt wird, dass ein Mitarbeiter zwei Mischer bedient und ein Logistiker die Versorgung der Pressen übernimmt. Ein Rezeptwechsel bedingt 5 Minuten Rüstzeit (Abb. 5.27).

Materialfluss Die vier verbliebenen Produktionsprozesse werden jeweils durch eine FIFO-Bahn sehr eng mit minimalem Puffer gekoppelt (Gestaltungsrichtlinie 3). Die Rohmasse ist möglichst zeitnah zum Verbrauchszeitpunkt zu mischen und dann zur automatischen Presse zu bringen. Der Maschinenbediener der Presse entnimmt die in der Maschine auf einen Dorn gestapelten Scheiben, verspannt sie und setzt sie auf das Förderband des Ofens. Nach dem Verbacken nimmt ein Mitarbeiter die Scheiben vom Förderband des Ofens, leert die nicht verklebten Scheiben mit einem einfachen Hilfsmittel vom Dorn ab, prüft optisch die Qualität der Kante und verpackt die Scheiben.

Die Prozessverkopplung kann vom Pressen bis zum Eindosen so eng sein, dass es eigentlich ein integrierter Prozess ist – daher sind diese Prozesse in der Wertstromdarstellung mit einer gestrichelten Linie zusätzlich verbunden. Im Extremfall bleiben dann nur noch zwei räumlich getrennte Produktionsprozesse übrig – das ‚Mischen' und das ‚Scheiben Herstellen' (Gestaltungsrichtlinie 2). Das setzt dann aber eine durchgängig gelungene Abtaktung und hohe Verfügbarkeit der Komponenten voraus. Deshalb sind in der Darstellung die drei Prozesse in vorsichtiger Weise noch mit FIFO-Puffern leicht entkoppelt. Die Produktionsdurchlaufzeit reduziert sich stark von drei Tagen auf etwas über einen Tag. Dieser verbleibende Bestand ist überwiegend der Ofen-Prozesszeit von 15 Stunden geschuldet, was einen technisch bedingten minimalen WIP-Bestand von 0,67 Tagen erfordert (Abb. 5.27, Zeitlinie). Bei Absicherung der Prozesse mit Puffern ist somit ein Flussgrad von über 60 Prozent erreichbar.

Für die Fertigware (Produkttyp 1) wird ein Supermarktlager vorgesehen, das zunächst einmal mit einer Reichweite von zwei Wochen (12 Tage) ausgestattet wird (Gestaltungsrichtlinie 4). Dies erscheint ausreichend, da nur Standardware einzulagern ist, während kundenspezifische Artikel aufgrund der kurzen Durchlaufzeit rasch produziert werden können. Die kundenspezifischen Produkte (Produkttyp 2) werden aus der Produktion kommend direkt zum Versand bereitgestellt. Falls sich Großaufträge über mehrere Produktionstage verteilen, werden sie im Versand gesammelt.

Die Lieferantenanbindung wird nicht näher betrachtet, da die gegenwärtige Lösung mit dem Logistikdienstleister gut funktioniert und mit seiner verbrauchsorientierten Steuerung dem Lieferanten-Kanban sehr ähnlich ist. Der unveränderte Ist-Zustand ist daher in Abbildung 5.27 hellgrau eingezeichnet.

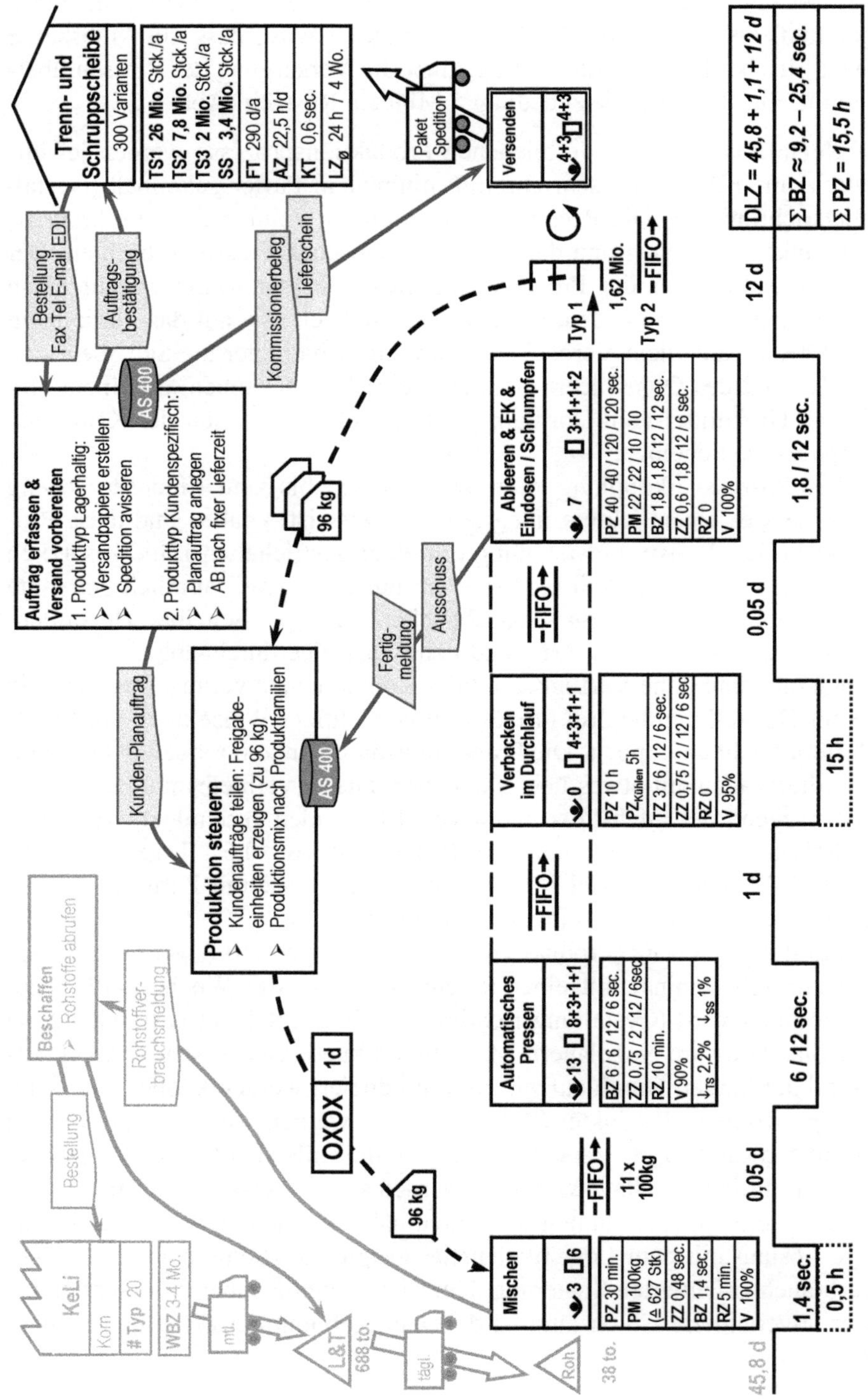

Abb. 5.27. Soll-Konzept für die Trennscheiben-Produktion bei der Seco GmbH

Produktionssteuerung Die Produktion startet beim Mischen und kann sowohl kundespezifisch als auch kundenneutral erfolgen (Einsteuerungspunkt nach Gestaltungsrichtlinie 5). Die Freigabeeinheiten werden mit der Menge eines Mischers zu einheitlich 100 Kilogramm brutto festgelegt, das sind 96 Kilogramm nach Materialverlust gerechnet (Gestaltungsrichtlinie 6). Daraus errechnet sich je nach Scheibengeometrie die Zahl der zu pressenden Scheiben mit im Durchschnitt 627 Stück. Die Zahl der Fertigscheiben pro Auftrag liegt dann ausschussbedingt um etwa 5 Prozent darunter.

Im Geschäftsprozess ‚Produktion steuern' werden die in der AS 400 angelegten Planaufträge für kundenspezifische Produkte in einheitliche Freigabeeinheiten aufgeteilt. Hinzu kommen die Kanban aus dem Fertigwaren-Supermarkt. Die Freigabeeinheiten beiderlei Typs werden in einer Warteschlange gesammelt. Im Freigabehorizont von einem Tag werden die etwa 225 täglichen Freigabeeinheiten im eingestellten Mischungsverhältnis der vier Produktfamilien zueinander zur Produktion freigegeben. Ein Ausgleichskasten sorgt für eine gleichmäßige Belegung der je Produktfamilie zur Verfügung stehenden Maschinen (Gestaltungsrichtlinie 7).

Fazit Im Wertstromdesign sind deutliche und weitreichende technologische Änderungen konzipiert worden. Ziel ist es zunächst gewesen, die alten Öfen durch neue Durchlauföfen zu ersetzen und damit mehr Fluss in die Produktion zu bringen. War dieser Gedanke einmal gefasst, ließen sich das vorgelagerte Pressen und das nachgelagerte Ableeren und Verpacken sehr einfach anbinden. Geholfen hat dabei auch die in der Wertstromanalyse erfolgte Produktfamilienbildung, an der orientiert geeignete Leistungsklassen der Produktionsprozesse gebildet werden konnten. Da sich die Produktionsprozesse vom Pressen bis zum Verpacken auch räumlich sehr gut zusammenfassen und in der Mitarbeiterbedienung gut verschränken lassen, liegt das Resultat beeindruckend nah an einer ‚Ein-Prozess-Fabrik'. Einzig das Mischen wird sich schon aus Gründen der Staubentwicklung nicht ins Pressen integrieren lassen.

6 Literaturhinweise

Bicheno John (2000) The Lean Toolbox. Picsie Books, Buckingham (ed 2)

Duggan Kevin J (2002) Creating Mixed Model Value Streams. Practical Lean Technique for Building to Demand. Productivity Press, New York

Erlach Klaus (2000) Das Technotop. Die technologische Konstruktion der Wirklichkeit. LIT-Verlag, Münster

Goldratt Eliyahu M, Cox Jeff (1995) Das Ziel. Höchstleistung in der Fertigung. McGraw-Hill Book, Cambridge

Grundig Claus-Gerold (2009) Fabrikplanung. Planungssystematik – Methoden – Anwendungen. Hanser, München Wien (Aufl 3)

Gutenberg Erich (1951) Grundlagen der Betriebswirtschaftslehre. Band 1: Die Produktion. Springer, Berlin Heidelberg New York

Kettner Hans, Schmidt Jürgen, Greim Hans-Robert (1984) Leitfaden der systematischen Fabrikplanung. Hanser, München Wien

Lödding Hermann (2005) Verfahren der Fertigungssteuerung. Grundlagen, Beschreibung, Konfiguration. Springer, Berlin Heidelberg New York

Oeltjenbruns Henning (2000) Organisation der Produktion nach dem Vorbild Toyotas. Analyse, Vorteile und detaillierte Voraussetzungen sowie die Vorgehensweise zur Einführung am Beispiel eines globalen Automobilkonzerns. Shaker, Aachen

Ohno Taiichi (1993) Das Toyota Produktionssystem. Campus, Frankfurt New York

REFA – Verband für Arbeitsstudien und Betriebsorganisation e. V. (1991) Methodenlehre der Betriebsorganisation. Arbeitsgestaltung in der Produktion. Hanser, München

REFA – Verband für Arbeitsstudien und Betriebsorganisation e. V. (1992) Methodenlehre des Arbeitsstudiums. Teil 2. Datenermittlung. Hanser, München

Ropohl Günter (1999) Allgemeine Technologie. Eine Systemtheorie der Technik. Hanser, München Wien (Aufl 2)

Rother Mike, Harris Rick (2001) Creating Continuous Flow. An Action Guide for Managers, Engineers and Production Associates. The Lean Enterprise Institute, Brookline

Rother Mike, Shook John (2000) Sehen lernen. Mit Wertstromdesign die Wertschöpfung erhöhen und Verschwendung beseitigen. LogX, Stuttgart

Schenk Michael Hrsg (2010) Instandhaltung technischer Systeme. Methoden und Werkzeuge zur Gewährleistung eines sicheren und wirtschaftlichen Anlagenbetriebs. Springer, Berlin Heidelberg New York

Schmigalla Hans (1995) Fabrikplanung. Begriffe und Zusammenhänge. Hanser, München Wien

Suzaki Kiyoshi (1989) Modernes Management im Produktionsbetrieb. Strategien, Techniken, Fallbeispiele. Hanser, München Wien

Takeda Hitoshi (2002) Das synchrone Produktionssystem. Just-in-time für das ganze Unternehmen. mi-Verlag, München (Aufl 3)

VDI-Richtlinie 5200 (2010) Blatt 1: Fabrikplanung – Planungsvorgehen. Beuth Verlag Berlin

Wiegand Bodo, Franck Philip (2004) Lean Administration I. Lean Management Institut, Aachen

Wiendahl Hans-Hermann (2006) Auftragsmanagement im turbulenten Umfeld. Teil 1 – Anforderungen. wt Werkstattstechnik online 96: 183–189

Wiendahl Hans-Hermann (2002) Situative Konfiguration des Auftragsmanagements im turbulenten Umfeld. Jost-Jetter-Verlag, Heimsheim

Wiendahl Hans-Peter (1997) Betriebsorganisation für Ingenieure. Hanser, München Wien (Aufl 4)

7 Anhang

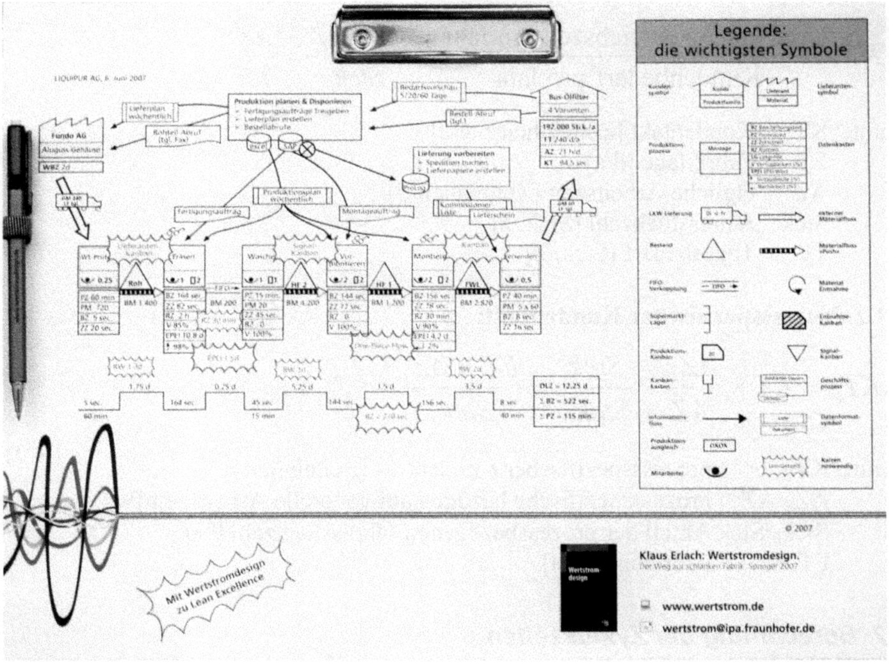

Abb. 7.1. Das Wertstrom-Klemmbrett in DIN A3-Größe erleichtert die Wertstromaufnahme in der Produktion

7.1 Formelverzeichnis

7.1.1 Berechnungsformeln bei der Wertstromanalyse

1. Berechnung des Kundentaktes

1.1 Genereller Kundentakt für den gesamten Wertstrom:

$$KT = \frac{\text{verfügbare Betriebszeit pro Jahr}}{\text{Kundenbedarf pro Jahr}} = \frac{FT \times AZ}{Stck} = \frac{AZ}{TB}$$

mit: KT Kundentakt [Zeiteinheit/Stck.] (2.1)
FT Fabriktage [d/a]
AZ tägliche Arbeitszeit [Zeiteinheit/d]
Stck Jahresstückzahl [Stck./a]
TB Tagesbedarf [Stck./d]

1.2 Prozessspezifischer Kundentakt:

$$KT_P = KT \times \frac{AZ_P}{AZ} \times \frac{Stck}{Stck_P} = \frac{FT \times AZ_P}{Stck_P}$$

mit: KT_P prozessspezifischer Kundentakt [Zeiteinheit] (2.9)
AZ_P/AZ prozessspezifische bezogen auf generelle Arbeitszeit [%]
$Stck_P/Stck$ Anteil der prozessbezogenen Jahresstückzahl [%]
FT Fabriktage [d/a]

2. Berechnung der Zykluszeiten

2.1 Zykluszeit als Netto-Leistung eines Produktionsprozesses:

$$ZZ = \frac{BZ \times \#T}{\#Res} \quad \text{oder:} \quad ZZ = \frac{PZ \times \#T}{PM \times \#Res}$$

mit: ZZ Zykluszeit [Zeiteinheit] (2.3)
BZ Bearbeitungszeit [Zeiteinheit]
PZ Prozesszeit [Zeiteinheit]
PM Prozessmenge bei Chargen oder im Durchlauf [Stck.]
T Anzahl Gleichteile pro Endprodukt [Stck.]
Res Anzahl gleicher Ressourcen [Stck.]

2.2 Brutto-Zykluszeit mit Berücksichtigung der Verlustzeiten:

$$ZZ_{brutto} = ZZ_{netto} + ZZ_{RZ} + ZZ_{V} + ZZ_{Q} \tag{2.22}$$

mit: ZZ_{brutto} Brutto-Zykluszeit [Zeiteinheit]
ZZ_{netto} = ZZ; Zykluszeit nach G. 2.3 [Zeiteinheit]

2.2.1 Zuschlagszeit für die rüstzeitbedingte Verlustzeit:

$$ZZ_{RZ} = ZZ_{netto} \times RV = ZZ_{netto} \times \sum_{i=1}^{\#Var} \frac{RZ_i}{LG_i \times BZ_i} \times \frac{Stck_i}{Stck} = ZZ_{netto} \times \frac{RZ}{LG_{\varnothing} \times BZ} \tag{2.20}$$

mit: # Var Anzahl Varianten
ZZ_{netto} = ZZ; Zykluszeit nach G. 2.3 [Zeiteinheit]
ZZ_{RZ} rüstzeitbedingte Verlustzeit [Zeiteinheit]
RV Faktor für Rüstverluste [%]
Stck Jahresstückzahl [Stck./a]
BZ Bearbeitungszeit [Zeiteinheit]
LG Losgröße [Stck.]
$LG_{\varnothing}$ durchschnittliche Losgröße [Stck.]
RZ Rüstzeit [Zeiteinheit]

2.2.2 Zuschlagszeit für die störungsbedingte Verlustzeit:

$$ZZ_{V} = KT \times (1 - V) \tag{2.21}$$

mit: ZZ_{V} störungsbedingte Verlustzeit [Zeiteinheit]
KT Kundentakt [Zeiteinheit/Stck.]
V Verfügbarkeit [%]

2.2.3 Zuschlagszeit für die qualitätsmangelbedingte Verlustzeit:

$$ZZ_{Q}^{m} = ZZ_{netto}^{m} \times QV^{m} = ZZ_{netto}^{m} \times \left(\hookleftarrow_{m} + \sum_{pnf=1}^{m} \left(1 - \uparrow_{pnf}\right) \right) \tag{2.7}$$

mit: *pnf* Index für *m-1* Nachfolgeprozesse zu Produktionsprozess *m*
ZZ_{Q} qualitätsmangelbedingte Verlustzeit [Zeiteinheit]
ZZ_{netto} Zykluszeit [Zeiteinheit]
QV Faktor für Qualitätsverluste [%]
↑ Gutausbeute [%] *häufig auch als:* ↓ Ausschuss [%]
↵ Nacharbeit [%]

3. Berechnung des EPEI-Wertes bei festgelegten Losgrößen

$$EPEI_{fix} = \frac{\sum BZ + \sum RZ}{\# Res \times V \times AZ}$$

$$EPEI_{fix} = \frac{\sum_{var=1}^{n} LG_{var} \times BZ_{var} \times (1 + \hookleftarrow_{var}) + \sum_{var=1}^{n} RZ_{var}}{\# Res \times V \times AZ}$$

(2.8)

mit: *var* Index für *n* Varianten
$EPEI_{fix}$ EPEI-Wert bei festgelegten Losgrößen [d]
LG Losgröße [Stck.]
BZ Bearbeitungszeit pro Stück [Zeiteinheit]
$\hookleftarrow$ Nacharbeit [%]
RZ Rüstzeit [Zeiteinheit]
Res Anzahl gleicher Ressourcen [Stck.]
V Verfügbarkeit [%]
AZ tägliche Arbeitszeit [Zeiteinheit/d]

4. Berechnung der Reichweite

4.1 Reichweite der Lager- und Pufferbestände:

$$RW = \frac{BM \times \uparrow}{TB \times \# T}$$

mit: RW Reichweite [d] (2.13)
BM Bestandsmenge [Stck.]
TB Tagesbedarf [Stck./d]
$\uparrow$ Gutausbeute [%]
T Anzahl Gleichteile pro Produkt

4.2 Reichweite der Auftrags-Warteschlange:

$$W = \# A \times KT$$

mit: W Warteschlange [Zeiteinheit] (2.14)
A Anzahl wartender Aufträge [Stck.]
KT Kundentakt [Zeiteinheit/Stck.]

4.3 Produktions-Durchlaufzeit für den gesamten Wertstrom:

$$DLZ = \sum_{i=1}^{\Pr ozess\ n} \frac{WIP_i \times \uparrow}{TB \times \#T} + \sum_{i=1}^{Lager\ m} RW_i = \sum_{i=1}^{m} \frac{(BM_i + WIP_i) \times \uparrow}{TB \times \#T} = \sum_i RW_i$$

mit: DLZ Produktions-Durchlaufzeit [d]
RW Reichweite der Lagerbestände [d] (2.16)
WIP Umlaufbestand [Stck.]
BM Bestandsmenge [Stck.]
TB Tagesbedarf [Stck./d]
$\uparrow$ Gutausbeute [%]
\# T Anzahl Gleichteile pro Produkt

5. Ermittlung der Verbesserungspotentiale und der Verschwendung

5.1 Flussgrad als Maß für die Dynamik des Wertstroms:

$$FG = \frac{\sum_{\Pr ozess} (BZ + PZ)}{\sum_{Lager} RW \times AZ} \times 100$$

mit: FG Flussgrad [%] (2.17)
BZ Bearbeitungszeit [Zeiteinheit]
PZ Prozesszeit [Zeiteinheit]
RW Reichweite der Lagerbestände [d]
AZ Arbeitszeit pro Tag [Zeiteinheit/d]

5.2 Auslastungsgrad als Maß des Kapazitätsangebots im Wertstrom:

$$AG = \frac{1}{n} \times \sum_{i=1}^{\Pr ozess\ n} \frac{ZZ_i}{KT_i} \times 100$$

(2.18)

mit: n Zahl der Produktionsprozesse im Wertstrom
AG Auslastungsgrad [%]
ZZ Zykluszeit [Zeiteinheit]
KT Kundentakt (prozessspezifisch) [Zeiteinheit]

7.1.2 Auslegungsformeln beim Wertstromdesign

1. Auslegung des Kapazitätsprofils des Wertstroms

$$\#\text{Res} = \text{AUFRUNDEN}\left[\frac{BZ}{KT \times (1 - RV) \times V \times (1 - QV)}\right] \tag{3.1}$$

mit:
- # Res Ressourcenbedarf
- BZ Bearbeitungszeit [Zeiteinheit]
- KT Kundentakt [Zeiteinheit]
- RV Faktor für Rüstverluste [%]
- V Verfügbarkeit [%]
- QV Faktor für Qualitätsverluste [%]

2. Auslegung einer kontinuierlichen Fließfertigung

$$\#\text{MA} = \text{ABRUNDEN}\left[\frac{\sum BZ_i}{KT \times 95\% \times \#\text{Res}}\right] \tag{3.2}$$

mit:
- # MA Anzahl Mitarbeiter in der Fließfertigung
- BZ_i Bearbeitungszeit an Station i [Zeiteinheit]
- KT Kundentakt [Zeiteinheit]
- # Res Anzahl paralleler Fließlinien

3. Auslegung des FIFO-Puffers

$$ConWIP = \frac{(BZ \times GM) + TZ}{KT} + \frac{(BZ_{max} - BZ)}{KT} \times LG + \frac{RZ}{KT} + \frac{SD_{max}}{KT} + PM$$

mit:
- ConWIP Bestandobergrenze [Stck.]
- BZ Bearbeitungszeit am vorausgehenden Prozess [Zeiteinheit] (3.3)
- GM Gebindemenge beim Transport [Stck.] (3.4)
- TZ Transportzeit [Zeiteinheit] (3.5)
- KT Kundentakt [Zeiteinheit] (3.6)
- BZ_{max} maximale Bearbeitungszeit am Folgeprozess [Zeiteinheit]
- RZ Rüstzeit [Zeiteinheit]
- LG Losgröße [Stck.]
- SD_{max} maximale Störungsdauer [Zeiteinheit]
- PM Prozessmenge [Stck.]

4. Auslegung des Produktions-Kanban

4.1 Abschätzung des erforderlichen Umlaufbestandes:

$$UB = WBZ \times TB \approx 4 \times TZZ \times TB \tag{3.8}$$

mit:
- UB Umlaufbestand [Stck.]
- WBZ Wiederbeschaffungszeit [d]
- TB Tagesbedarf [Stck./d]
- TZZ Transportzykluszeit [Zeiteinheit]

4.2 Ermittlung des maximalen Supermarkt-Bestandes einer Variante:

$$\begin{aligned} BM_{Var} &= UB + PB + SB \\ &\approx 4 \times TZZ \times TB_{Var} + 4 \times TZZ \times \Delta TB_{Var} + RW_{SB} \times TB_{\mathrm{var}} \end{aligned} \tag{3.9}$$

mit:
- BM_{Var} maximaler Supermarkt-Bestand einer Variante [Stck.]
- UB Umlaufbestand [Stck.]
- PB Pufferbestand [Stck.]
- SB Sicherheitsbestand [Stck.]
- TZZ Transportzykluszeit [Zeiteinheit]
- TB_{Var} Tagesbedarf einer Variante [Stck./d]
- ΔTB_{Var} maximal zusätzlicher Tagesbedarf einer Variante [Stck./d]
- RW_{SB} Reichweite Sicherheitsbestand [d]

4.3 Ableitung der benötigten Anzahl Kanban je Variante:

$$\# K_{Var} = \text{Aufrunden}\left[\frac{BM_{Var}}{GM_{Var}}\right] \tag{3.10}$$

mit:
- $\# K_{Var}$ Anzahl Kanban einer Variante
- BM_{Var} maximaler Supermarkt-Bestand einer Variante [Stck.]
- GM_{Var} Gebindemenge der Variante [Stck.]

4.4 Reichweite des Supermarkt-Bestandes:

$$RW = \frac{1}{2} \times \frac{\# K \times GM}{\# T \times TB} \quad \text{bzw.:} \quad RW = \frac{1}{2} \times \frac{\sum_{i=1}^{\mathrm{var}} \# K_{Var} \times GM_{Var}}{\# T \times TB} \tag{3.7}$$

mit:
- \# K Anzahl Kanban im Kreislauf
- RW Supermarkt-Reichweite [d]
- GM Gebindemenge Kanban-Behälter [Stck.]
- TB Tagesbedarf [Stck./d]
- \# T Anzahl Gleichteile pro Produkt
- $\# K_{Var}$ Anzahl Kanban einer Variante
- GM_{Var} Gebindemenge der Variante [Stck.]

5. Auslegung des Signal-Kanban

5.1 Berechnung des EPEI-Wertes zur Losgrößenermittlung:

$$EPEI_{\min} = \frac{\sum RZ}{\text{tgl.} RZ} = \frac{\# Var \times RZ}{(AZ \times \# Res) \times V - MBZ}$$

$$= \frac{\# Var \times RZ}{(AZ \times \# Res) \times V - \sum_{i=1}^{i=\text{var}} BZ_i \times TB_i} \qquad (3.6)$$

mit: EPEI_{min} EPEI-Wert zur Ermittlung der minimalen Losgröße [d]
RZ Rüstzeit [Zeiteinheit]
Var Anzahl Varianten
Arbeitszeit pro Tag [Zeiteinheit/d]
Res Anzahl Ressourcen
V Verfügbarkeit [%]
MBZ Maschinenbelegungszeit [Zeiteinheit]
BZ Bearbeitungszeit [Zeiteinheit]
TB Tagesbedarf [Stck./d]

5.2 Berechnung des Bestellpunktes:

$$BB_{Var} = UB + PB + SB = WBZ \times (TB_{Var} + \Delta TB_{Var}) + RW_{SB} \times TB_{\text{var}}$$

$$BP_{Var} = \text{AUFRUNDEN}\left[\frac{BB_{Var}}{GM_{Var}}\right] \qquad (3.14)$$

mit: BB_{Var} variantenbezogener Bestellbestand [Stck.]
BP_{Var} Bestellpunkt einer Variante [Anzahl Behälter]
UB Umlaufbestand [Stck.]
PB Pufferbestand [Stck.]
SB Sicherheitsbestand [Stck.]
WBZ Wiederbeschaffungszeit [Zeiteinheit]
TB_{Var} Tagesbedarf einer Variante [Stck./d]
$\Delta\ \text{TB}_{\text{Var}}$ maximal zusätzlicher Tagesbedarf einer Variante [Stck./d]
RW_{SB} Reichweite Sicherheitsbestand [d]
GM_{Var} Gebindemenge einer Variante [Stck.]

mit einer durchschnittlichen Wiederbeschaffungszeit von:

$$WBZ_{\varnothing} = 2{,}5 \times \left(BZ \times S_{\varnothing} \times GM + RZ\right) + 2 \times TZZ$$

mit: $WBZ_{\varnothing}$ durchschnittliche Wiederbeschaffungszeit [Zeiteinheit]
BZ Bearbeitungszeit [Zeiteinheit] (3.16)
GM Gebindemenge Kanban-Behälter [Stck.]
S Signal-Kanban-Faktor [Stck.]
RZ Rüstzeit [Zeiteinheit]
TZZ Transportzykluszeit [Zeiteinheit]

5.3 Reichweite des Supermarkt-Bestandes:

$$RW = \frac{1}{2} \times \frac{\sum_{i=1}^{\text{var}} \left(BP_{Var} \times GM_{Var} + S_{Var} \times GM_{Var}\right)}{\#T \times TB}$$

mit: RW Supermarkt-Reichweite [d] (3.15)
BP Bestellpunkt [Anzahl Behälter]
GM Gebindemenge Kanban-Behälter [Stck.]
S Signal-Kanban-Faktor [Stck.]
TB Tagesbedarf [Stck./d]
T Anzahl Gleichteile pro Produkt

6. Auslegung der Freigabeeinheit

6.1 Freigabeeinheit in der Serien- und Variantenfertigung:

$$FE_{Serie} = KT \times b \times GM$$

$$FE_{Varianz} = KT \times \frac{\sum_{i=1}^{\text{var}} b_i \times GM_i}{\#Var} \qquad \langle b_i \times GM_i = konst. \rangle \tag{3.20}$$

mit: FE Freigabeeinheit [Zeiteinheit]
KT Kundentakt [Zeiteinheit/Stck.] *oder* [Zeiteinheit/ Mengeneinheit]
b ganzzahliger Faktor gleichzeitig freizugebender Gebinde
GM Gebindemenge [Stck.]
#Var Anzahl Varianten

6.2 Freigabeeinheit in der Einzelfertigung:

$$FE_{Einzel} = KT \times b \times GG$$

$$FE_{BZ} = GM \times BZ_{\varnothing}$$

mit: FE Freigabeeinheit [Zeiteinheit] (3.21)
KT Kundentakt [Zeiteinheit/Stck.] *oder* [Zeiteinheit/ Mengeneinheit]
b ganzzahliger Faktor gleichzeitig freizugebender Gebinde
GG Gebindegröße Rohmaterial [Mengeneinheit]
GM Gebindemenge – Anzahl Produkte nach Größenklasse kombiniert
$BZ_{\varnothing}$ Bearbeitungszeit [Zeiteinheit]

7.2 Symbole

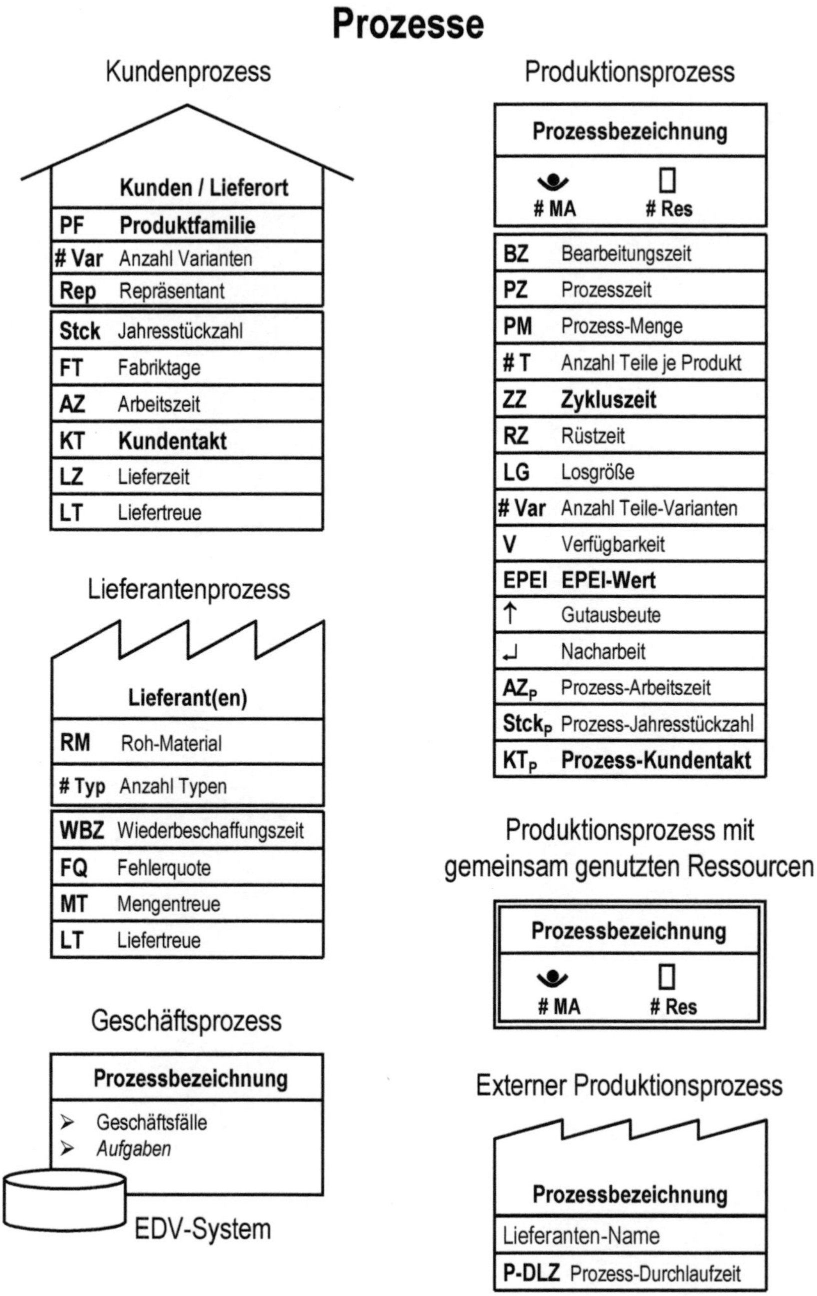
Prozesse
Kundenprozess
Kunden / Lieferort
PF Produktfamilie
Var Anzahl Varianten
Rep Repräsentant
Stck Jahresstückzahl
FT Fabriktage
AZ Arbeitszeit
KT Kundentakt
LZ Lieferzeit
LT Liefertreue
Lieferantenprozess
Lieferant(en)
RM Roh-Material
Typ Anzahl Typen
WBZ Wiederbeschaffungszeit
FQ Fehlerquote
MT Mengentreue
LT Liefertreue
Geschäftsprozess
Prozessbezeichnung
Geschäftsfälle
Aufgaben
EDV-System
Produktionsprozess
Prozessbezeichnung
MA
Res
BZ Bearbeitungszeit
PZ Prozesszeit
PM Prozess-Menge
T Anzahl Teile je Produkt
ZZ Zykluszeit
RZ Rüstzeit
LG Losgröße
Var Anzahl Teile-Varianten
V Verfügbarkeit
EPEI EPEI-Wert
Gutausbeute
Nacharbeit
AZP Prozess-Arbeitszeit
StckP Prozess-Jahresstückzahl
KTP Prozess-Kundentakt
Produktionsprozess mit gemeinsam genutzten Ressourcen
Prozessbezeichnung
MA
Res
Externer Produktionsprozess
Prozessbezeichnung
Lieferanten-Name
P-DLZ Prozess-Durchlaufzeit

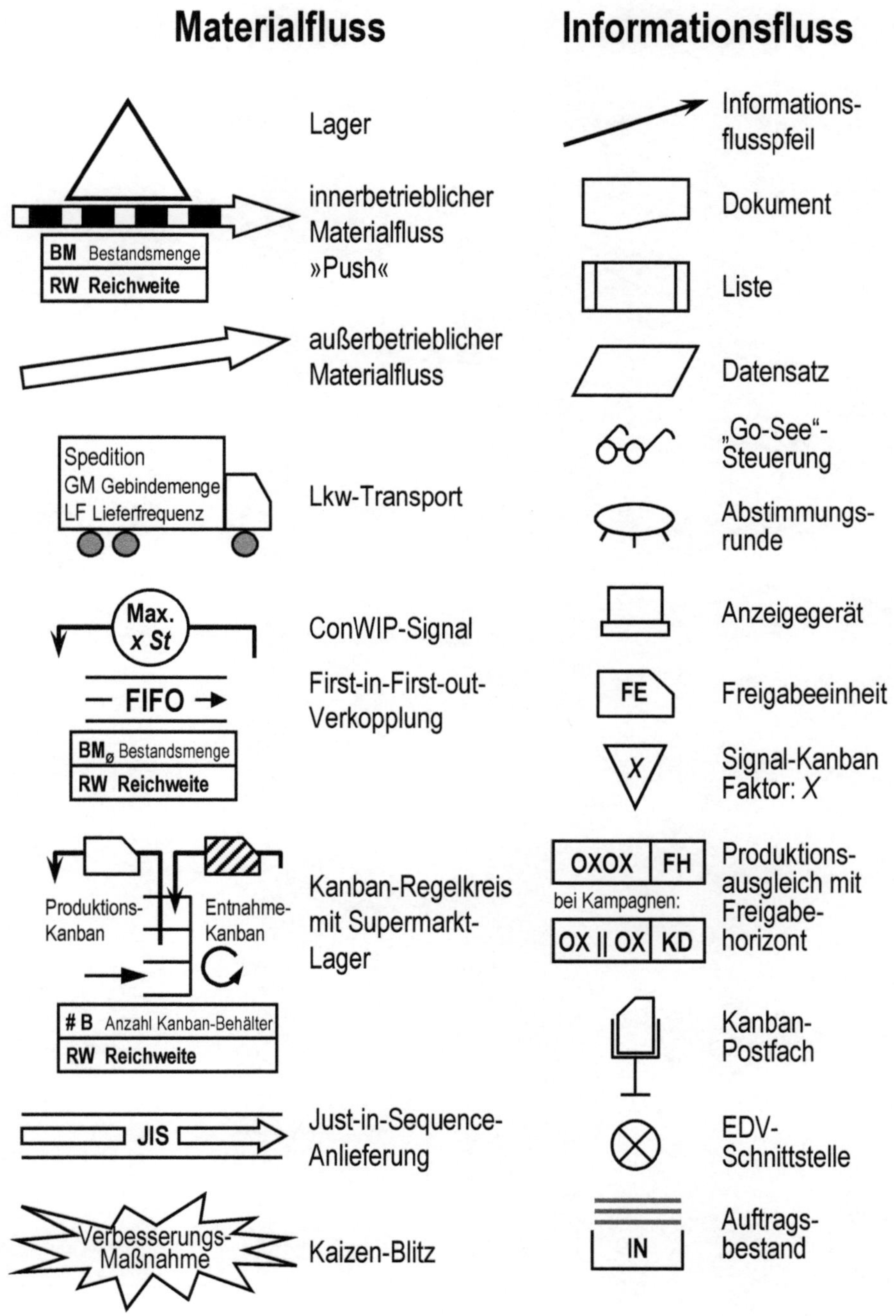
Materialfluss
Informationsfluss
Lager
BM Bestandsmenge
RW Reichweite
innerbetrieblicher Materialfluss »Push«
außerbetrieblicher Materialfluss
Spedition
GM Gebindemenge
LF Lieferfrequenz
Lkw-Transport
Max. x St
ConWIP-Signal
FIFO
BMø Bestandsmenge
RW Reichweite
First-in-First-out-Verkopplung
Produktions-Kanban
Entnahme-Kanban
B Anzahl Kanban-Behälter
RW Reichweite
Kanban-Regelkreis mit Supermarkt-Lager
JIS
Just-in-Sequence-Anlieferung
Verbesserungs-Maßnahme
Kaizen-Blitz
Informations-flusspfeil
Dokument
Liste
Datensatz
„Go-See“-Steuerung
Abstimmungs-runde
Anzeigegerät
FE
Freigabeeinheit
X
Signal-Kanban Faktor: X
OXOX
FH
bei Kampagnen:
OX || OX
KD
Produktions-ausgleich mit Freigabe-horizont
Kanban-Postfach
EDV-Schnittstelle
IN
Auftrags-bestand

Sachwortverzeichnis

Lightning Source UK Ltd.
Milton Keynes UK
UKHW01n0726101018
330306UK00010B/364/P

9 783540 898665